自然科学丛书——揭开水晶、宝玉石的奥秘

天然宝石矿物鉴赏与收藏

Tianran Baoshi Kuangwu Jianshang yu Shoucang

李 娟 编著

图书在版编目(CIP)数据

天然宝石矿物鉴赏与收藏/李娟编著. —武汉:中国地质大学出版社,2014.7
ISBN 978-7-5625-3291-0

Ⅰ.①天…
Ⅱ.①李…
Ⅲ.①宝石-鉴赏②宝石-收藏
Ⅳ.①TS933.21②G894

中国版本图书馆 CIP 数据核字(2013)第 269382 号

天然宝石矿物鉴赏与收藏 李 娟 编著

责任编辑:张 玫 责任校对:张咏梅

出版发行:中国地质大学出版社(武汉市洪山区鲁磨路388号) 邮政编码:430074
电话:(027)67883511 传真:(027)67883580 E-mail:cbb@cug.edu.cn
经 销:全国新华书店 http://www.cugp.cug.edu.cn

开本:889毫米×1 194毫米 1/16 字数:685千字 印张:21.625
版次:2014年7月第1版 印次:2014年7月第1次印刷
印刷:荆州鸿盛印务有限公司 印数:1—2 000册

ISBN 978-7-5625-3291-0 定价:189.00元

奇妙的水晶

九十一叟梁集祥

絢麗的彩
玉石

七十九叟
李樹錩書

奇特的礦物

辛卯秋日七十九叟

李樹錩書

李樹錩

珍贵的宝石
梁集祥

前言

我从20世纪80年代起就收集、研究宝玉石，一直对宝玉石有浓厚的兴趣。随着我国改革开放，国内也掀起了宝石热，正好使我所学专业有了发挥的机遇。2006年3月19日，一个偶然的机会，小女陪我上街，碰到光学仪器店，顺便进去参观，看到有宝石显微镜(买宝石显微镜是我多年的愿望)，女儿知道妈妈的心愿，立即把它买了下来。就这样，有了宝石显微镜，就更加深了我对宝、玉石研究的兴趣。因此，拍了大量(6 000多张)照片。同年十月又接到纪念入学(北京地质学院)五十周年的同学聚会通知。此时，便萌发了编写书的念头。想把自己多年来收集、研究的成果总结出来，编书成册，以此作为同学留念。于是，从3月开始，便匆忙编写了《水晶》这一章想与同学共赏。由于时间紧迫，未能如愿出版。之后又编写了后面几章。

本书以微观为主、宏观次之的独特方式(到目前为止，国内外还未见以微观的形式对天然石进行全面系统的阐述)对天然石的形态、内部结构、包裹体以及由此造成的形态各异、千姿百态、五彩缤纷的天然石，进行全面系统地阐述。也只有用微观的方式，才能揭开天然石内部的奥秘。由此，将使读者了解到在这千姿百态的微观世界里，大自然的奥秘是如何演绎的。经过几亿到几十亿年鬼斧神工的天工造物，似形体的珍品、微形的似形物、似花非花、诗情画意的画卷，就连印象派和现代抽象派的画家们也不会预想到的易经哲学中"天地合一"的东方神韵的微形画，在和谐的色彩和光影的印象画中是绝妙的畅想曲。

天然石可以这样理解："没有石头(天然石)就没有这座星球，以及由无数星球造成的浩瀚宇宙。"本书只是对这浩瀚宇宙中小小一部分(好比沧海一粟)的天然石加以阐述。

本书共分五章编写。第一章：奇妙的水晶；第二章：绚丽的彩、玉石；第三章：奇特的矿物；第四章：珍贵的宝石；第五章：题外特写化石。精选照片2 000多张，文字20万字左右。本书是我从事多年宝玉石鉴定积累的实践经验和亲身体会总结成文，以详实的资料，系统地介绍了300余个矿物品种，并对天然石的化学成分、物理性质、光学性质，内含物用途、产状、产地以及相似矿物的鉴别等加以阐述。

本书集科学性、文化艺术性、趣味性于一体。因此，可供赏石爱好者、教学者、科研工作者及收藏家学习、参考。

我在编写过程中参阅了大量国内外专家学者的专著，以及有关宝玉石的报刊、杂志和会议论文等。博采众长，吸纳了众多研究者的智慧和成果，在此谨表深切的谢意。

由于我学识水平有限，经验不足，加之时间仓促，难免有顾此失彼和疏漏不当之处，恳请专家、学者和广大读者予以指正。

编著者

2013年5月

作者简介

编著者李娟，1961年毕业于北京地质学院（现中国地质大学）。1962年赴新疆从事地质工作，1964年任岩矿鉴定工作。1973年调入广东，从事岩矿鉴定及专题工作，发表了多篇论文。20世纪80年代开始从事宝玉石鉴定工作，并在南阳宝玉石协会（中国宝玉石协会前身）任理事。1988年与广州市光学应用研究所林生研制了我国第一台SBX-Ⅰ型宝石显微镜，并在1989年3月云南首届春城珠宝交易会（即云南省珠宝协会成立大会）展出，并由中国宝玉石研究联谊会进行了审评。经有关专家、教授、行家鉴定，认为该仪器的主要技术指标已达到国外同类产品水平。1989年10月与中山大学冯国荣教授一起负责筹建广东省宝玉石学会并担任常任理事。1990年5月应深圳珠宝城邀请，负责筹建了深圳珠宝城宝石测试室。现已退休。

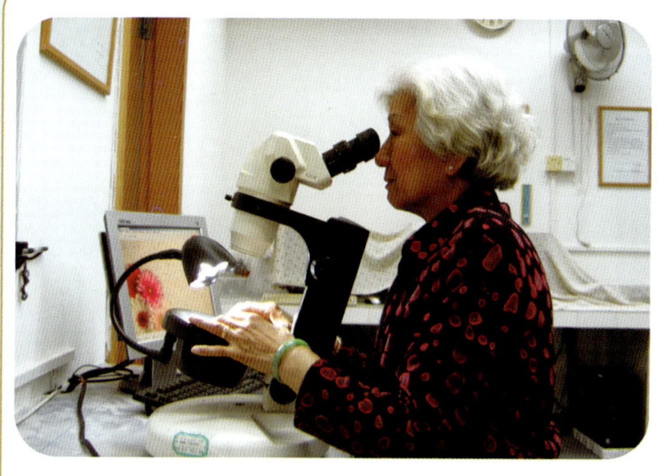

作者工作照

全国宝石学研讨会，左1：周国平宝石学家，1988年6月于西安

全国宝石学研讨会，1988年6月于西安

全国宝（玉）石学术讨论会，左1：周国平宝石学家，右1：颜慰宣老师，1988年10月4—8日于南阳

全国宝石学研讨会，右1：吴国忠教授，右2：陈其周董事长，左1：沈才卿高级工程师，1988年6月于西安

首届广州宝玉石展销会，笔者在答疑。1988年11月26日—12月2日于广州友谊商店

北京矿物、宝玉石展销暨学术交流会，左：张蓓莉，1990年6月30日—7月3日于北京地质博物馆

广东省宝玉石学会成立大会，1989年10月6日

北京矿物、宝玉石展销暨学术交流会，1990年6月30日—7月3日于北京地质博物馆

北京矿物、宝玉石展销暨学术交流会，右1：欧阳秋眉女士（校友），1990年6月30日—7月3日于北京地质博物馆

“献身地质事业光荣”，1990年7月于地质矿产部

目录

chapter 1

第一章 奇妙的水晶

(Rock Crystal)

无奇不妙，有奇才有妙。天然水晶的奇妙在于它奇特的千姿百态的晶形。奥妙的是晶体内部的水胆、黑胆、流沙包裹体在晶体中游动。沈括《梦溪笔谈》中记述的“滴翠珠”就是现今的“水胆水晶”，是珍奇的宝石。水晶七彩具全、晶莹剔透，唐代诗人韦应物的四句诗“映物随颜色，含空无表里，持来向明月，闪烁愁成水”道出了水晶的光洁晶莹。

第一节 概述

水晶(无色透明的石英)英文名称Rock Crystal，是地壳中分布最广泛的一种矿物，也是非常古老的一种宝石，古称“水玉”“千年冰”“放光石”等。纯水晶无色透明、晶莹剔透、洁白如冰，然而在自然界中的水晶，常因含有不同色素离子和杂质而呈现出不同颜色，如无色水晶、白色水晶、紫水晶、黄水晶、烟晶、茶晶、黑水晶(墨晶)、粉水晶和绿水晶等。除了颜色的不同外，因其内部含有不同杂质和包裹体而形成“水胆水晶”“发晶”“蠕虫状水晶”“晕彩—虹彩水晶”“景物水晶”“闪光水晶”“发光水晶”等品种，其中如果包裹体形态奇特、颜色艳丽或有特殊效应者，可成为稀世珍宝。因而水晶具有观赏、收藏、研究及商品价值。

笔者借助于宝石显微镜，观察了千余个样品(以微观为主，宏观次之)，了解了水晶内部的微观世界。经过多年的收藏、积累、观察和研究，本章以丰富详实的资料、大量精美照片，全面系统地介绍了水晶的矿物学特征、分类、鉴别、内含物、用途、产状、产地并重点介绍了水晶的鉴赏，供广大赏石爱好者、收藏者及研究者参考。

第二节 基本特征

一、化学成分

水晶的化学成分以SiO_2为主，常含微量杂质元素，如Fe、Mn、Al、Ti、Mg、Ca、Li、Ni、Co、Ge、Na、K、H和B等。这些微量元素以类质同像进入晶格或离子间隙中，也有一定量的固溶体代替Si，如Ge、Al、Li+Al，并含有CO_2、H_2O、NaCl、KCl、$CaCO_3$等。含有矿物包裹体，如水晶、金红石、电气石、绿泥石、阳起石、透闪石、硅线石、磷灰石、锆英石、磁铁石、赤铁矿、针铁矿、黄铁矿、毒砂、自然金、银等。

二、晶系、晶形

水晶多属三方晶系。高温变体β-石英为六方晶系，低温变体α-石英为三方晶系。前者为柱面很短的六方双锥，后者为柱面同正、负菱面体的聚形晶，长柱状，并有小晶面。其柱面上常具横纹。高温变体常具自形晶，在晶面上常具熔蚀坑或熔蚀纹，现在自然界中绝大部分已转变为α-石英，但保留了β-石英的假象。水晶往往具双晶和连晶，或锥柱状晶体、假六方双锥、三方偏方面体晶类、嵌晶状、等轴状等。水晶因形成时受温度、压力、空间、介质等因素的影响，有时会出现一种非正规的“双晶现象”，即晶体内部结构重复。双晶以多种方式生长在一起，有时呈膝状双晶出现，有时为菱面体、三方双锥、三方偏方面体聚形晶等（有关晶系、晶形参看本章第八节水晶晶形鉴赏部分）。

三、物理学特征

水晶的摩氏硬度为7。相对密度为2.58～2.60。玻璃光泽，断口可具油脂光泽。贝壳状断口，无解理。透明—半透明。

四、光学特征

一轴晶，正光性；折射率Ne=1.553，No=1.544。双折率为0.009；色散为0.013。

五、颜色

其颜色有无色、白色、紫色、黄色、烟-茶色、棕色、红色、黑色、绿色、玫瑰色等。水晶的颜色与其晶体结构和所含杂质元素关系密切。在晶体结构方面，因为晶体晶胞C轴和A轴方向有一定的空间隧道，为外来杂质的进入提供了可能。

据李珍提供的资料，水晶的致色原因大致有三种：

（一）色心致色

杂质元素Al^{3+}、Fe^{3+}、Fe^{2+}、Ti^{3+}、Ge^{4+}、Co^{2+}、Ni^{2+}、Mn^{2+}等过渡离子，能以类质同像混入物质形式，置换晶格中的Si^{4+}，或进入晶胞间隙隧道，一些碱金属离子如Na^{+}、Li^{+}、K^{+}或H^{+}可以补偿过渡金属离子进入晶体时的电价。这些碱金属离子多占据阳离子空位（点缺陷）或晶胞间的空间隧道。杂质元素的进入，使水晶晶体产生大量的点缺陷，如果被加热或辐射，就会形成各种色心，使水晶形成多种颜色。

（二）d-d电子跃迁或电荷转移致色

黄水晶，绿水晶，玫瑰红水晶和蓝水晶的颜色形成都与过渡金属元素的d-d电子跃迁有关，或因电荷转移所致。

（三）显微包裹体致色

位于水晶晶胞间隙位置上的各种包裹体，具有不同的吸收光性能，使水晶呈现不同的颜色。富含铁的水晶，其较深的黄褐色，就是由于Fe_2O_3包裹体的析出致色。有些含铁的黄晶加热超过550℃时形成Fe_2O_3微粒（赤铁矿），使黄水晶颜色变深，呈黄褐色—红棕色。

综上所述，实际上大多数水晶都不是单一颜色，可以同时含有多种致色离子，如Al^{3+}、Fe^{3+}、Fe^{2+}、Ti^{3+}等和多种离子配位。这样，水晶的颜色是多种色心或离子吸收光谱的重叠。如黄水晶既可能有$Fe^{3+}(I_4)$的d-d电子跃迁产生的浅柠檬黄色，也可能有$Fe^{3+}(I_6)$电荷转移产生的黄色—黄褐色，还可能有Fe_2O_3包裹体所产生的深黄褐色。如有些带绿色色调的紫晶就是$Fe^{2+}(I_6)$所产生的绿色与$[FeO_4]^{4-}$紫色色心产生的紫色混合色在一定条件下(辐射或加热)二者可相互转化。某些黄绿色水晶也是这样。

第三节 水晶的分类(品种)

根据水晶颜色和包裹体的不同,水晶可作如下分类。

一、根据颜色分类

(一)无色水晶(Rock Crystal)

无色水晶是水晶中的主要品种,主要化学成分为SiO_2,SiO_2含量接近100%,洁白如冰、纯净透明。在国外用于宝石的水晶常有"钻石"之称。此品种也常有一些气、液包裹体或固态包裹体,但不影响其颜色和透明度。其形态有三方晶系类和假六方晶系类。它代表心灵平静、和谐纯洁、心胸开放,象征"聚"。此类水晶可作饰品如手链、项链、胸针、水晶球、各种摆件等。尤其是水晶做成的眼镜,可清除眼火、养目养神。有些人相信无色水晶如有特殊包裹体会带来好运。

(二)白色-乳白色水晶(Milky Quartz)

水晶之所以呈现白色、乳白色,是因为其晶体内含有微小气、液包裹体,其大小不一,有的只能用显微镜观察到(参看包裹体鉴赏篇)。就是这些细小包裹体,像棉絮一样分布在水晶中,称为"棉"或"幽灵";有的呈云雾状。如有光线射入,光会反射出来,呈现白色—乳白色。"棉绺"即CO_2和H_2O的孔穴,对光也产生效应。有时会有白色矿物包裹体,如透闪石、硅线石、石棉等,使晶体透明度降低,呈透明—半透明甚至不透明。此种类型水晶,往往形成景物水晶,可作摆件供观赏。它象征着人际关系的改善。

(三)紫水晶(Amethyst)

紫水晶又称紫晶,Fe^{3+}是紫晶致色离子元素,紫晶中Fe^{3+}是以类质同像的形式置换Al^{3+}进入晶体,形成$[FeO_4]^{5-}$原子团,由碱金属离子作电价补偿。也有人认为硼是致色离子。其颜色呈紫色、浅紫色—深紫色、紫红色、浅紫红—深紫红色、葡萄紫色、玫瑰紫色等。以深紫色、深紫红色为最佳。其颜色往往分布不均匀,并常呈带状分布,即平行于晶面(菱面),无色和紫色相互交替呈带状分布。紫晶和黄晶同在一块标本出现称"鸳鸯色"或紫黄晶。紫晶被加热至240~270℃时颜色会变为黄色、黄褐色,经伦琴射线照射又可恢复原色,或许是因为其内部原子排列状态的某种缺陷所引起的。紫晶具二色性,二色镜观察由红色—

紫色—淡蓝色。其晶系为三方晶系，常呈块状，晶体完好者菱面体发育，呈菱面体、三方双锥、三方偏方面体的聚形晶或双晶。紫晶中常有气、液包裹体，形成虎皮纹、指纹等，并见有水胆和红发晶，即金红石发晶，也称“维纳斯发晶”。不同产地的紫晶，其颜色、质量也不相同（参考产地部分）。紫晶透明、亮丽。戴上紫晶首饰可增加浪漫气质。紫晶是二月诞生石。代表机灵友善、平安吉祥，能广结人缘、激励思考、带来幸福和长寿（其晶形、色带、双晶、水胆、发晶请参看各有关观赏石部分）。

（四）黄水晶（Citrine）

Citrine由法语演变而来，“Citrine”意指柠檬“Lemon”。

黄水晶又称黄晶，黄晶的致色元素是Fe^{3+}离子，它与紫晶中Fe^{3+}离子的置换形式不同，黄晶中Fe^{3+}不是以置换形式进入四面体中，而是以间隙状态进入硅氧四面体构成的螺旋状空间隧道中，其周围有6个氧离子与之构成一扭歪的八面体配位场，O^{2-}与Fe^{3+}之间发生电荷转移而致色。

黄晶的颜色有浅黄、黄、黄褐、橘黄、柠檬黄、灰黄和金黄色。天然黄晶一般颜色较淡，多数颜色漂亮的黄晶是由其他颜色的水晶，经加热或辐射后变成的，如无色水晶、紫晶、烟晶。也有人认为黄水晶中含有超显微状态胶状铁的氢氧化物。此外，黄晶中还见有气、液包裹体和虹彩现象。其晶形和无色、紫色水晶一样，呈锥柱状。最好的黄水晶是颜色鲜艳的深黄色，如“金珀”般光彩夺目。黄水晶具王者的气质，代表富态，给人以温暖、安全、明朗、丰茂之感，故用其做成的首饰给人以高贵和智慧的感觉。黄水晶是十一月诞生石（其晶形，气、液包裹体和虹彩参看水晶晶形中黄晶部分）。

（五）烟水晶（Smoky Quartz）

烟水晶又称烟晶，对于烟晶颜色的成因有不同的看法：一种是因为色心Al^{3+}以类质同像置换Si^{4+}，用碱金属离子K^{+}、Li^{+}或H^{+}补偿电价的不平衡，即致色离子是由Al^{3+}引起的；还有一种看法是含致色元素C引起的；此外，大多数学者认为是镭放射性物质引起的[认为原生矿床附近有镭放射性物质存在，或用其他颜色水晶人工镭放射所致（后生）]。其形态多呈锥柱状，柱较长，和其他水晶晶形相同。其颜色有浅灰色、黄灰色、灰褐色。这种水晶因颜色不够亮丽，所以作为首饰价格较低，但天然深色烟水晶用作眼镜价值较高，有保健作用，受人喜欢。烟晶代表刚毅、克制，有信念，事业有成。

（六）茶色水晶（Tea Crystal）

茶色水晶又称茶晶，茶晶色较烟晶亮丽，呈茶色、浅—深茶色、棕褐色、灰棕色、棕色。其实茶晶和烟晶同属一类，只是色调有些变化。在此类水晶中常见有棕色、棕红色发晶或鬃晶包裹体（多为金红石和碧玺），呈网状、平行状、束状分布。这种水晶除了发晶包裹体外，其他杂质少见，所以特别清透，做成吊坠非常漂亮，深受人们喜欢。茶晶用作眼镜也非常高档（没有包裹体时），有养目、养神的功能。茶晶代表刚毅、坚忍、克制，有信念，事业易成功（茶晶中发晶的分布状态见发晶鉴赏篇）。

（七）黑水晶（Black Quartz）

黑水晶又称墨晶。关于黑水晶的致色离子有人认为是C元素引起的，但大多数人认为与烟晶的致色原理相同，即与辐射有关（参考烟晶部分）。其多被制成项链、手链等饰品，用它做成的眼镜有保健作用。

（八）绿水晶（Prase）

绿水晶的致色元素离子为Fe^{2+}。绿水晶有两种。一种是天然绿色水晶，称"绿堇玉石"，极为罕见。将某些紫晶或黄水晶加热可得到绿水晶。来自巴西的绿水晶系由紫晶加热处理而成。另一种绿水晶，是因包裹了绿色杂质或绿色矿物，如纤维状绿色阳起石，绿帘石或叶片状、蠕虫状、苔藓状绿泥石包裹体等，致使无色水晶变成绿色或翠绿色水晶。绿水晶有助提高思维、开放心灵，是智慧和爱的象征。由于其颜色亮丽，造型好，所以用它做成的饰品如吊坠、手链、项链、挂件、摆件等深受人们喜欢，还可作观赏石。

（九）红水晶（Rose Quartz）

红水晶呈浅红色、红色、大红色、深红色，颜色鲜艳。其成因有两种：一是在水晶生长时有辰砂、针铁矿、赤铁矿、金红石、红碧玺、发晶等包裹体，使之呈现红色；二是水晶分两期形成，第一期形成的水晶被铁染（氧化铁，氢氧化铁）呈红色，后期无色水晶将其包裹在内，形成内红外为无色或各种颜色的水晶。此类水晶由于颜色艳丽，可作饰品、吊坠、摆件、观赏石等。

（十）粉水晶（Rose Quartz）

粉水晶又称玫瑰色水晶，呈淡红，玫瑰红或深紫红色。因含元素Ti^{3+}离子所致。一般是单晶集合体，称之为芙蓉石。常含显微针状金红石包裹体，往往沿垂直*C*轴方向互作120°交角排列分布，故磨成弧面时呈现出六道星光，称"星光芙蓉石"（Star Rose Quartz），这种芙蓉石在我国新疆有产。可作水晶球、摆件等。

二、根据包裹体分类

笔者通过宝石显微镜观察了千余个样品，发现在水晶内部的大千世界里，其包裹体种类繁多，内容丰富多彩，形态千姿百态。已发现的包裹体有气、液态和固态包裹体。分类如下：

（一）水胆水晶（Water Quartz）

水胆水晶在结晶时，其晶体内部有孔穴或通道，其形态各异（参看水胆水晶鉴赏篇），有三角形、长条形、圆形、鳄鱼形、鞋底形、腰果形、不规则形等。在水晶结晶时，孔穴或通道里有气体或液体包裹体。气体在液体中呈圆形（气泡状），像胆一样，故名水胆（实际是气泡）。其大小不一，大如黄豆、花生米，甚至还要大，小至利用显微镜才能观察得到。液体的形态多种，受孔穴或通道的控制。在同一孔穴或通道中可同时存在1个或多个气泡或气泡和黑胆同时存在。神奇的是，当你上下翻转水晶时，气泡会迅速往上跑，犹如流星。水胆水晶可被做成饰品、摆件和观赏石，做成水晶球更好看。特殊品种可作珍品收藏。

（二）黑胆和流沙水晶（Blackwater-drop & Alluvial Quartz）

黑胆和流沙水晶是指一种固态物质存在于水晶结晶时的孔穴或通道中，多为黑电气石微粒、金属硫化物粉末或其集合体，比如毒砂等。黑色胆和流沙密度不同，运动方式也不同。当上下翻转水晶时，黑胆或流沙会迅速往上跑或迅速往下走。当孔穴或通道中有介质时(气体或液体),上下翻转水晶时,黑胆或流沙会慢慢往上或往下移动。有时同一孔穴或通道中,有液体、气泡和黑胆同时存在或液体、黑胆和流沙同时存在。其通道的形态与水胆一样,形态各异。此种水晶可作饰品、摆件、观赏石,特殊品种可作珍品收藏。

(三)发晶、鬃晶(Hair Quartz)

发晶是水晶包裹体重要的一部分。按其所含包裹体矿物不同可分为:电气石(各色电气石和碧玺)发晶、金红石发晶、阳起石发晶、绿帘石发晶、蓝线石发晶、硅线石发晶、石棉发晶等。包裹体粗者称鬃晶。通常呈杂乱无章分布,有时呈网状、平行状、放射状、束状、架状、羽毛状、纤维状、头发状、草状、冰花状等多种形态分布(各种发晶的分布状态参看发晶鉴赏)。其形态的不同对研究水晶的成因有重要意义。

发晶的学名是以水晶中包裹体的矿物来命名的。但目前市场的商业名称是以颜色来称呼的,颜色之不同亦基本表明了包裹体物质的差异。为了适应市场的需要,本文以颜色的不同对发晶进行分类,如棕红一红发晶、黑发晶、绿发晶、金丝黄发晶、褐绿发晶、鬃晶、白发晶一灰白发晶等。

1.棕红发晶、红发晶、鬃晶

组成红发晶、棕红发晶、鬃晶的矿物成分主要为金红石和红、棕色碧玺。呈毛发状、针状、针柱状、柱状、鬃状。其分布形态多样,有网状、平行状、束状、放射状、羽毛状、毛发状、冰花状、草状、杂乱无章分布等。另见棕色发晶与绿发晶同时呈针柱状分布于水晶中,根部为绿色,上部为棕色。棕红发晶多呈网状分布于烟晶、茶晶中。由于其颜色艳丽、造型好,且产量少,所以用其做成首饰如吊坠、手链、项链等深受人们的喜爱。可作珍品收藏。

2.黑发晶

此种发晶比其他颜色的发晶多。组成发晶的主要矿物有金红石、黑电气石。呈针状、柱状、长柱状。多呈架状、束状、放射状、头发状等。可用它做成吊坠、手链、项链、摆件、雕件、鼻烟壶等。

3.绿发晶

组成绿发晶的矿物有阳起石、绿碧玺,少见绿帘石。其中阳起石多呈纤维状、纤维柱状、柱状、草状、冰花状、纤维弯曲状。多呈杂乱无章地分布,常与绿碧玺或与黑电气石一起呈网状分布。绿碧玺多呈针状、柱状直线分布。绿发晶产量比其他颜色发晶少。颜色为绿一翠绿,亮丽。用它做成的首饰如吊坠、手链、项链等,也可用于观赏和收藏。

4.金丝黄发晶

主要由针状、发状金红石组成,也叫维纳斯发晶,多呈杂乱无章地分布或呈网状、鸟巢状、火焰状、烟花状分布。此类发晶一般分布较均匀,透明度颇佳,呈美丽的金丝状,最宜被做成宝石饰品,其产量少,名贵,可作为珍品收藏。

5.褐绿发晶、鬃晶

此类发晶、鬃晶少见,主要组成矿物为褐色、褐绿色碧玺。呈柱状、竹节状,像竹一样逼真。柱晶横裂理发育,有的像青竹丛生,有的像文房四宝中的毛笔。其发晶、鬃晶包裹于茶晶、烟晶中,非常珍稀。可被做成宝石饰品,供珍藏和观赏。

6.白发晶一灰白发晶

此类发晶少见,主要组成矿物为透闪石、硅线石、石棉(灰白色绒状)。呈弯曲的毛发状,分布杂乱无章。可被做成饰物、饰品等。

（四）绿泥石包裹体（Chlorite Inclusion）

绿泥石包裹体在水晶中常见。其形态呈片状、鳞片状、蠕虫状、苔藓状、球状等，多呈集合体出现。常与阳起石发晶、白发晶共生或与红发晶、黄发晶共生。绿泥石包裹体的分布构成很美丽的图案（参考花卉植物和绿泥石篇），绿泥石在清澈透明的白水晶中分布，构成"一清二白"的漂亮图案，特受人们喜欢。也可作吊坠、手链、项链等观赏和收藏。

（五）水晶包裹体（石中石）（Quartz Inclusion）

在水晶中常见有自形、半自形水晶包裹体，即早期形成的水晶被晚期形成的水晶所包裹。一种包裹体是呈自形锥柱状，其颜色各不相同，有红色、灰色、黄色、黑色等（即指两期水晶）；另一种是较早期形成的大小不一、形态各异的水晶包裹体，如塔形、碉堡形、双锥形等。（有关两期水晶和水晶包裹体，参看本章第八节第四鉴赏篇。）

（六）其他矿物包裹体（Other Inclusion）

除上述（一）～（五）包裹体外，在水晶中还见有辉锑矿，呈斜方双锥或纤维状集合体包裹于水晶中，呈灰色、金属光泽。毒砂包裹体普遍存在，呈锡白色—灰黑色，常被氧化而呈黑色，其晶形特殊，集合体呈梯形、横切面三角形，呈肋状排列。在水晶球中毒砂集合体的构成像一排山脉，是很漂亮的观赏石。尖晶石包裹体呈八面体、红色—深红色。石榴石包裹体呈自形晶（五角十二面体）。还有角闪石、绿帘石、碳酸盐矿物、云母、铁的氧化物、氢氧化物（针铁矿、赤铁矿、褐铁矿）以及铁染现象普遍存在。铁染无一定形状，构成多种图案，如鱼、鸟、花草、飞禽、走兽、人物、动物等。次生锰氧化物构成树枝状，造型漂亮。另外，水晶中还含有自然金和自然银，呈树枝状、丝状、网状、片状、粒状等分布，不透明、金属光泽，反光特强、特亮，呈金黄色，称"金石英"。

（七）晕彩—虹彩水晶（Iris Quartz or Rainbow Quartz）

虹彩水晶因水晶内含有一些特殊矿物或微裂隙（可能是天然产生，也可能是人为地加热后突然冷却产生），或内含有一些气、液包裹体，由于光的反射和折射，即干涉光产生虹彩。此种水晶在有光照射时特别漂亮，五彩缤纷，耀眼生辉。据说拿破仑妻子约瑟芬拥有的某件宝石藏品，令人眼花缭乱，就是晕彩石英制成的首饰。

（八）闪光水晶（Arenturine Quartz）

闪光水晶因含有一些发光的矿物包裹体，如赤铁矿、云母等杂质，当光线射入晶体内时，会放出闪亮的光，用它做成首饰或饰物颇为耀眼生辉。

（九）发光水晶（Luminescence Quartz）

发光水晶不同于闪光水晶，它具有强烈的发光现象是因为其内含有磷质矿物，或含有磷离子元素，致使水晶发光，被称为"水晶夜明珠"。

第四节　工艺要求

对于不同种类的水晶有不同的工艺要求。对无色水晶的要求：透明洁净、清澈，可作为压电原材料、饰品等。对有色水晶的要求：色浓艳、鲜艳，色均匀且透明度好，透明—半透明，杂质少，可作饰品、雕件、摆件等。对发晶的要求：清晰、色艳，作首饰、饰品、吊坠、摆件等。对水胆水晶的要求：水胆越大越好，明显摆动、流动通畅，可作首饰、吊坠、摆件、水晶球、观赏收藏等。

第五节　鉴别

一、天然水晶与改色水晶、合成水晶的鉴别

（1）天然无色水晶与合成水晶的区别：天然水晶中常含有气、液、固态或矿物包裹体；而合成水晶一般较纯净，且晶体中心有子晶晶核。

（2）天然紫晶与合成紫晶的区别：天然紫晶的颜色常分布不均匀，常有双晶构成的片状构造即“布鲁斯特干涉条带”和平行晶面的色带；而合成紫晶，一般颜色较均匀，在显微镜下可见“流状模样”的特殊结构，常有三角形或近三角形的浓紫—深紫色、紫红色的斑点分布。这在切磨好的戒面中常可见到。未切磨之前，还可见到子晶晶核。

（3）天然有色水晶与改色有色水晶的区别：黄晶可由烟晶、紫晶、无色水晶加热或辐射而成。经过改色的水晶有紫色、蓝色和橙黄色。改色的有色水晶其颜色均一、不稳定，如条件改变可褪色，但保留原紫晶或烟晶中的条带结构；天然有色水晶，颜色不均匀、色稳定，常含有气、液、固态包裹体或矿物包裹体。

二、天然水晶与相似（外貌）矿物的鉴别

天然水晶与相似（外貌）矿物的鉴别包括天然无色水晶与白色黄玉的鉴别，天然无色水晶与纯白海蓝宝石的鉴别，天然无色水晶与白色碧玺的鉴别，天然紫晶与紫色碧玺的鉴别，天然紫晶与紫色方柱石的鉴别，天然紫晶与锂辉石的鉴别，具体方法可见表1-1。

表1-1 天然水晶与相似(外貌)矿物的鉴别

矿物名称	化学式	晶系	晶形	颜色	摩氏硬度	相对密度	解理	断口	光泽透明度	光性	折射率、双折率
无色、白色水晶	SiO_2	三方晶系 假六方晶系	锥柱状，假六方双锥，三方偏方面体，柱面具横纹	无色 白色	7	2.58～2.66	无	贝壳状	玻璃光泽 油脂光泽 透明—半透明	一轴晶 (+)	Ne=1.553 No=1.544 0.013
白黄玉	$Al_2SiO_4(F\cdot OH)_2$	斜方	斜方柱状，锥柱状，短柱状，柱面具纵纹	白色	8	3.50～3.57	底面解理发育		玻璃光泽 透明—半透明	二轴晶 (+)	Ng=1.617～1.638 Nm=1.610～1.631 Np=1.607～1.630
纯白海蓝宝石	$Be_3Al_2(Si_6O_{18})$	六方晶系 假六方双锥晶类	长柱状，六方柱状，柱面常具纵纹	无色 白色	7.5～8	2.65～2.75	解理不清楚	贝壳状 参差状	玻璃光泽 透明—半透明	一轴晶 (−)	No=1.568～1.602 Ne=1.564～1.595 0.005～0.009
白碧玺 紫碧玺	$XR_3Al_6B_3Si_6O_{27}(OH)_4$ X=Na，Ca R=Mg，Fe，Li，Cr，V	三方晶系 复三方柱晶类	复三方柱状，柱状晶体，端部呈球面三角形，柱面具纵纹	无色 白色 紫色	7～7.5	3.02～3.26	无	贝壳状	玻璃光泽 透明—半透明	一轴晶 (−)	No=1.63～1.69 Ne=1.61～1.66 0.021～0.045
紫晶	SiO_2	三方晶系 假六方晶系	复三方偏方面体晶类，假六方双锥，锥柱状，柱面有横纹	紫色	7	2.58～2.66	无	贝壳状	玻璃光泽 油脂光泽 透明—半透明	一轴晶 (+)	Ne=1.553 No=1.544 0.013
方柱石	$Na_4Al_3Si_9O_{24}Cl-Ca_4Al_6Si_6O_{24}(CO_3,SO_4)$	四方晶系	柱状，有时有双锥面	紫色	5～6	2.57～2.74	沿柱面解理完全(100)(110)	贝壳状 参差状	玻璃光泽 解理面珍珠光泽 透明—半透明	一轴晶 (−)	No=1.550～1.568 Ne=1.540～1.548 0.017
锂辉石	$LiAl(Si_2Q_6)$	单斜晶系	短柱状，平面(100)的板状，晶面上具纵纹	紫色	6.5～7	3.03～3.22	(110)解理完全 (110)及(110)二组解理	参差状	玻璃光泽 透明—半透明 多半透明	二轴晶 (+)	Ng=1.662～1.679 Nm=1.655～1.669 Np=1.651～1.661 0.016

第六节 用途及品质要求

根据水晶的特性，其用途和品质要求如下：

一、工艺用水晶

工艺用的无色水晶要求纯净、透明度好。有色水晶要求颜色鲜艳、色均匀。发晶要清晰，水胆要明显。可被制成吊坠、手链、项链、耳坠、胸针、雕件、工艺品、手表壳、摆件、观赏石等。

二、光学用水晶

光学用水晶要求洁净、无杂质、无双晶、无裂、透明、具有透过红外线及紫外线的性能。可被制成光学仪器、各种透镜、眼镜等。

三、压电用水晶

压电用水晶要求结晶体无杂质、无裂痕、无双晶、有压电效应。可被制成石英谐振器、滤波器、超声波发生器和各种测压仪器等。

四、工业用水晶

工业用水晶可制成熔炼水晶或石英玻璃、石英管，在国防工业、冶金工业及电器工业上得到了广泛应用。只要求成分纯即可，其他如裂隙、双晶等无影响。

第七节 产状与产地

一、产状

水晶产于伟晶岩晶洞中或伟晶岩核部，也产于火山熔岩、暗玢岩晶洞中，或火成岩与碳酸盐岩的接触带中(矽卡岩中)以及矿脉中。产于爆发角砾岩筒中的水晶少见。有的水晶也产于冲积型砂矿床中。

二、产地

(1)无色水晶的产地遍布于世界各地。主要产出国有巴西、瑞士、匈牙利、马达加斯加、美国、日本、印度和中国。

中国主要水晶产地有江苏东海县、海南羊角岭、新疆、内蒙、山东、广东、湖南、贵州、四川、云南、甘肃、河南等。

值得一提的是,江苏东海县这个闻名遐迩的"水晶之乡",有一座水晶专业市场(1992年建成),被誉为"今日东海水晶宫"。这里有上千个商铺,是集加工、销售、科研、观赏为一体的综合性大型市场。不仅有东海的水晶原料及成品,国内外的水晶也源源不断地涌进该市场。

海南省羊角岭的水晶,产于花岗闪长岩有关的矽卡岩带内。仅在面积为0.2km^2、深度为0~150m的范围内,就产压电水晶近百吨,熔炼水晶2 000t以上,被誉为全世界优质水晶最富集的矿区。

(2)紫水晶:产于巴西、乌拉圭、前苏联(乌拉尔山脉)的紫水晶又称西伯利亚紫晶,带红色色调;加拿大紫晶则呈紫色;马达加斯加产优质暗紫红色紫水晶。紫水晶主产地还有斯里兰卡、墨西哥、美国、德国、澳大利亚、伊朗、印度、日本、赞比亚、纳米比亚、德兰士瓦(南非)和中国等。

中国紫晶产于山西繁峙县的火山爆发角砾岩岩筒中,为优质紫晶。其次有山东、江苏、新疆、内蒙古、广东等。

(3)黄晶产地:最佳优质黄晶来自巴西、米纳斯热赖斯、马达加斯加,其次为乌拉圭、前苏联(乌拉尔山脉)、西班牙、美国、匈牙利。

(4)烟晶产地:苏格兰(凯恩高姆山脉)、锡兰、西班牙、瑞士(阿尔卑斯山)和美国(缅因州新罕布什尔和科罗拉多州的Pike的Peak地区),其次还有巴西、马达加斯加、前苏联和中国。

中国烟晶产于新疆伟晶岩中,最大的墨晶晶体达数十千克。褐色水晶、棕色水晶、灰棕色水晶、黑水晶也产于此地区。江苏东海也盛产烟—茶晶。

(5)白色、乳白色水晶产于西伯利亚、巴西、马达加斯加、美国、纳米比亚和欧洲的阿尔卑斯山脉。

(6)发晶分布在马达加斯加、巴西、南非、印度、斯里兰卡、德国、瑞士和中国。

江苏东海有各种发晶,尤以绿发晶和绿幽灵著名。

(7)芙蓉石,产于伟晶岩核部,著名的产地有巴西、非洲西南部、马达加斯加、美国(缅因州和科罗拉多州)、西班牙、日本、印度、前苏联、德国和瑞士(阿尔卑斯山脉)。中国新疆产星光和猫眼石英(淡粉色芙蓉石)。巴西产星光和猫眼芙蓉石。

第八节 水晶鉴赏

一、观赏石的概念及赏石的价值

关于观赏石的概念,目前尚无统一的定义。1994年杨遵仪、袁奎荣等专家将观赏石定义为广义观赏石和狭义观赏石。广义观赏石指"凡具有观赏、玩味、陈列、装饰价值，能使人感官产生美感、舒适感、联想、激情的一切自然形成的石体"，包括宏观和借助于显微镜观察到的五彩缤纷的微观世界。狭义观赏石，除具广义观赏石的内容外，还有八个特点，即天然性、奇特性、稀有性、科学性、艺术性、可采性、区域性和商品性。2004年刘志成先生提出"观赏石是自然界中具有审美价值和文化内涵的供人把玩的自然矿物集合体。"

卢保奇先生提出观赏石必须具备"内容美、色彩美、形态美、装饰美和神韵美"五个条件。

关于赏石，笔者在观察水晶的整个过程中，深深体会到赏石必须要静心面石、用心悟石、细心察石，从不同角度去观察、去搜索，仔细推敲、反复琢磨，同时要有敏锐的观察力和丰富的想象力，以寻找与赏石色调、画面、形态有关的实体。有些赏石看起来似像非像，具象抽象，但若给以恰当的命名，便能使抽象变得具体。

大自然给我们创造了绚丽多彩的世界。那千姿百态的发晶，各种包裹体隐藏在晶体中，构成一幅幅画面，形象栩栩如生，有的藏头露尾，有的穿云破雾，有的丽日当空，有的烟雨蒙蒙，充满了诗情画意，妙趣横生。小小赏石能观万象情。风姿万千，气韵无限，使人赏心悦目，心旷神怡，犹如在大自然中遨游一样，身临其境。如果你用慧眼去看它，你会发现其中的奥妙，感受到它的真、奇、美、妙，从而得到艺术的享受，提高美学水平。赏石是一种艺术，能引人思索，给人以启迪，让我们领悟到自然万物的深邃，从而增长智慧，感知人与自然和谐统一的美。因而，赏石不但有观赏价值，而且有研究价值、经济价值和收藏价值。一块水晶和一个水晶吊坠或挂件，可能值几元、数十元或数百元，但如果一个水晶吊坠或一个水晶体内含有物像如人物、动物或鱼虫、花草、飞禽走兽，甚至是一座山、一座宝塔的形象，那么其价值可能升至几十倍、几百倍、甚至上千倍。如有奇特景象，可成为稀世珍宝，流传世家，甚至比一块高档翡翠还值钱。而且佩戴水晶有祛火解热之功能，能净化四周负性能量，消解电器的辐射。

一幅名画或古代名画可能价值几百万，甚至上千万，然而在水晶里经过6 700万年到40亿年形成的一幅幅天然美丽的图画，有的画面甚至连画家都想象不出来，它们的价值几何就可想而知了。

二、水晶鉴赏分类

观赏石是自然界中形成的有观赏价值的天然艺术品。下面将以水晶矿物晶体及其饰品的鉴赏作为本篇的重点。笔者通过宝石显微镜（部分宏观）观察了千余个样品，其中选出了389张水晶精品照片，以丰富详实的资料全面系统地介绍了水晶。本篇以鉴赏水晶的角度，为读者展示水晶的奇妙。

水晶本以无瑕洁净，透明，色丽者为优，然而一定量的机械混入物或包裹体的存在，在不影响其透明度时，它会增添新鲜色彩或展现新颖造型。水晶鉴赏源自于晶体内部的包裹体，在水晶内部的大千世界里，其包裹体种类繁多，内容丰富多彩，形态千姿百态。

根据所观察到的内容，综合归纳为不同篇：

1.水晶晶形鉴赏篇

2.水胆、黑胆、流沙水晶鉴赏篇

3.发晶鉴赏篇

4.两期水晶、石中石（水晶）和其他矿物包裹体鉴赏篇

5.虹彩—晕彩水晶鉴赏篇

6.人物鉴赏篇

7.动物鉴赏篇

8.景物鉴赏篇

9.花卉植物和绿泥石包裹体鉴赏篇

10.水晶标本(各色水晶、发晶、幽灵)鉴赏篇

11.摆件、饰品鉴赏篇

1.水晶晶形鉴赏篇

1)无色水晶晶形

(注:所列水晶产自贵州)

图1-8-1　多粒无色水晶

图1-8-2　无色水晶(假六方双锥晶体,20mm×7mm×7mm)

图1-8-3　无色水晶(六方双锥晶体,属高温变体,16mm×12mm×10mm)

图1-8-4　无色水晶(三方偏方面体晶类,23mm×12mm×11mm)

图1-8-5　无色水晶(聚形晶,13mm×12mm×10 mm)

图1-8-6　无色水晶(双晶,16mm×12mm×9mm)

图1-8-7　无色水晶(双晶,12mm×12mm×9 mm)

图1-8-8　无色水晶(假六方双锥连晶,22mm×13mm×8 mm)

图1-8-9　无色水晶(假六方双锥嵌晶,23mm×8mm×7mm)

图1-8-10　无色水晶(三方偏方面体晶类,含嵌晶,20 mm×12 mm×11 mm)

图1-8-11　无色水晶(其主体为三方偏方面体晶类,含锥柱状嵌晶,20mm×14mm×8mm)

图1-8-12　无色水晶(膝状双晶,其膝部有嵌晶,27mm×13mm×13mm)

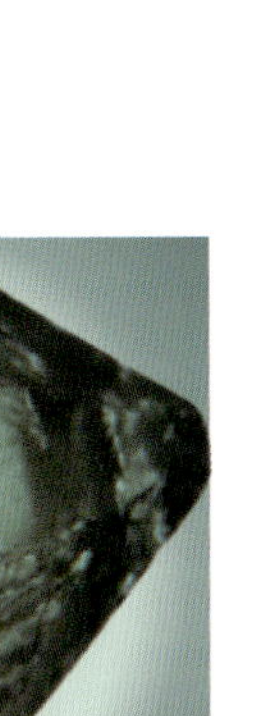

图1-8-13 无色水晶（嵌晶，24mm×17mm×15mm）

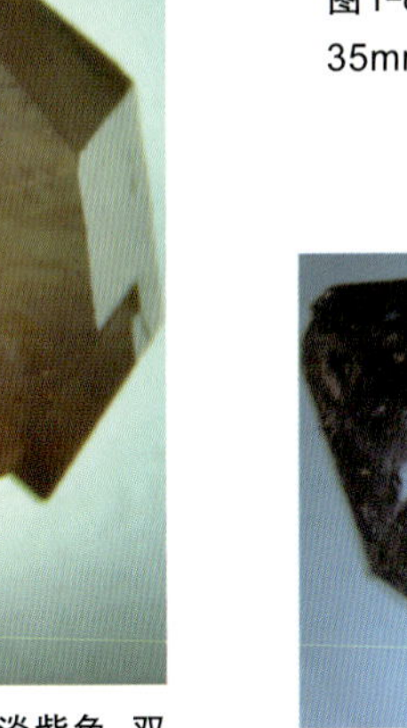

图1-8-14 无色水晶（尖部呈淡紫色，双晶，似蘑菇状，21mm×16mm×15mm）

图1-8-15 无色水晶（双晶，含梅花形嵌晶，21mm×17mm×10mm）

图1-8-16 无色水晶（聚晶，含嵌晶，29mm×20mm×17mm）

图1-8-17 无色水晶（具有晶面横纹，35mm×15mm×14mm）

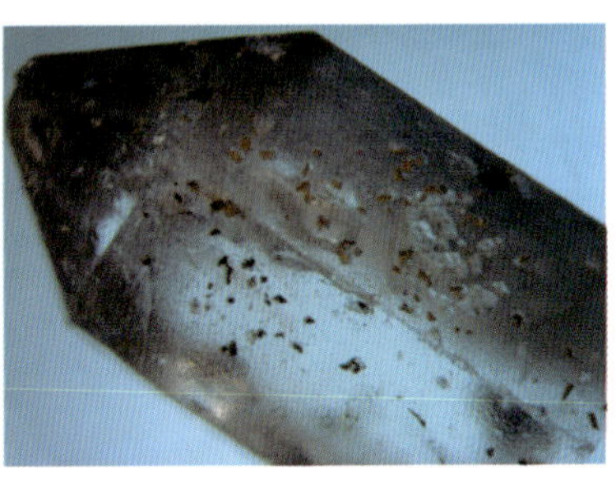

图1-8-18 无色水晶（含晶面蚀坑，40mm×14mm×14mm）

图1-8-19 无色水晶（其晶面蚀纹呈竹叶状，48mm×10mm×10mm）

2）紫色水晶晶形

（注：所列水晶产自内蒙古）

图1-8-20 多粒紫晶

图1-8-21 紫晶（二色水晶，其尖部为紫色，底部为无色，16mm×11mm×9mm）

图1-8-22 二色水晶（在其紫色部分有一无色水晶嵌晶，在其无色部分有针状金红石包裹体，17mm×14mm×8mm）

图1-8-23 淡紫晶(聚形晶，三方偏方面体聚晶)

图1-8-24 紫晶(其双晶以不同方式生长在一起，12mm×8mm×7mm)

图1-8-25 淡色紫晶(三方偏方面体聚形晶，26mm×14mm×10mm)

图1-8-26 紫晶(巴西双晶，16mm×10mm×9mm)

图1-8-27 紫晶(锥柱状连晶、双晶，色带明显，21mm×14mm×10mm)

图1-8-28 紫晶(锥柱状双晶、连晶，17mm×16mm×15mm)

图1-8-29 紫晶(其主体底部有多个无色小水晶体)

图1-8-30 紫晶(在根部有两个连生无色水晶体，16mm×9mm×8mm)

图1-8-31 紫晶(其虹彩构成图案“烟花”，19mm×17mm×11mm)

3）黄色水晶形晶

图1-8-32 黄水晶(其根部为无色水晶，30mm×20mm×14mm）

图1-8-33 黄水晶（锥柱状晶体，具晶面横纹，34mm×24mm×14mm）

图1-8-34 黄水晶（呈自形晶嵌在无色水晶体上，22mm×15mm×8mm）

2.水胆、黑胆、流沙水晶鉴赏篇

1）水胆

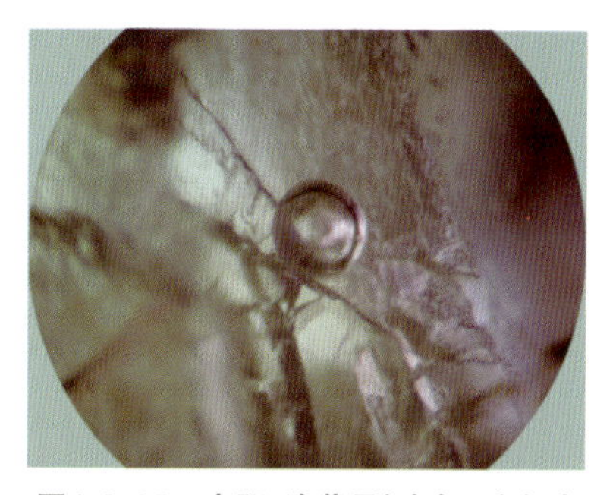

图1-8-35 水胆-淡紫晶（含气、液包裹体，气泡在液体中可游动，35mm×27mm×20mm）

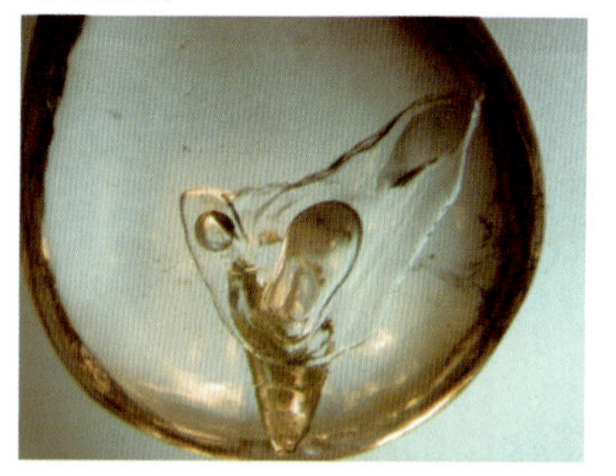

图1-8-36 水胆水晶[含近三角形孔穴，该孔穴中的气体以不同形状（圆形和鞋底形）在液体中游动，5mm×20mm×10mm]

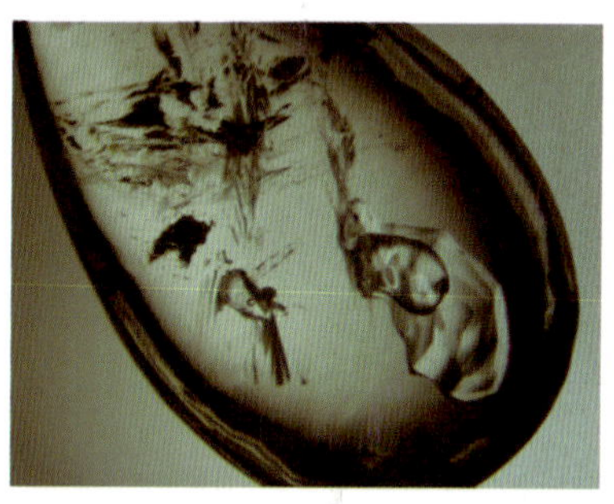

图1-8-37 水胆-无色水晶（在其孔穴中有腰果形气泡在液体中游动，28mm×16mm×8mm）

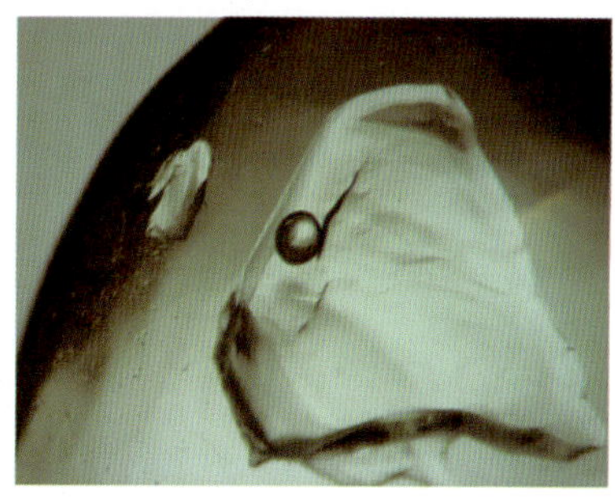

图1-8-38 水胆-无色水晶（在其孔穴中有气泡在液体中游动，22mm×15mm×8mm）

图1-8-39 水胆-无色水晶（其孔穴中有气泡在液体中游动）

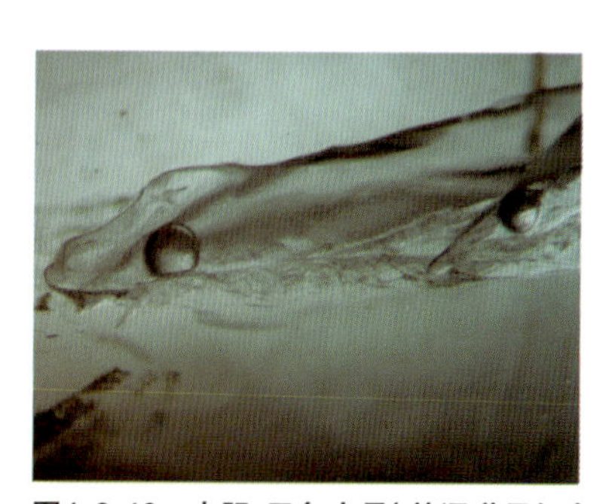

图1-8-40 水胆-无色水晶（其通道呈鳄鱼形，气泡在液体中游动，37mm×24mm×15mm）

图1-8-41 水胆-无色水晶（在其中某一孔穴中含有两个可游动的气泡，22mm×18mm×12mm）

2）黑胆、流沙

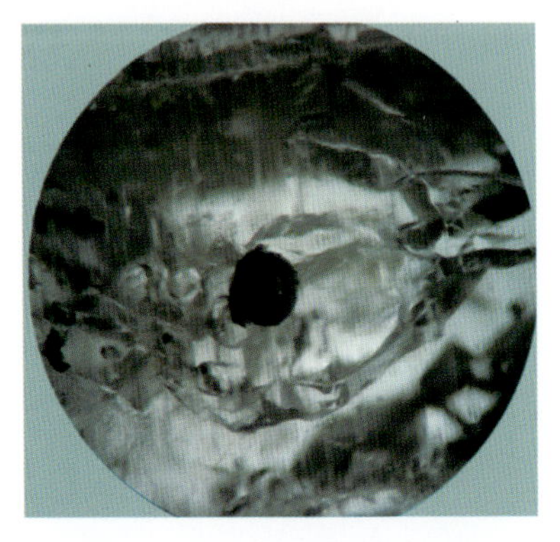

图1-8-42　黑胆-淡紫晶[含有三相（气、液、固态）包裹体，在液相中有可游动的气泡和可游动的黑胆，41mm×17mm×13mm]

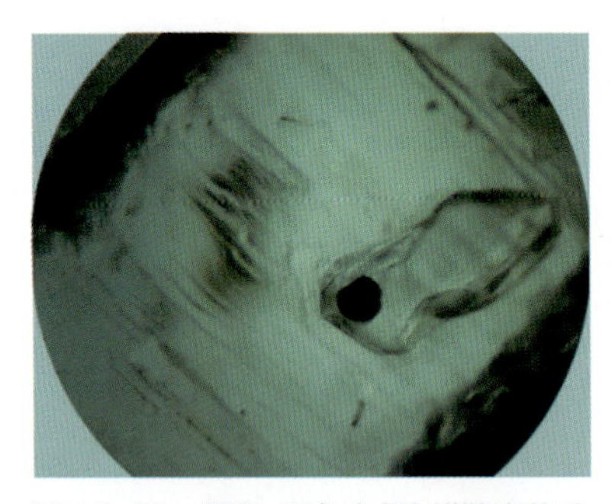

图1-8-43　黑胆-无色水晶（其鞋底状孔穴中有可游动的黑胆，25mm×15mm×10mm，产自云南）

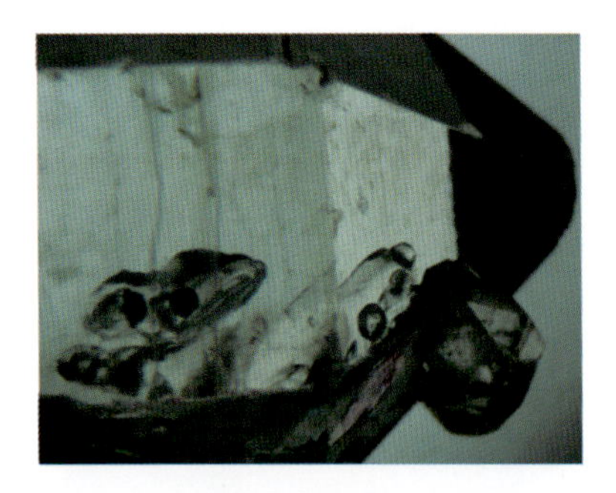

图1-8-44　黑胆、水胆（在无色水晶中含有多个可游动的气泡和黑胆，20mm×11mm×9mm，产自云南）

图1-8-45　流沙-淡烟晶[其孔穴中含有黑色矿物（电气石、毒砂或碳质）包裹体，翻动水晶时包裹体像流沙一样移动，38mm×28mm×28mm，产自云南]

3.发晶鉴赏篇

1）棕红、红发晶

图1-8-46　棕红发晶-茶晶吊坠（其发晶由棕红色碧玺组成，呈网状分布，25mm×20mm×7mm）

图1-8-47　棕红发晶-茶晶吊坠（其发晶由棕红色碧玺组成，呈网状分布，25mm×20mm）

图1-8-48　棕红发晶-淡茶晶吊坠（含棕红色碧玺包裹体，呈网状分布，27mm×16mm×4mm）

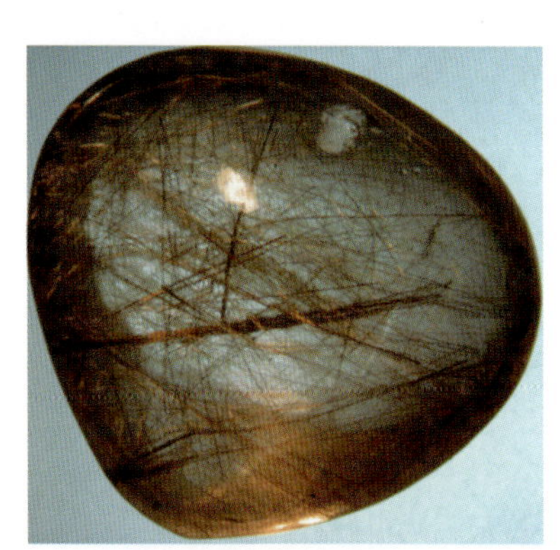

图1-8-49　映淡红水晶吊坠（其红发晶由金红石组成，呈针状、毛发状杂乱分布，16mm×15mm×9mm）

图1-8-50　棕红发晶-无色水晶吊坠（其棕红色碧玺包裹体呈束状分布，28mm×18mm×7mm）

图1-8-51　棕红发晶-无色水晶吊坠（棕红色碧玺呈束状、网状分布，27mm×11mm×7mm）

图1-8-52　棕红发晶-淡茶晶吊坠（棕红色碧玺呈羽毛状分布，在主体上长出许多更细的碧玺，16mm×17mm×8mm）

图1-8-53　棕红发晶-水晶吊坠（棕红色碧玺呈束状、放射状分布，27mm×19mm×10mm）

图1-8-54　棕红发晶、鬃晶-淡茶晶吊坠（棕红色碧玺近平行分布，16mm×15mm×8mm）

图1-8-55　棕红发晶、鬃晶-水晶吊坠（棕红色碧玺平行分布，18mm×12mm×7mm）

图1-8-56　棕红发晶-淡茶晶吊坠（在主体发晶上长出许多绒毛状发晶，酷似羽毛，32mm×22mm×12mm）

图1-8-57　红发晶-茶晶吊坠（发晶呈草状分布，30mm×23mm×13mm）

图1-8-58　红发晶-无色水晶摆件（“元宝”，红发晶呈束状、草状分布，25mm×15mm×14mm）

图1-8-59　红发晶、鬃晶-水晶珠（发晶、鬃晶杂乱分布，12mm×8mm）

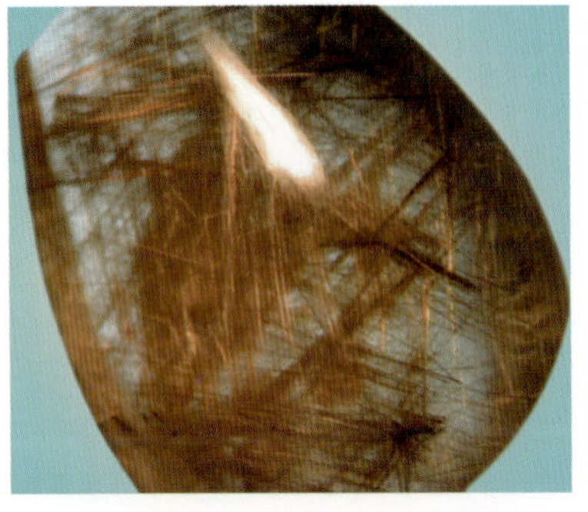

图1-8-60　红发晶-茶晶吊坠(红发晶杂乱分布,28mm×18mm×10mm)

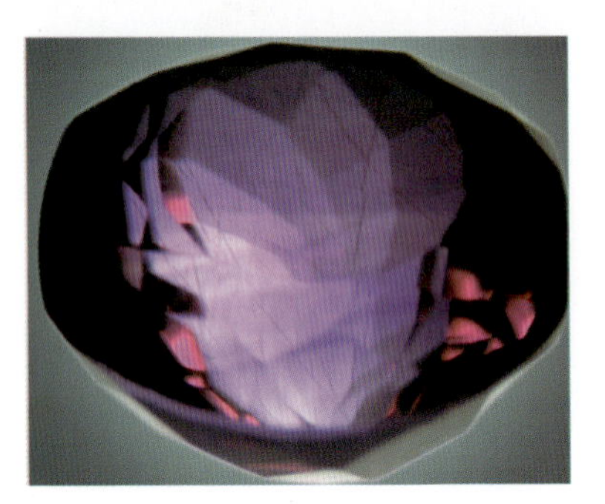

图1-8-61　红发晶-紫晶戒面(吊坠)(红发晶由金红石组成,呈针状分布,直径为14mm)

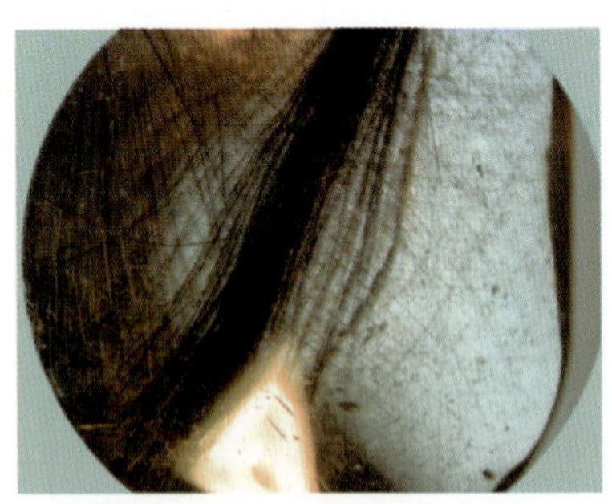

图1-8-62　灰红、灰棕色发晶-烟晶吊坠(发晶呈头发状分布,30mm×24mm×15mm)

图1-8-63　黄棕-金丝黄棕发晶吊坠(发晶呈头发状分布,20mm×14mm×7mm)

2)黑发晶

图1-8-64　黑发晶-淡烟晶吊坠(发晶由黑电气石组成,呈架状分布,17mm×17mm×7mm)

图1-8-65　黑发晶-无色水晶吊坠(黑发晶呈针状、架状分布,23mm×16mm×10mm)

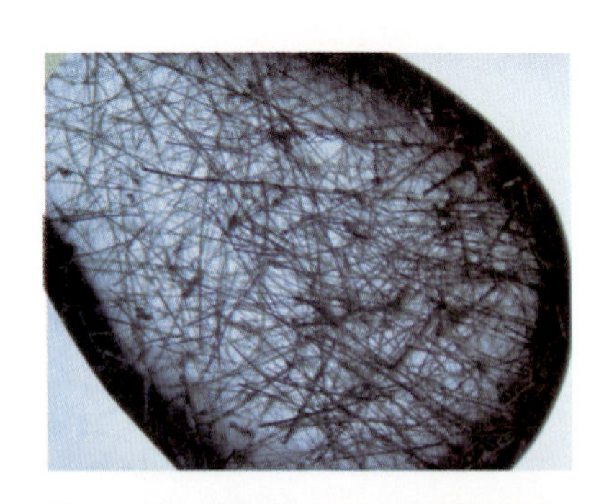

图1-8-66　棕黑发晶-无色水晶吊坠[发晶(黑电气石)杂乱分布,26mm×17mm×11mm]

图1-8-67　黑发晶-水晶晶体(发晶由辉锑矿组成,呈肋状、羽毛状分布,70mm×22mm×16mm)

图1-8-68　黑发晶-无色水晶吊坠(发晶由黑色电气石组成,呈放射状、球粒放射状分布,32mm×23mm×12mm)

图1-8-69　黑绿发晶、鬃晶-映绿水晶吊坠(由黑绿色碧玺组成,呈针柱状杂乱分布,19mm×14mm×7mm)

3）绿发晶

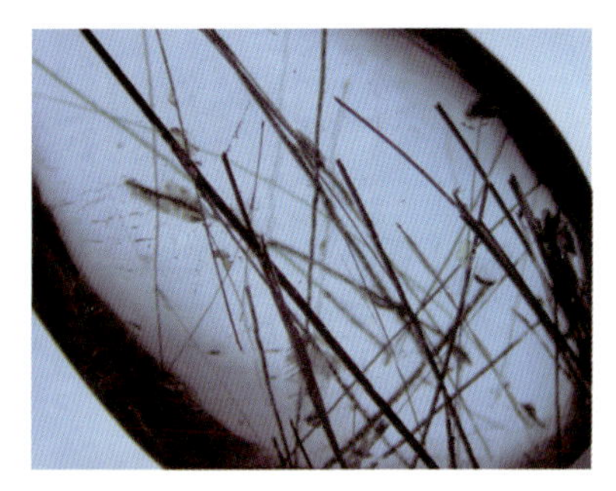

图1-8-70 二色碧玺发晶、鬃晶-淡烟晶吊坠（发晶和鬃晶由棕色和绿色碧玺组成，29mm×19mm×11mm）

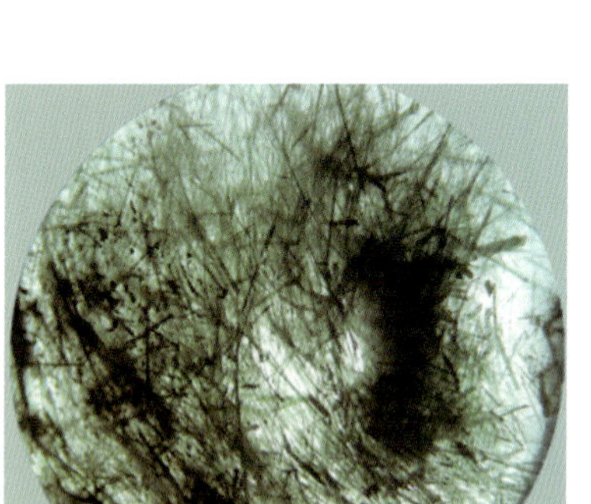

图1-8-71 绿发晶-映绿水晶吊坠（绿色碧玺和阳起石杂乱分布，23mm×19mm×11mm）

图1-8-72 绿发晶-映绿水晶吊坠（绿碧玺呈网状分布，24mm×18mm×11mm）

图1-8-73 绿发晶-映绿水晶吊坠（绿碧玺呈针柱状杂乱分布，26mm×16mm×10mm）

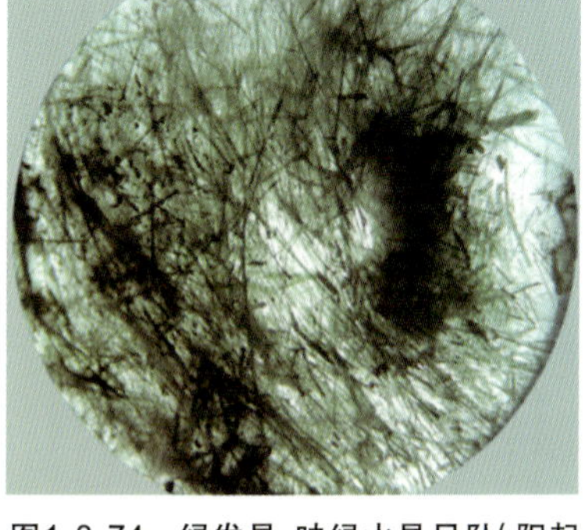

图1-8-74 绿发晶-映绿水晶吊坠（阳起石杂乱分布，35mm×25mm×7mm）

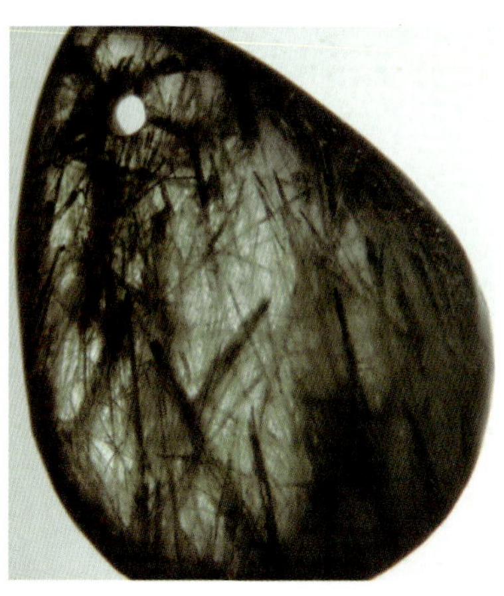

图1-8-75 绿发晶-映绿水晶吊坠（阳起石杂乱分布，14mm×11mm×6mm）

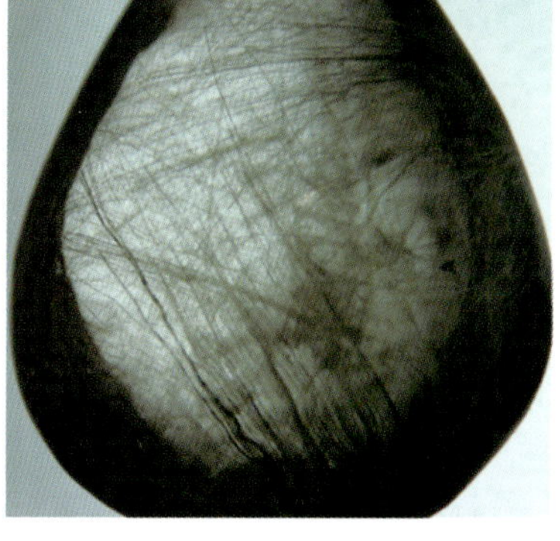

图1-8-76 灰绿发晶-淡茶晶吊坠（发晶杂乱分布，由绿碧玺和阳起石组成，22mm×17mm×12mm）

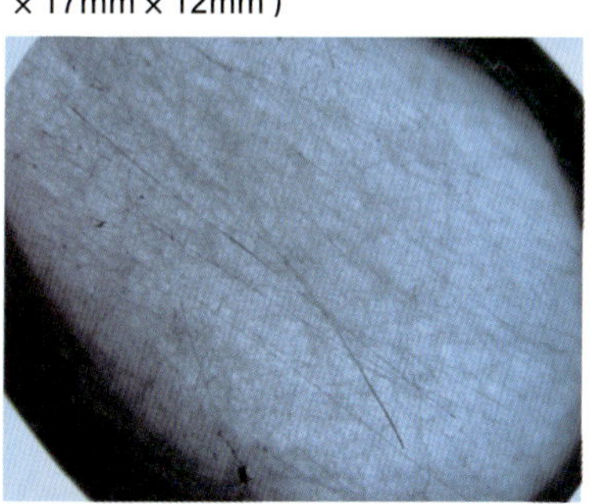

图1-8-77 毛发晶-水晶吊坠

4）金丝黄发晶

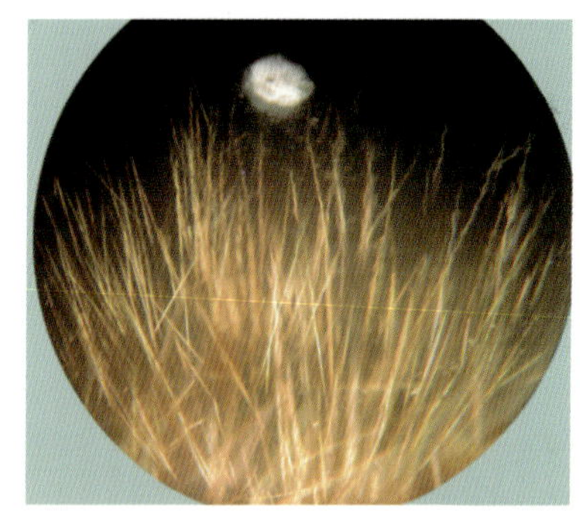

图1-8-78 金丝黄发晶-水晶球（金红石呈烟花状分布，直径为23.5mm）

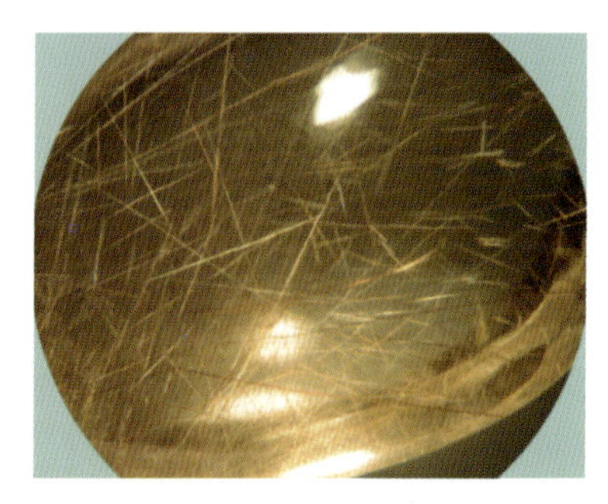

图1-8-79 金丝黄发晶-水晶吊坠（金红石杂乱分布，38mm×26mm×15mm）

图1-8-80 金丝黄发晶-映淡黄水晶挂件（金红石杂乱分布，32mm×22mm×15mm）

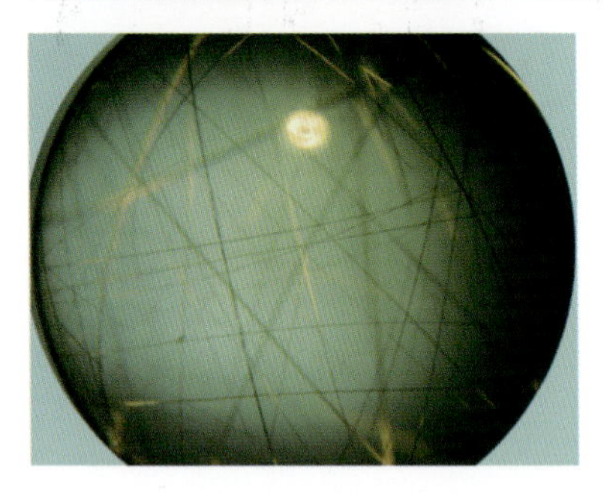

图1-8-81 金丝黄发晶-水晶球（金红石杂乱分布，直径为19mm）

5）褐绿发晶、鬃晶

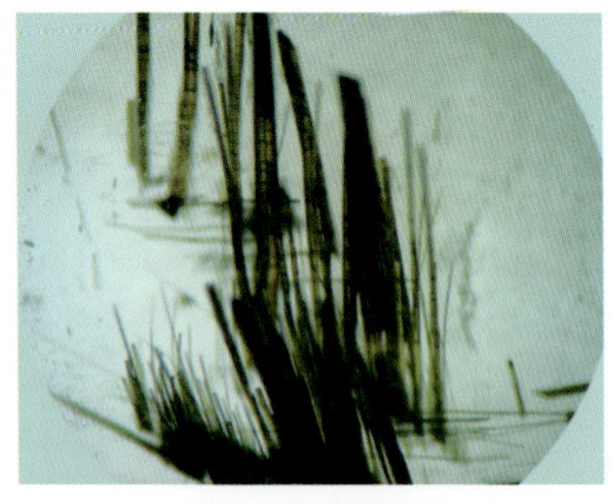

图1-8-82 褐绿发晶、鬃晶-茶晶吊坠（褐绿色碧玺横裂理发育，构成图案"绿竹清幽"，33mm×18mm×7mm）

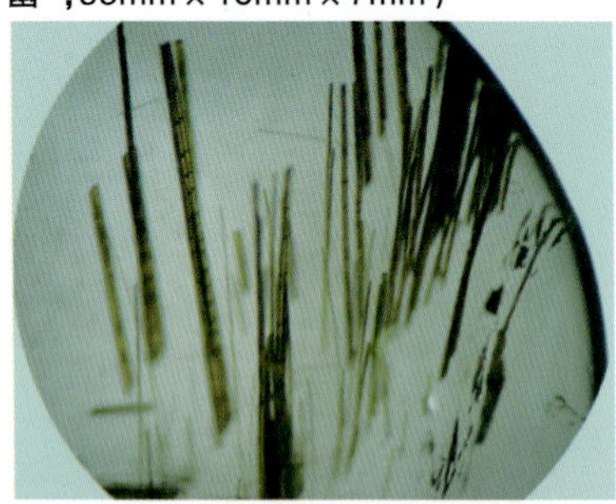

图1-8-83 褐绿发晶、鬃晶-茶晶吊坠（褐绿碧玺二色性明显，横裂理发育，呈竹节状，33mm×18mm×7mm）

图1-8-84 棕色鬃晶-烟晶吊坠（棕色电气石呈放射状、晶簇状分布，23mm×19mm×11mm）

6）白—灰白色发晶

图1-8-85 白发晶-水晶吊坠（透闪石发晶杂乱分布，25mm×14mm×10mm）

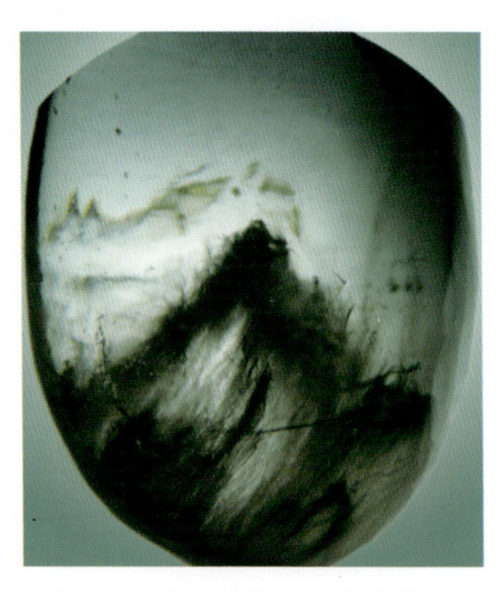

图1-8-86 灰白绒发晶-无色水晶吊坠（由透闪石、石棉组成，28mm×14mm×14mm）

4.两期水晶、石中石（水晶）和其他矿物包裹体鉴赏篇

1）两期水晶

图1-8-87 两期水晶晶簇[第一期为铁染粉红色水晶（内），第二期为无色水晶（外），34mm×20mm×6mm]

图1-8-88 两期水晶[第一期为铁染粉红色水晶（内），第二期为无色水晶（外），43mm×33mm×17mm]

图1-8-89 两期水晶[第一期为红色水晶（内），第二期为无色水晶（外），27mm×16mm×12mm]

图1-8-90 两期水晶[第一期为水晶呈灰白色并见风化黑点(内),第二期为烟色水晶(外),28mm×23mm×18mm]

图1-8-91 两期水晶[第一期为水晶锥面上三面呈灰紫色、一面呈白色(风化物),第二期为无色水晶包在外面,27mm×18mm×12mm)

图1-8-92 两期水晶(主晶内为灰色,外为无色,嵌晶内为红色,外为无色,32mm×20mm×19mm)

2)石中石(水晶)和其他矿物包裹体

图1-8-93 石中石-无色水晶吊坠(铁染褐黑色自形水晶体被包裹在无色水晶中,17mm×16mm×11mm)

图1-8-94 石中石-茶晶吊坠(在茶色水晶中有铁染红色水晶体构成图案“石中红塔”,24mm×15mm×12mm)

图1-8-95 石中石-茶晶挂件(铁染褐红色自形水晶体被包裹于茶晶中,茶晶具条带结构,33mm×10mm)

图1-8-96 石中石-水晶晶体(无色水晶中包裹有自形晶水晶体,构成图案“芭蕉扇”,24mm×15mm×12mm,产自贵州)

图1-8-97 石中石-茶晶晶体(茶晶中有水晶包裹体,39mm×15mm×12mm,产自贵州)

图1-8-98 石中石-水晶晶体(自形嵌晶水晶被包裹于大水晶体中,22mm×12mm×9mm,产自贵州)

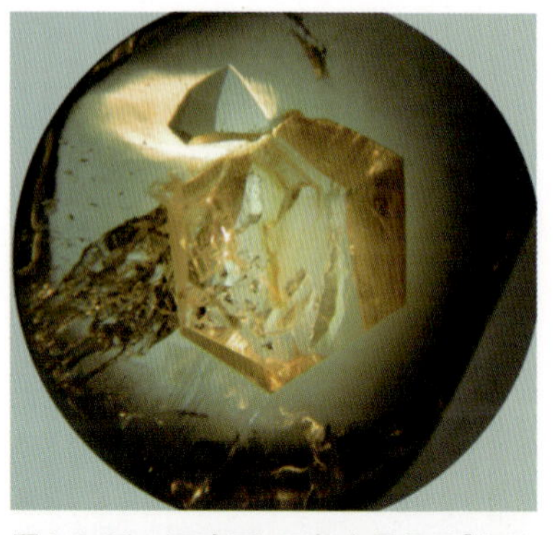

图1-8-99　石中石-无色水晶吊坠[自形晶水晶横切面(六边形)被包裹于水晶体中，29mm×26mm×13mm]

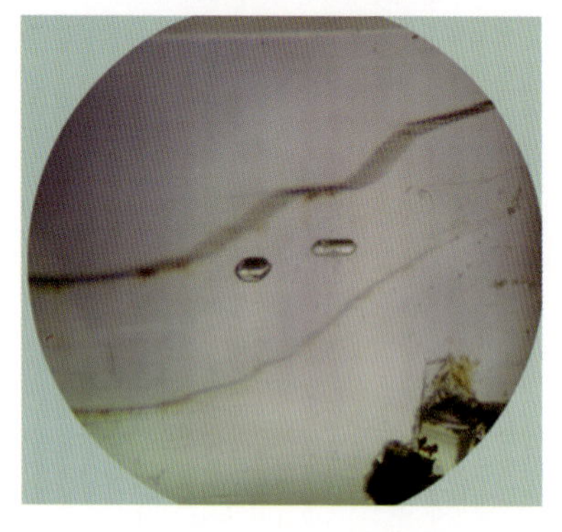

图1-8-100　石中石-淡紫晶晶体(两个自形晶小水晶体被包裹于紫晶中)

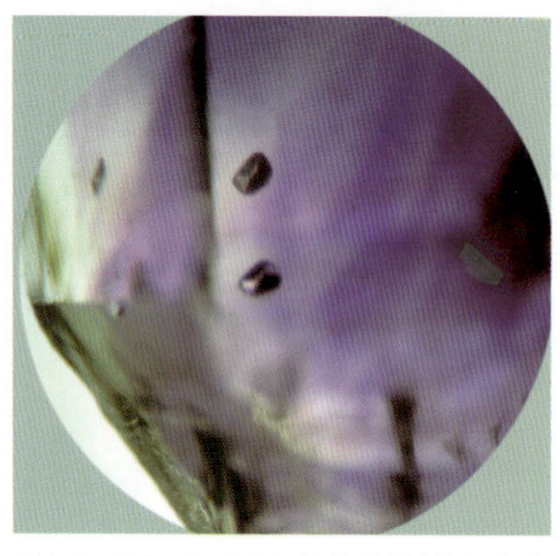

图1-8-101　石中石-紫晶晶体[紫晶中有两个小紫晶体(自形晶)包裹体，产自内蒙古]

图1-8-102　茶晶吊坠[含尖晶石(红色)包裹体，28mm×17mm×10mm]

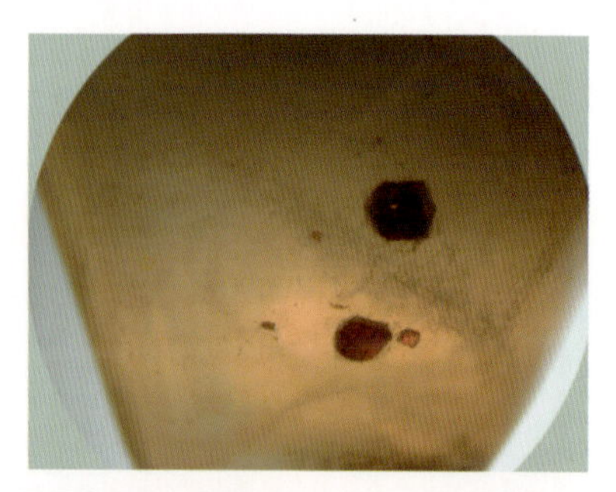

图1-8-103　茶晶吊坠(含石榴石包裹体，21mm×32mm)

图1-8-104　烟晶吊坠(绿碧玺包裹体横裂理发育，呈竹节状，30mm×20mm×10mm)

图1-8-105　水晶吊坠(灰绿色碧玺发晶二色性明显，绿泥石为黑色球形包裹体)

图1-8-106　无色水晶吊坠(含碧玺发晶和球形绿泥石包裹体，17mm×16mm×8mm)

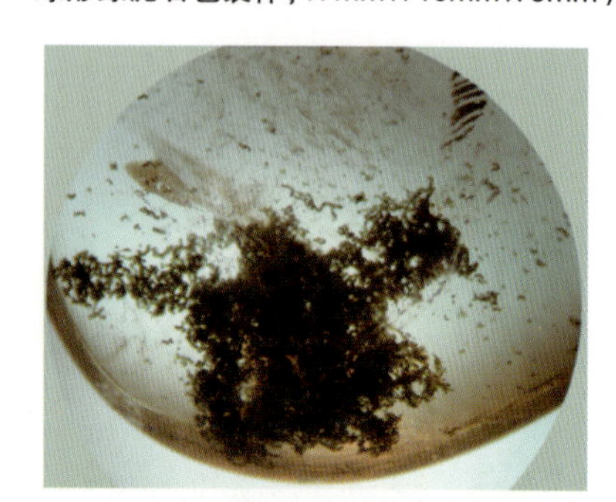

图1-8-107　水晶吊坠(含绿泥石包裹体，21mm×14mm×8mm)

图1-8-108　无色水晶吊坠(含方解石、辉锑矿包裹体，10mm×25mm)

图1-8-109　无色水晶吊坠(含辉锑矿包裹体，构成图案“巴厘岛”，30mm×16mm×10mm，产自广东怀集)

图1-8-110 无色水晶吊坠(含辉锑矿包裹体,22mm×12mm×8mm,产自广东怀集)

图1-8-111 烟晶晶体(自然金呈网状分布,反光下呈亮金黄色,32mm×28mm×17mm)

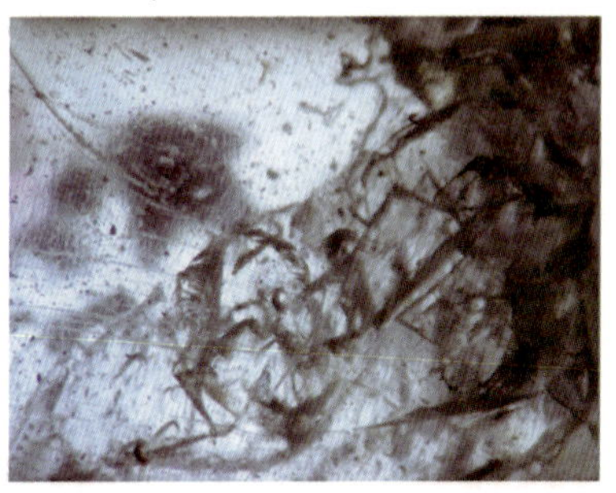

图1-8-112 烟晶晶体(透光下呈黑色,自然金呈网状分布,32mm×28mm×17mm)

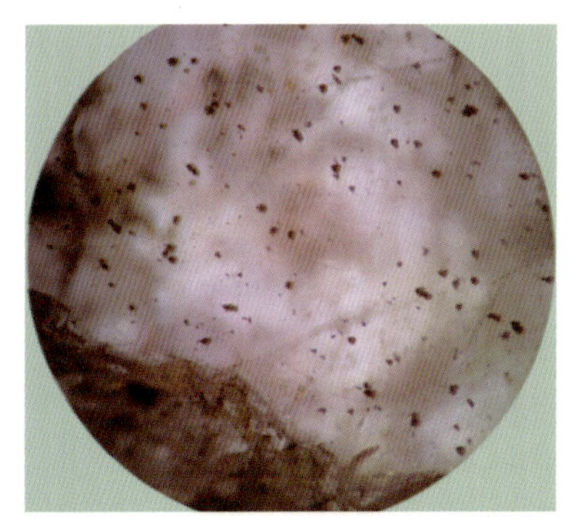

图1-8-113 紫晶晶体[黄铁矿包裹体(褐铁矿化)呈星点状分布,19mm×13mm×11mm]

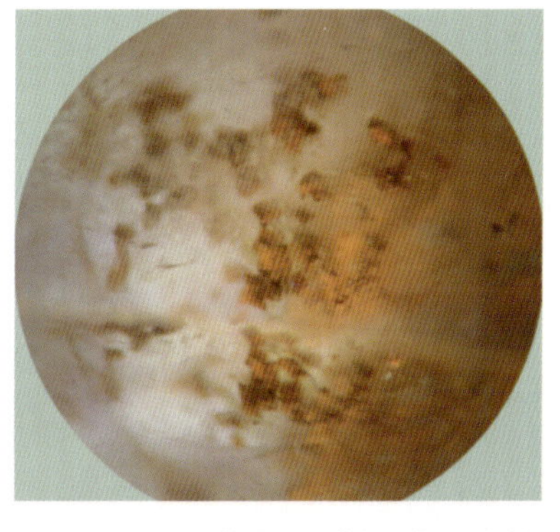

图1-8-114 淡紫晶晶体[含多粒立方体黄铁矿(褐铁矿化)包裹体,20mm×19mm×14mm,产自内蒙古]

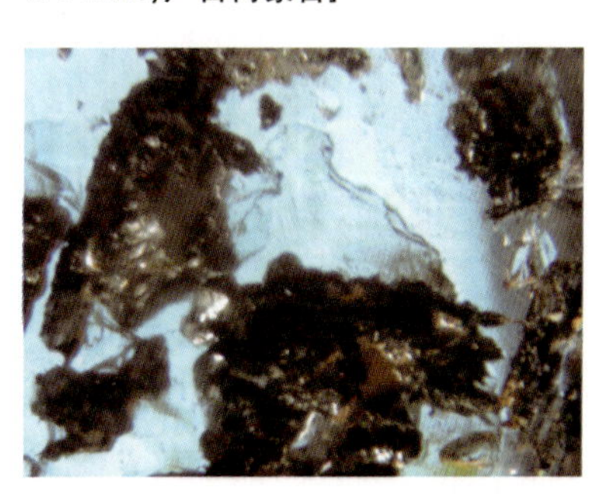

图1-8-115 无色水晶吊坠[金属矿物(金属硫化物)带锖色被包裹于水晶中,31mm×27mm×14mm]

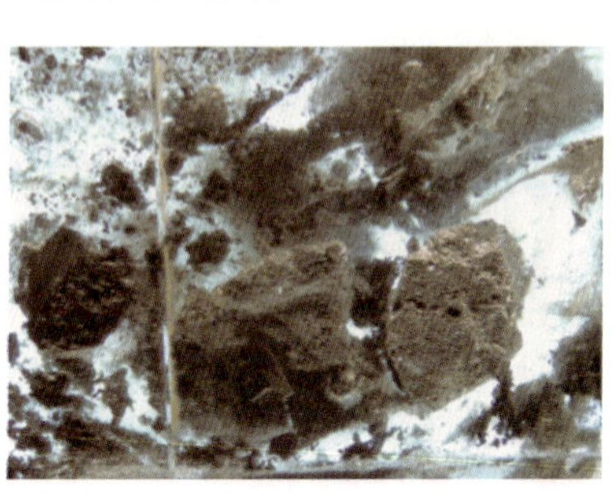

图1-8-116 无色水晶晶体[含金属硫化物(黄铁矿、毒砂等)和碎屑(像蜂窝一样多孔)包裹体,并见可游动的黑胆,72mm×29mm×15mm]

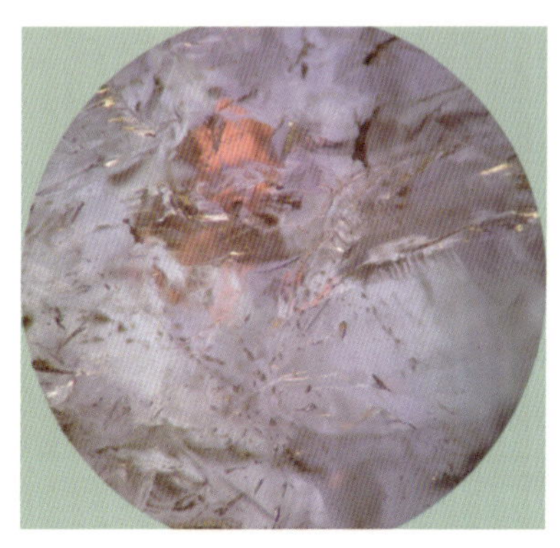

图1-8-117 紫晶晶体(含气、液包裹体,32mm×19mm×18mm,产自南非)

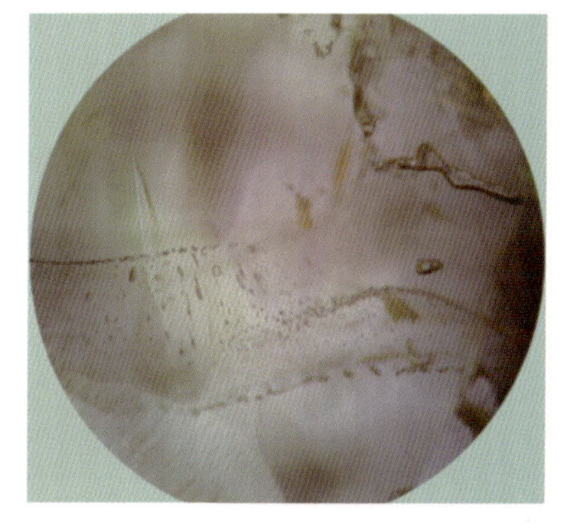

图1-8-118 紫晶晶体(含气、液包裹体,并见水胆,40mm×29mm×16mm,产自南非)

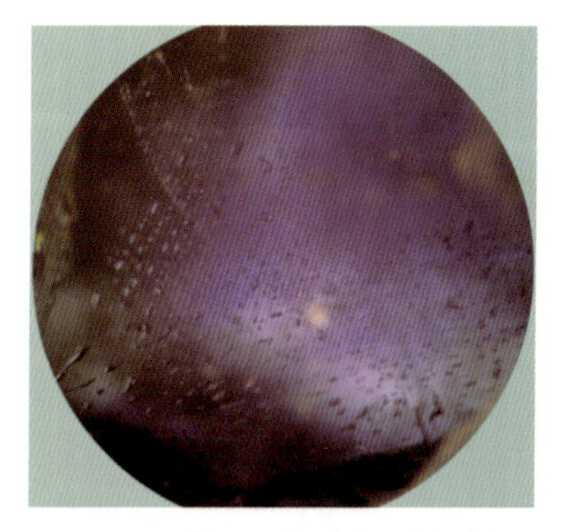

图1-8-119 紫晶晶体(含气、液包裹体,呈肋状分布,29mm×25mm×20mm,产自南非)

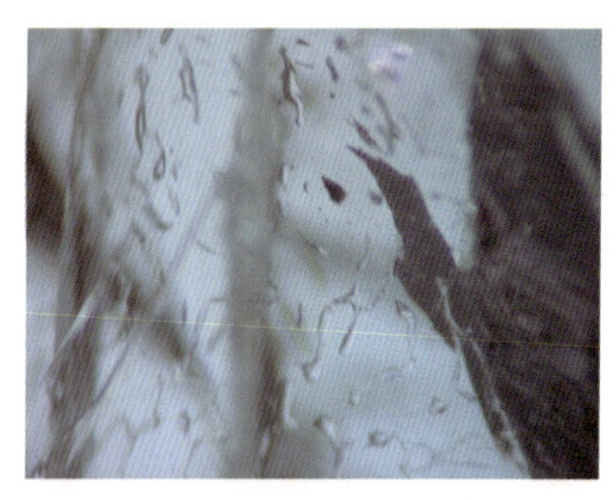

图1-8-120 无色水晶晶体(含气、液包裹体,似象形文字,32mm×30mm×22mm,产自贵州)

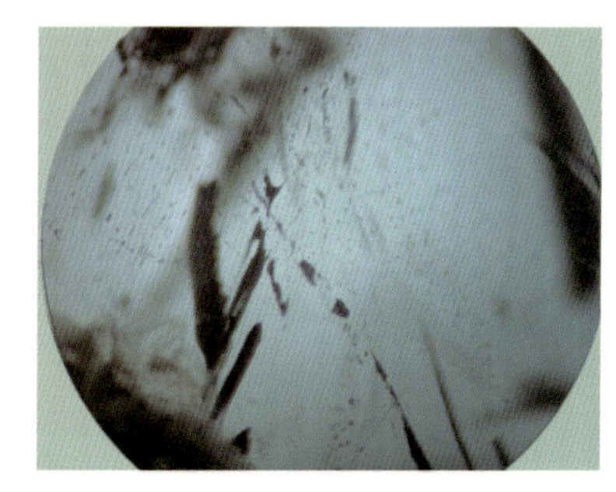

图1-8-121 无色水晶晶体(含气、液包裹体,呈肋状分布,32mm×30mm×22mm)

5.虹彩—晕彩水晶鉴赏篇

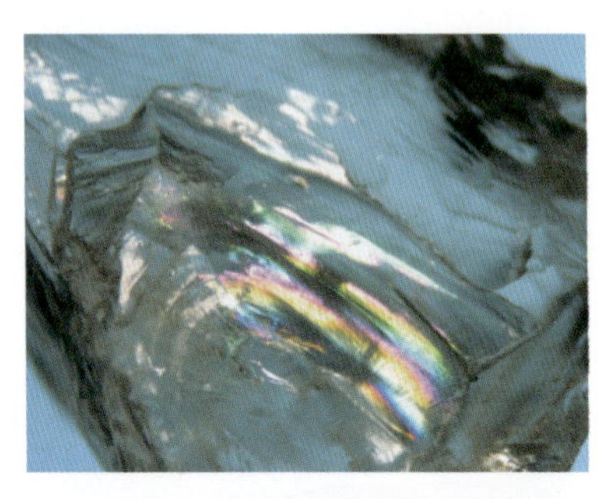

图1-8-122　无色水晶晶体(含条带状虹彩,30mm×25mm×17mm,产自贵州)

图1-8-123　映墨晶(含虹彩,62mm×57mm×41mm,产自贵州)

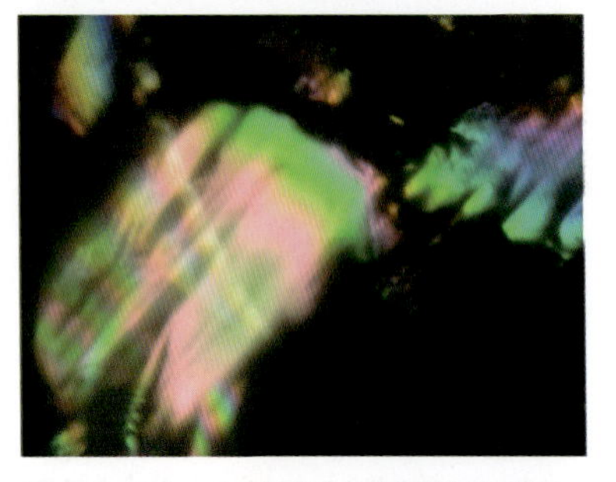

图1-8-124　水晶晶体(映墨晶)(含虹彩,62mm×57mm×41mm,产自贵州)

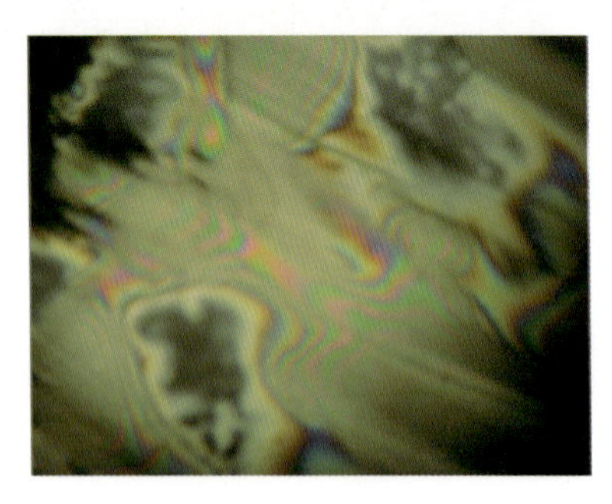

图1-8-125　映黄水晶吊坠(含等高线形虹彩,26mm×18mm×12mm,产自贵州)

图1-8-126　紫晶晶体(含虹彩,47mm×26mm×15mm,产自南非)

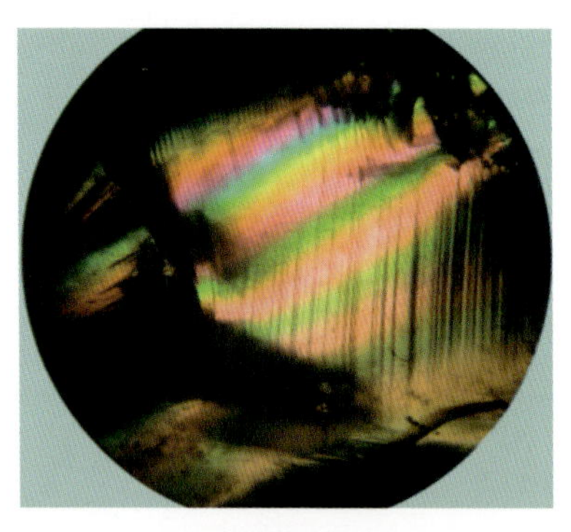

图1-8-127　紫晶晶体[含虹彩(条带状),46mm×25mm×15mm,产自南非]

图1-8-128　紫晶晶体(含虹彩,37mm×28mm×25mm,产自南非)

6.人物鉴赏篇

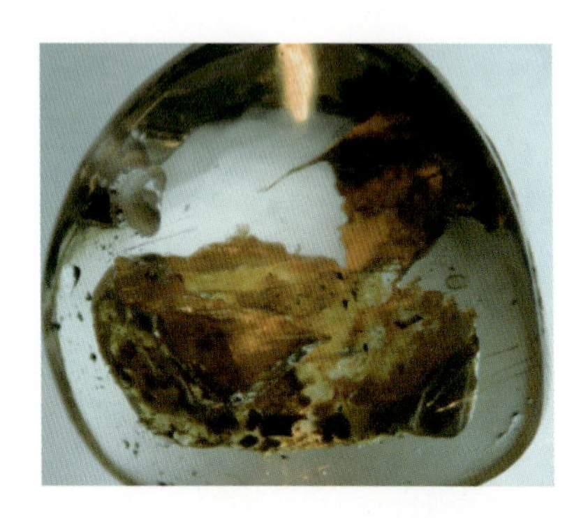

图1-8-129　无色水晶吊坠(铁染孔穴构成图案“欧洲美少女”,12mm×12mm×7mm)

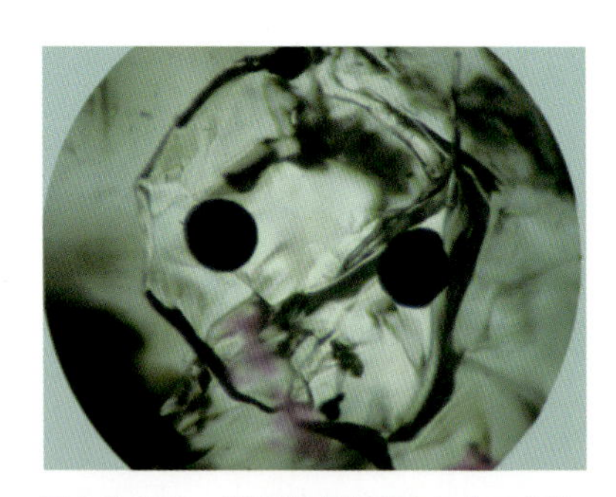

图1-8-130　淡烟晶晶体[孔穴中二相包裹体黑胆(两个)构成图案“大黑眼睛顽童”,48mm×17mm×16mm,产自贵州]

图1-8-131　无色水晶吊坠[水晶中孔穴(通道)构成图案“古代人”,21mm×13mm×10mm]

图1-8-132 映粉红水晶挂件(铁染水晶中构成图案“母子情深”,50mm×32mm×17mm)

图1-8-133 深茶晶挂件[铁质充满孔穴(通道)构成图案“母爱”,41mm×28mm×12mm]

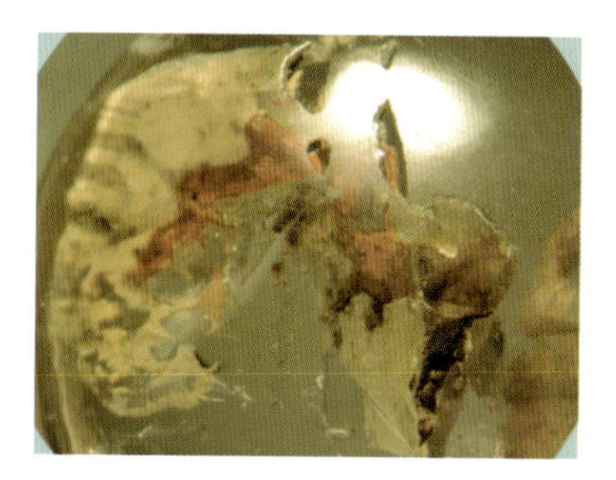

图1-8-134 淡茶晶挂件(铁质充填于水晶通道中构成图案“昭君出塞”,41mm×28mm×12mm)

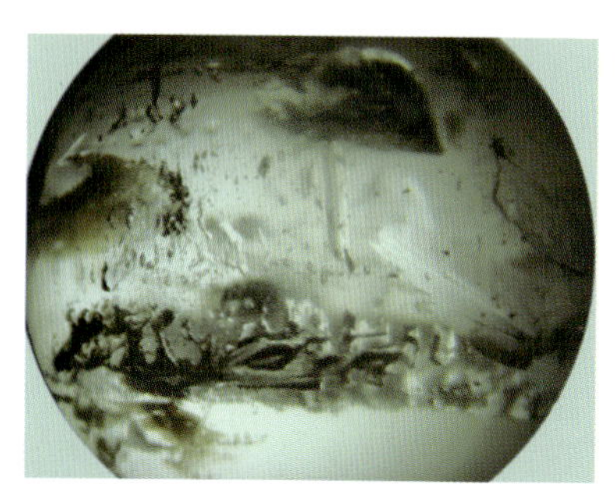

图1-8-135 无色水晶球(水晶中通道和气液包裹体构成图案“出征”,直径为25mm)

图1-8-136 淡烟晶吊坠(水晶中绿泥石包裹体构成图案“溪水少女”,19mm×13mm×9mm)

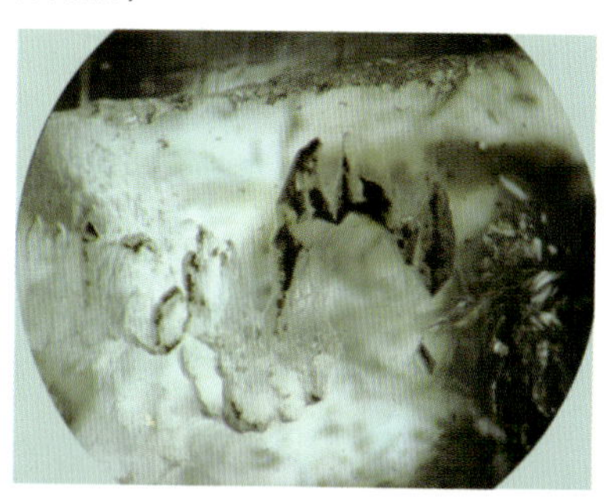

图1-8-137 淡烟晶晶体(杂质构成图案“仙山灵境”,48mm×17mm×16mm,产自贵州)

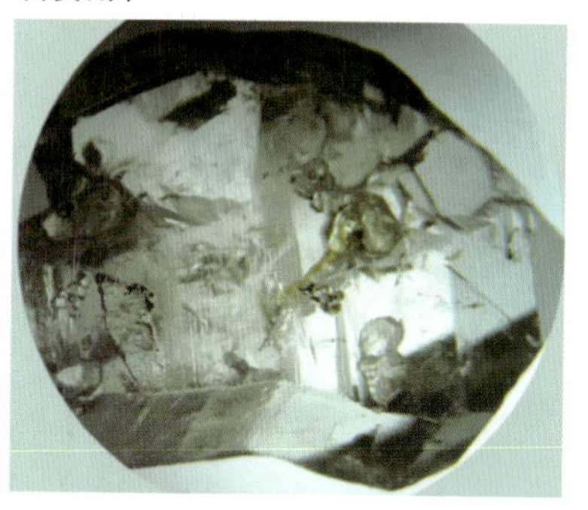

图1-8-138 无色水晶晶体[水晶中包裹体和孔穴构成图案“庭院”(院中有人物、动物和风景),28mm×20mm×12mm,产自贵州]

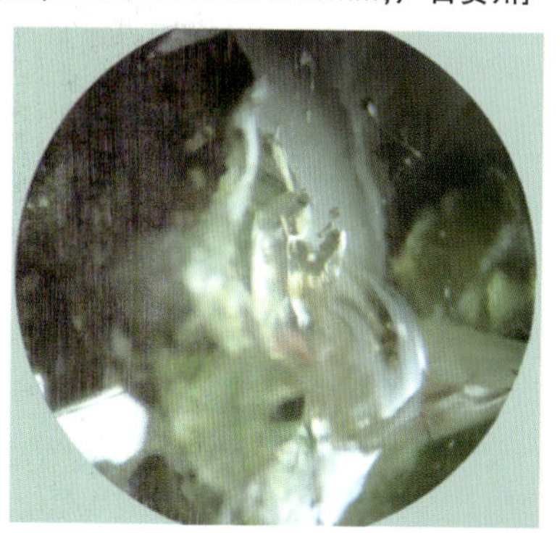

图1-8-139 无色水晶吊坠(水晶中缙纹反光构成图案“训夫”,25mm×22mm×12mm)

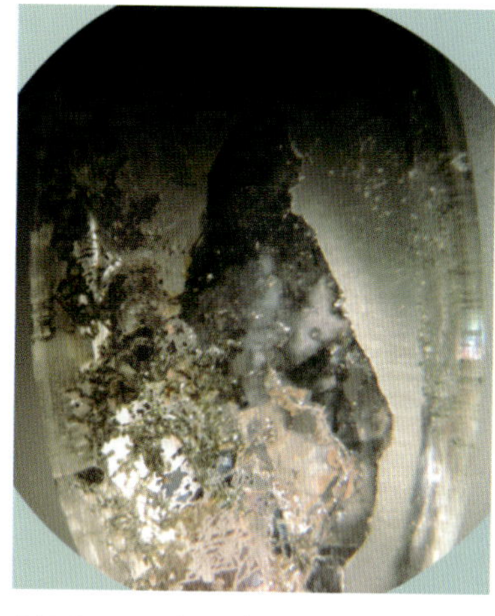

图1-8-140 淡烟晶吊坠(水晶中绿泥石、黑云母包裹体构成图案“抱小狗的花溪艺人”)

图1-8-141 无色水晶吊坠(由杂质构成图案“祈祷”,10mm×2.5mm)

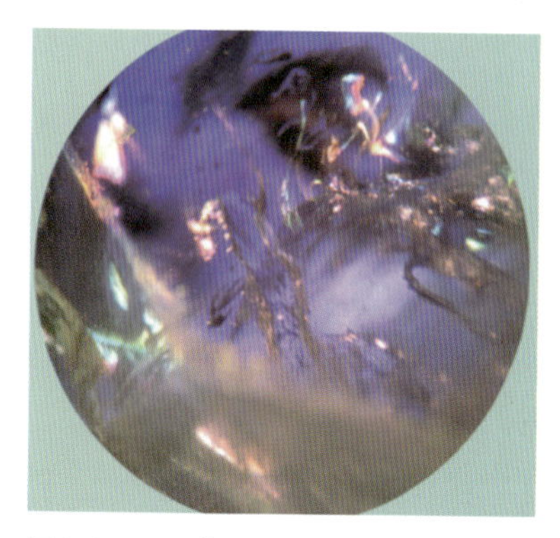

图1-8-142 紫晶晶体(紫晶中虹彩构成图案“孙悟空在花果山”,37mm×28mm×25mm,产自南非)

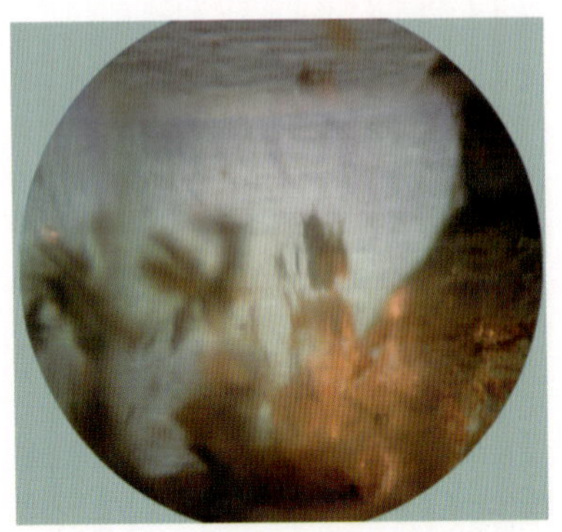

图1-8-143　紫晶晶体（紫晶中光反射构成图案“瑶池梦忆”，13mm×10mm×9mm，产自内蒙古）

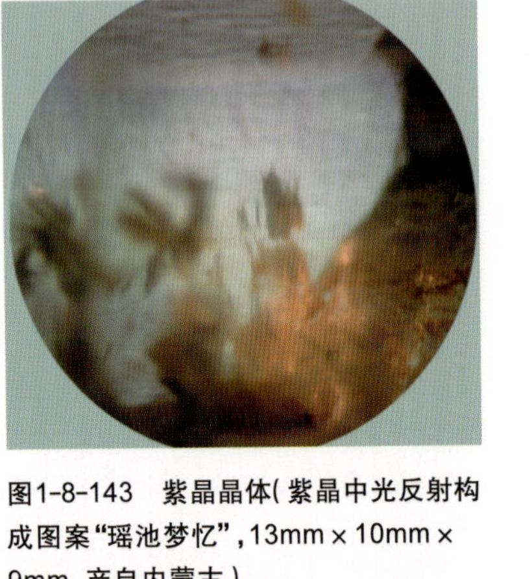

图1-8-146　紫晶晶体（紫晶中气、液包裹体和光反射构成图案“农家良女”，14mm×11mm×11mm，产自内蒙古）

图1-8-149　紫晶晶体（锥部紫色、根部黄色，紫晶中气、液包裹体和光反射构成图案“上菜”，14mm×10mm×7mm，产自内蒙古）

图1-8-144　紫晶晶体（杂质构成图案“花溪靓娃”，15mm×11mm×9mm，产自内蒙古）

图1-8-147　紫晶晶体（紫晶中光反射构成图案“天梯漫步”，10mm×8mm×6mm，产自内蒙古）

图1-8-150　紫晶晶体（晶体构成图案“背影”，15mm×11mm×8mm，产自内蒙古）

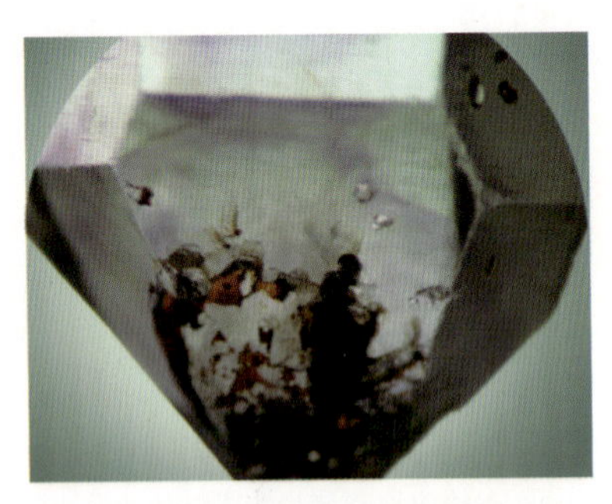

图1-8-145　紫晶晶体（紫晶颜色分布不均匀并见杂质，构成图案“儿孙满堂”，16mm×12mm×10mm，产自内蒙古）

图1-8-148　紫晶晶体（紫晶中光反射构成图案“逛街”，16mm×10mm×8mm，产自内蒙古）

图1-8-151　紫晶晶体（晶体构成图案“阿拉伯男士”，30mm×20mm×10mm，产自内蒙古）

图1-8-152　紫晶晶体(经光反射构成图案“蒙面人”,20mm×14mm×7mm,产自内蒙古)

图1-8-153　紫晶晶体(双晶)(晶体构成图案“多头图”,15mm×10mm×9mm,产自内蒙古)

图1-8-154　紫晶晶体(经光反射构成图案“阿拉伯妇女”,14mm×14mm×11mm,产自内蒙古)

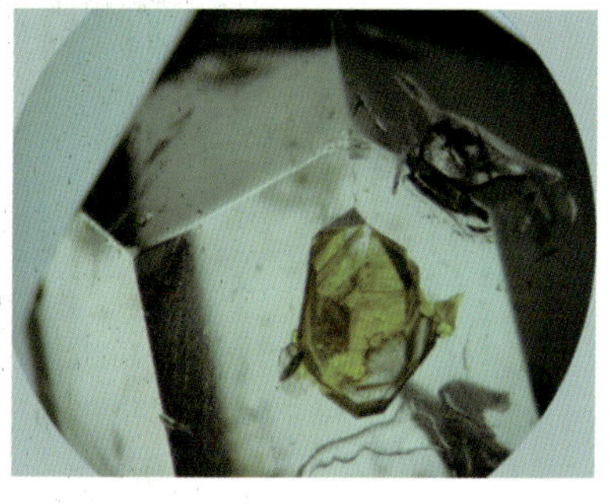

图1-8-155　茶晶晶体(为铁染自形晶,水晶包裹体构成图案“土耳其士兵”,24mm×15mm×12mm)

图1-8-156　淡烟晶挂件(铁质构成图案“小童扛大鱼”,41mm×30mm×10mm)

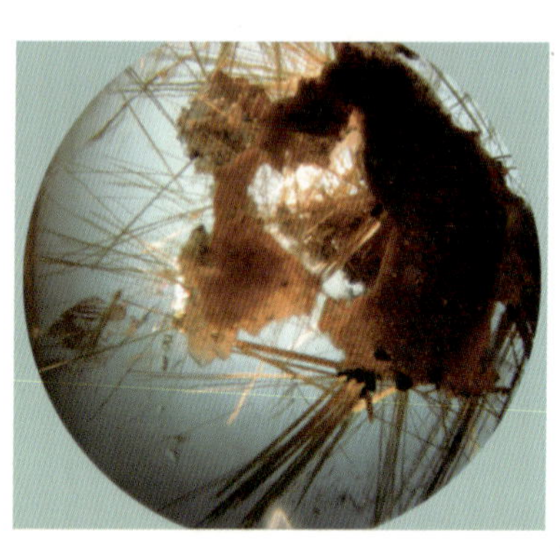

图1-8-157　淡烟晶挂件(由褐铁矿、云母集合体和黄棕发晶组成图案“父女玩耍”,36mm×27mm×16mm,产自江苏)

图1-8-158　无色水晶晶体(黑电气石包裹体构成图案“演双簧”,30mm×17mm×11mm,产自贵州)

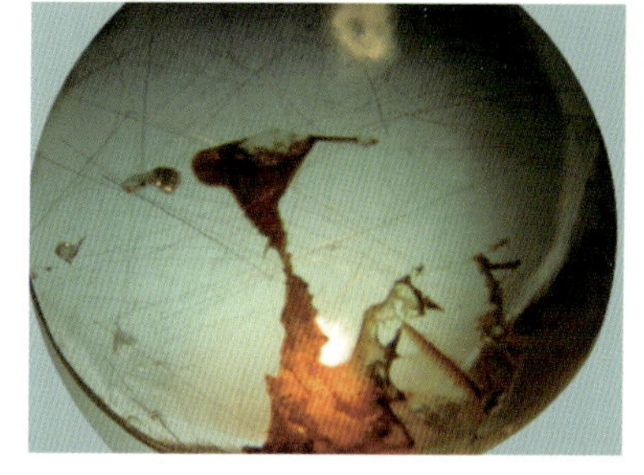

图1-8-159　无色水晶吊坠(金丝黄发晶和铁质组成图案“杂技”,25mm×23mm×12mm,产自江苏)

图1-8-160　无色水晶吊坠[金属硫化物(黄铁矿)包裹体构成图案“跳水”,25mm×22mm×12mm,产自云南]

图1-8-161　无色水晶吊坠(黑色电气石发晶包裹体构成图案“赛跑”,26mm×17mm×9mm,产自江苏)

图1-8-162　淡烟晶晶体(含多个黑胆和流沙,晶体上方有水晶嵌晶构成图案“太空人”,32mm×18mm×17mm,产自贵州)

图1-8-163 淡烟晶挂件(铁染自形晶，水晶包裹体构成图案“升太空”，直径为33mm，产自江苏)

图1-8-164 无色水晶吊坠(绿泥石包裹体组成图案“唐僧取经”，22mm×22mm×9mm，产自江苏)

图1-8-165 无色水晶挂件(绿泥石包裹体构成图案“呐喊”，37mm×12mm，产自江苏)

图1-8-166 烟晶晶体(48mm×17mm×16mm，产自贵州)

图1-8-167 无色水晶吊坠(其中有水胆和褐铁矿构成图案“非洲小童”，26mm×18mm×10mm，产自江苏)

图1-8-168 无色水晶吊坠(水晶中有黑云母、绿泥石和碳酸盐矿物包裹体构成图案“非洲小公仔”，34mm×26mm×18mm，产自江苏)

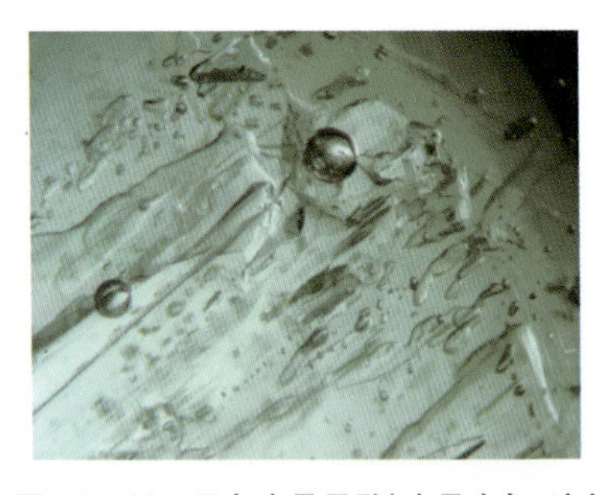

图1-8-169 无色水晶吊坠(水晶中气、液包裹体和通道构成图案“狂风暴雨中欲吹掉的小童帽”，43mm×22mm×15mm，产自江苏)

图1-8-170 无色水晶挂件[水晶中气、液(水胆)包裹体及通道构成图案“双头望明月”，43mm×22mm×15mm，产自江苏]

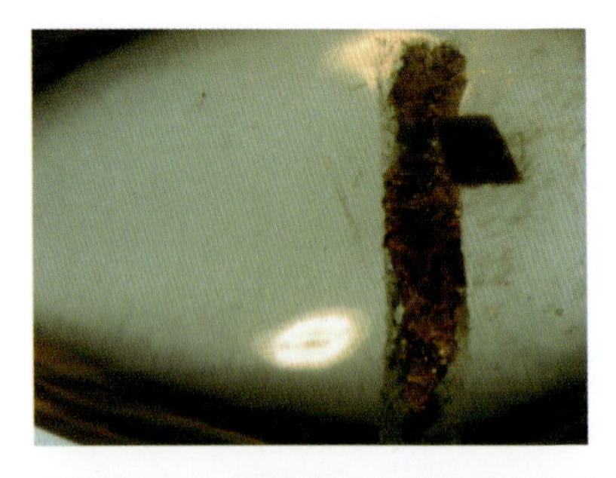

图1-8-171 淡烟晶挂件(棕色碧玺和尖晶石嵌晶体构成图案“战战兢兢”，30mm×20mm×12mm)

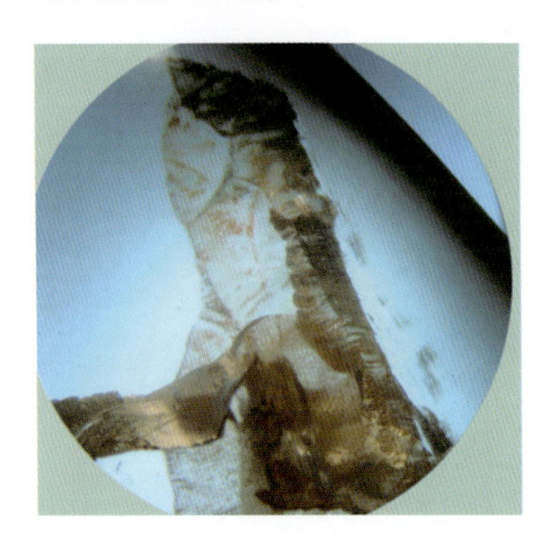

图1-8-172 淡茶晶挂件(通道被铁质充填构成图案“吉普赛舞女”，50mm×33mm×18mm)

图1-8-173 紫晶虹彩(光反射构成图案“公园散步”，45mm×24mm×16mm，产自南非)

图1-8-174 紫晶(三色紫、白、黄)(光反射构成图案“芭蕾舞”，45mm×24mm×16mm，产自南非)

7.动物鉴赏篇

图1-8-175 淡烟晶晶体（由电气石微粒集合体构成图案“穿裙子的小女孩”，38mm×25mm×22mm，产自贵州）

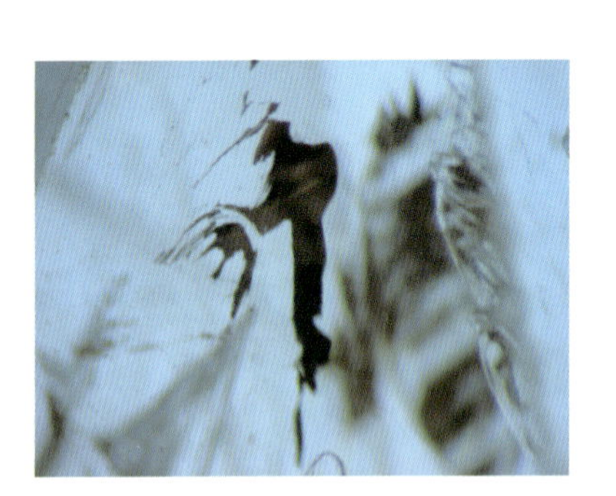
图1-8-176 无色水晶体（光反射构成图案“芭蕾舞”，32mm×20mm×20mm，产自贵州）

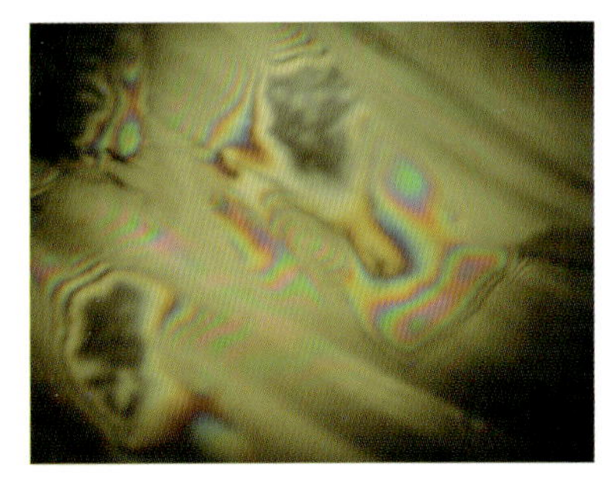
图1-8-177 映黄水晶吊坠（虹彩构成图案“脸谱”，26mm×18mm×12mm）

图1-8-178 白色水晶和紫色萤石（由晶体构成图案“狮子狗”，75mm×70mm×30mm）

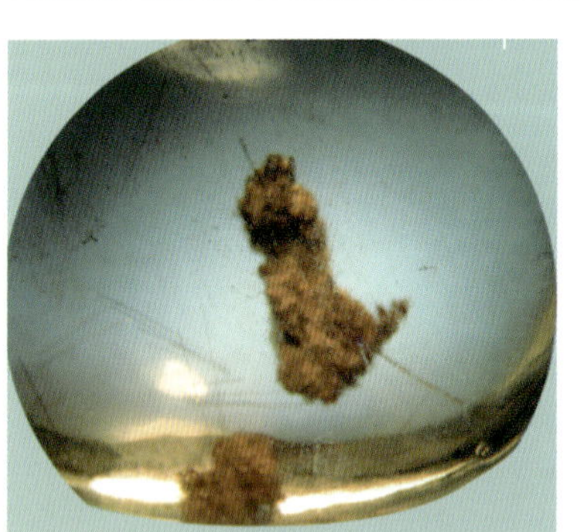
图1-8-179 淡茶晶吊坠（棕色发晶和褐铁矿包裹体构成图案“小狗美美”，34mm×26mm×13mm）

图1-8-180 淡茶晶挂件（由黄发晶和云母集合体构成图案“大狼狗”，36mm×27mm×16mm，产自巴西）

图1-8-181 无色异形水晶体（水晶包裹体构成图案“米格鲁猎犬”，28mm×20mm×12mm，产自贵州）

图1-8-182 无色水晶吊坠（绿泥石包裹体组成图案“小狗旺旺”，20mm×18mm×9mm）

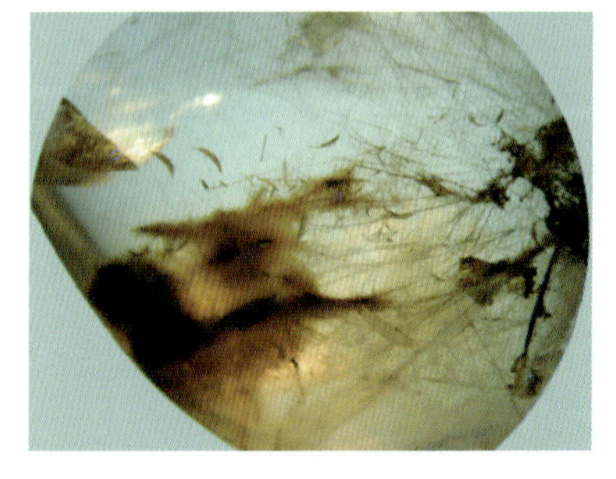
图1-8-183 无色水晶吊坠（黄发晶和铁质构成图案“神猫”，33mm×24mm×14mm）

图1-8-184 无色水晶吊坠（通道充填铁质构成图案“猫咪、小狗抓老鼠”，21mm×15mm×8mm）

图1-8-185 茶晶吊坠（云母和铁质包裹体构成图案“蜂鸟”）

图1-8-186 淡烟晶吊坠（棕色发晶和铁质构成图案“啄木鸟觅食”，32mm×17mm×11mm）

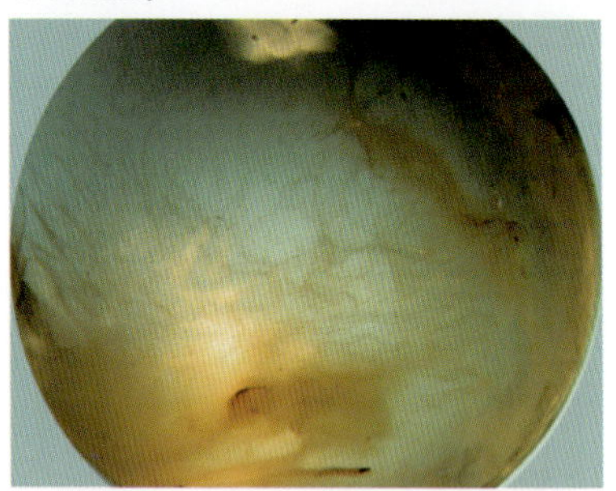

图1-8-187 无色水晶吊坠[白发晶（透闪石）和铁染构成图案“话梅鸟与狐狸”，30mm×24mm×12mm]

图1-8-188 无色水晶吊坠（水晶中洞穴构成图案“雏鸡和狐狸争食”，21mm×20mm×11mm）

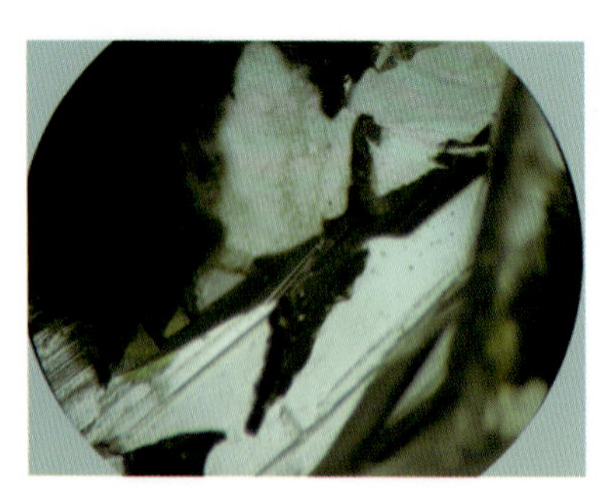

图1-8-189 烟晶晶体（由黑色电气石微粒集合体组成“展翅飞翔”，38mm×31mm×28mm，产自贵州）

图1-8-190 无色水晶吊坠（由铁质组成“大雁南飞”，29mm×24mm×9mm）

图1-8-191 无色水晶体（光反射构成图案“金凤凰”，32mm×20mm×13mm，产自贵州）

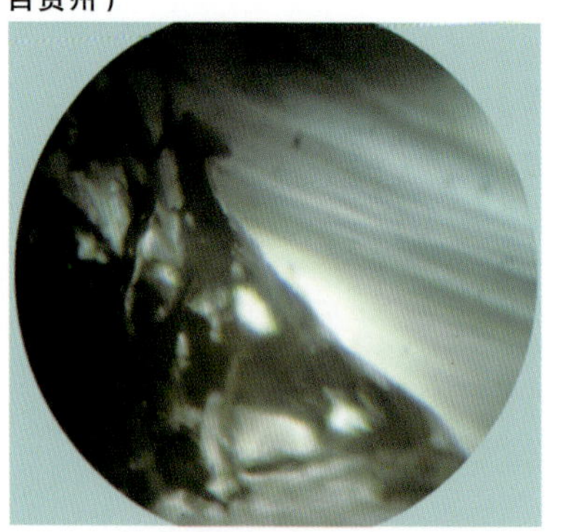

图1-8-192 淡烟晶晶体（黑色电气石微粒集合体组成图案“长颈鹿”，38mm×31mm×28mm，产自贵州）

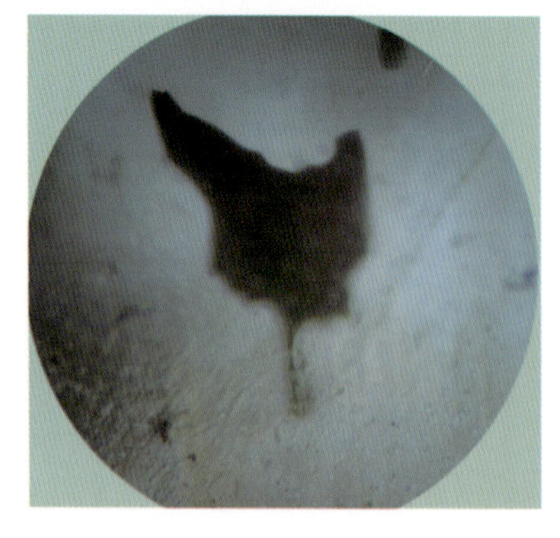

图1-8-193 烟晶晶体（由黑色电气石微粒集合体组成图案“雄鸡报晓”，38mm×31mm×28mm，产自贵州）

图1-8-194 无色水晶吊坠（杂质构成图案“丑小鸭”，10mm×24mm）

图1-8-195 无色水晶挂件[铁质充填孔穴（通道）组成图案“浮水鸭”，40mm×21mm×15mm]

图1-8-196 无色水晶吊坠（黑云母组成图案“企鹅”，35mm×18mm×10mm）

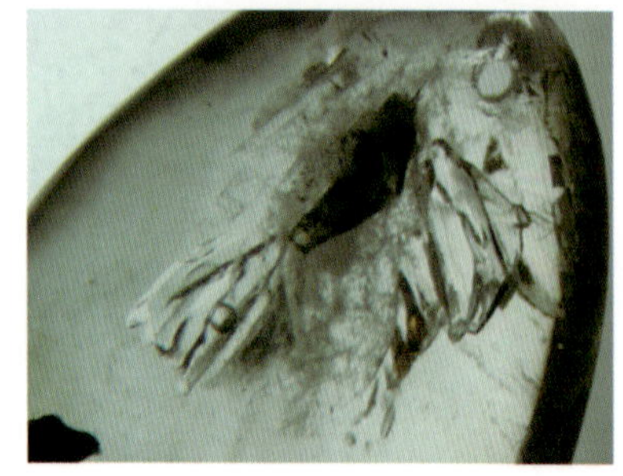

图1-8-197 无色水晶吊坠（由水胆、通道、碳酸盐矿物组成图案“小鸟爬在蜻蜓上”）

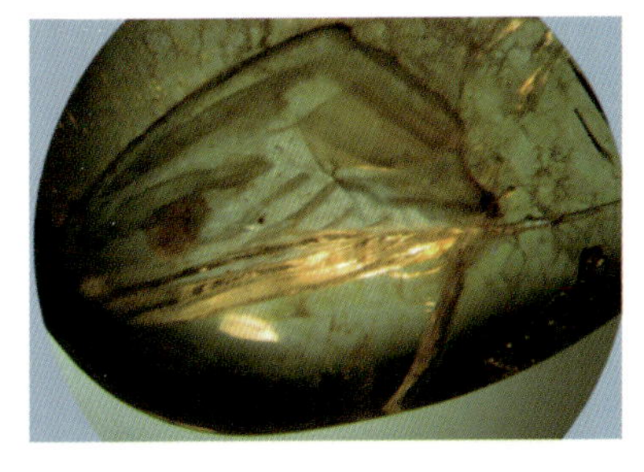

图1-8-198　淡茶晶挂件（由通道、铁质组成图案“蝴蝶”，41mm×26mm×14mm）

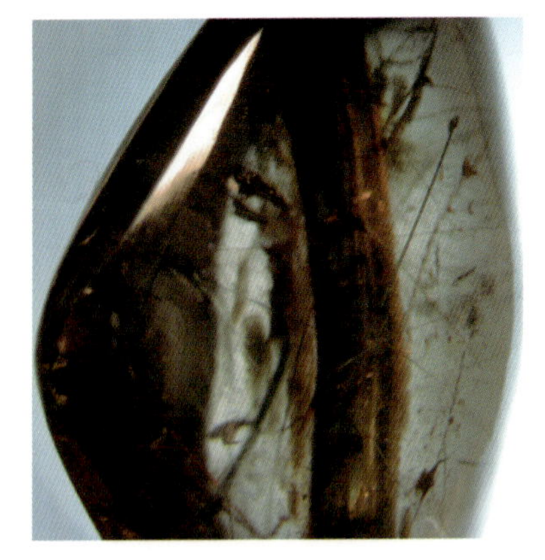

图1-8-199　烟晶吊坠[由褐色碧玺、棕色发晶（羽毛状）构成图案“壁虎”，29mm×26mm×15mm]

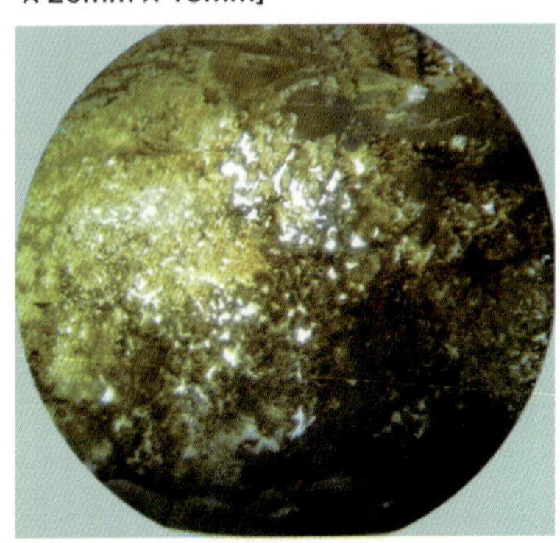

图1-8-200　映黄水晶挂件（由铁锰氧化物组成图案“草地、蝗虫”，37mm×23mm×15mm）

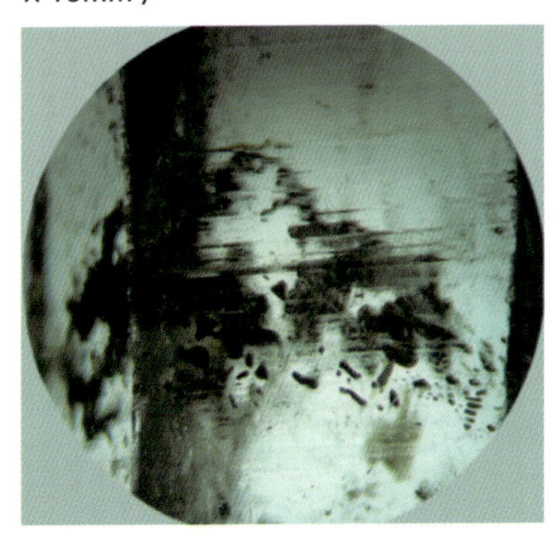

图1-8-201　水晶体辉锑矿（包裹体组成图案“壁虎爬树”，39mm×15mm×13mm，产自广东怀集）

图1-8-202　无色水晶吊坠（由通道构成图案“嬉戏”，18mm×16mm×8mm）

图1-8-203　紫晶晶体（由杂质构成图案“老鼠欲偷油”，15mm×11mm×9mm，产自内蒙古）

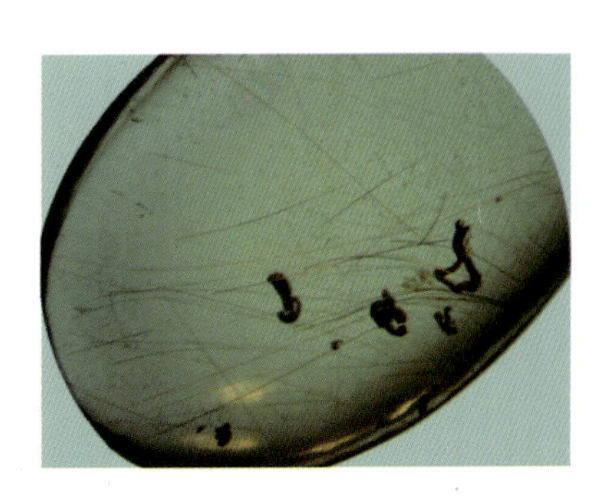

图1-8-204　无色水晶吊坠（绿泥石和金丝发晶组成图案“惊蛇”，29mm×18mm×7mm）

图1-8-205　无色水晶吊坠（绿泥石和金丝黄发晶组成图案“聚龙”，22mm×14mm×9mm）

图1-8-206　无色水晶吊坠（绿泥石组成图案“龙腾虎跃”，18mm×16mm×13mm）

图1-8-207　烟晶吊坠（绿泥石和少量发晶组成图案“蚯蚓”，32mm×29mm×13mm）

图1-8-208　无色水晶吊坠(由肋状硅质物和少量绿泥石组成图案“春蚕”,23mm×16mm×9mm)

图1-8-209　无色水晶挂件(由通道组成图案“蛀虫”,34mm×17mm×8mm)

图1-8-210　无色水晶吊坠(发晶和绿泥石组成图案“棕树下的猪‘姥姥’”,25mm×14mm×9mm)

图1-8-211　无色水晶体(由辉锑矿组成图案“动物园”,39mm×14mm×14mm,产自广东)

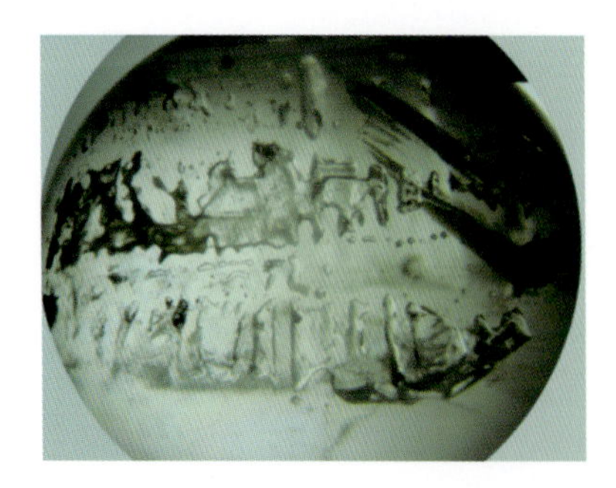

图1-8-212　无色水晶球(由通道、黑胆、水胆组成图案“毛驴拉花车”,直径为25mm)

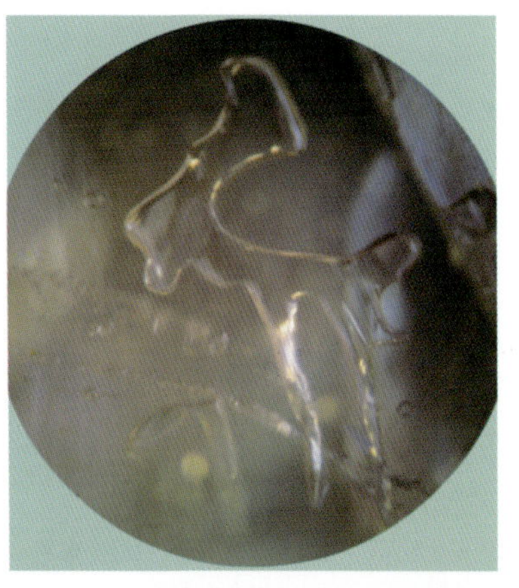

图1-8-213　紫晶[通道(孔穴)组成图案“鹿鸣”,19mm×16mm×11mm,产自南非]

图1-8-214　水晶吊坠(由赤铁矿包裹体组成图案“小红马驹和玩童”,23mm×15mm×7mm)

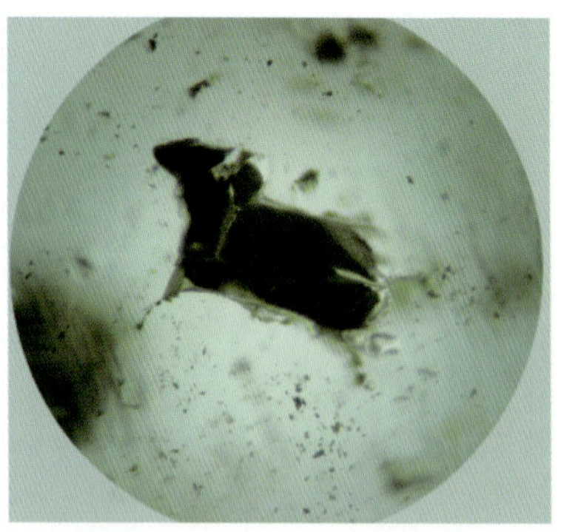

图1-8-215　无色水晶体(金属硫化物矿物组成图案“奔羊”,28mm×13mm×12mm,产自贵州)

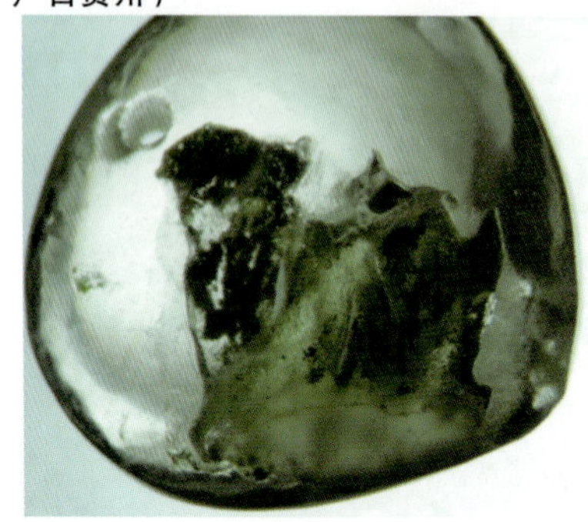

图216.无色水晶吊坠(由杂质组成图案“骆驼”,13mm×13mm×17mm)

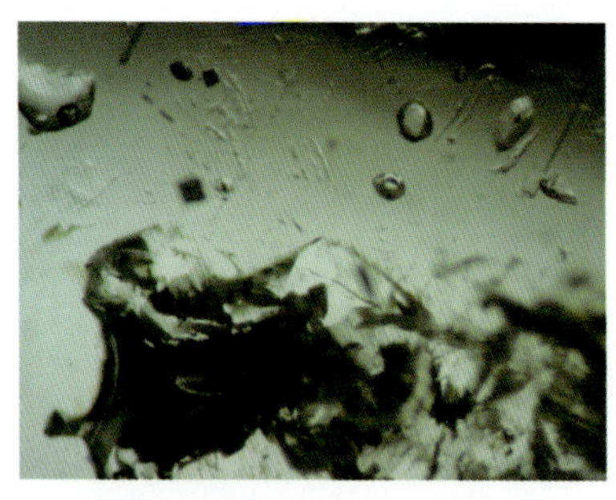

图1-8-217　无色水晶吊坠(金属硫化物充填通道构成图案“大象”,29mm×19mm×9mm)

图1-8-218 水晶吊坠(由云母集合体组成图案"熊猫乐乐",22mm×13mm×8mm)

图1-8-219 淡烟晶吊坠(由黑发晶组成图案"美猴王和大肚汉",25mm×15mm×8mm,产自江苏)

图1-8-220 映红水晶雕猴(红发晶构成图案"红毛猴",37mm×22mm×17mm,产自江苏东海县)

图1-8-221 无色水晶吊坠(由绿泥石组成图案"耍狮",14mm×13mm×6mm,产自江苏东海县)

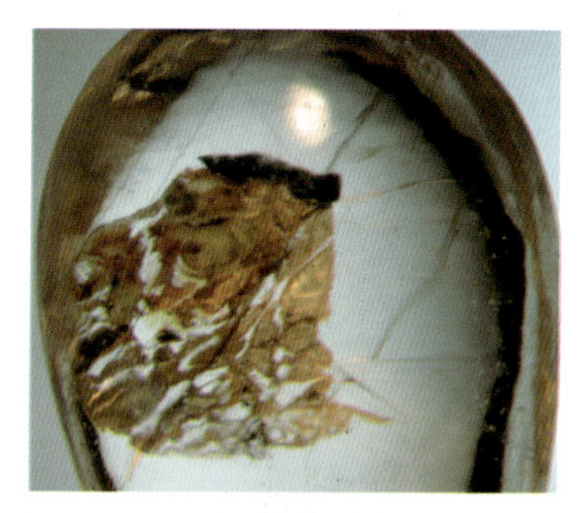

图1-8-222 无色水晶吊坠(由云母、铁质组成图案"老虎头",30mm×19mm×12mm)

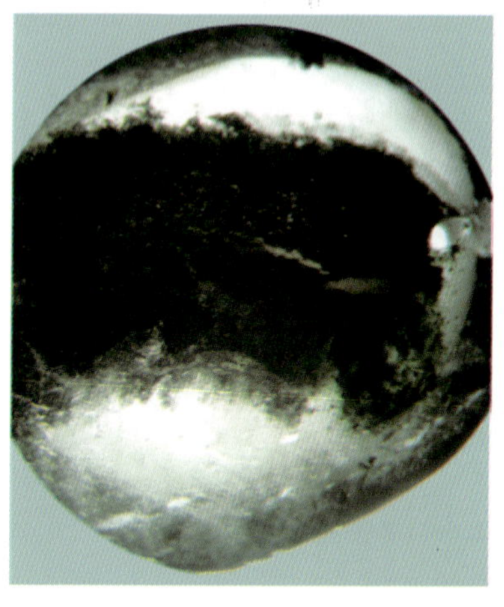

图1-8-223 烟晶吊坠(由绿泥石集合体组成图案"黑熊",28mm×23mm×13mm)

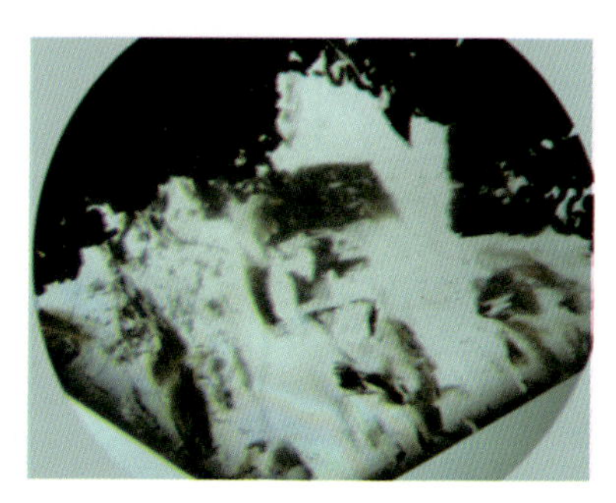

图1-8-224 无色水晶吊坠(由孔穴、通道构成图案"青蛙",21mm×21mm×11mm)

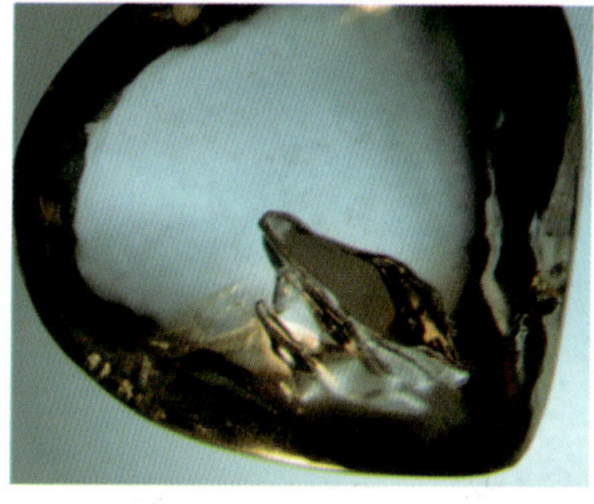

图1-8-225 无色水晶吊坠(由绿泥石和光反射构成图案"大蟾蜍",31mm×21mm×11mm,产自贵州)

图1-8-226 无色水晶吊坠(由铁质构成图案"小水母",31mm×19mm×11mm)

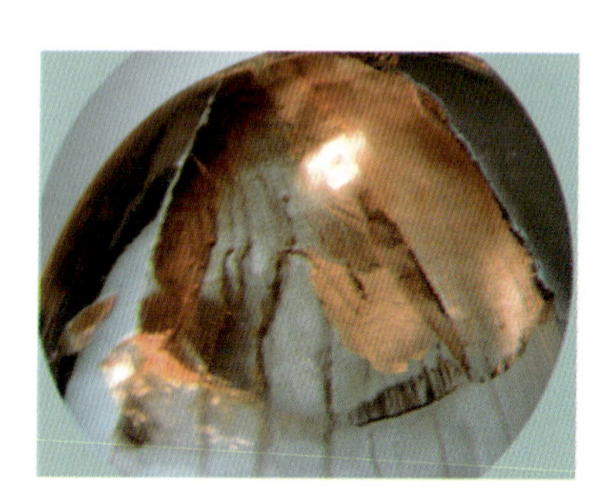

图1-8-227 淡茶晶挂件(由铁质组成图案"水母",45mm×29mm×16mm)

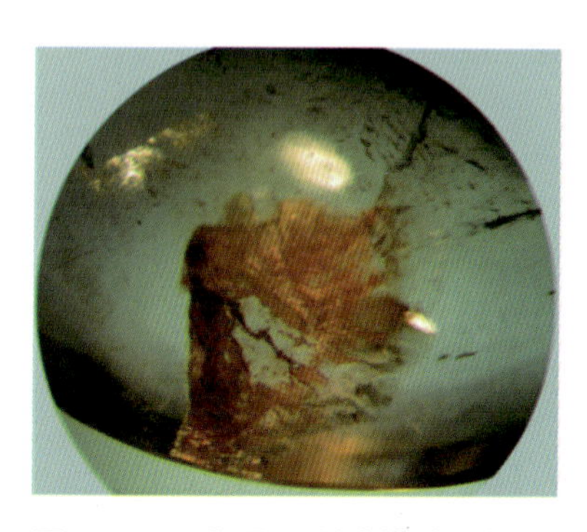

图1-8-228 烟晶吊坠(由铁质组成图案"龙虾",30mm×18mm×16mm)

图1-8-229　烟晶吊坠（由烟晶条带构成图案“海螺”，18mm×13mm×7mm，产自江苏东海县）

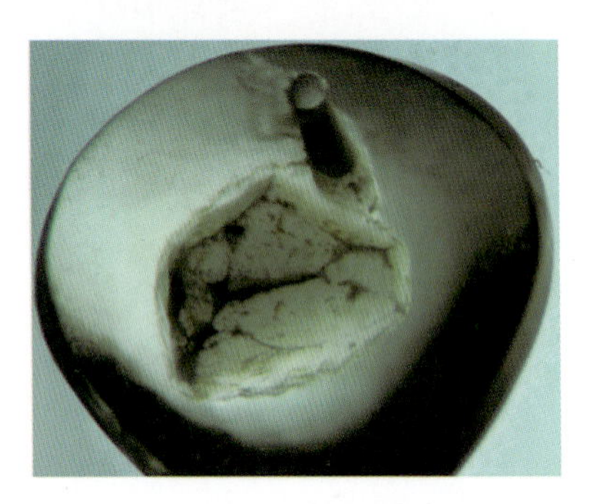

图1-8-230　无色水晶吊坠[石中石（水晶包裹体）构成图案“大海龟”，12mm×12mm×7mm]

图1-8-231　水晶晶体（由晶体构成图案“长寿龟”，28mm×15mm×11mm，产自贵州）

图1-8-232　淡烟晶长吊坠（由铁质、绿泥石组成图案“跳水的海豚”，30mm×18mm×11mm）

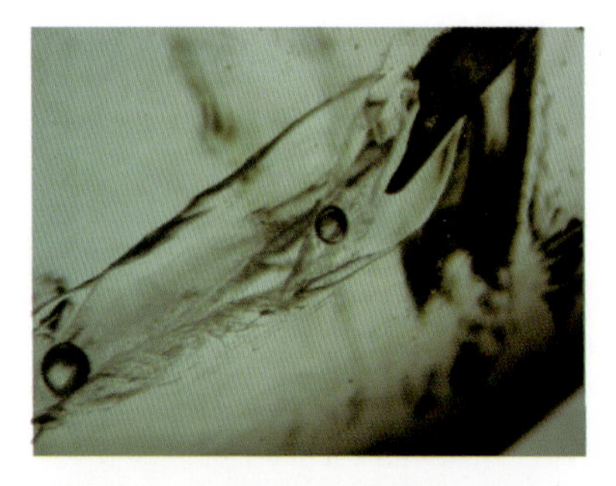

图1-8-233　茶晶挂件（由通道和活水胆组成图案“吞噬的瞬间”，37mm×27mm×14mm，产自贵州）

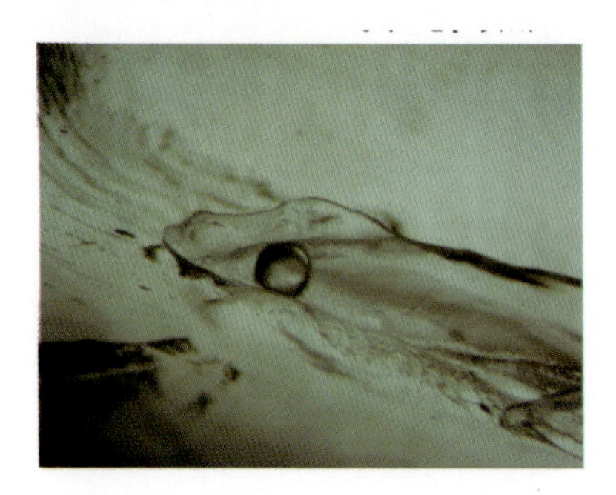

图1-8-234　无色水晶挂件（由通道和活水胆组成图案“鳄鱼”，37mm×24mm×14mm，产自贵州）

图1-8-235　水晶晶体（水晶中气、液包裹体和黑胆组成图案“海底世界”，产自贵州）

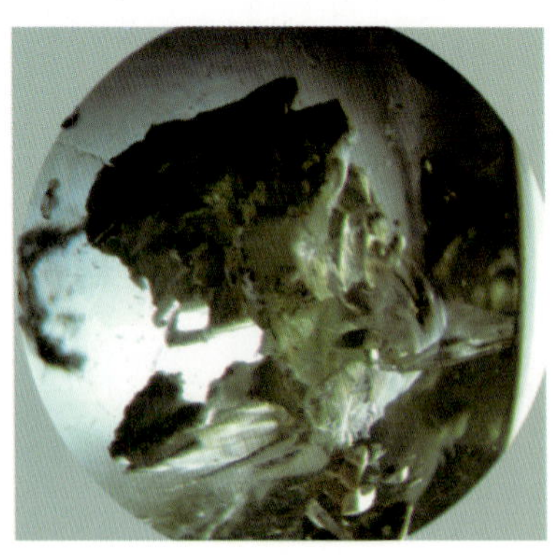

图1-8-236　无色水晶吊坠（石中石、金属硫化物矿物构成图案“鲨鱼”，25mm×22mm×12mm）

图1-8-237　茶晶吊坠（铁质构成图案“狮子头鱼”，45mm×29mm×16mm）

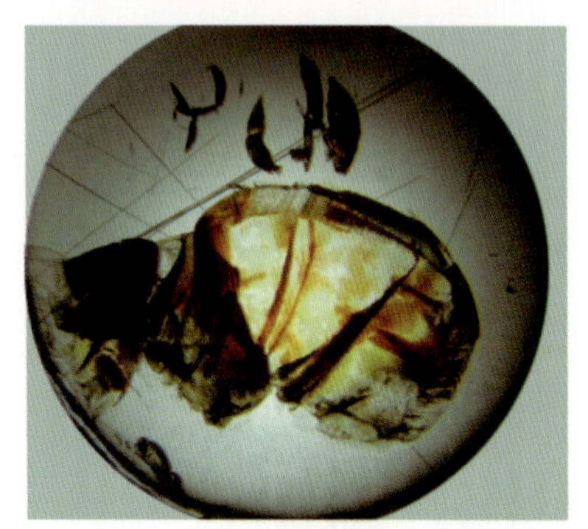

图1-8-238　无色水晶吊坠（由铁的氧化物和金丝发晶组成图案“大嘴红鱼”，27mm×10mm）

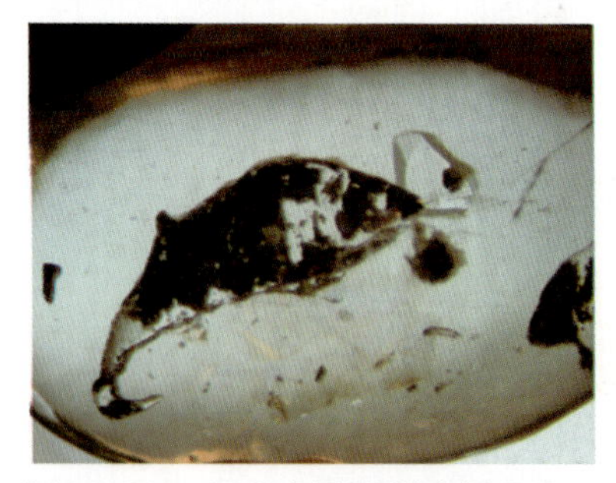

图1-8-239　无色水晶吊坠（由黑云母、铁氧化物和黑胆组成图案“鲮鱼”，27mm×20mm×12mm，产自贵州）

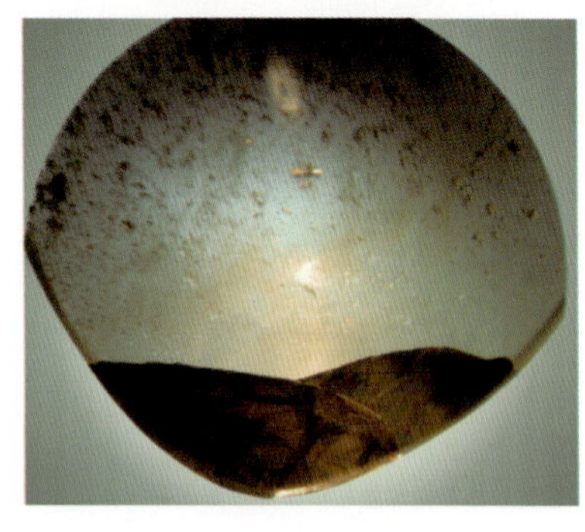

图1-8-240　无色水晶吊坠（由云母、铁质构成图案“五彩双鱼”，17mm×17mm×8mm）

8.景物鉴赏篇

图1-8-241 无色水晶吊坠(铁质和通道构成图案“黑海鱼”“跳水鱼”,29mm×20mm×12mm)

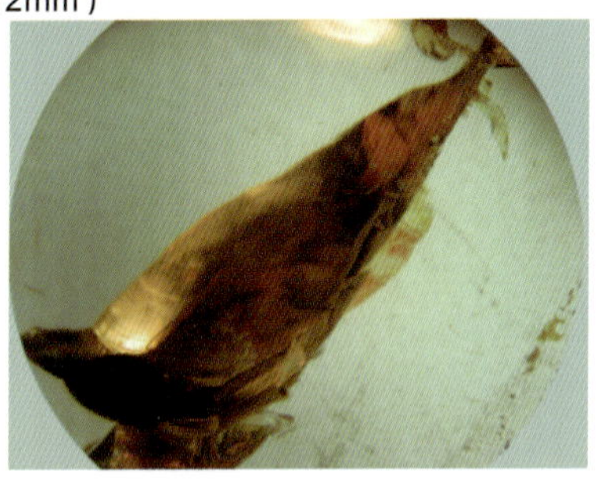

图1-8-242 淡茶晶吊坠(铁质构成图案“红鱼献瑞”,42mm×29mm×12mm)

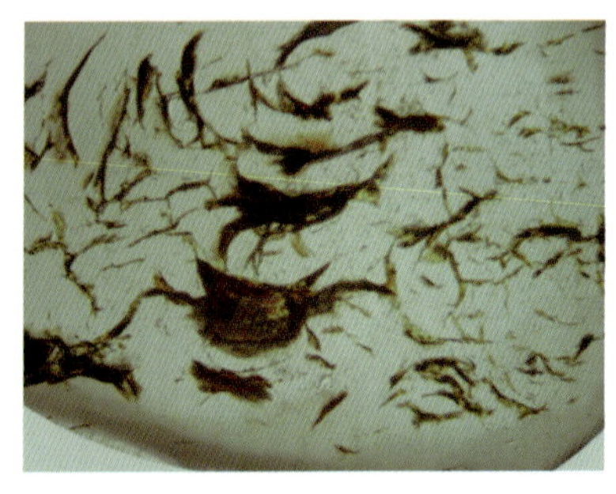

图1-8-243 无色水晶吊坠(铁质构成图案“红海鱼群”,37mm×28mm×9mm)

图1-8-244 淡茶晶吊坠(铁质构成图案“畅游”,35mm×20mm×9mm)

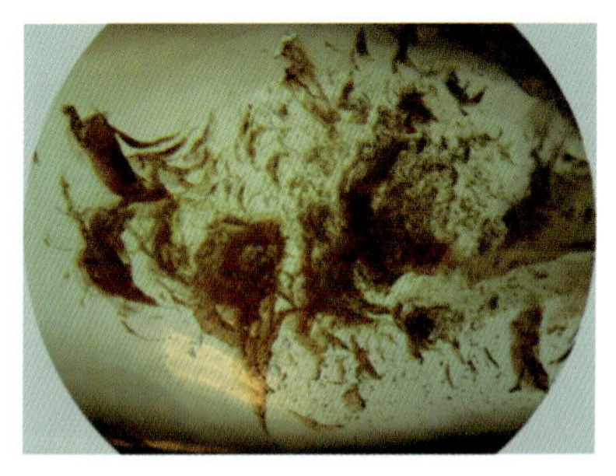

图1-8-245 无色水晶吊坠(由铁质组成图案“大海红鱼群”,34mm×19mm×11mm)

图1-8-246 烟晶晶体(由光反射构成图案“竹节鱼”,45mm×21mm×20mm,产自贵州)

图1-8-247 无色水晶挂件(孔穴和气、液包裹体组成图案“金鱼跳出鱼缸”,44mm×25mm×15mm,产自贵州)

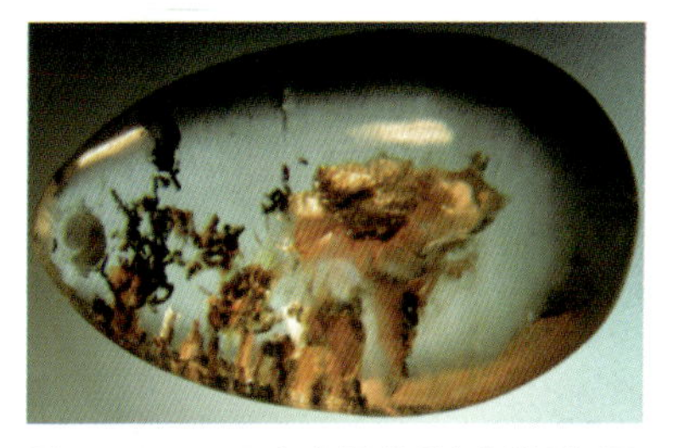

图1-8-248 无色水晶吊坠(由铁质、绿泥石、云母组成图案“火山喷发”,23mm×14mm×9mm)

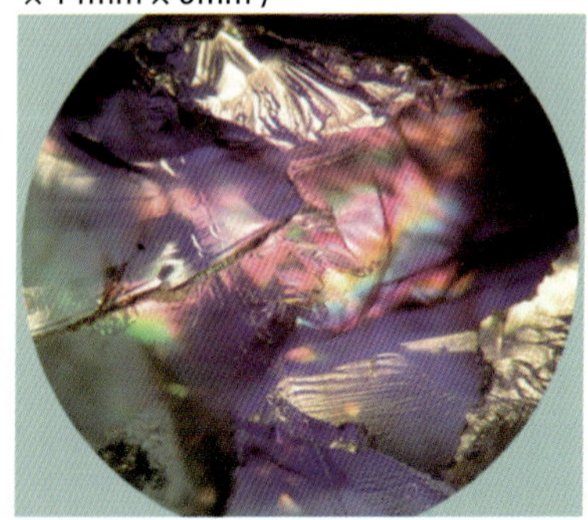

图1-8-249 紫晶晶体(虹彩组成图案“珠峰雪山”,24mm×14mm×12mm,产自南非)

图1-8-250 三色(紫、白、黄)水晶(含有金红石包裹体,构成图案“湖畔烟花”,45mm×25mm×16mm,产自南非)

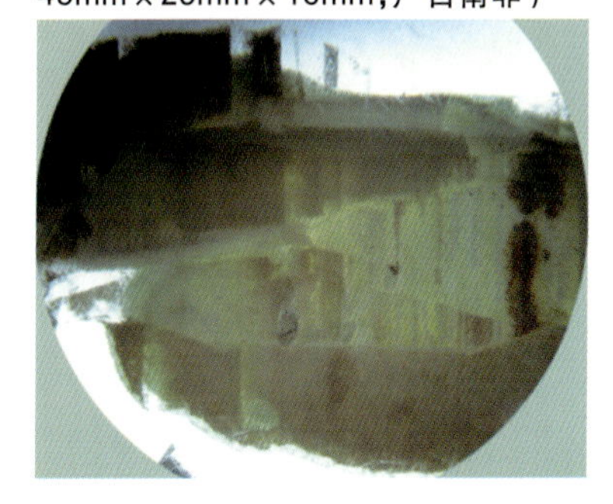

图1-8-251 淡茶晶挂件(由石棉包裹体组成图案“海市蜃楼”,40mm×38mm×9mm)

图1-8-252　无色水晶体(膝状双晶)(由晶体构成图案“丘陵”,37mm×20mm×14mm,产自贵州)

图1-8-253　无色水晶吊坠(由气、液包裹体和杂质组成图案“海上孤岛”,27mm×21mm×12mm)

图1-8-254　无色水晶吊坠(由气、液包裹体、绿泥石和光反射组成图案“大江东去”,29mm×22mm×12mm)

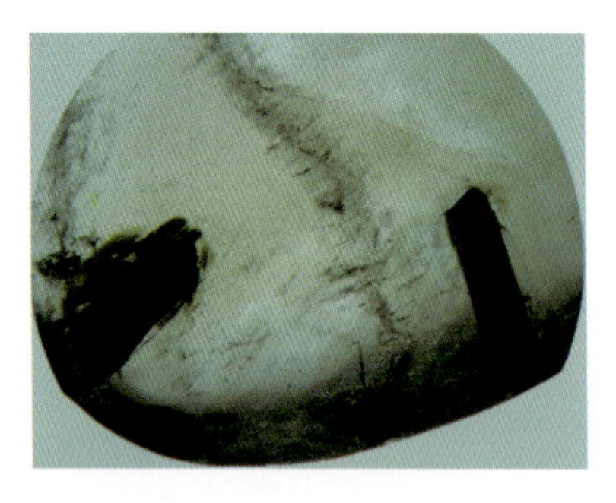

图1-8-255　烟晶吊坠(由气、液包裹体和黑电气石组成图案“航线”,33mm×31mm×11mm)

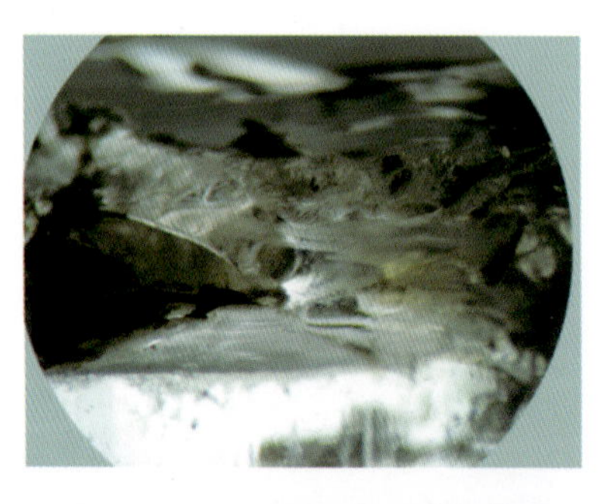

图1-8-256　淡烟晶晶体(光反射构成图案“源头”,50mm×17mm×15mm,产自贵州)

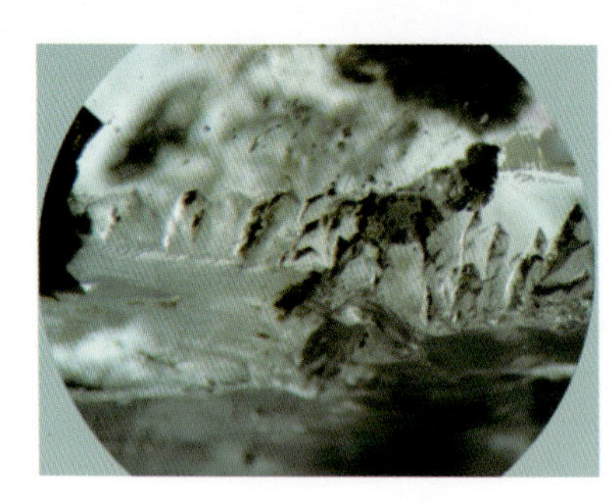

图1-8-257　烟晶晶体(由杂质组成图案“高原雪山,雅鲁藏布江”,50mm×17mm×15mm,产自贵州)

图1-8-258　紫晶晶体[由气、液包裹体(水胆)和虎皮纹构成图案“湖光春色”,22mm×16mm×10mm,产自南非]

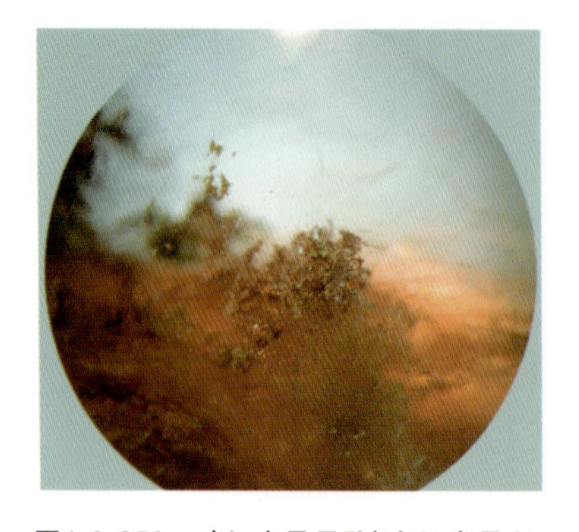

图1-8-259　映红水晶吊坠(由红发晶和少量绿泥石组成图案“醉染太湖”,29mm×18mm×11mm)

图1-8-260　映黄水晶吊坠(铁染构成图案“黄河故道”,27mm×18mm×12mm)

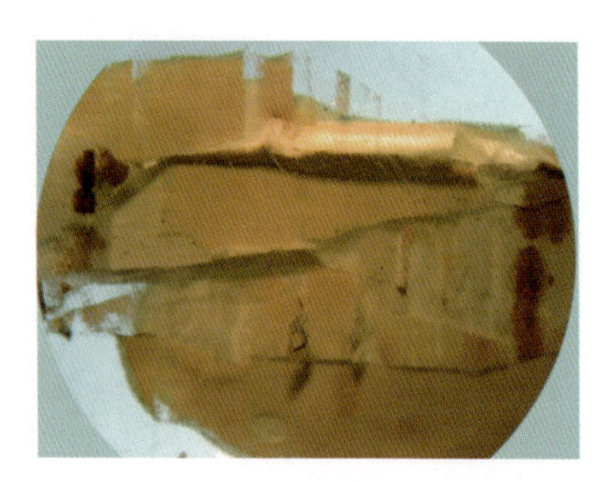

图1-8-261　淡茶晶吊坠(由石棉、铁质组成图案“黄土高原”,40mm×39mm×9mm)

图1-8-262　无色水晶吊坠(由阳起石、绿泥石组成图案“戈壁滩”,15mm×11mm×8mm)

图1-8-263　紫晶(内有虹彩构成图案“白云千叠东去,苍松如铁万年,雄峭飞白雪,花满天地间”,24mm×14mm×12mm,产自南非)

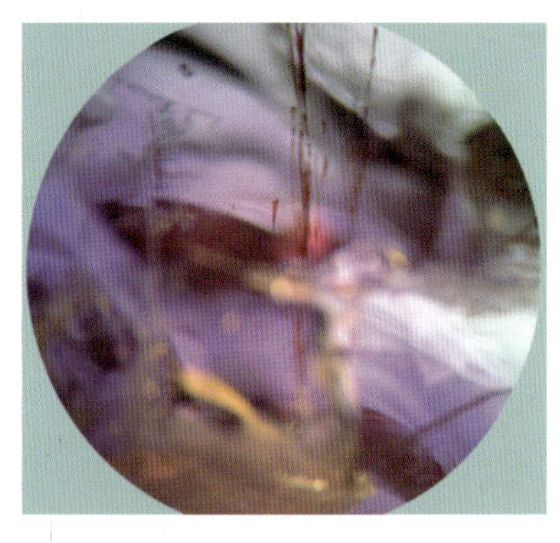
图1-8-264　紫晶中含金红石包裹体，构成图案“烟花”，24mm×14mm×12mm，产自南非

图1-8-268　无色水晶晶体（由辉锑矿包裹体组成图案“暮雨江天”，72mm×21mm×25mm，产自贵州）

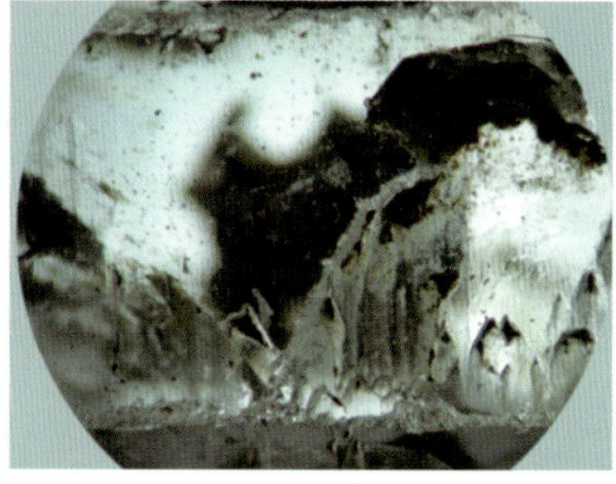
图1-8-272　烟晶晶体[由杂质构成图案“大峡谷”“夫妻对拜”（右下角），50mm×17mm×16mm，产自贵州]

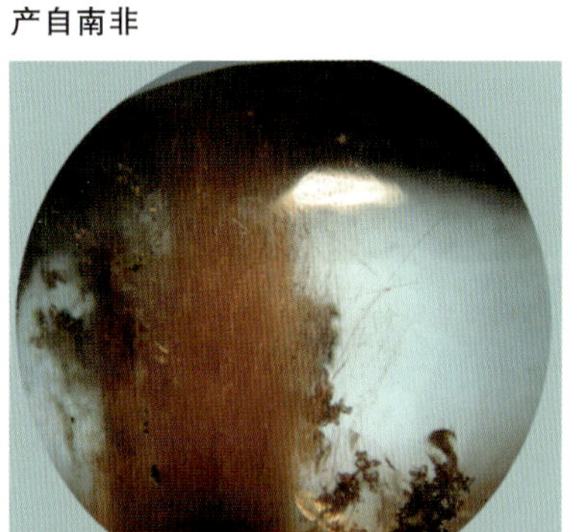
图1-8-265　淡烟晶吊坠（由红发晶和少量绿泥石组成图案“火柱擎天”，29mm×18mm×11mm）

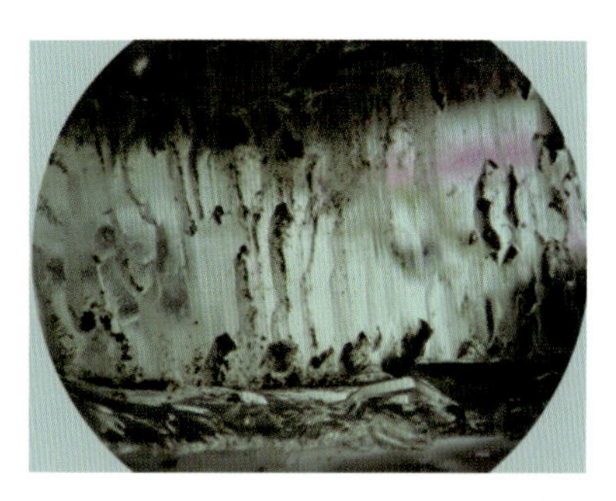
图1-8-269　淡烟晶晶体（由通道和多个黑胆组成图案“瀑布”，50mm×17mm×15mm，产自贵州）

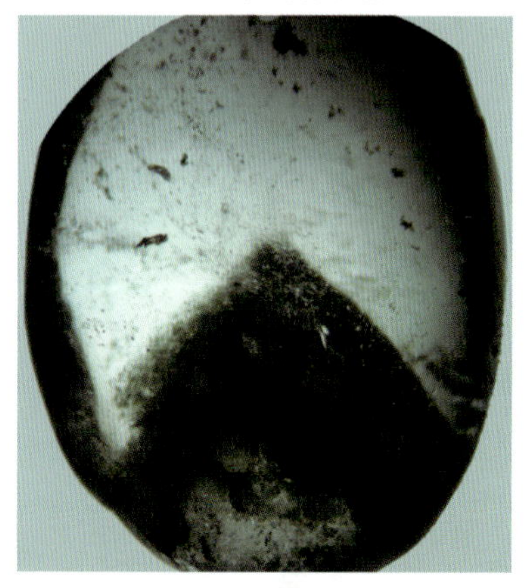
图1-8-273　无色水晶吊坠（绿泥石幽灵组成图案“金字塔”，19mm×15mm×9mm）

图1-8-266　茶晶吊坠（由竹节状褐绿碧玺和气、液包裹体组成图案“战火纷飞”，29mm×19mm×9mm）

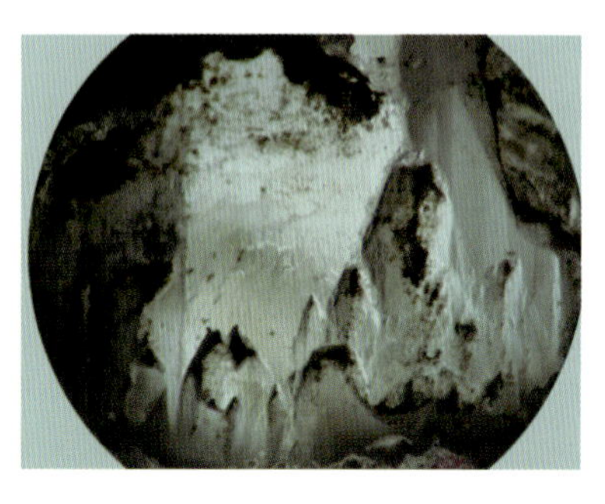
图1-8-270　淡烟晶晶体（由杂质构成图案“武夷山”，50mm×17mm×16mm，产自贵州）

图1-8-274　无色水晶吊坠（绿泥石层状分布，构成图案“地层”，13mm×22mm）

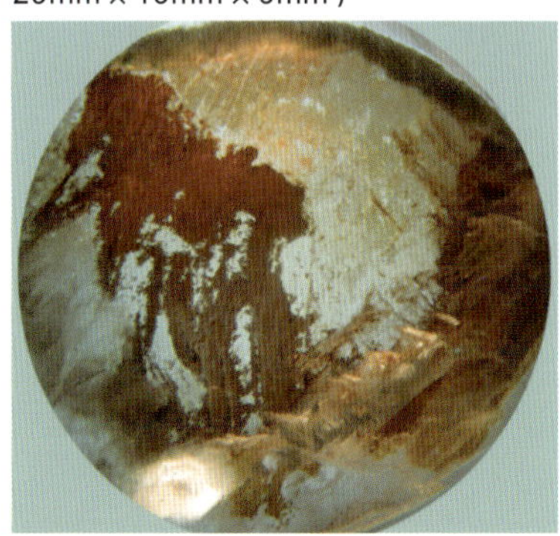
图1-8-267　无色水晶吊坠（铁质构成图案“血染的风采”，34mm×31mm×14mm）

图1-8-271　淡烟晶晶体（由铁质和云母组成图案“火焰山”，25mm×20mm×8mm，产自贵州）

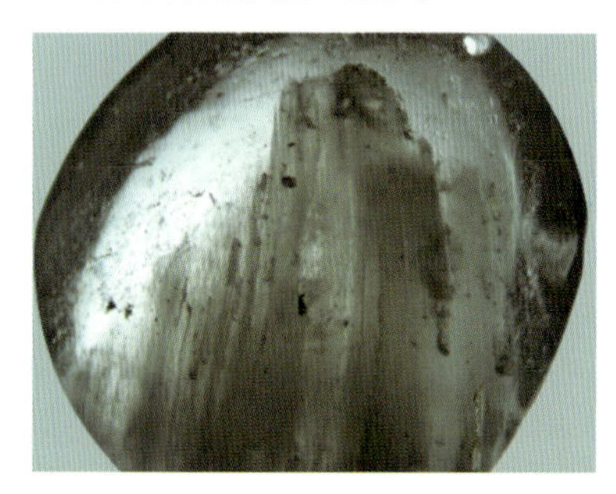
图1-8-275　白色水晶吊坠（由透闪石、石棉组成图案“雄山峭壁”，26mm×24mm×16mm）

图1-8-276　无色水晶吊坠(由石棉组成图案"黄山足迹",24mm×18mm×12mm)

图1-8-277　无色水晶吊坠(由石棉组成图案"滑冰",34mm×22mm×8mm)

图1-8-278　无色水晶吊坠(由绿发晶组成图案"冰花",21mm×21mm×7mm)

图1-8-279　淡茶晶吊坠(由竹节状褐绿色碧玺组成图案"毛笔",33mm×28mm×7mm)

图1-8-280　无色水晶吊坠(由绿泥石和黑发晶组成图案"童画",16mm×15mm×7mm)

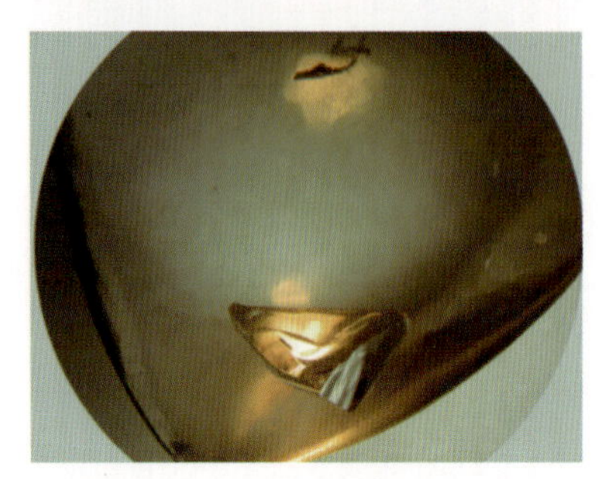

图1-8-281　无色水晶吊坠(由孔穴和通道组成图案"飞机,降落伞",17mm×17mm×8mm)

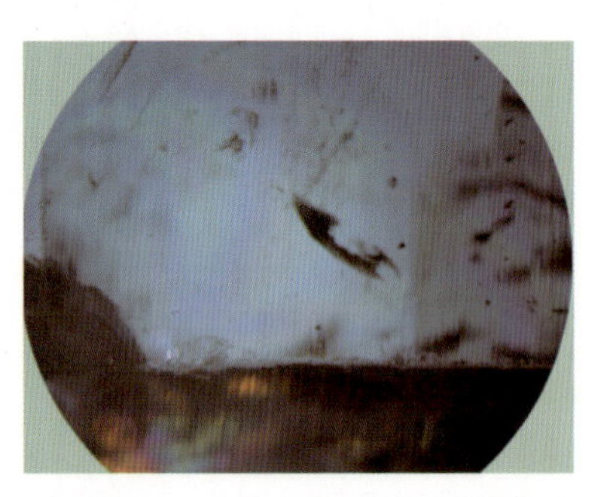

图1-8-282　无色水晶晶体(光反射构成图案"直上云霄",64mm×19mm×17mm,产自贵州)

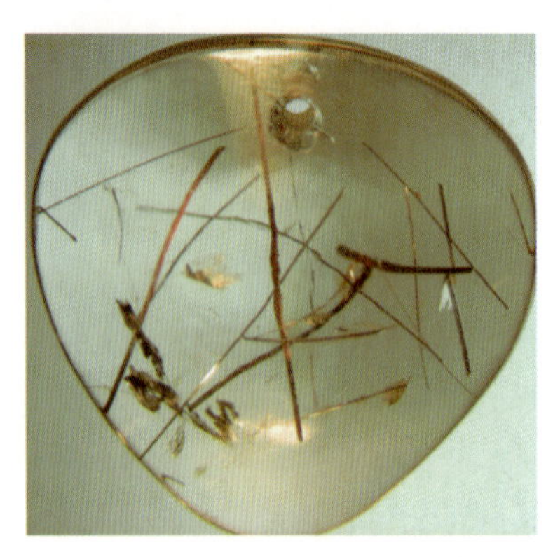

图1-8-283　无色水晶吊坠(由棕色发晶和金丝黄发晶组成图案"艺术",16mm×16mm×8mm)

图1-8-284　映绿水晶吊坠(由绿泥石组成图案"绿幽灵",13mm×22mm,产自江苏东海县)

图1-8-285　无色水晶吊坠(由绿泥石组成图案"蛟龙腾舞",21mm×12mm×6mm,产自江苏东海县)

图1-8-286　无色水晶吊坠(由孔穴和通道构成图案"水晶鞋",20mm×12mm×7mm)

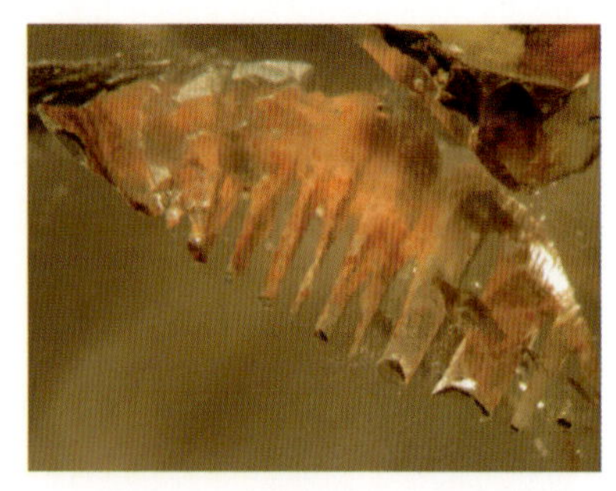

图1-8-287　淡茶晶挂件(铁质充填通道,构成图案"梳子",40mm×28mm×13mm)

9.花卉植物和绿泥石包裹体鉴赏篇

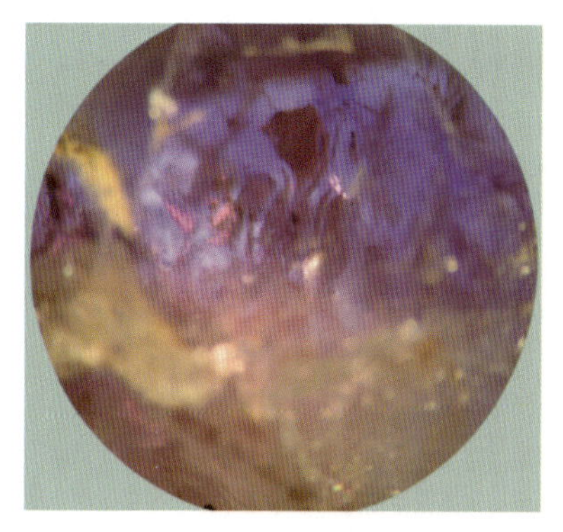

图1-8-288　紫晶(二色:顶部紫色,底部黄色)(虹彩和光反射组成图案“郁金香”,19mm×18mm×12mm,产自内蒙古)

图1-8-289　淡烟晶吊坠(铁氧化物构成图案“红玫瑰”,26mm×19mm×11mm)

图1-8-290　无色水晶吊坠[铁染构成图案“黄玫瑰(蜜蜂采花)”,30mm×19mm×10mm]

图1-8-291　无色水晶吊坠(由毒砂、碳酸盐矿物和金丝黄发晶组成图案“梅雪争春”,25mm×23mm×10mm)

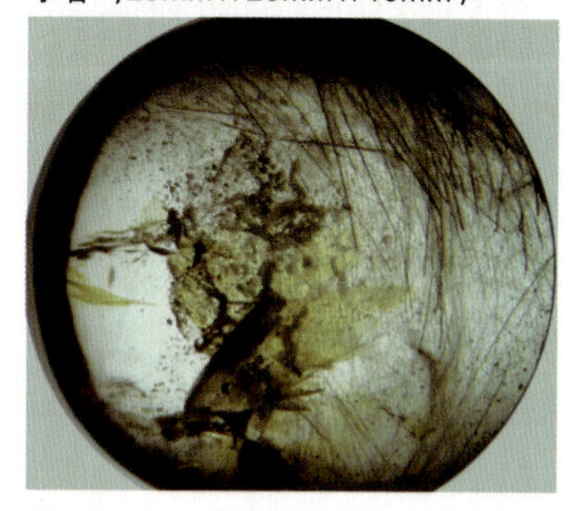

图1-8-292　淡烟晶吊坠(由黑发晶组成图案“盆景,枯树待春”,36mm×25mm×16mm)

图1-8-293　映绿水晶吊坠(由绿泥石、绿发晶组成图案“文竹”,30mm×22mm×16mm)

图1-8-294　无色水晶吊坠(由绿泥石组成图案“花果山”,34mm×28mm×8mm)

图1-8-295　映绿水晶吊坠(由绿泥石、绿、黑发晶组成图案“硕果累累”,30mm×19mm×13mm)

图1-8-296　淡茶晶吊坠(由金丝黄发晶和少量绿泥石组成图案“红梅吐艳”,23mm×13mm×7mm)

图1-8-297　映浅绿水晶挂件(由绿发晶和球状绿泥石组成图案“干枝梅”,35mm×12mm×9mm)

图1-8-298 无色水晶吊坠(由针柱状绿碧玺和绿色、褐色、黑色球状碧玺组成图案“枇杷”,39mm×16mm×13mm)

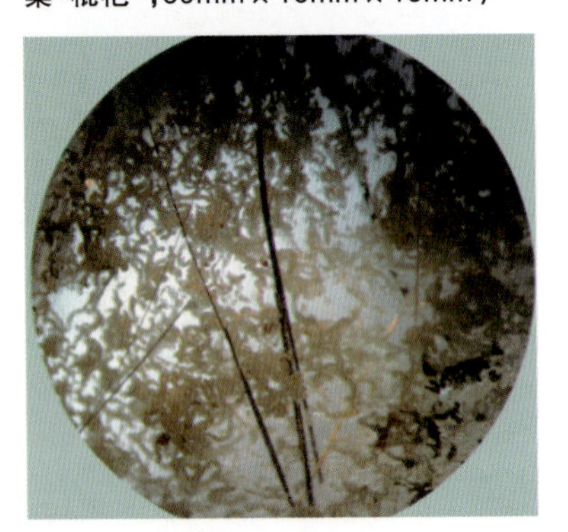

图1-8-299 映浅绿水晶吊坠(由绿泥石和黑发晶组成图案“春雪”,33mm×30mm×14mm,产自江苏东海县)

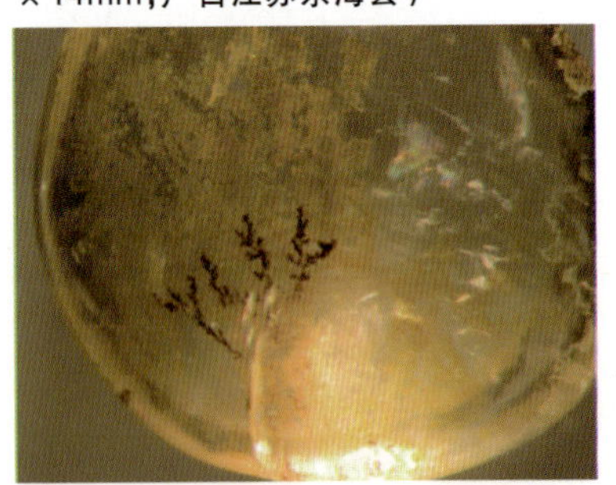

图1-8-300 映黄绿水晶吊坠(铁锰氧化物组成图案“秋色妖娆”,19mm×11mm)

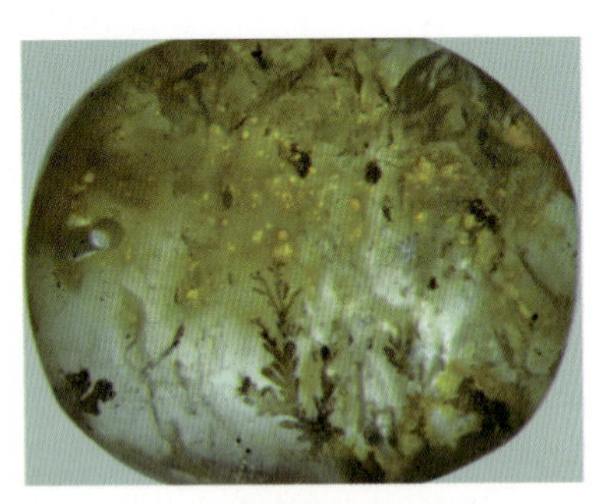

图1-8-301 映黄水晶吊坠(由铁、锰氧化物和气、液包裹体组成图案“郁郁葱葱”,20mm×17mm×10mm)

图1-8-302 映黄水晶吊坠(铁锰氧化物组成图案“沃土繁花”,37mm×24mm×16mm)

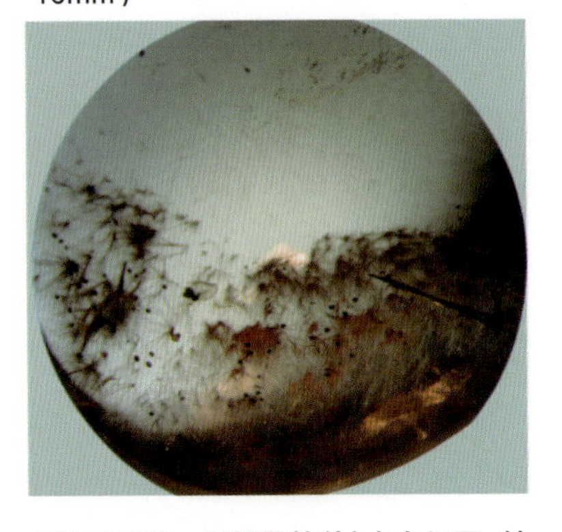

图1-8-303 深烟晶挂件(由金红石、针铁矿组成图案“荆棘草”,42mm×30mm×13mm)

图1-8-304 映绿水晶挂件(绿泥石组成图案“海藻”,39mm×24mm×16mm)

图1-8-305 映绿水晶挂件(绿泥石组成图案“海带”,35mm×24mm×15mm)

图1-8-306 无色水晶挂件(绿泥石组成图案“碧空仙草”,35mm×24mm×10mm)

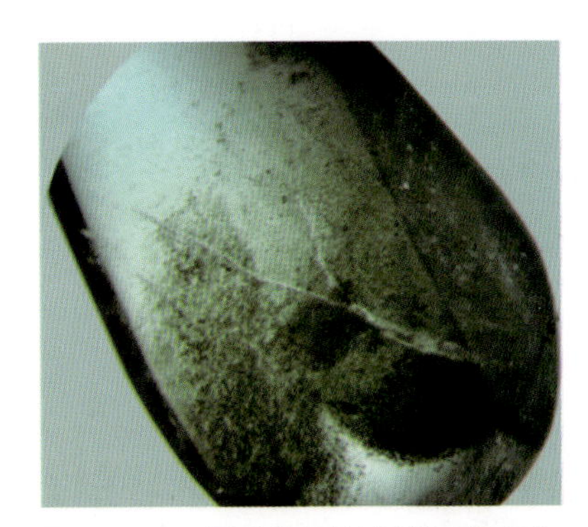

图1-8-307 淡烟晶挂件(绿泥石集合体组成图案“苔藓”,31mm×17mm×10mm)

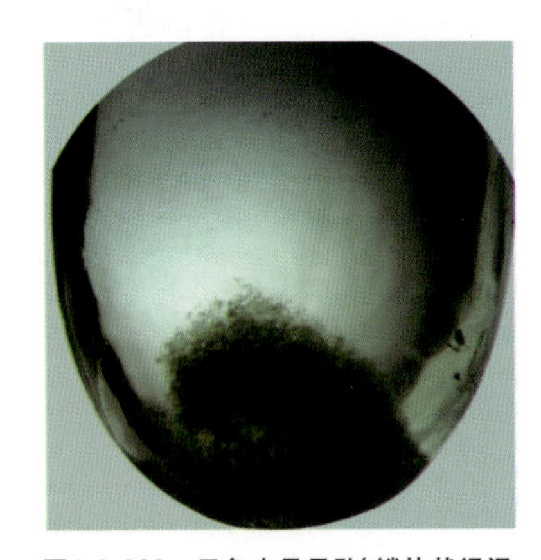

图1-8-308 无色水晶吊坠(鳞片状绿泥石集合体组成图案“绿藻”,25mm×13mm×9mm)

10.水晶标本(各色水晶、发晶、幽灵)鉴赏篇

图1-8-309　大水晶晶体(锥柱状自形晶体晶面完整,内多绵,190mm×150mm×95mm,重达3.3kg)

图1-8-310　水晶自形晶体(六方双锥,112mm×35mm×32mm,产自广东

图1-8-311　微黄水晶体(共生矿物为锡石,90mm×56mm×44mm)

图1-8-312　无色水晶晶簇(320mm×230mm×230mm,产自广东怀集)

图1-8-313　无色水晶晶体(晶体上有毒砂嵌晶,80mm×80mm×60mm,产自贵州)

图1-8-314　无色水晶晶簇(100mm×80mm×80mm,产自四川)

图1-8-315　无色水晶晶簇(自形晶,全透明,100mm×80mm×80mm,产自四川)

图1-8-316　淡茶晶晶簇(自形晶,全透明,105mm×80mm×50mm)

图1-8-317　无色水晶体(含辉锑矿包裹体,48mm×18mm×15mm,产自广东怀集)

图1-8-318　无色水晶体(含辉锑矿包裹体,80mm×30mm×20mm,产自广东怀集)

图1-8-319　无色水晶体(为锥柱状晶体,19mm×14mm×14mm,产自贵州)

图1-8-320 水晶晶簇(水晶与黑钨矿、黄铁矿共生,130mm×120mm×100mm,产自广东)7

图1-8-321 水晶聚晶(水晶体与紫色萤石共生,75mm×70mm×30mm)

图1-8-322 无色水晶(与层解石伴生,150mm×120mm×80mm)

图1-8-323 黄色水晶晶簇(60mm×50mm×40mm,产自巴西)

图1-8-324 淡紫晶晶体(双晶)(65mm×68mm×120mm,产自南非)

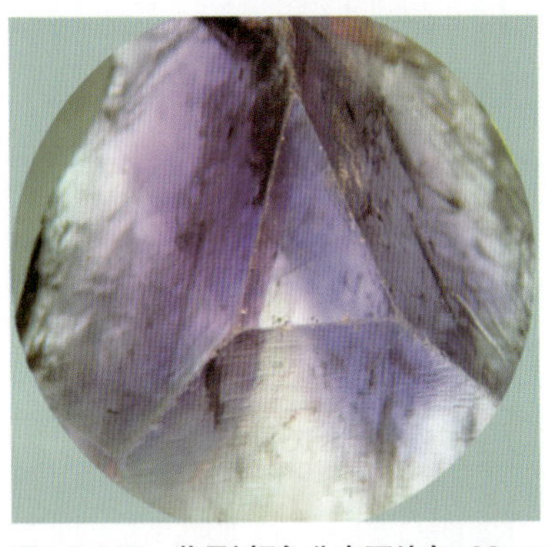
图1-8-325 紫晶(颜色分布不均匀,38mm×29mm×15mm,产自南非)

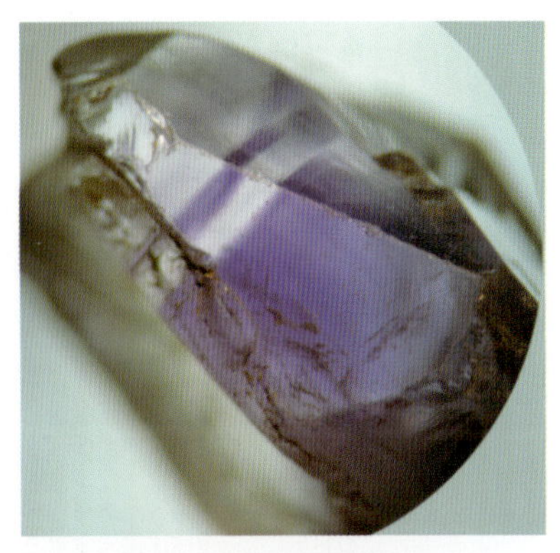
图1-8-326 紫晶(颜色分布不均匀,具条带状结构,16mm×14mm×8mm,产自内蒙古)

图1-8-327 二色紫晶(一半紫色、一半灰黄色,45mm×25mm×15mm,产自南非)

图1-8-328 淡烟晶晶簇(230mm×220mm×210mm)

图1-8-329 水胆水晶(水晶中有大、小水胆几十个,大者如花生米,另见黑胆和流沙,活动空间大,160mm×90mm×60mm)

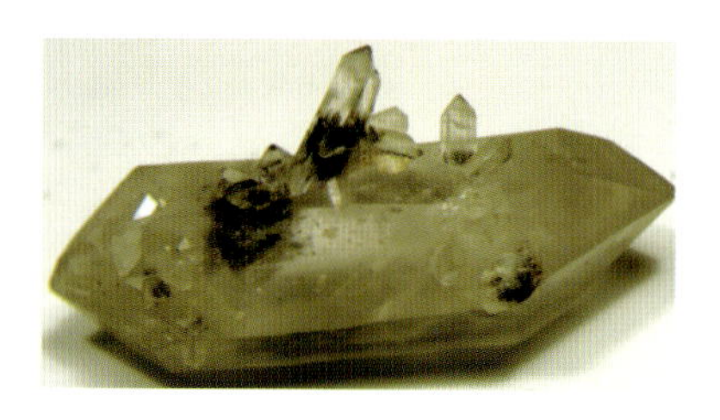

图1-8-330 淡烟晶晶体（主体上有几个小晶簇，55mm×26mm×15mm，产自贵州）

图1-8-331 淡烟晶（内含水胆和电气石包裹体，115mm×45mm×45mm，产自贵州）

图1-8-332 水胆水晶（茶晶通道发育，110mm×65mm×50mm）

图1-8-333 淡烟晶晶体（内清，可做镜片，115mm×70mm×60mm）

图1-8-334 深茶晶（连晶，内清，可做镜片，大者为61mm×30mm×28mm，小者为41mm×23mm×17mm）

图1-8-335 深烟晶晶体（晶面上有石榴石嵌晶，45mm×37mm×33mm）

图1-8-336 深茶晶晶体（内清，可做镜片，100mm×65mm×43mm）

图1-8-337 淡紫晶晶体（为异形晶体，晶面纹发育，30mm×18mm×16mm，产自内蒙古）

图1-8-338 紫晶（具晶面纹，25mm×2mm×15mm，产自南非）

图1-8-339 紫晶（具晶面蚀纹，38mm×32mm×27mm，产自南非）

图1-8-340 紫晶（具晶面蚀纹，38mm×32mm×27mm，产自南非）

图1-8-341　红发晶标本（金红石红发晶杂乱分布，85mm×68mm×20mm）

图1-8-342　白发晶标本（白发晶为透闪石，杂乱分布，110mm×80mm×70mm）

图1-8-343　黑发晶标本（黑发晶为电气石，95mm×85mm×55mm）

图1-8-344　黑发晶标本（黑发晶为黑电气石，130mm×110mm×30mm）

图1-8-345　水晶体，晶面上含多条黑电气石嵌晶和包裹体，产自新疆

图1-8-346　白幽灵水晶（内含微粒状硅质体和少量绿泥石，61mm×50mm×30mm）

图1-8-347　虹彩烟水晶（含虹彩和电气石包裹体，60mm×52mm×40mm）

11.摆件、饰品鉴赏篇

1）摆件（水晶球、元宝）

图1-8-348　淡烟晶水晶球（毒砂包裹体呈三角形排列成行，如同山脉一样，直径为46mm）

图1-8-349　金丝黄发晶、红发晶球（金红石杂乱分布，直径为30mm）

图1-8-350　白发晶球(白发晶为透闪石，直径为34mm)

图1-8-351　淡烟晶水晶球(直径分别为39mm、37mm)

图1-8-352　无色水晶球(含金属硫化物矿物包裹体，直径为34mm)

图1-8-353　黄水晶“元宝”摆件(32mm×17mm×15mm，产自巴西)

2)饰品(戒面、吊坠、项链、手链)

图1-8-354　紫晶扇形吊坠(9mm×11mm)

图1-8-355　紫晶扇形吊坠(9mm×11mm)

图1-8-356　紫晶心形吊坠(戒面)(7mm×7mm)

图1-8-357　紫晶蛋形戒面(吊坠)(7mm×9mm)

图1-8-358　紫晶圆形戒面(吊坠)(直径为14mm)

图1-8-359　紫晶圆形戒面(吊坠)(含金红石发晶包裹体，直径为14mm)

图1-8-360　紫晶圆形吊坠(戒面)(含金红石发晶包裹体，直径为14mm)

图1-8-361 紫晶梯形吊坠(戒面)(7mm×7mm×5mm)

图1-8-362 黄水晶马眼形吊坠(戒面)(8mm×4mm,产自巴西)

图1-8-363 黄水晶心形吊坠(戒面)(6mm×6mm,产自巴西)

图1-8-364 黄水晶梨形吊坠(戒面)(5mm×7mm,产自巴西)

图1-8-365 黄水晶圆形吊坠(戒面)(直径为13mm)

图1-8-366 黄水晶方形吊坠(戒面)(4mm×4mm,产自巴西)

图1-8-367 黄水晶吊坠(戒面)(为凸面横棱长方形,3.5mm×6.5mm,产自巴西)

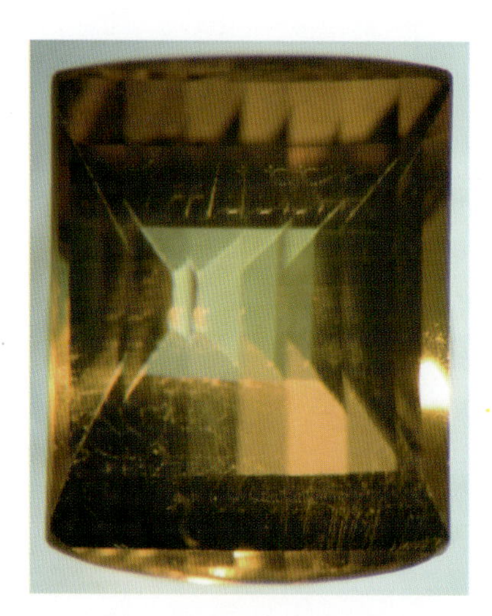
图1-8-368 黄水晶吊坠(戒面)(为凸面竖棱长方形,4.5mm×6mm,产自巴西)

图1-8-369 黄水晶六边形吊坠(戒面)(6mm×6mm,产自巴西)

图1-8-370 黄水晶吊坠(为小三角一三角形,5mm×7mm)

图1-8-371 黄水晶吊坠(戒面)(为凸三角形,5mm×5mm,产自巴西)

图1-8-372 黄水晶,吊坠(戒面)(为凹三角形,5mm×5mm,产自巴西)

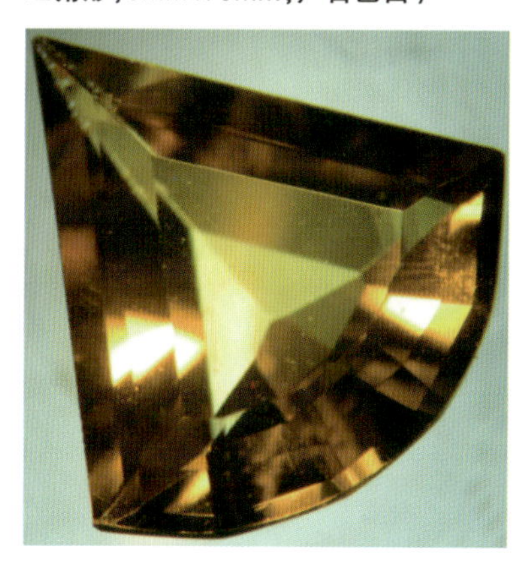

图1-8-373 黄水晶吊坠(为扇形,8mm×8mm,产自巴西)

图1-8-374 黄水晶吊坠(为小三角一三角形,7mm×8mm,产自巴西)

图1-8-375 黄水晶吊坠(为橄榄形,3.5mm×8mm,产自巴西)

图1-8-376 黄水晶吊坠(戒面)(马蹄形,4mm×6mm)

图1-8-377 黄水晶吊坠(为长方形,有竖棱,一头凸出,4mm×6mm,产自巴西)

图1-8-378 淡黄水晶吊坠(为心形,内含发晶)

图1-8-379 石英猫眼(直径为9mm)

图1-8-380　石英猫眼(7mm×9mm)

图1-8-381　无色水晶项链

图1-8-382　黄水晶项链

图1-8-383　烟晶项链

图1-8-384　黑色水晶项链

图1-8-385　紫晶项链

图1-8-386　红发晶项链

图1-8-387　黑发晶项链

图1-8-388　紫晶手链

图1-8-389　烟晶手链

chapter 2

第二章 绚丽的彩、玉石

（Gorgeous Ornamental Stone and Jade）

玉石是指色调鲜艳、质地细腻、坚韧（硬度足够、韧性大）且符合工艺要求（抛光后具有较强的反光性能）的半透明至微透明单矿物或矿物集合体（岩石）。

彩石是指有艳丽的色彩、奇特的花纹和特殊结构构造岩石的统称，且符合工艺加工要求的多矿物或部分单矿物的岩石。可分为工艺性彩石类和建筑装饰彩石类。

第一节 绿松石
（Turquoise）

一、概 述

绿松石的英文名称Turquoise，源于法语 Pierreturqoise，意指“土耳其玉”。古时欧洲的绿松石都是经过土耳其运转过去的，其实土耳其并不产绿松石。中国元朝以前称绿松石为“碧淀”，元朝时称其为“甸子”。绿松石在藏文中称“gyu”，被视作珍品，利用绿松石制成的饰品深受藏族人民喜爱。

二、基本特征

（1）化学成分：$CuAl_6[PO_4]_4(OH)_8 \cdot 5H_2O$。由于矿物中铜的含量随风化程度和被次生矿物交代而变化，因此理论值与其化学成分有差异。

（2）晶系、晶形：三斜晶系。晶体很小，只有在电子显微镜下才能观察到。呈针状或鳞片状，显晶罕见，一般为纤维隐晶质至非晶质。其集合体呈块状、瘤状、肾状、结核状、豆状、皮壳状和脉状。

（3）物理特征：硬度为5～6。相对密度为2.6～2.9。不透明。具蜡状光泽和贝壳状断口。颜色有深蓝、浅蓝、蓝绿、绿、黄绿、灰绿等。

（4）光学特征：二轴晶正光性。折射率Ng=1.65，Nm=1.62，Np=1.61。双折率为0.040，色散强。

（5）荧光和吸收光谱：在紫外线长波照射下呈淡黄绿色至蓝色荧光；短波下不明显。X射线照射无明显发光现象。在4 600Å（1Å=10^{-8}cm，下同）有不清晰的吸收谱线；在4 320Å有较明显的吸收谱线。

三、品种

绿松石的品种很多，世界各地所产绿松石的颜色、结构、构造以及质量的好坏都有所不同，各学者的分类方法也不尽相同。笔者按颜色和结构对产自湖北的绿松石进行如下分类：

（1）花斑绿松石：艳蓝色在黑色基底上呈现花斑、豆斑状分布，像一朵朵绽放的花朵。

（2）花斑、豆斑绿松石：艳蓝色在褐色基底上呈现花瓣状、豆状分布，恰似沃土中开放的花朵，给人以美的享受。

（3）铁线绿松石：在蓝色、浅蓝色绿松石基底上穿插着黑色铁线，铁线有疏有密，呈网状或脉状，二者界线分明。

（4）网状铁线绿松石：在绿色、黄绿色基底上有网状黑色铁线。

（5）单色绿松石：呈蓝色、浅蓝、绿、黄绿色，颜色均一。呈致密蜡状、瓷状，又称瓷状绿松石。

（6）土状绿松石：土状结构，一般颜色较浅。

四、产状和产地

（1）产状：以外生淋滤型矿床为主。与含磷和含铜硫化物矿化岩石的线性风化壳有关。可能是火成岩、火山岩或者含磷的沉积岩。湖北绿松石的围岩为含碳硅质板岩。

（2）产地：伊朗、智利、墨西哥、美国、前苏联、澳大利亚、埃及、中国（湖北、陕西、河南、安徽等地）。

五、图谱

现将绿松石的照片陈列如下（图2-1-1～图2-1-13），均产自湖北，供广大读者欣赏。

图2-1-1 花斑绿松石含艳蓝色花斑（8.2cm×6cm×1.2cm）

图2-1-4 网状铁线绿松石（6.8cm×6cm×4cm）

图2-1-2 豆、花斑绿松石（在褐黑色基底上有艳蓝色豆、花斑恰似沃土中开放的花朵，7.5cm×7cm×3cm）

图2-1-5 单色绿松石（3.2cm×3.2cm×2cm）

图2-1-3 豆、花斑绿松石（5.5cm×3.5cm×2.5cm）

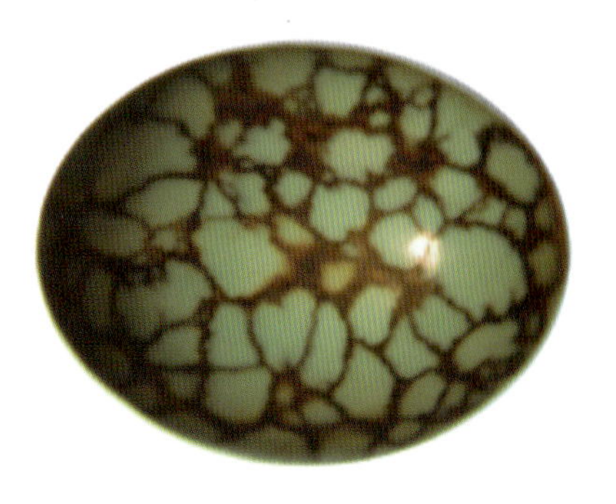

图2-1-6 密网铁线绿松石戒面（吊坠）（10mm×14mm）

图2-1-7　疏网铁线绿松石戒面(吊坠)(10mm×14mm)

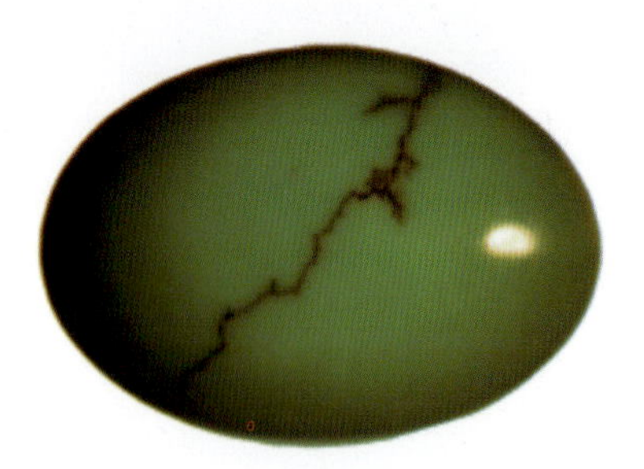

图2-1-8　单铁线绿松石戒面(吊坠)(10mm×14mm)

图2-1-9　单色绿松石戒面(吊坠)(10mm×14mm)

图2-1-10　绿松石项链

图2-1-11　绿松石鼻烟壶(4.2cm×3.5cm×1.9cm)

图2-1-12　绿松石球(直径为14mm)

图2-1-13　绿松石片(装饰用,30mm×20mm×3mm)

第二节 孔雀石
(Malachite)

一、概述

孔雀石的英文名称Malachite来源于希腊语mallache(绿色),古称石绿、青琅玕。

二、基本特征

(1)化学成分:$Cu_2[CO_3](OH)_2$。含微量CaO、Fe_2O_3、SiO_2和机械混入物。

(2)晶系、晶形:单斜晶系。单晶为针状、柱状、纤维状。其集合体常呈肾状、葡萄状和皮壳状、同心层状、纤维放射状、管状、瘤状等。

(3)物理特征:摩氏硬度为3.5～4。相对密度为3.75～3.95。丝绢光泽、玻璃光泽。贝壳至参差状断口。不透明。

(4)光学特征:二轴晶负光性。折射率Ng=1.909,Nm=1.875,Np=1.655。双折率为0.254。

(5)颜色:孔雀绿、鲜绿、暗绿。深、浅绿相间常构成条带状、花边状和花的图案。

三、工艺要求和用途

孔雀石颜色要鲜艳,纹带、色带要清晰,致密无孔洞。一般用于雕料、装饰品,特殊品种如猫眼(具有平行纤维排列的可磨成弧面)可作为首饰。好的晶体可供收藏、作观赏石。

四、产状和产地

孔雀石主要产于铜矿床的氧化带,常与蓝铜矿等共生。著名产地有南非的赞比亚、纳米比亚、扎伊尔、前苏联乌拉尔、澳大利亚、美国、智利及中国的广东、湖北、江西、河南、云南、湖南、贵州、四川等地。

五、图谱

孔雀石花纹清秀,颜色美丽的绿色象征着青春和吉祥(图2-2-1~图2-2-10)。

图2-2-1 瘤状孔雀石（8cm×7cm×6cm，产自广东石菉）

图2-2-2 葡萄状、管状孔雀石（14.5cm×8cm×3cm，产自广东）

图2-2-3 瘤状、放射状、球状孔雀石（7cm×4cm×3.5cm，产自广东）

图2-2-4 肾状、豆状孔雀石（5cm×4.5cm×3cm，产自广东）

图2-2-5 肾状、瘤状孔雀石（5cm×4cm×3cm，产自广东）

图2-2-6 孔雀尾状、放射状孔雀石（7cm×6cm×3cm，产自广东）

图2-2-7 层状、纤维状孔雀石（3cm×3cm×1.5cm，产自智利）

图2-2-8 条带状孔雀石（其花纹构成图案“梯田”，1.8cm×1.3cm×1cm，产自南非）

图2-2-9 孔雀石“蛋”（花纹美丽，3cm×2.5cm，产自南非）

图2-2-10 孔雀石戒面（吊坠）（具条带状花纹，6mm×8mm，产自湖北）

第三节
硅化青石棉
（鹰睛石、虎睛石）
(Silicified Crocidolite)

一、概述

鹰睛石（Hawk's eye）和虎睛石（Tiger's eye）是硅化青石棉（蓝石棉）。青石棉是钠闪石呈石棉状，故称青石棉。钠闪石属链状硅酸盐矿物，故呈纤维状。虎睛石又名“虎眼石”因其外观像木质，故被称为“木变石”；鹰睛石因其颜色较暗，呈蓝色、灰蓝色，有猫眼效应时像鹰眼一样，故称“鹰睛石”，又名“鹰眼石”。

二、基本特征

（1）化学成分：$Na_2Fe_3^{2+}$ Fe_3^{3+} $[Si_4O_{11}]_2(OH)_2$（青石棉），含SiO_2量高。当被SiO_2交代后，其成分基本上为SiO_2 。

（2）物理性质：青石棉的摩氏硬度为5，当被SiO_2交代后其摩氏硬度为7。相对密度为2.65～3.30。透明—半透明—不透明。丝绢光泽。贝壳状断口，断口平坦。有韧性。

（3）颜色：虎睛石为黄色、黄褐色、金褐色，由氧化铁所致。鹰睛石为蓝色、灰蓝色、蓝绿色，颜色较暗。斑马虎睛石的颜色是由黄褐色和蓝色色调斑杂在一起的。其实三个品种其化学成分和物理性质基本相同，只不过颜色不同而已。

（4）形状：常呈块状、板状，常见波状和平行纤维状构造。

（5）光性：折射率为1.544～1.553。

三、用途和品质要求

品质好的鹰睛石和虎睛石，可作各种饰品，如手链、项链、吊坠、戒面、珠粒、串珠、球、手镯、雕件、摆件、香烟盒等，有活光、猫眼、游彩者可供欣赏和收藏。

品质要求：作为饰品料要求质地致密，具强丝绢光泽，猫眼、游彩明显且色艳、靛蓝色者为佳品；作为雕件材料要求致密，块度大，无孔洞。

四、鉴别

属猫眼的宝石其品种和颜色有多种，这里不一一列举。一般宝石学所指“猫眼石”是指金绿猫眼，其他猫眼要在猫眼前加矿物名称，如石英猫眼、碧玺猫眼、海蓝宝石猫眼、辉石猫眼、祖母绿猫眼等。

鹰睛石、虎睛石猫眼与金绿猫眼的主要区别见表2-1。

表2-1 鹰睛石、虎睛石猫眼与金绿猫眼的区别

项目	金绿猫眼	鹰睛石、虎睛石猫眼
化学成分	$BeAl_2O_4$，常含Fe_2O_3和Cr	$Na_2Fe_3^{2+}Fe_3^{3+}[Si_4O_{11}]_2(OH)_2$
摩氏硬度	H=8.5	H=5～7
相对密度	3.73	2.65～3.3
颜色	葵花黄、黄绿色、褐绿色、黄褐色、褐色	黄色、黄褐色、蓝色、灰蓝色
猫眼	光带清晰明亮、细窄而界线清晰，反光强烈，光带位于弧面中央，竖直，显彩色活光；属高档猫眼宝石	光带松散，亮度也不够强烈，质地不够“水灵”，猫眼闪光带，颜色与体色相同；属中低档猫眼宝石

五、产状、产地

（1）产状：产于青石棉和硅化青石棉，和青石棉发生硅化的石棉矿床中。也产于变质偏碱性、基性火山岩破碎带的热液型蓝石棉矿中。一般呈脉状产出，厚板状，厚度由数毫米到几十厘米到数米不等。硅化青石棉即石棉脉被酸性中低温热液强烈交代而成。

（2）产地：世界上最大的虎睛石和鹰睛石产地是位于南非（阿扎尼亚）德兰士瓦省、好望角西北面的葛利兰，以及纳米比亚、巴西、印度、斯里兰卡、澳大利亚、美国（亚利桑那州）、墨西哥等地。中国主要产地为河南淅川马头山，产各种颜色的虎睛石和鹰睛石，品种多、质量好。可做成各种饰物如戒面（弧面、平面）、吊坠、挂件、雕件、图章等，有非常美丽的花纹和各种图案，闪烁着泛天蓝色活光和五彩缤纷的游光，非常迷人。即使在不强烈的直射光下，也可闪耀出光带猫眼和游彩活光来。淅川鹰睛石在国内外享有很高的声誉，在国际市场上很受欢迎。

六、图谱

现展示鹰睛石、虎睛石、斑马虎睛石部分照片供读者欣赏（样品来自河南豫西淅川马头山）（图2-3-1～图2-3-61）。

图2-3-1 鹰睛石——“万里长城”（12mm×15mm）

图2-3-2 鹰睛石——“地平线”（8mm×12mm）

图2-3-3 鹰睛石——“防护林”（有猫眼效应，9mm×12mm）

图2-3-4 虎睛石——“金穗”（11mm×15mm）

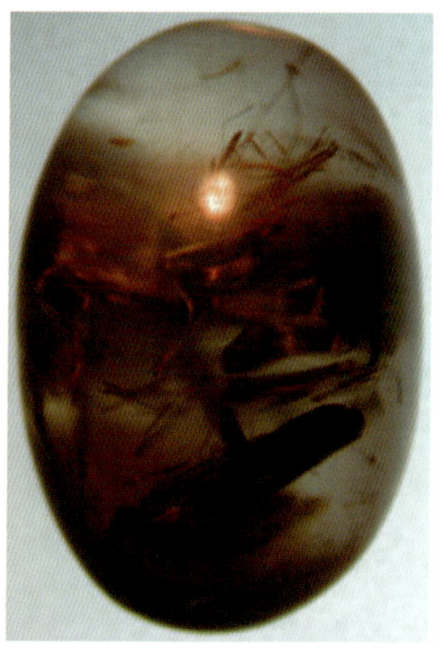

图2-3-5 鹰睛石——“乡村夜景”（8mm×12mm）

图2-3-6 虎睛石——“漩涡”（10mm×14mm）

图2-3-7 鹰睛石——“火苗”（12mm×17mm）

图2-3-8 鹰睛石——“火龙”（9mm×14mm）

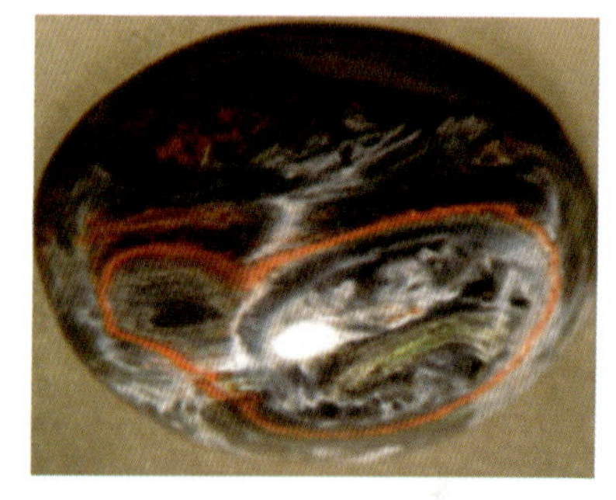

图2-3-9 鹰睛石——“泳池”（9mm×11mm）

图2-3-10 鹰睛石——“橄榄球”（9mm×13mm）

图2-3-11 鹰睛石——“稻草人”（10mm×14mm）

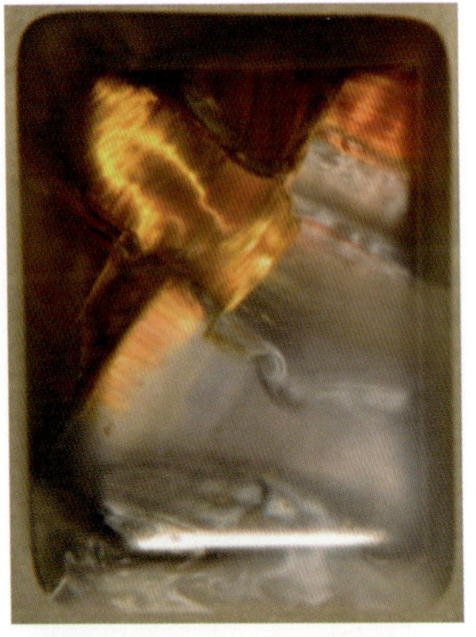

图2-3-12　虎睛石——“抽象画”（10mm×13mm）

图2-3-13　鹰睛石——“瀑布”（9mm×13mm）

图2-3-14　虎睛石——“霞光”（10mm×12mm）

图2-3-15　鹰睛石——“日出”（11mm×14mm）

图2-3-16　虎睛石——“光圈”（14mm×19mm）

图2-3-17　鹰睛石——“日晕奇观”（10mm×12mm）

图2-3-18　鹰睛石——“晚霞”（9mm×13mm）

图2-3-19　鹰睛石——“彩云追月”（10mm×12mm）

图2-3-20　鹰睛石——“八千里路云和月”（11mm×13mm）

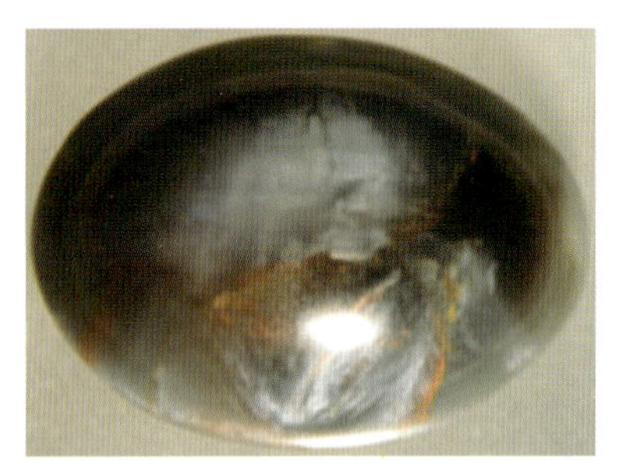

图2-3-21 鹰睛石——“雾蒙蒙”（11mm × 14mm）

图2-3-22 虎睛石——“红雨”（10mm × 13mm）

图2-3-23 虎睛石——“细雨”（9mm × 13mm）

图2-3-24 鹰睛石——“仙女下凡”（11mm × 13mm）

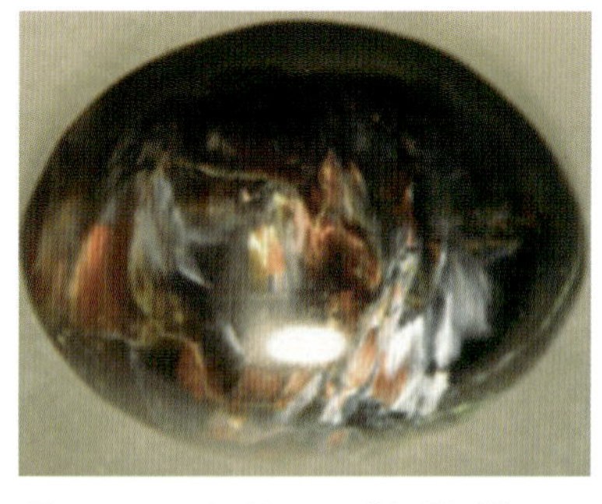

图2-3-25 鹰睛石——“大观园”（9mm × 12mm）

图2-3-26 鹰睛石——“八仙过海”（11mm × 14mm）

图2-3-27 鹰睛石——“白马与王子”（9mm × 13mm）

图2-3-28 鹰睛石——“母爱”（11mm × 14mm）

图2-3-29 鹰睛石——“情侣”（10mm × 14mm）

图2-3-30 虎睛石——“小童玩狗”（14mm × 18mm）

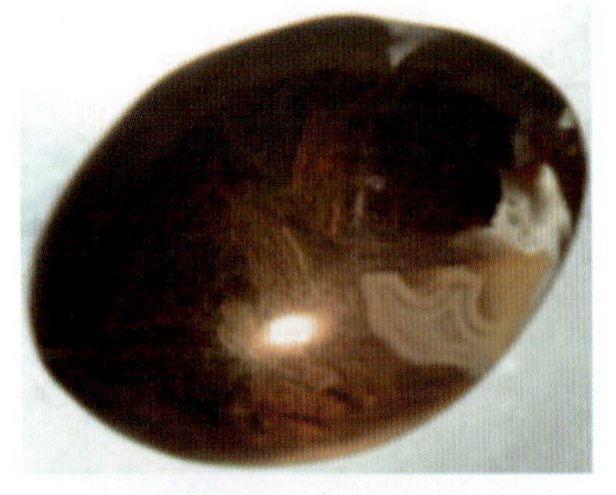

图2-3-31 鹰睛石——"白雪公主"（8mm×11mm）

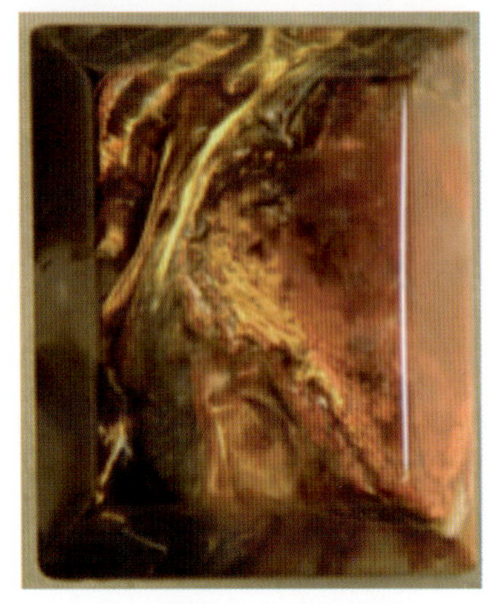

图2-3-32 虎睛石——"红毛孩"（14mm×16mm）

图2-3-33 斑马虎睛石——"肺"（16mm×20mm）

图2-3-34 鹰睛石——"玉兔待株"（12mm×16mm）

图2-3-35 鹰睛石——"玉兔觅食"（10mm×10mm）

图2-3-36 鹰睛石——"波斯猫"（12mm×16mm）

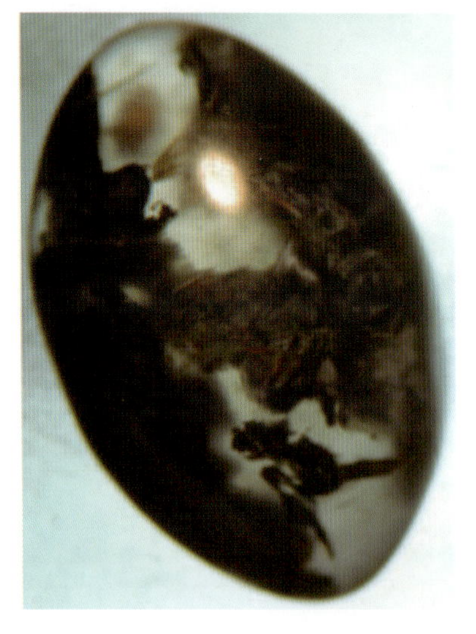

图2-3-37 鹰睛石——"老黑猫"（9mm×13mm）

图2-3-38 斑马虎睛石——"金丝猴"（10mm×13mm）

图2-3-39 鹰睛石——"金凤凰一飞冲天"（9mm×13mm）

图2-3-40 鹰睛石——"凤凰"（9mm×12mm）

图2-3-41 鹰睛石——“外面的世界”

图2-3-42 鹰睛石——“丑小鸭拜月”（15mm×21mm）

图2-3-43 鹰睛石——“缩头龟”（9mm×14mm）

图2-3-44 鹰睛石——“蛟龙”（9mm×13mm）

图2-3-45 鹰睛石——“蟒蛇”（15mm×18mm）

图2-3-46 鹰睛石——“蛇”（11mm×13mm）

图2-3-47 鹰睛石——“火海”（13mm×16mm）

图2-3-48 鹰睛石——“出行”（10mm×14mm）

图2-3-49 斑马虎睛石——“骆驼”（12mm×16mm）

图2-3-50 鹰睛石——“OK”（9mm×14mm）

图2-3-51　虎睛石——“8”(11mm×14mm)

图2-3-52　鹰睛石——“OK”(直径为18mm)

图2-3-53　紫色鹰睛石(11mm×14mm)

图2-3-54　大红虎睛石

图2-3-55　鹰睛石猫眼(11mm×14mm)

图2-3-56　鹰睛石吊坠(18mm×18mm)

图2-3-57　鹰睛石项链

图2-3-58　虎睛石项链

图2-3-59　鹰睛石印章(70mm×21mm×21mm)

图2-3-60　虎睛石料(黄色)(2.5cm×4.8cm×6.8cm)

图2-3-61　虎睛石料(褐色)(1.3cm×3cm×5cm，产自巴西)

第四节 玻璃陨石
（Tektite）

一、概述

玻璃陨石的英文名称Tektite来源于希腊文，意指“熔融”。玻璃陨石是一种天然玻璃，有“火鬼之魂”或“火珍珠”之称。

二、基本特征

（1）化学成分：以SiO_2为主，占70%～75%，另有微、少量Al_2O_3、FeO、CaO、MgO、Fe_2O_3、K_2O、Na_2O、MnO、TiO_2、Cr_2O_3等。

（2）物理特征：摩氏硬度为5.5。相对密度为2.21～2.96。具玻璃光泽。不透明，薄片微透明—半透明。含有圆形、鱼雷形气泡。

（3）光学特征：非均质。折射率N=1.46～1.53。

（4）晶形及大小：其形态有弓形、荸荠形、蛋形、圆形、三角形、饼形、棒形、腰果形、水滴形、球形、不规则形、钩形、流线形等。不管何种形态，其表面绝大多数都有熔蚀坑、龟裂纹、皱纹布满且伤痕累累，有熔融感。其粒度的大小、质量也不尽相同，小者1～2cm，大者至几十厘米，其质量由几克至数十千克不等。

（5）颜色：不同产地有不同的颜色。有黑色、绿色、绿褐色和褐色等。

近年来，道教视之为幸运石，用其做成吊坠，非常畅销。也可做成戒面、串珠、手链、挂件等。

三、产状与产地

（1）产状：到目前为止，还没有统一的认识。主要有以下几种成因论：①地球成因论，由巨大的陨石碰撞地球，使地球表面岩石熔融并飞溅到高空，然后陨落地表形成；②宇宙成因论，宇宙中的行星陨落到地球表面而形成；③火山成因，1787年达尔文在澳大利亚发现了“达尔文玻璃”，他认为是火山玻璃。

（2）产地：分布于世界各地。玻璃陨石的命名是以产地命名的。如捷克斯洛伐克的玻璃陨石发现于莫尔道河，故名“莫尔道玻璃陨石”，呈微灰绿色、暗绿至中绿色，透明—半透明。中国的玻璃陨石分布于雷州半岛，故名“雷公墨”，多呈黑色、漆黑色，薄片呈绿色、绿褐色，强玻璃光泽；海南产的叫“海南石”。印度尼西亚产的质量好、孔洞少，呈漆黑发亮。澳大利亚产的粒度大。其次还有美国、菲律宾、象牙海岸、利比亚、东印度群岛等国家和地区。

四、图谱

有关玻璃陨石的形状、大小、花纹等，请参看以下图谱（图2-4-1～图2-4-16）。

图2-4-1　玻璃陨石（饼状，表面有龟裂纹，18cm × 12cm × 6cm，产自海南）

图2-4-5　玻璃陨石（近圆形，边部撕裂，4cm × 4cm × 3cm，产自雷州半岛）

图2-4-3　玻璃陨石（近圆形，表面有蚀坑，6cm × 6cm × 2cm，产自雷州半岛）

图2-4-6　玻璃陨石（荸荠状，4cm × 4cm × 4cm，产自雷州半岛）

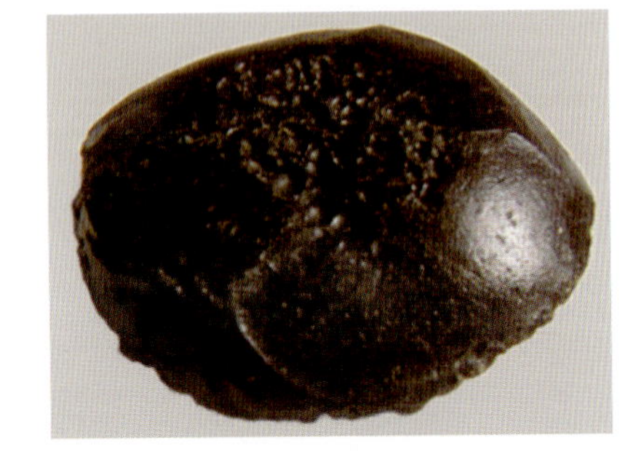

图2-4-2　玻璃陨石（表面有蚀坑，4.6cm × 3.9cm × 2.8cm，产自雷州半岛）

图2-4-4　玻璃陨石（边部撕裂，构成图案“猴头”，5cm × 4cm × 3cm，产自雷州半岛）

图2-4-7　玻璃陨石（水滴形，表面有蚀坑，6cm × 3cm × 3cm、3cm × 2cm × 2cm，产自雷州半岛）

图2-4-8 玻璃陨石(棒状,9cm×2cm×2cm、9cm×3cm×2cm,产自雷州半岛)

图2-4-9 玻璃陨石(锥形,7cm×3cm×3cm、6cm×2cm×2cm,产自雷州半岛)

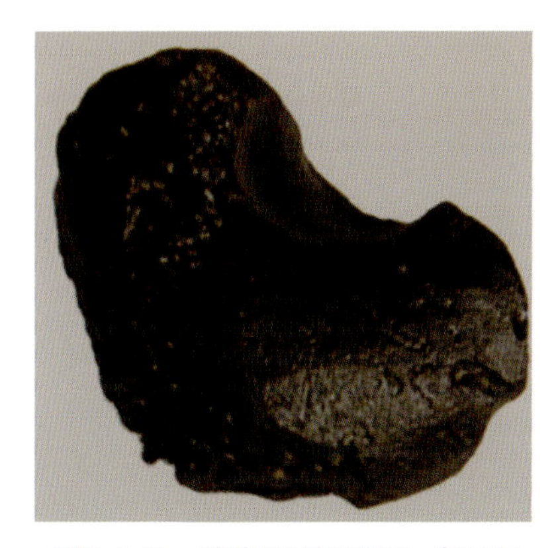

图2-4-10 玻璃陨石(腰果形,表面有蚀坑,5×3cm×3cm,产自雷州半岛)

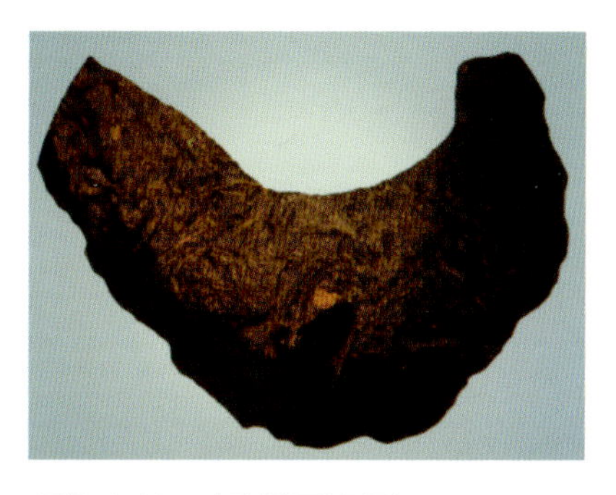

图2-4-11 玻璃陨石(弓形,3cm×2cm×1cm,产自海南)

图2-4-12 玻璃陨石(近圆形,油黑,3cm×3cm×2cm、3cm×2cm×2cm,产自印度尼西亚)

图2-4-13 玻璃陨石(薄片状,呈褐色,含虹彩,产自雷州半岛)

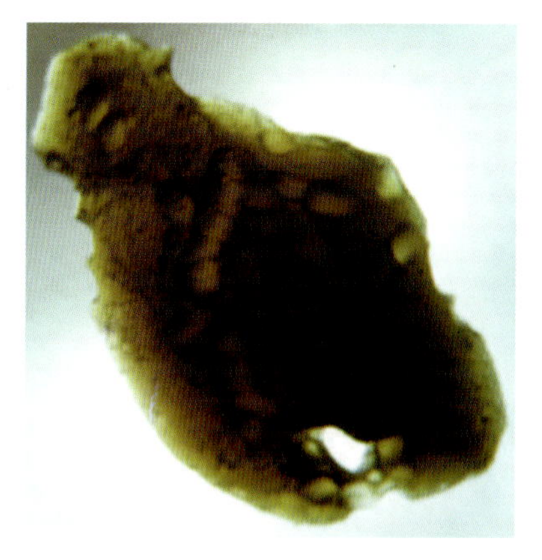

图2-4-14 玻璃陨石,薄片(呈褐绿色,构成图案"大猩猩",3cm×2cm×1cm,产自雷州半岛)

图2-4-15 玻璃陨石,薄片(呈褐绿色,构成图案"鸵鸟",2cm×2cm×1cm,产自雷州半岛)

图2-4-16 玻璃陨石戒面(吊坠)(6mm×8mm,长方形,产自雷州半岛)

第五节　玛瑙
（Agate）

一、概述

玛瑙的英文名称Agate来源于拉丁文River Achates，是意大利首先发现玛瑙的地方。我国早在古代已用玛瑙作装饰品，在汉朝以前玛瑙有“琼玉”“赤玉”之称。因玛瑙纹理交错，又似马脑，因而得名玛瑙。缠丝玛瑙为七月诞生石。

二、基本特征

（1）化学成分及结构：玛瑙是隐晶质的SiO_2、玉髓和石英的混合物。常呈美丽的条纹、花纹。这是杂质在胶体中扩散所造成的，常见核心部位有簇状石英（水晶）。具粒状、纤维状、条带状等构造。

（2）物理特征：摩氏硬度为6.5～7。相对密度为2.61～2.65。玻璃光泽。一般为半透明。贝壳状断口。

（3）光学特征：折射率为1.54～1.55。弱双折率。

（4）颜色有白、灰、黄、红、橘红、褐、蓝、绿、紫、黑色等。同一块玛瑙可出现多种色彩，并构成不同的图案。由于含不同色素离子而形成多种颜色，如含氧化铁可呈红色，含氧化镍可呈绿色，含氧化锰可呈褐色，含碳可呈黑色，含氧化钙可呈白色等。

三、品种

1、按颜色分

按颜色可分为红玛瑙、蓝玛瑙、绿玛瑙、紫玛瑙、白玛瑙、酱斑玛瑙等。

2、按花纹或图案分

（1）缟玛瑙：即白、淡褐或黑色花纹平行相间的玛瑙。如红色缟状叫红缟玛瑙等。

（2）缠丝玛瑙：细的红、白纹相间的玛瑙或其他色相间的玛瑙，纹带细如蚕丝。

（3）截子玛瑙：黑白或褐红色相间之层状玛瑙。

（4）苔藓玛瑙：因含绿泥石或铁、锰氧化物而出现树枝状或苔藓状的花纹，故称苔藓玛瑙。

（5）锦犀玛瑙：五颜六色混合在一起，磨光后呈现五彩缤纷的虹彩玛瑙。

（6）云雾玛瑙：条纹模糊呈云雾状的玛瑙。

(7)带状玛瑙：不同色带呈平行排列、条纹纤细的玛瑙。

(8)城砦玛瑙：在带状和缟状玛瑙中有棱角状构造者，形同隐约可见的"城廓"，故称城砦玛瑙。

(9)火玛瑙：在条带层中含氧化铁片状矿物晶体的玛瑙、闪烁火红的光泽，故称"火玛瑙"。

(10)夹胎玛瑙：白色基底上有红色凝块，赤如凝血的玛瑙。

(11)花边玛瑙：纹带呈花边状玛瑙。

(12)曲蟮玛瑙：红花内有蚯蚓状粉花玛瑙。

(13)合子玛瑙：漆黑的基底上有一条白线的玛瑙。

(14)锦红玛瑙：玛瑙基底上有锦花者。

(15)葡萄玛瑙：因其形态酷似葡萄而得名。产于内蒙古阿拉善盟苏红图一带，是戈壁石中的珍品。其成分有玛瑙、碧玉、蛋白石、石英岩等。石质坚硬，摩氏硬度为7，晶莹剔透，色彩绚丽，造型奇特(图谱Aga-94)。

3、按包裹体分

(1)水胆玛瑙：在玛瑙形成时，其内有孔洞或气孔，气体和液体包在其中（即气、液包裹体）。

(2)火玛瑙：玛瑙中含有片状镜铁矿或纤铁矿。

四、产状与产地

(1)产状：有三种说法。一些学者认为玛瑙产于火山岩期后热液矿床，是酸性、基性火成岩的次生蚀变产物。还有些学者认为玛瑙属基性火山岩期后热液型矿床，即基性火山岩喷发结束后的残余溶液交代早期的基性岩，从中析出SiO_2，在基性火山岩的气孔和孔洞中沉淀而成。另外一些学者认为玛瑙产于沉积岩层和矿石层及残坡积层中。此外，葡萄玛瑙产于火山口附近的较大孔洞中，二氧化硅溶胶热液无法充满孔间，只能以某些质点如沙粒、泥块、水滴凝聚成珠状、球状、水滴状，逐渐堆积成葡萄状，随后孔洞又为红色黏土或铁质所充填，因此葡萄玛瑙的颜色多呈红色、紫色等，酷似葡萄。

(2)产地：产地很多，著名产地有印度(产苔藓玛瑙)、巴西、美国、澳大利亚、爱尔兰、埃及、墨西哥、马达加斯加、纳米比亚(产花边玛瑙)、蒙大拿州(产风景玛瑙)等。中国产地分布广泛，有内蒙古、云南、新疆、西藏、黑龙江、辽宁、河北、江苏等地，其中南京产雨花石(玛瑙)，是国内著名的产地；内蒙古的阿拉善玛瑙(尤其是葡萄玛瑙)也颇著名，而且珍贵(如一块高1.2m的玛瑙曾以23万元成交，甚至出现过标价高达500万元的玛瑙观赏石)。

五、图谱

玛瑙具有质地润滑、色泽艳丽、晶莹剔透、花纹千姿百态、造型奇特等特点，深受人们的喜爱。现将所拍照片列出，供读者欣赏(图2-5-1～图2-5-94)。

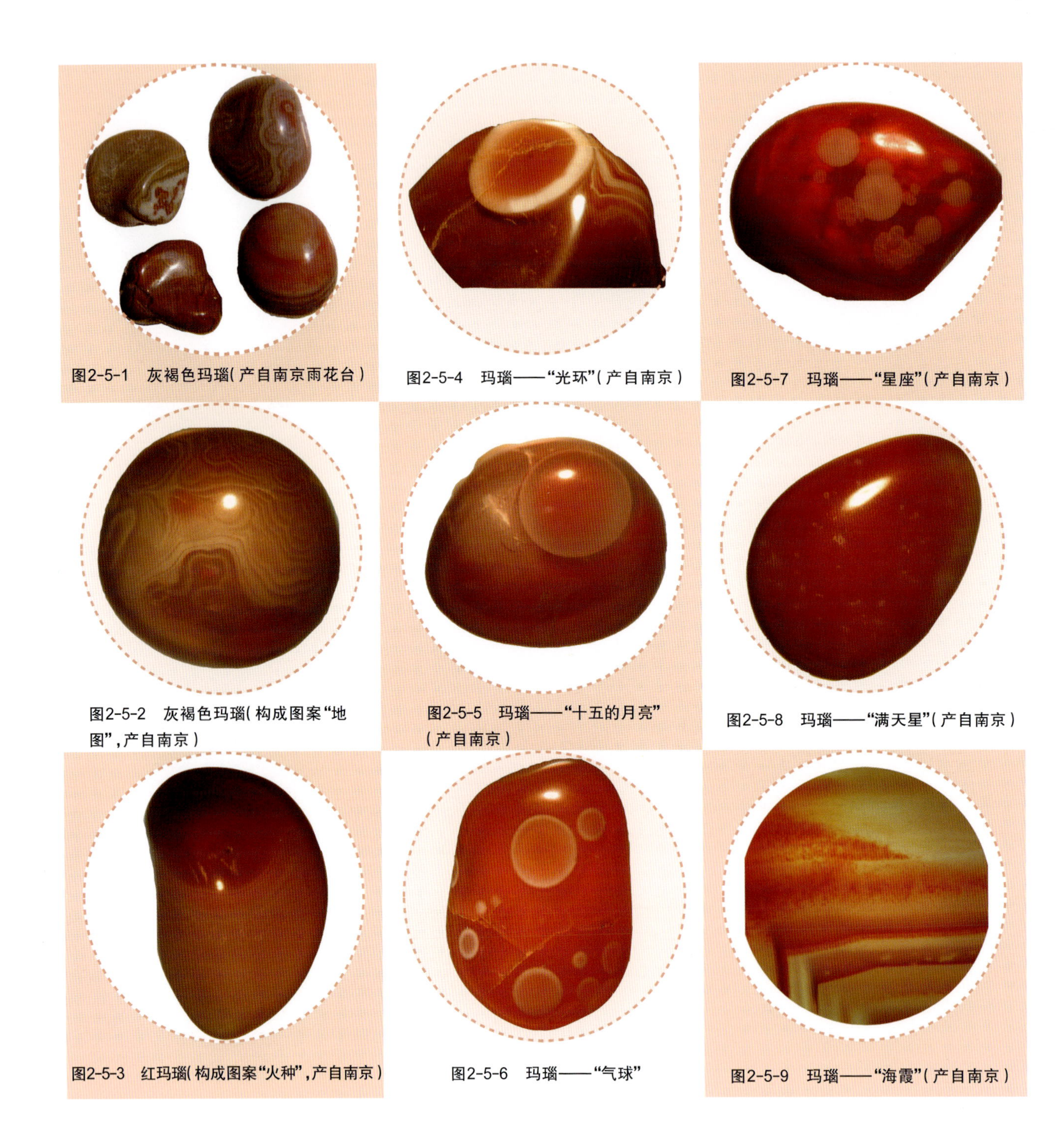

图2-5-1　灰褐色玛瑙(产自南京雨花台)

图2-5-4　玛瑙——“光环”(产自南京)

图2-5-7　玛瑙——“星座”(产自南京)

图2-5-2　灰褐色玛瑙(构成图案“地图”,产自南京)

图2-5-5　玛瑙——“十五的月亮”(产自南京)

图2-5-8　玛瑙——“满天星”(产自南京)

图2-5-3　红玛瑙(构成图案“火种”,产自南京)

图2-5-6　玛瑙——“气球”

图2-5-9　玛瑙——“海霞”(产自南京)

图2-5-10　玛瑙“火焰山”

图2-5-11　灰玛瑙“毡靴”（产自河北）

图2-5-12　灰缟玛瑙“地层”

图2-5-13　红缟玛瑙“丘陵”（产自河北）

图2-5-14　灰褐缟玛瑙“滇池”（产自河北）

图2-5-15　红白缟玛瑙“梯田”（产自河北）

图2-5-16　红褐缟玛瑙“阶地”（产自河北）

图2-5-17　灰玛瑙“田垅”

图2-5-18　黄绿玛瑙“金字塔”

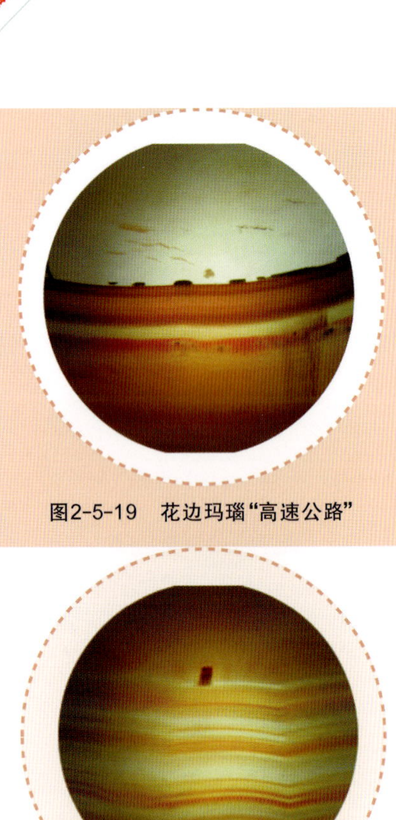

图2-5-19　花边玛瑙“高速公路”

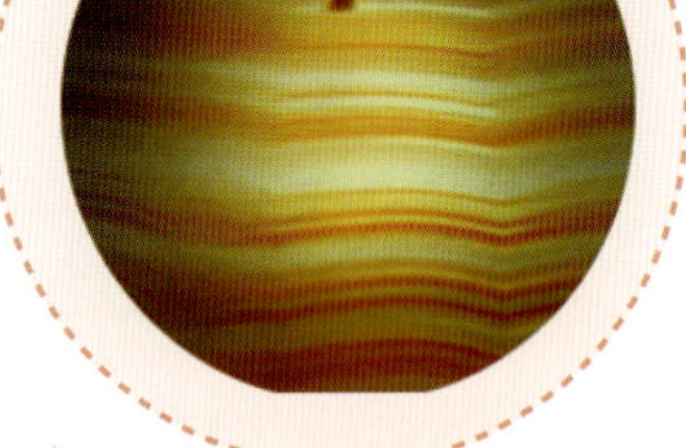

图2-5-20　缟玛瑙“孤舟”

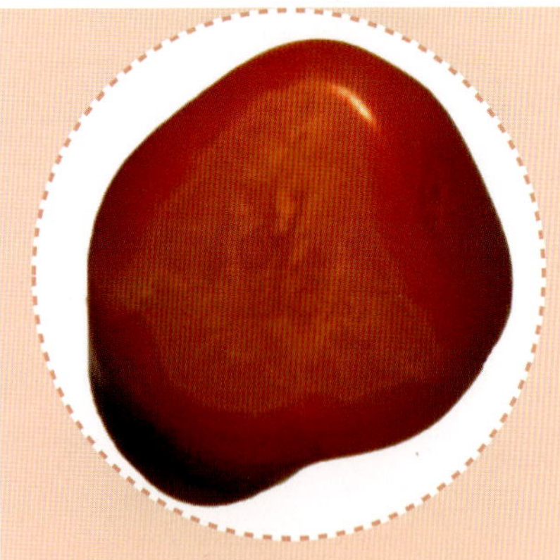

图2-5-21　红玛瑙“浴池”（产自南京）

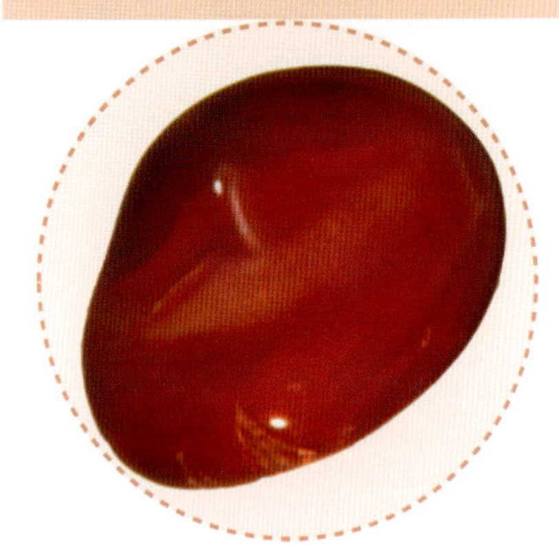

图2-5-22　红玛瑙“天鹅”（产自南京）

图2-5-23　大红玛瑙

图2-5-24　红缟玛瑙（具条带状构造，产自黑龙江）

图2-5-25　灰玛瑙“拖鞋”（产自河北）

图2-5-26　苔藓玛瑙“鞋垫”（产自印度）

图2-5-27　红缟玛瑙“新疆地毯”（产自河北）

图2-5-28　花边玛瑙“花边裙”

图2-5-29　红缟玛瑙—花边玛瑙

图2-5-30　黄褐玛瑙—花边玛瑙（产自河北）

图2-5-31　灰色玛瑙“补丁”（产自河北）

图2-5-35　红玛瑙“生物链”（产自南京）

图2-5-39　苔藓玛瑙“海带”（产自印度）

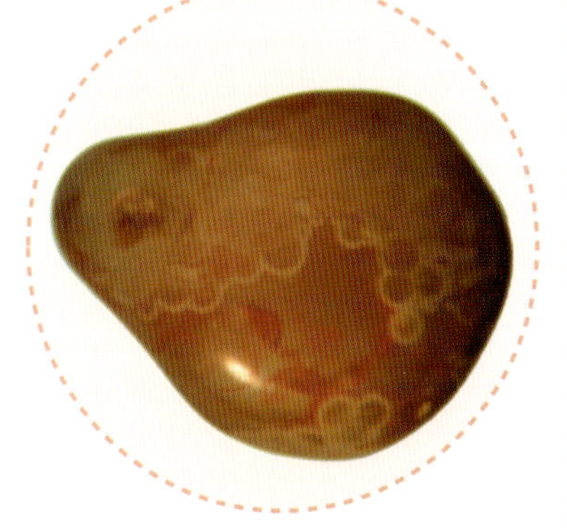
图2-5-32　黄褐色玛瑙“虾与气泡”

图2-5-36　红玛瑙“红珊瑚”

图2-5-40　苔藓玛瑙“苔草”（产自印度）

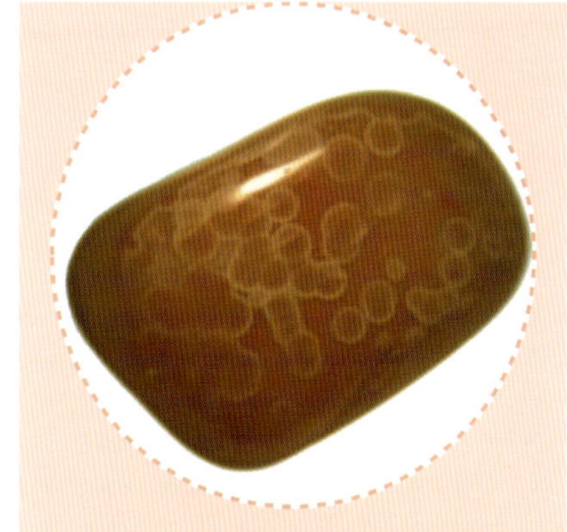
图2-5-33　黄褐色玛瑙“细菌”

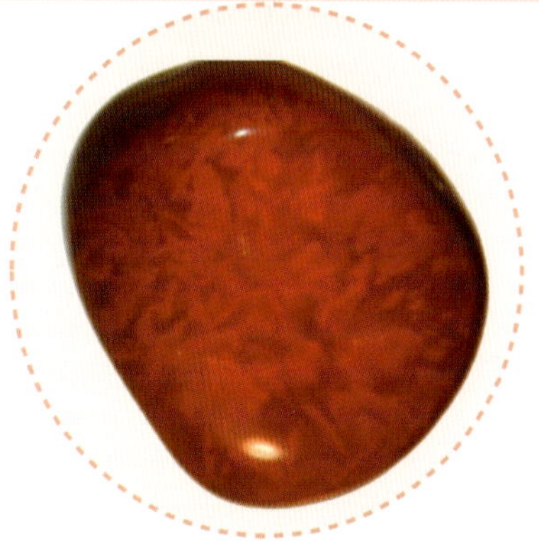
图2-5-37　红玛瑙“玉池胭脂碎”

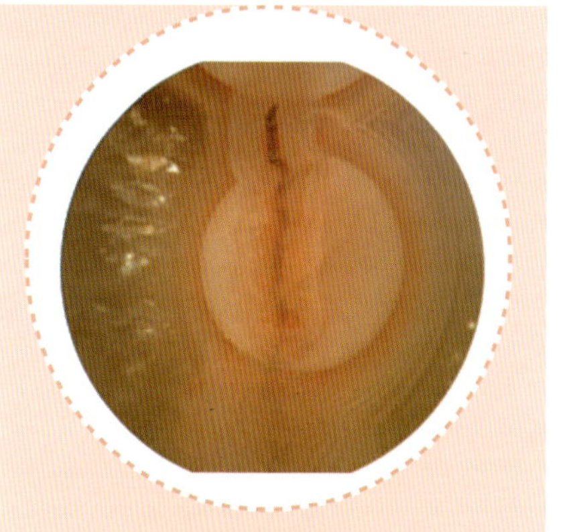
图2-5-41　曲蟮玛瑙“虫草”（产自河北）

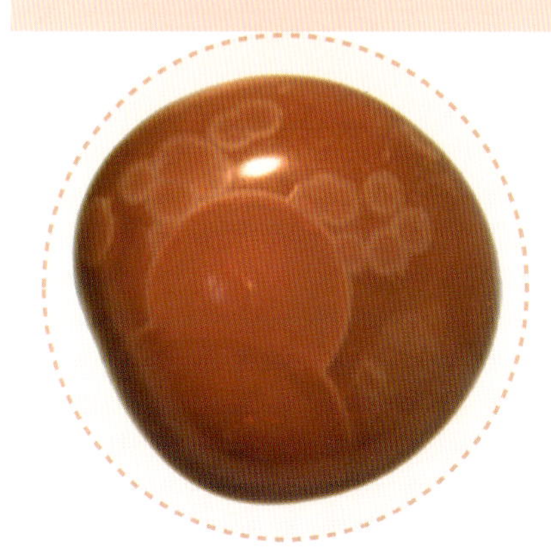
图2-5-34　红玛瑙“血细胞”（产自南京）

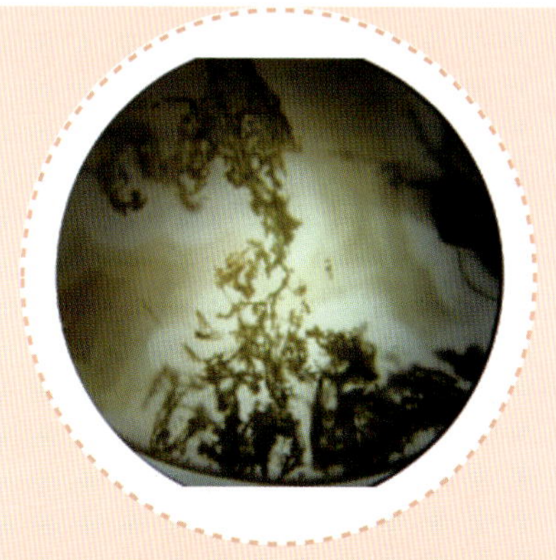
图2-5-38　苔藓玛瑙“海草”（产自印度）

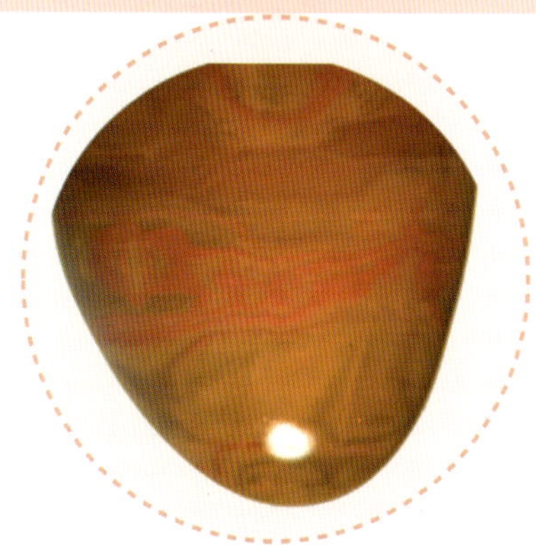
图2-5-42　黄色玛瑙“美人鱼”

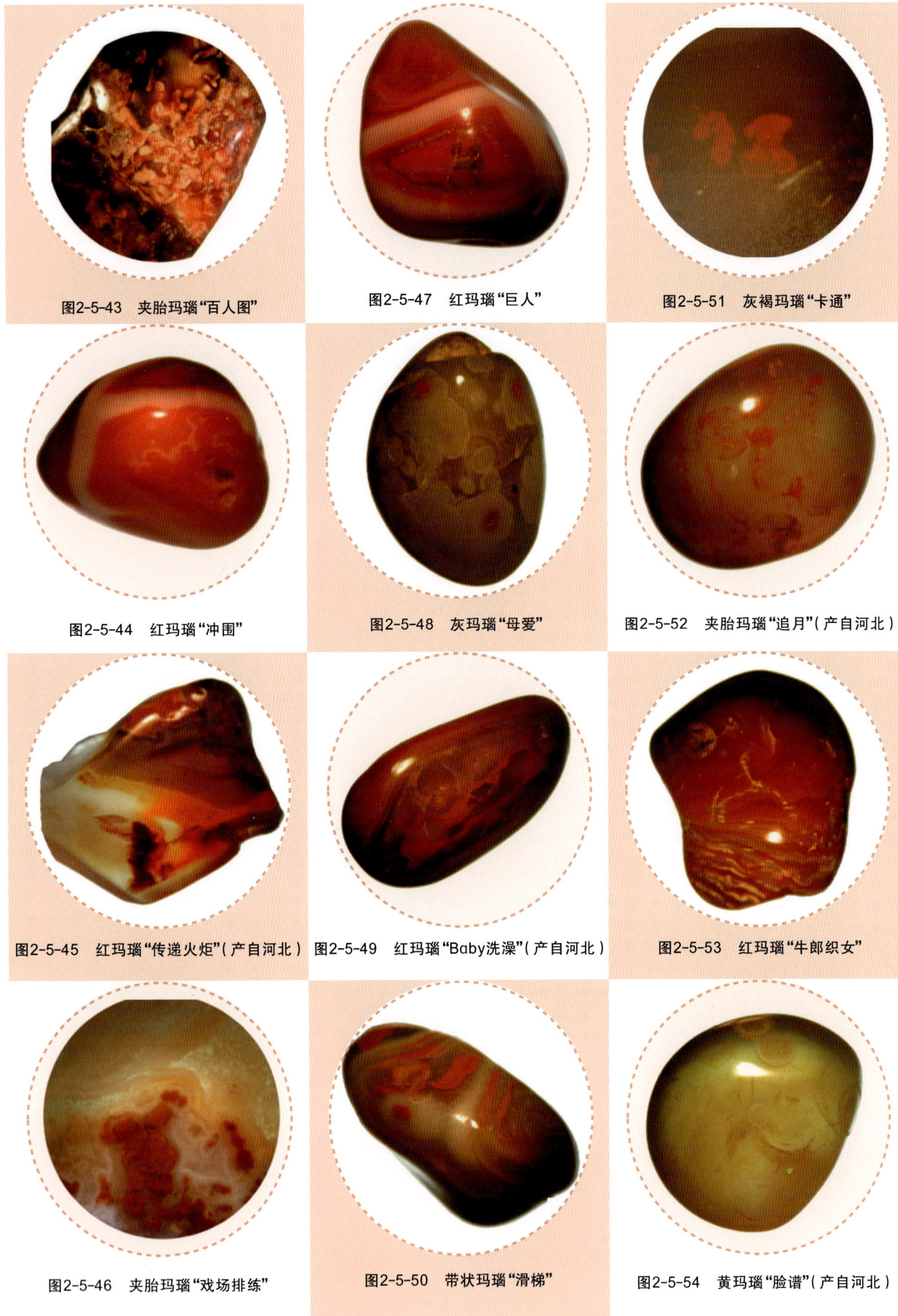

图2-5-43　夹胎玛瑙“百人图”

图2-5-47　红玛瑙“巨人”

图2-5-51　灰褐玛瑙“卡通”

图2-5-44　红玛瑙“冲围”

图2-5-48　灰玛瑙“母爱”

图2-5-52　夹胎玛瑙“追月”（产自河北）

图2-5-45　红玛瑙“传递火炬”（产自河北）

图2-5-49　红玛瑙“Baby洗澡”（产自河北）

图2-5-53　红玛瑙“牛郎织女”

图2-5-46　夹胎玛瑙“戏场排练”

图2-5-50　带状玛瑙“滑梯”

图2-5-54　黄玛瑙“脸谱”（产自河北）

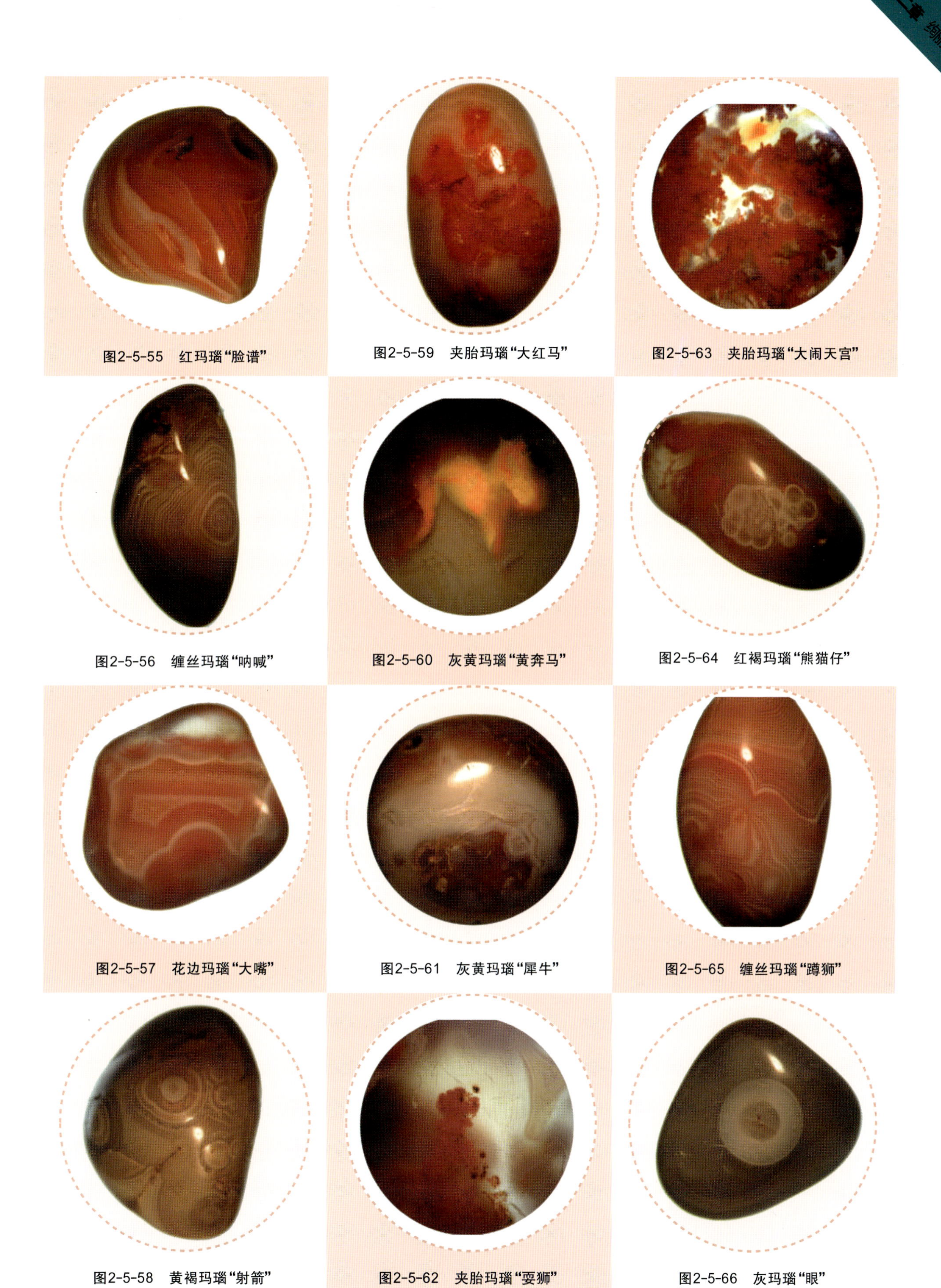

图2-5-55　红玛瑙“脸谱”

图2-5-56　缠丝玛瑙“呐喊”

图2-5-57　花边玛瑙“大嘴”

图2-5-58　黄褐玛瑙“射箭”

图2-5-59　夹胎玛瑙“大红马”

图2-5-60　灰黄玛瑙“黄奔马”

图2-5-61　灰黄玛瑙“犀牛”

图2-5-62　夹胎玛瑙“耍狮”

图2-5-63　夹胎玛瑙“大闹天宫”

图2-5-64　红褐玛瑙“熊猫仔”

图2-5-65　缠丝玛瑙“蹲狮”

图2-5-66　灰玛瑙“眼”

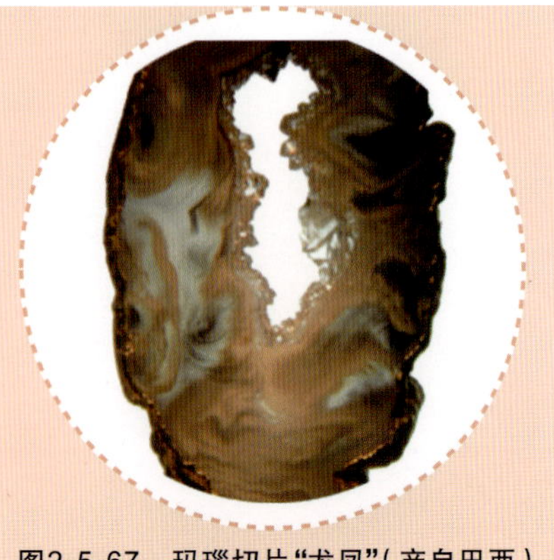

图2-5-67　玛瑙切片“龙凤”（产自巴西）

图2-5-68　缟玛瑙—带状玛瑙“黄花鱼”

图2-5-69　黄褐色玛瑙“老鹰”（产自南非）

图2-5-70　红褐色玛瑙“啄木鸟”

图2-5-71　杂色玛瑙“卧鸭”

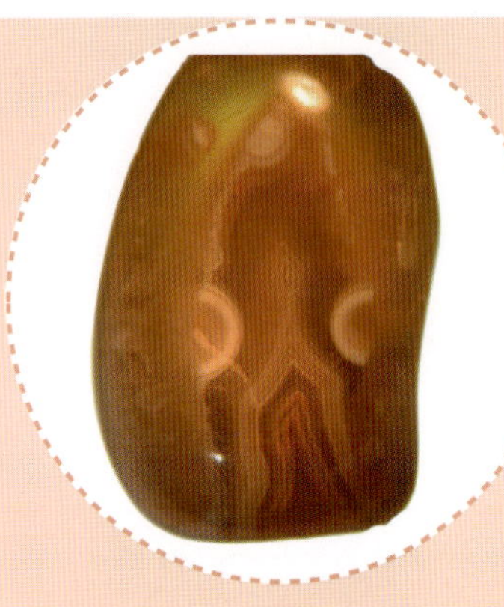

图2-5-72　黄色玛瑙“大雁”

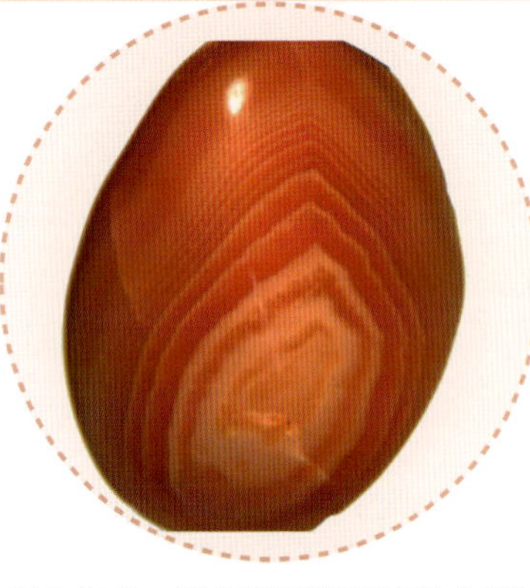

图2-5-73　缠丝玛瑙“待出壳的小鸡”

图2-5-74　灰褐色玛瑙“欲飞的小鸟”

图2-5-75　花边玛瑙“美人鱼”

图2-5-76　褐红玛瑙“金鱼”

图2-5-77　缠丝玛瑙“黄花鱼”

图2-5-78　云雾玛瑙“金鱼”

图2-5-79 条带玛瑙"红珊鱼"

图2-5-83 花边玛瑙"龟"

图2-5-87 条带玛瑙心形吊坠

图2-5-80 红褐色玛瑙"大眼鱼"

图2-5-84 缟玛瑙"水鱼"

图2-5-88 玛瑙玉镯

图2-5-81 苔藓玛瑙"长尾鱼"(产自印度)

图2-5-85 花边玛瑙"蝌蚪"

图2-5-89 异形红玛瑙项链

图2-5-82 灰褐色玛瑙"蜘蛛"

图2-5-86 灰色条带玛瑙"恐龙蛋"

图2-5-90 圆珠红玛瑙项链

图2-5-91 云雾玛瑙(又称昙玛瑙)项链

图2-5-92 蓝玛瑙项链

图2-5-93 红玛瑙葫芦

图2-5-94 葡萄玛瑙标本(产自内蒙古),玛瑙卵石大小一般为2～3cm,少数小于2cm或大于6cm

第六节 玉髓

(Chalcedony)

一、概述

玉髓和玛瑙有很多相似之处，如化学成分和产状都相同，唯结构、构造稍有差别。玉髓多用作玉雕料。肉红色玉髓是八月诞生石。

二、基本特征

(1)化学成分：SiO_2，常含有氧化铁、氧化镍、有机质等机械混入物和不定量的水、气泡包裹体。

(2)结晶特征：玉髓是由超显微的石英和大量微孔构成的网所组成的，是石英的微细纤维的变体。为隐晶质集合体，呈放射状、纤维钟乳状、葡萄状、皮壳状、球粒状或致密块状等。

(3)物理特征：摩氏硬度为6。相对密度为2.6～2.65。玻璃光泽，蜡状光泽。贝壳状断口。一般为不透明—半透明。

(4)光学特征：折射率No=1.530～1.533，Ne=1.543～1.553。双折率为0.008～0.010。折射率与含水量有关，含水量增加，折射率减小，无水时折射率与石英的折射率相近。

(5)颜色：白色(无杂质时)、灰色、黄色、褐色、红色、绿色和蓝色。

三、品种

(1)红玉髓：又名光玉髓。呈鲜红、浅红、深红色，因含氧化铁所致。

(2)绿玉髓：呈苹果绿色，葱心绿色，酷似翡翠。澳洲玉又名英卡石即属此类。磨成戒面呈半透明状。因含氧化镍或阳起石和绿泥石而呈鲜绿色，且柔和、颜色均匀、单一、润滑，故常用其制成饰品如戒面、吊坠、胸针、领带夹等，大料可作为玉雕料。

(3)蓝玉髓：呈蓝色、深蓝色。

四、产状与产地

(1)产状：与玛瑙产状相同。

(2)产地：玉髓在世界各地都有产出。但质量较好、有利用价值的产地是印度(红玉髓主要产出国)，其次是巴西、日本等；澳大利亚是绿玉髓主要产出国，该绿玉髓即澳洲玉，又名南洋翠玉。还有前苏联乌拉尔地区、美国、德国和印度；中国台湾省台东县产有蓝色玉髓，用其制成戒面、吊坠颇受喜欢。

五、图谱

现将一些玉髓照片提供给读者欣赏(图2-6-1～图2-6-6)。

图2-6-1　绿玉髓料(5.4cm×4.6cm×3cm)

图2-6-2　灰绿玉髓料(6.3cm×5.3cm×5.4cm)

图2-6-3　红玉髓料(10cm×7cm×7cm)

图2-6-4　白玉髓料(2.7cm×2.2cm×2cm)

图2-6-5　澳洲玉(绿玉髓)戒面、吊坠(蛋形)(7mm×9mm,产自澳大利亚)

图2-6-6　蓝玉髓戒面、吊坠(产自中国台湾)

第七节 欧泊
（Opal）

一、概述

欧泊在矿物学中属蛋白石类。英文名称Opal来源于拉丁文Opalus或梵语Upala，意指贵重的宝石。其色彩缤纷，美不胜收。为十月诞生石，是宝石的皇后。

二、基本特征

（1）化学成分：$SiO_2 \cdot nH_2O$。为含水的隐晶质或胶质的氧化硅。含水量不定，由2%到20%，大部分含水3%～9%，常有吸附的杂质，如黏土、氢氧化铁、锰、铜、镍和有机质等。

（2）晶系、晶形：非晶质。无固定外形，常为致密块状、粒状、钟乳状、结核状、土状或多孔状。

（3）物理特征：摩氏硬度为5.5～6.5。相对密度为1.98～2.2。玻璃光泽，油脂光泽。半透明—不透明。贝壳状断口。无解理但可见不规则的裂纹。

（4）光学特征：均质体，折射率为1.435～1.455。

（5）颜色：有乳白色、黄色、灰色、红色、绿色、蓝色、褐色、黑色等。在同一块石上可见几种不同的颜色。

（6）荧光：在紫外线长、短波照射下，白欧泊有淡蓝色、淡绿色荧光或磷光（其变种由于含痕量的铀而发出淡绿色荧光并具很弱的放射性）；黑欧泊无发光现象。

（7）变彩效应：在电子显微镜下观察，欧泊的二氧化硅球粒呈均匀三维点阵组合结构，球粒间为透明或半透明基质充填。孔隙形状相同、距离相等，因而形成天然衍射光栅，随着波长变化和不同的角度显现出丰富的变彩。

三、品种

欧泊的品种是以底色来划分的，有白欧泊、黑欧泊和火欧泊三种。

（1）白欧泊：底色为透明无色至乳白色。白欧泊上的变彩犹如彩虹。以墨西哥产的最著名。在长、短波紫外线下呈淡蓝色或淡绿色荧光。

（2）火欧泊：底色为黄色、橘黄色和紫红色。透明—半透明。

（3）黑欧泊：底色为黑色或深蓝、深绿、深灰或褐色。黑色最佳，在黑色底上变彩更加华丽夺目，为欧泊中的名贵品种。以澳大利亚产的最著名。

欧泊是以变彩强弱、变彩面积大小、底色对比是否鲜明和透明度来划分其优劣的。

四、产状与产地

（1）产状：有两种类型，即古风化壳型和热液型。古风化壳型欧泊赋存在泥岩和泥质砂岩中，在干燥的气候条件下，携带二氧化硅的地下水蒸发，二氧化硅浓度增高，从而将水中的二氧化硅胶体沉积，充填在岩石的裂隙或孔洞中，或作为胶结物出现。在沉积岩中它可呈方解石、石膏和石盐的假象或硅质结核，它也是硅藻土、放射虫和海绵骨针等生物骨骼的成分。热液型欧泊是低温下形成的矿物，常充填在火山岩的裂隙或孔洞中。在岩浆岩和变质岩中有时呈长石、角闪石、辉石或橄榄石的假象。

（2）产地：澳大利亚的产量及品质居世界首位（属古风化壳型）。其次有捷克斯洛伐克、洪都拉斯、尼加拉瓜、美国、巴西、墨西哥、印度尼西亚等。

五、图谱

现将欧泊照片列出，供广大读者欣赏（图2-7-1～图2-7-3）。

图2-7-2　欧泊戒面、吊坠（梨形，8mm×10mm，产自澳大利亚）

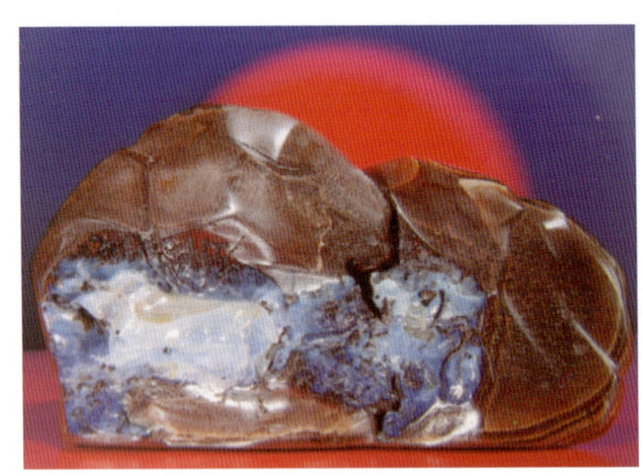

图2-7-1　欧泊原石（产自澳大利亚）

图2-7-3　欧泊戒面、吊坠（蛋形，7mm×9mm，产自澳大利亚）

第八节 翡翠(硬玉)

(Jadeite)

一、概述

翡翠英文名称为Jadeite。之所以叫翡翠是因为有红翡和绿翠,其颜色之美犹如古代赤色羽毛的翡鸟和绿色羽毛的翠鸟。它是玉中之王。它同单晶宝石不同,是由矿物集合体(辉石类矿物中硬玉、钠铬辉石、绿辉石三者占60%以上,其次为少量闪石类及钠长石矿物)组成,其优质品种属高档宝石。质地细腻、柔润,色泽素雅,性坚韧,可作为各种玉石工艺品和首饰制品的最佳原料。

二、基本特征

(1)化学成分:$NaAl(Si_2O_6)$—$NaCr(Si_2O_6)$。理论成分是SiO_2(占59.44%)、Al_2O_3(占25.22%)、NaO(占15.34%)。另外还有CaO、MgO、Fe_2O_3和金属Cr、Ni等杂质。

(2)形态:粒状、短柱状、纤维状,其集合体多呈致密块状、卵状。其内部结构为纤维状、长条状,在显微镜下呈显微粗晶、显微隐晶质、显微变晶结构,其矿物多交织呈毛毡状结构,故韧性强。

(3)物理特征:摩氏硬度为6.5~7,相对密度为3.25~3.4。钠铬辉石质翡翠摩氏硬度只有5.5,相对密度为3.5,玻璃光泽。有两组平行柱面解理。透明—半透明—不透明。韧性强。

(4)光学特征:矿物具二轴晶正光性。Ng=1.652~1.667,Nm=1.645,Np=1.640。双折率为0.012~0.020。

(5)荧光和吸收光谱:在紫外线长波照射下有浅色至亮白色的荧光,短波照射下无荧光。黄色和紫色品种在X射线照射下有强的蓝色荧光。

(6)颜色:翡翠的颜色有多种,这是因为组成矿物和化学成分不同而致。其颜色有翠绿色、绿色、油青色、白色、红色、褐黄色、紫罗兰色等。翡翠中含钠铬辉石呈翠绿色,含透辉石呈浅绿色,含钙铁辉石呈暗绿色或黑绿色,含霓石呈黑绿色。由于矿物在翡翠中分布不均匀,故其颜色常不均匀。其颜色分布形态有脉状、带状、斑状、星点状、团块状、丝絮状、均匀状等。绿色是评价翡翠最重要的因素,根据绿色色调的饱和度和亮度又分翠绿、艳绿、鲜绿、葱绿、菠菜绿、油绿、灰绿、浅绿等色。翡翠底色有白色、蓝绿、油青、淡绿和藕粉色等,如含铁氧化物会出现褐色和红色。

(7)质地:质地是指透明度和结构。质地越细腻越好,一般呈纤维状交织结构(毡状)、嵌晶结构。质地常以透明度来衡量,如玻璃地(种)、冰种、油青地、蛋青地、干地等。冰种翠绿色为高档翡翠。

(8)1994年发现一个新品种——铁生龙。是一种含铬量较高(0.32%~2.25%)的硬玉质翡翠。相对密度为3.3～3.33，折射率为1.66。其结构疏松，柱状晶体呈一定方向排列，纤维交织结构。质地粗糙，透明度差，俗称“水干”。因色好（艳绿、浓绿），深受人们喜爱。

三、鉴别

1、翡翠A货与处理过的翡翠（B货、C货、B+C货）的鉴别

目前市场上的翡翠以假充真、以劣充优的现象非常普遍，稍不经心就会造成重大的经济损失，因此有必要加以鉴别。首先要了解天然翡翠A货和处理过的翡翠（B货、C货、B+C货）：A货是指天然翡翠；B货是指处理后注了胶的翡翠；C货是指人工染色的翡翠；B+C货：注了胶又人工染了色的翡翠。

具体鉴别特征见表2-2。

2、翡翠与相似矿物的鉴别（表2-3）

四、工艺要求和用途

翡翠的颜色和质地最重要，首先是颜色，越翠绿越好，艳绿也颇受欢迎。质地越细、越透明越好，最好的是玻璃种，其次是冰种。块度越大越好，但只有块度、没有翠绿、又不透明的品种价值低廉。

用途：高档翡翠多用来作首饰，如戒面、吊坠、耳环、胸针等，大料用作雕件、工艺品等，爱好翡翠的人士常作收藏品。

五、产状与产地

原生矿床：翡翠产在蛇纹石化橄榄岩体内。次生矿床产在河床卵石中。世界著名的优质翡翠矿床产在缅甸北部乌尤江流域，主要产地是度冒、缅冒、潘冒和南奈冒。目前世界上90%以上的翡翠产自缅甸。前苏联、美国、新西兰、日本也有产出，但质量甚差。

六、图谱

现将翡翠图片展示如下（图2-8-1～图2-8-54），供广大读者欣赏。

表2-2 翡翠A货与处理过的B货、C货、B+C货的鉴别

	结构	颜色	光泽	摩氏硬度	相对密度	折射率(N)	荧光	红外光谱	其他
A货	交织毛毡状结构，有翠性，矿物颗粒完整，无碎裂现象	颜色自然，有色根，从矿物颗粒内部长出来，色形有头有尾	具强玻璃光泽，尤其抛光后更明显	6.5～7	3.34	1.66			滤色镜观察为灰绿色、绿色色调，表面无异常，敲击时声音清脆
B货	结构遭到破坏，矿物颗粒碎裂呈网纹结构和凹凸不平的腐蚀斑块	颜色不自然，色根遭到破坏，其边缘变得模糊不清，有“黄气”	光泽不够，灵气不足，常呈树脂状光泽	小于6.5	小于3.33	1.65	有黄白色荧光	红外吸收光谱中常有2 875cm^{-1}、2 930cm^{-1}和2 965cm^{-1}等，几个锐利的吸收峰是由树胶引起的	加热时环氧树脂等充填物会变黄，甚至变黑。敲击声音发闷。目前用一种纳米级充填材料制作B货，足以以假乱真，须特别注意
C货	局部结构破坏，矿物颗粒破碎	颜色夸张，不自然，色浮，其分布沿裂隙或矿物粒间堆积，没有色根呈网状或团块状分布		变化不大	变化不大				用无机铬盐作染色剂时，查尔斯滤色镜下观察变淡红、粉红、棕红或无色，辐射致色的翡翠滤色镜下变紫
B+C货	综合上述B货、C货特点，可与A货区别。B货、C货和B+C货由于杂质被除掉再注胶，故色、透明度都比A货漂亮，但由于结构遭到破坏，时间久了会变暗淡和变黄，失去光泽								

表2-3　翡翠与相似矿物的鉴别

矿物名称	颜色	结构	摩氏硬度	相对密度	平均折射率
翡翠	翠绿、艳绿、油绿、灰绿、灰白、白，色不匀	交织结构，有翠性	6.5～7	3.33～3.34	1.66
白玉、青白玉	白、青白、青、黄、墨	交织毡状结构，纤维状	6～6.5	2.95～3	1.62
蛇纹石质玉	黄绿色，一般色匀	纤维状网状结构	5.5	2.5～2.6	1.55～1.57
独山玉	绿、灰绿、褐、白，色杂不匀	粒状结构	6.5		1.56～1.7
东陵玉、密玉	浅绿色—绿色，色较匀	糖粒状结构	7	2.66	1.55
玉髓	绿色、浅绿、灰绿、白色等，色匀	隐晶质结构	7	2.6	1.51
萤石	白、绿、紫、浅绿等	单晶或集合体	4	3.18	1.43
水钙榴石	浅黄绿色，色匀	单晶，粒状结构	6.5～7	3.47	1.72
祖母绿	绿、翠绿、深绿、蓝绿、黄绿，色匀	单晶	7.5	2.63～2.90	1.57

图2-8-1　翡翠玉料（翠脉，19cm×10cm×8cm，重1.76kg，产自缅甸）

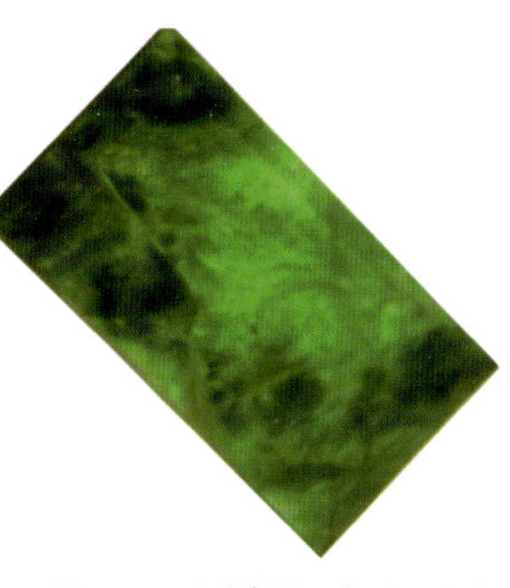

图2-8-4　冰种高翠玉戒面（吊坠，长方形，4mm×7mm，产自缅甸）

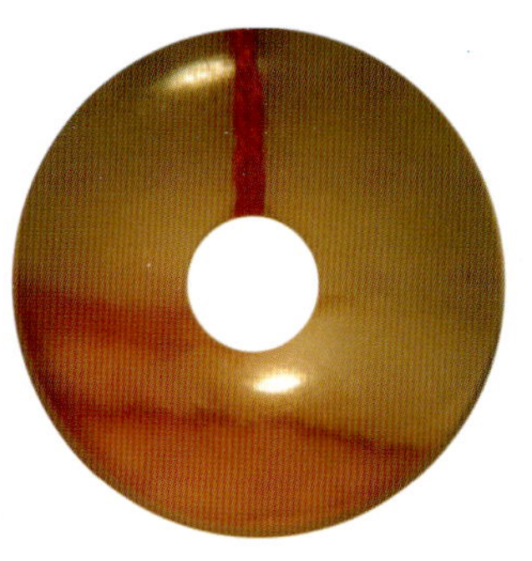

图2-8-8　条带状翡玉扣（产自缅甸）

图2-8-9　翡红玉扣（直径为17mm，产自缅甸）

图2-8-2　翡翠玉料（浅紫罗兰，18cm×13cm×8cm，重2.22kg，产自缅甸）

图2-8-5　油青玉戒面、吊坠（25mm×17mm×9mm、19mm×14mm×7mm，产自缅甸）

图2-8-10　紫罗兰大玉扣（45mm×5mm，产自缅甸）

图2-8-6　高翠玉扣（4个，产自缅甸）

图2-8-3　翠玉马鞍戒面（4mm×9mm，产自缅甸）

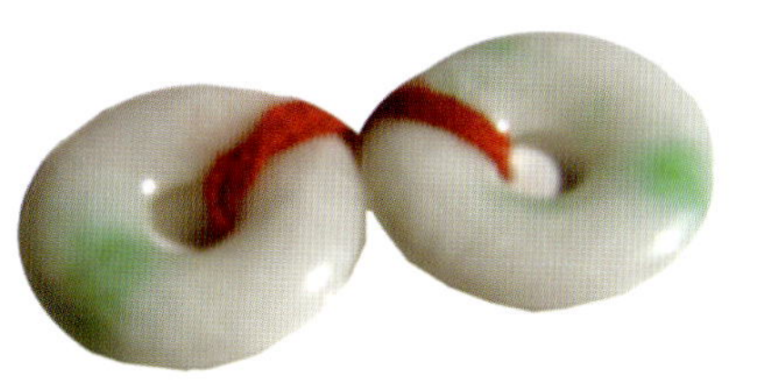

图2-8-7　白地青玉扣（一对，产自缅甸）

图2-8-11　高翠玉吊坠（寿桃，32mm×20mm，产自缅甸）

图2-8-12　高翠玉吊坠（寿桃，33mm×26mm，产自缅甸）

图2-8-15　翠玉吊坠（佛手）

图2-8-18　高翠玉叶吊坠（12mm×22mm，产自缅甸）

图2-8-13　翠玉佛手吊坠（33mm×23mm，产自缅甸）

图2-8-16　冰种、高翠玉吊坠（如意，17mm×21mm，产自缅甸）

图2-8-19　冰种翠斑玉吊坠（荷叶、金鱼双面雕，产自缅甸）

图2-8-14　翠玉吊坠（31mm×16mm，产自缅甸）

图2-8-17　翠玉吊坠（如意、寿桃，产自缅甸）

图2-8-20　白地青玉花件（蝙蝠，20mm×23mm，产自缅甸）

图2-8-21 冰种翠玉吊坠（如意、寿桃，45mm×23mm×8mm，产自缅甸）

图2-8-22 翠玉耳坠（吉祥鸟，11mm×17mm，产自缅甸）

图2-8-23 高翠脉弥勒佛吊坠（23mm×30mm，产自缅甸）

图2-8-24 冰种紫罗兰、翠斑玉弥勒佛吊坠（27mm×33mm，产自缅甸）

图2-8-25 冰种翠斑玉、弥勒佛吊坠（55mm×50mm×6mm，产自缅甸）

图2-8-26 翡玉寿星吊坠（19mm×28mm，产自缅甸）

图2-8-27 翡玉叶牌（38mm×18mm×6mm，产自缅甸）

图2-8-28 翡玉蝙蝠牌（49mm×22mm×9mm，产自缅甸）

图2-8-29 豆青、翡、紫罗兰珠吊牌双面雕（龙凤图案）福、禄、寿（63mm×22mm×10mm，产自缅甸）

图2-8-30 翠、紫罗兰玉环、翠珠吊件（直径为21mm，产自缅甸）

图2-8-31 翡玉金鱼吊坠（12mm×19mm，产自缅甸）

图2-8-32 翡玉鱼吊坠（48mm×20mm×6mm，产自缅甸）

图2-8-33　翡玉鸡生肖吊坠（16mm×18mm，产自缅甸）

图2-8-34　翡玉猪生肖吊坠（8mm×11mm×15mm，产自缅甸）

图2-8-35　冰种玉牌（双面雕如意、鱼图案，50mm×38mm×6mm，产自缅甸）

图2-8-36　冰种豆青玉龙凤牌（60mm×36mm×6mm，产自缅甸）

图2-8-37　三色（翠、翡、淡紫）荷叶玉牌双面雕（一面荷叶、一面鱼）如意牌（直径为55mm，产自缅甸）

图2-8-38　翡玉牌（龙凤）（40mm×47mm，产自缅甸）

图2-8-39　翡玉戒指（直径为19mm，产自缅甸）

图2-8-40　翠玉戒指（直径为20mm，产自缅甸）

图2-8-41　翠玉镯（扁）（B货，直径为53mm，产自缅甸）

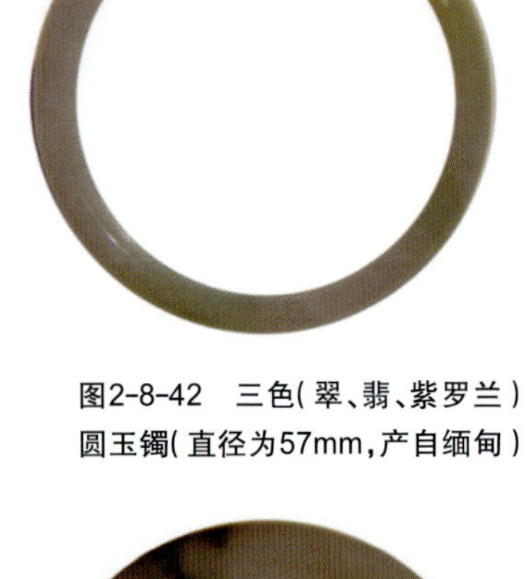

图2-8-42　三色（翠、翡、紫罗兰）圆玉镯（直径为57mm，产自缅甸）

图2-8-43　三色（翡、翠、淡紫）圆玉镯（直径为52mm，产自缅甸）

图2-8-44　三色（翡、翠、紫）圆玉镯（直径为57mm，产自缅甸）

图2-8-45　淡翠、紫圆玉镯（直径为50mm，产自缅甸）

图2-8-46　三色（翠、翡、紫）圆玉镯（直径为52mm，产自缅甸）

图2-8-47　翡扁玉镯（带淡紫、淡绿色调，直径为63mm，产自缅甸）

图2-8-48　漂兰花圆玉镯（带淡紫色，直径为47mm，产自缅甸）

图2-8-49　翠玉扁镯（C货，直径为55mm，产自缅甸）

图2-8-50　淡绿、紫罗兰玉项链（产自缅甸）

图2-8-51　白地青翠玉章（55mm×25mm×15mm，产自缅甸）

图2-8-52　三色玉花篮（50mm×45mm×40mm，产自缅甸）

图2-8-53　豆青翠玉笔筒（竹、梅图案，140mm×120mm×50mm，产自缅甸）

图2-8-54　铁龙生玉蝉吊坠（钠质、闪石质玉，28mm×18mm×10mm，产自缅甸北部帕岗矿区）

第九节 软玉
(Nephrite)

一、概述

本节所述软玉专指和田玉。和田玉是我国众多玉中的一种，又是最优质的真玉，它色泽柔和、质地细腻、温润光洁、晶莹美丽，堪称为中国玉之精英，故前苏联地质学家费尔斯曼称和田玉为中国玉。从历史的角度看，和田玉的使用至今已有6 000余年的历史，各朝代都有有关它的故事，并成为各朝代的礼物，如秦朝的玉玺、汉朝的玉衣、唐朝的玉莲花、宋朝的玉观音、清朝的“大禹治水图玉山子”等。而且古人并将其赋予德的内涵，将玉和德结成一体，成为我国玉器久盛不衰的精神支柱。

二、基本特征

(1)化学成分：$Ca_2(Mg,Fe)_5[Si_4O_{11}]_2(OH)_2$。组成软玉的矿物以透闪石-阳起石为主，有时含有透辉石、绿泥石(铬绿泥石)、蛇纹石、滑石、斜黝帘石、磷灰石、钙铬榴石、榍石、石墨、磁铁矿、针镍矿等。

(2)软玉的形状：不同的玉料有不同的形态，如山料(产于山上的原生矿)，呈大小不一的块状、棱角状，良莠不齐；子玉(原生矿经剥蚀被流水冲到河流中的玉)一般呈卵石状，块度较小，亦有大料，表面光滑，一般质量较好。

(3)物理特征：摩氏硬度白玉为6.7，青白玉为6.6，青玉为6.5。相对密度白玉为2.922，青白玉为2.976。半透明—不透明。油脂光泽、蜡状光泽。强韧性(因具有毛毡式交织结构)。

(4)光学特征：二轴晶负光性。折射率Ng=1.622～1.640，Nm=1.612～1.630，Np=1.599～1.619，双折率为0.021～0.023。

(5)荧光和吸收光谱：无荧光和磷光。白玉的吸收光谱为400cm^{-1}峰为较强，青白玉400cm^{-1}峰弱为肩，青玉为310cm^{-1}、400cm^{-1}、600cm^{-1}峰弱为肩。

(6)颜色：颜色是衡量软玉质量最重要的因素之一。其颜色有白、青白、青等色。其中以羊脂白玉最佳。白度随透闪石含量的减少、阳起石含量的增多，则由白向青白、青过渡。羊脂白玉其色似羊脂而得名，质地细腻、白如凝脂、滋蕴光润，给人以一种刚中见柔的感觉；青白玉以白玉为主色，在白色中隐隐闪绿(青)为常见品种；青玉为淡青色到深青色、灰青色等，是和田玉中最多的一种。

三、产状与产地

产状有内生和外生两大类。内生矿床为接触交代矿床，产在中酸性火成岩与白云质大理接触交代蚀变带中，主要位于透闪石化白云石大理岩中。外生矿床有坡积、冲、洪积和冰碛型矿床。中国产地为新疆和田地区、台湾、青海、四川等地，其他软玉产地有加拿大、澳大利亚、前苏联。

四、图谱

现将和田玉图片展示如下，供广大读者欣赏（图2-9-1～图2-9-12）。

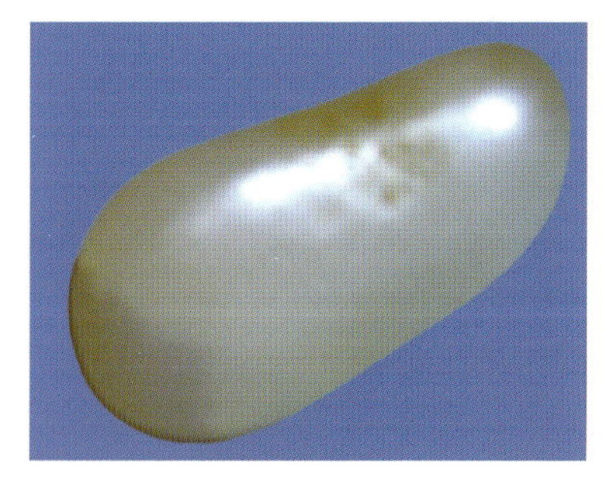

图2-9-1　羊脂白玉籽料（33mm × 15mm × 13mm，产自中国新疆和田）

图2-9-2　白玉籽料（36mm × 24mm × 18mm，产自中国新疆和田）

图2-9-3　白玉料（44mm × 29mm × 10mm，产自中国新疆和田）

图2-9-4　青白玉籽料（86mm × 68mm × 48mm，产自中国新疆和田）

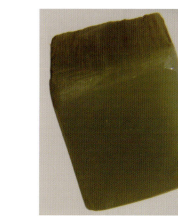

图2-9-5　青玉料（37mm × 33mm × 30mm，产自中国新疆和田）

图2-9-6　白玉镯（直径为58mm，产自中国新疆和田）

图2-9-7　白玉吊坠（牌）（产自中国新疆和田）

图2-9-8　白玉狮子（42mm × 20mm × 9mm，产自中国新疆）

图2-9-9　青白玉葫芦（44mm × 22mm × 10mm，产自中国新疆）

图2-9-10　白玉螃蟹（8cm × 10cm）

图2-9-11　白玉蝎子（6cm × 16cm，产自中国新疆和田）

图2-9-12　白玉佛手（10cm × 4cm × 4cm）

第十节 蛇纹石质玉石
(Serpentine Jade)

一、概述

蛇纹石质的玉石在世界各地都有产出，而蛇纹石质的玉石命名也大都以产地来命名的。我国古代已利用此种玉制作各种玉器、工艺品等。如所谓的“夜光杯”就是用祁连山产的墨绿色蛇纹石质玉石制作的。

二、基本特征

(1)化学成分：蛇纹石质玉石主要由蛇纹石组成，其化学式为$Mg_3Si_2O_5(OH)_4$。成分中常含有Fe、Ca、Cr、Ni等杂质。

(2)物理特征：摩氏硬度为4～6。相对密度为2.5～3.6。呈微透明至不透明。具参差状断口和蜡状光泽。

(3)光学特征：二轴晶负光性。折射率Ng=1.537～1.567，Nm=1.530～1.561，Np=1.529～1.559，双折率为0.004～0.016。

(4)颜色：为不同色调的绿色。

(5)荧光和吸收光谱：含镍蛇纹石在紫外线长波下有弱的浅白绿色荧光。

三、品种

中国产的蛇纹石质玉石品种有岫岩玉、南方玉、酒泉玉、陆川玉、云南玉、昆仑玉、会理玉、莒南玉、京黄玉等。其中最著名的有岫玉和南方玉，是目前畅销国内外的玉种。

1.岫玉

因产于辽宁省的岫岩县而得名。主要由纤维蛇纹石和叶蛇纹石组成，有少量方解石、白云石、透闪石、橄榄石等。呈致密块状、质地细腻。多为深、浅绿色及黄绿、近白色等。主要用于玉雕料、视块度的大小雕成各种工艺品，如摆件、健身球、酒具、盆景、人物、动物等，以及饰品如手链、项链、玉镯、挂件、玉枕、玉扣等。

2.南方玉

产于广东省信宜县，故名信宜玉，是中国玉类中的主要玉石之一，在玉雕件中占有重要的地位。其色泽优雅、质地细腻、密实而坚韧，是玉雕的好原料。南方玉驰名中外，用其制成的工艺品在我国文化发展史中及对外贸易和国际交流方面占有重要的地位。

据笔者在1988年6月于西安召开的全国宝玉石学术研讨会上的论文资料，就南方玉的特征和工艺性能作了初步的研究。取了两块截然不同的样品：一块呈蜡黄色致密块状（图2-10-7），另一块呈具斑状结构的暗黄绿色、橄榄绿色(图2-10-8),对其作了切片显微镜观察,电磁性实验,硬度、相对密度的测量,光谱(半定量、等离子以及红外光谱)的分析。

现简述如下:

1)蜡黄色南方玉

呈蜡黄色、鲜黄色,颜色均匀。蜡状光泽。致密块状。磨光度好。微透明—半透明。显微鳞片结构,正交纤维结构,格状结构,块状构造。

矿物成分:利蛇纹石占50%～55%,纤维蛇纹石占10%～15%,叶蛇纹石占10%～15%,片(胶)蛇纹石占10%,水镁石占3%～5%,黝帘石占2%,菱镁矿占2%,磁铁矿占2%。利蛇纹石呈鳞片变晶结构,纤维蛇纹石构成格状结构,其中心为蛇纹石。水镁石呈片状,解理发育(图2-10-9)。

无电磁性(电磁性实验)。摩氏硬度为2.5～3.2,维氏硬度为67～99kg/mm^2;相对密度为2.499。通过光谱半定量分析其元素含量:B占0.02%,Mg>10%,Si>10%,Mn占0.01%,Fe占0.5%,Al占0.01%,Mo占0.001%,Cu占0.0003%,Ti占0.002%,Ca占3%;通过等离子光谱分析其元素含量:Cd占9.00×10^{-6},Zn占169×10^{-6},Be占1.00×10^{-6},Cu占117×10^{-6},Ti占135×10^{-6},Mn占238×10^{-6},Co占5×10^{-6},Ni占10×10^{-6},Cr占29×10^{-6},V占80×10^{-6},Pb占247×10^{-6},Mo占2×10^{-6},Ag占2.79×10^{-6},Sn占44.6×10^{-6}。

2)深黄绿色、橄榄绿色南方玉

呈深黄绿色、橄榄绿色。具蜡状、脂肪状光泽,常有不同之变晶或色斑。微透明—半透明。贝壳状断口,中等韧度,磨光度好。正交纤维结构,变晶结构,局部火焰状结构。

矿物成分:叶蛇纹石占50%～55%,纤维蛇纹石占35%～40%,利蛇纹石少量,菱镁矿占5%～10%,淡斜绿泥石少量,磁铁矿占2%。叶蛇纹石呈叶片状,局部呈火焰状,或显微叶片状、针叶状分布于纤维蛇纹石之间或石基中,菱镁矿保留橄榄石假象,磁铁矿呈自形晶均匀地星散于岩石中(图2-10-10)。

弱—中电磁性(电磁性实验):摩氏硬度为3.0～3.5,维克硬度为83～130kg/mm^2;相对密度为2.544;通过光谱半定量分析其元素含量:B占0.01%,Mg>10%,Si>10%,Mn占0.03%,Fe占1.0%,Pb占0.001%,Ni占0.01%,Al占0.03%,Cu占0.002%,Ti占0.001%,Ca占1.0%;通过等离子光谱分析其元素含量:Cd占3.5×10^{-6},Zn占284×10^{-6},Be占1.00×10^{-6},Cu占15×10^{-6},Ti占38×10^{-6},Mn占117×10^{-6},Co占4×10^{-6},Ni占11×10^{-6},Cr占18×10^{-6},V占15×10^{-6},Pb占181×10^{-6},Mo占1.10×10^{-6},Ag占0.66×10^{-6},Sn占18.7×10^{-6}。

从上述测试资料可归纳如下:

南方玉随含铁量的增加,颜色变深,相对密度、摩氏硬度变大,电磁性由无—弱—中等。

南方玉颜色典雅,质地细腻,密实而坚韧,特别适于雕琢各式新颖精致的玉器工艺品。并常用其制成大型玉雕摆件,如高级酒店大厅的装饰品,广州白天鹅宾馆的巨型船雕,走进大厅便可见,仿佛在大海里航行,使人流连忘返,耐人寻味。南方玉也是重要的建材原料。

四、产状与产地

(1)产状:为热液交代型矿床。

(2)产地:美国、阿富汗、墨西哥、新西兰、英国、奥地利、意大利、希腊、纳米比亚、印度、中国(辽宁、广东、甘肃、云南等地)。

五、图谱

现将蛇纹石质玉石图片陈列如下,供广大读者欣赏(图2-10-1～图2-10-10)。

图2-10-1　岫玉料(8.5cm×5.5cm×2cm,产自辽宁岫岩)

图2-10-2　岫玉(7.5cm×4cm×3.8cm,产自辽宁岫岩)

图2-10-3　岫玉玉扣(直径为18mm,产自辽宁)

图2-10-4　岫岩玉镯(直径为60mm,产自辽宁)

图2-10-5　蛇纹岩玉(5cm×5cm×2.5cm,产自新疆)

图2-10-6　南方玉(5cm×5cm×2.5cm,产自广东信宜)

图2-10-7　蜡黄色南方玉(产自广东信宜)

图2-10-8　深黄绿色、橄榄绿色南方玉(产自广东信宜)

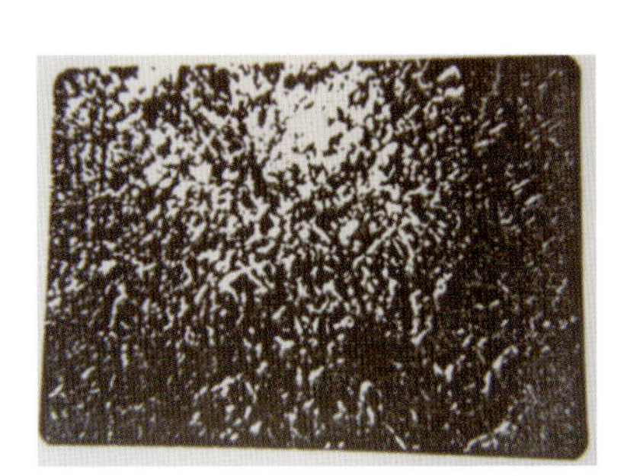

图2-10-9　蜡黄色南方玉显微照片(主要矿物成分为利蛇纹石,产自广东信宜)

图2-10-10　深黄绿色、橄榄绿色南方玉显微照片(主要矿物成分为叶蛇纹石,产自广东信宜)

第十一节 石英岩质玉石
(Quartzite Jade)

一、概述

京白玉、东陵石、密玉、马来玉均属石英岩质玉石。化学成分为SiO_2。除SiO_2外还含有不同的少量和微量元素及矿物。

二、基本特征

(1)京白玉:因产于北京西山而得名。是一种白色的次生石英岩。隐晶质致密块状,有时含少量碳酸盐矿物。抛光后洁白如同羊脂玉。摩氏硬度高,坚硬耐磨,性脆。是一种玉雕材料。

(2)东陵石:为含铬云母、鳞片状云母或细云母片状赤铁矿而且分布均匀的次生石英岩。铬云母在石英岩中的含量和均匀程度视石英岩的结构、构造而定。铬云母含量多而集中者呈翠绿色,含量少呈淡绿色。亦呈绿色、金黄色和粉红色,以绿色、碧绿色最佳。半透明—不透明。玻璃光泽。参差状断口。摩氏硬度为6.5~7。相对密度为2.65。

(3)密玉:因产于河南省密县而得名。为含铁锂云母的石英岩。副矿物有电气石、金红石等。铁锂云母分布多且均匀者为佳。密玉在我国也是重要的玉料之一。可用其制成吊坠、手链、项链等饰物,也是重要的玉雕料。

(4)马来玉:又称"马来西亚玉"或"南洋翠玉"。主要化学成分为SiO_2。马来玉的组成矿物为石英。纯者磨成戒面透明—半透明。摩氏硬度为6.5~7。相对密度为2.64。玻璃光泽。参差状断口-贝壳状断口。颜色的均匀程度视石英岩的结构而定,均匀程度不等,用10倍放大镜或显微镜观察一目了然,颜色分布于石英粒间呈网状或条带状。常被染成翠绿色,加之透明度好,因此可与高档翡翠媲美。在20世纪80年代初面市时,一粒马鞍形马来玉戒面售价高达几千元,常被不少买者误认为是高档翡翠。

三、产状与产地

(1)产状:为沉积变质岩(石英岩)型。

(2)产地:印度、智利、西班牙、前苏联、澳大利亚、中国、马来西亚等。

四、图谱

现将石英岩质玉石图片展示如下,供广大读者欣赏(图2-11-1~图2-11-12)。

图2-11-1　东陵石料（11cm×8.5cm×3cm，产自印度）

图2-11-2　东陵石料（10.5cm×7cm×6cm）

图2-11-3　东陵石料（15cm×13cm×9cm）

图2-11-4　东陵石手链

图2-11-5　密玉吊坠（心形，色均匀，18cm×20cm，产自河南省密县）

图2-11-6　密玉吊坠（心形，铁锂云母呈片状分布，18cm×20cm，产自河南）

图2-11-7　密玉吊坠[心形，铁锂云母呈条带状（层状）分布，16cm×18cm，产自河南]

图2-11-8　马来玉（马鞍形戒面，18mm×8mm，产自马来西亚）

图2-11-9　马来玉蛋形戒面（吊坠，3粒，8mm×10mm，产自马来西亚）

图2-11-10　马来玉梨形戒面（吊坠，5粒，5mm×7mm，产自马来西亚）

图2-11-11　马来玉圆形戒面（吊坠，6粒，直径为6mm，产自马来西亚）

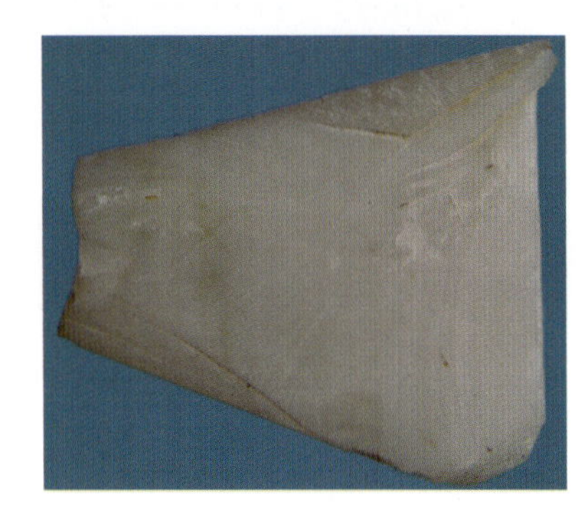
图2-11-12　京白玉料（6cm×5.5cm×3.2cm，产自北京西山）

第十二节 独山玉
(Dushan Jade)

一、概述

独山玉因产于中国河南南阳市郊独山而得名，又称南阳玉。据记载，独山玉的使用至今已有6 000多年的历史。现在独山脚下的沙岗店村是汉代加工玉石的旧址，相传在汉代叫玉街寺。

二、基本特征

(1)矿物及化学成分：独山玉是蚀变斜长岩(黝帘石化斜长岩)，组成矿物较多，主要矿物是斜长石、黝帘石，其次为铬云母、铬绿帘石、透辉石、透闪石、阳起石、黑云母、绢云母、金云母、金红石、方解石、榍石、葡萄石、铬铁矿、电气石等。独山玉的平均化学成分为：SiO_2占43.75%，Al_2O_3占32.60%，CaO占18.82%，MgO占0.83%，Na_2O占0.73%，K_2O占0.51%，FeO占0.49%，Fe_2O_3占0.33%，Cr_2O_3占0.19%，H_2O占0.75%，CO_2占0.28%，此外，含微量Ni、V、Mn、Ti和Cr。

(2)物理特征：摩氏硬度为6～6.5。相对密度为2.73～3.18。玻璃光泽，油脂光泽。不透明—半透明。参差状断口。

(3)颜色：由于组成矿物复杂，其颜色也多变，往往一块标本中有多种色彩，如白、灰、黄、褐、绿、紫、黑等色。各种颜色分布无规律，呈条带状、脉状、网状、斑杂状、斑点状等。最优质的为翠绿色，可与翡翠媲美。

(4)形状：多为致密块状、粒状结构。

三、产状与产地

(1)产状：为岩浆晚期热液交代矿床。

(2)产地：中国河南南阳独山。

四、图谱

现将独山玉图片展示如下，供广大读者欣赏(图2-12-1～图2-12-6)。

图2-12-1　独山玉料(18.5cm×10cm×5.5cm)

图2-12-4　独山玉料(8cm×7cm×6cm)

图2-12-2　独山玉料(13cm×7cm×6cm)

图2-12-5　独山玉吊坠(绿色矿物为铬云母,呈星散状、条带状分布,23mm×23mm)

图2-12-3　独山玉料(7.8cm×7.5cm×4.5cm)

图2-12-6　独山玉镯(直径为60mm)

第十三节 其他彩、玉石

(Other ornamental and Jade)

一、芙蓉石(Rose Quartz)

芙蓉石的矿物名称为蔷薇石英(又名玫瑰石英)。

基本特征:化学式为SiO_2,常含Ti。三斜晶系。致密块状。半透明—不透明。玻璃光泽,油脂光泽。摩氏硬度为7。相对密度为2.65。玫瑰红色、浅粉、粉红或紫粉色。

芙蓉石中常见有乳滴状、棉絮状气液包裹体,显微针状金红石、管状物包裹体。其包裹体往往沿垂直于*C*轴方向作120°交角排列,磨成弧面在光的反射下呈现六道星光,称星光芙蓉石。

芙蓉石主要用作玉雕料。要求块度越大越好,颜色浓艳,无裂,杂质少,透明度好。如有猫眼和星光,可作为饰品供收藏。

产状:产于花岗伟晶岩体的膨胀核心部位。

产地:巴西、马达加斯加、非洲西南部、美国、中国(新疆、河北、湖南、陕西、广东等地)。

芙蓉石图片展示如图2-13-1～图2-13-4。

二、蔷薇辉石(桃花石)(Rhodonite)

蔷薇辉石,又名京粉翠,也叫桃花石。矿物名称为蔷薇辉石。

1.基本特征

化学式$(Mn,Fe,Mg,Ca)SiO_3$。三斜晶系。晶体罕见,多呈致密块状集合体。半透明—不透明。玻璃光泽。贝壳状、参差状断口。韧性好。摩氏硬度为5.5～6.5。相对密度为3.4～3.75。二轴晶正光性。折射率Ng=1.724～1.751,Nm=1.716～1.741,Np=1.711～1.738,双折率为0.013。颜色的变化与所含成分量有关。一般为蔷薇红色、粉红、紫红和灰粉色。在蔷薇红基底上如有白斑者(石英和方解石)最佳,称“红白花”。

2.品种

根据所含成分的含量不同蔷薇辉石分为如下几种。

(1)富锰蔷薇辉石:块状结构。常见次生氧化锰、铁呈薄膜状、斑状或树枝状,呈现美丽的花纹,颇受人们喜欢。

(2)硅化蔷薇辉石:矿物组合有石英、锰铝榴石、绢云母,有轻微的黝帘石化、碳酸盐化和黑云母化。蔷薇辉石呈红色、浅褐色、黄色等,并有斑状(白斑)结构。

(3)贫锰蔷薇辉石:块状或条带状构造。矿物组合有石英、锰铝榴石、透闪石、阳起石和碳酸盐矿物。

3.产状

产于含锰灰岩的接触带上的,为矽卡岩型矿床。或沉积而成。

4.产地

澳大利亚、前苏联(乌拉尔)地区、瑞典、日本、美国、南非、坦桑尼亚、中国(北京、新疆、青海、四川、吉林等地)、巴西、墨西哥、加拿大、印度、英国、马达加斯加、意大利、新西兰等。

蔷薇辉石图片展示如图2-13-5～图2-13-6。

三、蜜蜡黄玉(Beeswax Jade)

蜜蜡黄玉(蜜黄色白云岩),因色如黄蜜,光泽如蜡而得名。主要矿物成分为白云石,伴有方解石和少量石英组成的白云石大理岩,另含少量铁。呈致密块状,质地细腻。不透明—微透明。隐晶—细粒结构。摩氏硬度为4.2～4.5。相对密度为2.6～2.9。强蜡状光泽,色泽柔和。因含铁量和风化程度不同,故有深浅之别,一般以深黄色为佳。多用于玉雕,如茶具、餐具、工艺品、人物、动物等,以及小件,如手链、项链、吊坠、佛公等。

(1)产状:为区域变质岩石,分布于震旦系地层中的白云石大理岩中。

(2)产地:目前在中国新疆哈密地区和陕西商南等地发现并开发利用。

蜜蜡黄玉图片展示如图2-13-7、图2-13-8。

四、梅花玉(Mei Hua Jade)

梅花玉是中国独有的一个玉种,是玉中奇葩。因产在河南汝县,又称汝石。据记载,其开采利用始于商周时代,鼎盛于东汉初期。

基本特征:梅花玉为杏仁状安山岩。主要矿物组分有长石、石英,蚀变矿物有绿帘石、绿泥石、方解石、钾长石和硅质。斑状结构,基质为锥晶-玻晶交织结构。杏仁状、块状构造。呈圆形、椭圆形、拉长形、不规则状或云朵状。杏仁体边缘可见以硅酸盐为主的次生边,形成双层构造。蚀变强烈但不均匀。由于岩石破劈理形成的细脉与多色杏仁的充填物连在一起,酷似梅花,故名梅花玉。其摩氏硬度为6。相对密度为2.74。玻璃光泽。质地细腻,贝壳和参差状断口。底色有黑色、灰绿色、褐红色和紫色,以黑色最佳。花色(即杏仁和细脉)有红色、绿色和白色,为红色是因为含有正长石,为绿色是因为含有绿帘石和绿泥石,为白色是因为含有石英和方解石。各种颜色分布不均匀,可能在一块标本中有一种或几种花色。

工艺要求和用途:要求无洞,致密块状,以黑底多花色、图案形似梅花且花纹明晰者最佳。多用作工艺制品,如仿古玉器(薰炉、玉鼎、玉佩等);生活用品:各种茶具、餐具、健身球等;饰品,如手镯、吊坠等,以及纪念品、建材等。

(1)产状:为中性火山喷出岩,后经蚀变为蚀变杏仁状安山岩。

(2)产地:到目前为止,河南省汝县上店乡为我国独有产地,也是世界上唯一的产地。

梅花玉图片展示如图2-13-9。

五、大理石(Dali Stone)

大理石,因产于云南大理而得名。纯白色大理石又名汉白玉。化学式为$CaCO_3$。大理石的主要组成矿物为方解石,有时含少量石英、绢云母、黄铁矿、褐铁矿、绿帘石、蛇纹石等矿物。呈致密块状。摩氏硬度为4,相对密度为2.7～3。呈白色、灰白色、黄色、褐色、红色、绿色等,并常有各种花纹,如条带状、丝纹状、斑杂状花纹等。

常用作高级建筑物的装饰材料或制成工艺品如佛像、观音像、屏风、石桌，以及制成雕件。

（1）产状：为区域变质和接触变质矿床。

（2）产地：分布极广。主要产地为美国、前苏联、意大利、中国（云南、北京、湖北、广东、福建、山东、河南、河北、贵州、四川、陕西等地）。

大理石图片展示如图2-13-10。

六、青金石（Lazurite）

青金石，源自古波斯语Lazhward，即“蓝色”的意思。素有“天青”和“帝青”之称。由于其色古雅，深受阿拉伯国家人民的喜爱。

基本特征：化学式为$(Na,Ca)_8[(Al,Si)_4]_6(SO_4,S,Cl)$。含少量碳酸盐矿物、透辉石、黄铁矿等。为方钠石簇矿物。等轴晶系。致密块状。玻璃光泽至蜡状光泽。不透明。质地细腻。摩氏硬度为5～6。相对密度为2.4～2.9。均质体。折射率为1.50。以蓝色色调为主，有深蓝、浅蓝、绿蓝、紫蓝等，以纯正深蓝色和天蓝色为上品。在蓝色基底上黄铁矿呈星点状分布，犹如闪闪发光的“金星”，颇受人喜欢。若含方解石则呈白斑状。

工艺要求：色正，以靛蓝色最佳。金星状者亦为上品。一般用于玉雕料、装饰品。也用于制作佛像、项链、戒面等。

（1）产状：接触交代（镁质和钙质）矽卡岩型。

（2）产地：最著名的产地是阿富汗，其次为前苏联、美国、智利、加拿大、巴基斯坦、西班牙等国。

青金石图片展示如图2-13-11～图2-13-13。

七、蓝纹石（Blue-veins Stone）

蓝纹石属方钠石簇矿物，由于具有蓝色云雾状条纹构造而得名。又称苏打石、假青石。

基本特征：蓝纹石是方钠石化的磷霞岩。主要矿物成分为方钠石、霞石、磷灰石，另含少量钠长石、钛辉石（绝大部分已蚀变为黑云母）。呈致密块状。质地细腻。玻璃光泽。淡蓝、浅墨蓝和茄紫色。颜色常分布不均匀，呈色带或色斑状。摩氏硬度为5.5～6。主要用作玉雕料。

（1）产状：产于碱性岩中或气成热液脉中。

（2）产地：中国（新疆、四川）。

蓝纹石图片展示如图2-13-14。

八、鸡血石（Blood Stone）

鸡血石是由黏土矿物组成的岩石。因其中含有辰砂，红如鸡血而得名。因产地不同分为昌化鸡血石和巴林鸡血石两种。鸡血石的主要矿物成分为高岭石、地开石，含少量叶蜡石、明矾石和辰砂等。昌化鸡血石主要由高岭石、叶蜡石、地开石及少量的明矾石、石英和辰砂等组成。巴林鸡血石的主要组成矿物为地开石、高岭石、叶蜡石，有时含少量石英和微量赤铁矿、褐铁矿、明矾石、辰砂、黄铁矿等。鸡血石的基底颜色有红色、黄色、橙色、灰色、白色、绿色、蓝色、紫色、黑色等，红色辰砂呈浸染状、斑点状、条带状和云雾状分布。

由于鸡血石的石质脂润，色彩艳丽，柔而易攻，故被用于工艺品雕料，其中的珍品十分名贵。多用于图章雕料。

（1）产状：主要为热液充填交代脉状矿床和灿热液交代层状矿床。

（2）产地：浙江临安昌化、内蒙古赤峰市巴林石旗、福建。

鸡血石图片展示如图2-13-15、图2-13-16。

九、菊花石（Chrysanthemum Stone）

菊花石因酷似盛开的菊花而得名，是自然界永远开不败的花朵，在世界上享有盛誉。在中国，利用菊花石已有百余年历史。

基本特征：菊花石是一种由不同矿物组成的岩石。由暗色基质的石灰岩、灰质板岩或碳质板岩和浅色（白色、灰白色）的红柱石、方解石和天青石组成的岩石，偶尔伴有生物化石碎屑，更丰富了菊花石的内涵。

菊花石的花形：也是多姿多彩，如菊花形、绣球花、蝴蝶花、鸡爪花、蟹爪花等。花朵的大小由几厘米至几十厘米不等。在暗色基底上有白色晶莹的花瓣陪衬，黑白分明，古典庄雅，立体感强，受人喜欢。

工艺要求和用途：要求基底致密，无裂，底色深，花朵白，花形好，黑白分明，界限清晰。多用作装饰材料，如制成盆景、屏风、笔筒、砚台、花瓶、茶具、烟具等器皿，供观赏和收藏。

产状：多产于角岩化的板岩中。

产地：中国湖南、湖北、北京西山，其次是陕西南部、内蒙古等地（湖南菊花石由天青石和方解石组成；北京西山菊花石由红柱石组成）。

菊花石图片展示如图2-13-17、图2-13-18。

十、钟乳石（Stalactite）

钟乳石是指在碳酸盐岩洞穴或孔隙中，从同一基底向外逐层生长而形成的矿物集合体。最常见的是石笋和石钟乳。

化学成分：$CaCO_3$。间或含有Fe、Mn等杂质。

物理特征：有圆柱状、锥状、柱状、肾状、葡萄状、圆形、阶梯形以及乳房形，造型千姿百态。其大小不一。蜡状光泽。贝壳状断口。横切面上可具同心层状结构或放射状构造，有些中心是空的。摩氏硬度为3左右。相对密度为2.7左右，含杂质者略高，为2.9左右。多为白色、浅黄、棕黄和锖色。

用途：多用于装饰、摆设、观赏。是豪宅和庭院的装饰品。

产状：产于含碳酸盐岩地区。由于富含碳酸氢钙的地下水沿着岩石裂隙或孔洞向下滴时，因压力降低，使二氧化碳逸出，碳酸钙得以沉淀析出，逐层结晶沉淀，或由胶体逐层凝聚沉淀而成。

产地：碳酸盐岩石在地球上分布很广泛，如有岩溶作用就可形成溶洞以及钟乳石和石笋等。如美国、墨西哥、前苏联、英国、中国（广西，贵州，湖南，浙江，广东等地）。

钟乳石图片展示如图2-13-19～图2-13-22。

图2-13-1 芙蓉石料(8.2cm×6.2cm×2cm)

图2-13-2 芙蓉石料(12cm×11.5cm×6cm,产自广东)

图2-13-3 芙蓉石料(13cm×9cm×8cm,产自广东)

图2-13-4 芙蓉石项链

图2-13-5 桃花玉(桃红色,黑色者为铁锰氧化物,7.5cm×6cm×5.5cm)

图2-13-6 桃花玉(紫粉色、灰粉色,黑色者为铁锰氧化物,6.5cm×4cm、4.5cm×3.5cm)

图2-13-7 蜜蜡黄玉料(5.5cm×4.5cm×2cm,产自新疆)

图2-13-8 蜜蜡黄玉手链(产自新疆)

图2-13-9 梅花玉镯(直径为60mm,产自河南省汝县)

图2-13-10 汉白玉镯(直径为60mm)

图2-13-11 青金石戒面(吊坠)(蛋形,7mm×9mm,产自阿富汗)

图2-13-12 青金石玉扣(直径为25mm,产自阿富汗)

图2-13-13　青金石耳钉(有黄铁矿星点,16mm×16mm)

图2-13-14　蓝纹石料(6.5cm×5.5cm×2.5cm,产自四川)

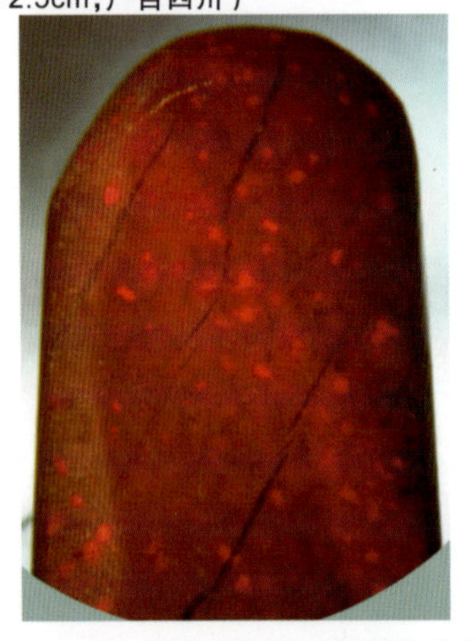
图2-13-15　鸡血石章(辰砂呈浸染状分布,43mm×17mm×12mm,产自浙江昌化)

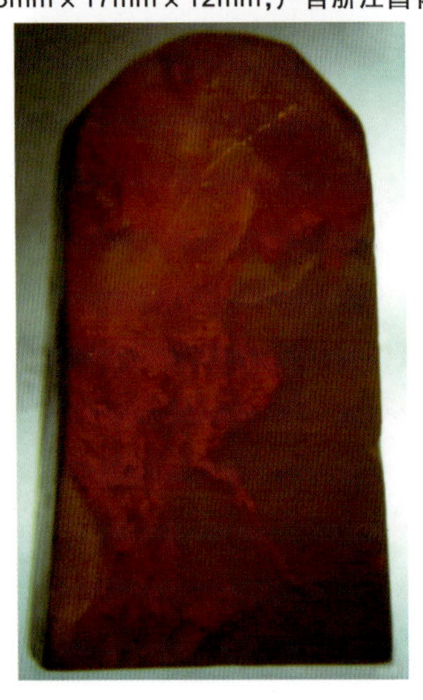
图2-13-16　鸡血石章(辰砂呈条带状分布,23mm×12mm×9mm,产自浙江昌化)

图2-13-17　菊化石(多朵,产自湖北)

图2-13-18　菊化石(单朵,产自湖北)

图2-13-19　钟乳石(白色)

图2-13-20　钟乳石(褐色,产自云南)

图2-13-21　钟乳石(褐色,黄色,产自云南)

图2-13-22　钟乳石(灰白色,80cm×38cm,产自广东)

chapter 3

第三章 奇特的矿物

(Marvellous Mineral)

矿物是地壳内外各种岩石和矿石的组成部分,是地壳中各种地质作用、天然化学反应的产物。以晶体状态产出,是具有一定化学成分和特有的物理性质的自然均质体。矿物晶体天生丽质、超凡脱俗,是自然界中永不凋谢之花。它展示了自然科学的奥妙,给人类带来无尽的艺术享受。

第一节 等轴(均质)晶系矿物

一、自然金(Native Gold)

金，为人类熟悉最早的金属之一，也是古今中外人们作为装饰的最重要的材料之一。自然金成分为Au。自然界中纯金极少见，所谓的自然金的成分中常含有Ag、Cu、Rh、Pd、Bi、Fe等元素，当银含量达15%～50%时，称银金矿。

晶系及晶形：等轴晶系。晶形呈八面体，少数为菱形十二面体，也有八面体与四角三八面体或与立方体的聚形晶，一般晶体少见，通常以分散的颗粒状或不规则的树枝状集合体出现。

物理特征：其颜色和条痕色均为光亮的金黄色，随含银量的增加，颜色和条痕色渐变为淡黄色。强金属光泽。摩氏硬度为2.5～3。具强延展性。相对密度为15.6～19.3。无解理。为电和热的良导体。

鉴别：金以金黄的颜色、强金属光泽、摩氏硬度低、富延展性、相对密度大为其特征。金与黄铁矿、黄铜矿的区别：自然金的条痕色为金黄色，而黄铁矿、黄铜矿条痕色均为黑带绿色；自然金具强延展性，而黄铁矿、黄铜矿具脆性；将少许矿粉置于HNO_3中加热，黄铁矿和黄铜矿都能溶解，而自然金既不溶解也不起变化。

用途：纯金用于电子工业及尖端技术，也可用作装饰品。国际市场上常以黄金代表货币价值。金与银、铜的合金可作仪器、仪表的零件、喷气式飞机的某些部件、钢笔尖等。

产状：其产状有原生矿和砂矿两种。原生矿主要产于与中酸性火成岩有关的高、中、低温热液石英脉和热液蚀变带中，常与黄铁矿、黄铜矿、毒砂等共生。砂金矿为经过搬运在河流或冲积、残积层中形成。

产地：金矿产地遍布世界各地。世界最有名的产金大国是南非、美国、澳大利亚、加拿大、巴西、印度尼西亚、加纳、智利、巴布亚新几内亚、前苏联、乌兹别克斯坦、中国(山东、黑龙江、内蒙古、辽宁、河北、河南、云南、陕西等地)等。

图片展示如图3-1-1、图3-1-2。

二、自然铜(Native Copper)

化学成分：Cu。成分中常含有Au的固溶体、Ag的包裹体以及Fe的混入物。

晶系及晶形：等轴晶系。晶体呈立方体、八面体或六八面体。晶体少见，通常呈不规则的粒状、片状、树枝状或其集合体呈块状、浸染状等。

物理特征：其颜色为铜红色。表面易氧化带锖色薄膜。条痕呈光亮的铜红色。不透明。金属光泽。

断口呈锯齿状。摩氏硬度为2.5～3。具强延展性。相对密度为8.5～8.9。为电和热的良导体。

用途：大量聚集时可作铜矿石利用。广泛用于电器工业、机械工业、化学工业上所用之各种器材和制造多种合金、各种器皿和用具等。并可制造各种盐类，用作消毒、防腐、杀虫剂等。

产状：自然铜为各种地质作用中还原条件下的产物。多产于含铜硫化物矿床氧化带内，为铜的硫化物转变为氧化物时的产物，由硫化物矿物分解而成。为热液成因或产于含铜砂岩中。

产地：以美国密支安州的自然铜最著名。还有北美苏必利尔湖区、智利、赞比亚、秘鲁、扎伊尔、加拿大、北乌拉尔、中国（陕西、湖北、湖南、云南、四川、浙江、安徽、山西等地）。宇宙中某些星球上铜的含量也值得注意。

图片展示如图3-1-3。

三、黝铜矿（Tetrahedrite）

化学成分：$Cu_{12}Sb_4S_{13}$。成分变化范围较大，常含As、Bi、Fe、Au、Ag、Hg等类质同像混入物。黝铜矿为$Cu_{12}Sb_4S_{13}$-$Cu_{12}As_4S_{13}$类质同像系列中常见的矿物。

晶系及晶形：等轴晶系。晶体呈四面体，通常呈粒状或致密块状集合体。

物理特征：钢灰至铁灰色，新鲜断口为黝黑色。条痕为灰黑色。金属光泽。不透明。无解理。摩氏硬度为3～4，性脆。相对密度为4.4～5.4。

产状：见于各种成因的含铜热液矿床中，常与黄铜矿、闪锌矿、方铅矿、毒砂等共生。在氧化带中易分解成各种铜的次生矿物，如孔雀石、蓝铜矿等。

图片展示如图3-1-4。

四、闪锌矿（Sphalerite）

化学成分：ZnS。常含有Cd、In、Ge、Ga、Ti等元素的类质同像混入物。有时还会有Mn、Cu等混入物。闪锌矿含Fe超过10%者称铁闪锌矿。

晶系及晶形：等轴晶系。晶形为四面体正负形之聚形晶，晶面上常有三角形花纹，或为菱形十二面体、三角三四面体、六四面体等单形与组成聚形晶，间或以（111）形成双晶。通常呈粒状集合体或块状。

物理特征：颜色由无色到浅黄、黄褐、棕褐至黑色（随含铁量增高其色由浅至深）。条痕由白色至褐色。金刚光泽至半金属光泽，断口上有松脂光泽。透明—半透明—不透明。解理平行菱形十二面体（110），完全。摩氏硬度为3～4，性脆。相对密度为3.5～4.2。不导电。

用途：是炼锌的主要矿物原料，同时还可提取镉、铟、镓等一系列稀有金属。它们是无线电工业、原子能工业的重要原料。金属锌还是镀锌、防腐剂、颜料、铜的合金原料。

产状：产于各种类型的热液矿床中或交代矿床中。

产地：捷克、瑞士（产自形晶体）、西班牙（产透明晶体）、中国（湖南、四川、广东等地）。

图片展示如图3-1-5、图3-1-6。

五、方铅矿（Galena、Galenite）

化学成分：PbS。常含Ag，其次为Cu、Zn等。

晶系及晶形：等轴晶系。晶形常为立方体或立方体与八面体的聚形晶，通常呈致密块状及粉末状。

物理特征：颜色为铅灰色至铁黑色。条痕为光亮的灰色。晶面常有暗蓝的锖色。金属光泽。不透明。性脆。解理平行立方体（100），完全。断口呈半贝壳状或参差状。摩氏硬度为2～3。相对密度为7.4～7.6。具弱导电性及良检波性。

用途：是炼铅的主要矿物原料，含银多时可提炼银，也可作检波器。因铅不溶于盐酸及硫酸，故在制酸工业和有色冶金工业上用铅板、铅管作衬里保护设备。铅的合金可做印刷活字。铅的化合物可做各种颜料，还用于橡胶、玻璃、陶瓷工业上，以及原子工业和X射线保护设施。

产状：产于各种类型的热液矿床及接触交代矿床中。其中以中、低温热液成因为主。

产地：前苏联、美国、中国（广东、湖南、湖北、四川、贵州等地）。

图片展示如图3-1-7。

六、黄铁矿（Pyrite，Iron pyrite）

黄铁矿，工业上又称硫铁矿。

化学成分：FeS_2。常含Co、Ni、Se类质同像混入物和Au、As、Sb、Cu等杂质。

晶系及晶形：等轴晶系。晶形常为立方体或五角十二面体、次为八面体\晶面上有条纹。此外有粒状、球状、葡萄状、钟乳状、结核状或致密块状。

物理特征：颜色为浅黄铜色，表面常有斑状的褐色锖色。条痕为微绿黑色或微褐黑色。不透明。性脆。断口呈参差状。金属光泽。无解理。摩氏硬度为6～6.5。相对密度为4.9～5.2。

用途：黄铁矿是制造硫磺、硫酸及氯矾的主要矿物原料。含Au或Co的黄铁矿可综合利用。

产状：在地壳中分布很广泛，可在各种不同的地质作用中形成。有热液型、接触交代型和沉积型。在煤层中它往往呈结核状产出。在风化作用下变成褐铁矿并保留其假象。

产地：遍布于世界各地，著名产地有乌拉尔（黄铁矿晶簇）、中国（湖南、湖北、四川等地）。

图片展示如图图3-1-8～图3-1-14。

七、磁铁矿（Magnetite）

化学成分：Fe_3O_4（$Fe^{2+}Fe^{3+}O_4$）。常含Ti、V、Cr、Ni等类质同像混入物。含Ti者称钛磁铁矿，含Ti、V者称钒钛磁铁矿，含Cr者称铬磁铁矿。

晶系及晶形：等轴晶系。晶体呈八面体或菱形十二面体。在（110）面上常有平行于长对角线的条纹，多为粒状、致密块状或砂粒状。

物理特征：铁黑色。条痕黑色。不透明。半金属—金属光泽。无解理。有时可沿（111）裂开。摩氏硬度为5.5～6。相对密度为4.8～5.3。具强磁性。

用途：为炼铁的重要矿物原料。含钒、钛或稀土元素时可综合利用。

产状：磁铁矿产于还原环境中。有岩浆型、高温热液型、接触交代型、区域变质型，此外，还见于砂矿中。

产地：乌克兰、乌拉尔山、美国、瑞典、中国（湖北、辽宁、内蒙古、河北、四川、广东等地）。

图片展示如图3-1-15。

八、铬铁矿（Chromite）

铬铁矿是铬尖晶石类矿物中的一种。介于亚铁铬铁矿与镁铬铁矿之间。通常将亚铁铬铁矿与镁铬铁矿称为铬铁矿。

化学成分：$FeCr_2O_4$。成分复杂，有广泛的类质同像置换。Cr^{3+}常被Fe^{3+}和Al^{3+}代替、Fe^{2+}常被Mg^{2+}代替。

晶系及晶形：等轴晶系。晶体呈八面体。通常呈粒状、浸染状及致密块状。在蛇纹石化超基性岩中常熔蚀成他形、港湾形。

物理特征：铁黑色及褐黑色。条痕为褐色。不透明。半金属至金属光泽。摩氏硬度为5.5～7.5。相对密度为4.2～4.8。具弱磁性。

用途：为炼铬的主要矿物原料。铬主要用于制造各种不锈钢，特种钢。具有高强度、高摩氏硬度、耐磨、耐腐蚀等特点。广泛用于国防工业，机械制造工业等。

产状：主要产于超基性岩中，少数产于基性岩中。此外，也产于砂矿中。

产地：前苏联、新西兰、印度、土耳其、古巴、希腊、中国（新疆、甘肃、西藏等地）。

图片展示如图3-1-16～图3-1-18。

九、萤石(Fluorite)

萤石又名氟石。是一种重要的非金属矿产。

基本特征：化学成分为CaF_2。有时含稀土元素，富含钇者称钇萤石。等轴晶系。晶体常呈立方体、八面体，少数为菱形十二面体，或呈粒状集合体。有时晶面上有条纹，常依（111）形成贯穿双晶。摩氏硬度为4。相对密度为3.18。玻璃光泽。解理平行（111）完全。性脆。萤石最典型的特征是具有三角形负晶。透明—半透明。均质体。折射率：Ng=1.432～1.434。在紫外线照射下有紫色和蓝色、黄色荧光，个别有磷光（即夜明珠）。其颜色有白、紫、绿、灰、浅蓝灰、玫瑰红等。另外，萤石中常含有气、液包裹体。

用途：主要用于金属冶炼的熔剂，制取氢氟酸；也用于陶瓷、水泥等工业；近年还用来制造大功率激光器装置；生产有效的火箭燃料；透明无瑕的萤石可作特种光学材料；颜色艳丽、造型好的晶体可作观赏石、收藏品；致密块状者可作玉料、工艺品等。

产状：常见于中—低温金属硫化物矿床及热液碳酸盐岩脉和石英脉中；也见于沉积岩中。

产地：南非、瑞士、德国、前苏联、捷克、英格兰、澳大利亚、加拿大、中国（江西、湖南、浙江、内蒙古、福建、广东等地等）。

图片展示如图3-1-19～图3-1-28。

图3-1-1　自然金（呈树枝状，与石英、方解石共生）

图3-1-2　含金铜硫化物矿石（脉石矿物为方解石、石英，2.5cm×1.4cm×1.3cm，产自广东）

图3-1-3　自然铜(表面少量铜氯矾，含金量1.8g/T，6cm×3.5cm，32.5g，产自美国）

图3-1-4　黝铜矿（表面绿色矿物为铜的矾类矿物，1.3cm×1.3cm×1.2cm，产自安徽）

图3-1-5　闪锌矿(自形晶)(呈菱形十二面体、三角三八面体、六四面体，常呈聚形晶或依(111)形成双晶，晶面上常有三角形条纹，褐棕色，共生矿物微水晶簇，11cm×10cm×8cm，产自湖南）

图3-1-6　闪锌矿（特征同9，17cm×13cm×6cm，产自湖南）

图3-1-7　方铅矿片状集合体（块状构造，6.5cm×5.5cm×2cm，产自广东）

图3-1-8　黄铁矿（立方体，共生矿物为紫色萤石、水晶，6cm×5.5cm×3.5cm）

图3-1-9　黄铁矿（立方体聚晶，3.5cm×3.5cm×3.5cm）

图3-1-10　黄铁矿（立方体，矿物组合有水晶、褐铁矿及绢云母化长石，4.6cm×4.6cm×3cm）

图3-1-11　黄铁矿（立方体聚晶，具晶面纹，1.4cm×1.3cm×1cm）

图3-1-12　黄铁矿（晶体呈五角十二面体，大粒者具穿插双晶，1.5cm×1.5cm×1.5cm）

图3-1-13　黄铁矿（晶体呈菱形十二面体，0.7cm×0.7cm×0.7cm）

图3-1-14　黄铁矿（晶体呈菱形十面体，并形成穿插双晶，1.4cm×1.4cm×1.4cm）

图3-1-15　磁铁矿（八面体与菱形十二面体聚晶，长对角线有条纹，2.6cm×1.8cm×1.2cm，产自广东大顶）

图3-1-16　铬铁矿（菱形十二面体，八面体聚晶，1.9cm×1.3cm×1.3cm，产自新疆）

图3-1-17　铬铁矿（半自形晶，2.4cm×1.3cm×1.2cm，产自新疆）

图3-1-18　铬尖晶石(在蛇纹岩中，呈细粒浸染状，2.1cm×1.4cm×1.4cm，产自新疆）

图3-1-19　萤石晶体（菱形十二面体，绿色，16cm×15cm×13cm，重4.8kg，产自江西）

图3-1-20　萤石（全自形，八面体晶形，绿色、紫色、紫黑色、灰绿色等，3.1cm×3.2cm×3.2cm，产自江西）

图3-1-21 萤石（全自形，八面体，紫黑色，共生矿物为白色方解石，产自江西）

图3-1-22 萤石（艳绿色，聚形晶，5cm × 5cm × 4cm）

图3-1-23 萤石（艳绿色，贯穿双晶，6.5cm × 6cm × 5.5cm）

图3-1-24 萤石（灰绿色，解理完全）

图3-1-25 萤石（淡灰绿色，立方体贯穿双晶，集合体呈块状构造，9.5cm × 8.5cm × 8cm）

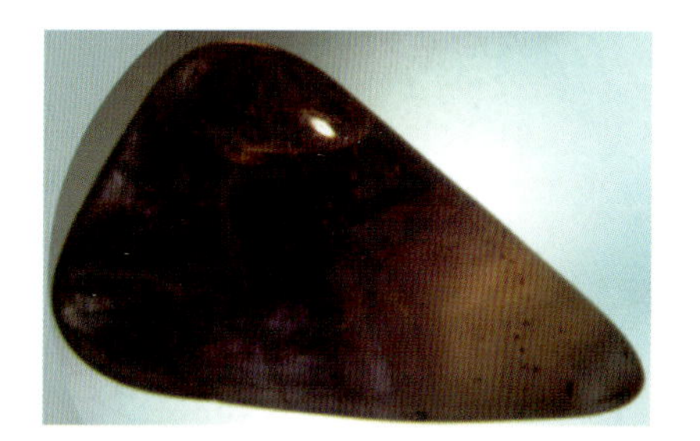

图3-1-26 萤石（紫色，立方体，与水晶共生，8.5cm × 6.5cm × 3cm）

图3-1-27 萤石（紫色、黄色，条带构造）

图3-1-28 萤石（白色，立方体，具贯穿双晶，与文石共生，6cm × 3cm × 2cm）

第二节　四方晶系矿物

一、黄铜矿（Chalcopyrite）

化学成分：$CuFeS_2$。有时含微量的Ag、Au、Se、Te、As等杂质。

晶系及晶形：四方晶系。晶形呈四方双锥或四方四面体，但很少见，通常呈粒状或致密块状集合体，也有呈肾状或葡萄状样之胶状体。

物理特征：黄铜色，表面常因氧化呈金黄或红紫等锖色。条痕为绿黑色。金属光泽。不透明。无解理。摩氏硬度为3～4，性脆。相对密度为4.1～4.3。

用途：是炼铜的主要矿物原料。

产状：黄铜矿主要产于铜镍硫化物矿床、斑岩铜矿或接触交代铜矿床及某些沉积成因的层状铜矿床中。几乎在各种硫化物矿石的所有热液矿床中，都有或多或少的黄铜矿伴生。黄铜矿经风化作用后易形成孔雀石、蓝铜矿、斑铜矿、辉铜矿、铜蓝等矿物。

产地：著名产地有智利，以及美国、乌拉尔、中国（云南、安徽、四川、甘肃、湖北、浙江等地）。

图片展示如图3-2-1。

二、锡石（Cassiterite）

化学成分：SnO_2。常含Fe、Nb、Ta、Mn、In等类质同像混入物。

晶系及晶形：四方晶系。晶形常呈四方柱状、四方双锥或二者之聚形晶，并常依（011）呈膝状双晶，长柱状、针状、粒状及其块状，散射状及纤维状者也见之。其形态随形成温度、结晶速度、所含杂质不同而异。

物理特征：其颜色多黄色、褐色、黄棕色、灰、红至沥青黑色。质纯者为无色。条痕为白色、淡灰色或淡褐色。金刚光泽。断口呈油脂光泽。贝壳状断口。透明—半透明—不透明，透明者少。解理平行（100），不完全。摩氏硬度为6～7。相对密度为6.8～7。

光学特征：一轴晶正克性。折射率Ne=2.101，No=2.006。双折率为0.098。色散0.071。

用途：是炼锡的主要矿物原料。锡用于制造耐磨、易熔、抗锈合金，作镀锡、焊锡、保险丝。锡合金用于原子反应堆中代替锆作包镶材料和用在人造卫星上。优质晶体为数极少，主要限于收藏，价格相当高。

产状：主要产于花岗岩分布地区的伟晶岩、气化高温热液矿床（锡石石英脉）和锡石硫化物热液矿床中。锡石性稳定，常形成砂矿床。锡石的成因不同，其形态也不同，可作为标型特征。

产地：中国著名产地有云南的个旧、四川，其次为江西、广西、广东、湖南等地。在印度尼西亚、玻利维亚、英国等地也有产出。

图片展示如图3-2-2～图3-2-10。

三、白钨矿(Scheelite)

白钨矿又称钙钨矿或钨酸钙矿。

化学成分：$CaWO_4$。常含少许钼、铜等杂质，间含稀土元素。

晶系及晶形：四方晶系。晶体呈近于八面体的四方双锥或板状晶体，晶面有时可见斜条纹，常见插生双晶。双晶面以(110)，为多。通常呈不规则粒状或其集合体。

物理特征：其颜色为白色、无色、灰色或浅黄、浅紫、紫褐色。油脂光泽或金刚光泽。摩氏硬度为4.5。性脆。解理平行四方双锥(111)中等。断口参差状。相对密度为5.8～6.2。在紫外光照射下发浅蓝色荧光。

用途：是炼钨的主要矿物原料。钨用来炼制特种钢材和用于电气工业。

产状：主要产于接触交代矿床中。也产于气化-高温热液及其蚀变围岩中，与黑钨矿、锡石共生。在伟晶岩及砂矿中也有产出。

产地：美国、英国、马来西亚、中国(江西、湖南、云南、广东等地)。

图片展示如图3-2-11～图3-2-14。

四、包头矿(Baotite)

包头矿因产于我国内蒙古包头市，故名为包头矿，是1960年我国首发的新矿物。

化学成分：$Ba_4(Ti,Nb,Fe)_8O_{16}[Si_4O_{12}]Cl$。此外还含有少量K、Na、Ca、Al、Cr。光谱中还发现有Sr、Mn、V、Cu、Pb、Sn等元素。

晶系及晶形：四方晶系。晶体呈四方柱体、板状或块状。

物理特征：浅褐、棕黑至黑色。玻璃光泽、半金属光泽。解理平行(110)，中等，可见两组解理。摩氏硬度为6。磨光性能好。相对密度为4.42。

光学特征：一轴晶正光性。折射率：No=1.94，Ne=2.16。双折率0.22。

用途：由于磨光性能好，可作装饰品。

产状：产于碱性花岗岩以及与花岗正长岩有关的石英脉中。

产地：中国内蒙古包头市白云鄂博矿区。在蒙特拿州也发现有包头矿(1962)。

图片展示如图3-2-15。

五、方柱石(Scapolite)

方柱石，英文名称源于希腊文，意为“柱状物”，又称“柱石”，是方钠石簇矿物的总称。

基本特征：化学成分是由钠柱石分子$Na_4[AlSi_3O_8]_3Cl$和钙柱石分子$Ca_4[Al_2Si_2O_8]_3(CO_3)$两种组分组成的一个完全类质同像系列。四方晶系。晶体常呈四方柱体，集合体呈粒状，致密块状。摩氏硬度为5～6。相对密度为2.6～2.75。玻璃光泽。透明一半透明。解理平行四方柱(100)，和(110)，中等。贝壳状断口。一轴晶负光性。折射率：No=1.550～1.568，Ne=1.540～1.548。双折率0.015～0.022。色散0.017。颜色为无色、黄、粉红、灰绿、海蓝、紫罗兰等色。

方柱石中如有纤维状、管状包裹体，可有猫眼效应。色艳、透明者可作宝石，如戒面、吊坠等装饰物，具猫眼效应者可收藏。

产状：产于矽卡岩中，与石榴石、透辉石共生。亦产于变质岩(片麻岩、角闪岩)中。

产地：马达加斯加、巴西、坦桑尼亚、莫桑比克、缅甸（产优质猫眼）、美国、加拿大、斯里兰卡、前苏联、印度、中国（甘肃、新疆）等。

图片展示如图图3-2-16～图3-2-18。

六、符山石（Idocrase）

符山石的名称本是从法文借用来的，但最初源自希腊语Idos和Krasis，意为“形态”，因其形态与其他矿物相似。黄符山石的名称来自希腊语Xanthite，意为黄色的。青符山石的名字源于拉丁语Cyprius。

基本特征：化学成分为$Ca_{10}(Mg,Fe)_2Al_4[Si_2O_7]_2[SiO_4]_5(OH,F)_4$。常含有Be、B、Ti、Cr、Mn、Sr、Li、K、Na、Zn、Pb、Sn等元素。符山石是一种复杂的钙铝硅酸盐矿物。四方晶系。晶体常呈四方柱状或锥柱状，晶面上常有花纹，横切面呈正方形，也有呈粒状、板状和块状。摩氏硬度为6～7。相对密度为3.34～3.44。玻璃光泽，油脂光泽。参差状断口。透明—半透明—不透明。光学特性：一轴晶或二轴晶，有正、负光性。折射率：No=1.705～1.736，Ne=1.701～1.732。双折率0.001～0.006。色散0.019。其颜色有：黄绿、棕褐、绿褐、灰、黄、红、紫、蓝、绿、黑、玫瑰色等。含铬符山石为绿色，称为铬符山石。全自形符山石可作矿物标本。

产状：符山石是典型的接触变质矿物。产于酸性岩侵入体与石灰岩或白云岩的接触变质带中。与石榴石（钙铝石榴石）、透辉石、绿帘石、方解石、绿泥石等共生。少数见于变质岩（蛇纹岩、绿泥石片岩、片麻岩等）中。

产地：美国（褐色）、加拿大（亮黄色）、挪威、意大利、肯尼亚、前苏联、墨西哥（绿色晶体）、巴基斯坦（优质绿色晶体）、中国（河北、广东）等。

图片展示如图3-2-19～图3-2-22。

图3-2-1 黄铜矿(共生矿物:闪锌矿,磁黄铁矿,石英,14cm×7.5cm×2cm,产自广东)

图3-2-2 锡石(自形晶,四方双锥,6cm×5cm×4cm,产自中国)

图3-2-3 锡石(晶体呈四方双锥,6cm×4.5cm×4cm,产自中国)

图3-2-4 锡石(四方短锥柱状,1.2cm×1cm×1cm)

图3-2-5 锡石(四方双锥、膝状双晶,2.3cm×2.1cm×1.4cm,产自四川)

图3-2-6 锡石(四方双锥、膝状双晶,1.9cm×1.5cm×1.1cm,产自四川)

图3-2-7 锡石(四方双锥、膝状双晶,集合体呈块状,9cm×7cm×3cm,产自四川)

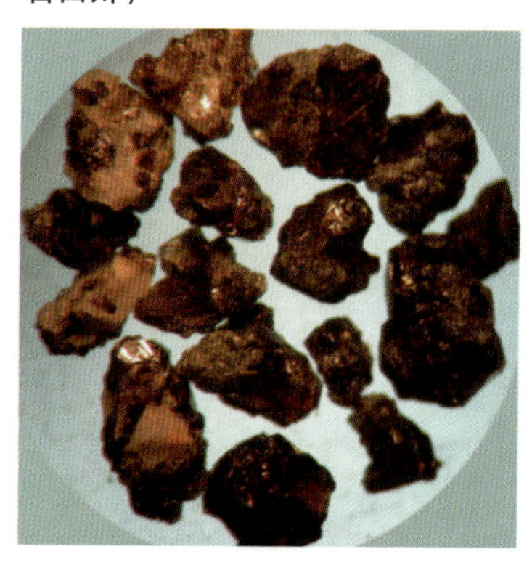

图3-2-8 锡石(他形粒状,产自广东瑶岭)

图3-2-9 锡石[粒状(砂矿),产自江苏]

图3-2-10 锡石戒面(吊坠,棕褐色,直径为5mm)

图3-2-11 白钨矿(钨酸钙矿)(晶体呈近于八面体的四方双锥,插生双晶,21mm×17mm×13mm,产自广东瑶岭)

图3-2-12 白钨矿(四方锥状,共生矿物为萤石,27cm×24cm×24cm,产自江西)

图3-2-13　白钨矿(灰色,四方锥状,插生双晶,4.5cm×4.4cm×4cm,产自江西)

图3-2-14　白钨矿(灰白色,自形、半自形晶集合体,块状构造,8.6cm×7.5cm×6cm,重660g,产自江西)

图3-2-15　包头矿(黑色粒状,14cm×13cm×8cm,产自内蒙古)

图3-2-16　方柱石(四方柱状,紫色,19mm×6mm×6mm,产自新疆)

图3-2-17　方柱石(短柱状,浅紫色,10mm×9mm×6mm,产自新疆)

图3-2-18　方柱石戒面(吊坠)(直径为6mm,产自新疆)

图3-2-19　符山石[四方(扁)锥柱状晶体,5cm×5cm×2.2cm,产自河北]

图3-2-20　符山石(锥柱状晶体,13mm×9mm×7mm,产自广东连平)

图3-2-21　符山石[深褐色,自形晶,共生矿物为萤石(紫色、白色),2.8cm×2.2cm×1.9cm,产自广东连平]

图3-2-22　符山石(自形晶,四方柱状,与萤石共生,13mm×10mm×8mm,产自广东连平)

第三节 三方晶系和六方晶系矿物

一、辉钼矿(Molybdenite)

化学成分：MoS_2。常有Re和Se的类质同像混入物。

晶系及晶形：有不同的多型变体，分别为三方和六方晶系。晶体呈六方片状、板状，常呈鳞片状或叶片状集合体。

物理特征：颜色为铅灰色。条痕为微带绿的灰黑色。金属光泽。解理平行底面(0001)，极完全。摩氏硬度为1。相对密度为4.7～5。薄片具挠性，有滑感。不导电。

用途：是炼钼和铼的重要矿物原料。钼可用于制特种钢、机械、电气、国防工业，钼的化合物可用于化工、医药、染料等。

产状：主要产于高、中温热液矿床及接触交代矿床中。

产地：美国、中国(辽宁、福建、江西、广西、广东、云南等地)。

图片展示如图3-3-1。

二、辰砂(Cinnabar)

辰砂俗称“朱砂”“丹砂”。

化学成分：HgS。有时含少量Se、Te。此外也见含有黏土(肝辰砂)及氧化铁等杂质。

晶系及晶形：三方晶系。晶形呈厚板状，有时成六方晶系之菱面体或薄板状晶体及穿插双晶出现。通常呈粒状或致密块状、锥柱状。

物理特征：其颜色为胭脂红、朱红、红褐、褐黑色、黑红色。有时表面带铅灰色的锖色。条痕为红色。金刚光泽。透明—半透明—不透明。解理平行六方柱面$(10\bar{1}0)$完全。性脆。摩氏硬度为2～2.5。相对密度为8.09～8.20。不导电。

用途：是炼汞的主要矿物原料。汞用于制作化学药品、雷管和物理仪器，在电器和仪器工业上主要用于制造紫外灯、水银灯、温度计、气压计、无线电真空管，还可用作颜料等。

产状：主要形成于低温热液矿床中，也见于砂矿中。

产地：中国著名产地为贵州、四川、甘肃、广西、陕西、湖南等地。国外如美国、墨西哥、意大利、西班牙、东南亚也有发现。

图片展示如图3-3-2～图3-3-8。

三、赤铁矿(Hematite)

赤铁矿俗称“红铁矿”。

化学成分：Fe_2O_3。有时含Ti、Mg等类质同像混入物及微量水，隐晶质致密块体内常含Al_2O_3、SO_2等机械混入物。

晶系及晶形：三方晶系。晶形呈菱面体或板状、片状。由于依菱面体$(10\bar{1}0)$形成聚片双晶，故在(0001)面上可见三角形双晶纹。常呈各种集合体产出：如致密块状，呈片状具金属光泽者称镜铁矿，细小鳞片者称云母赤铁矿，红色粉末状者称铁赭石，还有鲕状、豆状、肾状集合体。由磁铁矿氧化而成者称“假象赤铁矿”。

物理特征：颜色为铁黑色或钢灰色。鲕状、土状、肾状和粉末状呈赭红色。条痕均为樱桃红色。金属至半金属光泽。无解理。摩氏硬度为5.5～6。隐晶或粉末者摩氏硬度小。性脆。相对密度为5～5.3。无磁性。

用途：是炼铁的重要矿物原料。可冶炼生铁与钢，在重工业的发展史上具有重大的意义。

产状：其成因复杂，可出现在不同成因类型的矿床和岩石中。一般在氧化和温度不高的条件下形成。如沉积型、热液型、区域变质型和风化型。

产地：澳大利亚、巴西、乌克兰、美国、中国(河北、湖南、四川、辽宁、湖北、云南、贵州、海南、广东等地)。

图片展示如图3-3-9。

四、镜铁矿(Specularite，Specular Iron Ore)

镜铁矿为赤铁矿的一个亚种，为玫瑰花状或片状集合体。铁黑至钢灰色。具灿烂之金属光泽。明亮如镜，故称镜铁矿，呈结晶之块状。常含极细磁铁矿包裹体而具磁性。主要见于热液成因铁矿床中。其他特征与赤铁矿相同。

图片展示如图3-3-10、图3-3-11。

五、菱锰矿(Rhodochrosite)

菱锰矿，英文名称来自希腊文，意为玫瑰色。

基本特征：化学成分为$MnCO_3$。三方晶系。晶体呈菱面体，常呈细晶质块体。摩氏硬度为3.5～4。相对密度为3.5～3.7。菱面体解理。玻璃光泽。透明—不透明。光学特征：一轴晶负光性。折射率：*No*=1.786～1.840，*Ne*=1.578～1.695。双折率0.201～0.220。其颜色为玫瑰红、桃红、黄、棕、褐等色。易氧化呈褐黑色。

用途：透明—半透明晶体可作宝石。多用于炼锰，是炼锰的重要矿物原料。

产状：内生矿床为热液和接触交代矿床，或产于伟晶岩中。也产于沉积锰矿床中。

产地：阿根廷菱锰矿颜色艳丽。中国贵州、广西等地也有产出。

图片展示如图3-3-12、图3-3-13。

六、菱锌矿(Smithsonite)

菱锌矿，英文名称来自人名斯密逊(James Smithson)，又名炉甘石。

化学成分：$ZnCO_3$。常含Fe、Mn、Cu、Co、Cd、In、Mg、Pb等。

晶系及晶形：三方晶系。晶体呈菱面体或复三方偏三角面体，晶体少见。常呈土状、皮壳状、葡萄状、钟乳状集合体出现。

物理特征：颜色为白色、灰色、黄色、褐色、桃红色、粉红色、绿、蓝绿、深绿、蓝色等。条痕为白色。玻璃光泽或树脂状光泽。半透明—不透明。解理平行菱面（$10\bar{1}1$）完全。断口参差状。性脆。摩氏硬度为5。相对密度为4.1～4.5。

光学特征：一轴晶负光性。折射率：No=1.850，Ne=1.625。双折率0.225。色散0.037。

用途：大量聚集时为重要的锌矿石。

产状：产于热液锌矿床中，常见于锌矿床氧化带中，也常为石灰岩或白云岩内生交代矿床。常与方铅矿、闪锌矿、孔雀石等共生。

产地：美国、希腊、意大利、西班牙、纳米比亚、赞比亚等。不同国家产的菱锌矿颜色不同。

图片展示如图3-3-14～图3-3-16。

七、方解石（Calcite）

方解石，英文名称来自拉丁语Calx，意为“石灰”。

化学成分：$CaCO_3$。

晶系及晶形：三方晶系。晶体常呈复三方偏三角面体及菱面体。依（0001）的底面双晶及依（0112）的负菱面双晶常见，且多为聚片双晶。其集合体常呈晶簇状、粒状、块状等。

物理特征：摩氏硬度为3。相对密度为2.6～2.8。玻璃光泽。三组解理，平行菱面体（$10\bar{1}1$）完全。遇盐酸剧烈起泡。

光学特征：一轴晶负光性。折射率：No=1.658～1.740，Ne=1.486～1.550。双折率0.172～0.190。强色散。

荧光效应：在紫外线长波下有红、橙、粉、黄、灰蓝色荧光；在紫外线短波照射下有红、黄、橙、蓝、绿、白、粉色荧光。

由于方解石中常含有镁、铁、锰、锌、钴等杂质，故方解石呈多种颜色，有白、灰、灰褐、灰绿、金黄、蓝、浅紫、桃红等色。锰方解石为桃红色。纯净无色透明者为冰洲石。

用途：方解石常呈自形晶。其集合体造型构成多种奇特的形态，故多作为观赏石，如与其他矿物共生，造型美观，可作为珍品收藏。微细粒方解石是组成石灰岩的主要成分，是制造水泥、电石的原料，由方解石组成的结晶大理岩是一种高档装饰材料。

产状：其晶体多产于火山岩晶洞中，或热液矿脉中。

产地：分布最为广泛。优质方解石产于冰岛、英国、美国、前苏联、德国、中国等。

图片展示如图3-3-17～图3-3-20。

八、冰洲石（Iceland Spar）

冰洲石是纯净无色透明的方解石。其物理、化学特征、产状与方解石基本相同，这里不再赘述。

现就冰洲石的特性和奇特的功能简述如下：

冰洲石在透明矿物中具有最高的双折射率。用通俗的话讲，通过冰洲石看物体，可以看成是双重的，如一点变成两点。利用其特性，广泛用于尖端科技，是国防工业、航天航空工业极关重要的材料，也普遍用于光学仪器如偏光显微镜、偏光仪、干涉激光解像仪、光度计、化学分析比色计中。

品质要求：$CaCO_3$含量必须达到99.9%；透射率：红外线达85%，紫外线达70%～80%。全透明，无裂纹、无双晶、无包裹体（包括固相和气、液相）等。不同等级有不同的规格要求。

产地：优质冰洲石产于冰岛。中国已发现多处，如湖北、湖南、贵州、广西、四川、新疆、陕西、吉林等地。

图片展示如图3-3-21。

九、磷灰石（Apatite）

磷灰石，英文名称来自希腊语。

基本特征：化学成分为$Ca_5(PO_4)_3(F,Cl,OH)$。六方晶系。晶体六方柱状、粒状，其集合体呈致密块状或结核状。解理平行底面（0001）不完全。玻璃光泽，断口呈油脂光泽。摩氏硬度为5。相对密度为3.17～3.23。一轴晶负光性。折射率：No=1.632～1.649，Ne=1.628～1.642。双折率0.001～0.013。色散0.013。颜色为无色、灰黄、绿、粉红、灰、蓝、褐、紫等色。

品种：根据其成分中附加阴离子的不同，可分为氟磷灰石、氯磷灰石、磷灰石、羟碳磷灰石等。阳离子中还有类质同像混入物，如Pb、Sr、Y、Mn等离子。如锰磷灰石等。

用途：磷灰石是制造农业磷肥和提取磷的重要矿物原料。磷灰石晶体可作激光发射材料。大晶体和完整晶体可作矿物标本及观赏石、收藏品。色艳、无裂者可作装饰品、戒面、吊坠等。如有管状物包裹体，密集平行排列，还可有猫眼效应以收藏。

产状：磷灰石可为内生、外生和变质矿床。在伟晶岩、热液矿脉及其晶洞中，可形成大晶体和自形晶体。

产地：不同产地磷灰石颜色和品种各不相同，如缅甸和斯里兰卡产微蓝、绿色、褐色的，加拿大产蓝绿色锰磷灰石，西班牙产黄绿色的，捷克、美国产紫色的，巴西产绿色的，墨西哥产优质黄色结晶体，巴西、印度产绿色的猫眼，坦桑尼亚东北部的安巴山谷产褐黄色、黄绿色和红褐色磷灰石猫眼。

图片展示如图3-3-22～图3-3-27。

十、水镁石（Brucite）

基本特征：化学成分为$Mg(OH)_2$。成分中常含有铁、锰、锌。三方晶系。晶体呈厚板状，通常呈叶片状、鳞片状和纤维状集合体。摩氏硬度为2.5。相对密度为2.35。玻璃光泽。（0001）解理完全。薄片具挠性。一轴晶正光性。折射率：No=1.566，Ne=1.585。双折率0.019。其颜色为白色、浅绿或浅褐色、黄色。其用途是提取镁的矿物原料，并可作保温材料。

产状：通常产于白云质或镁质接触变质岩石中。也呈细脉状产于蛇纹岩中，或为方镁石的蚀变产物并保留其假象。

图片展示如图3-3-28。

十一、星光和猫眼蔷薇石英（Star or Eye Rose Quartz）

蔷薇石英是一种淡红色、浅玫瑰红至深紫红色的石英（水晶），又名芙蓉石。其物理、化学特征、产状等皆同水晶、芙蓉石（请参看水晶和芙蓉石章节）。这里不再赘述。本节只重点阐述星光和猫眼蔷薇石英的特性。

蔷薇石英即水晶（石英）呈蔷薇红色者。因其内含有色素离子钛和锰所致。其星光或猫眼效应，是因其内部含显微针状、毛发状金红石包裹体，沿垂直于结晶*C*轴方向互作120°交角排列；或垂直于结晶*C*轴一个方向排列。前者构成星光，后者构成猫眼。在光的照射下，前者呈现六道星光，称星光蔷薇石英；后者呈现一道亮光，称猫眼蔷薇石英。主要用作宝石。如块体大者磨成球可作观赏石和收藏品。

产地：优质的星光和猫眼蔷薇石英产于巴西，中国新疆产星光蔷薇石英。

图片展示如图3-3-29、图3-3-30。

图3-3-1　辉钼矿（浅蓝色，浸染状、斑状分布，6.5cm×4.3cm）

图3-3-2　辰砂（红色辰砂与文石共生，5.5cm×3.5cm×1cm，产自广西）

图3-3-3　辰砂（自形晶，晶体呈菱面体，具晶面纵纹，并具穿插双晶，1.5cm×1.2cm）

图3-3-4　辰砂（粒状，共生矿物为方解石和少量辉锑矿，8cm×5cm×3.5cm，产自湖南）

图3-3-5　辰砂（呈菱面体和板状，共生矿物为水晶，4.5cm×2.9cm×2.6cm，产自广西）

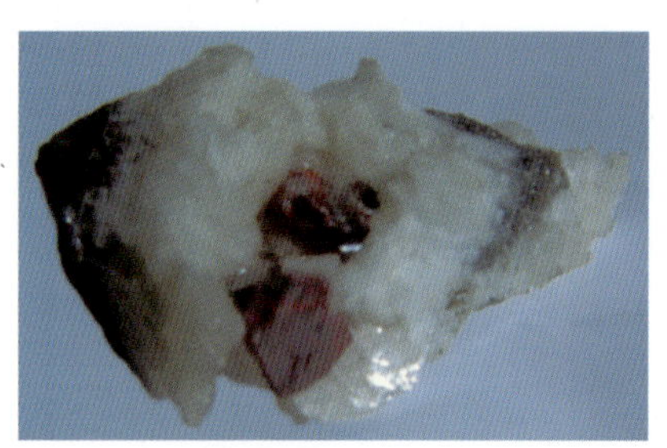

图3-3-6　辰砂（晶体呈菱面体及穿插双晶，共生矿物为方解石，4.1cm×2.2cm×2cm）

图3-3-7　辰砂（菱面体及穿插双晶，共生矿物为水晶、重晶石，6.5cm×5.5cm×4cm）

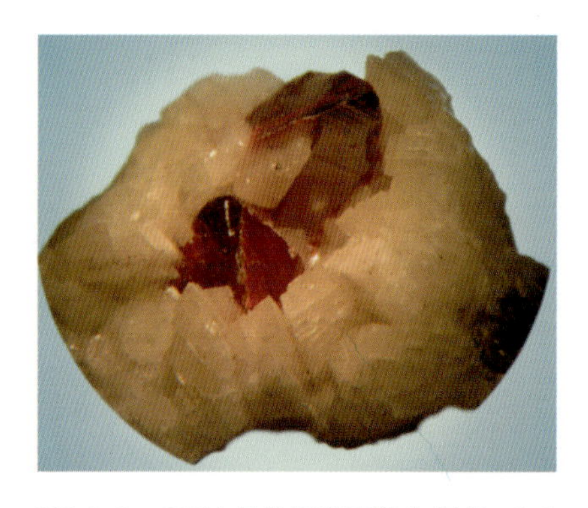

图3-3-8　辰砂（晶体呈菱面体和板状，共生矿物为重晶石）

图3-3-9　赤铁矿（致密块状，12cm×8cm×5cm，产自海南）

图3-3-10　镜铁矿（呈片状集合体，与水晶共生，产自广东韶关）

图3-3-11　镜铁矿（块状，9cm×7cm×3cm）

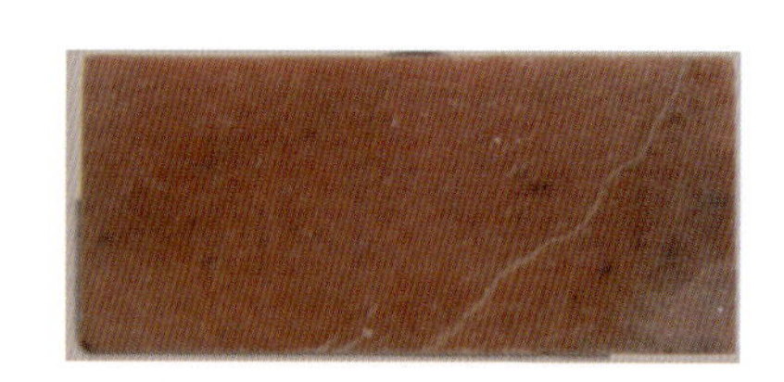

图3-3-12　菱锰矿（桃红色，细晶质，块状构造，7.5cm×3.5cm×1.8cm，产自广东）

图3-3-13 菱锰矿(细晶质，块状，艳粉红色，产自贵州)

图3-3-14 菱锌矿(细粒状集合体，块状构造，3cm×2.5cm×2cm，产自云南)

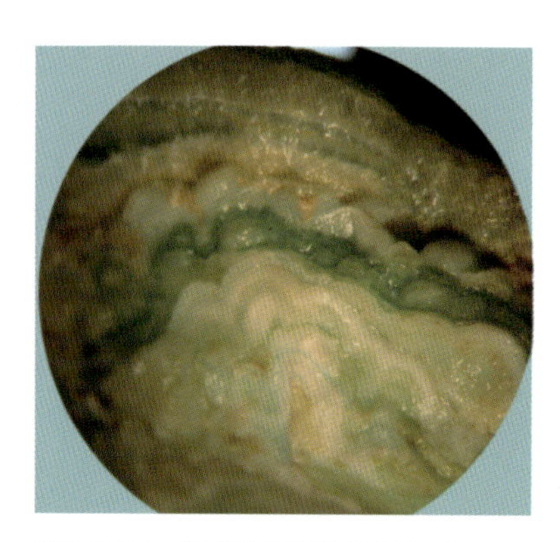

图3-3-15 菱锌矿(条带状构造，3cm×2.5cm×2cm，产自云南)

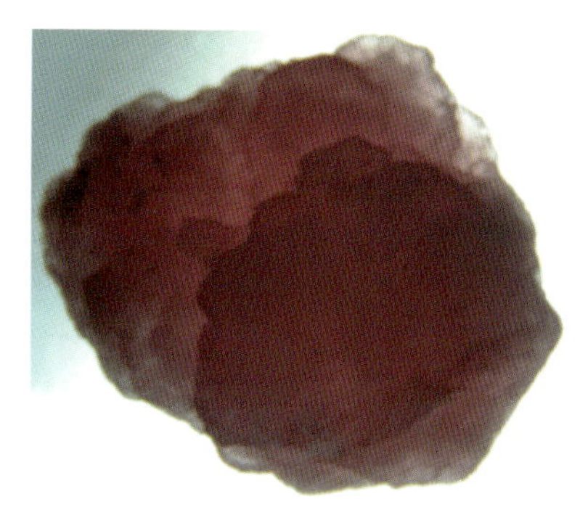

图3-3-16 菱锌矿(粉红色、桃红色，菱面体、复三方偏三角面体的集合体)

图3-3-17 方解石晶体(呈菱面体，与雄、雌黄共生，18cm×17cm×1.5cm，产自广西)

图3-3-18 方解石单晶体(菱面体，20cm×14cm×9cm)

图3-3-19 方解石晶簇(红色菱面体)

图3-3-20 锰方解石(桃红色)

图3-3-21 冰洲石晶体(呈菱面体，4cm×4cm×3.8cm，产自湖北)

图3-3-22 绿色磷灰石(表面褐色，呈六方柱状，1.5cm×1.1cm×1cm)

图3-3-23　磷灰石晶体（横断面，1.5cm×1.1cm×1cm）

图3-3-24　磷灰石晶体（板柱状，9mm×7mm×6mm）

图3-3-25　磷灰石（横断面，底面解理发育，深绿、浅绿色，10mm×7mm×5mm，9mm×7mm×6mm）

图3-3-26　磷灰石（半自形晶，浅绿色，8cm×6cm）

图3-3-27　磷灰石戒指（蓝绿色）

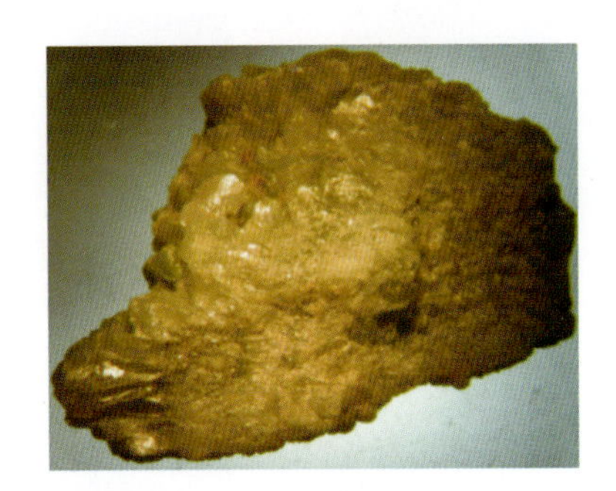

图3-3-28　水镁石（24mm×15mm，产自新疆）

图3-3-29　星光蔷薇石英原石（白色块状，6.8cm×4.6cm×2.8cm，产自新疆）

图3-3-30　星光蔷薇石英戒面（吊坠，六道星光，直径为16mm，产自新疆）

第四节 斜方晶系矿物

一、氯铜矿(Atacamite)

氯铜矿又名氯化铜矿。

化学成分:$CuCl_2 \cdot 3Cu(OH)_2$。

晶系及晶形:斜方晶系。柱状或板状晶体。常呈纤维状、粒状、肾状、砂状或致密块状。

物理特征:绿色、黑绿或翠绿色。条痕为苹果绿色。透明—半透明。玻璃光泽。贝壳状断口。解理完全。性脆。摩氏硬度为3～3.5。相对密度为3.75～3.77。

光学特征:折射率Ng=1.880,Nm=1.861,Np=1.831,色散强。

用途:大量聚集时可作炼铜原料,还可作矿物标本。

产状:常与孔雀石及其他次生铜矿物伴生,与方解石、葡萄石共生。

产地:智利、美国、玻利维亚、纳米比亚、扎伊尔、前苏联、中国(云南、四川等地)。

图片展示如图3-4-1。

二、辉锑矿(Stibnite)

化学成分:Sb_2S_3。含少量As、Bi、Pb、Fe、Cu,有时含Ag、Au等机械混入物。

晶系及晶形:斜方晶系。晶体呈针状、长柱状,晶面上具明显的纵条纹。晶体常弯曲。集合体呈放射状、架状或粒状。

物理特征:颜色和条痕色均为铅灰色或钢灰色。晶面常有暗蓝的锖色。金属光泽。不透明。解理平行(010),完全,解理面上常有横的聚片双晶纹。性脆。摩氏硬度为2～2.5。相对密度为4.5～4.6。

用途:是炼锑的重要矿物原料。锑主要用于制造耐磨合金,作轴承、活字铅、弹头。锑的化合物用于搪瓷、油漆、颜料、医药、火柴、炸药等工业。

产状:主要产于低温热液矿床中。常与辰砂、重晶石、方解石等共生。

产地:前苏联、日本、中国(湖南等地)。

图片展示如图3-4-2～图3-4-6。

三、白铁矿(Marcasite,White Iron Pyrite)

化学成分:FeS_2。常含As、Sb、Ti等混入物,与黄铁矿为同质多像变体。

晶系及晶形:斜方晶系。晶体呈板状、短柱状、矛头状,有时呈矛头状或鸡冠状复杂双晶,通常呈结核状、钟乳状、葡萄状、肾状、皮壳状或其集合体。也见具生物遗骸状的假晶。

物理特征：颜色为淡铜黄色，微带浅灰色或浅绿色调。条痕为暗灰绿色。金属光泽。解理平行(010)，不完全。性脆。摩氏硬度为5～6。相对密度为4.6～4.9。

用途：大量聚集时可作为制取硫酸的矿物原料。

产状：有热液型和沉积型。热液型多为低温阶段形成；沉积型主要产于含碳质砂页岩及煤层中。多呈结核状及不规则粒状。

产地：英国、乌拉尔、德国、中国（河北、四川等地）。在北非埃及沙漠中见有矛头状白铁矿，由于风化作用，其晶面多已磨蚀成光面，并氧化呈棕黑色。其形态多样。

图片展示如图3-4-7～图3-4-14。

四、异极矿(Calamine)

化学成分：$Zn_4[Si_2O_7](OH)_2 \cdot H_2O$。通常含有少量的Pb、Fe、Ca和其他混入物。

晶系及晶形：斜方晶系。晶体呈两端不对称的板状、柱状，通常呈纤维状、葡萄状、肾状、皮壳状、钟乳状集合体。少数呈致密块状和土状。

物理特征：颜色为无色或灰白色，有时因含杂质而呈黄、蓝、绿、褐色等。条痕为白色。玻璃光泽。透明至不透明。解理平行(110)，完全。断口参差状。性脆。摩氏硬度为4.5～5。相对密度为3.4～3.5。具热电性。与酸作用成胶状，不起泡。

光学特征：二轴晶正光性。折射率：Ng=1.636，Nm=1.617，Np=1.614。双折率0.022。强色散。

用途：大量聚集时可作为锌矿石利用。质量好的、透明的晶体可作装饰品和观赏石。

产状：主要产于铅锌硫化物矿床的氧化带中，是一种次生矿物。有时呈菱锌矿、方解石、萤石、方铅矿的假象。常与闪锌矿、菱锌矿、白铁矿等共生。也产于石灰岩中。

产地：主要产于墨西哥杜兰戈州马帕尼和奇瓦瓦州的圣欧拉利亚和美国。在前苏联、德国、英国也有产出。中国云南、浙江也有发现。

图片展示如图3-4-15、图3-4-16。

五、文石(Aragonite)

文石又名霰石，英文名称来自西班牙地名Aragon。与方解石为同质二象。

化学成分$CaCO_3$。有时含少许碳酸锶及铅、锌、锰、镁、铁等杂质。

晶系及晶形：斜方晶系。晶体呈板状、柱状、针状及纤维状、尖锥状，呈假六方柱状的三连晶或形成晶簇状、六角锥状、矛头状或复杂的聚片双晶。此外还有放射状、钟乳状、棒状、球状、肾状、豆状等形态。

物理特征：摩氏硬度为3.5～4。相对密度为2.9～3。玻璃光泽或油脂光泽。透明至微透明。贝壳状断口。性脆。解理多依底面、柱面及坡面，平行(010)不完全。其颜色为：白、黄、浅红、灰、淡蓝、淡绿及黑色。遇盐酸强烈起泡。

光学特征：二轴晶负光性，折射率：Ng=1.686，Nm=1.681，Np=1.530。

产状：为低温热液矿物。其晶体多产于火山岩或火成岩之岩穴、裂隙或气孔中。亦产于沉积岩或某些贝壳中。

产地：智利、希腊、意大利、墨西哥、西班牙、美国、中国（浙江、河北、广西、云南、四川、湖北等地）。

图片展示如图3-4-17～图3-4-19。

六、重晶石(Barite)

重晶石英文名称来自希腊语。

基本特征：化学成分$BaSO_4$。常含少量锶、钙、铅、黏土等。斜方晶系。晶体呈平行厚板状、板状、粒状和块状、晶簇状。解理平行底面(001)完全，平行菱方柱(210)中等。摩氏硬度为3～3.5。相对密度为4.3～4.5。玻璃光泽，解理面珍珠光泽。光学特征：二轴晶正光性。折射率：Ng=1.648，Nm=1.637，Np=1.636。双折率0.012。色散0.016。颜色为无色、灰、红、黄褐、蓝、绿及黑色。可见色带。晶体大且完整者可作观赏石。细粒集合体呈块状者作玉雕料。重晶石主要用于钻井工业、化工、油漆、玻璃、核防护、建筑业、造纸、陶瓷和提取钡。

产状：为低温热液矿床。产于沉积岩中，产于火成岩晶洞者多为晶体。

产地：美国、加拿大、哥伦比亚、英国、法国、中国等。

图片展示如图3-4-20～图3-4-24。

七、葡萄石(Prehnite)

葡萄石，英文名称源于本矿物发现者——Prehn。

基本特征：化学成分为$Ca_2Al[AlSi_3O_{10}](OH)_2$。斜方晶系。晶体呈柱状、厚板状、纤维放射状、肾状、钟乳状、葡萄状等，细粒者呈致密块状。摩氏硬度为6～6.5。相对密度为2.87～2.93。透明—半透明。玻璃光泽。中等解理。二轴晶正光性。折射率：Ng=1.632～1.669，Nm=1.617～1.641，Np=1.611～1.630。双折率0.021～0.039。颜色：无色、白色、灰色、绿色、黄绿色、浅绿色—深绿色。透明—不透明。只要色好、无裂、晶体大者，都可作宝石。致密块状、质地细腻者可作玉雕料。

产状：为热液蚀变矿物。产于富钙贫硅的基性火山玄武岩或超基性岩中。晶体多产于晶洞或裂隙中，共生矿物有方解石。

产地：美国、加拿大、澳大利亚、苏格兰、法国、前苏联、南非、中国(云南、新疆)等。

图片展示如图3-4-25。

八、顽火辉石(Enstatite)

又称顽辉石。化学成分为$Mg_2(Si_2O_6)$，与$Fe_2(Si_2O_6)$组成类质同像系列。此外，常含有少量CaO、MnO、NiO、Al_2O_3和Fe_2O_3等杂质。斜方晶系。晶体呈短柱状、粒状，少数呈板状。摩氏硬度为3.1～3.3。相对密度为5～6。玻璃光泽。解理平行柱面(110)，完全，$(10\bar{1}0)$中等，平行(010)不完全。纵切面可见一组解理。二轴晶正光性。折射率：Ng=1.665～1.677，Nm=1.659～1.672，Np=1.657～1.667。双折率0.008～0.010。颜色为灰、白、绿、黄、褐色等。铁含量高时，色深、相对密度大。

在顽火辉石中发现有星光顽火辉石，为四条放射光带图片展示如图3-4-26～图3-4-28。

产状：产于基性、超基性岩中，也产于河流冲积砾石层中。

产地：缅甸、印度、美国、斯里兰卡、南非等。

九、坦桑石（黝帘石）（Zoisite）

黝帘石，又名坦桑石，英文名称源自产地Tanzania（坦桑尼亚）。这是以国家名称命名的宝石的特例，1967年被发现。

黝帘石属绿帘石族。化学式为$Ca_2Al_3[SiO_4][Si_2O_7]O(OH)$。斜方晶系。晶体呈柱状，沿*C*轴伸长。柱面上具纵纹，常呈粒状集合体。摩氏硬度为6～6.5。相对密度为3.25～3.36。玻璃光泽，解理面呈珍珠光泽。解理平行（100），完全，（001）不完全，（010）裂理。贝壳状断口。透明—不透明。二轴晶正光性。折射率：Ng=1.700，Nm=1.693，Np=1.692。双折率0.008。颜色：深蓝、淡蓝、紫罗兰、黄、灰、褐黄、绿、青莲、石竹色等。其蓝色可与蓝宝石媲美（但摩氏硬度和价值远不如蓝宝石）。

黝帘石有3个变种：普通黝帘石（透明、蓝色）；锰黝帘石（透明—半透明，浅红、浅紫红色）和钠黝帘石（呈白色、微灰绿色、黄绿色）。

用途：可作饰品和玉雕料。

产状：为岩浆期后热液矿床。往往是基性斜长石遭受蚀变的产物。

产地：达到宝石级的主要产于坦桑尼亚。其次有前苏联、英国、美国、墨西哥、奥地利、意大利、瑞士、苏格兰等。

图片展示如图3-4-29～图3-4-31。

十、红柱石（Andalusite）

红柱石，英文名称源自矿物首发地——西班牙的安达卢西亚（Andalusia）名城。

基本特征：化学式为Al_2SiO_5。常含少量锰和铁及少量Ca、Mg和微量的K、Na。斜方晶系。晶体呈柱状，横切面近正方形。摩氏硬度为6.5～7.5。相对密度为3.1～3.2。玻璃光泽。透明-不透明。解理平行（110），中等。断口参差状。二轴晶负光性。折射率：Ng=1.638～1.650，Nm=1.633～1.644，Np=1.629～1.640。双折率0.008～0.013。色散0.016。颜色为灰白、灰、黄褐、玫瑰红、红及绿、紫色等。

品种：除上述红柱石外，含锰者为锰红柱石；另一种是有特殊内部构造的空晶石晶体。在晶体内部有炭质、黏土质包裹体，按固定的结晶方向排列，在横断面呈规则的十字形。红柱石集合体呈放射状，形似菊花，俗称菊花石（京西菊花石）。在河南西峡县桑平乡产的红柱石单晶，晶体粗大，自形晶。透明—半透明。颜色浅红色、肉红色、玫瑰色、褐色、灰白色。多有十字构造。沿*C*轴两端有假双锥附着体。晶体表面常有碳、铁、泥质、绢云母等杂质形成薄壳，使之变暗、变黑。红柱石内常见包裹体（铁铝榴石、十字石、黑云母、绿泥石等），并见气、液包裹体。

用途：红柱石经高温可变为富铝红柱石，是一种很好的粘合剂，具抗塑性，形变能力强，绝热力强，抗破损力强，可用于焙烧砖、钢铁工业、水泥、玻璃、石油化学、有色金属工业等。由于其特殊的十字构造，基督徒信仰者作为护身符佩戴。还可作宝石、观赏石、收藏品。

产状：为接触变质矿物。产于黏土质板岩、碳质板岩、片麻岩、片岩中，与石榴石、蓝晶石伴生。在砂岩、沙砾岩中也有产出。

产地：西班牙、巴西、斯里兰卡、美国、前苏联、缅甸和中国（河南等地）。

图片展示如图3-4-32。

十一、舒俱徕石(Sugilite)

舒俱徕石又名芦芙徕石，其英文名称来自人名。1944年由日本一位石油勘探家Mr. Kenichi Sugi所发现，直至1981年美国人介绍土桑(Tucson)展览中，才闻名于世。

基本特征：化学式为(K'Na)(Na",Fe)$_2$(Li,Fe)Si$_{12}$O$_{30}$。斜方晶系。摩氏硬度为6～6.5。相对密度为3.12。是一种稀有珍贵的宝石。有丰富饱满鲜艳的紫色，被宝石收藏家誉为皇家紫(Royal Purple)，还有鲜艳的玫瑰紫色、玫瑰红色、灰蓝色、灰色等。颜色和透明度不同，其等级差别甚大，其价格也悬殊很大。

产地：南非、日本、美国。

图片展示如图3-4-33～图3-4-37。

图3-4-1 氯铜矿（绿色氯铜矿与方解石、葡萄石共生，产自美国）

图3-4-2 辉锑矿（架状构造，5.5cm×4.8cm×2.8cm，产自湖南）

图3-4-3 辉锑矿（束状、架状构造，产自湖南

图3-4-4 辉锑矿（单晶，8cm×2cm×1.8cm，产自湖南）

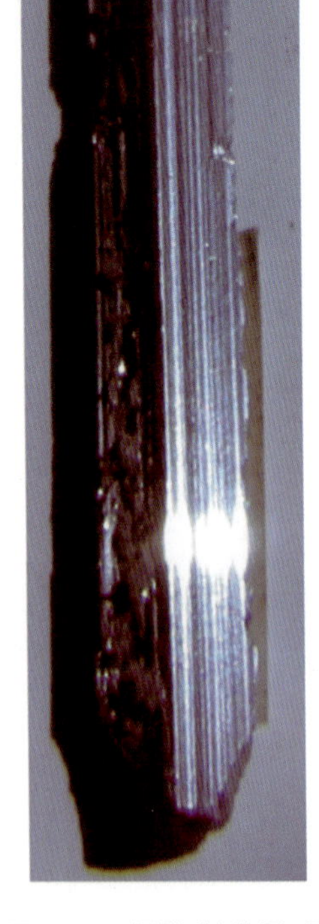

图3-4-5 辉锑矿（单晶，呈柱状，11.5cm×1cm，产自湖南）

图3-4-6 辉锑矿（柱状，柱面上有密集的横纹，并呈弯曲放射状集合体，7cm×6cm×2.5cm，产自广东）

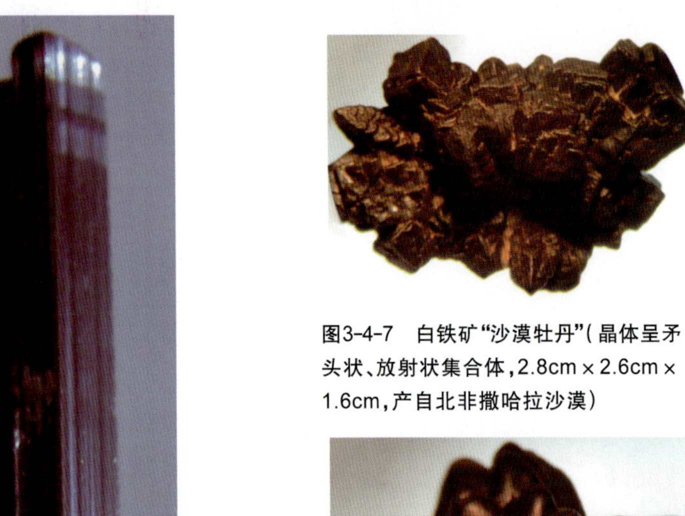

图3-4-7 白铁矿"沙漠牡丹"（晶体呈矛头状、放射状集合体，2.8cm×2.6cm×1.6cm，产自北非撒哈拉沙漠）

图3-4-8 白铁矿"沙漠牡丹"（晶体呈矛头状、放射状集合体，2.3cm×2.2cm×2.1cm，产自埃及撒哈拉沙漠）

图3-4-9 白铁矿（球状、结核状，具鸡冠状花纹，2.4cm×2.2cm×2cm，产自埃及）

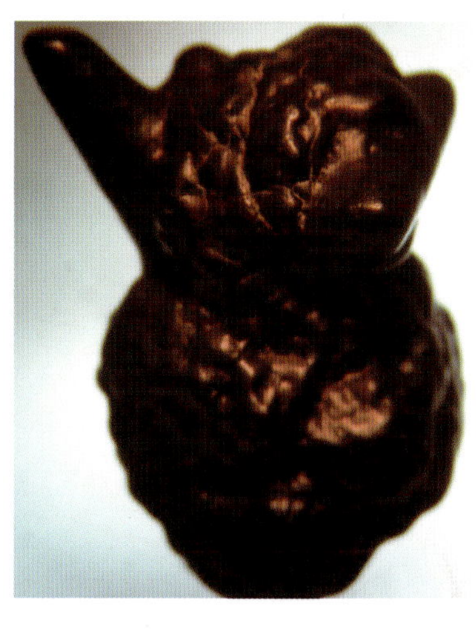

图3-4-10　白铁矿(矛头状、鸡冠状、结核状的聚晶，构成图案“金丝猴”，2.5cm×1.8cm×1.6cm，产自埃及)

图3-4-11　白铁矿(矛头状，构成图案“戴高帽的脸谱”，2.5cm×2.3cm×2.3cm，产自北非)

图3-4-12　白铁矿(矛头状、放射状集合体，4.6cm×4.3cm×2.8cm，产自北非)

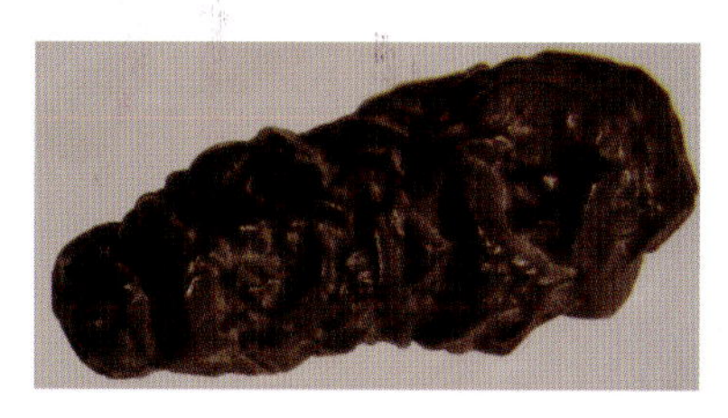

图3-4-13　白铁矿(矛头状单晶，5.8cm×2.8cm×1.6cm，产自北非)

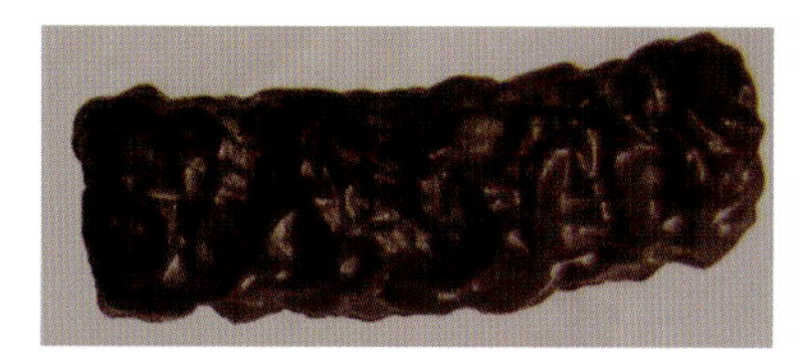

图3-4-14　白铁矿(柱状、棒状，4.5cm×1.6cm，产自北非)

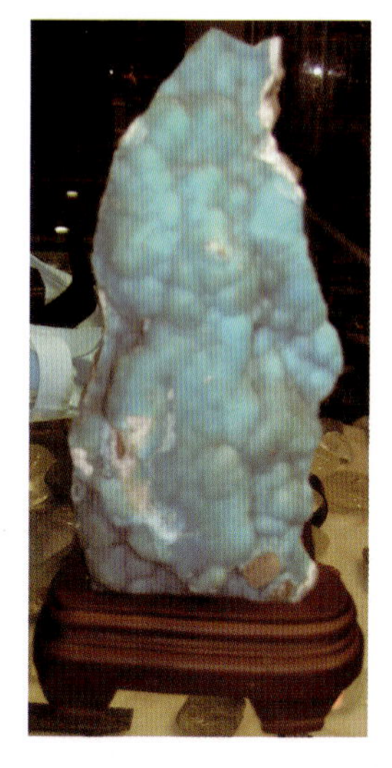

图3-4-15　异极矿(蓝色，葡萄状集合体，22cm×11cm×8cm，产自云南)

图3-4-16　异极矿(切面)(垂直纤维体，呈条带状、皮壳状，3cm×2cm×2cm，产自云南)

图3-4-17　文石晶簇(晶簇由板状、球状集合体组成)

图3-4-18　白色文石晶簇

图3-4-19　文石晶簇(黄色、淡粉色)

图3-4-20　重晶石(白色，细粒集合体，致密块状，6cm×2.5cm×1.8cm)

图3-4-21 重晶石（板状、柱状集合体，块状构造，黄、黄褐色，产自江西）

图3-4-22 重晶石（自形板状晶体，褐色，内含辰砂，产自江西）

图3-4-23 重晶石（板状晶体，辰砂呈浸染状分布，3.5cm×1.2cm×0.9cm，产自江西）

图3-4-24 重晶石（辰砂呈浸染状分布，产自江西）

图3-4-25 葡萄石（柱状、厚板状集合体呈致密块状，24mm×20mm×15mm，产自新疆）

图3-4-26 星光顽火辉石吊坠（戒面，绿黑色，四道星光，直径为7.5mm，产自印度）

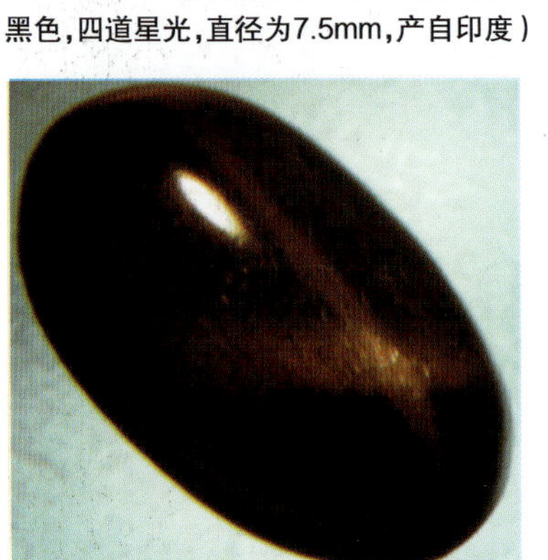

图3-4-27 星光顽火辉石戒面（吊坠，6mm×10mm，产自印度）

图3-4-28 星光顽火辉石（11mm×22mm，产自印度）

图3-4-29 坦桑石(黝帘石)戒面(吊坠，蛋形，蓝色，5mm×7mm，产自坦桑尼亚)

图3-4-30 坦桑石(黝帘石)戒面(吊坠，蛋形，紫色，5mm×7mm，产自坦桑尼亚)

图3-4-31 坦桑石(黝帘石)戒面(吊坠，梨形，黄色，4mm×6mm，产自坦桑尼亚)

图3-4-32 红柱石(柱状晶体,横切面近正方形,40mm×23mm×21mm、32mm×28mm×30mm,产自河南)

图3-4-33 舒俱徕石(红紫色、粉紫色,20cm×18cm×10cm,产自南非)

图3-4-34 舒俱徕石手镯(粉紫色,产自南非)

图3-4-35 舒俱徕石手镯(杂色,产自南非)

图3-4-36 舒俱徕石手镯(灰紫色,产自南非)

图3-4-37 舒俱徕石项链(玫瑰红、粉紫色,产自南非)

第五节　三斜晶系矿物

一、胆矾(硫酸铜矿)(Chalcanthite，Copper Vitriol)

化学成分：$Cu[SO_4]\cdot 5H_2O$。间含少许铁、锌，有时并含钒、钴、镁、锰等。

晶系及晶形：三斜晶系。晶形呈厚板状，通常为钟乳状、肾状、葡萄状、纤维状、皮壳状及泉华状、粉末状等。

物理特征：其颜色为深蓝色、天蓝色、淡蓝色等。条痕为白色或淡蓝色。玻璃光泽。透明至微透明。贝壳状断口。解理平行(110)，不完全。性脆。摩氏硬度为2.5。相对密度为2.1～2.3。

光学特征：二轴晶负光性。折射率Ng=1.546，Nm=1.539，Np=1.516。

用途：用作杀虫剂及化工原料(造纸、印刷、染色术等)。晶体完美者，可用来观赏。

产状：产于铜矿床氧化带内。

产地：瑞典、法国、美国、中国(云南、新疆等地)。

图片展示如图3-5-1。

二、红硅钙锰矿(Inesite)

基本特征：化学成分为$2(Mn,Ca)SiO_3\cdot H_2O$。三斜晶系。晶体呈柱状、纤维状、放射状或球状之块体。摩氏硬度为6。相对密度为3.03。玻璃光泽。性脆。断口呈参差状。依柱面解理。淡红至肉红或无色。常与锰矿共生。可提炼锰。产于德国、中国(湖北大冶)。

图片展示如图3-5-2。

三、磷酸锌矿(Parahopeite)

化学成分：$Zn_3(PO_4)_2\cdot 4H_2O$。三斜晶系。板状晶体。晶面具较深的条纹。摩氏硬度为3.7。相对密度为3.3。玻璃光泽，丝绢光泽。解理完全。透明。无色、白色、铁染成褐色。可炼锌。

产状：多与其他磷酸盐类矿物伴生。

产地：罗特西亚的碎山(Broken Hill)，中国。

图片展示如图3-5-3。

四、长石类矿物(Feldspar Group)

(一)概述

长石，其英文名称Feldspar由德国Felspath演化而来。长石是最重要也是分布最广的一种造岩矿物，约构成地球的50%。广泛分布于岩浆岩、变质岩和沉积岩中。不同的岩石有不同成分的长石，因此，长石是岩石分类的可靠依据。长石是钾、钠、钙、钡的铝硅酸盐矿物，其种类很多，如钾长石、钠长石、钙长石、钡长石等。各种长石分子彼此混溶有一定的规律，以任意比例混溶，形成连续的类质同像系列，并可产生包括月光石、日光石和虹彩拉长石等许多宝石矿物。长石的化学通式为$MAl(Al,Si)Si_2O_8$，其中M=K、Na、Ca、Ba，间或有Li、Rb、Cs等元素混入物。这里不一一叙述。本书只对有关长石类宝石加以简述。

(二)品种

1.日光石

日光石又称太阳石。日光石是斜长石(更长石)晶体内均匀颁布的鳞片状镜铁矿、针铁矿和鳞片状云母的包裹体，在光的照射下，现出闪闪的金星，像日光一样耀眼夺目，故名日光石。其摩氏硬度为6.5。玻璃光泽。产于碱性岩及相应的伟晶岩中，也产于片麻岩和麻粒岩中。著名产地：前苏联、印度、美国、日本、坦桑尼亚、巴西、挪威、加拿大、马达加斯加等。

2.月光石

月光石又名月长石。其颜色为白色、乳白色、浅蓝乳光，柔润并带游彩、变彩闪光，明如秋月，故名月光石，属正长石变种，同时也包含钠长石或其他三斜长石的变种；Kraus E H (1947)认为月光石属正长石，发乳白光、白光，也有钠长石和奥长石的变种，摩氏硬度为6～6.5，相对密度为2.5～2.8；Spencer E E (1930)认为属条纹长石的月光石，呈浅蓝色(带青色)色彩，由一种钠长石分子在另一种长石晶格中构成显微包裹体，并具定向排列，引起光的折射，产生猫眼闪光；Webster R、Anderson B W (1983)认为月光石属钠长石原生变种，称钠长石月光石，呈天蓝闪光，晕彩或变彩，相对密度为2.61；Read H H(1984)提出钾长石月光石为乳白至珍珠光泽，钠长石月光石具变彩，而拉长石更富有鲜明的变彩，常见蓝或绿色。石家庄经济学院陆慕孙先生对河北省宣化月长石进行了红外光谱研究，定月光石为斜长石系列的低温钠长石。笔者对十多个样品进行了观察：月光石呈无色透明—半透明，在光的照射下呈现蓝光、黄光和白光的游彩，游彩随光的方向而改变。在宝石显微镜下观察发现：月光石无色透明如冰，无解理，其内多含管状物、纤状物，呈显微针状、毛发状，多呈无规则的排列(游彩)，也有呈定向排列者(具猫眼效应)。并见有浅黄绿色、祖母绿色针柱状包裹体和气、液包裹体。个别见有条纹状结构，未见格子状双晶的微斜长石。根据以上特征，笔者认为月长石应属正长石类的冰长石和透长石，少数为条纹长石。月长石之所以有蓝色、黄色和白色等的变彩，是由于晶体内排列(定向或不定向)的显微包裹体，沿不同方向观察，呈现缓慢变换不同的颜色所致。综上所述，月光石有正长石月光石、冰长石月光石、钠长石月光石、拉长石月光石，也有钾钠长石与斜长石混合型的月光石。

产状：为热液脉型和接触变质型矿物。

产地：印度、缅甸、斯里兰卡、马达加斯加、坦桑尼亚、前苏联、巴西、朝鲜、美国、墨西哥、澳大利亚、瑞士、中国(内蒙古、湖北、云南、河北、安徽、四川等地)。

3.拉长石

拉长石宝石宏观呈灰白色，有红色条带的透明体，在白色、灰绿色基底上有艳红色斑、条纹。微观特征：钠长石双晶发育，并沿其双晶纹密集排列着管状物、针状金红石和片状赤铁矿，钛铁矿以及气、液包裹体，构成斑斓的拉长石宝石。拉长石产于基性火成岩、碱性岩浆岩和变质岩中，陨石中也有产出。产于前苏联、乌克兰、美国、加拿大、中国(内蒙古)等。

4.天河石

天河石为灰绿色、绿色、碧绿色、亮铜绿色的微斜长石。化学成分为$KAlSi_3O_8$，含Rb_2O和Cs_2O，是微斜长石中富含铷、铯的亚种。玻璃光泽。摩氏硬度为6。一般不透明。多作工艺石雕。质地好、色艳者也可作戒面等。

产状：多产于伟晶岩中，也产于花岗岩和正长岩中。

产地：前苏联、美国、挪威、南美洲、日本、中国（新疆、辽宁）等。

5.微斜长石

基本特征：化学式为$KAlSi_3O_4$。成分中有时含Fe、Ba、Rb、Cs、Li等混入物。并常含一定量的钠长石分子和少量的Ca。三斜晶系。晶体多呈粒状、自形斑晶状或变晶。常与钠长石构成微斜条纹长石，具格子双晶，多为肉红色。摩氏硬度为6。相对密度为2.55～2.63。光学特征：二轴晶负光性。折射率：Ng=1.523～1.530，Nm=1.522～1.528，Np=1.516～1.523。双折率为0.007。

产状：产于各种花岗质岩石及含碱性长石的深成岩中，也产于各种伟晶岩、细晶岩或结晶片岩、片麻岩中。

图片展示如图3-5-4～图3-5-16。

五、硅灰石（Wollastonite）

硅灰石，英文名称源于英国矿物学家沃拉斯顿的名字。硅灰石被用作工业矿物原料只有20多年的历史，中国从1985年才正式将其列入非金属工业矿物。

基本特征：化学式为$CaSiO_3$。三斜晶系。晶形为纤维状、针状、柱状、板状、块状，纤维状集合体有时呈放射状。丝绢光泽。性脆。摩氏硬度为4.5～5。相对密度为2.8～3.09。一组解理完全。二轴晶负光性。折射率：Ng=1.631～1.653，Nm=1.628～1.650，Np=1.616～1.640。双折率0.015。在紫外线长、短波照射下，出现蓝绿色荧光和黄色磷光。当纤维体密集平行排列时，磨成弧面会产生猫眼效应。颜色有白、灰、粉红和浅绿色。

用途：硅灰石具有很强的助熔作用，因此它成为一种新型矿物原料，主要用于陶瓷工业和油漆涂料工业等。少量作宝石用。

产状：为高温接触变质矿床和区域变质矿床（产在富钙质的结晶片岩和片麻岩中）。

产地：美国、加拿大、墨西哥、挪威、意大利、芬兰、罗马尼亚、中国（湖北、云南产绿色硅灰石，新疆产黄色硅灰石，还有河北、辽宁、吉林、江西、福建等地）。

图片展示如图3-5-17。

六、蓝晶石（Kyanite）

蓝晶石，英文名称源于希腊文Kyanos，意指“蓝色”。其最大的特点是在同一晶体上有两个摩氏硬度，故又名“二硬石”。

基本特征：化学式为Al_2SiO_5。常含铁、铬。三斜晶系。晶体呈扁平柱状、板状。摩氏硬度为二向性：在（100），晶面上平行晶体延长方向的摩氏硬度为4.5，而垂直晶体延长方向的摩氏硬度则为6.5～7。相对密度为3.53～3.68。玻璃光泽，解理面呈珍珠光泽。解理平行（100），完全，（010）面中等。二轴晶负光性。折射率：Ng=1.727～1.734，Nm=1.721～1.723，Np=1.712～1.718。双折率0.017。色散0.020。颜色白、灰白、黄、粉红、绿、蓝、褐、无色等。

用途：一般用于耐火材料，与红柱石用途大致相同。色艳者可作宝石，晶体大者可作矿物标本。

产状：为区域变质矿物，产于片岩和片麻岩中。

产地：印度、瑞士、缅甸、前苏联、巴西、肯尼亚、巴基斯坦、美国、中国（江苏，新疆）。

图片展示如图3-5-18。

图3-5-1 胆矾（8cm×6cm×3cm）

图3-5-2 红硅钙锰矿（红色，呈纤维状、放射状，共生矿物为黄铁矿、水晶、萤石、文石，产自湖北）

图3-5-3 磷酸锌矿（板状、纤维放射状，晶面具较深的条纹，3.8cm×2.2cm×1.3cm，3.4cm×2.3cm×1.1cm，产自广东）

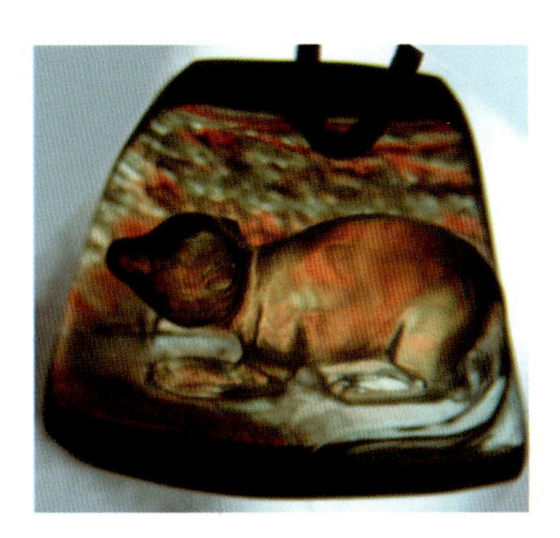

图3-5-4 拉长石（片状赤铁矿和金红石沿钠长石双晶纹分布，构成斑斓的图案，雕成的小老鼠栩栩如生，21mm×19mm×10mm）

图3-5-5 拉长石（白色透明，钠长石双晶发育，27mm×19mm×11mm，产自内蒙古）

图3-5-6 拉长石（19mm×15mm×14mm，产自内蒙古）

图3-5-7 太阳石（日光石）戒面（吊坠）（内有鳞片状镜铁矿、针铁矿和鳞片状云母包裹体，在光的照射下，闪烁出耀眼的金光，6mm×8mm，产自俄罗斯）

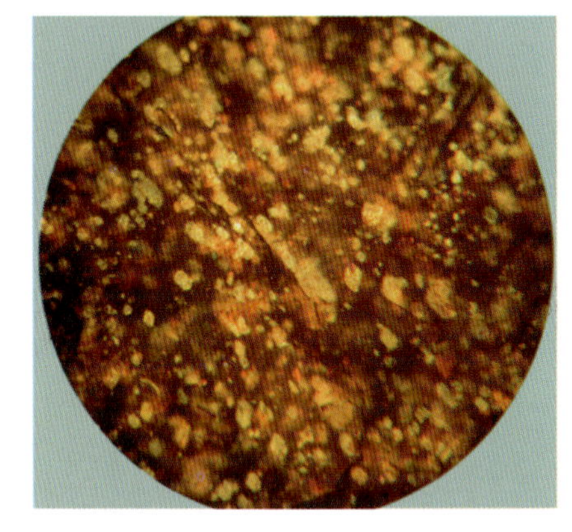

图3-5-8 太阳石（日光石）的内部结构（含鳞片状矿物包裹体，6mm×8mm）

图3-5-9 月光石（月长石）（游彩为蓝色，产自缅甸）

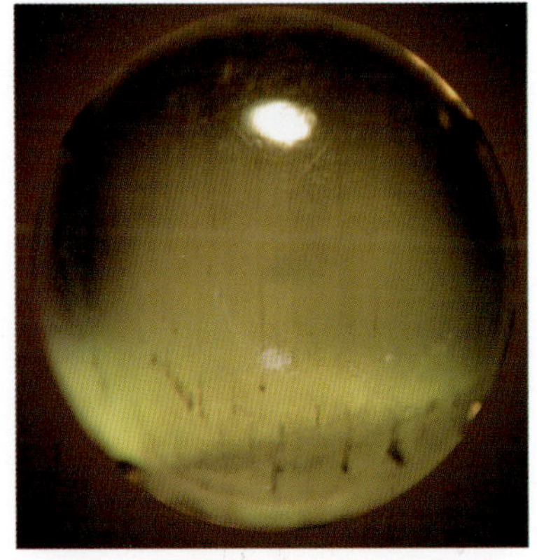
图3-5-10 月光石(月长石)(含管状物包裹体,直径为9mm,产自缅甸)

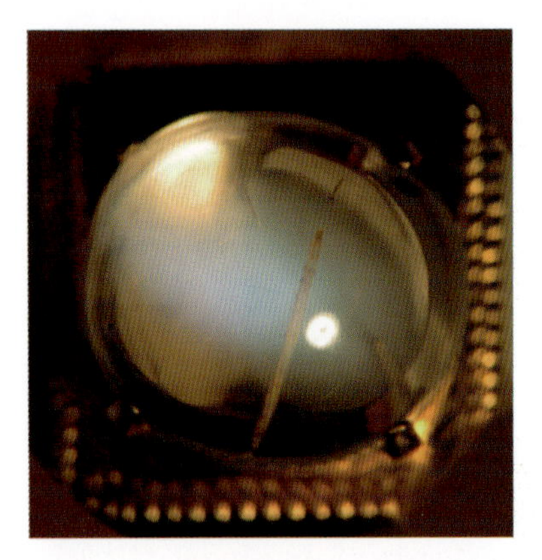
图3-5-11 月光石(月长石)(游彩为白、海蓝色,见针柱状矿物包裹体,9mm×10mm,产自缅甸)

图3-5-12 月光石(月长石)吊坠(游彩为黄、白、蓝色,有管状物包裹体,8mm×9mm,产自缅甸)

图3-5-13 月光石(月长石)戒指(游彩为蓝色,含针柱状矿物包裹体,9mm×10mm,产自缅甸)

图3-5-14 天河石(灰绿色,板柱状晶体,8cm×6cm×5.5cm,产自新疆)

图3-5-15 天河石(灰绿色,板柱状晶体,9.5cm×6cm×5cm,产自新疆)

图3-5-16 微斜长石(肉红色,自形晶体,4.4cm×3.6cm×2cm,产自中国)

图3-5-17 硅灰石(纤维放射状,18mm×18mm×18mm,产自中国)

图3-5-18 蓝晶石(二硬石)(扁平柱状、板状晶体,集合体呈块状,48mm×48mm×16mm,产自中国)

第六节 单斜晶系矿物

一、蓝铜矿(又称石青)(Azurite)

化学成分：$Cu_3[CO_3]_2(OH)_2$。一般不含杂质。

晶系及晶形：单斜晶系。晶形呈短柱状或厚板状。集合体常由许多细小晶体聚集成晶簇，或呈粒状、放射状，有时呈土状、皮壳状及薄膜状等。

物理特征：其颜色为深蓝色、蓝色，土状或皮壳状者为浅蓝色。条痕为浅蓝色至深蓝色。玻璃光泽。贝壳状断口。解理平行(011)，完全。性脆。摩氏硬度为3.5～4。相对密度为3.77～3.9。遇盐酸起泡。

用途：纯者可制蓝色颜料。大量聚集时可作铜矿石利用。

产状：产于原生含铜硫化物矿床的氧化带内，是原生含铜矿物氧化后所形成的次生矿物。蓝铜矿风化后可形成孔雀石并与其共生，孔雀石可呈蓝铜矿晶体的假象，二者的出现可作为寻找原生铜矿床的标志。

产地：美国、澳大利亚、前苏联、法国、非洲、纳米比亚、中国(广东省)等。

图片展示如图图3-6-1。

二、毒砂(Arsenopyrite)

毒砂又名砷黄铁矿、硫砷铁矿。

化学成分：FeAsS。常含Co、Ni类质同像混入物。含Au、Ag、Sb等机械混入物。当含Co高时可称钴毒砂。

晶系及晶形：单斜晶系。晶体呈柱状、短柱状、棒状、针状，晶面有纵纹。有时可见十字形穿插双晶及星芒状三连晶，集合体呈粒状、致密块状，板状、厚板状晶体也常见。

物理特征：其颜色为锡白色，表面常有浅黄色锖色。条痕为灰黑色。金属光泽。解理平行(110)，清楚。性脆。摩氏硬度为5.5～6。相对密度为5.9～6.2。敲击时发出蒜臭味。

用途：是制取各种砷化物的主要矿物原料。砷可制杀虫剂，还用于颜料业、制革业等。钴毒砂是提取钴的矿物原料。还可作多金属综合利用。

产状：主要产于高、中温热液矿床中，也见于接触交代矿床中。

产地：前苏联、瑞典、中国(湖南、云南等地)。

图片展示如图3-6-2～图3-6-7。

三、雄黄(Realgar)

雄黄又称鸡冠石。

化学成分：AsS。成分较纯。

晶系及晶形：单斜晶系。晶形呈短柱状或板状。晶面常弯曲，晶面具纵纹。通常呈叶片状、杆状或放射状集合体或呈晶簇状，有时呈土状、粉末状或皮壳状集合体。

物理特征：其颜色为橘红色、橙黄、深红或暗红。条痕为淡橘红色。晶面具金刚光泽，断口具松脂光泽。半透明。解理平行(010)完全。摩氏硬度为1.5～2。相对密度为3.4～3.6。

用途：是提取砷的主要矿物原料。砷可制杀虫剂、木材防腐剂、合金、半导体材料。砷的化合物可作颜料、珐琅、焰火、医药等。

产状：为低温热液型，与雌黄共生。

产地：格鲁吉亚、中国（贵州、湖南、云南、甘肃等地）。

图片展示如图3-6-8～图3-6-11。

四、雌黄(Orpiment)

化学成分：As_2S_3。常含FeS_2（白铁矿）、Sb_2S_3、SO_2及泥质等机械混入物。

晶系及晶形：单斜晶系。晶形呈短柱状或板状。晶面常弯曲。通常呈叶片状、纤维状或放射状集合体。

物理特征：柠檬黄色，有时微带浅褐色。条痕为鲜黄色。金刚光泽至油脂光泽，解理面上呈珍珠光泽。半透明。解理平行(010)完全。薄片具挠性。摩氏硬度为1～2。相对密度为3.4～3.5。灼烧时发出蒜臭味。

用途：同雄黄。

产状：同雄黄。属低温热液型，二者同为低温热液标型矿物。雄黄受光作用分解变为雌黄。二者常共生。

图片展示如图3-6-12。

五、黑钨矿(Wolframite)

黑钨矿又称钨锰铁矿。

化学成分：(Fe，Mn)[WO_4]。黑钨矿是钨铁矿Fe[WO_4]和钨锰矿Mn[WO_4]完全类质同像系列的中间成员。在黑钨矿中常含铌、钽和锡。

晶系及晶形：单斜晶系。晶体呈平行（100）的厚板状或短柱状。柱面上常有纵纹。常依（100），及(023)形成接触双晶。常呈板状或粒状集合体。

物理特征：含锰较高的呈褐黑色，含铁较高的为黑色。随含铁量的增加而变深。条痕为黄褐至暗褐。半金属光泽，解理面呈金属光泽。解理平行(010)完全。摩氏硬度为4.5～5.5。相对密度为7.1～7.5。富含铁者具弱磁性。

用途：是炼钨的主要矿物原料。同时也是提取铌和钽的来源之一。纯钨可制电灯泡之钨丝。因耐高温可制高速钢、高速切削工具及军用上之重要材料。可熔制钴铬钨合金及其他金属合金和各种钻头。

产状：主要产于花岗岩分布地区的高温热液矿床中。砂矿中也多见之。

产地：中国是产钨大国。主要分布于南岭山地两侧及粤东沿海一带。在湖南、广西、云南等地也有产出。在缅甸、泰国、朝鲜、美国、葡萄牙、意大利等国也有产出。

图片展示如图13～图17。

六、石膏(Gypsum)

石膏，英文名来自希腊语“Chalk”，为古希腊矿物名。

基本特征：化学成分为$CaSO_4 \cdot 2H_2O$。其中Ca可被少量Sr代替，有时含有黏土或有机质机械混入物。通常纯净。单斜晶系。晶体呈平行(010)的板状或柱状，也呈粒状或纤维状。连生燕尾双晶以(100)结合面的加里双晶常见，以(101)结合面的巴黎双晶不常见。解理平行(010)完全，平行(100)和(011)中等。摩氏硬度为2。相对密度为2.3。玻璃光泽，解理面珍珠光泽。二轴晶正光性。折射率：Ng=1.529～1.530，Nm=1.522～1.523，Np=1.520～1.521。双折率0.009～0.010。色散0.033。颜色为无色、白色、黄色、灰色、铜黄色、棕色、红色、蓝色、浅绿色、粉红色、褐色、黑色等。

品种：

(1)透石膏即无色透明石膏。

(2)纤维状石膏(可出现猫眼效应)。

(3)玫瑰石膏，形似玫瑰，出现于沙漠中，也称沙漠玫瑰(具文石假象和燕尾双晶集合体的石膏)。

(4)普通石膏。

(5)土状石膏。

用途：其用途广泛。用于建筑业、制造模型、医学、造纸、颜料、珐琅、水泥、农业、工业、陶瓷、油漆等。大晶体造型美观、颜色漂亮者，可作观赏石。若能磨出猫眼可作宝石。

产状：

(1)沉积矿床常与沉积岩(黏土岩、灰岩、页岩)伴生。

(2)产于盐湖，与硬石膏、石盐、方解石共生。

(3)由硬石膏水化而成。

(4)沙漠和半沙漠地区，石膏呈瘤状、脉状、玫瑰状，见于多种岩石的风化壳中。石灰岩受富含硫酸或可溶硫酸盐溶液的作用，也形成石膏。

(5)硫化物矿床的氧化带也可产生石膏。在硫化物矿床的裂隙中可发现石膏的大晶体，其中还可能有黄铁矿、黄铜矿、闪锌矿等包裹体。

产地：广布于世界各地。主要产出国有前苏联、美国、奥地利、法国、英国、意大利、墨西哥、智利、中国(湖北、青海、甘肃、陕西、山西、山东、安徽等地)。沙漠玫瑰产于北非撒哈拉大沙漠中。

图片展示如图3-6-18～图3-6-23。

七、云母族(Mica Group)

云母是自然界分布最广的造岩矿物之一。化学成分较复杂。化学成分可用$R^{+}R_2^{3+}[AlSi_3O_{10}](OH)_2$和$R^{+}R_3^{2+}[AlSi_3O_{10}](OH,F)_2$的通式表示。$R^{+}$为K或Na；$R^{2+}$为$Mg^{2+}$、$Mn^{2+}$、$Fe^{2+}$、$Ba^{2+}$；$R^{3+}$为$Fe^{3+}$、$Al^{3+}$、$Mn^{3+}$，偶见有$Cr^{3+}$、$V^{3+}$等；在某种情况下，$2Mg^{2+}$可被1个$Li^{+}$和1个$Al^{3+}$所置换。根据其化学成分和光学特征可分为三类。

(1)白云母类：包括白云母、绢云母、钠云母、铬云母、钒云母和多硅白云母等变种。

(2)黑云母-金云母类：包括铁叶云母、黑云母和金云母等变种。

(3)锂云母-铁锂云母类：包括锂云母、多锂云母和铁锂云母等变种。

现将白云母、黑云母、金云母和铁锂云母简述如下：

1.白云母

化学式$KAl_2[AlSi_3O_{10}](OH)_2$。含$Cr_2O_3$达百分之几者，呈绿色，为铬云母。单斜晶系。晶体呈假六方板状、叶片状或其集合体。横切面六边形或菱形，有时单晶呈柱锥状，柱面有横条纹，有双晶或三连晶。摩氏硬度为2.5～3，相对密度为2.76～3.10。玻璃光泽，解理面呈珍珠光泽。能弯曲、具弹性。二轴晶负光性。折射率：*N*g=1.588～1.624，*N*m=1.582～1.619，*N*p=1.552～1.570。双折率0.036～0.054。多为无色、浅绿、浅黄、浅灰和稀有的浅红色。

用途：因白云母具有高的电绝缘性、耐热性及抗酸、抗碱、抗压能力，故用作电气工业中的绝缘材料、建筑材料、造纸、颜料、塑料、橡胶等的填充料。

产状：产于花岗岩、伟晶岩、云英岩和云母片岩、片麻岩等多种岩石中。伟晶岩中的白云母常呈巨片状。广泛分布于世界各地。

2.黑云母

化学式$K(Mg,Fe^{2+})_3[(Al,Fe)Si_3O_{10}](OH,F)_2$。成分不固定，介于金云母和铁云母之间。成分中常含有Ti、Ca、Mn、Na和少量V、Cr、Sr、Ba、Li、Cs等。单斜晶系。晶体呈假六方板片状、叶片状、似长柱状、鳞片状。摩氏硬度为2.5～3。相对密度为2.9～3.30。玻璃光泽。片状解理平行底面(001)极完全。解理面呈珍珠光泽，有变彩。薄片具弹性。黑云母中常含有大量包裹体。二轴晶负光性。折射率：*N*g=1.610～1.697，*N*m=1.609～1.696，*N*p=1.571～1.616。双折率0.039～0.081。多呈黑色、绿、深褐和褐红色。褪色时呈金黄色。

产状：广泛分布于火成岩和结晶片岩、片麻岩中。

3.金云母

化学式$KMg_3[AlSi_3O_{10}](F,OH)_2$。纯金云母不含铁，但天然产出的金云母常含有一定量的铁，并混有微量Mn、Na、Cr、Ba、Sr等杂质。可与黑云母构成类质同像系列。单斜晶系。晶体呈假六方板状、叶片状或长条状。常含有金红石、电气石、赤铁矿等包裹体。摩氏硬度为2～2.5。相对密度为2.76～2.90。玻璃光泽。(001)底面解理极完全。薄片具弹性。二轴晶负光性。折射率：*N*g=1.549～1.613，*N*m=1.548～1.609，*N*p=1.522～1.568。双折率随Mn、Fe^{2+}、Fe^{3+}、Ti的含量增加而加大。颜色为金黄、黄褐一红褐、绿、黑褐色，褪色至无色。色浅质纯者可用于电气工业上的绝缘材料。

产状：常产于白云质碳酸盐岩的接触变质带上。在金伯利岩、某些偏碱性的蚀变超基性岩和煌斑岩中有较多的金云母产出，某些富镁的结晶片岩中也有产出。

4.铁锂云母

化学式$KLiFe^{2+}Al[AlSi_3O_{10}](F,OH)_2$。含有微量Rb、Cs、Na等杂质。单斜晶系。晶体呈板状，通常呈片状集合体，或呈扇形。摩氏硬度为2.5～4。相对密度为2.9～3.02。玻璃光泽。(001)底面解理完全。薄片具弹性。二轴晶负光性。折射率：*N*g=1.573～1.581，*N*m=1.571～1.578，*N*p=1.541～1.551。双折率0.030～0.032。颜色为浅黄至褐绿、灰褐、黄褐、浅紫、暗绿色，是提取锂的矿物原料。

产状：主要产于花岗伟晶岩和酸性的花岗岩及其云英岩化蚀变岩石中，也见于伟晶岩、高温热液脉中。共生矿物有萤石、黄玉、锡石、钨锰铁矿、锂云母、锂辉石、电气石等。

产地：英国、中国(新疆、广东等地)。

图片展示如图3-6-24～图3-6-29。

八、铬斜绿泥石(Chromian Clinochlore)

铬斜绿泥石属斜绿泥石类。

基本特征：化学成分为$(Mg,Fe^{2+})_5Al[(Si,Al)_4O_{10}](OH)_8$，可含少量$Fe^{3+}$、Mn、Cr。含铁极少的种属称为淡斜绿泥石。富铬种属(Cr_2O_3>4%)称铬(斜)绿泥石。属单斜晶系。晶体呈板片状、薄片状、桶状、鳞片状集合体。板状晶体横断面假六方形。摩氏硬度为2～2.5。相对密度为2.61～2.78。半透明—不透明。解理平行底面(001)极完全。常见聚片双晶。薄片具挠性。玻璃光泽。解理面珍珠光泽。光学特性为二轴晶正光性。折射率：*N*g=1.576～1.599，*N*m=1.571～1.589，*N*p=1.571～1.588。双折率0.005～0.011。颜色多为绿色、橄榄绿色、红色。

铬斜绿泥石产于超基性岩中，与铬铁矿伴生。

图片展示如图3-6-30。

九、阳起石(Actinolite)

阳起石，英文名称来自希腊，意为“光线”，又称“光线石”。阳起石与透闪石成类质同像关系。与透闪石呈隐晶质集合体块状构造者构成软玉。本书所述为阳起石晶体。

基本特征：化学成分为$Ca_2(Mg,Fe)_5[Si_4O_{11}]_2(OH)_2$。单斜晶系。晶体呈长柱状、针状或纤维状、放射状集合体。摩氏硬度为5.5～6。相对密度为3.0～3.3。解理平行柱面(110)，中等。玻璃至丝绢光泽。二轴晶负光性。折射率：*N*g=1.642～1.644，*N*m=1.632～1.634，*N*p=1.619～1.62。双折率0.022～0.026。颜色：灰绿、绿、深绿，视含铁量而变，含铁量高颜色变深。

用途：阳起石与石棉有相似的性能。可用于制作保温、隔热、绝缘、防腐、防酸的材料。好晶体可作矿物标本。能磨猫眼者可作宝石。

产状：产于接触变质石灰岩、白云岩中，或交代基性和中性火成岩中的辉石而保留其假象。另外，也见于结晶片岩中。

产地：前苏联、马达加斯加、坦桑尼亚、中国(台湾、新疆)等。

图片展示如图3-6-31。

十、绿帘石(Epidote)

基本特征：化学成分为$Ca_2(Al,Fe)_3[SiO_4]_3(OH)$。其中钙和铝可被其他金属代替。单斜晶系。柱状晶体沿b轴伸长。柱面上具纵纹。摩氏硬度为6～7。相对密度为3.35～3.38。玻璃光泽。透明—不透明。二轴晶负光性。折射率：*N*g=1.734～1.797，*N*m=1.725～1.784，*N*p=1.715～1.751。双折率0.015～0.049。多色性强，无色、淡黄色、黄绿色、绿黄色。大晶体可作宝石和矿物标本。其颜色为绿色、黄绿色、深绿色，褐绿、紫色及黑色等。

产状：产于变质岩中。在热液蚀变的基性火成岩中广泛分布；在接触交代矿床中为由石榴石、符山石等经热液蚀变的产物。

产地：法国、瑞士、巴西、美国、中国(河北、湖南、浙江、山西、陕西、北京)等。

图片展示如图3-6-32、图3-6-33。

十一、透辉石(Diopside)

化学式：$CaMg(Si_2O_6)$。成分中Mg常被不同比例的Fe^{2+}置换，构成透辉石-钙铁辉石类质同像系列。其中还可能有Fe^{3+}、Al、Cr^{3+}、Mn、V、Na等杂质。单斜晶系。晶体呈短柱状，集合体呈粒状或放射状。摩氏硬度为3.27～3.38。相对密度为5.5～6。解理(110)，完全，(110)和(110)夹角近87°并有裂理。玻璃光泽。二轴晶正光性。折射率：Ng=1.694～1.729，Nm=1.671～1.706，Np=1.664～1.699。双折率0.022～0.032。其颜色有无色、灰、淡绿、暗绿、黑绿、绿、褐、黄、淡红褐色等。含Cr呈亮绿色。随含铁量的增加颜色变深，相对密度加大。

由于透辉石的纤维状构造和具平行排列的包裹体，故有猫眼效应。

产状：为接触交代矽卡岩矿床，或产于富钙的变质岩中。也产于岩浆岩中，广泛分布于基性超基性岩中。

产地：缅甸、印度、马达加斯加、意大利、加拿大、美国、前苏联、奥地利和芬兰等国。中国新疆产绿色透辉石。

图片展示如图3-6-34、图3-6-35。

十二、玻璃状普通辉石(Glass Augite)

化学式：$(Ca,Na)(Mg,Fe,Al,Ti)[(Si,Al)_2O_6]$。成分复杂，成分中有时含Ti、Mn、Na、Cr等杂质。含TiO_2高的称钛辉石。普通辉石为单斜晶系。晶体呈短柱状，集合体常呈粒状，横切面常近八边形，或假正方形。常依（100）成接触双晶或聚片双晶。摩氏硬度为5～6。相对密度为3.2～3.6。玻璃光泽。解理(110)，完全。(100)裂理发育。二轴晶正光性。折射率：Ng=1.694～1.772，Nm=1.672～1.750，Np=1.671～1.743。双折率0.024～0.029。颜色为暗绿至绿黑色。

笔者通过对安徽、河北、吉林三地样品的宏观观察，其形态(长条状、板状、粒状、不规则状、次棱角状)、颜色(黑色)以及光泽(强玻璃光泽)、断口(贝壳状，油黑发亮)等特征均相似。因有特强的玻璃光泽，故名玻璃状普通辉石。另外，对安徽样品切薄片观察后发现，它呈浅灰绿色，并有一组发育且密集的解理，并非玻璃质，而为晶质体。可作饰品。

产状：主要产于基性、超基性岩中。也见于某些结晶片岩中。陨石中少见，月岩中则常见。

产地：瑞士、瑞典、波兰西部、中国(内蒙古、吉林、河北、安徽等地)。

图片展示如图3-6-36～图3-6-41。

十三、水锌矿(Hydrozincite)

基本特征：化学式为$Zn_5[CO_3]_2(OH)_6$。单斜晶系。晶体呈细条片状、白垩状、土状、皮壳状、肾状、钟乳状、豆状、纤维状或致密块状。摩氏硬度为2.5。相对密度为4。光泽暗淡或呈珍珠状。不透明。性脆。解理平行(100)，完全。贝壳状断口。颜色为白色或淡黄色、浅灰色。条痕为光亮的白色。为炼锌之矿物原料。

产状：是锌矿的次生矿物。常与闪锌矿、菱铁矿伴生。

产地：中国(广西宾阳之高田圩、马岭圩及云南等地)。

图片展示如图3-6-42。

十四、榍石(Titanite，Sphene)

榍石，英文名称来自希腊文，意为楔形"楔子"。

基本特征：化学式为$CaTiSiO_5$。成分中常含TR(主要为Y、Ce)、Nb、Ta、Zr等稀有元素混入物。富含Mn的变种称红榍石。单斜晶系。晶体呈楔形、扁平的信封状、柱状、板状、斧状等。横切面为菱形。常依(100)成接触或穿插双晶。摩氏硬度为5～6。相对密度为3.4～3.6。玻璃至金刚光泽。解理沿(110)，中等。透明至不透明。二轴晶正光性。折射率：Ng=1.943～2.11，Nm=1.870～2.034，Np=1.843～1.950。双折率0.100～0.192。色散0.051(特强)。颜色有黄、浅褐、灰、绿、紫红、玫瑰红及黑色等。

用途：透明、颜色艳丽者可作宝石。大量聚集时可作为炼钛的矿物原料并综合利用钇、铈等。

产状：多见于火成岩中作为副矿物出现。在碱性伟晶岩中有较大晶体。也产于砂矿中。

产地：墨西哥、巴西、印度、美国、加拿大、马达加斯加、巴基斯坦、缅甸、奥地利、瑞士等。

图片展示如图3-6-43。

十五、硅硼钙石(Datolite)

硅硼钙石(又名硅钙硼石)，英文名来自希腊语，意为矿物呈粒状集合体，可以分开。

基本特征：化学式为$CaB[SiO_4](OH)$。有少量Al、Fe^{3+}可置换B。单斜晶系。晶体呈短柱状或厚板状、粒状、纤维状、放射状、块状、葡萄状等。摩氏硬度为5～5.5。相对密度为2.9～3。玻璃光泽。贝壳状或参差状断口。性脆。透明—不透明。颜色有白色、无色、淡黄、绿、粉红和褐色等。条痕为白色。二轴晶负光性。折射率：Ng=1.665～1.70，Nm=1.648～1.658，Np=1.622～1.631。双折率0.043～0.069，色散0.016。可作宝石及观赏石之用。

产状：硅硼钙石为次生矿物。常见于浅成或喷出的基性火山岩的气孔或孔穴内或杏仁体中。常与方解石、葡萄石、沸石、斧石、绿泥石、绿帘石、鱼眼石、自然铜、磁铁矿等矿物共生或伴生。在矽卡岩和变质岩中也有产出。

产地：前苏联、英国、挪威，无色透明的优质品种来自美国马萨诸塞州，淡绿色者则来自美国新泽西州及印度。此外，奥地利也产透明晶体。

图片展示如图3-6-44～图3-6-47。

图3-6-1　蓝铜矿晶体（4.2cm×3.2cm×2.9cm，产自广东石菉）

图3-6-2　毒砂（板状，集合体呈梯形，侧视呈三角形，产自湖南）

图3-6-3　毒砂（板状，常以集合体出现，5.5cm×4.5cm×4cm）

图3-6-4　毒砂（板状，共生矿物为水晶、白云母、黄铁矿、黄铜矿，9.5cm×8.2cm×6.2cm，产自湖南）

图3-6-5　毒砂（晶体呈斜方板状，共生矿物为水晶，6.4cm×3.8cm×3.8cm）

图3-6-6　毒砂（斜方板状，共生矿物为文石，4.7cm×4.6cm×2.8cm）

图3-6-7　毒砂（板状、柱状，十字状双晶，2.3cm×2cm×1.8cm）

图3-6-8　雄黄（斜方柱状聚晶，晶面上具纵细条纹，1.1cm×0.6cm×0.5cm）

图3-6-9　雄黄（短柱状，晶面具纵纹，0.6cm×0.5cm，产自广西）

图3-6-10　雄黄（致密块状，表面有少量雌黄，4cm×3cm×2cm，产自广西）

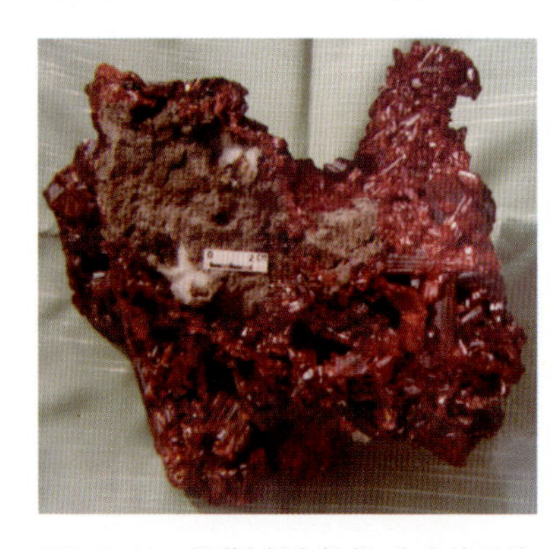

图3-6-11　雄黄（斜方柱状，集合体呈块状，其造型像只“公鸡”，产自广西）

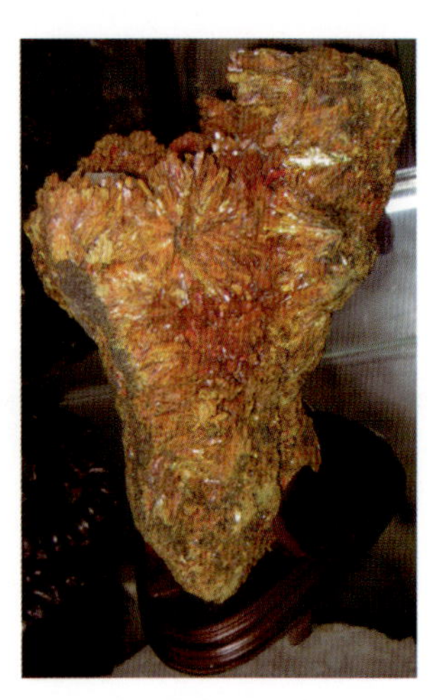

图3-6-12　雌黄（放射状，放射球粒状单晶为杆状，产自贵州）

图3-6-13 黑钨矿（钨锰铁矿）（自形板状晶体，共生矿物为水晶、毒砂、黄铁矿、黄铜矿、文石，9cm×8.5cm×5.5cm，产自江西）

图3-6-14 黑钨矿（钨锰铁矿）（板状晶体，共生矿物为水晶、黝锡矿、毒砂，14cm×12cm×11cm，产自江西）

图3-6-15 黑钨矿（钨锰铁矿）（板状晶体，共生矿物为毒砂、黄铜矿、云母、萤石，8.6cm×4.5cm×3.5cm，产自江西）

图3-6-16 黑钨矿（钨锰铁矿）（板状、板条状，共生矿物为石英、铁锂云母、毒砂，10cm×9cm×7cm，产自广东）

图3-6-17 黑钨矿[宽板状晶体，共生矿物为水晶、云母、文石（层解石），13.5cm×11cm×7.5cm，产自江西]

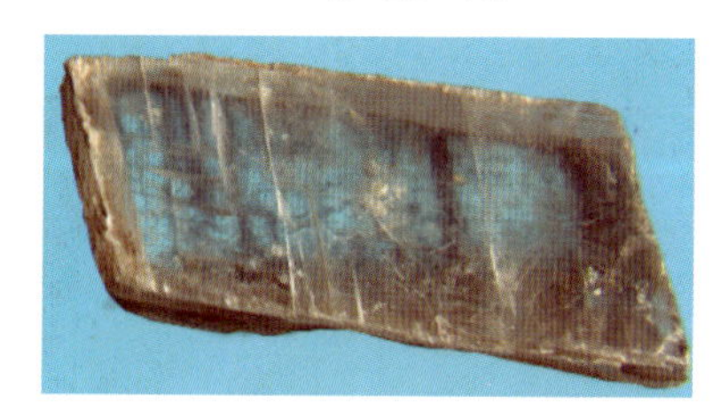

图3-6-18 透石膏（板状晶体，8cm×3.5cm×1.2cm）

图3-6-19 纤维石膏（纤维状，土黄色）

图3-6-20 纤维石膏（纤维状、板状晶体，产自云南）

图3-6-21 石膏"沙漠玫瑰"（燕尾双晶集合体，20cm×15cm×13cm，产自撒哈拉沙漠）

图3-6-22 石膏"沙漠玫瑰"（燕尾双晶集合体，5.5cm×5.5cm×4.5cm，产自撒哈拉沙漠）

图3-6-23 石膏"沙漠玫瑰"（燕尾双晶集合体，6cm×4.8cm×4cm，产自撒哈拉沙漠）

图3-6-24 黑云母（片状、板状，集合体，10.6cm×7cm×3cm，产自新疆阿尔泰）

图3-6-25　白云母(片状，构成图案“发财猫”，13cm×7.5cm，产自新疆阿尔泰)

图3-6-26　白云母(片状，构成图案“高丽人”，13.5cm×9.5cm，产自新疆阿尔泰)

图3-6-27　金云母(鳞片状)

图3-6-28　铁锂云母(呈板柱状、片状，集合体呈扇形灰绿色，10cm×10cm×2cm，产自广东大顶)

图3-6-29　铁锂云母(片状集合体，呈扇形，灰绿色，10.5cm×8cm×3cm，产自广东大顶)

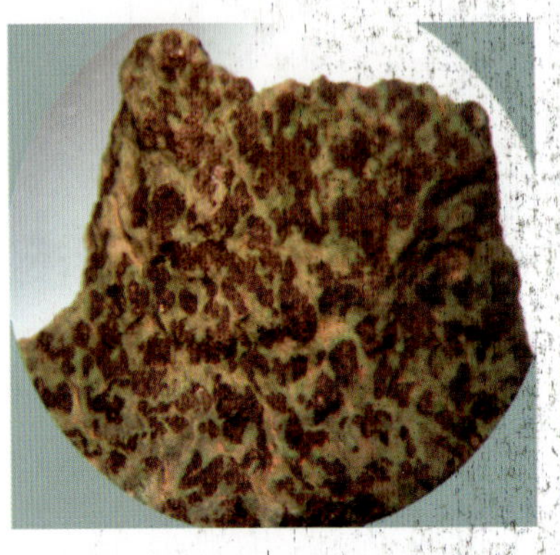

图3-6-30　铬斜绿泥石(呈片状、鳞片状分布于铬尖晶石粒间，4.1cm×2.4cm×1.1cm，产自新疆塔克扎勒)

图3-6-31　阳起石(灰白色，纤维状集合体，呈束状，6.5cm×3.5cm×2.5cm)

图3-6-32　绿帘石(聚晶，锥柱状、锥板状晶体，3.1cm×2.1cm×0.8cm，产自山西)

图3-6-33　绿帘石(自形晶，晶面具纵纹，产自山西)

图3-6-34　透辉石猫眼戒面(吊坠，黄绿色透辉石中密集平行排列纤状物、管状物包裹体，7mm×9mm)

图3-6-35　透辉石猫眼戒面(吊坠，其内见密集平行排列的纤状矿物包裹体，7mm×9mm)

图3-6-36 辉石(玻璃状普通辉石与橄榄石共生，12mm×15mm，产自河北大麻坪)

图3-6-37 玻璃状普通辉石(长20~34mm、宽14~20mm、厚10~15mm，产自安徽)

图3-6-38 玻璃状普通辉石(长23~36mm、宽10~16mm、厚9~10mm，产自河北)

图3-6-39 玻璃状普通辉石(长21~29mm、宽13~19mm、厚12~18mm，产自吉林)

图3-6-40 玻璃状普通辉石(切片，镜下呈灰绿色，一组发育的解理，为晶质体34mm×20mm×15mm，产自安徽)

图3-6-41 玻璃状普通辉石戒面(吊坠，10mm×10mm，产自安徽)

图3-6-42 水锌矿(白色，晶簇状、球状，产自云南)

图3-6-43 榍石戒面(吊坠，蛋形，内含碳质包裹体，呈“十”字形，7.5mm×9.5mm，产自缅甸)

图3-6-44 硅硼钙石(硅钙硼石，绿色、白色，放射球状，产自印度)

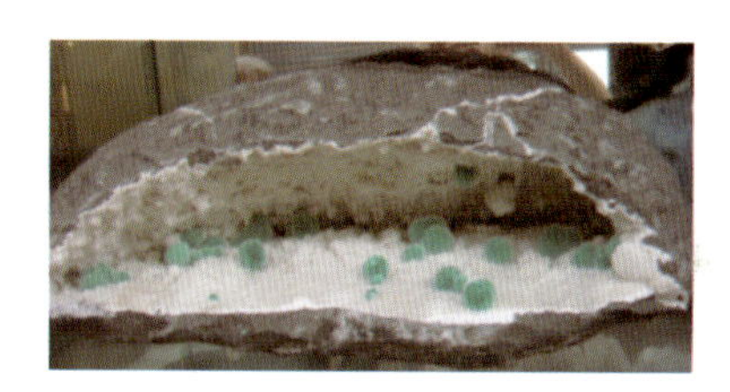
图3-6-45 硅硼钙石(硅钙硼石，白色、绿色，放射球状，产自印度)

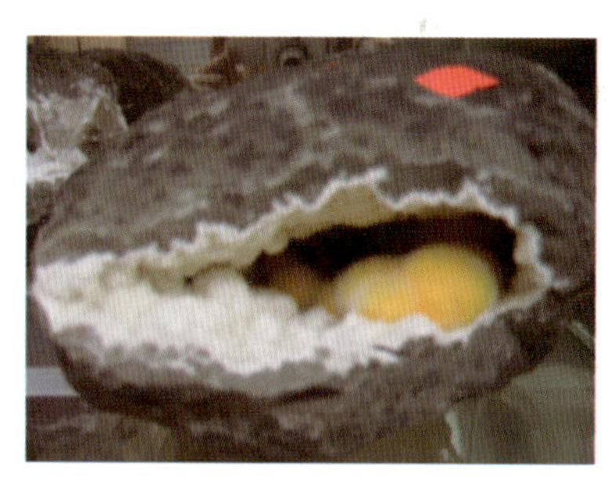
图3-6-46 硅硼钙石(硅钙硼石，黄色，放射球状，产自印度)

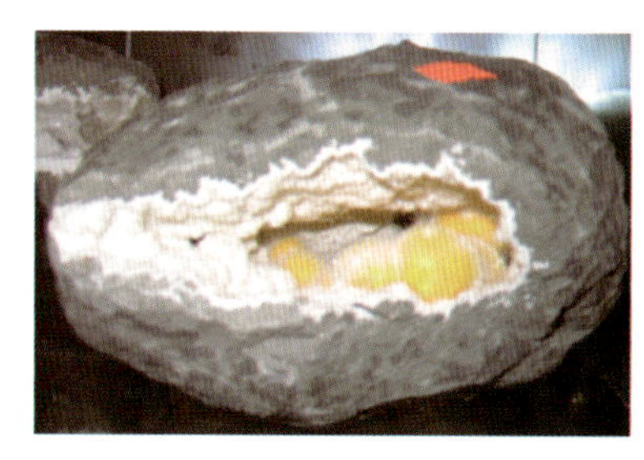
图3-6-47 硅硼钙石(黄色，放射球状，产自印度)

第七节
非晶质（隐晶质）矿物

褐铁矿（Limonite）

化学成分：$Fe_2O_3 \cdot nH_2O$。褐铁矿是各种含水氧化铁聚集的总称。其中包括针铁矿、水针铁矿、纤铁矿和水纤铁矿，并常含胶状氧化硅和泥质等杂质。化学成分及含水量变化大。

形状：常呈块状、钟乳状、葡萄状、肾状、蜂窝状、叠瓦状、土状、结核状等胶体形态。有时呈黄铁矿假象。

物理特征：其颜色呈黄褐、深褐至褐黑色。条痕为黄褐色。光泽暗淡。摩氏硬度视其成分和形态而异，富含硅的致密块状者，摩氏硬度可达5.5，而富含泥土者摩氏硬度为1。

用途：当铁含量高（35%～40%）时可作为炼铁的原料。

产状：褐铁矿是表生矿物，是含铁矿物经过氧化和分解而成，尤其是金属硫化物矿床的地表部分，矿石遭受氧化后，常形成褐铁矿。此外，在海盆地或湖盆地由氢氧化铁胶体溶液凝聚而成沉积矿床。

图片展示如图3-7-1。

图3-7-1　褐铁矿（块状，14cm×9cm×2.8cm，产自广东）

chapter 4

第四章 珍贵的宝石

（Precious Stones）

广义的宝石一词是指“凡能琢磨成各种装饰品、工艺品或观赏的矿物及其集合体”。绝大多数宝石是无机物质，其种类有：宝石、玉石和彩石。少数为有机物质，如珍珠、琥珀、象牙、珊瑚、贝壳、煤精等。

狭义的宝石则指贵重的宝石，它具有美观、耐用和稀有的特点，如钻石、红宝石、蓝宝石和祖母绿，被誉为四大名贵宝石。金绿宝石、变石、翠榴石、高档翡翠也很名贵。其次，如各色碧玺、海蓝宝石、橄榄石、尖晶石、锆石等属中、高档级宝石。又如：石榴石、黄玉、各色水晶则属中、低档级宝石。玛瑙、孔雀石、绿松石、鹰睛石、虎睛石、彩石等则属低档级宝石。因此，宝石分级为高、中、低档次。

宝石属特种矿产，其品质的好坏取决于工艺价值。一般认为颜色艳丽、纯净、透明者为佳品。有包裹体为瑕疵，但是有些宝石矿物中的包裹体却能使宝石变得更加美丽，光彩夺目，耐人寻味。例如发晶、猫眼、星光或有些包裹体构成某些景物、花草、人物、动物等，更增添了观赏价值和经济价值，也为天然宝石增加了一份证据。

本章以微观的手段对常见的宝石以及宝石中的包裹体进行了详细的阐述，以供读者欣赏和选择宝石时参考。

第一节 钻石（金刚石）
(Diamond)

钻石为工艺名称，矿物名称为金刚石，英文名称“Diamond”最早来源于希腊Adamas一词，意为“坚无匹敌”，所以金刚石素有“宝石之王”的誉称。金刚石经暴晒后，夜晚能发出淡青色磷光，古时称之为“夜明珠”。钻石是四月诞生石。

一、钻石的矿物学特征

（一）化学特征

钻石的化学成分为C。除C外，常含0.05%至0.2%的杂质元素。主要为Si、Al、Ca、Mn、Mg、Ni，有时含Na、Ba、Fe、Cu、Cr、Ti、B及碳氢化合物。杂质会影响其颜色的变化，如含Cr呈蓝色，含Al呈黄色，如杂质含量多会影响其透明度。

（二）晶格结构

钻石是由单元素碳组成，是碳原子作有规律排列组成的晶体。原子晶格属于立方面心格子，C-C原子呈四面体状以共价键相联结，由于共价键具有饱和性和方向性，碳原子间联结十分牢固，导致钻石具有高硬度、高熔点、高绝缘性和强化学稳定性，以及耐强酸、强碱、腐蚀等特性。

（三）物理特征

钻石硬度为10，是自然界最硬的宝石。相对密度为3.47～3.55，含杂质越多相对密度越小。中等解理，平行(111)晶面。金刚光泽。透明—半透明—不透明。

（四）颜色

纯者无色，通常略带深浅不同的黄色，或棕色、褐色、灰白色色调，少见蓝、绿、红、紫色。

（五）晶系、晶形

钻石为等轴晶系，其晶形以八面体和菱形十二面体及其聚形晶为主，亦见曲面六八面体，立方体少见，有时呈多种形态的平面晶体、曲面晶体和平面曲面晶体，不仅有单晶状，而且组成各种连生体和聚形晶。其晶面常具蚀象、生长纹等。

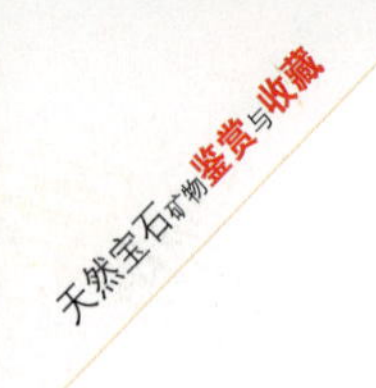

（六）光学特征

钻石为均质体。折射率N=2.417～2.42。色散0.044。

（七）荧光和吸收光谱

多数金刚石在紫外线长波或短波照射下有荧光。荧光呈蓝、绿、黄、红等色。由于钻石含氮(N)或其他杂质元素而呈现不同色，并显示荧光和特征吸收光谱，在紫色区415nm处呈现吸收窄带。

（八）包裹体

钻石中常见的包裹体有：橄榄石、铬透辉石、铬尖晶石、镁铝石榴石、石墨和气、液包裹体。

二、钻石分级(Diamond grading)

根据中华人民共和国2010年9月26日发布，2011年2月1日实施的国家标准进行分级(Diamond grading)。从颜色(color)、净变(clarity)、切工(cut)及质量(carat)四个方面对钻石进行等级划分，简称4C分级。

（一）颜色分级(Color grading)

采用比色法，在规定的环境下对钻石颜色进行等级划分。用比色石(Diamond master-stone set)，比色灯(Diamond Light)，比色板、比色纸(White ba-ckground)，荧光强度(Degree of fluorescence)进行划分。

按钻石颜色变化划分为12个连续的颜色级别，由高到低用英文字母D、E、F、G、H、I、J、K、L、M、N、<N代表不同的色级。亦可用数字表示。详见表4-1。

表4-1　钻石颜色级别

D	100	J	94
E	99	K	93
F	98	L	92
G	97	M	91
H	96	N	90
I	95	<N	<90

（二）净度分级(Clarity grading)

在10倍放大条件下，对钻石内部和外部的特征进行等级划分。分为LC、VVS、VS、SI、P5个大级别，又细分为FL、IF、VVS_1、VVS_2、VS_1、VS_2、SI_1、SI_2、P_1、P_2、$P_3$11个小级别。对于质量低于(不含)0.094g(0.47ct)的钻石，净度级别可划分为五个大级别。净度级别的划分规则：

(1)LC级：在10倍放大的条件下，未见钻石具内、外部特征，细分为FL、IF。

①在10倍放大条件下，未见钻石具内、外部特征，定为FL级。

②在10倍放大条件下，未见钻石具内部特征，定为IF级。

(2)VVS级：在10倍放大镜下，钻石具极微小的内、外部特征，细分为VVS_1、VVS_2。

①钻石具有极微小的内、外部特征，10倍放大镜下极难观察，定为VVS_1级。

②钻石具有极微小的内、外部特征，10倍放大镜下很难观察，定为VVS_2级。

(3)VS级：在10倍放大镜下，钻石具细小的内、外部特征，细分为VS_1、VS_2。

①钻石具细小的内、外部特征，10倍放大镜下难以观察，定为VS_1级、。

②钻石具细小的内、外部特征，10倍放大镜下比较容易观察，定为VS_2级。

(4)SI级：在10倍放大镜下，钻石具明显的内、外部特征，细分为SI_1、SI_2。

①钻石具明显的内、外部特征，10倍放大镜下容易观察，定为SI_1级。

②钻石具明显的内、外部特征，10倍放大镜下很容易观察，定为SI_2级。

(5)P级：从冠部观察，肉眼可见钻石具内、外部特征，细分为P_1、P_2、P_3。

①钻石具明显的内、外部特征，肉眼可见，定为P_1。

②钻石具明显的内、外部特征，肉眼易见，定为P_2。

③钻石具明显的内、外部特征，肉眼极易见，并可能影响钻石的坚固度，定为P_3。

在10倍放大条件下分极，采用比色灯照明。

(三)切工分级(Cut grading)

切工级别的划分规则：切工级别分为极好(EXcellent，简字为EX)、很好(Very Good，简写为VG)、好(Good，简字为G)、一般(Fair, 简字为F)、差(Poor，简字为P)五个级别。切工级别根据比率级别、修饰度(对称性级别、抛光级别)进行综合评价。详见表4-2。

表4-2 切工级别划分规则

切工级别		修饰度级别				
		极好EX	很好VG	好G	一般F	差P
比率级别	极好EX	极好	极好	很好	好	差
	很好VG	很好	很好	很好	好	差
	好G	好	好	好	一般	差
	一般F	一般	一般	一般	一般	差
	差P	差	差	差	差	差

(四)钻石的质量

(1)质量单位为克(g)。钻石贸易中仍可用“克拉(ct)”作为克拉质量单位。1.0 000g=5.00ct。钻石的质量表示方法为：在质量数值后的括号内注明相应的克拉质量，例0.2 000g(1.00ct)。

(2)质量的称量：用准确度是0.0 001g的天平称量。质量数值保留至小数点后第4位。换算为克拉质量时，保留至小数点后第二位。克拉质量小数点后第3位逢9进1，其他可忽略不计。

三、金刚石的用途及品质要求

金刚石的用途大致分两大类：一是饰用，二是工业用。

(1)饰用金刚石要达到宝石级，主要用作首饰，如：男、女戒指、耳环、项链、王冠、胸花(针)等工艺品。其品质要求按4C的标准，缺一不可。据统计饰用钻石约占金刚石总产量的17%，加之收藏品共约占20%左右。

(2)工业用金刚石：由于其高硬度，主要用于钻探(钻头)、锯片、车刀、玻璃刀、扩孔器、高精密机床，金刚石粉可作高级磨料。也用于无线电、军事工业和空间技术、航天事业等方面。达不到宝石级的金刚石都用于工业上。工业用占金刚石总产量的80%。

四、钻石(金刚石)与相似(外貌)矿物及合成、仿制品的鉴别

金刚石矿物以其特殊晶形和其高硬度易与其他矿物区别，但如果磨成成品(戒面等)就不易区别了，如：白色、黄色锆石(无色透明)、白钨矿(无色透明)、锡石、白黄玉(无色透明)、水晶(无色透明)、刚玉(无色透明)、无色碧玺等及合成尖晶石、锆石、钛酸锶、玻璃等，因此有必要加以鉴别。

通过其晶系、晶形、化学成分、硬度、相对密度、折射率、颜色等加以区别。

除上述方法外，另有几种简易的鉴别方法：

(1)钻石在非金属矿物中热导性最好，硬度最高，因此，用钻石导热仪和硬度笔即可测出是否是钻石。

(2)利用钻石高折射率的特点识别钻石。在纸上画一条线，将钻石台面朝下压住这条线，通过钻石，从正面角度观察这条线不可见，则证明是钻石。其他绝大多数仿钻，或多或少透过刻面能观察到这条线，这是由于光折射而造成直线位置偏移。

(3)利用钻石高硬度、抗磨性的特点识别钻石。钻石硬度很高，如果发现其表面或棱角有划痕或损伤的情况，说明不是钻石。

(4)用X光区别钻石与其他矿物。

(5)通过化学成分、光学特征和物理特征区别之。列表如下(表4-3、表4-4)。

五、金刚石的产状及产地

(一)产状

金刚石由单元素碳组成，碳在地壳深处大约90～200km，在高温1100℃～1800℃，高压下结晶而成的晶体。其成因分为两大类(矿系)，即原生矿和次生矿(砂矿)。原生矿主要成矿母岩为金伯利岩(角砾云母橄榄岩、橄榄岩)和钾镁煌斑岩。发育在地壳上相对稳定的刚性地块上。一般岩管矿较富集，岩脉矿次之。其矿物共生组合有橄榄石、铬尖晶石、铬镁铝榴石、镁铝榴石、铬透辉石、金刚石、石墨和气体包裹体。砂矿的成因类型有冲积砂矿、海滨砂矿、砂洲砂矿和阶地砂矿。绝大多数金刚石来源于砂矿。

(二)产地

金刚石主要分布于非洲大陆，南非的金刚石产量一直居世界首位并发现有金黄色等艳丽的彩钻。澳大利亚自20世纪70年代以来，找到了重要的金伯利岩原生矿床和砂矿，发现有黄色、金黄色、褐色、粉红色、玫瑰色等多种色调的彩钻。大洋洲的阿盖尔是全世界数一数二的金刚石矿，彩色钻石多，白色钻石少，彩色钻石以棕黄色系列为主，俗称“香槟钻”。大洋洲钻达到宝石级的仅占总产量的15%，主要用于工业中。非洲产地有博茨瓦纳、纳米比亚、津巴布韦、安哥拉、南非、东非、坦桑尼亚，西非的利比里亚、几内亚、塞拉里昂，中非的加纳(几内亚湾区)。非洲和澳洲的总量占世界总产量的90%左右。其次还有俄罗斯、印度、

表4-3 钻石(金刚石)与相似矿物的鉴别

矿物名称(天然)	化学式	晶系	晶形	颜色	摩氏硬度	相对密度	解理	断口	光泽	透明度	光性	折射率(N)	双折率	色数
钻石(金刚石)	C	等轴晶系	多为八面体、菱形十二面体及其聚形晶、三角三八面体、四六面体、六八面体	多为无色、黄、褐、黑；少见绿、红色	10	3.47～3.55	中等解理		金刚	透明—不透明	均质	2.42		0.044
尖晶石	$MgAl_2O_4$	等轴	六八面体晶类，呈八面体、菱形十二面体或聚晶、三角三八面体、四角三八面体	各色都有，红、绿、黄、褐、无色、蓝、紫等	7.5～8	3.58～3.61	不发育	贝壳状	玻璃	透明—半透明	均质	1.71～1.72		0.020
锆石	$ZrSiO_4$	正方	复四方双锥晶类、四方柱状、复正方双锥，正方双锥	红、橙、黄、褐、绿、无色	7.5	3.90～4.71		贝壳状	玻璃光泽，晶面金刚光泽	透明—半透明	一轴晶(+)	No=1.925 Ne=1.984	0.06～0.59	0.039～0.04
金红石	TiO_2	正方	正方双锥晶类，常呈柱状、针状、膝状双晶，平行柱面有条纹	红、褐红、褐、黄、蓝、紫、绿、黑等色	6～6.5	4.2～4.4	{110}完全		金属—金刚	透明—半透明	一轴晶(+)	No=2.616 Ne=2.903	0.287	0.28
锡石	SiO_2	正方	复正方双锥晶类，柱状、锥柱状正方双锥，膝状双晶常见	无色、黄、红、褐、黑等色	6～7	6.8～7	不完全		金刚	透明—半透明—不透明	一轴晶(+)	No=2.001 Ne=2.097	0.096	0.071
白钨矿	$CaWO_4$	正方	晶体呈板状，四方双锥及其聚形晶，沿(001)呈板状	灰白、浅黄、浅紫、浅褐等色调	4.5～5	5.8～6.2	中等		油脂	透明—不透明	一轴晶(+)	No=1.920 Ne=1.934	0.014	0.026
白、黄蓝宝石	Al_2O_3	三方	多呈柱状和桶状、板状、盘状和块状	白色、淡黄色	9	3.97～4.05	无	贝壳状	玻璃	透明—半透明	一轴晶(−)	No=1.768 Ne=1.760	0.008	0.018
黄玉	$Al_2SiO_4(F,OH)_2$	斜方	斜方双锥晶类，呈斜方柱状、锥柱状、短柱状，晶面具纵纹	白色、淡黄色、淡蓝色	8	3.50～3.57	底面解理发育		玻璃	透明—半透明	二轴晶(+)	Ng=1.617～1.638 Nm=1.610～1.631 Np=1.607～1.630		0.014
水晶	SiO_2	三方晶系假六方晶系	锥柱状，假六方双锥，柱面具横纹	无色、白色、淡黄色、紫色	7	2.58～2.66	无	贝壳状	玻璃	透明—半透明	一轴晶(+)	No=1.544 Ne=1.553	0.009	0.013
碧玺	$XR_3Al_6B_3Si_6O_{27}(OH)_4$ X=Na，Ca R=各种金属离子 R决定碧玺颜色	三方晶系	复三方柱状，柱状晶体端部呈球面三角形，晶面具纵纹	无色、白色、浅蓝、深蓝、绿、黄	7～7.5	3.02～3.26	无	贝壳状	玻璃	透明—半透明	一轴晶(−)	No=1.63～1.69 Ne=1.61～1.66	0.02～0.03	

表4-4　主要合成宝石（人造宝石）特征

矿物名称	化学式	晶系	颜色	光性	摩氏硬度	相对密度	解理	光泽	折射率（N）	色散	荧光	放大检查
金刚石	C	等轴	无色、黄色、绿色	均质体，有光性异常	10	3.52	完全	金刚	2.417	0.044	在长波或短波紫外线照射下呈弱至强的蓝色荧光或黄、绿、红色荧光	有棱角状包裹体和白色包裹体，絮状物绵绺
立方氧化锆（CZ）	ZrO_2		无色、橘黄、玫瑰红、黄、紫、绿、黑		7.5～8.5	6.5		亚金刚	2.15～2.22	0.055～0.063	长波：从无一中等，橙黄色，短波：从无一中等，黄或绿黄	一般无裂隙，有时含未熔化的氧化锆粉末和气泡
钛酸锶	$SrTiO_3$		白色		5～6	5.13		亚金刚—玻璃	2.409	0.190（极强）	常无荧光	无裂隙，可含气泡
金红石	TiO_2	四方	浅黄、深褐橙、浅—深蓝色	非均质	6～6.5	4.26	完全	金刚	2.61～2.90	0.33（极强）	多变	可含气泡
尖晶石	$MgAl_2O_4$	等轴	除了紫、褐、白和灰色外，可呈任何色、变色	均质体，有光性异常	8	3.63	完全	玻璃	1.73	0.02	红色尖晶石长波：呈强红色，短波：弱至中等红色	有气泡（可呈线状、管状和棱角状）
钇铝榴石（YAG）	$Y_3Al_2Al_3O_{12}$	等轴	无色、蓝、绿、红、黄、紫	均质	8.5	4.65	不完全	亚金刚—玻璃	1.833	0.028～0.038	无至中，橙色荧光（长波）无至弱，橙色荧光（短波）	无裂，有气泡
钆镓榴石（GGG）	$Gd_3Ga_2Ga_3O_{12}$	等轴	亮褐—蓝色、白色	均质	6.50	7.05		亚金刚—玻璃	1.97～2.03	0.038～0.045	长波：无至中等，橙色；短波：中至强，浅红，橙色	一般无裂隙，可含气泡
刚玉	Al_2O_3	三方	多为大红、玫瑰红色、蓝色	非均质，一轴晶（－）	9	3.99～4.01	不完全	玻璃	1.762～1.770	0.018	通常为红色	曲折裂纹，含助熔剂包裹体，呈小球状、雨滴状、管状、毛刺状或点线状流体包裹体或子晶
祖母绿	$Be_3Al_2(Si_6O_{18})$	六方	黄绿色、蓝绿色	非均质	7.5～8	2.64～2.69	不完全	玻璃	1.56～1.590	0.014	长波和短波：弱至中，红色、黄绿色、黄、黄橙、橙色	常见助熔剂包裹体，呈白色高突起，可呈两相包裹体

联、印度、巴西、印度尼西亚、委内瑞拉、中国等。

中国自20世纪50年代先后在湖南沅江流域（常德地区）和山东临沂地区发现并开采了金刚石砂矿。60年代在贵州省和山东省蒙阴县发现了第一、二个金刚石原生矿床。70年代又发现了第三个辽宁瓦房店金刚石原生矿床，目前已投产，储量占全国已探明金刚石的50%以上。

目前中国金刚石探明储量居世界第十位。并发现了美丽的彩钻，主要产在山东省的南部，江苏省的北部。在山东省南部砂矿中还发现有绿色、黄色、褐色、蓝色、紫色、黑色等系列的金刚石，其中有些达到宝石级。

中国产出的较大金刚石有：

(1)在山东郯城县李庄乡金鸡岭找到形似刚出壳的小雏鸡，重达281.25ct，呈淡黄色，后被日本驻临沂县的顾问掠去，至今下落不明(1937年)。

(2)在江苏省宿迁公路旁发现一颗重52.71ct的金刚石(1971年9月25日)。

(3)在山东临沂县常林发现一颗重达158.786ct的优质巨粒金刚石，淡黄色、质纯、透明如水，为八面体和菱形十二面体的聚晶。命名为“常林钻石”，为“中国之最”(1977年12月21日魏振芳发现)。

(4)在山东省郯城县陈埠发现一颗重124.27ct的巨粒金刚石，命名为“陈埠一号”(1981年8月15日)。

(5)在山东郯城县陈埠发现一颗重96.94ct的金刚石(1982年9月)。

(6)在山东郯城县发现一颗重92.86ct的金刚石(1983年5月)。

(7)在山东蒙阴县发现一颗重119.01ct的巨粒金刚石(金伯利岩原生矿床中，选矿时发现)，命名为“蒙山一号”(1983年11月14日)。

(8)在山东郯城县沙墩乡小塘村发现一块质量上乘的金刚石，重34.69ct(1994年5月8日，村民魏元红在棉花地捡到)。

(9)山东蒙阴建材701矿在生产线上选出了一颗重达101.469 5ct的特大金刚石，是我国第一颗从原生矿石中选出的百克拉以上的金刚石(2006年5月27日)。

(10)1972年7月在湖南省临武县发现重达26g的金刚石，不慎砸成了三粒，大中两粒重19g，不规则多面体形，无色透明。

六、钻石图谱鉴赏

钻石的历史源远流长，充满着许多奇妙的故事，也记述了人类许多传奇。钻石恒久远，一颗永流传。钻石代表着爱情的永恒，蕴藏着爱情的承诺。它象征着纯洁、和谐、友善。

在钻石当中彩钻算是“宝石王中王”，由于其高折射率和强色散，在阳光或强光照射下，呈现出五彩缤纷，晶莹似火的光学效应，成就了彩钻的娇艳妩媚，五彩斑斓、扑朔迷离，透射出其天地神品的魅力。

红色钻石：美如天霞，精力旺盛；绿色钻石：生机盎然，青春勃发；紫色钻石：紫气东来，祥光普照；黄绿色钻石：如阳春之柳，象征事业蒸蒸日上；蓝色钻石：神秘深邃，魅力无限。每一颗彩钻都会让人心动不已，受人青睐。彩钻在自然界中罕见，因此非常珍贵，适宜观赏和收藏。做成首饰戴上它显得富贵、高雅。

这里有中国山东产出的金刚石晶体及其带围岩的标本、南非的钻石戒面，供读者欣赏(图4-1-1～图4-1-9)。

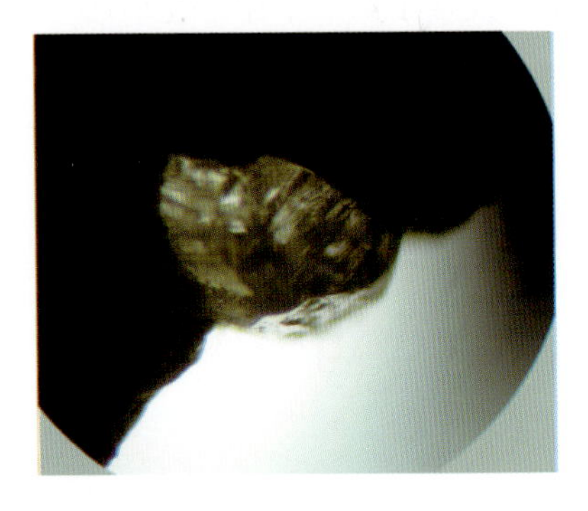

图4-1-1　带围岩(金伯利岩)的金刚石，52mm×31mm×21mm，产自山东

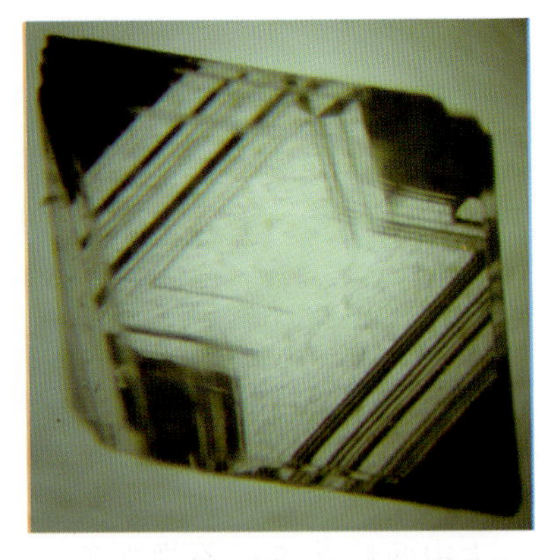

图4-1-2　金刚石晶体、平面八面体晶体，晶面上有生长纹，4mm×3mm×3mm，产自山东

图4-1-3　金刚石晶体、平面八面体，部分顶角熔蚀，晶面上有三角形蚀坑，0.34ct。产自山东

图4-1-4　金刚石晶体、呈截顶四面体状平面八面体，0.34ct，产自山东

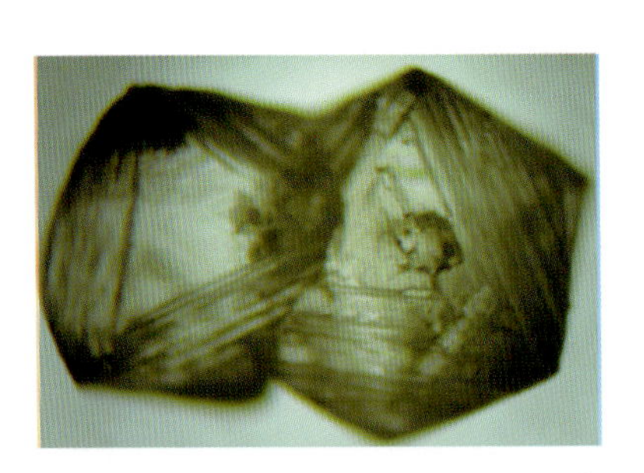

图4-1-5　金刚石连生体、阶梯状八面体连晶。在(Ⅲ)晶面上有三角形阶梯状生长层，并见三角形蚀坑，5mm×3mm×3mm，0.4ct，产自山东

图4-1-6　金刚石连晶，曲面八面体连生体。晶面上有三角形阶梯状生长层，5mm×3mm×3mm，产自山东

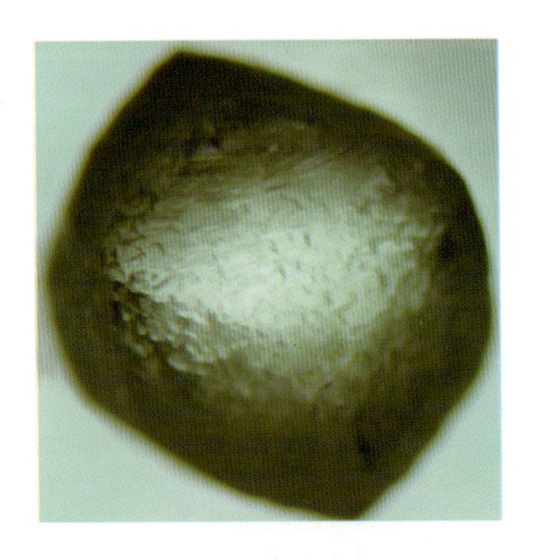

图4-1-7　金刚石晶体，曲面菱形十二面体，晶面上有他形，不规则形的熔蚀纹，4.5mm×4mm×4mm，0.55ct，产自山东

图4-1-8　钻石、白色(VS_1)26分(0.26ct)，产自南非

图4-1-9　钻石16粒(分钻)，产自南非

第二节 刚玉(红宝石和蓝宝石)
(Ruby and Sapphire)

一、概述

刚玉矿物的宝石品种中有红宝石和蓝宝石。刚玉是Al_2O_3的天然结晶体。Al_2O_3是地壳的主要组成部分之一，然而Al_2O_3要在特定的环境下才能形成刚玉晶体。

刚玉Corundum来自泰米尔语“Kurundam”和梵语“Kuruvinde”，两者都是红宝石的意思。红宝石的英文名称Ruby来源于拉丁文“Ruber”，意红色。古有“巴拉斯”“红刺”或“照殿红”之称。

红宝石饰用历史悠久，古代印度、缅甸国王曾拥有许多优质的大颗粒红宝石。目前世界各地的博物馆和收藏家收藏了许多美丽华贵的宝石。其中英国自然历史博物馆里就有重达167ct，色彩绚丽且透明的爱德华兹红宝石。英国伦敦大自然历史博物馆里红宝石晶体重690ct(缅甸产)。美国自然历史博物馆里展出了两颗最大的优质星光红宝石，一颗重达100ct的Edith Haggin de Long星光红宝石，另一颗重137ct的Rosser Reeves红宝石，在美国史密斯学院博物馆可以看到它。

红宝石是指色泽美丽而透明的刚玉。然而古代把许多种红色宝石如红色尖晶石，石榴石、红色碧玺、辰砂、红色锆石等统称为红宝石，这是错误的概念。红宝石专指刚玉红宝石。1989年5月召开了第三届国际彩色宝石协会会议后，红宝石名称的概念得到了确定，即“呈红色度的刚玉都为红宝石”。改变了过去只有中等深浅红色到暗红色至紫红色的透明、半透明刚玉才能称为红宝石的概念。同样，蓝宝石也不再有粉红等色蓝宝石这一概念了。

蓝宝石的英文名称是Sapphire，来源于拉丁文“Sapphirus”，意指蓝色。蓝宝石古称“瑟瑟”“碧珠”等。称为“命运之石”的星光蓝宝石，有许多迷信的传说。

由于红宝石和蓝宝石的硬度仅次于钻石，加之美丽的颜色，因而它们被列为四大名贵宝石之列(钻石、红宝石、蓝宝石、祖母绿)。红宝石是七月诞生石，蓝宝石是九月诞生石。

二、刚玉(红宝石和蓝宝石)的基本特征

(一)化学成分

刚玉的化学式Al_2O_3。在红宝石中铬含量0.1%～3%，最高可达4%，铬在晶格中取代铝；蓝宝石除含铁外，亦含少量钛。

（二）晶系、晶形

刚玉属三方晶系，复三方偏三角面体晶类。其晶形多呈柱状和桶状、板状、盘状和块状。晶体常连生或交叉连生、嵌晶。在（0001）晶面上通常具有平行（0001）和$(10\bar{1}1)$交棱的花纹和三角形或六边形天然蚀象，在$(10\bar{1}1)$晶面上具有平行$(10\bar{1}1)$和$(22\bar{4}3)$交棱的花纹（有关晶系、晶形请参看本节图谱）。

（三）物理特征

硬度（H）为9。相对密度为3.97～4.05。无解理。但因聚片双晶，故有平行底轴面和菱面的裂开，即平行（1011）或（0001）有裂开。透明—半透明—不透明。玻璃光泽。贝壳状断口。

（四）光学特征

一轴晶负光性。折射率*No*=1.768，*Ne*=1.760。双折率0.008。色散0.018。美国蒙大拿州产的红宝石*No*=1.779，*Ne*=1.767。除无色刚玉外，有色刚玉均具有二色性，蓝宝石呈鲜明的紫蓝/蓝绿色；绿色刚玉呈浓绿/黄绿色；黄色刚玉呈中黄/淡黄色；紫色刚玉呈紫罗兰/橙色。

（五）荧光和吸收光谱特征

含铬的各色刚玉（红色调）在紫外线长波和短波照射下，显红色荧光。具有特征：较强谱线694nm和692nm红色区，弱线在668nm和659nm橙色区。蓝宝石有三个蓝色谱带：450nm、460nm和470nm。

（六）颜色及其品种

1.红色刚玉

呈各种色调的红色，有玫瑰红、粉红、樱桃红、鲜红、大红、紫红、鸽血红。其中以鸽血红为最佳。缅甸产鸽血红。红宝石因含微量Cr_2O_3而呈现娇艳红色，并显示强荧光效应。

2. 蓝色刚玉

因含有不同金属元素如Fe、Ti、Mn、Ni、V、Cr等，故颜色变化多端。有浅蓝、深蓝、灰蓝、绿蓝、紫蓝、靛蓝色等。其中以靛蓝色（墨水蓝）为最佳，深蓝色和带有葡萄紫色次之。

3.艳色刚玉

艳色刚玉指除红色色调和蓝色色调以外的刚玉，如黄色、绿色、橙色、褐色刚玉等（1989年5月第三届国际彩色宝石协会会议的决定）。

（1）黄色刚玉：浅至中等色调，微带棕黄色。其中以金黄色最为珍贵，被誉为“黄宝石王”或“东方黄宝石”。斯里兰卡和中国山东有产出。

（2）绿色刚玉：绿色刚玉往往出现在蓝色刚玉的二色中，纯绿色刚玉罕见，有人将其误认为“东方祖母绿”，但色泽远不如祖母绿。中国山东有产出。

（3）橙色刚玉：中等色调的橙色，磨成戒面很漂亮，斯里兰卡称之为“帕得马蓝宝石”。中国山东有产。

（4）褐色刚玉：透明的褐色刚玉很少见，一般不透明，有星光效应，柬埔寨产中等色调的透明褐色刚玉。

4.杂色刚玉

因含不同杂质所致，除上述3个品种外还有灰色、白色、灰白色、褐色、灰褐、褐灰、橄榄绿色、紫罗兰色、墨黑色等，它们往往在同一晶体中出现。

不同产地的蓝宝石，其颜色不尽相同，各有特色。如克什米尔地区的矢车菊蓝宝石呈天鹅绒状、紫蓝色；缅甸蓝宝石或东方蓝宝石为浓蓝色或品蓝、微紫蓝色，并见变色蓝宝石。泰国蓝宝石为极深蓝色，其品级仅次于克什米尔级蓝宝石。锡兰（斯里兰卡）蓝宝石为蓝、天蓝和浅蓝紫色。蒙大拿蓝宝石（冲积砂矿）具“钢青色”或“铁青色”。非洲蓝宝石具各种轻淡颜色，如浅蓝色、蓝紫色、钢灰色等。澳大利亚的蓝宝石颜色很深甚至呈墨黑色。中国山东蓝宝石以靛蓝色为主，金黄色少见。

刚玉的颜色之所以多变，与混入痕量微量过渡性元素有关。如蓝色者含Fe^{2+}和Ti^{4+}；绿色者含Fe^{3+}和Cr^{3+}；翠绿色者含V；紫色者含V或Cr^{3+}；褐色者含Mn和Fe^{3+}；黄色者含Ni等。

三、包裹体及星光效应

刚玉中有三相（气、液、固）包裹体。固相包裹体矿物有：各色电气石，呈柱状、针柱状，各色刚玉、石榴石、金红石、尖晶石、锆石、磷灰石、云母、碳酸盐矿物、赤铁矿、黑色金属矿物、矿物碎屑等。气、液包裹体常呈乳滴状、肋状、指纹状、树枝状、圆形气泡状、管状等。有些包裹体如金红石，丝状或管状气液包裹体沿垂直于晶体*C*轴的晶面上作有规律的排列，沿三个方向彼此作120°角交叉形成六条放射线，当光线照射时，产生星光效应，光芒似星，故称星光红宝石和星光蓝宝石。当有双晶时可出现十二束星光射线。如果包裹体只沿晶体*C*轴一向排列时，就产生一条射线即“猫眼效应”。加工时前者应选择垂直晶体C轴方向，后者选择平行*C*轴方向切磨方可获得最佳效果。星光红宝石和星光蓝宝石、红宝石猫眼、蓝宝石猫眼都是红、蓝宝石著名的品种。星光红、蓝宝石和猫眼红、蓝宝石一般透明—不透明，少部分透明。

四、刚玉（红、蓝宝石）与相似矿物、合成宝石（Synthetic stone）及仿制宝石（赝品）（Imitation）的鉴别

1.红宝石（红刚玉）与相似矿物的鉴别

红宝石与尖晶石、金红石、石榴石、锡石、锆石、红色碧玺、辰砂的鉴别见表4-5。

2.蓝宝石（蓝刚玉）与相似矿物的鉴别

蓝宝石与蓝色黄玉、蓝色碧玺、海蓝宝石、橄榄石、青金石、青金石的斜方变体、堇青石、坦桑石、尖晶石、锆石的鉴别见表4-6。

3.天然红、蓝宝石与合成宝石及赝品的鉴别

天然红、蓝宝石与合成红、蓝宝石，合成尖晶石，合成金红石，合成星光红、蓝宝石，玻璃，塑料的鉴别见表4-7。

在此，首先明确合成宝石与仿制宝石的概念：合成宝石是指与天然宝石的物理、化学特性相同的（或物性略有差异）的宝石，如合成红宝石、合成尖晶石等；仿制宝石指与天然宝石的物理、化学特性完全不同的赝品，如仿钻石的立方氧化锆、玻璃、塑料等。

由于天然红、蓝宝石是名贵宝石，产量不多、供不应求，于是产生了合成和仿制宝石。它们经历了一百多年的研究和发展，工艺日趋完善，产品越来越精美，无论从颜色、光泽、透明度还是加工款式上，都与天然宝石相差无几，达到真假难以辨别的境地，因此有必要加以鉴别。

鉴别天然红、蓝宝石与合成宝石、仿制成品除列表所述之外，还可从以下几方面区别：

（1）包裹体是鉴别天然宝石与合成、仿制宝石的重要手段。在天然红、蓝宝石中的包裹体有三相（气、

表4-5 红宝石(红刚玉)与相似矿物的鉴别

矿物名称(天然)	化学式	晶系	晶形	颜色	摩氏硬度	相对密度	解理	断口	光泽	透明度	光性	折射率(N)	双折率	色散
红宝石	Al_2O_3	三方晶系	复三方偏三角面体晶类。呈柱状、桶状、板状、盘状、块状,晶面具交棱花纹	大红、玫瑰红、鸽血红、艳红、紫红等色	9	3.97～4.05	无,有裂开		玻璃	透明—不透明	一轴晶(—)	No=1.768 Ne=1.760	0.008	0.018
尖晶石	$MgAl_2O_4$	等轴	六八面体晶类,八面体或与其菱形十二面体聚形晶	红色色调系列	7.5～8	3.58～3.61	不发育	贝壳状	玻璃	透明—不透明	均质	1.71～1.72		0.02
金红石	TiO_2	正方	柱状、针状、膝状双晶,平行柱面有纵纹	红、深红、褐红、黑褐色等色	6～6.5	4.2～4.4	(110)完全		金属—金刚	透明—半透明	一轴晶(+)	No=2.616 Ne=2.903	0.287	0.28
石榴石	$A_3^{2+}B_2^{3+}(SiO_4)_3$ A=Ca,Mg,Fe,Mn B=Al,Fe,Mn,Cr Ti,Zr,V等	等轴	菱形十二面体,四角三八面体或二者之聚形晶,六八面体	红色、玫瑰红色、紫红色、橙褐色、褐色	6.5～7.5	3.10～4.30		贝壳状	玻璃—油脂	透明—半透明—不透明	均质	1.730～1.889		0.024
锡石	SnO_2	正方	四方双锥、沿(001)呈板状	褐、浅褐、红、浅黄、浅紫、灰白等色	6～7	6.8～7	不完全		金刚	透明—半透明—不透明	一轴晶(+)	No=2.001 Ne=2.097	0.096	0.071
锆石	$ZrSiO_4$	正方	复四方双锥晶类,四方柱状或其聚形晶	红色、褐色、黄褐色、橙色	7.5	3.90～4.71		贝壳状	玻璃	透明—半透明	一轴晶(+)	No=1.925 Ne=1.984	0.059～0.060	0.039
红色碧玺	$XR_3Al_6B_3Si_6O_{27}(OH)_4$ X=Na,Ca R=Mn	三方	复三方柱晶类,复三方柱状、尖端部呈球面三角形,柱面具纵纹	红色、桃红色、浅粉红色	7～7.5	3.02～3.26	无	贝壳状	玻璃	透明—半透明	一轴晶(—)	No=1.63～1.69 Ne=1.61～1.66		
辰砂	HgS	三方	呈菱面体,厚板状、柱状,多呈贯穿双晶	鲜红色、褐红色和褐黑色	2～2.5	8.09			金刚	透明—半透明—不透明	一轴晶(+)	No=2.905 Ne=3.256	0.351	大于0.40

表4-6 蓝宝石（蓝刚玉）与相似矿物的鉴别

矿物名称（天然）	化学式	晶系	晶形	颜色	摩氏硬度	相对密度	解理	断口	光泽	透明度	光性	折射率（N）	双折率	色数	二色性多色性
蓝宝石	Al_2O_3	三方晶系	复三方偏三角面体，柱状、桶状、板状、盘状、块状	蓝色、蓝绿色、黄绿色	9	3.97～4.05	无、有裂开	贝壳	玻璃	透明—半透明—不透明	一轴晶（—）	No=1.768 Ne=1.760	0.008	0.018	二色性明显
蓝色黄玉	$Al_2SiO_4(F,OH)_2$	斜方	斜方柱状，锥柱状，短柱状，柱面具纵纹	蓝色	8	3.50～3.57	底面有		玻璃	透明—半透明	二轴晶（+）	Ng=1.617～1.638 Nm=1.610～1.631 Np=1.607～1.630	0.008	0.014	
蓝色碧玺	$XR_3Al_6B_3Si_6O_{27}(OH)_4$ X=Na.Ca，R=Mg.Fe.Li	三方晶系	复三方柱晶类，复三方柱状，柱状端部呈球面三角形，柱面具纵纹	蓝色、绿色	7～7.5	2.90～3.26	无、有横裂理	贝壳状	玻璃	透明—半透明	一轴晶（—），有时出现二轴晶	No=1.63～1.69 Ne=1.61～1.66 2V5°—10°	0.021～0.045		二色性明显
海蓝宝石	$Be_3Al_2[Si_6O_{18}]$	六方晶系	复六方双锥晶类，长柱状、六方柱状，柱面常具纵纹	蓝色、绿色	7.5～8	2.65～2.75	不清楚	贝壳状—参差状	玻璃	透明—半透明	一轴晶（—）	No=1.568～1.602 Ne=1.564～1.595	0.005-0.009	0.014	
橄榄石	Mg_2SiO_4-Fe_2SiO_4	斜方	短柱状、长柱状，通常呈粒状	绿色、黄绿色、金黄色	6.5～7.0	3.27～4.37		贝壳	玻璃—油脂	透明—半透明	二轴晶（+）	Ng=1.670～1.680 Nm=1.651～1.660 Np=1.635～1.640	0.35～0.40	弱	
青金石	$(Na,Ca)_8[AlSiO_4]_6(SO_4,Cl,S)_2$	等轴	菱形十二面体，通常呈粒状	天蓝、深蓝、紫蓝、绿蓝	5～5.5	2.38～2.42	不完全，无	不平坦		半透明—不透明	均质	N=1.500			
青金石的斜方变体											二轴晶（+）	Ng=1.540 Nm=1.510 Np=1.504	0.01		
堇青石	$Mg_2Al_4Si_5O_{18}$	斜方	假六方柱状，粒状，块状，双晶发育，贯穿双晶，双晶面三连晶或六连晶	蓝、蓝紫、暗蓝、黄蓝	7～7.5	2.61±05	轴面解理完全	参差状	玻璃—半贝壳状	透明—半透明	二轴晶（+）（—）	Ng=1.539～1.578 Nm=1.535～1.574 Np=1.530～1.560	0.008～0.018		
坦桑石	$Ca_2Al_3(SiO_4)_3(OH)$	斜方	柱状，晶面上具纵纹	蓝、青莲色、灰、绿、黄、紫罗兰	6～7	3.25～3.27	（100）解理完全		玻璃，解理面呈珍珠光泽	透明	二轴晶（+）	Ng=1.702～1.708 Nm=1.696～1.702 Np=1.696～1.700	0.005～0.009		
尖晶石	$MgAl_2O_4$	等轴晶系	六八面体晶类，八面体或八面体与菱形十二面体聚形晶	蓝、绿	7.5～8	3.58～3.61	不发育	贝壳状	玻璃	透明—半透明—不透明	均质	N=1.71～1.72		0.02	
锆石	$ZrSiO_4$	正方晶系	短四方柱状，复四方双锥晶类	蓝色	7～7.5	4.6～4.8		贝壳状	玻璃—金刚	透明—不透明	一轴晶（+）	No=1.92 Ne=1.98	0.06	0.038	

表4-7 天然红、蓝宝石与合成宝石及赝品的鉴别

矿物名称	化学式	颜色	晶系	光性	摩氏硬度	相对密度	解理	光泽	折射率(N)	色散	荧光	放大检查
天然刚玉	Al_2O_3	红、蓝、绿、黄、橙、紫等色	三方	一轴晶（－）	9	3.97～4.05	无	玻璃	No=1.768 Ne=1.760	0.018	含Cr刚玉显红色荧光	可有三相包裹体，指纹状包裹体，平直生长带，平直色带，有双晶或裂理
合成红宝石	Al_2O_3	红色		一轴晶（－）	9	3.99	无	玻璃	1.76～1.77	0.008	强红荧光	曲折裂纹有气泡
合成蓝宝石	Al_2O_3	蓝色		一轴晶（－）	9	3.99	无	玻璃	1.76～1.77	0.008	长波：惰性；短波：弱一中等的粉蓝色或黄绿色	气泡，弯曲色带
合成尖晶石(红色)	$MgAl_2O_4$	红色	等轴	均质	8	3.63			1.727～1.730		长波：强、红色；短波：弱至中、红色	气泡，弯曲生长线
合成金红石	TiO_2	浅黄色、深褐色、深浅蓝色	四方	一轴晶	6～6.5	4.62	无	金刚	2.616～2.903	0.33（极强）	多变	可含气泡
合成星光红宝石	Al_2O_3	红色		一轴晶					1.76～1.77		强红色（长短波）	气泡，弯曲生长线，半透明至不透明，六条放射线
合成星光蓝宝石	Al_2O_3	蓝色							1.76～1.77			气泡，弯曲生长线
玻璃	SiO_2	无色、红色、淡蓝色、绿色、黄色、翠绿色		均质	5±	2.87～5.12		玻璃	1.54～1.775			有浇铸流动构造成漩涡状条纹，气泡多
塑料	聚合物	各种颜色均有			2.5～3	1.05～1.55		蜡状 树脂 油脂	1.5		长、短波紫外线下有多种颜色荧光	多不透明，有特殊光效应，如星光、月光、猫眼。塑料珍珠，塑料欧泊等具各种颜色，韧性大，有强温感，有可塑性

液、固)包裹体，其中气、液包裹体呈圆形、椭圆形或沿裂理呈肋状分布，固相包裹体呈丝绢状，浑圆形或棱角状的晶体颗粒。其晶体的折射率接近刚玉主晶的折射率，因此色差低；而合成宝石中常有气泡，很细并成群出现，气泡和刚玉的折射率相差很大，造成高色差，在透光下呈黑斑突现出来，在暗视野照明下呈亮针点呈现出来，大气泡呈环形或拉长，畸变或有“尾巴”，在合成宝石中有时也见到个别颗粒，这是未熔化的氧化铝粉末的包裹体。个别颗粒也呈浑圆形，但有大量的细小气泡伴生，并伴有明显的弯曲条纹或弯曲的颜色分带。

(2)颜色：天然红、蓝宝石的颜色多不均匀呈斑杂状或有色带；而合成宝石多数颜色均匀。

(3)从生长线鉴别：天然红、蓝宝石的生长线是平直的，平行于晶面，呈六边形，三角形或一组生长线明显；合成宝石的生长线为宽阔弯曲的同心线，常显密集弯曲的条纹。

(4)分光镜鉴别：天然刚玉一般都有谱线显示，而合成蓝宝石不显任何特有的吸收谱线。

(5)紫外线下的荧光和透明度鉴别：合成红宝石较天然红宝石有更加明显的鲜红色；天然蓝宝石极少有荧光，偶尔在长波下有红色荧光；天然黄色刚玉，在长波和短波紫外线下发出黄橙色荧光；大部分合成蓝宝石，在暗室观察，显示一种灰蒙蒙的或白垩状黄绿色至粉末蓝色荧光，对长波没反应；合成黄色蓝宝石一般在长波紫外线下没反应，在短波紫外线下有微弱红色荧光。其透明度：无色及浅粉色的天然刚玉，对短波紫外线有相当的透明度，而对其他颜色的刚玉或多或少不透明；所有颜色的合成刚玉对短波紫外线趋于透明。

(6)X射线下的磷光：合成和天然的红宝石在X射线下都会发出强烈的荧光，但辐射停留后，合成宝石继续发光。

(7)天然星光宝石和合成星光宝石的鉴别：天然星光宝石中，棱角状包裹体和颜色分带(色带)常很明显，有丝光包裹体且反射出来的星光自然；而合成星光宝石其表面常呈云雾状，或云雾状斑点。另外，合成星光宝石不透明，有弯曲的条纹或色带，还可清楚地看到气泡。合成星光宝石在短波紫外线下比天然星光宝石有更强的荧光。

另外，人们常用一些伪劣的方法改善星光宝石的外观。如：

①用铅笔摩擦粗糙的背面，可使颜色变暗，使星光更明显，或用油、蜡、无色指甲油或硅氧化物掩盖裂纹、裂缝或其他缺陷。

②为了改善星光的颜色，用各种材料，如：珐琅、各种颜料、镜片敷层，甚至用不纯的刚玉做成星光宝石的底座，或拼合而成(组合宝石)，或冠部用天然宝石，底部用合成宝石等。

(8)玻璃和塑料制品：用各种颜色的玻璃仿造红宝石和蓝宝石。这些玻璃仿制品除了颜色相似外，其他物理特性(硬度、相对密度)和光学特性(折射率等)都是玻璃的特征，都比较低。塑料制品的特征是各种颜色均有，包括杂色及条带，一般呈蜡状、树脂状、油脂光泽，透明—不透明，多为不透明，有强温感，韧性大，有特殊的光学效应，如星光、猫眼等。紫外线(长、短波)下有各种颜色的荧光。具异常干涉色现象。

五、工艺要求和用途

(一)工艺要求

(1)颜色：颜色是宝石的第一感觉，要求色纯正、艳丽、均匀。红宝石要求：鸽血红、大红、鲜红、玫瑰红、紫红至深紫红、浅红。蓝宝石要求：普鲁士蓝(靛蓝)海蓝、天蓝、浅蓝、蓝绿、蓝紫。其他颜色如：无色、浅黄色、绿色、翠绿色和金黄色等色。其中金黄色为上品。无论那种颜色，要求纯正、浓艳。

(2)透明度：透明、半透明、无瑕疵、包裹体及杂质越少越好。

(3)宝石的质量越大越好，其价值随质量的增加而大幅度增长。大于10克拉的优质红宝石极为罕见。

(4)切工的好坏的也影响其价值，要严格按正常比例切割宝石，这样才不会影响其颜色和光彩，使宝石更加亮丽。

(5)对于星光红、蓝宝石，则要求具备理想的颜色、均匀的色调、无瑕疵、抛光精细和清晰的星光，从侧面、顶部看，整个宝石都必须是对称的。

（二）用途

有史以来，红、蓝宝石为传统的装饰品。主要用于男、女戒指、吊坠、耳环（耳丁）手链、项链、皇冠、胸针、领带夹、诞生石，和各种装饰品和工艺品。20世纪80年代以来，国内越来越多的人作为收藏品和供欣赏。

由于刚玉的硬度仅次于金刚石，故用做高级磨料和唱片机或是录音装置的针头，用于高级手表中，在现代科技中，用红宝石晶体制成的激光仪可测量地球和月球的距离。

六、刚玉(红宝石和蓝宝石)的产状、产地

刚玉是多种地质成因的矿物。作为宝石级红宝石晶体，需要特殊的地质环境，即产于高温和富铝缺硅有铬的地质地球化学条件下；而蓝宝石则产自高温、富铝并有铁钛元素背景值的地质地球化学条件下。目前已知红宝石矿床远比蓝宝石矿床稀少，故红宝石显得更珍贵。其产状有原生矿床、变质矿床和次生矿床（砂矿）。

（一）原生矿床

原生矿床有三类：岩浆岩型、矽卡岩型和气成热液型。

1.岩浆岩型

蓝宝石产在碱性、基性煌斑岩中。如美国蒙大拿州约戈谷蓝宝石矿床，蓝宝石呈板状晶体，晶体重2～10ct，偶尔可见蓝宝石猫眼石。矿物共生组合有：辉石、黑云母，方佛石、尖晶石，磷灰石、锆石、磁铁矿、钙霞石等。蓝宝石产在玄武岩或碱性玄武岩中，或火山碎屑岩中。如澳大利亚和中国海南、山东、福建等省属此种类型。澳大利亚的蓝宝石可见蓝、绿、黄等色，有平直色带，菱面体双晶纹发育。其矿物共生组合有辉石、尖晶石、锆石等。

2.矽卡岩型

有镁矽卡岩型和硅酸盐矽卡岩型。镁矽卡岩型：红宝石或蓝宝石产在镁矽卡岩化的白云质大理岩中，矿物共生组合有镁橄榄石、透辉石、尖晶石、红宝石、金云母、粒硅镁石、方解石、磷灰石等。红宝石呈斑晶和巢状块体产出，以缅甸抹谷红宝石最为著名。其二是中、新生代酸性和基性火成岩侵入碳酸盐岩形成的红宝石大理岩中，北巴基斯坦罕萨属于此种类型，是世界上最富集的红宝石矿床之一，可与缅甸红宝石相媲美。硅酸盐矽卡岩型：是正长岩侵入白云质灰岩中，蓝宝石呈孤立的矿体赋存于正长岩中，少数产在金云母方柱石斜长石的矽卡岩中，红宝石和蓝宝石呈桶状、六方双锥等形状，还可见星光宝石。红宝石为玫瑰红，蓝宝石呈蓝色、浅蓝色、绿色，如斯里兰卡康提城蓝宝石矿床。

3.气成热液型

与伟晶岩有关的气成热液型：矿体产在伟晶岩与白云质灰岩接触带上（含长石、透闪石、阳起石脉壁

带)，矿物共生组合有长石(蓝宝石镶嵌在长石中)、阳起石、透闪石、红/绿碧玺、蓝晶石、蓝柱石、石榴石等。如克什米尔的桑斯加的优质矢车菊蓝宝石就产于此带，还有苏姆扎姆蓝宝石矿床。超基性岩中云母云英岩型气成热液型：红、蓝宝石矿体呈脉状或透镜状产于黑云母、金云母岩中。如坦桑尼亚、前苏联。

(二)变质成因类型

红宝石有时同蓝宝石产在麻粒岩变质相和角闪石变质相的结晶片岩和片麻岩中。红、蓝宝石呈稀疏的晶体展布于片岩、片麻岩中。晶体小、质量差。产地有斯里兰卡、前苏联、芬兰、美国、中国。

(三)外生矿床(砂矿)

产于矽卡岩化大理岩中的溶洞里的残积坡积红宝石砂矿，以缅甸抹谷最典型，是大型砂矿，也是红宝石的主要来源。冲积砂矿和残积、坡积砂矿：有阶地砂矿和河谷砂矿，是红宝石和蓝宝石的重要来源，主要产地有斯里兰卡伊拉母砂矿(以硅酸盐的砂岩型为岩源的冲积砂矿)，以复矿型著称，不仅盛产蓝宝石和星光蓝宝石，还富产猫眼、变石、海蓝宝石、黄玉、绿尖晶石、碧玺、石榴石和紫晶，重砂矿物有独居石、锆石、褐钇铌矿和钽铁矿。另有产地澳大利亚、克什米尔、柬埔寨、泰国、阿富汗、越南、前苏联、挪威、坦桑尼亚、肯尼亚、中国等。

不同产地的红宝石其质量和颜色不同：

(1)缅甸的红宝石称“东方红宝石”，是最优质的红宝石，常用“鸽血红”来形容其颜色。

(2)泰国红宝石颜色为暗红色至浅棕红色。

(3)斯里兰卡产浅红色、极浅红色或淡紫红色红宝石。虽色浅，但比缅甸和泰国产的红宝石更加光亮耀眼。

(4)非洲红宝石：坦桑尼亚的Longido和Losso-gonoi产优质的淡紫红色翻面等级红宝石，为小型矿床，肯尼亚Tsavo国家公园的Saul矿产出过重达7ct翻面优质大颗粒红宝石。

(四)中国蓝宝石产地

中国近年来(20世纪70年代后期)，在东部沿海一带的玄武岩中相继发现了多处有工业价值的蓝宝石矿床。主要产地有山东省、海南省和福建省。现分述如下。

1.山东省昌乐县蓝宝石矿床

山东蓝宝石矿床主要分布在昌乐县五图镇与潍坊市潍城区接壤处，以砂矿为主。是目前国内发现的最主要的蓝宝石矿床，其蓝宝石的特点是：块度大，杂质、棉绺少，多无裂，以靛蓝色为主、色偏深，甚至有些只能借助于手电筒才能观察到蓝色。因此有待改色才能提高其经济价值。除了靛蓝色之外，还有绿色、浅蓝色、金黄色、黄色和橘红色等品种。黄色、金黄色刚玉：色泽艳丽、折射率和色散特强，磨成戒面(刻面)质量可达3ct以上，可反射出耀眼的色彩，可与钻石媲美，是一种珍贵的宝石，价格非常昂贵，被誉为“东方黄宝石”“帝皇宝石”或“黄宝石王”。橙色、橘红色刚玉：在山东昌乐蓝宝石矿床中极为罕见。折射率和色散也特强、磨成戒面(刻面)质量可达2ct以上，类似斯里兰卡的帕德马蓝宝石，是极佳的宝石。绿色刚玉：在山东昌乐蓝宝石矿床中常见绿色变种，有时和黄、蓝色同时出现在同一晶体中，反光特强，五颜六色，磨成戒面(刻面)可达4ct以上。人们常常把这种宝石误认为“东方祖母绿”。上述各种颜色常在同一晶体中呈斑杂状、条带状、环带状、不规则状等，或在晶体中心呈色心分布(参看本节图谱)。

山东蓝宝石之所以色深，是因含铁、钛量高。又由于含微量的铬、镍、钴，因此出现橘红、黄、绿颜色。当不同色调出现在同一晶体时，磨成戒面，其反光效果特好。山东蓝宝石晶形有桶状、柱状、板状、粒状和六方双锥状，常具环带结构，常见双晶纹和晶面生长纹，色带发育。其包裹体有金红石、各色刚玉、石榴石、细粒黑色矿物和气液包裹体等。

2.海南省蓝宝石

海南蓝宝石主要产于残积红土层和洪、冲积层中。原岩为新生代玄武岩和火山碎屑岩。其晶形为桶状、复三方短柱状、粒状、块状、浑圆状或呈次棱角状，晶面上常有斜纹和横纹。其颜色有深、浅蓝、蓝绿、淡蓝灰色，以浅蓝色为最佳。其粒度一般为数毫米到数十毫米不等。矿物共生组合有红刚玉、红锆石。在砂矿中有磁铁矿、钛磁铁矿、钛铁矿、铬铁矿、镁铁尖晶石、钛铁尖晶石、金红石、独居石等。其包裹体有铌铁矿、钛铁尖晶石和气、液包裹体或多相包裹体。

3.福建蓝宝石

福建蓝宝石主要分布于闽西、闽中。母岩为火山碎屑岩。砂矿主要分布于闽西的明溪、清流地区。蓝宝石矿主要赋存于近源河谷，在洪积、冲积、坡积和残积物中，特别富集在河床及阶地砂砾层中。其颜色以深浅蓝色为主、蓝绿色、黄绿色。其晶形为桶状、鼓状、六方柱和六方双锥的聚晶，呈浑圆状或碎屑状。其粒度由数毫米至数十毫米不等，大者可达30mm。矿物共生组合有白锆石、镁铝榴石、橄榄石、镁钛铁矿、辉石、尖晶石、长石等。包裹体有金红石和气、液包裹体。

除了上述产地外，在江苏、安徽、黑龙江、吉林南部、辽宁北部、云南、西藏曲水县都发现有蓝刚玉或红刚玉（为玄武岩型）。在砂矿中矿物组合有红刚玉、玻璃状辉石、石榴石、锆石、尖晶石等。在青海发现有云母岩型红、蓝、灰色刚玉原生矿，部分具星光效应。但这些地区的刚玉达到宝石级的不多。如江苏蓝刚玉呈薄板状，裂多、难取料。黑龙江蓝刚玉粒度太小。1978年在海南文昌、1981年在安徽西南部以及1986年在黑龙江东部、河北等地相继发现红宝石，但均达不到宝石级。其中安徽和河北产的红宝石，晶形好，呈桶状、柱状，晶体大者长达十几厘米，质量达900多克，呈暗紫红色，不透明，只能作矿物标本欣赏。另外，在华南某地黑云母片岩中也发现有红刚玉，呈细粒状沿片理密集分布。

六、刚玉（蓝宝石、红宝石）和杂色刚玉图谱鉴赏

在历史上，无论是古代、现代还是国内外，有关红、蓝宝石的故事传说很多（这里不一一赘述）。这说明它在人们心中的地位和对它的渴望：都希望有一枚红宝石戒指或蓝宝石吊坠。因为红宝石的华丽和蓝宝石的稳重高雅，人们认为戴上它会健康长寿、幸福美满。近年来不少爱石、爱宝者不惜代价收藏和观赏这些宝石。

笔者也是爱宝玉石者，现将所收集和观察到的有关红宝石和蓝宝石标本的晶形、内部结构、包裹体及其构成的景物、人物、动物等有关图谱列出供读者鉴赏。

（1）蓝宝石（蓝色刚玉）图谱（图4-2-1～图4-2-75）

（2）红宝石（红色刚玉）图谱（图4-2-76～图4-2-108）

（3）杂色刚玉图谱（图4-2-109～图4-2-330）

1）晶形、晶面纹、晶面蚀纹、双晶纹、结构、构造、颜色鉴赏篇

（1）晶形、晶面纹、晶面蚀纹、双晶纹

（2）结构、构造

（3）颜色

2)包裹体鉴赏篇

3)景物鉴赏篇

4)人物鉴赏篇

5)动物鉴赏篇

6)字鉴赏篇

7)标本、饰物(戒面、戒指、吊坠)鉴赏篇

(1)蓝宝石(蓝色刚玉)

图4-2-1　带围岩的蓝刚玉,26mm × 21mm × 17mm,产自山东

图4-2-2　桶状蓝刚玉晶体,43mm × 20mm × 16mm,产自山东

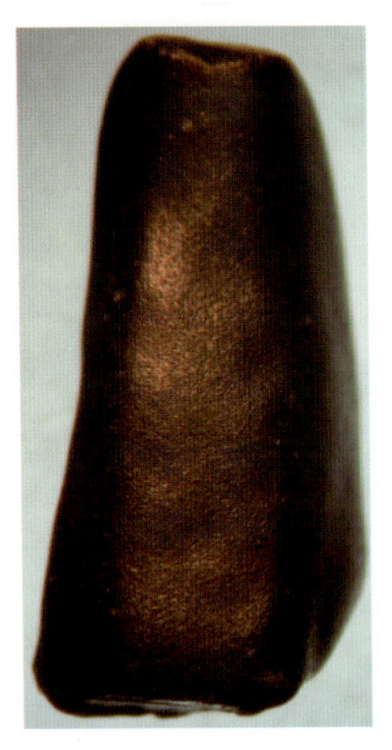
图4-2-3　桶柱状蓝刚玉晶体,产自山东

图4-2-4　梯形蓝刚玉晶体,产自山东

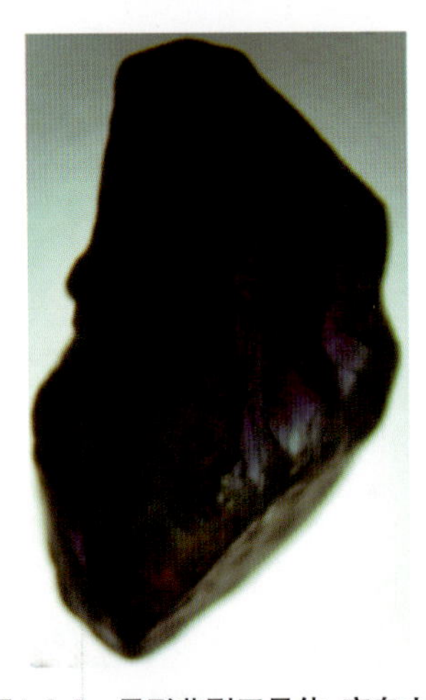
图4-2-5　异形蓝刚玉晶体,产自山东

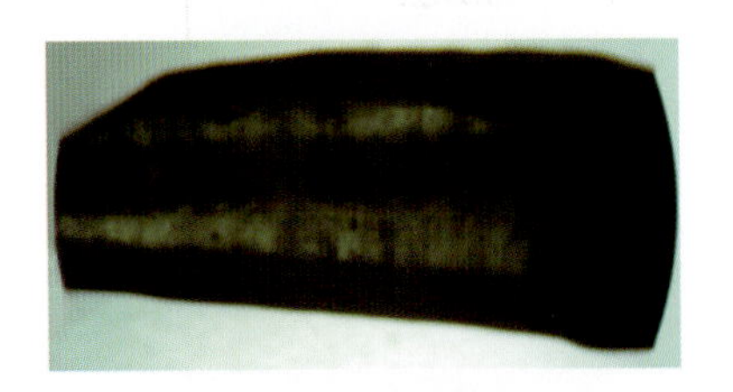
图4-2-6　似桶状蓝刚玉晶体,产自山东

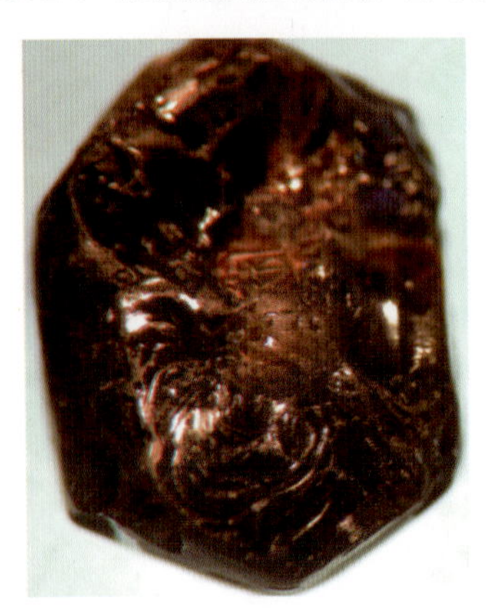
图4-2-7　蓝刚玉横断面,产自山东

图4-2-8　蓝刚玉晶体横断面(六边形),产自山东

图4-2-9　蓝刚玉晶体斜横断面,产自山东

图4-2-10　蓝刚玉,产自澳大利亚

图4-2-11　蓝刚玉横断面,产自澳大利亚

图4-2-12 蓝刚玉晶面纹，呈60°~120°交角，产自山东

图4-2-13 蓝刚玉晶面纹，并具色带，产自山东

图4-2-14 蓝刚玉晶面纹，产自山东

图4-2-15 蓝刚玉晶面纹，产自山东

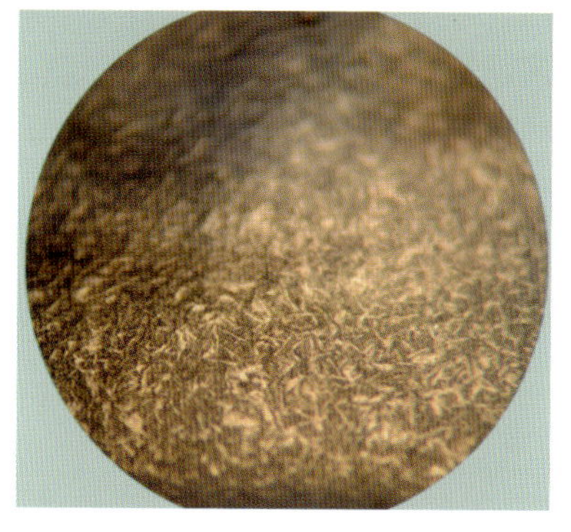

图4-2-16 蓝刚玉晶面蚀纹，产自山东

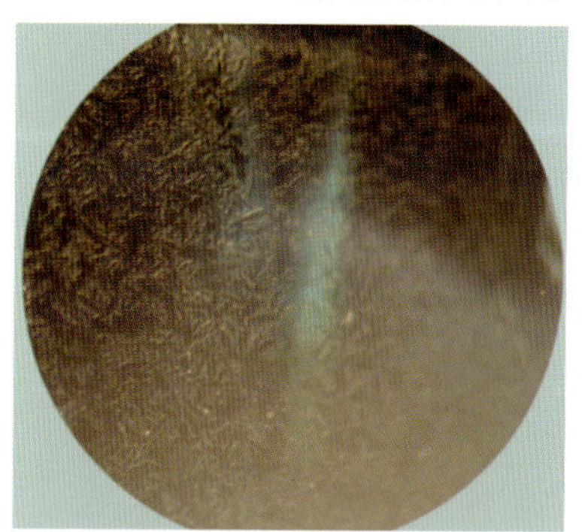

图4-2-17 蓝刚玉晶面蚀纹和蓝色条带，产自山东

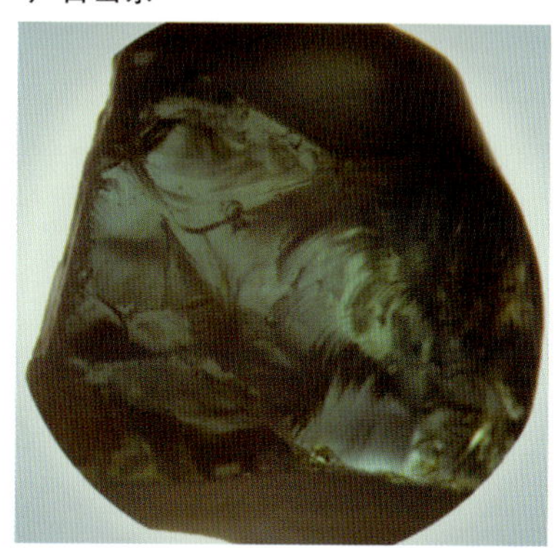

图4-2-18 蓝刚玉贝壳状断口，产自山东

图4-2-19 蓝刚玉晶体，裂理沿三组双晶面裂开，构成三组交角为60°~120°展部，产自山东

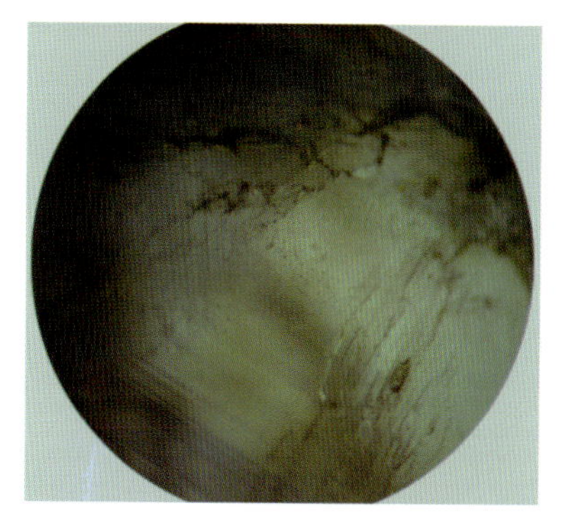

图4-2-20 蓝宝石环带结构，产自山东

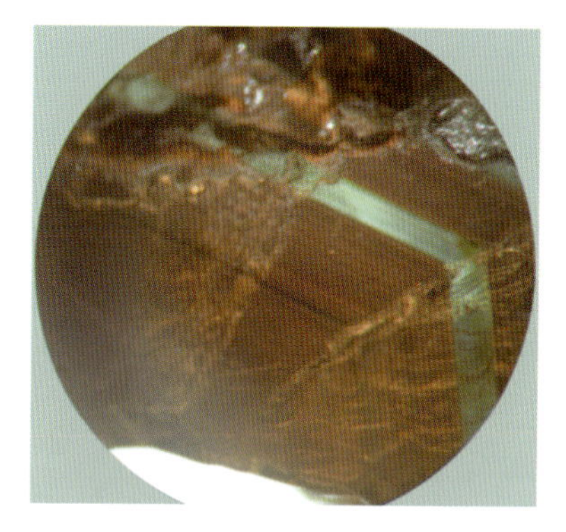

图4-2-21 蓝刚玉环带结构和生长纹，产自山东

图4-2-22 蓝刚玉环带结构，产自山东

图4-2-23 蓝刚玉环带结构和红色斑，产自山东

图4-2-24　蓝刚玉环带结构，产自山东

图4-2-28　蓝宝石环带结构(西瓜皮)，边部深蓝，核部浅蓝，产自山东

图4-2-31　蓝刚玉条带结构，黄、白、蓝互成条带，条带垂直柱面，产自山东

图4-2-25　蓝刚玉环带结构，产自山东

图4-2-29　蓝刚玉条带，环带结构，黄色条带，褐色环带，产自山东

图4-2-32　蓝刚玉中黄色斑，产自山东

图4-2-26　蓝刚玉环带结构，环带平行柱面，产自山东

图4-2-33　蓝刚玉中有红斑(红心)，产自山东

图4-2-27　蓝刚玉环带结构，边部浅蓝，核部深蓝，产自山东

图4-2-30　蓝刚玉中黄色条带，产自山东

图4-2-34　蓝刚玉中红斑并有虹彩，产自山东

图4-2-35　蓝刚玉中靛蓝色斑，产自山东

图4-2-36　蓝刚玉横断面在深蓝色中有靛蓝色斑，产自山东

图4-2-37　浅蓝刚玉中有深蓝色刚玉包裹体，产自山东

图4-2-38　斑杂状蓝宝石（杂色），产自山东

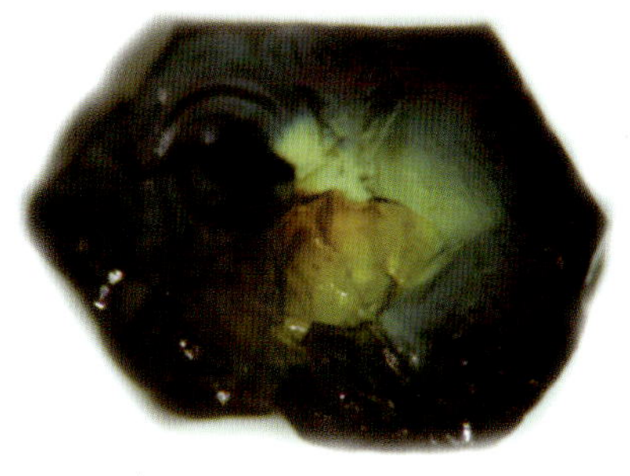
图4-2-39　斑杂状蓝宝石，产自山东

图4-2-40　斑杂状蓝宝石，产自山东

图4-2-41　斑杂状蓝宝石，红色斑为红刚玉，产自山东

图4-2-42　斑杂状蓝宝石，并具环带结构，产自山东

图4-2-43　斑杂状蓝宝石，产自山东

图4-2-44　斑杂状蓝刚玉，产自山东

图4-2-45　黄绿色蓝宝石，产自山东

图4-2-46　灰褐色蓝刚玉，产自山东

图4-2-47　蓝绿色刚玉(蓝宝石)，产自山东

图4-2-48　普鲁氏蓝刚玉，产自山东

图4-2-49　深蓝—蓝黑色刚玉，产自山东

图4-2-50　蓝刚玉中含金红石包裹体，产自山东

图4-2-51　蓝刚玉中含金红石包裹体，产自山东

图4-2-52　蓝刚玉中有红色斑图案——“人头”，产自山东

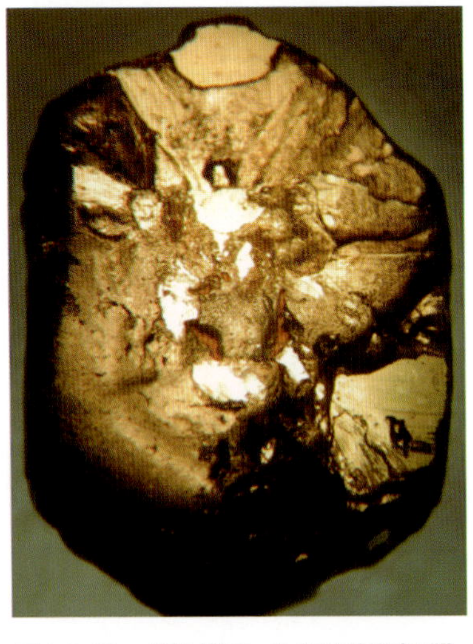
图4-2-53　黄色刚玉，米字结构“欢呼”，产自山东

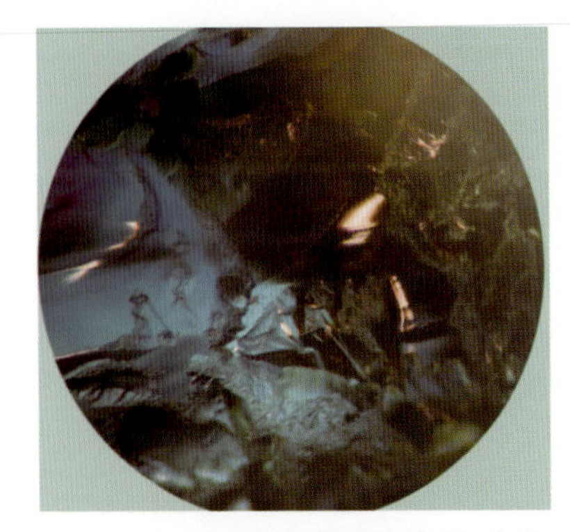
图4-2-54　杂色刚玉构成图案“湖边洗衣”，产自山东

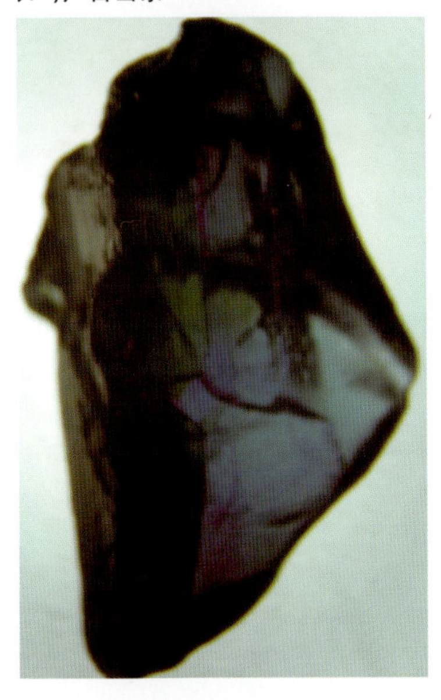
图4-2-55　蓝刚玉，晶体构成图案“伊斯兰教女士”，产自山东

图4-2-56　蓝刚玉中红斑构成图案“红眼睛人”，产自山东

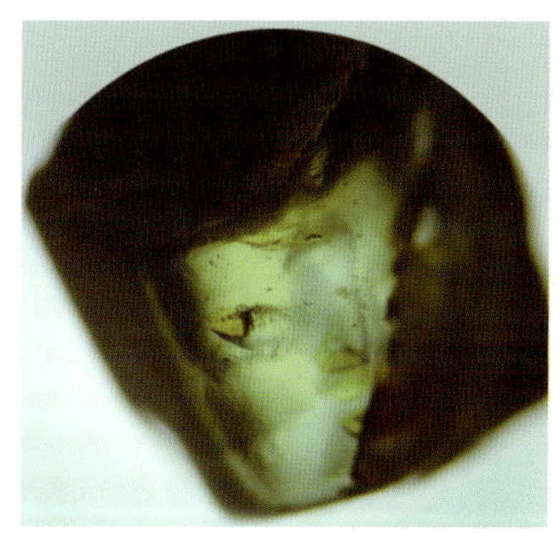

图4-2-57　蓝刚玉中黄斑构成图案“小男童”，倒看“悲伤的人”，产自山东

图4-2-58　杂色刚玉——“佐罗”，产自山东

图4-2-59　蓝色刚玉，色分部不均匀，构成图案“赛车”，产自山东

图4-2-60　蓝色刚玉中，浅、深蓝色构成图案“手臂”，产自山东

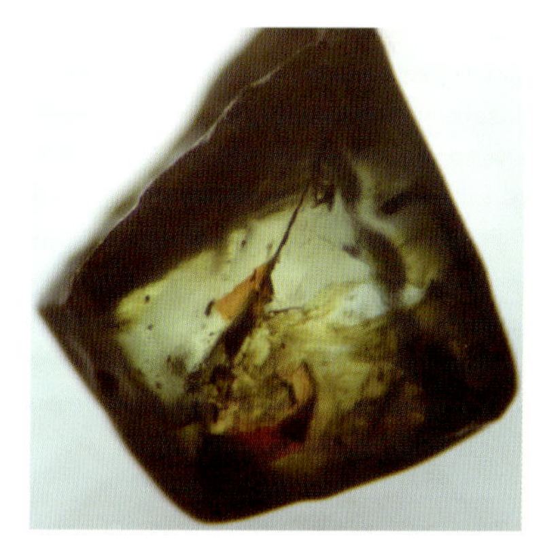

图4-2-61　蓝色刚玉中，红、黄斑构成图案“小鸟”，产自山东

图4-2-62　蓝色刚玉晶形构成图案“猪姥姥”，产自山东

图4-2-63　蓝色刚玉晶形构成图案“大头鱼”，产自山东

图4-2-64　蓝宝石戒面、吊坠（马眼形），4mm×9mm，产自山东

图4-2-65　浅蓝色蓝宝石戒面、吊坠（蛋形），4mm×5mm，产自山东

图4-2-66　深蓝色蓝宝石戒面、吊坠（蛋形），7mm×9mm，产自山东

图4-2-67　刚玉黄宝石戒面、吊坠（又名东方黄宝石或黄宝石王、黄宝石帝），直径8.6mm，产自山东

图4-2-68　刚玉黄宝石戒面、吊坠（蛋形），7mm×9mm，产自山东

图4-2-69　刚玉黄宝石戒面、吊坠（蛋形），7mm×9mm，产自山东

图4-2-70　橘红一橙红色宝石戒面、吊坠（蛋形），橙色至粉红色旧称"帕德马蓝宝石"，颜色颇似"红莲"，7mm×9mm，产自山东

图4-2-71　刚玉黄宝"东方黄宝石"戒面、吊坠（长方形），5.7mm×8mm，产自山东

图4-2-72　蓝宝石戒面、吊坠（素面，蛋形），6mm×8mm，产自缅甸

图4-2-73　星光蓝宝石戒指，产自缅甸

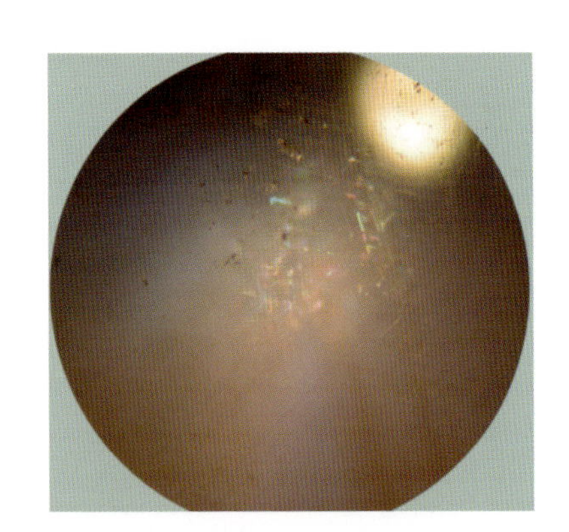
图4-2-74　星光蓝宝石内部结构，产自缅甸

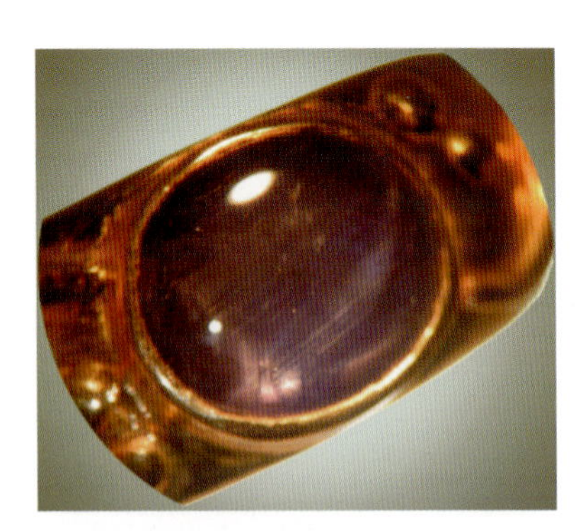
图4-2-75　变色蓝宝石戒指，自然光下呈蓝色，灯光下呈红色，产自缅甸

(2)红宝石(红色刚玉)

图4-2-76　红刚玉晶体，桶状、板状、柱状、桶柱状、粒状、异形、横断面六边形等(多粒)，产自越南都安

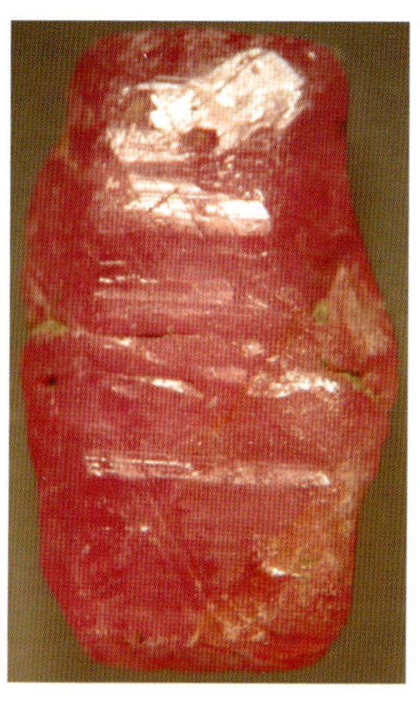

图4-2-78　红刚玉，桶状晶形，产自越南

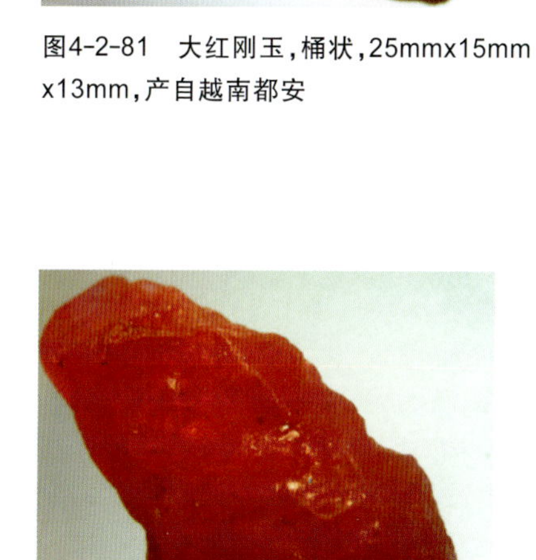

图4-2-81　大红刚玉，桶状，25mmx15mmx13mm，产自越南都安

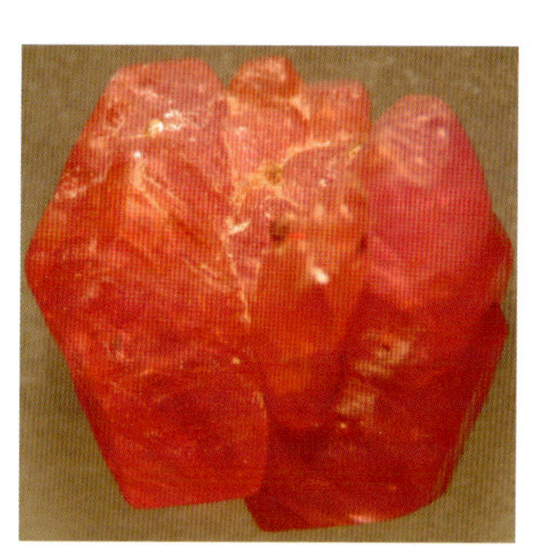

图4-2-79　红刚玉，桶状多连晶，产自越南

图4-2-77　红刚玉，桶状连生体，产自越南

图4-2-82　红刚玉，似桶状，产自越南

图4-2-80　红刚玉，桶状、柱状、嵌晶，柱面横纹，产自越南

图4-2-83　红刚玉，桶状、锥状，产自越南

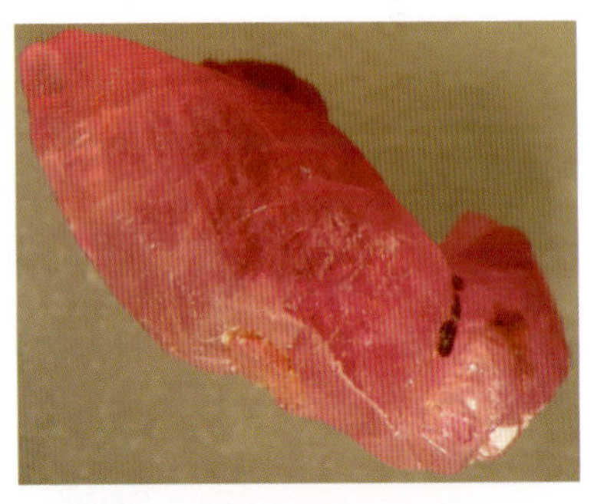
图4-2-84　红刚玉，锥柱状、桶状连生体，产自越南

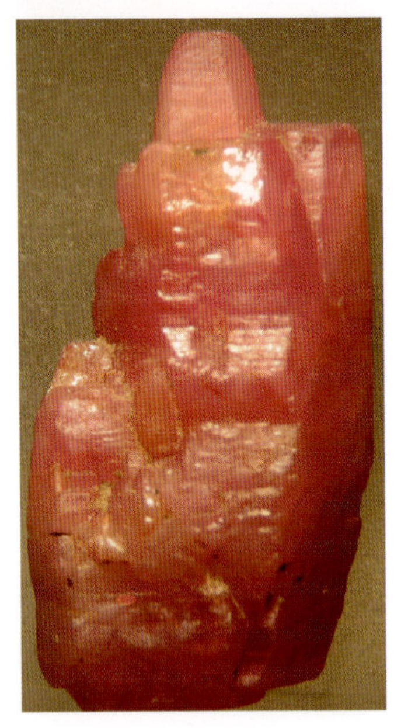
图4-2-85　红刚玉，锥柱状、桶状、板柱状连生体，晶面上横花纹，产自越南

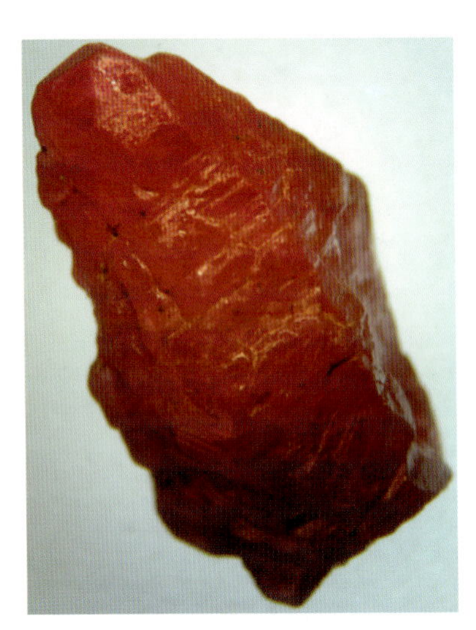
图4-2-86　红刚玉，锥柱状连生体，产自越南

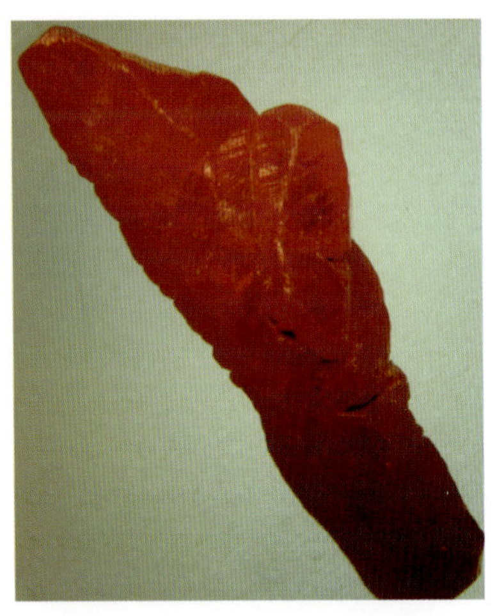
图4-2-87　红刚玉，锥柱状交叉连生体，产自越南

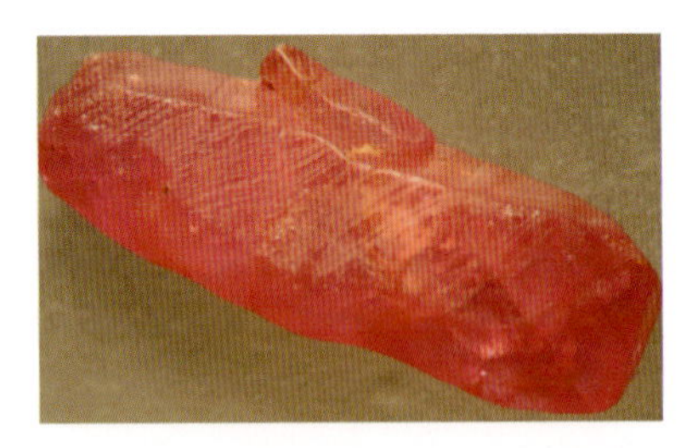
图4-2-88　红刚玉，柱状连生体，产自越南

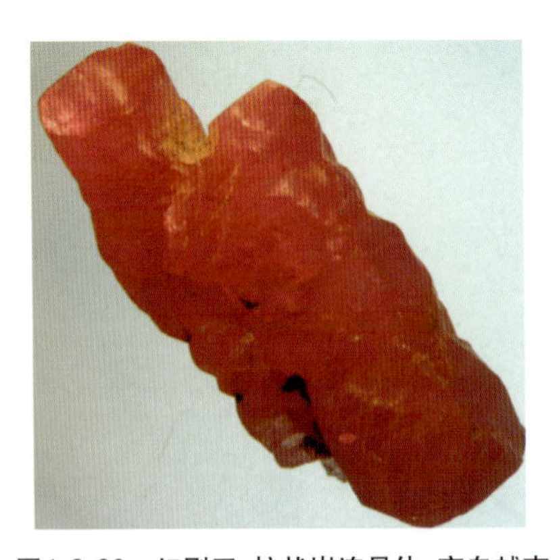
图4-2-89　红刚玉，柱状嵌连晶体，产自越南

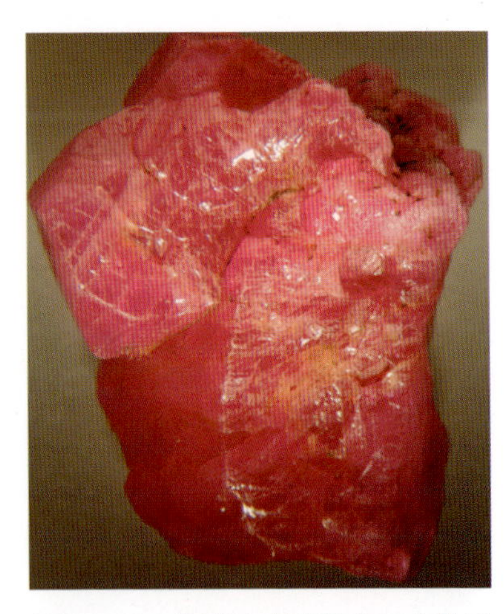
图4-2-90　红刚玉，柱状和复三方偏三角面体聚晶，连晶，产自越南

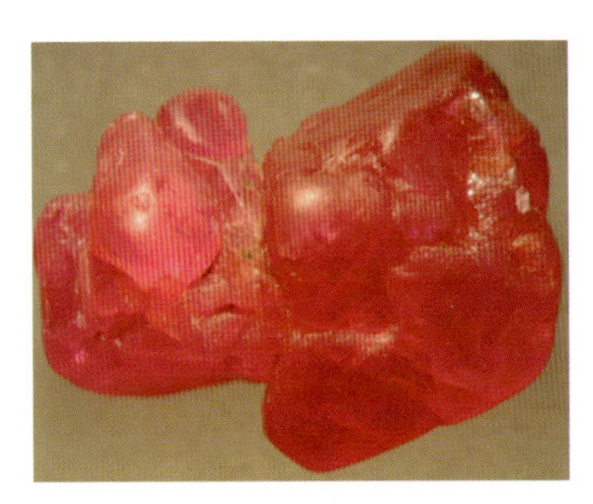
图4-2-91　红刚玉，板柱状连晶，产自越南

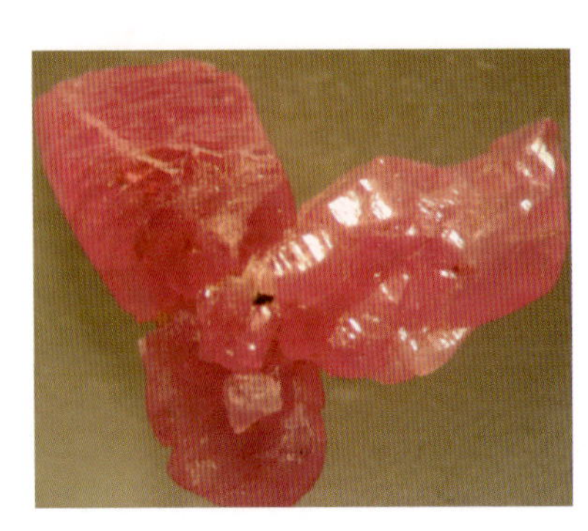
图4-2-92　红刚玉，锥柱状交叉连生，嵌晶，产自越南

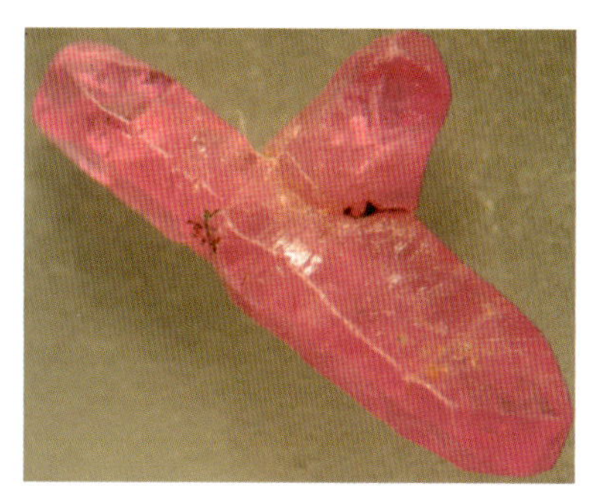
图4-2-93 红刚玉，板柱状嵌晶，产自越南

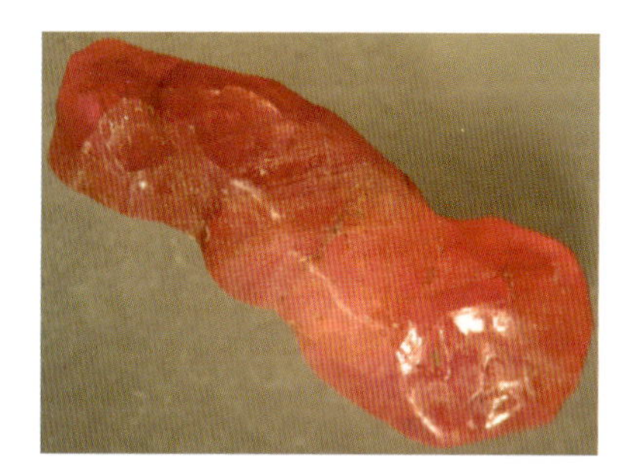
图4-2-94 红刚玉，异形晶体，产自越南

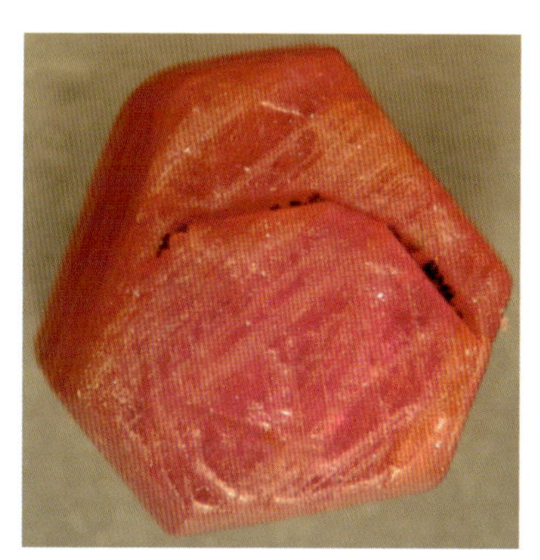
图4-2-95 红刚玉，顶面六边形（复三方晶系），产自越南

图4-2-96 红刚玉，晶面上三角形花纹，产自越南

图4-2-97 红刚玉，短柱状、六方柱状聚晶，构成图案“戴口罩的小童”，产自越南

图4-2-98 红刚玉，板柱状晶体，晶面纹垂直C轴，构成图案“母子”，产自越南

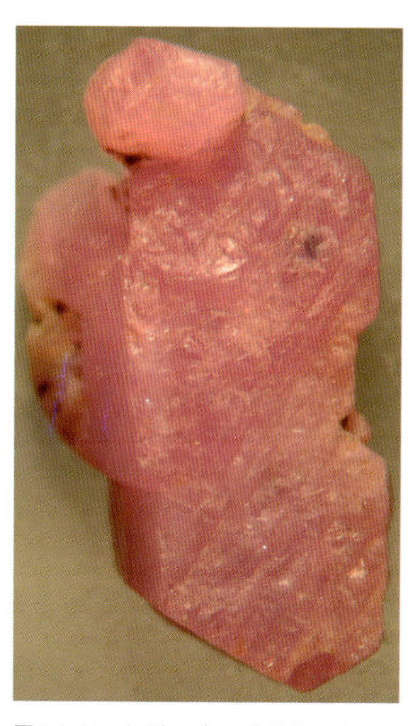
图4-2-99 红刚玉，假六方柱状晶体——“两个脸谱”，产自越南

图4-2-100 红刚玉，复三方偏三角面体连晶——“七仙女”，产自越南

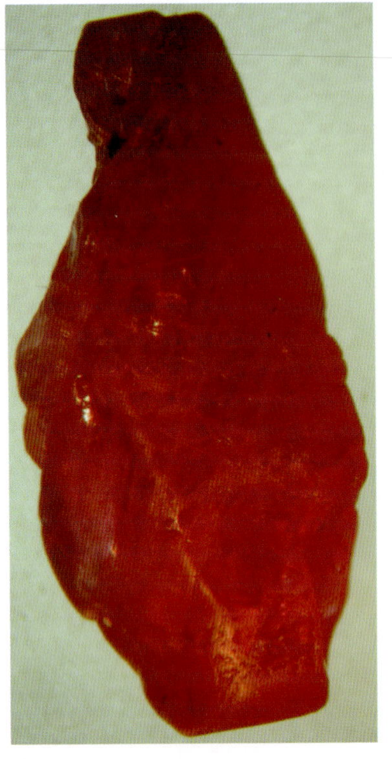

图4-2-101　深红刚玉，桶状晶体——“孕妇”，产自越南

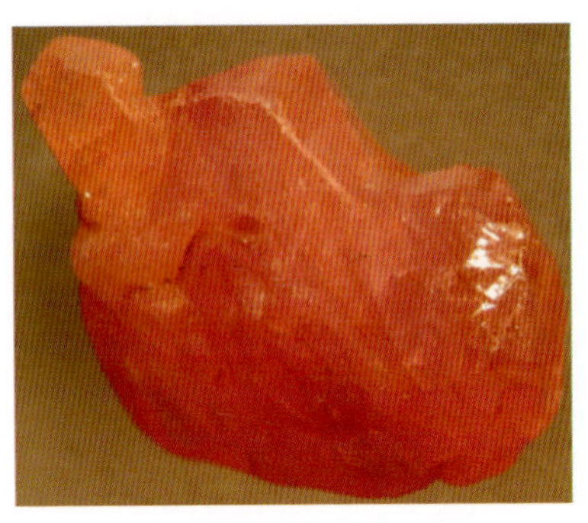

图4-2-102　黄红刚玉，复三方偏三角面体聚晶——“金发卫士”，产自越南

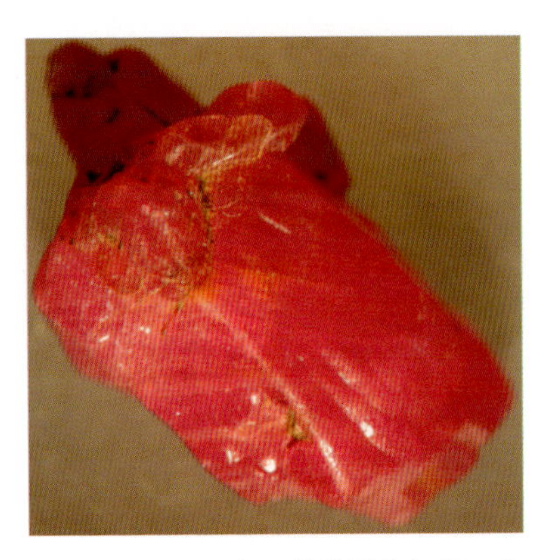

图4-2-103　红刚玉，柱状晶体与复三方偏三角面体嵌晶——“小丑”，产自越南

图4-2-104　红刚玉，短柱状和复三方偏三角面体连晶——“老妪”，产自越南

图4-2-105　红刚玉，复三方偏三角面体，晶面横纹，左上方有一“小猴”，产自越南

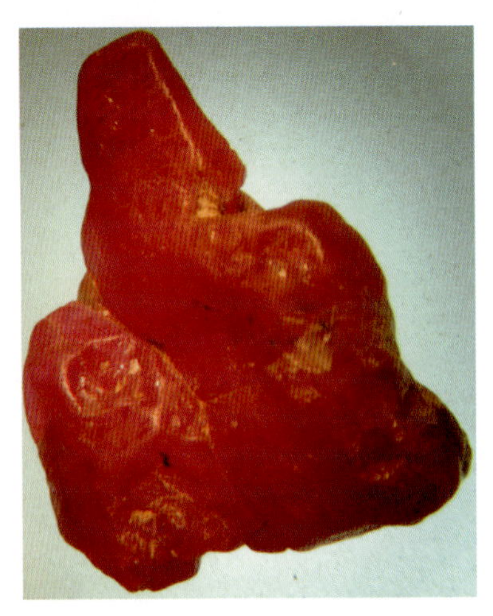

图4-2-106　红刚玉，柱状、桶状连晶——“弥勒佛双手抱两个小童”，产自越南

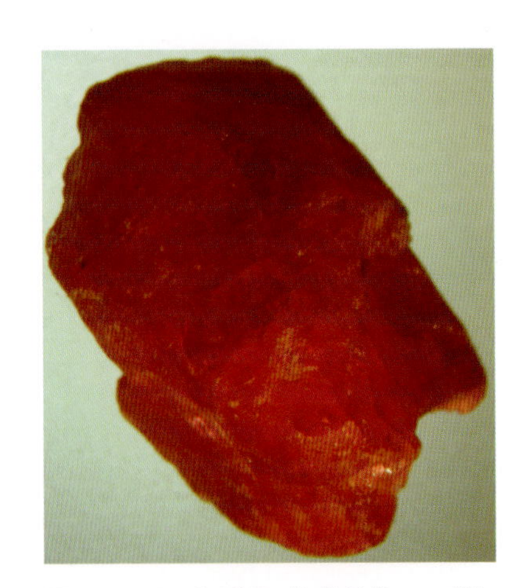

图4-2-107　红刚玉，柱状晶体——“波斯勇士”，产自越南

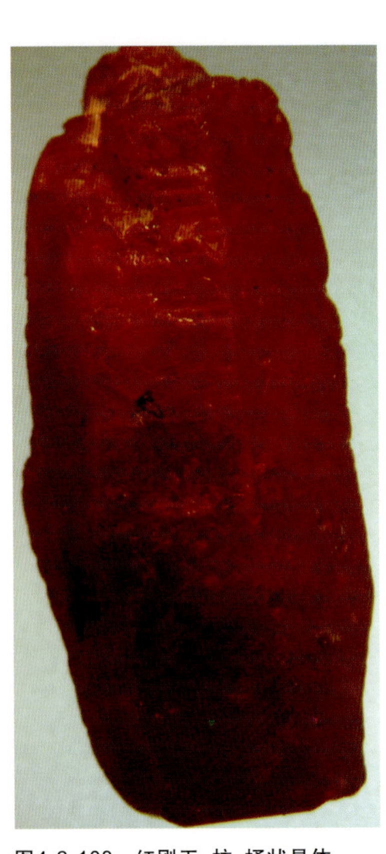

图4-2-108　红刚玉，柱、桶状晶体——“标尺大汉”，产自越南

(3)杂色刚玉

1)晶形、晶面纹、晶面蚀纹、双晶纹、结构、构造、颜色鉴赏篇

(1)晶形、晶面纹、晶面蚀纹、双晶纹

图4-2-112　杂色刚玉(3粒),不同形态

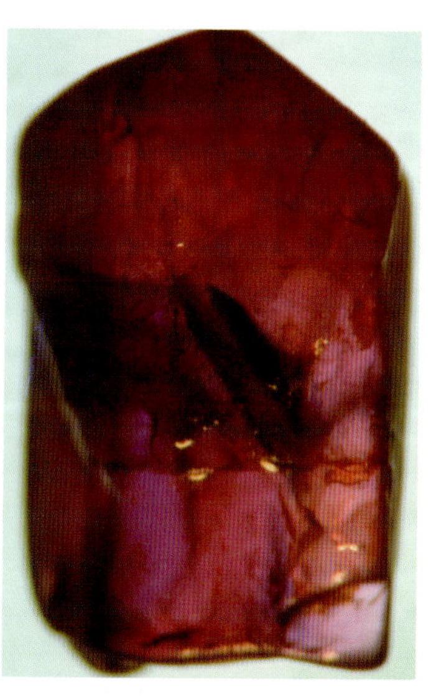

图4-2-116　刚玉晶体,锥柱状

图4-2-109　杂色刚玉(多粒,多色),各种形态(砂矿)

图4-2-113　杂色刚玉,不同形态

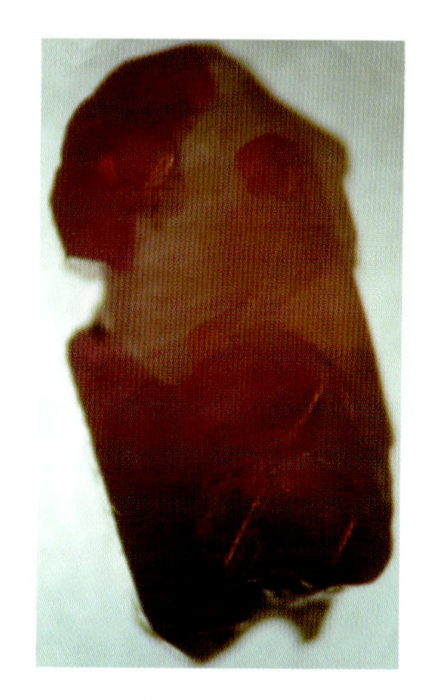

图4-2-117　刚玉晶体,红色柱状,被白色刚玉切穿

图4-2-110　杂色刚玉(红色色调为主),各种形态(砂矿)

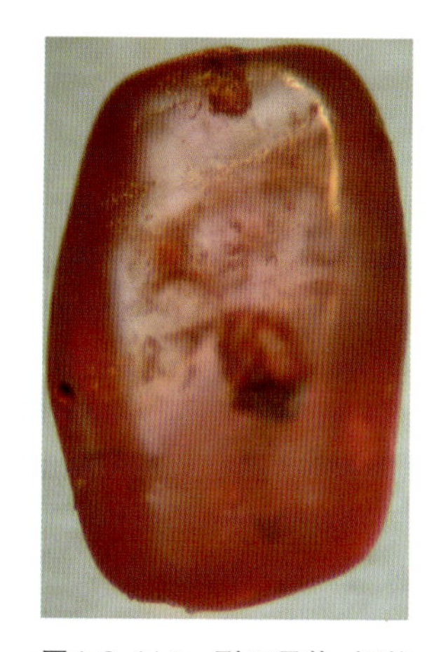

图4-2-114　刚玉晶体,桶状

图4-2-111　杂色刚玉(蓝色色调为主),各种形态(砂矿)

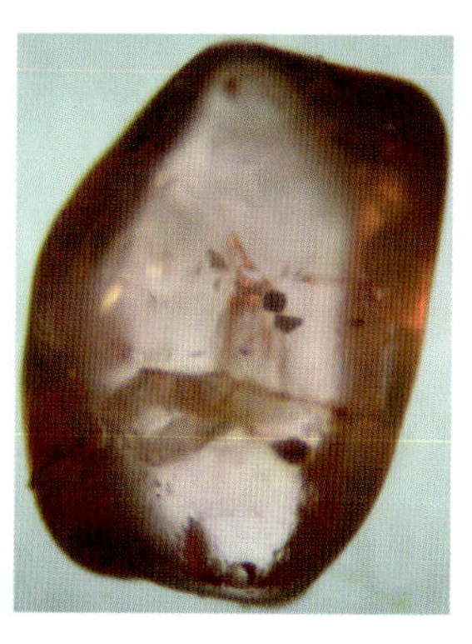

图4-2-115　刚玉晶体,桶状

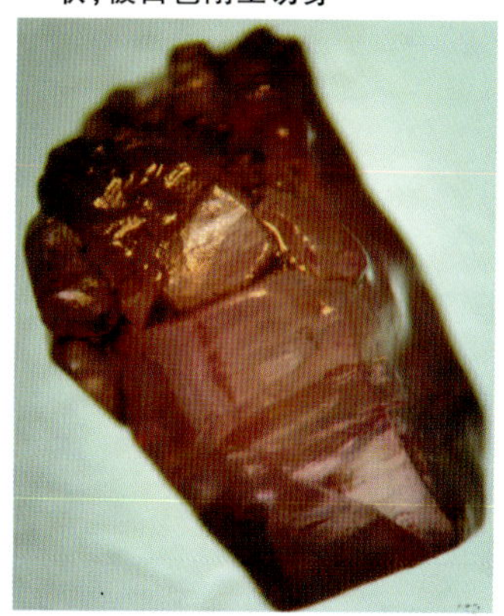

图4-2-118　刚玉晶体,柱状晶体,顶部多个小刚玉晶簇

图4-2-119　刚玉晶体横切面，六边形

图4-2-120　刚玉晶体横断面

图4-2-121　刚玉晶体横断面

图4-2-122　刚玉晶体，晶面上有平行(0001)和(1011)交棱的花纹

图4-2-123　刚玉晶体，晶面蚀纹

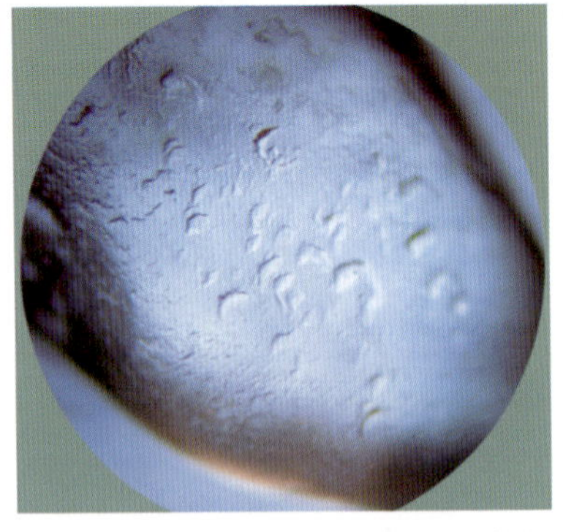

图4-2-124　刚玉晶面蚀纹(蠕虫状)

图4-2-125　刚玉内部有类似钠长石的聚片双晶纹

图4-2-126　刚玉内部有类似钠长石的聚片双晶纹

图4-2-127　刚玉表面裂理

（2）结构、构造

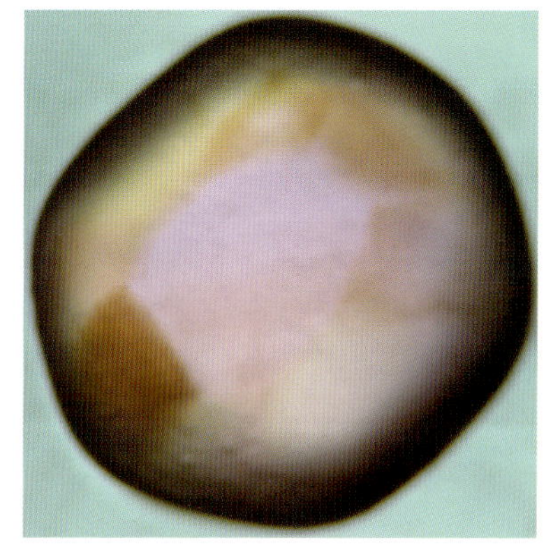

图4-2-128　刚玉环带结构，内部淡粉，边部黄色

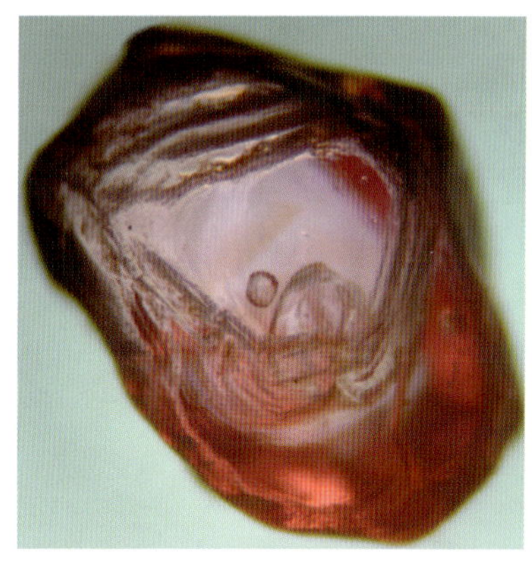

图4-2-129　刚玉环带结构，内部粉色，边部红色

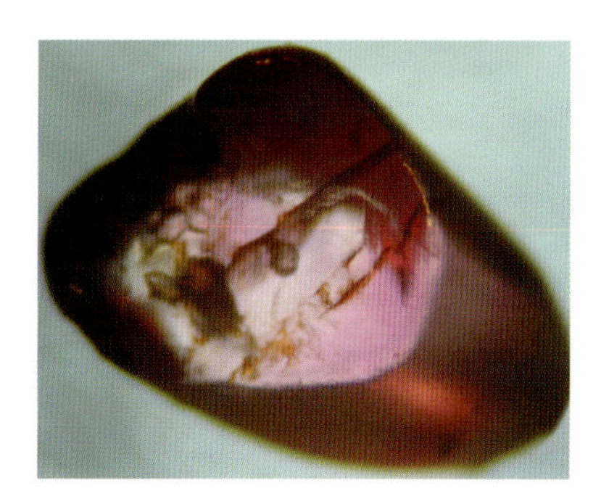

图4-2-130　刚玉环带结构，内部粉色，边部红色，内部红色刚玉包裹体

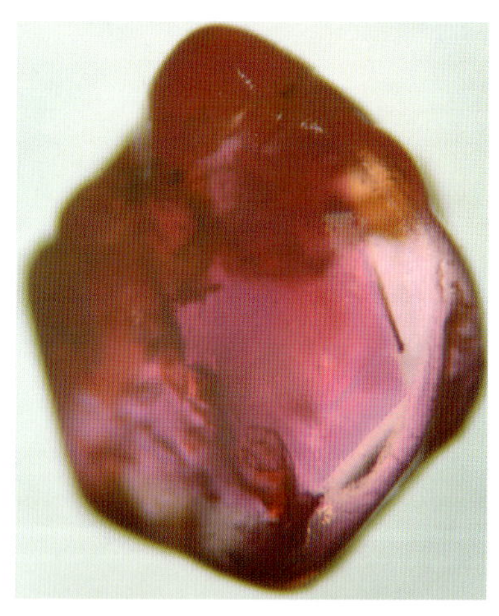

图4-2-131　刚玉环带结构，内部艳玫瑰红，边部浅粉色，并见针状金红石包裹体

图4-2-132　刚玉环带结构，分三层，边部浅褐色，中层艳粉色，中心褐色

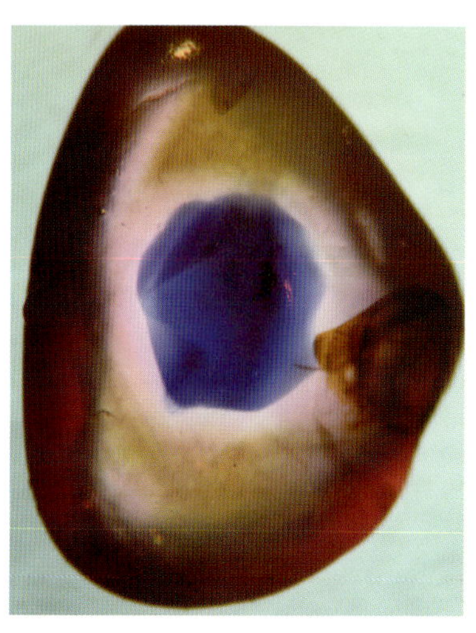

图4-2-133　刚玉环带结构，分三层，边部红色，中层粉色，中心部分蓝色

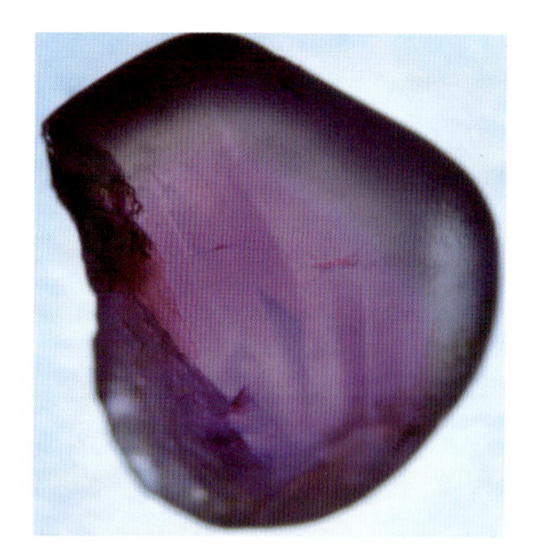

图4-2-134　刚玉环带结构，边部灰蓝色，中部玫瑰红色

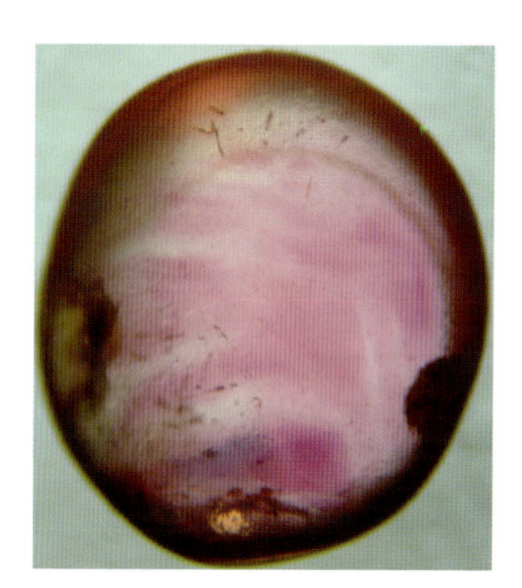

图4-2-135　刚玉环，条带结构

图4-2-136　刚玉条带结构

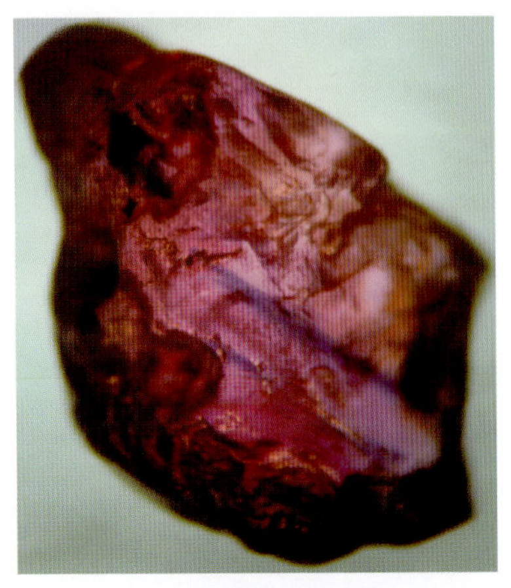

图4-2-137　刚玉条带结构，玫瑰红中有蓝色条带

图4-2-138　刚玉条带结构，蓝色中有白色条带和黄色斑

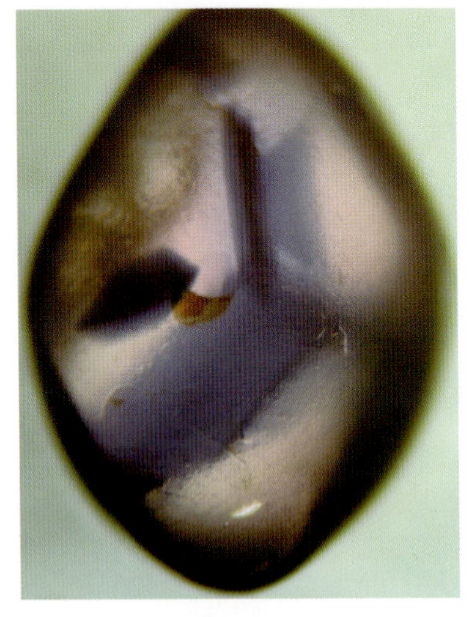

图4-2-139　刚玉条带、斑结构，灰粉色中有蓝色条带和色斑

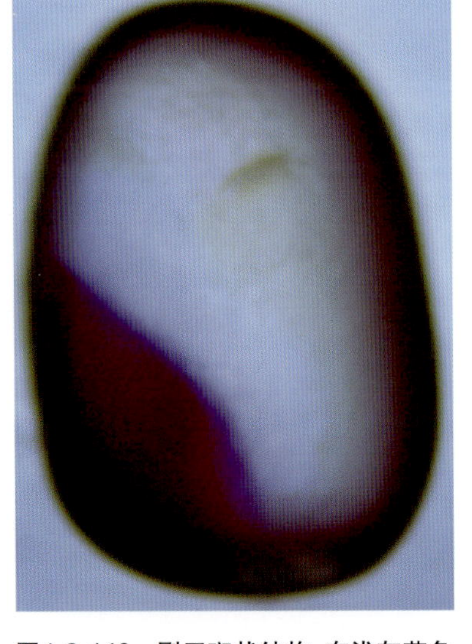

图4-2-140　刚玉斑状结构，在浅灰蓝色中有深蓝色斑

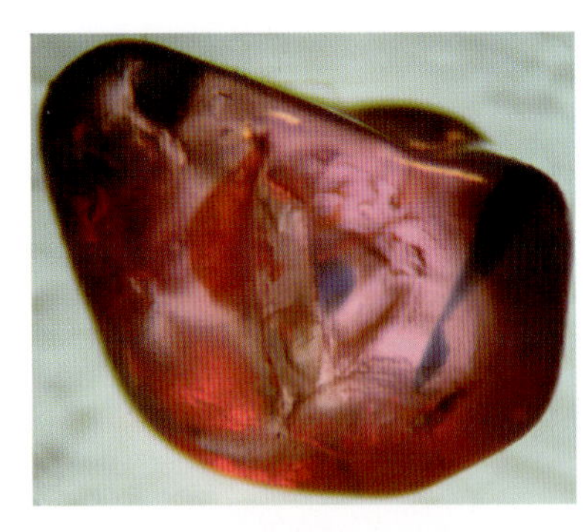

图4-2-141　刚玉斑状结构，浅粉色中有红、蓝色斑

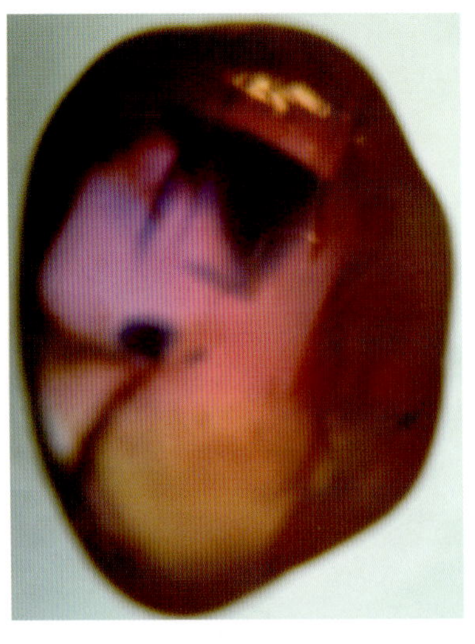

图4-2-142　刚玉斑状结构（蓝斑）

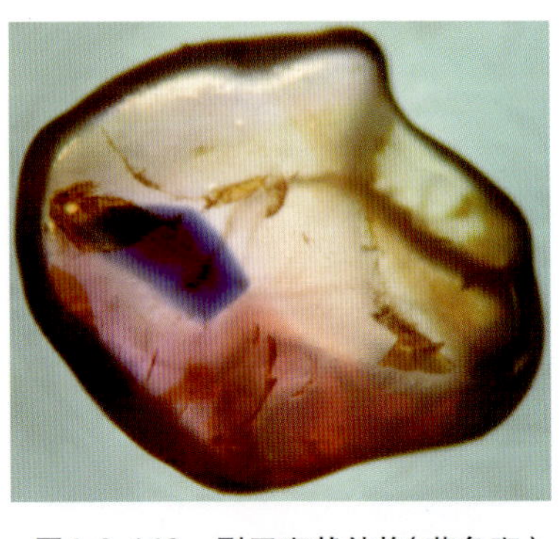

图4-2-143　刚玉斑状结构（蓝色斑）

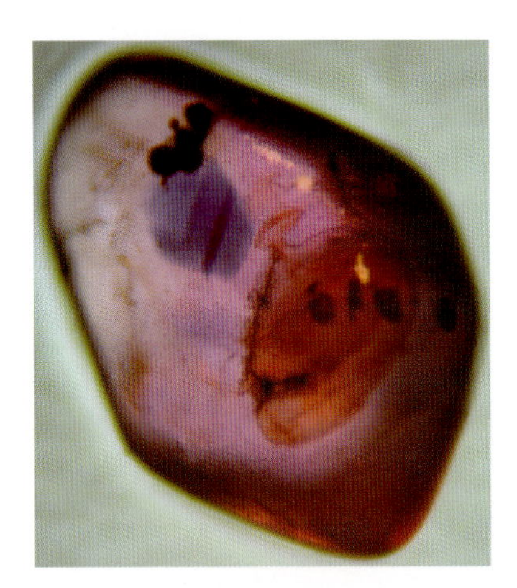

图4-2-144　刚玉斑状结构，玫瑰紫色中有蓝色斑和橙黄色斑

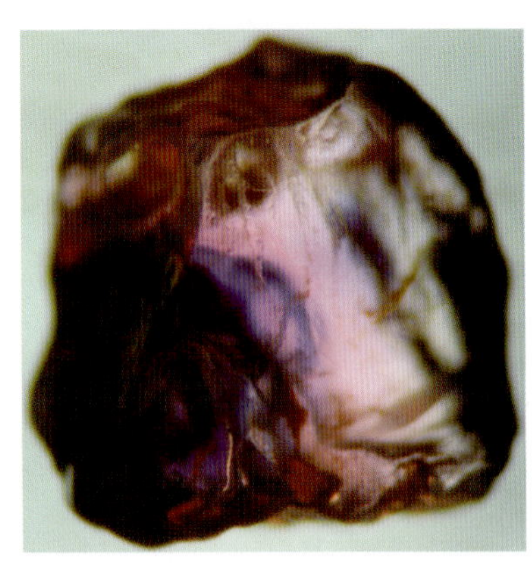

图4-2-145　刚玉斑杂状构造

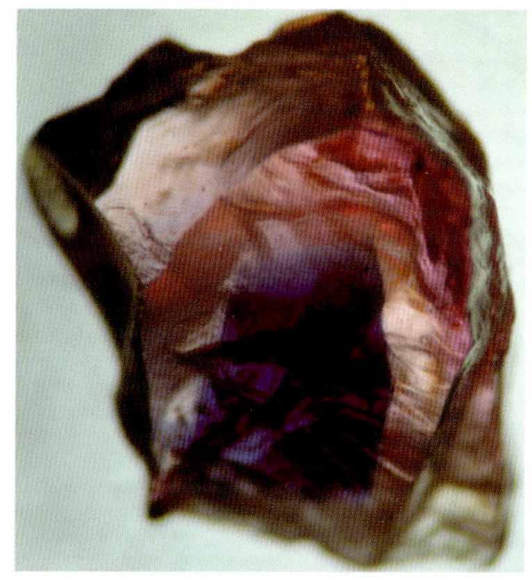

图4-2-146 刚玉斑杂状构造

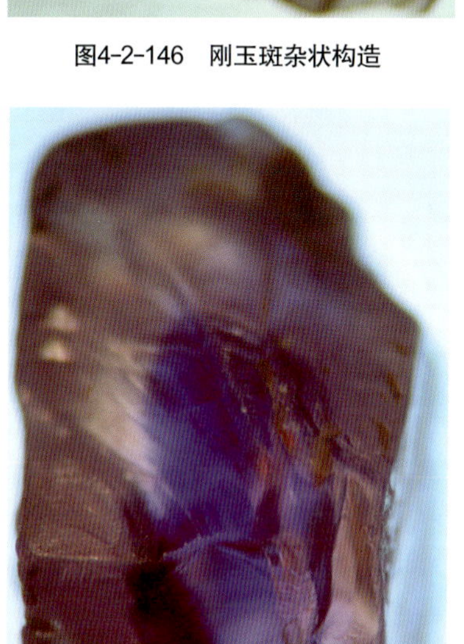

图4-2-147 刚玉斑杂状构造

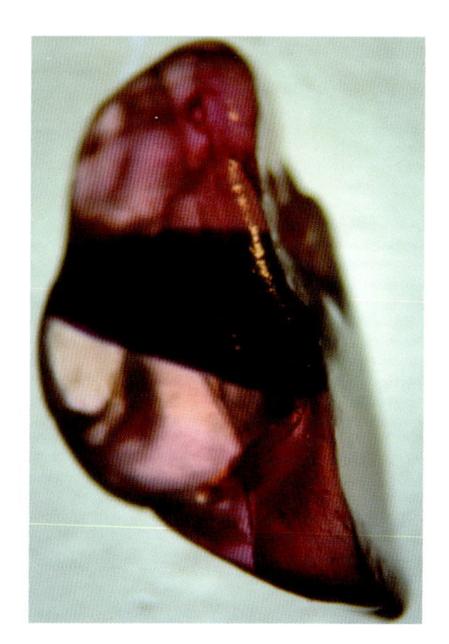

图4-2-148 刚玉斑杂状构造

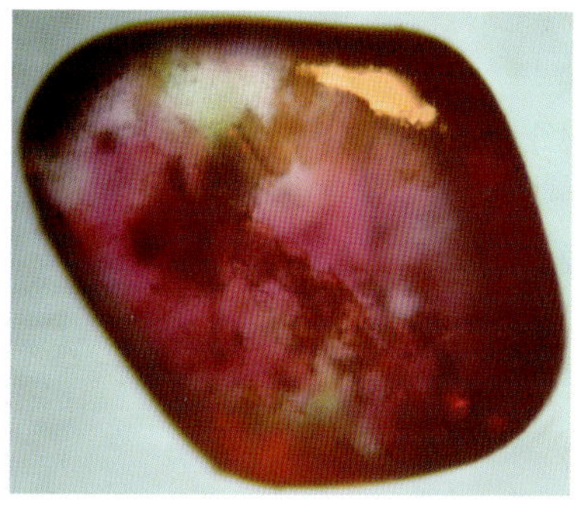

图4-2-149 刚玉斑杂状（色分布不均匀）构造

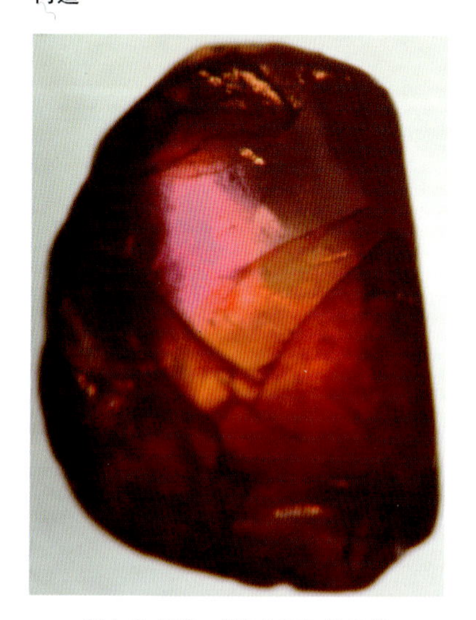

图4-2-150 刚玉斑杂状构造

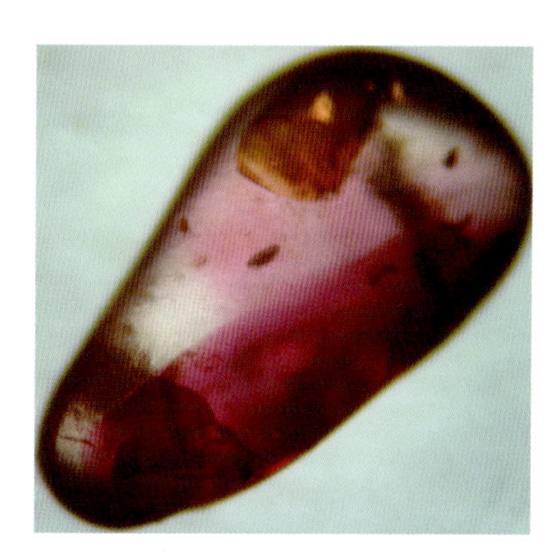

图4-2-151 刚玉斑杂状构造

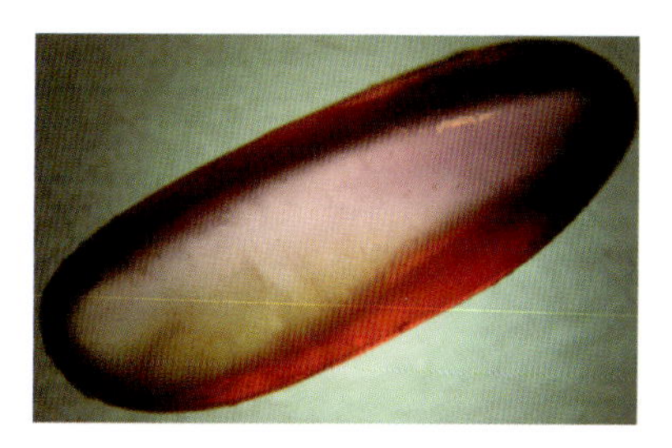

图4-2-152 刚玉条带结构

图4-2-153 刚玉斑、条带状结构

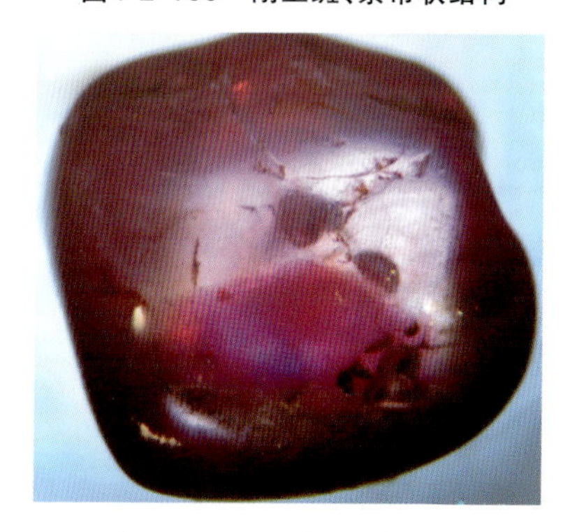

图4-2-154 刚玉斑杂状构造

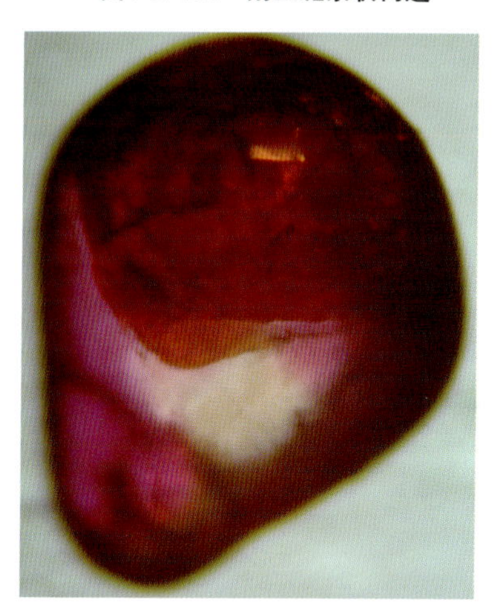

图4-2-155 刚玉斑杂状构造

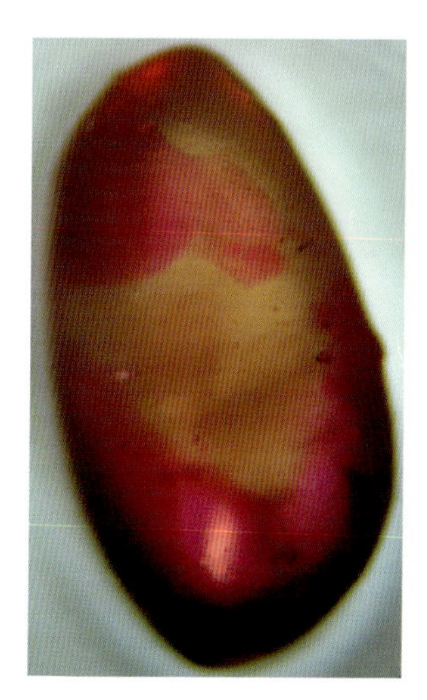

图4-2-156 刚玉斑杂状构造

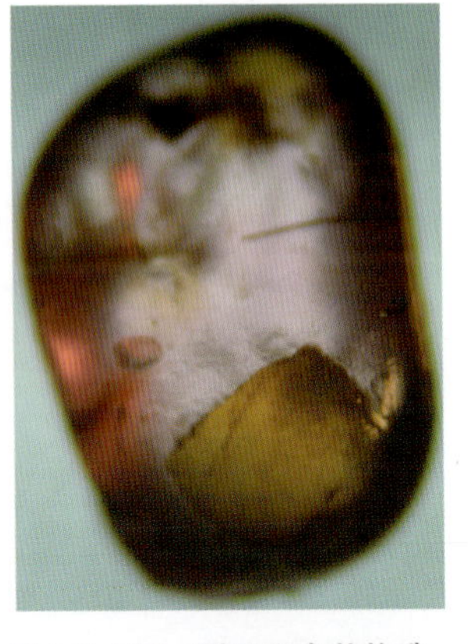
图4-2-157　刚玉斑杂状构造
（其中有金红石和刚玉包裹体）

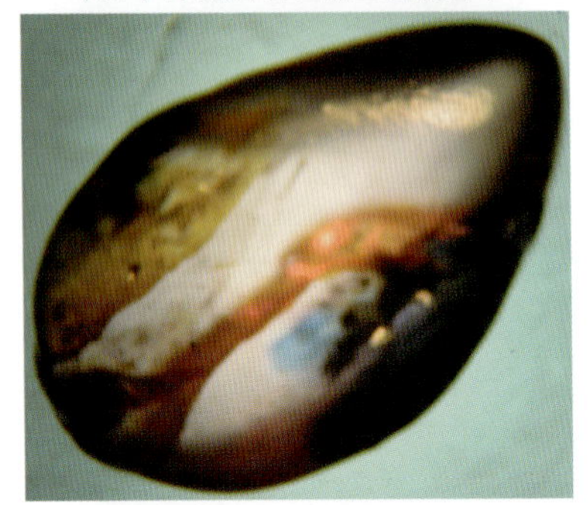
图4-2-158　刚玉斑杂状构造

图4-2-159　刚玉斑杂状构造

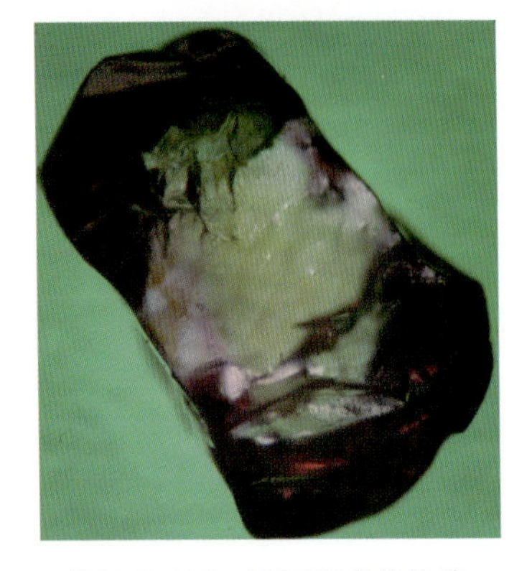
图4-2-160　刚玉斑杂状构造

（3）颜色

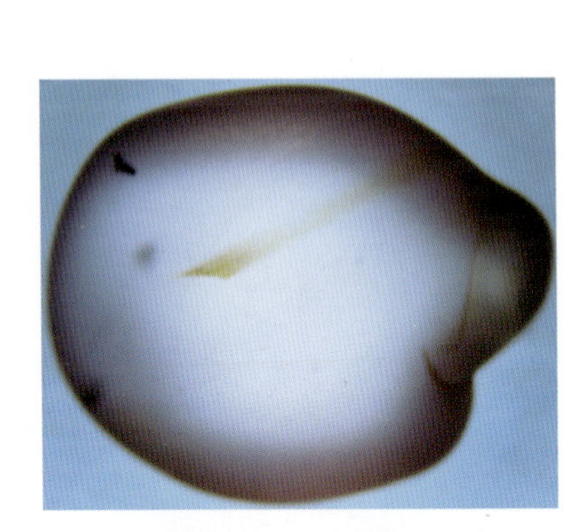
图4-2-161　白色刚玉

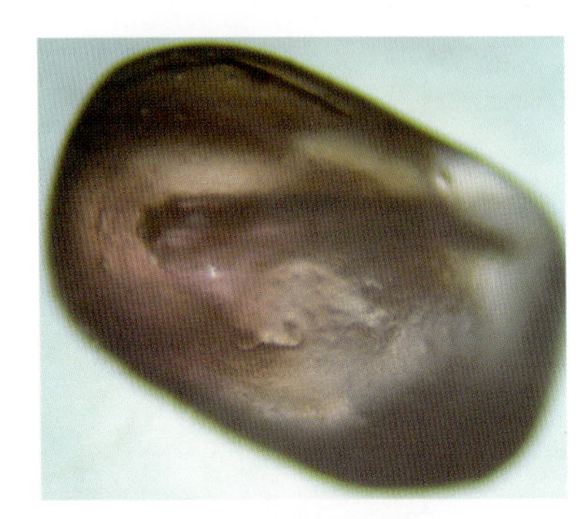
图4-2-162　灰色刚玉

图4-2-163　橄榄黄绿色刚玉

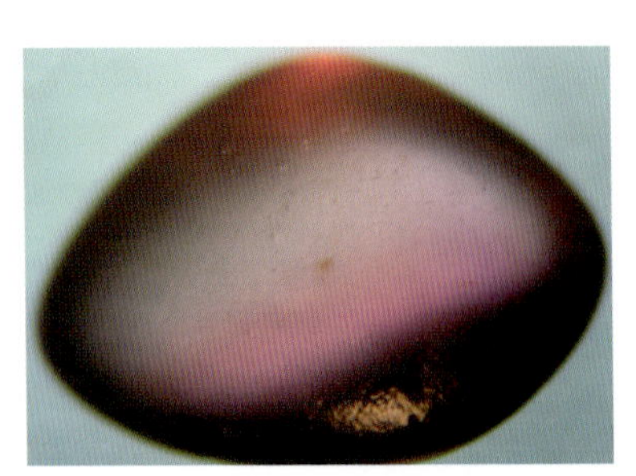
图4-2-164　浅粉色刚玉

图4-2-165　粉色刚玉

图4-2-166　艳玫瑰红色刚玉

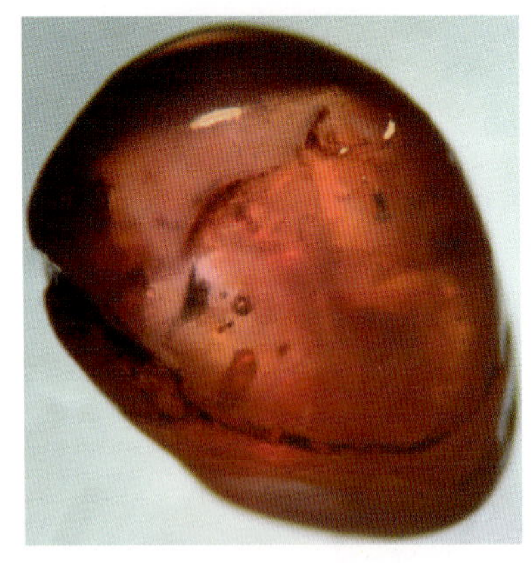
图4-2-167　橙色刚玉

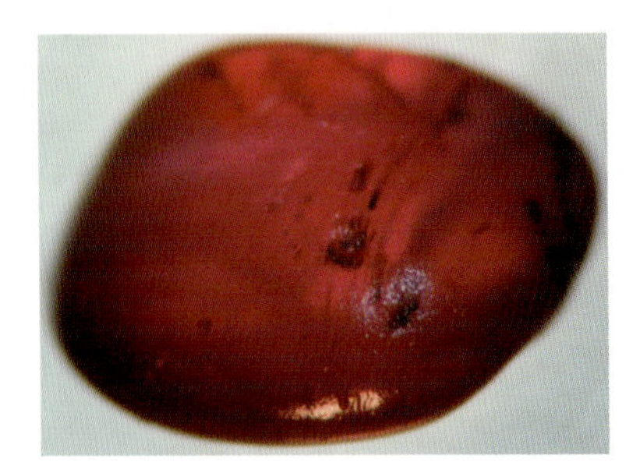
图4-2-168　大红色刚玉

2)包裹体鉴赏篇

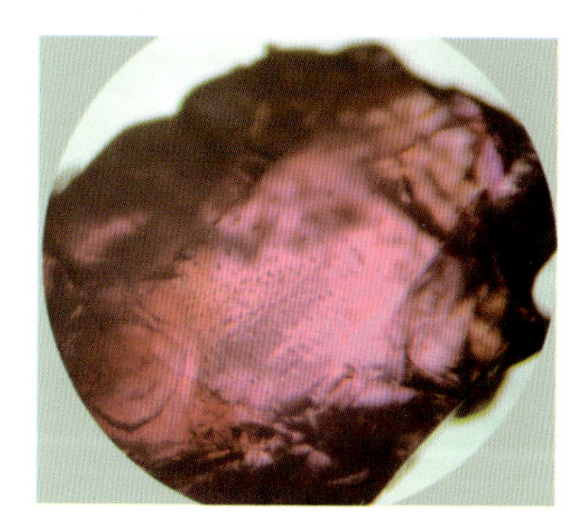

图4-2-169 深红色刚玉

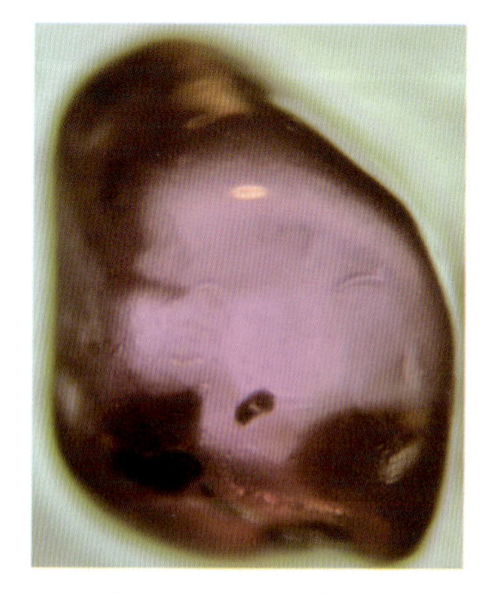

图4-2-170 浅紫色刚玉

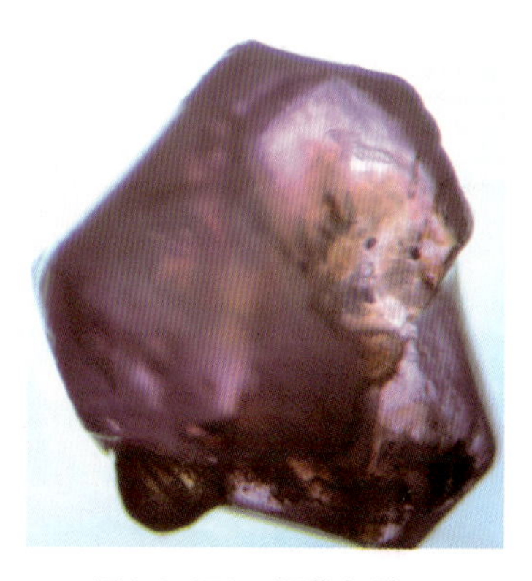

图4-2-171 深紫色刚玉

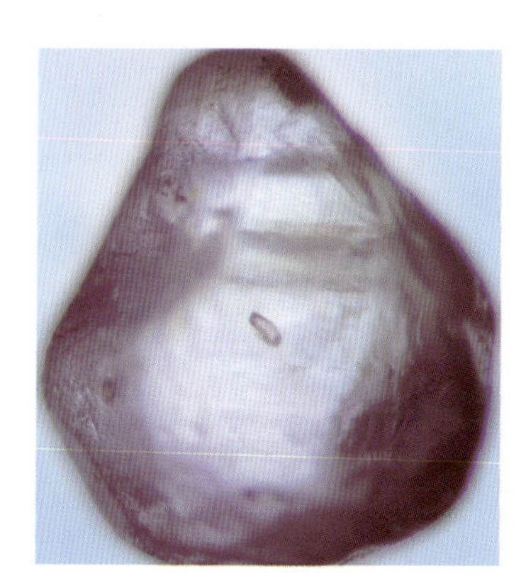

图4-2-172 蓝色刚玉

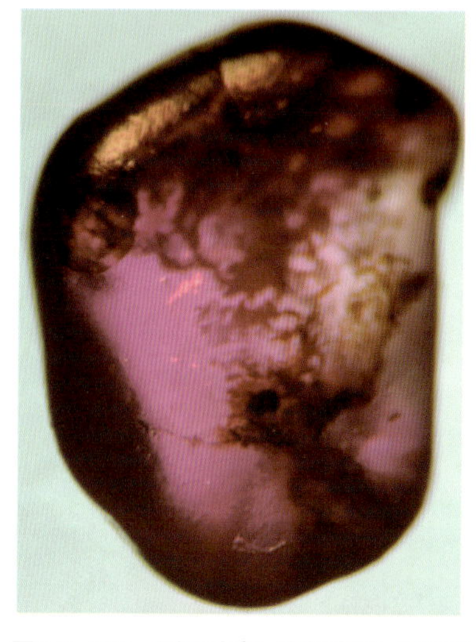

图4-2-173 刚玉中气、液包裹体,星散状

图4-2-174 刚玉中气、液包裹体,树枝状

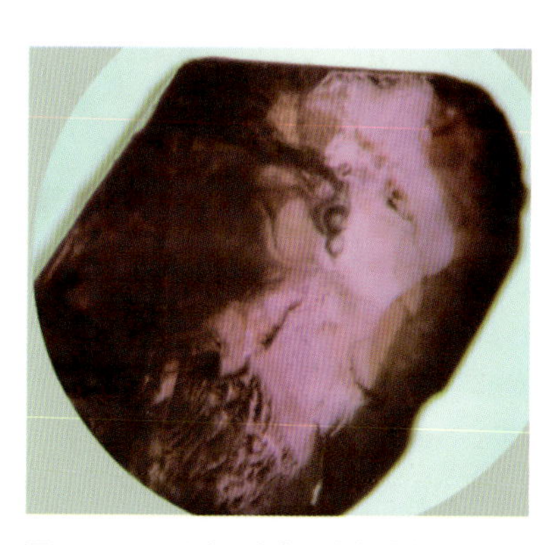

图4-2-175 刚玉中气、液包裹体,气泡状

图4-2-176 刚玉中电气石包裹体,黑色针柱状

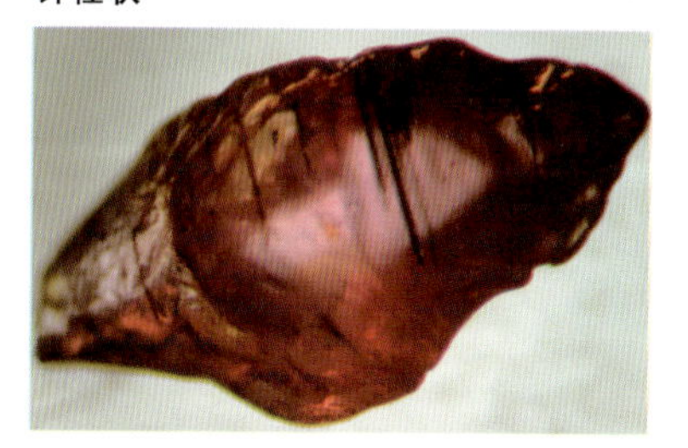

图4-2-177 刚玉中电气石包裹体,针柱状

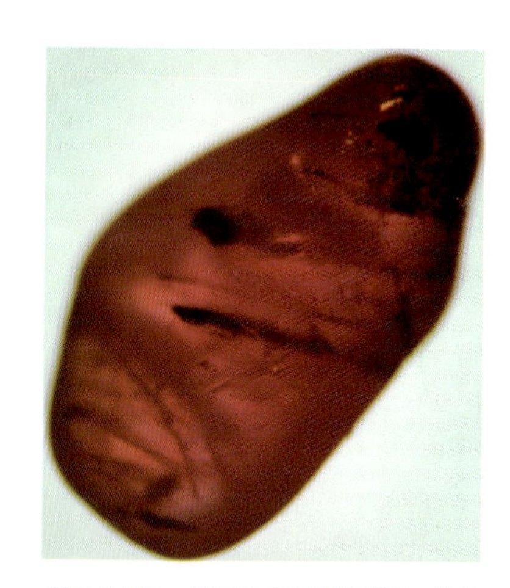

图4-2-178 刚玉中电气石包裹体,柱状

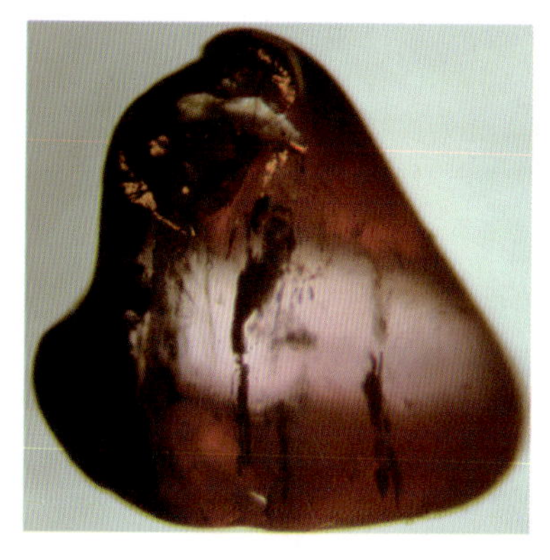

图4-2-179 刚玉中电气石包裹体,柱状、粒状

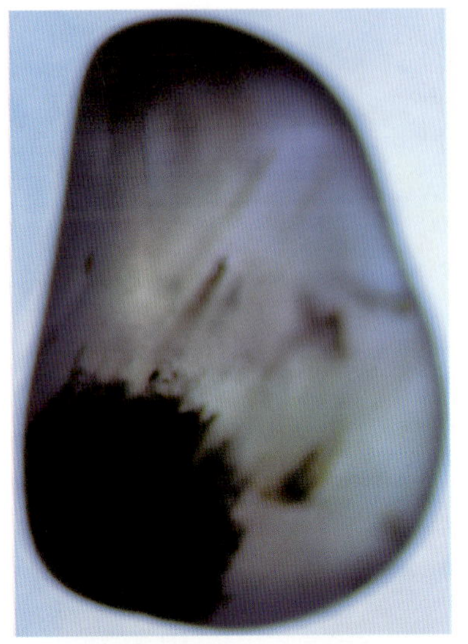
图4-2-180 刚玉中电气石包裹体(晶簇状、放射状)

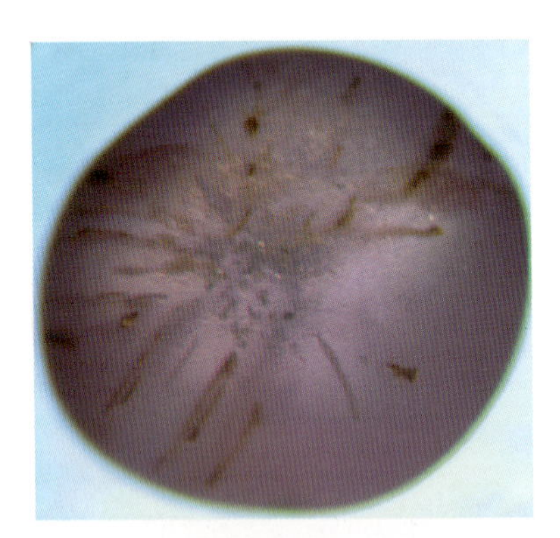
图4-2-181 灰紫色刚玉中有黄褐色碧玺包裹体,沿垂直于C轴方向呈放射状排列

图4-2-182 刚玉中心有一粒具"西瓜皮"结构的电气石包裹体(黄皮黑心)

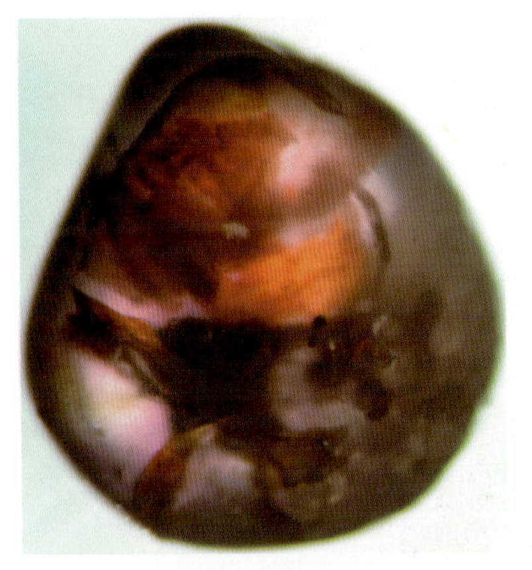
图4-2-183 刚玉中黑色电气石包裹体(粒状)

图4-2-184 刚玉中石榴石包裹体

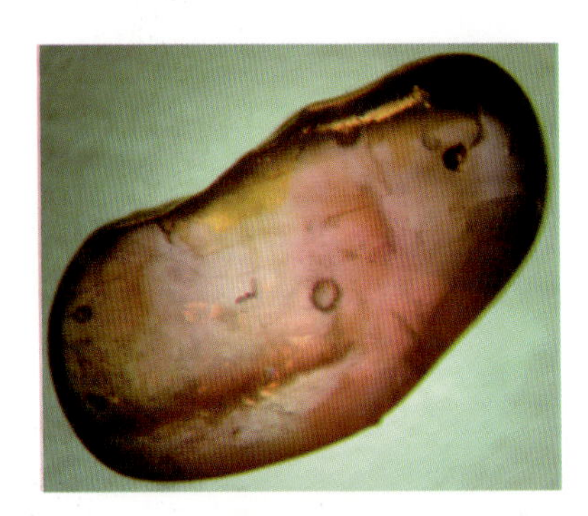
图4-2-185 刚玉中石榴石包裹体(粒状)

图4-2-186 粉色刚玉中有蓝色刚玉包裹体

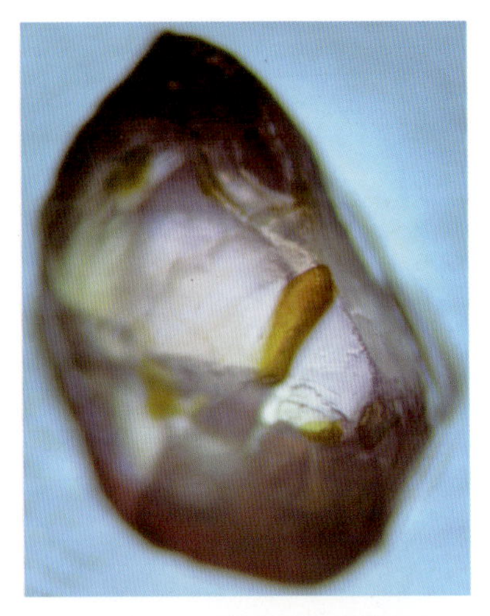
图4-2-187 灰紫色刚玉中有黄色刚玉包裹体

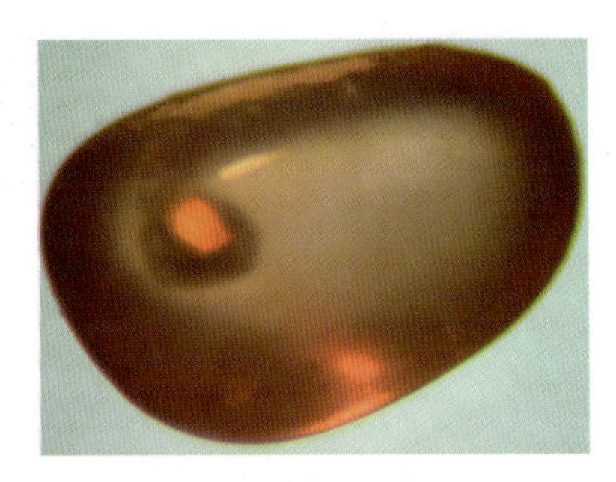
图4-2-188 灰黄色刚玉中有橙红色刚玉包裹体

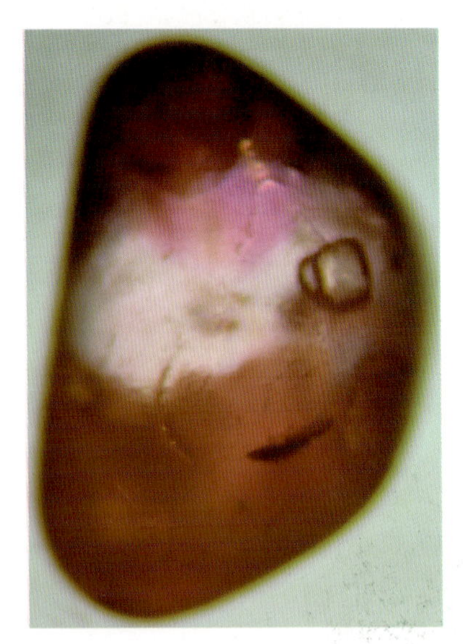
图4-2-189 斑杂状刚玉中有灰色刚玉包裹体

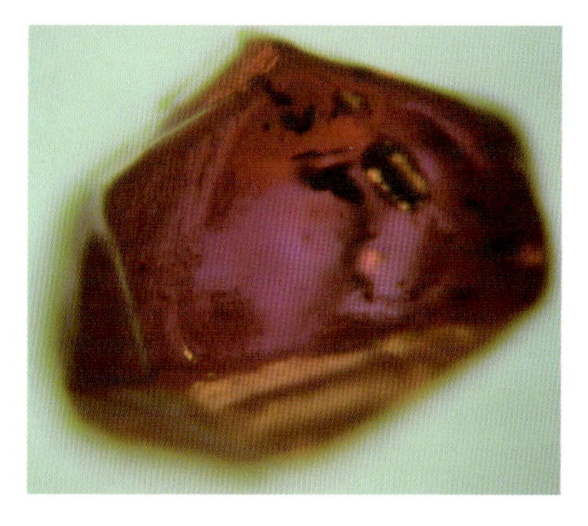

图4-2-190 粉红色刚玉中有黄色刚玉包裹体

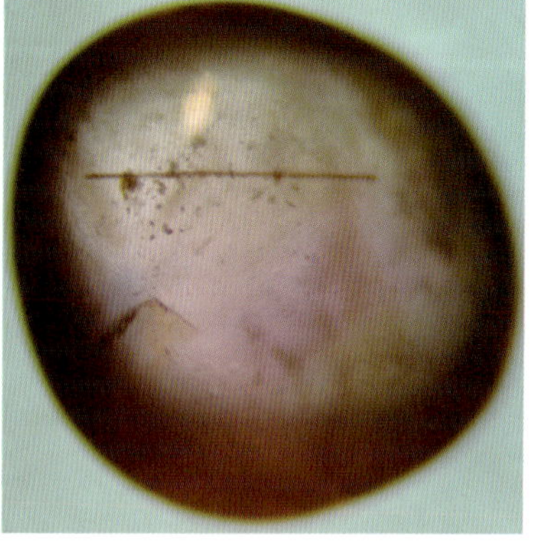

图4-2-191 刚玉中针状金红石包裹体

图4-2-192 刚玉中纤维状、针状金红石包裹体，近平行排列

图4-2-193 刚玉中金红石包裹体(粒状者)

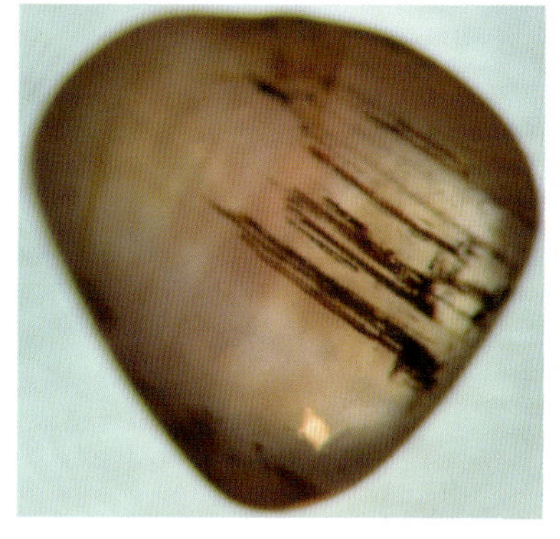

图4-2-194 刚玉中金红石包裹体(针柱状)

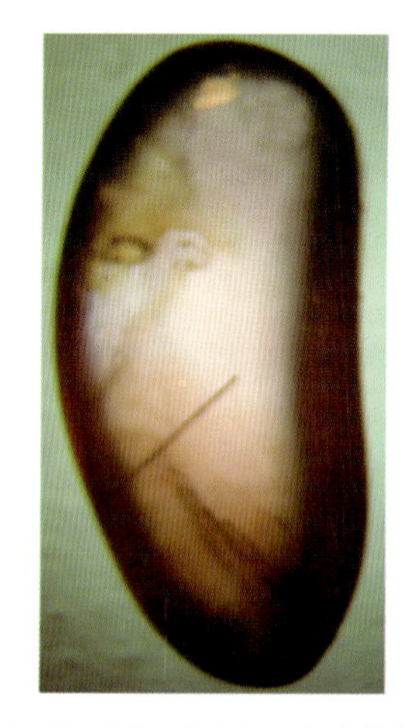

图4-2-195 刚玉中金红石包裹体(针柱状)

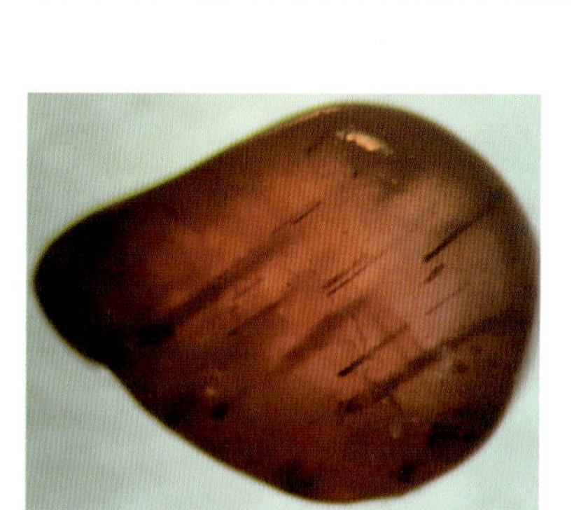

图4-2-196 刚玉中金红石包裹体(针柱状)

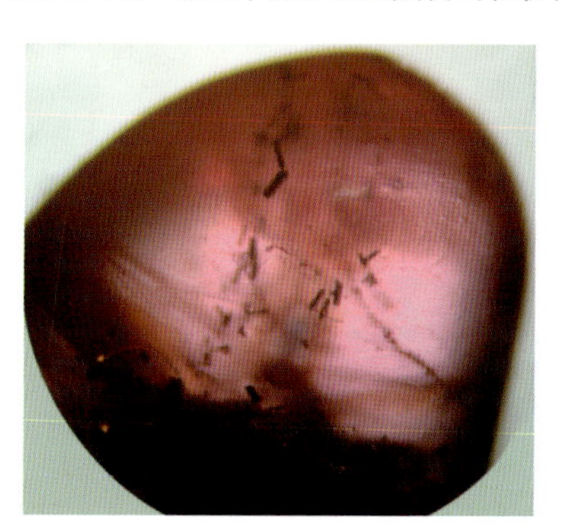

图4-2-197 刚玉中有短柱状、金红石包裹体

图4-2-198 刚玉中有柱状、粒状金红石包裹体，黑色金属矿物为钛铁矿

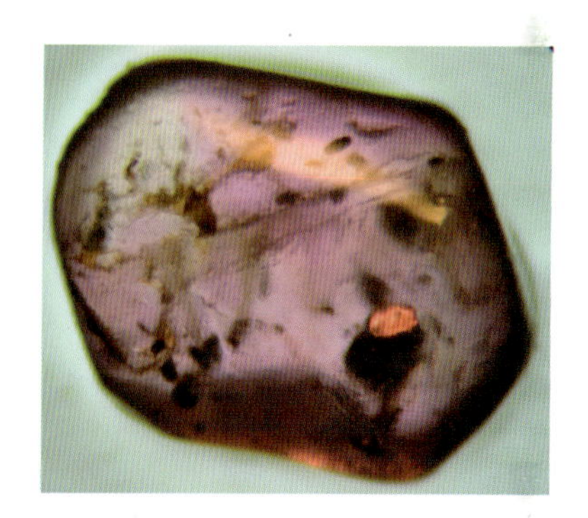

图4-2-199 刚玉中有粒状金红石包裹体

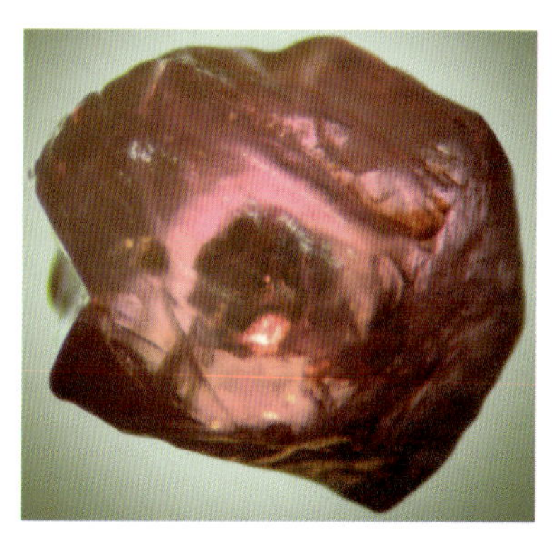

图4-2-200 刚玉中心部位有粒状金红石包裹体(在柱面上有粗纹)

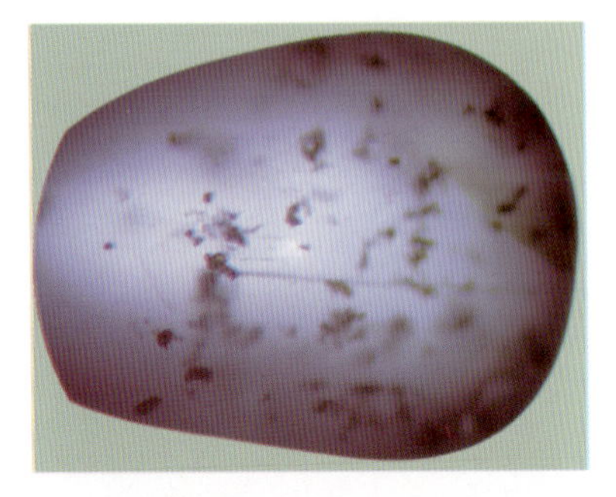

图4-2-201　刚玉中有磷灰石（柱状）和金红石（针状）包裹体

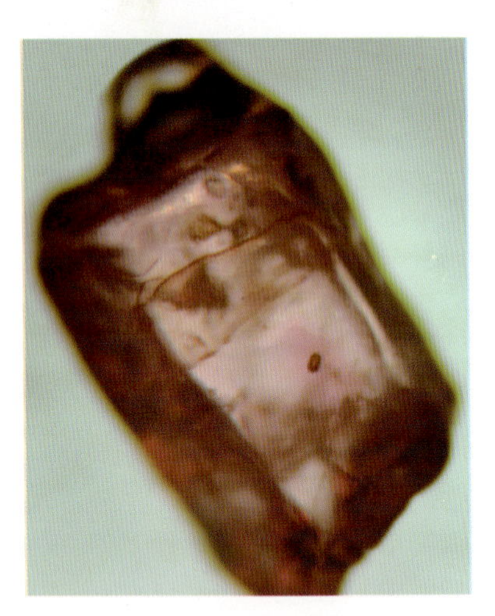

图4-2-202　刚玉中锆石包裹体

图4-2-203　刚玉中有尖晶石包裹体（八面体）

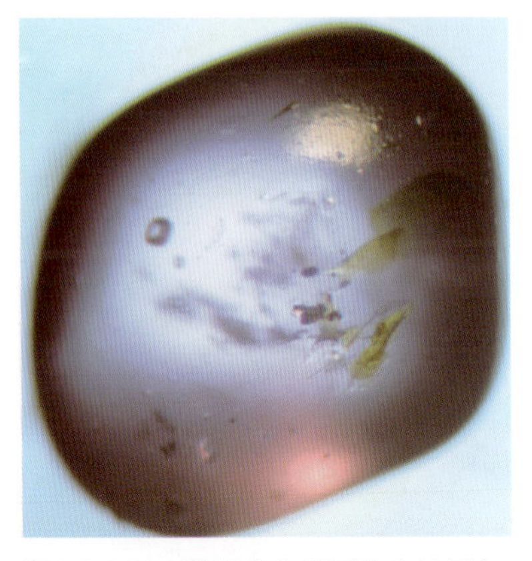

图4-2-204　刚玉中有八面体尖晶石包裹体

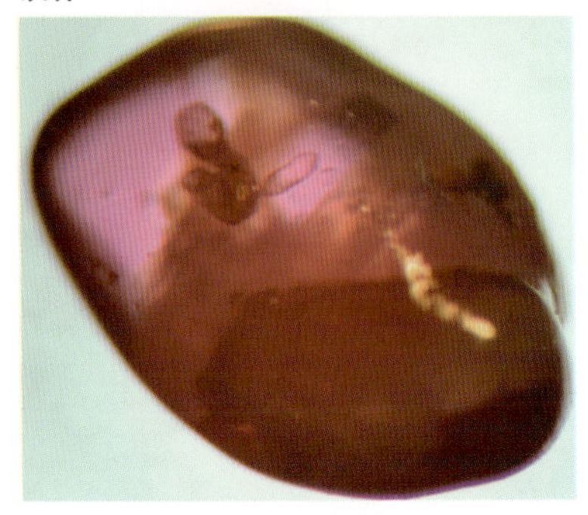

图4-2-205　刚玉中磷灰石包裹体（锥柱状、粒状）

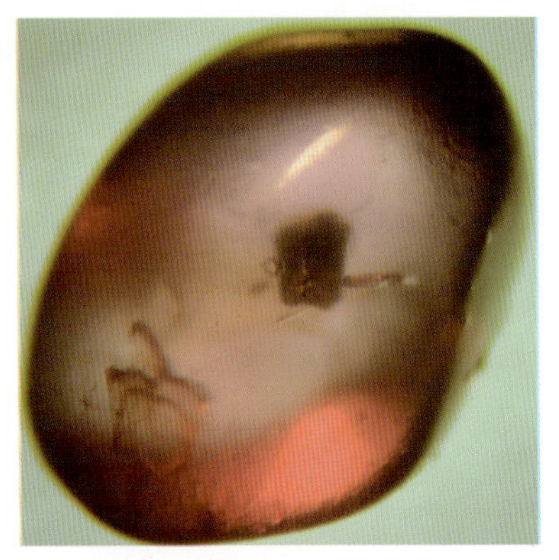

图4-2-206　刚玉中磷灰石（柱状）和长石包裹体

图4-2-207　刚玉中云母包裹体，呈肋状分布

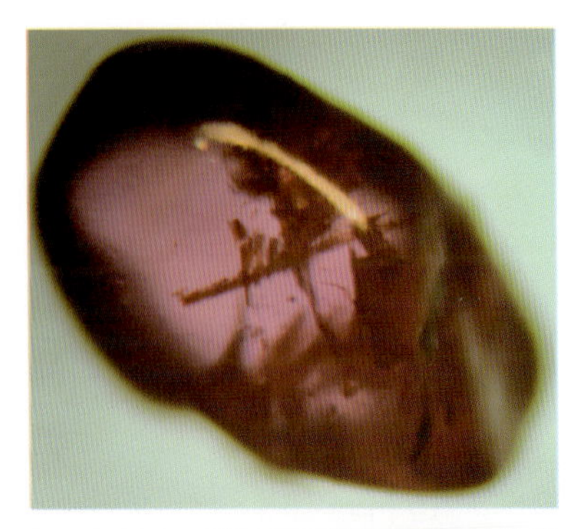

图4-2-208　刚玉中云母包裹体，呈片状

图4-2-209　刚玉中云母(六边形)包裹体

图4-2-210　刚玉中云母包裹体（片状、集合体呈板状）

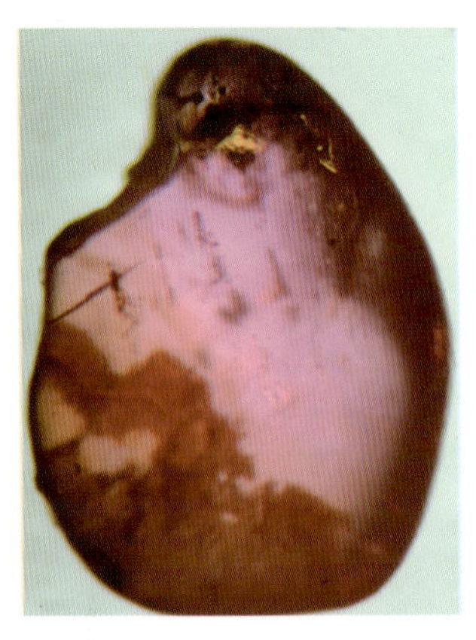

图4-2-211　刚玉中碳酸盐岩脉（深褐色）

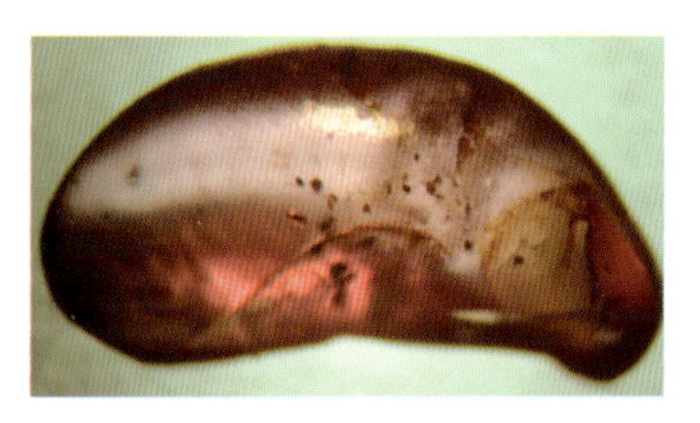

图4-2-212　刚玉中金属矿物(磁铁矿呈八面体)包裹体

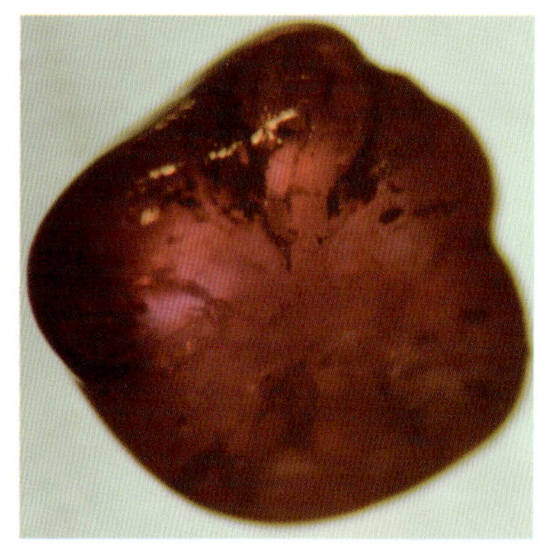

图4-2-215　刚玉中多绵和杂质包裹体，呈垂直于C轴方向60°角分布

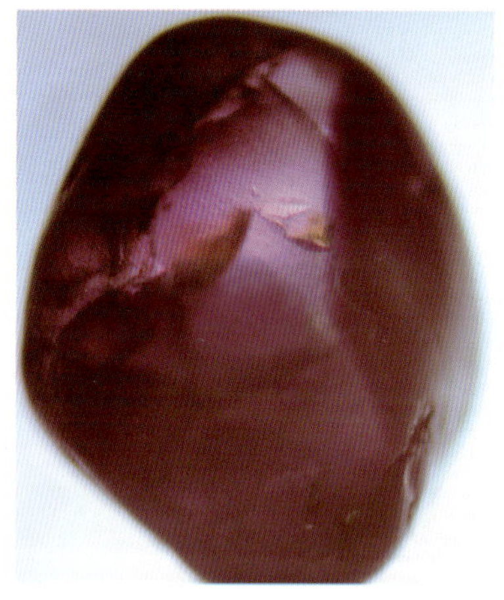

图4-2-218　杂色刚玉——“桃源洞口几迷津”

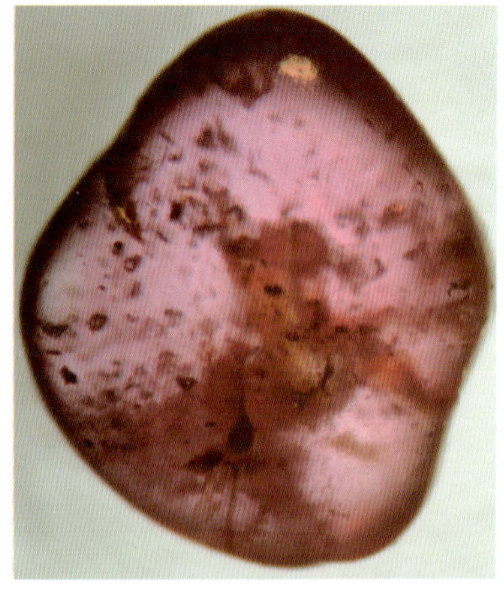

图4-2-213　刚玉中金属矿物(黑色)和碎屑矿物包裹体

图4-2-214　刚玉中有金属矿物和云母包裹体

3)景物鉴赏篇

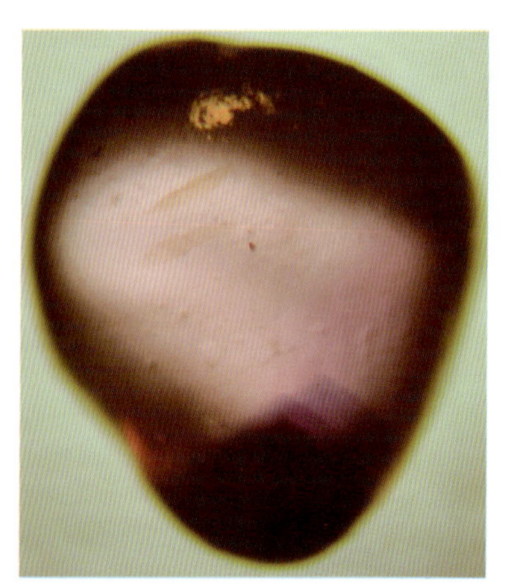

图4-2-219　杂色刚玉——“金字塔”

图4-2-220　杂色刚玉——“碉堡”

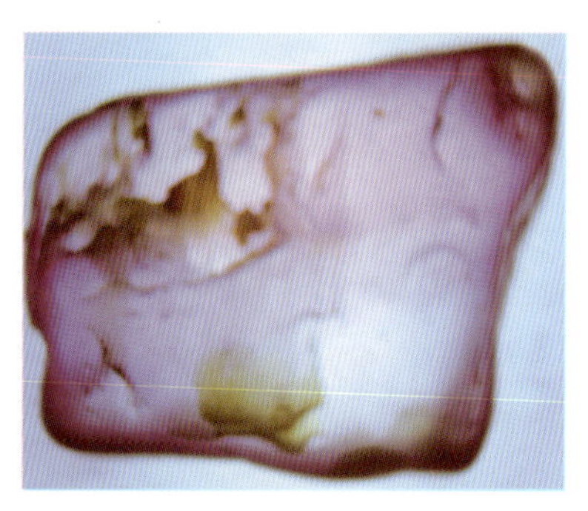

图4-2-216　蓝色刚玉表面凹坑铁染构成美丽的图案“明月出天山，苍茫云海间”

图4-2-217　杂色刚玉——“圣火”，“野火烧不尽，春风吹又生”

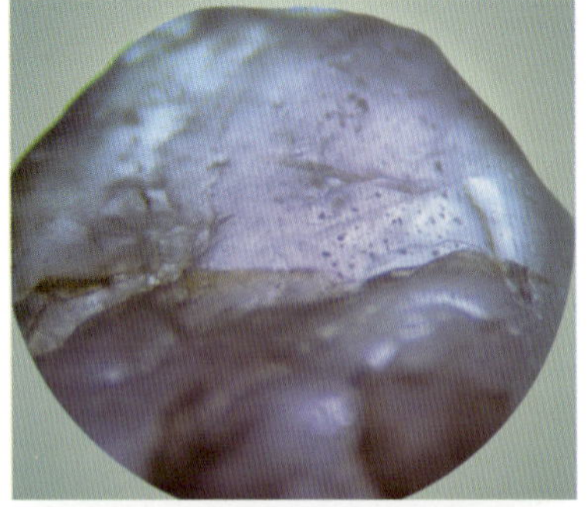

图4-2-221　蓝色刚玉——“西部风韵”

图4-2-222　杂色刚玉——“红桥”

图4-2-223　杂色刚玉——“奇山峻岭”“隧道火车”

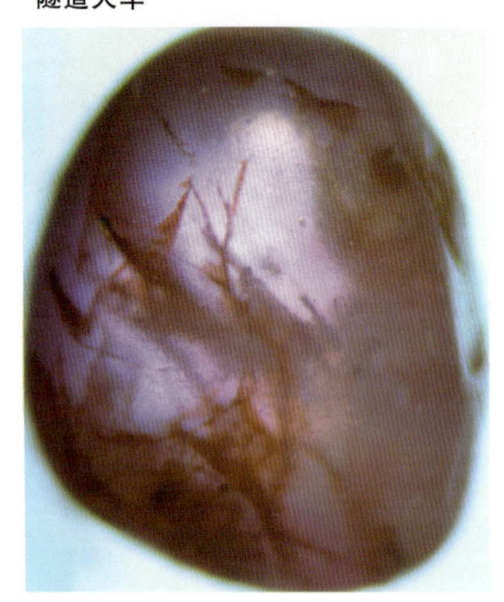

图4-2-224　杂色刚玉沿裂隙铁染——“干枝梅”

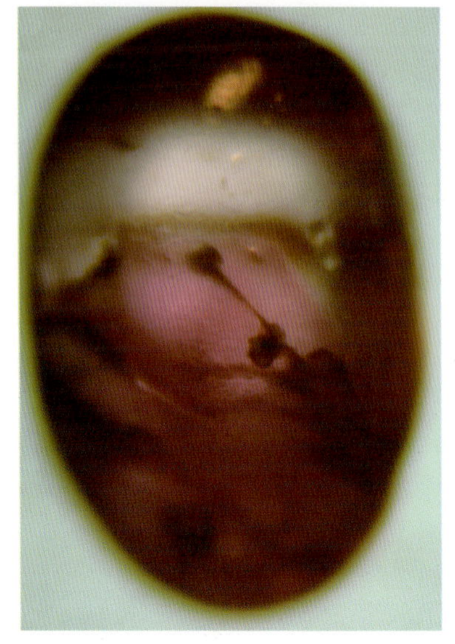

图4-2-225　杂色刚玉沿裂隙铁染——“黑玫瑰”

图4-2-226　玫瑰红色刚玉中气、液和熔融包裹体，构成图案“蝴蝶兰”

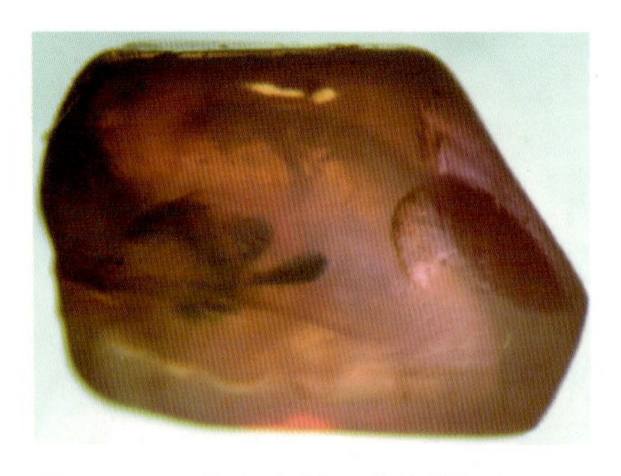

图4-2-227　灰褐色刚玉中有蓝色斑——“兰花”

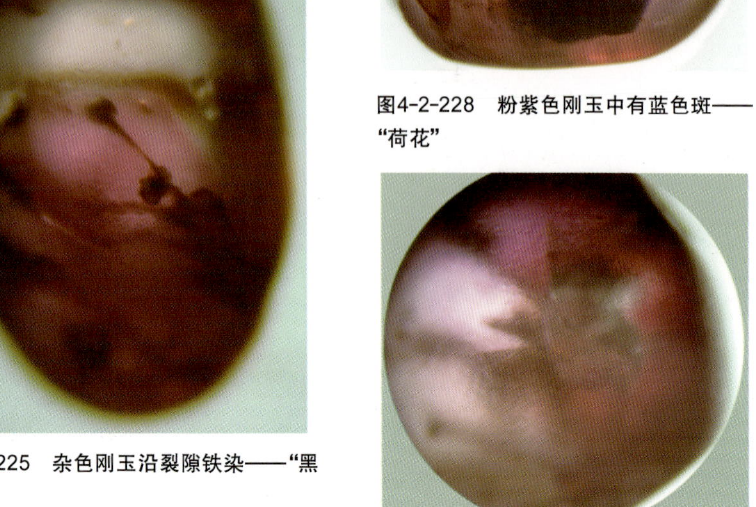

图4-2-228　粉紫色刚玉中有蓝色斑——“荷花”

图4-2-229　杂色刚玉——“牡丹花”

图4-2-230　艳玫瑰红色刚玉——“寿桃”

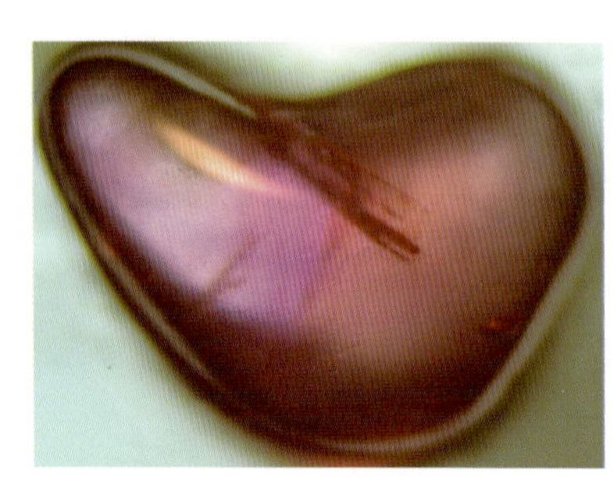

图4-2-231　玫瑰紫色刚玉——“元宝”

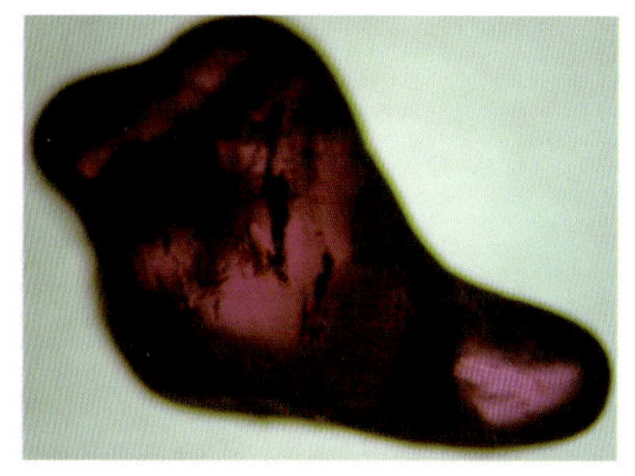

图4-2-232 红刚玉——“毡靴”

图4-2-233 红刚玉晶体——“木马”

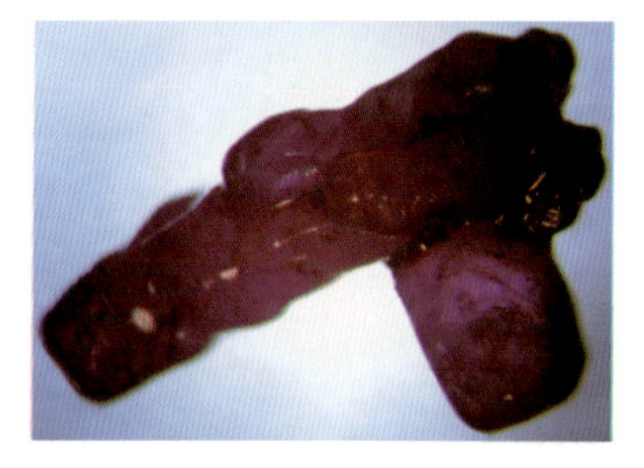

图4-2-234 深红色刚玉晶体——“枪”

图4-2-236 粉色刚玉，由矿物包裹体(针状金红石和黄色刚玉)及铁染构成图案“孤舟蓑笠翁，独钓寒江雪”(柳宗元)

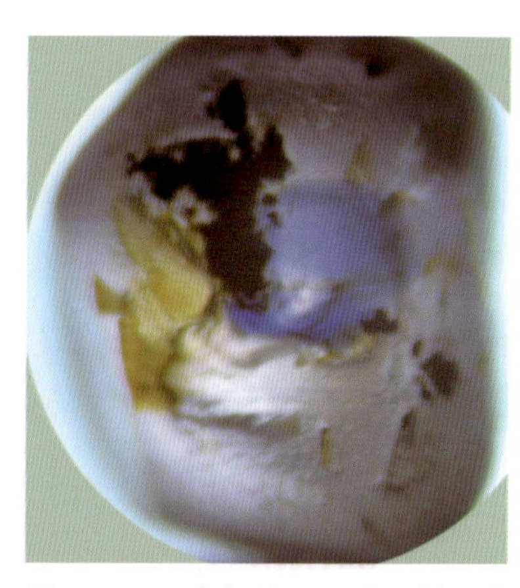

图4-2-237 杂色刚玉——“月夜舞影”

图4-2-239 粉色和红色刚玉，粉色中有红色条带，构成图案“捉迷藏”

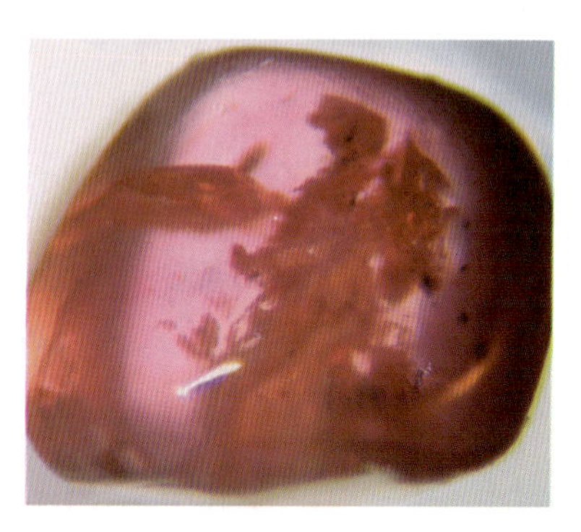

图4-2-240 粉色刚玉中矿物碎屑包裹体，构成图案“老翁背孙”

4)人物鉴赏篇

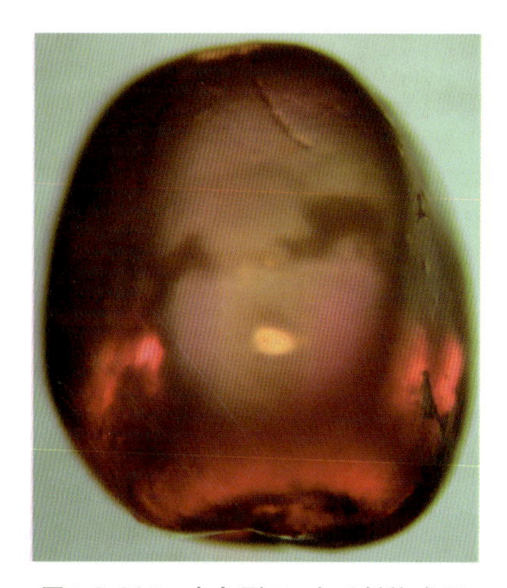

图4-2-235 杂色刚玉，光反射构成图案“卖唱的小女孩”

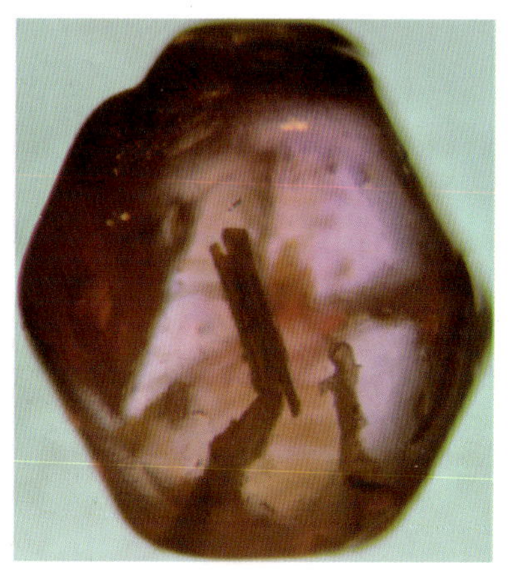

图4-2-238 浅粉色刚玉中矿物包裹体构成图案“出行”

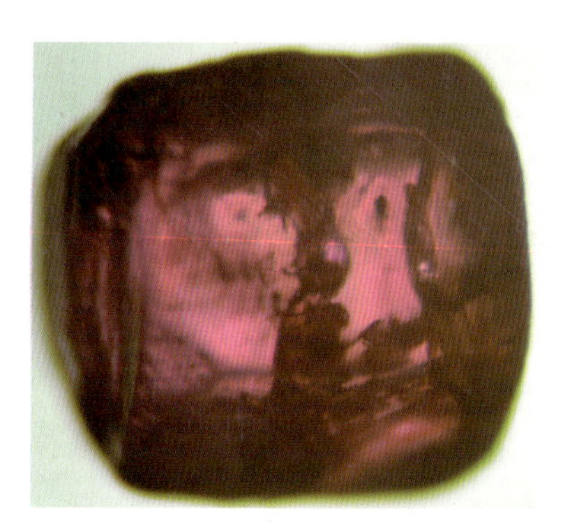

图4-2-241 粉色刚玉中矿物包裹体与孔穴构成图案“头悬梁，锥刺股”

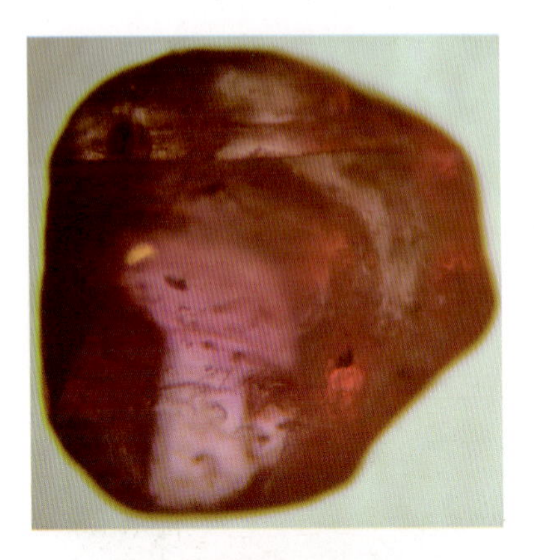

图4-2-242　杂色刚玉中气、液包裹体——“多头图”

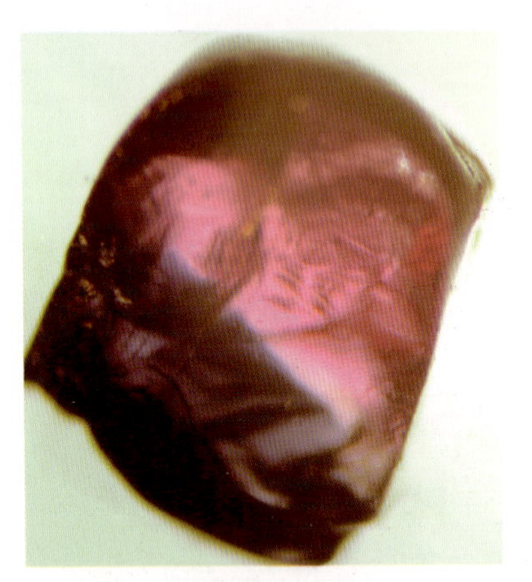

图4-2-243　杂色刚玉，在粉色中由光反射构成图案“卷发少女”

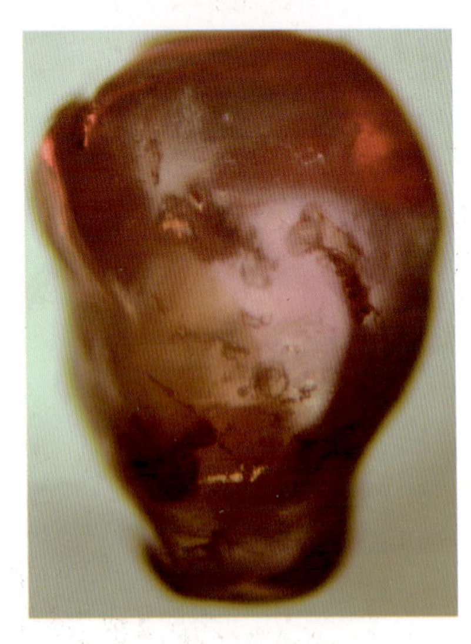

图4-2-244　杂色刚玉，由矿物（刚玉）和气、液包裹体构成图案“呼唤”

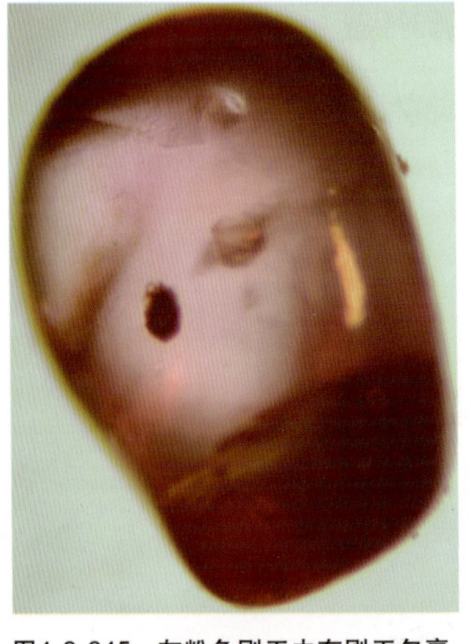

图4-2-245　灰粉色刚玉中有刚玉包裹体构成图案“斗鸡眼男孩”

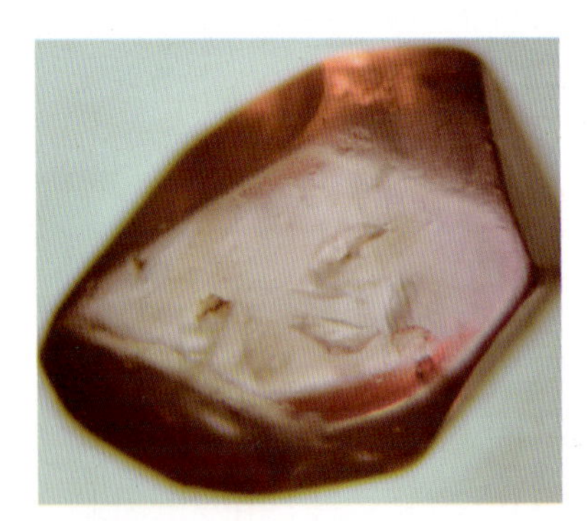

图4-2-246　灰粉色刚玉中气、液包裹体构成图案“喜笑颜开”

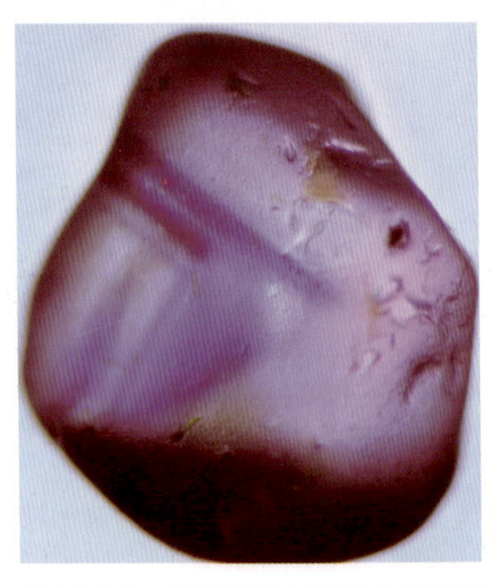

图4-2-247　蓝色刚玉，表面蚀坑构成图案“哭泣的小孩”

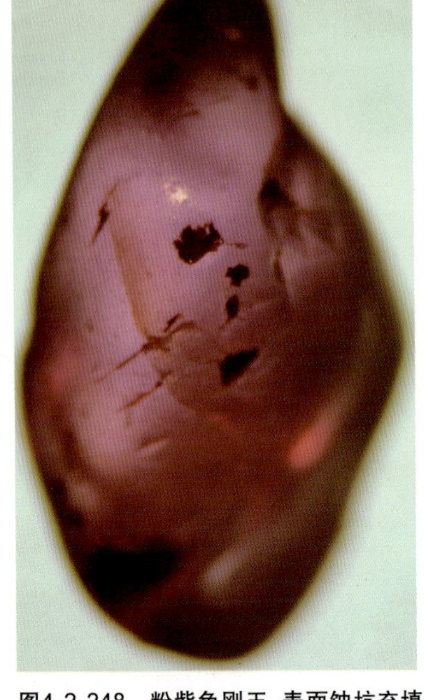

图4-2-248　粉紫色刚玉，表面蚀坑充填褐铁矿——“三仙姑”

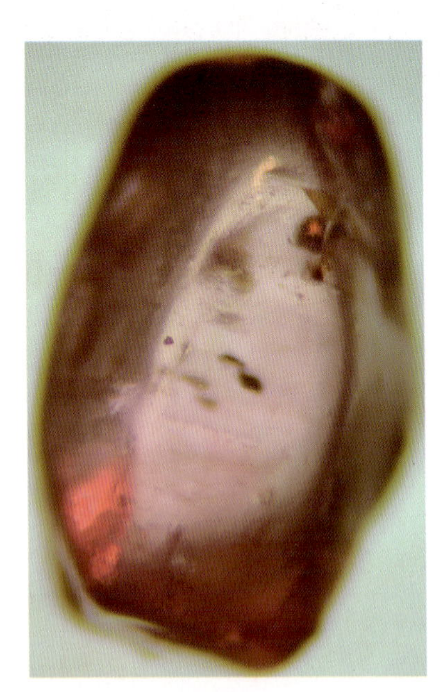

图4-2-249　浅粉色刚玉，由矿物包裹体组成图案“郁悒”

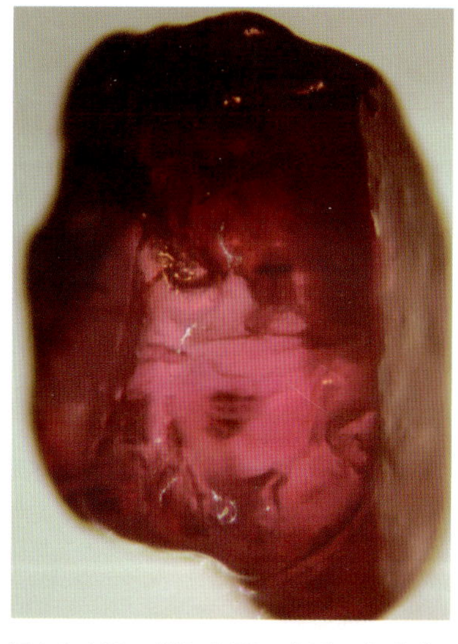

图4-2-250 粉红色刚玉中刚玉包裹体构成图案“吉普赛女郎”

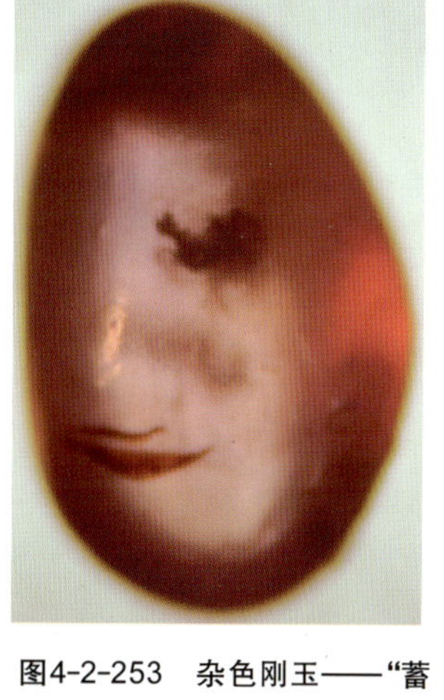

图4-2-253 杂色刚玉——“蓄红唇的女人”

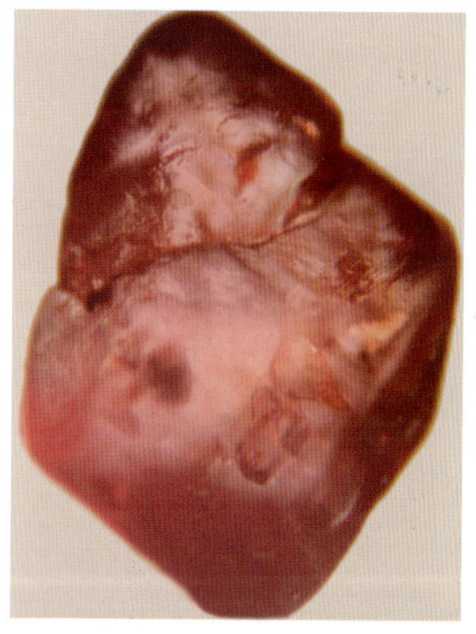

图4-2-256 杂色刚玉，晶面蚀纹构成图案“笑眯眯”

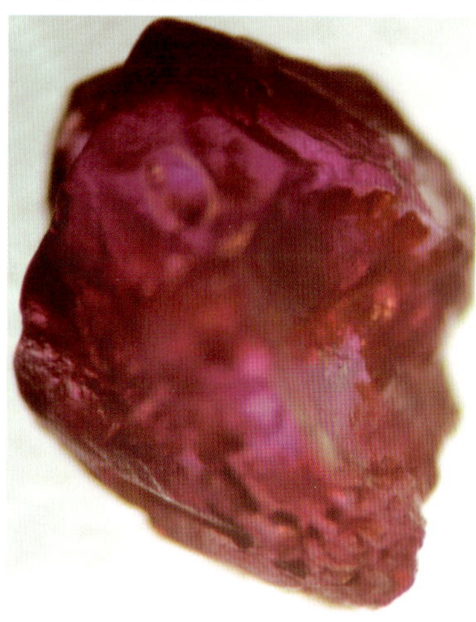

图4-2-251 杂色刚玉——“良家妇女”

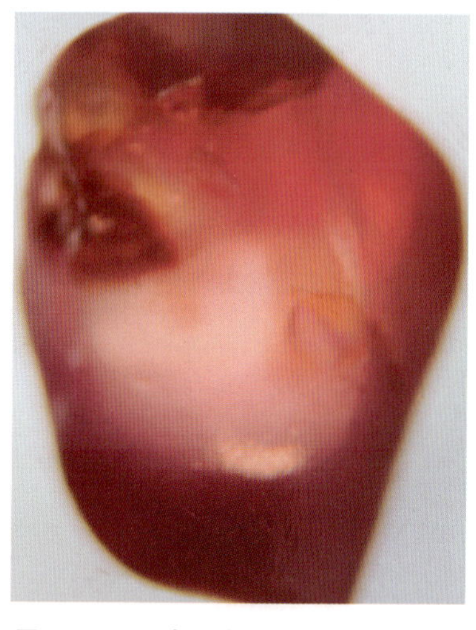

图4-2-254 灰粉色刚玉中有刚玉包裹体构成图案“斗鸡眼”

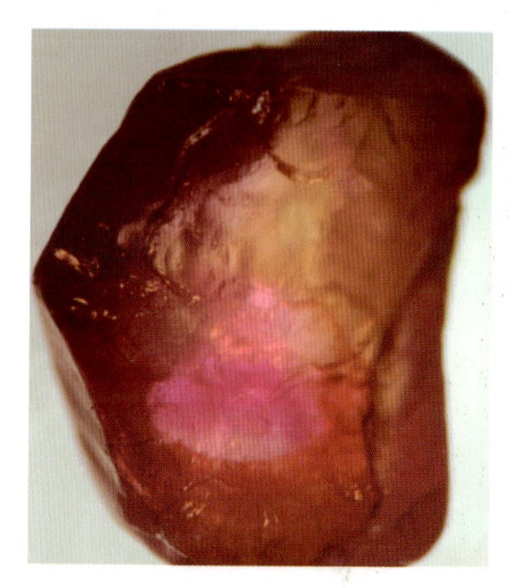

图4-2-257 杂色刚玉——“老妪”

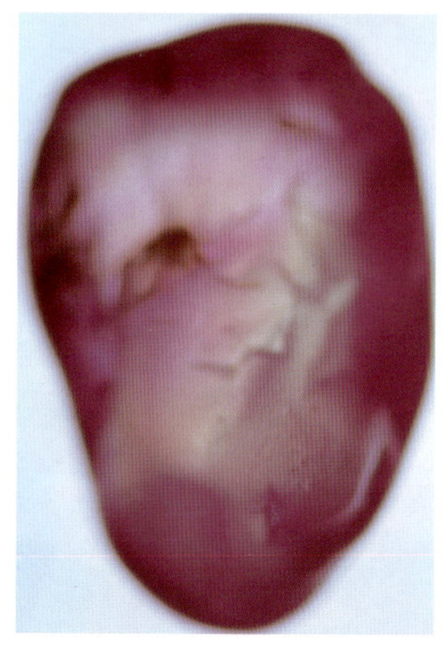

图4-2-252 刚玉，色不均匀——“俄罗斯妇女”

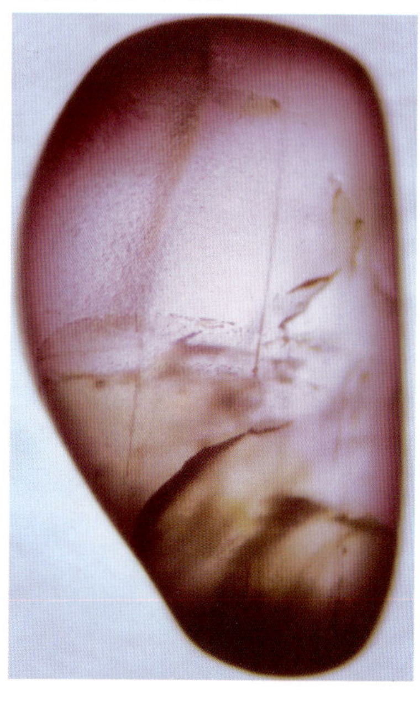

图4-2-255 蓝色刚玉中金红石包裹体——“横眉冷对千夫指”

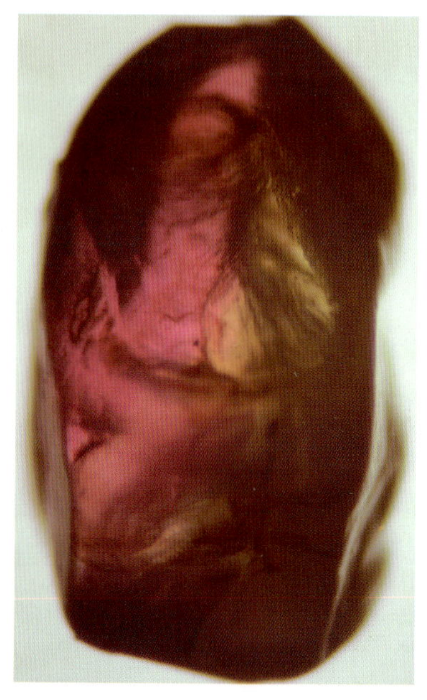

图4-2-258 红色刚玉中黄色斑——“蓄长发的老翁”

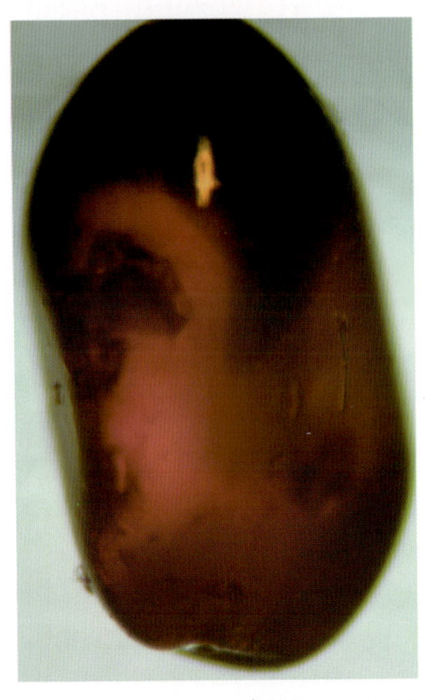

图4-2-259　红刚玉.由刚玉晶体和包裹体构成图案“长脸人”

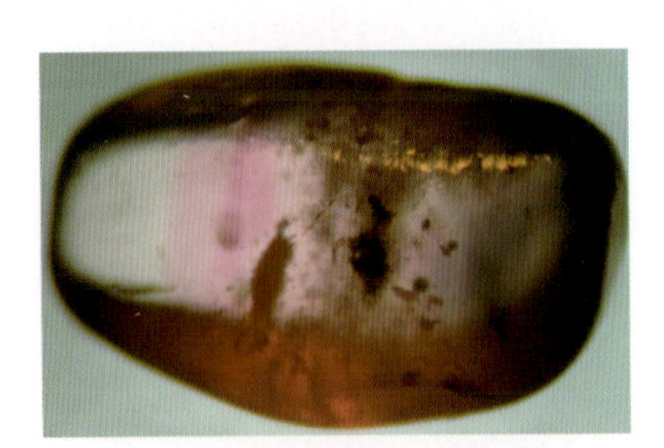

图4-2-261　杂色刚玉——“到安源去”

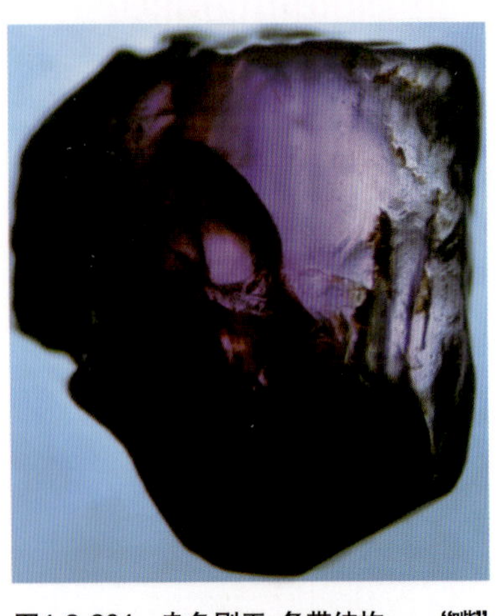

图4-2-264　杂色刚玉,条带结构——“嘴”

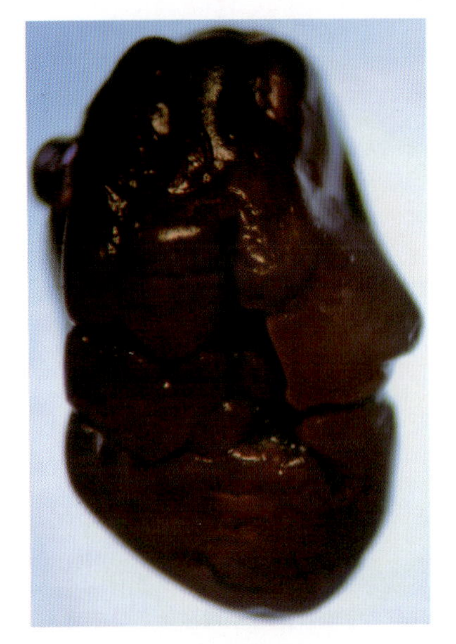

图4-2-262　紫红色刚玉,晶体构成图案“秃头大鼻子汉”

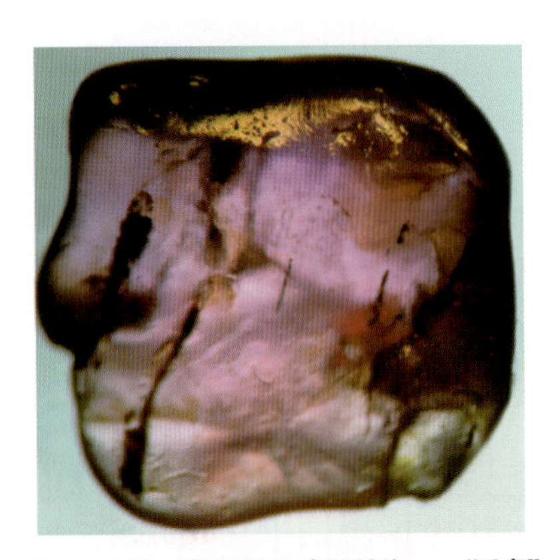

图4-2-265　粉色刚玉,表面蚀沟——“秀鼻”

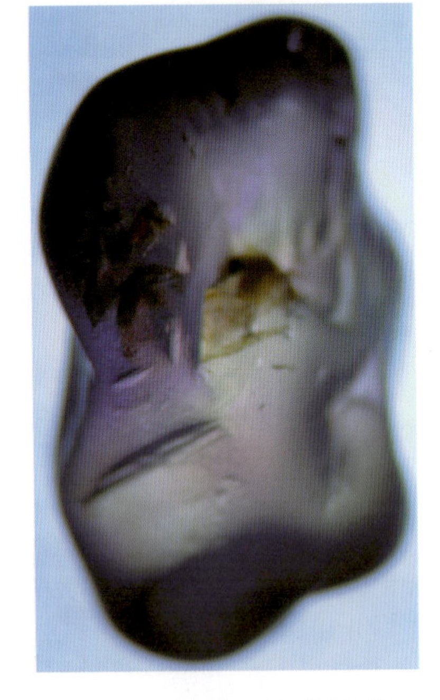

图4-2-260　蓝色刚玉中粉紫色不均匀地分布——“丑八婆”

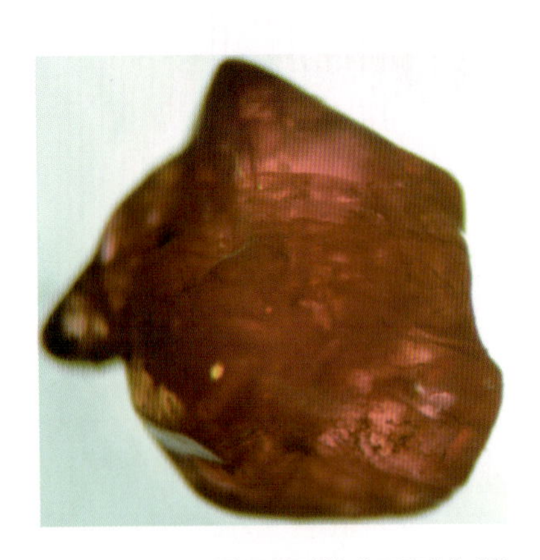

图4-2-263　红刚玉晶形构成图案“艺人”

图4-2-266　紫红色刚玉,晶形构成图案“伟人”

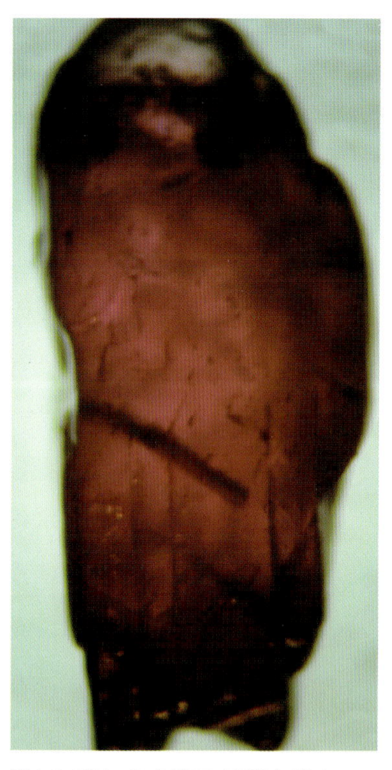

图4-2-267 红色刚玉，顶部灰粉色——“蓄唇髭的人”

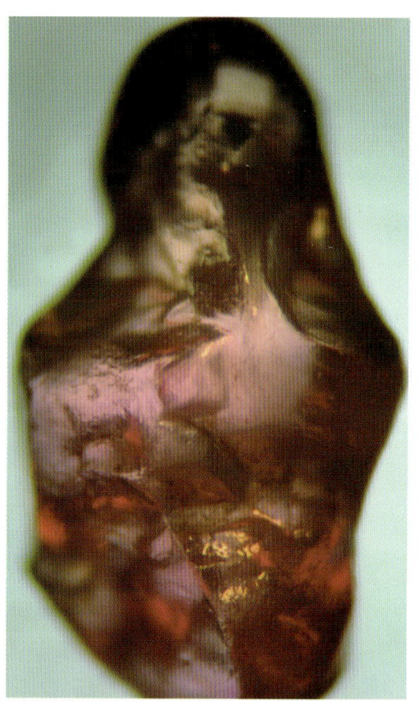

图4-2-269 杂色刚玉，粉色中有红色斑，由晶面反射光引起，构成图案“人妖”

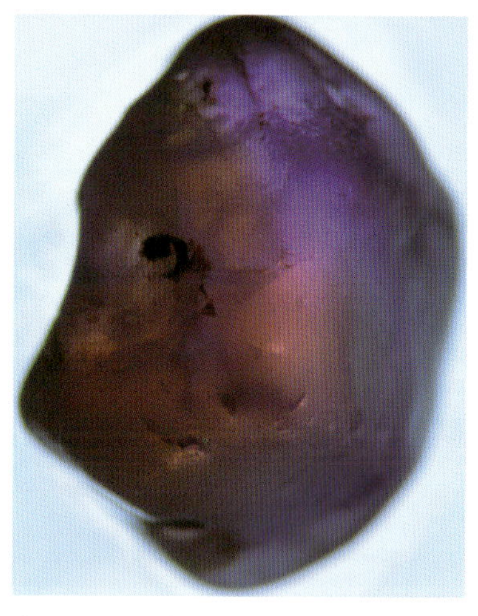

图4-2-271 玫瑰红，红刚玉晶体构成图案“秃头小子”

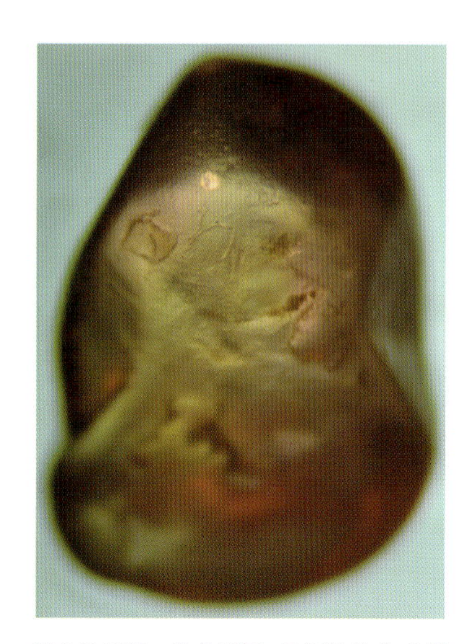

图4-2-268 杂色刚玉，晶面蚀纹构成图案“龇牙咧嘴”

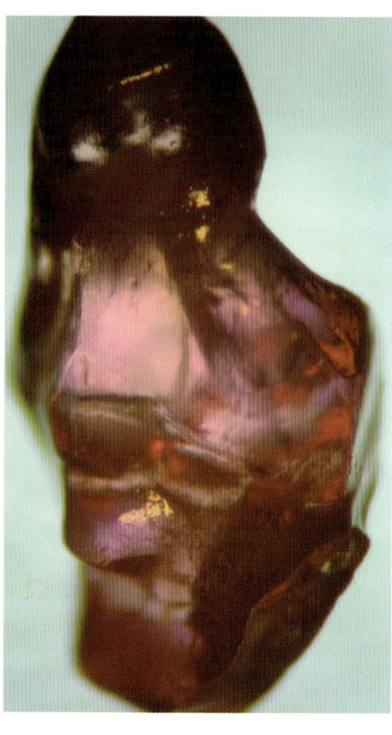

图4-2-270 粉色刚玉，红色斑，晶体表面光反射构成图案“斗士”

5)动物鉴赏篇

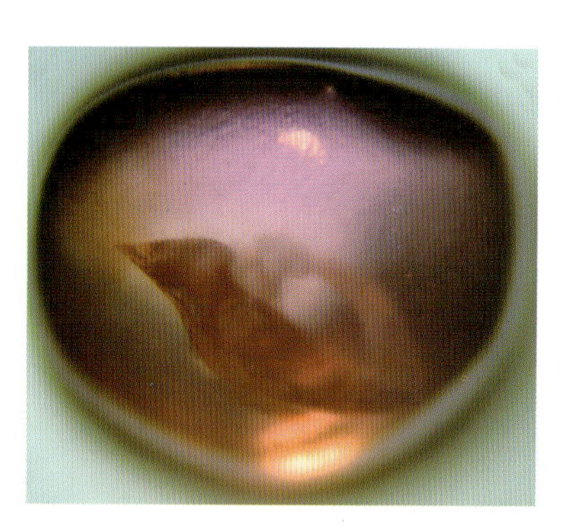

图4-2-272 艳玫瑰红刚玉中黄色孔穴包裹体，构成图案“小鸟”

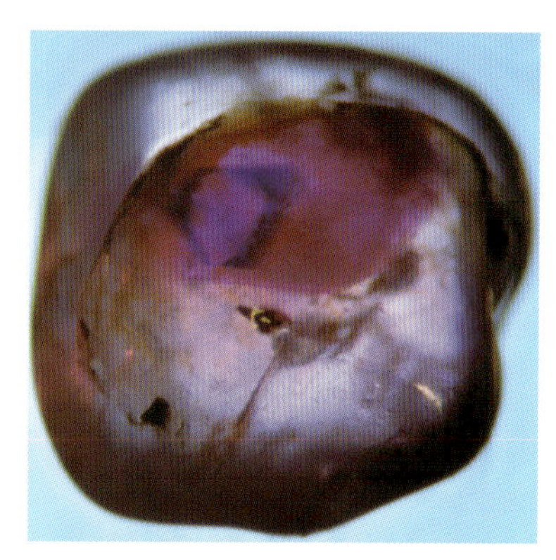

图4-2-273 杂色刚玉——“麻雀”

图4-2-274 玫瑰红刚玉中有熔融包裹体，构成图案“小鸟”

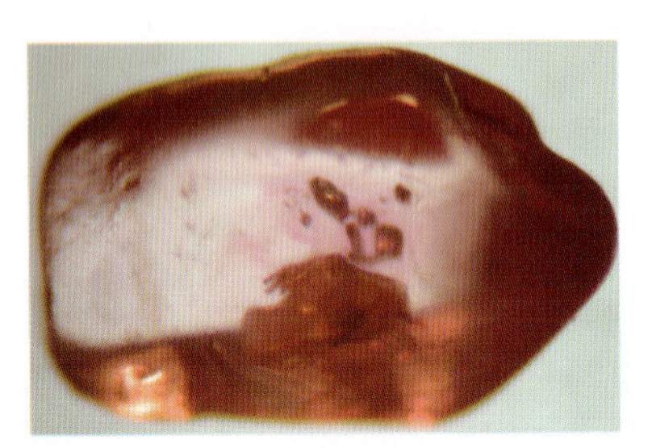

图4-2-275 灰粉色刚玉中有矿物和孔穴包裹体，构成图案“和平鸽”

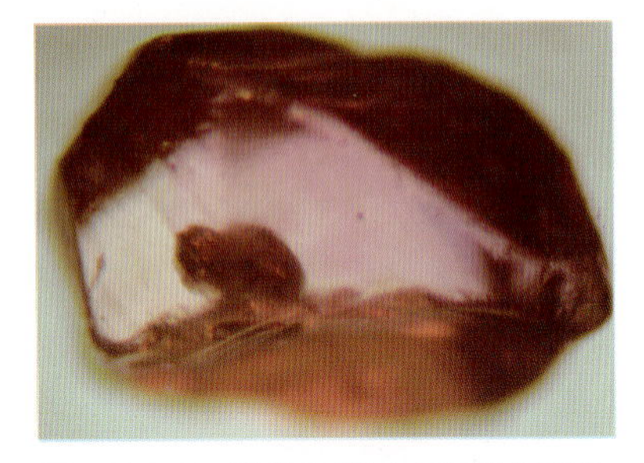

图4-2-276 浅粉色刚玉中有黄色刚玉包裹体，构成图案“小猫咪”

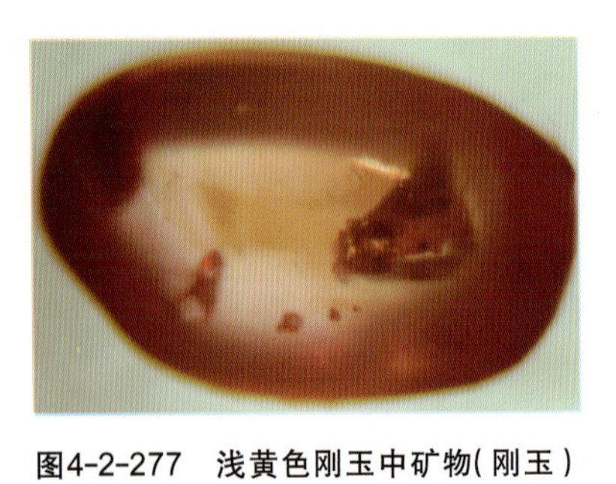

图4-2-277 浅黄色刚玉中矿物(刚玉)包裹体——“老母鸡觅食”

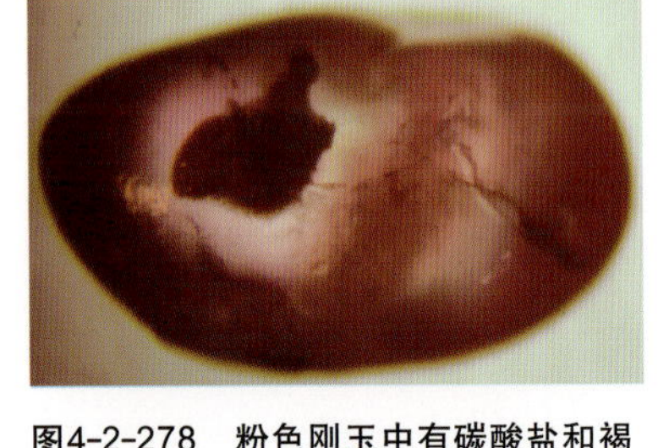

图4-2-278 粉色刚玉中有碳酸盐和褐铁矿包裹体——“火鸡”

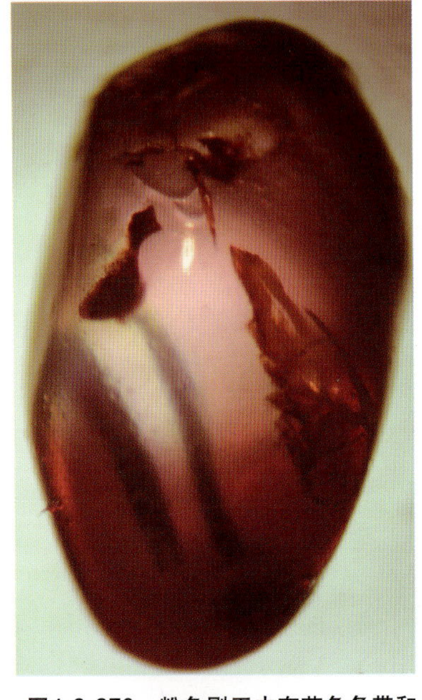

图4-2-279 粉色刚玉中有蓝色条带和铁质——“小鸭”

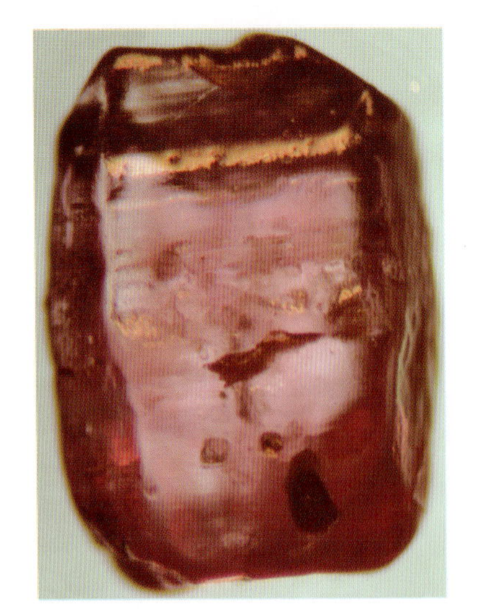

图4-2-280 粉色刚玉中有多粒刚玉包裹体，表面铁质——“啄木鸟”

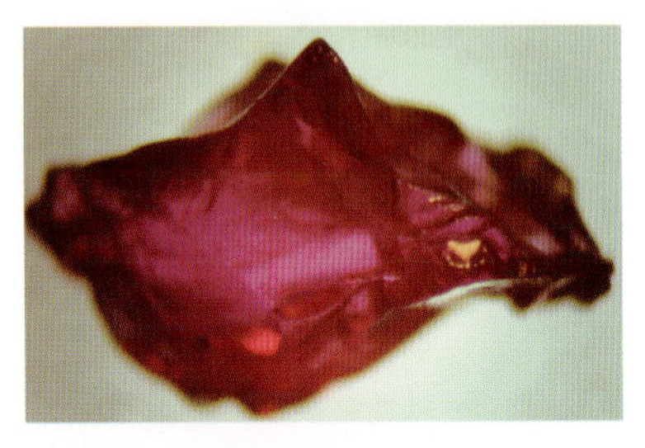

图4-2-281 艳玫瑰红刚玉，其晶形构成图案“欲飞的小火鸡”

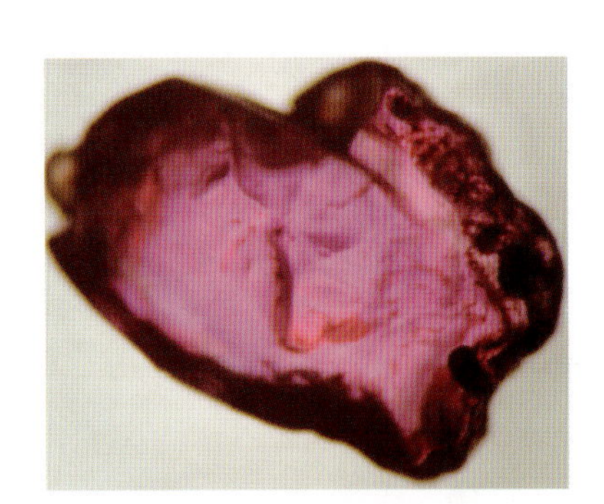

图4-2-282 艳玫瑰紫色刚玉，光反射构成图案“狼头”

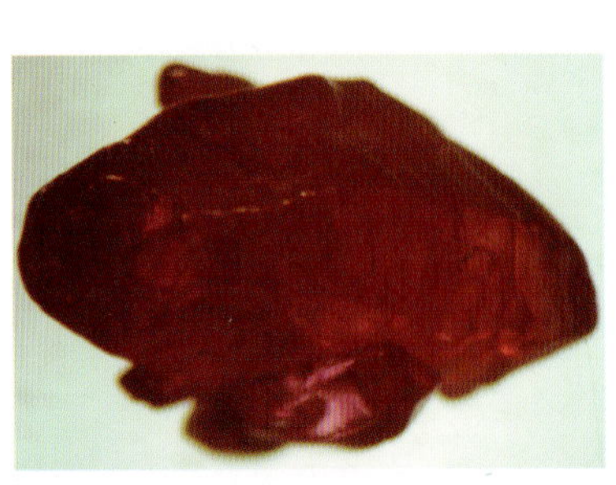

图4-2-283 大红色刚玉，其晶形构成图案“猪姥姥”

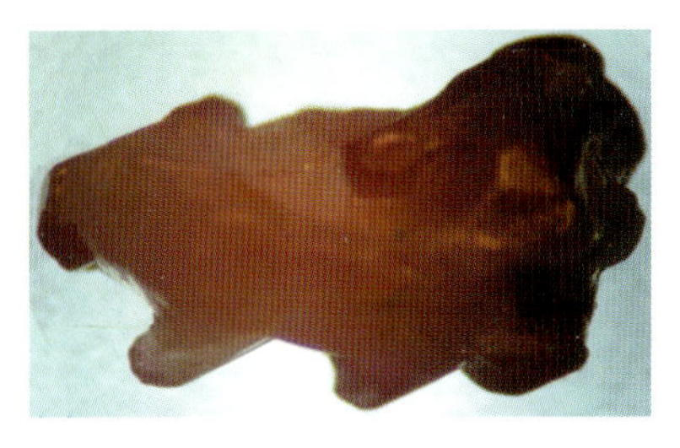

图4-2-284 褐红色刚玉，晶形构成图案“狮子”

图4-2-285 褐红色刚玉，晶形构成图案“孙悟空”

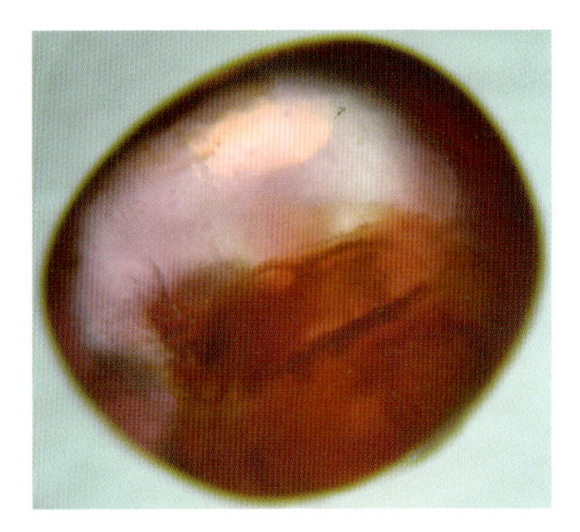

图4-2-286 杂色刚玉，二色（灰粉和褐红色），其中褐红色刚玉构成图案“狮子”

图4-2-287 蓝色刚玉中有棕色碧玺包裹体和铁染——“沙漠骆驼”

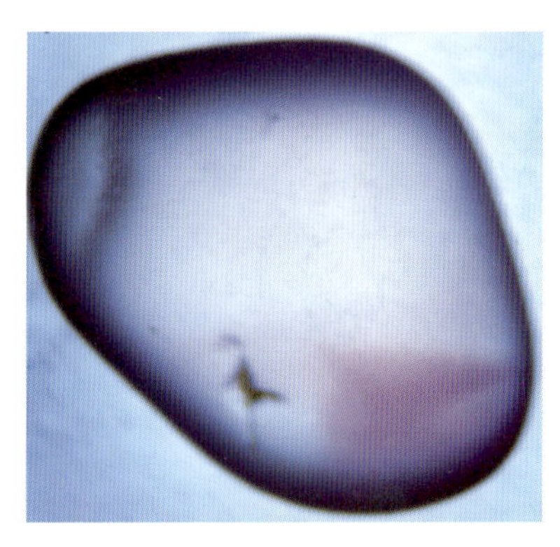

图4-2-288 灰白色刚玉中有粉色斑和蓝色条带——“小狗”

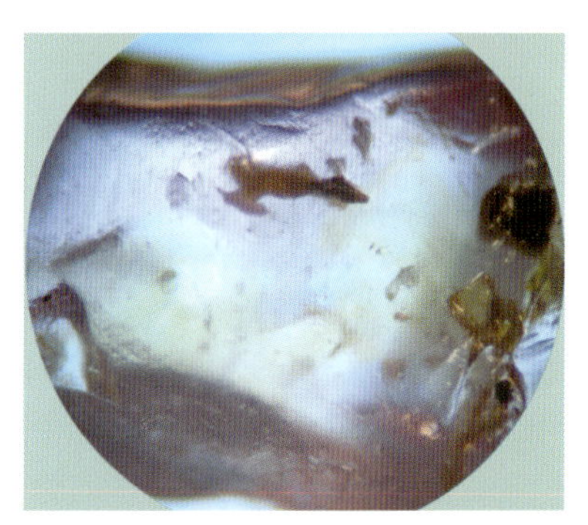

图4-2-289 杂色刚玉，矿物碎屑包裹体和光反射构成图案“凤凰”

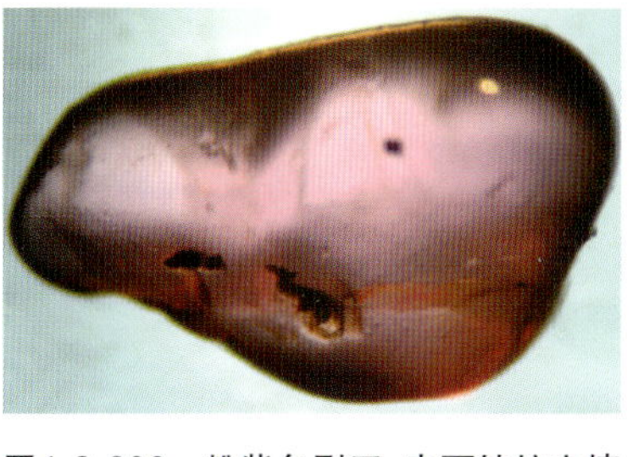

图4-2-290 粉紫色刚玉，表面蚀坑充填铁质构成图案“两个小动物”

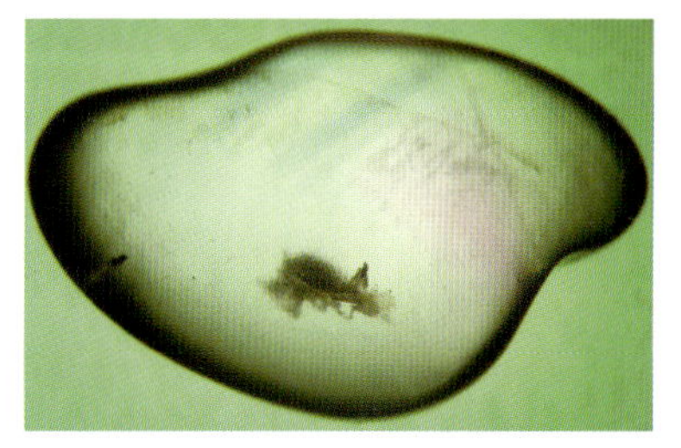

图4-2-291 浅粉色刚玉中有蓝绿色条带，杂质包裹体——“螳螂”

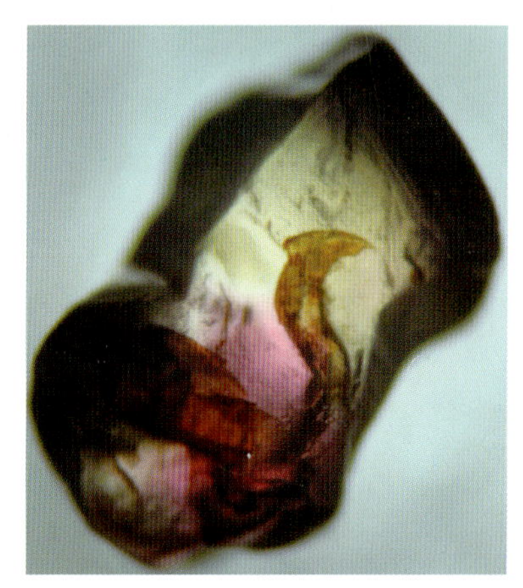

图4-2-292 杂色刚玉——“蛇”

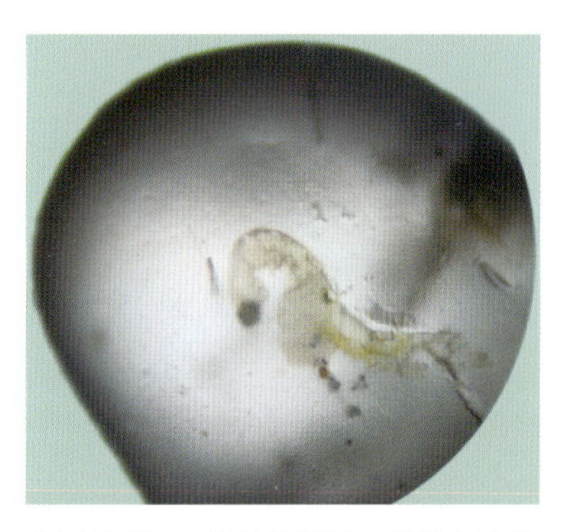

图4-2-293 灰粉色刚玉中流体包裹体构成图案“海马”

6)字鉴赏篇

图4-2-294　浅粉色刚玉中有针状金红石和流体包裹体，构成图案“水蛇”

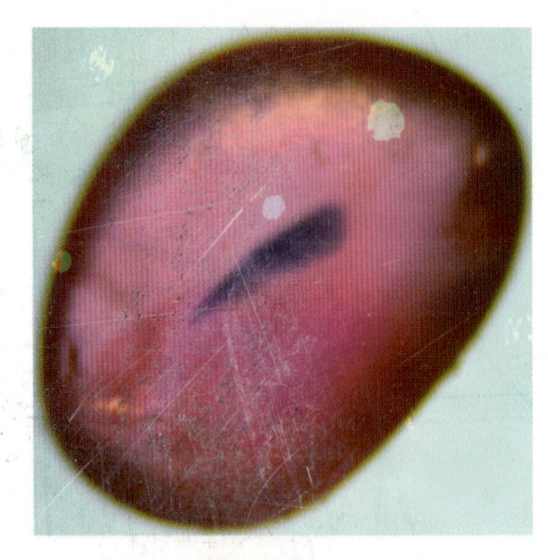

图4-2-297　粉红色刚玉中有蓝色条带——“丿”

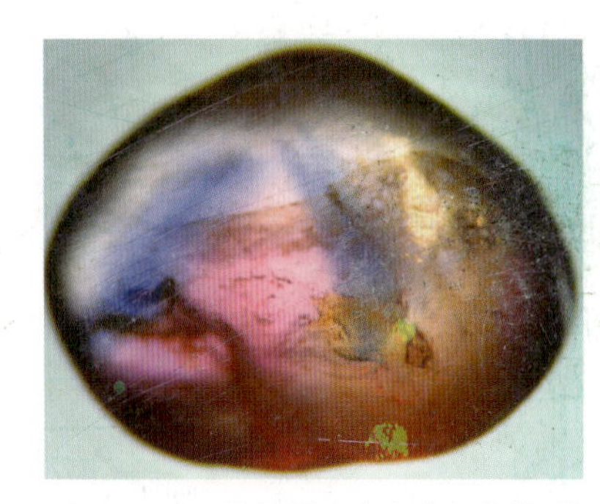

图4-2-300　粉色刚玉中有蓝色条带，构成图案“八”字

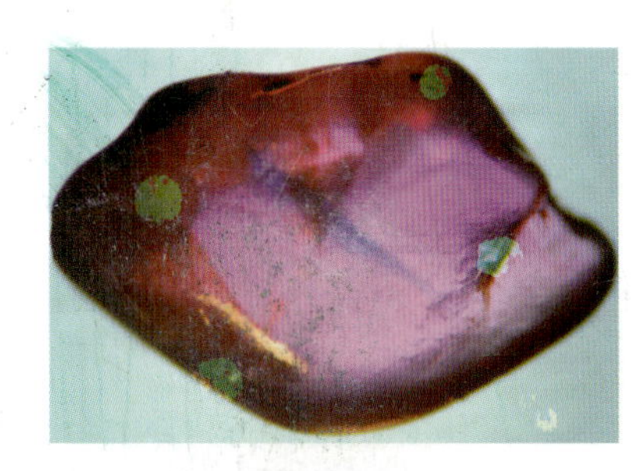

图4-2-295　灰粉色刚玉中有蓝色斑，构成图案“小鱼”

图4-2-298　粉紫色刚玉中有蓝色条带，构成图案“乀”

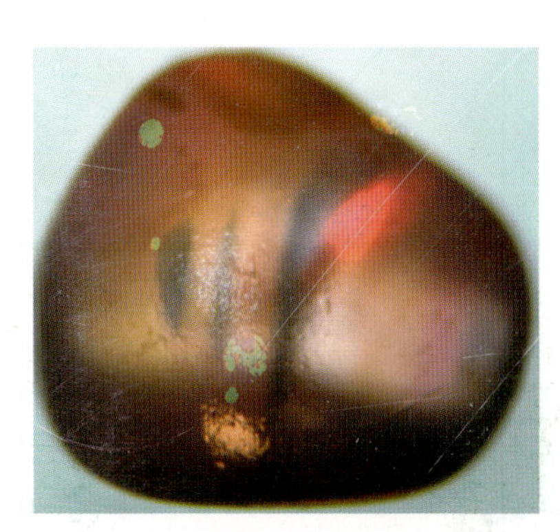

图4-2-301　灰粉色刚玉中，蓝色条带构成图案“川”字

图4-2-296　粉色刚玉中有黄色条带和蓝色斑，构成图案“大鱼头”

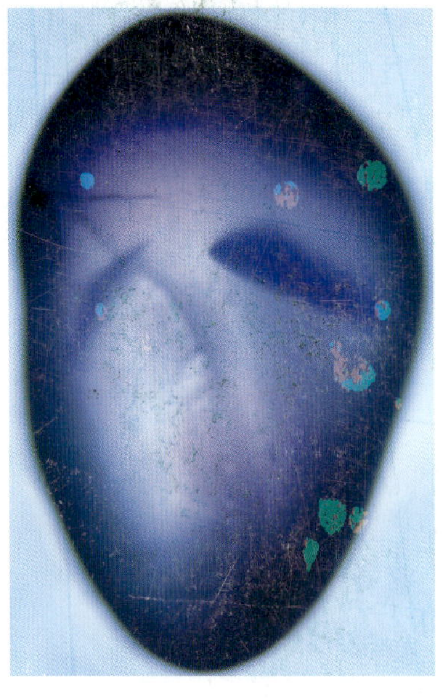

图4-2-299　浅蓝色刚玉中有深蓝色条带，构成图案“八”字

图4-2-302　杂色刚玉，蓝色条带构成图案“厂”字

注：图4-2-109～图4-2-302，产自缅甸

7）标本、饰物（戒面、戒指、吊坠）鉴赏篇

图4-2-303　红宝石（刚玉）标本，围岩为大理岩，16cmx10cmx5.5cm，产自越南

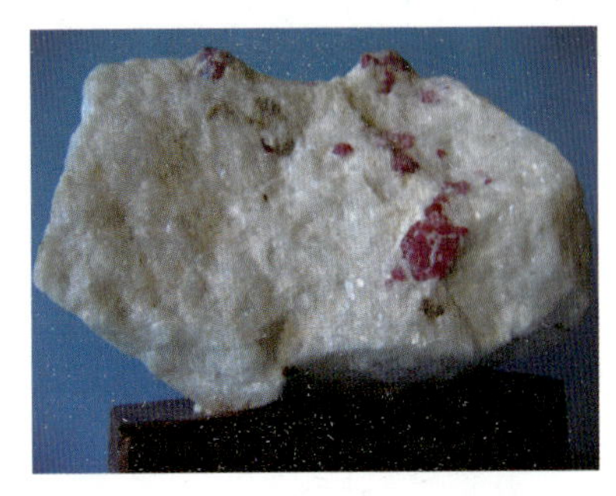

图4-2-304　红刚玉标本，共生矿物方解石、金云母等，20cmx13cmx10cm，产自越南

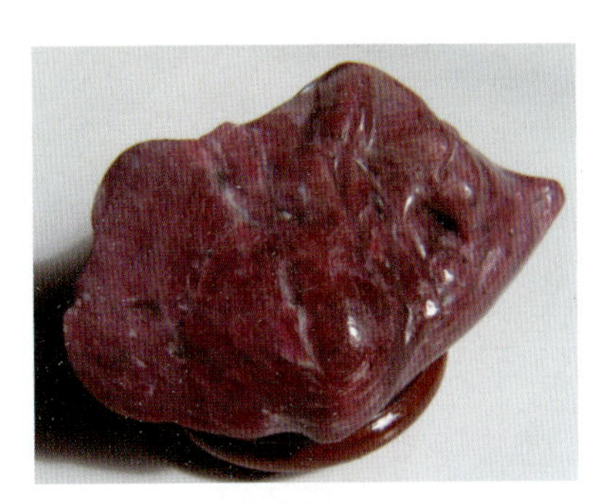

图4-2-305　红刚玉，深红色，7.5cmx4.5cmx2.5cm，产自坦桑尼亚

图4-2-306　红刚玉晶体构成图案“猴”，35mmx26mmx22mm，产自越南

图4-2-307　红刚玉晶体，晶面花纹，35mmx28mmx18mm，产自越南

图4-2-308　红刚玉晶体，大62mmx48mmx36mm、小46mmx36mmx32mm，产自缅甸

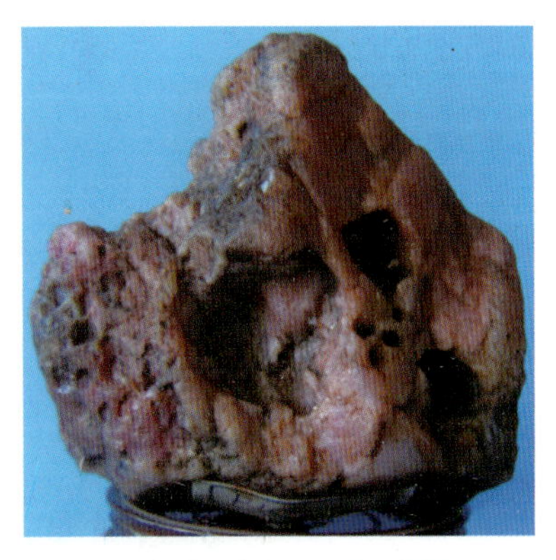

图4-2-309　红刚玉，表面溶蚀沟、坑，70mmx66mmx45mm，产自缅甸

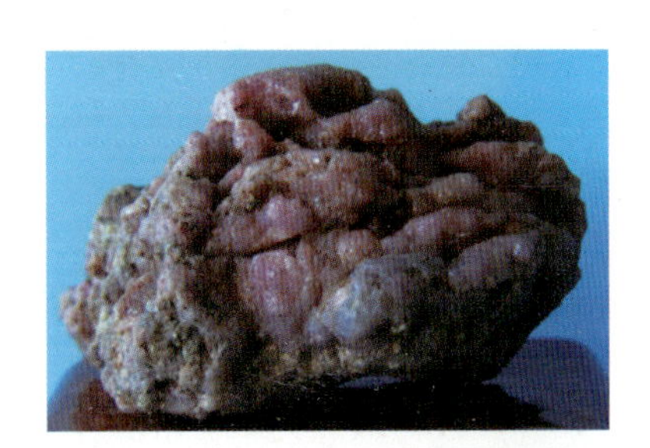

图4-2-310　红刚玉，表面溶蚀沟，产自缅甸

图4-2-311　红刚玉晶体，表面溶蚀沟，大75mmx48mmx35mm、小33mmx31mmx28mm，产自缅甸

图4-2-312　红刚玉，大46mmx36mmx32mm、小35mmx28mmx18mm，产自缅甸

图4-2-313 红刚玉，桶柱状晶体，34mmx16mmx16mm，产自安徽

图4-2-314 刚玉晶体横断面(三方晶系)，9mmx7mmx6mm，产自河北

图4-2-315 刚玉晶体横断面(三方晶系)，9mmx8mmx8mm，产自河北

图4-2-316 带围岩的红刚玉(云母片岩中红刚玉呈细粒状沿片理分布)，产自中国南方

图4-2-317 云母片岩中剥出的红刚玉晶体，产自中国南方

图4-2-318 红刚玉，粒状，表面附一层白云母，16mmx16mmx10mm

图4-2-319 红宝石戒面，吊坠，3mmx3mm，方形，产自泰国

图4-2-320 红宝石戒面，吊坠，直径4mm，产自泰国

图4-2-321 红宝石戒面，吊坠，直径5mm，素面，产自泰国

图4-2-322 红宝石戒面，吊坠，蛋形素面，6mmx8mm，产自泰国

图4-2-323 星光红宝石戒指，产自缅甸

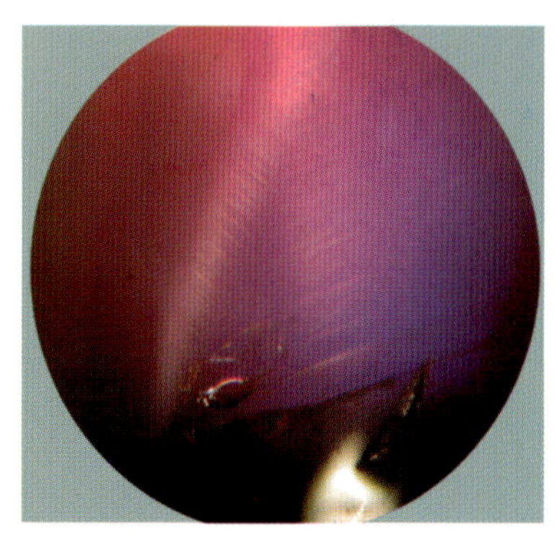

图4-2-324 星光红宝石内部结构，产自缅甸

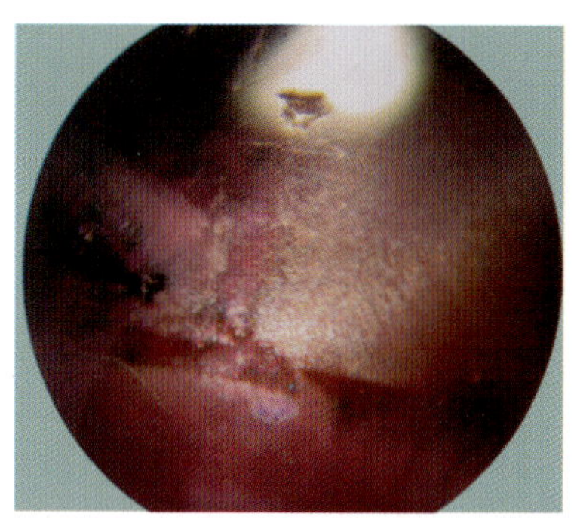

图4-2-325 星光红宝石内部结构，产自缅甸

图4-2-326 红宝石戒指，马眼形，7.5mmx15mm，产自缅甸

图4-2-327 红宝石戒指，蛋形，5mmx7mm，产自缅甸

图4-2-328 红宝石戒指，花形，产自缅甸

图4-2-329 红宝石吊坠，梅花形，13mmx13mm，产自缅甸

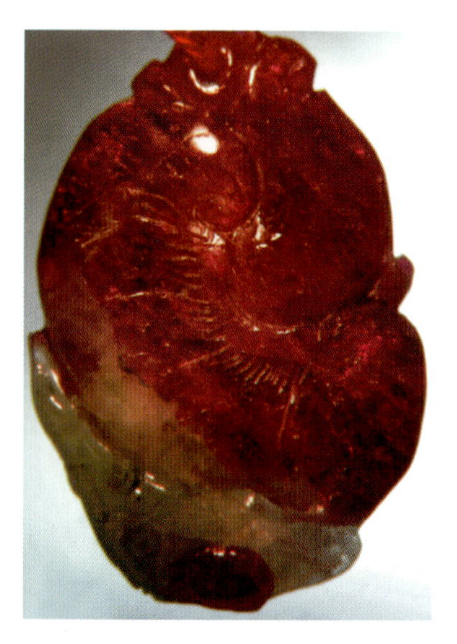

图4-2-330 红宝石吊坠——红刚玉和绿色黝帘石，24mmx17mmx6mm，产自坦桑尼亚

第三节 祖母绿、海蓝宝石和绿宝石（绿柱石）

（Emerald、Aquamarine、Beryl）

一、概述

祖母绿（Emerald）、海蓝宝石（Aquamarine）和绿宝石（Beryl），三种宝石的矿物名称为绿柱石。由于绿柱石含有不同的微量金属元素，呈现不同的颜色，所以绿柱石类宝石品种繁多。

（1）祖母绿：是一种含铬（含Cr_2O_3为0.15%～0.3%，色浓者可达0.5%～0.6%）的翠绿色宝石，在绿色宝石中最为美丽，故有“绿宝石之王”的誉称。古希腊人称之为“发光的宝石”。是五月诞生石，也是四大名贵宝石之一。优质祖母绿比钻石还要贵。

（2）海蓝宝石：是一种含铁的天蓝色、海蓝色和浅蓝色的宝石，或带绿色色调的蓝色，或带蓝色色调的绿色。纯海蓝宝石是无色的。是三月诞生石。

（3）绿宝石：指透明的绿柱石，除祖母绿和海蓝宝石以外的各色绿柱石。

a.金色绿柱石，其名称来自希腊语，意为“太阳”，呈黄色或金黄色、淡柠檬黄色，是一种含痕量铀的绿柱石。

b.紫红色绿宝石，紫红色，其色像紫水晶，又称“紫晶绿宝石”。

c.玫瑰色绿宝石，呈玫瑰色或粉红色，含铯、锂或锰，又称铯绿柱石。

d.海蓝橄榄绿宝石，呈黄绿色、橄榄绿色，同时带海蓝色调。

e.暗褐色绿柱石，是一种具星光效应的含钛铁矿绿柱石。

二、基本特征

（1）化学成分：$Be_3Al_2(Si_6O_{18})$，成分中常含有K、Na、Ca、Mg、Mn、Fe、Li、V、Ti、Ni、Cr、Cs等微量元素，致使其呈不同颜色。

（2）晶系、晶形：六方晶系。晶形呈六方柱状，含铯者出现扁柱状。晶面常具纵纹。

（3）物理特征：硬度（H）为7.5～8。相对密度（G）为2.63～2.90。透明—半透明—不透明。玻璃光泽。柱面解理不完全。性脆。贝壳—参差状断口。

（4）光学特征：一轴晶负光性。海蓝宝石折射率为No=1.580，Ne=1.575，双折率0.005；祖母绿折射率

为N_o=1.583，N_e=1.577，双折率0.006；黄色绿宝石：N_o=1.575，N_e=1.570，双折率0.005；铯绿柱石折射率为N_o=1.594，N_e=1.585，双折率0.009。海蓝宝石多色性从无色—蓝色；红色品种从亮红—紫；祖母绿：N_o为翠绿、深绿，N_e为蓝绿色。

（5）荧光和吸收光谱：祖母绿在长波紫外线照射下，由无色到带紫的红色；铯绿柱石呈弱的亮红色。只有祖母绿和含铬的品种才有吸收光谱，两条吸收线靠近红色区的6 830Å和6 800Å，第三条在6 370Å，第四条在蓝色位置4 775Å，在6 830Å和6 800Å如果出现奇异的双重谱线时，则6 370Å和4 775Å吸收谱线不可见。

（6）查尔斯滤色镜下观察：哥伦比亚祖母绿呈粉红色，其他地区产的祖母绿仍为绿色。

（7）颜色：由于含不同金属微量元素，故绿柱石呈现不同的颜色，有翠绿色、浓绿色、绿色、黄绿色、黄色、金黄色、蓝色、天蓝色、海蓝色、浅蓝色、无色、红色、粉红色等，其中以翠绿色祖母绿最为珍贵。

三、包裹体及其猫眼效应

在绿柱石类宝石中，常见有不同类型的包裹体，不同产地的包裹体也不尽相同。如哥伦比亚祖母绿中有气、液、固三相包裹体：二氧化碳、氯化钠及立方体食盐、黄铁矿、铬铁矿、磁黄铁矿、辉钼矿、水晶、方解石、钠长石、氟碳钙钸矿和碳的包裹体；赞比亚的祖母绿中发现有云母、角闪石、阳起石或透闪石的包裹体；巴西祖母绿中有片状、鳞片状黑云母，粒状磁铁矿，暗褐色绿柱石，含钛铁矿者具猫眼效应，并见气、液包裹体；前苏联西伯利亚祖母绿中有阳起石和黑云母包裹体；我国云南产的祖母绿中有气、液包裹体和固相包裹体，固相包裹体和矿物包裹体有黑云母、黑电气石、绿碧玺、绿柱石、透闪石、石榴石、黄铁矿及碳酸盐矿物等包裹体。在中国新疆海蓝宝石中镜下观察到的包裹体更是丰富多彩，有气、液、固三相包裹体，矿物包裹体有：黑电气石，呈针柱状、柱状、平行或放射状分布；绿碧玺、二色碧玺、金红石，呈红色，针状、针柱状、短柱状单晶或群晶分布；石榴石包裹体，呈菱形十二面体、等轴状、粒状，其颜色为红色和黄色；还有磷灰石、锆石、榍石、黑云母、白云母、绿泥石、阳起石、透闪石、萤石、碳酸盐矿物、磁铁矿、钛铁矿、针铁矿、黄铁矿等。在海蓝宝石中普遍发育有不规则状、层状、指纹状、星点状、乳滴状气、液包裹体和大小不等的孔穴，其形态各异。还有水胆以及平行排列的管状物包裹体（非常发育），其中常充填有黑色物，有些气液包裹体常密集在一起成放射状分布，呈雪花状又称“雪花状”包裹体。如果管状物、纤状物或气、液包裹体密集平行排列即可磨出猫眼来（请参看本节图谱图4-3-92、图4-3-93）。

四、祖母绿、海蓝宝石和绿宝石与相似矿物的鉴别

（1）祖母绿与翠榴石、钙铝榴石、钙铬榴石、翠绿锂辉石、绿色碧玺、绿色磷灰石、绿色萤石以及翡翠的鉴别：由于其颜色或外貌（磨成半成品时）相似，容易混淆，故从物理性质、化学成分、光性特征等去鉴别，见表4-8。

另外，祖母绿与合成祖母绿的鉴别在于：合成祖母绿的颜色浓艳，且有较强的红色荧光，其包裹体呈云雾状，是不透明的白色粉末的熔质物，也呈银白色不透明三角形铂片包裹体；柱状硅铍石包裹体。其固体熔剂的包裹体呈羽毛状、纱状或束状，像飘动的窗纱。在热液合成的祖母绿中，还可能有针状或钉状的孔穴，钉头是由硅酸铍晶体形成的，如果出现几个钉状包裹体，它们总是平行的，另外还可能有棉絮状的两期包裹体。而绿柱石玻璃的硬度为6.5，相对密度2.44，折射率1.52，三个指数都比天然绿柱石低；天然祖母绿中出现的包裹体也与合成祖母绿完全不同。

(2)海蓝宝石、绿宝石与相似矿物的鉴别：蓝、绿色蓝宝石，蓝、绿色碧玺，蓝、绿色尖晶石，蓝、绿色磷灰石，绿色橄榄石、锆石和蓝色黄玉的鉴别见表4-9。

五、工艺要求和用途

工艺要求：祖母绿颜色要浓艳、翠绿，晶体少棉、少裂，最好无棉、无裂(很少)，裂隙不超过总面积的15%，透明—半透明，品质要求大于0.2ct。因祖母绿性脆，比较难加工，要求特殊磨料。海蓝宝石要求天蓝色或海水蓝色，色正，透明度好，裂纹少，晶体越大越好。绿宝石要纯绿色，色正，透明，少裂。对于有猫眼效应者，要求猫眼清晰、明显，越大越好。总之，不论哪种宝石都要颜色纯正、透明度好，瑕疵少，越大越好。

用途：祖母绿、海蓝宝石、绿宝石主要用于饰用，如男、女戒指、耳环(钉)、手链、项链、胸针、领带夹等高级饰品及工艺品。晶体完好者或特殊品种作观赏石和收藏品。另外绿柱石也是金属铍的主要矿物来源。

六、产状和产地

(一)祖母绿的成因类型及产地

成因类型有内生矿床和外生矿床(砂矿床)。内生矿床有伟晶岩型，产在微斜长石伟晶岩晶洞中。其围岩有基性、超基性岩，黑云母片岩，矿物组合有微斜长石、石英、黑电气石等，如巴西、美国、挪威。气成热液型：产在超基性岩的似脉状云英岩中，祖母绿呈斑晶状浸染富集，矿物组合有磷灰石、金绿宝石、电气石、金云母、黑云母、萤石，如前苏联乌拉尔山、津巴布韦、南非、印度、奥地利。热液型产在沉积岩中的远成热液方解石脉中，围岩为炭质灰岩和页岩。祖母绿赋存在方解石脉、白云母-方解石脉及黄铁矿钠长石脉中，祖母绿呈斑晶状，矿物组合有方解石、白云石、石英、钠长石、重晶石、针铁矿、黄铁矿等，如哥伦比亚的木佐、契沃尔等矿区。中国云南在黑云母片岩中发现了祖母绿，其颜色为黄绿色、翠绿色，透明—半透明—不透明，矿物组合有绿柱石、黑云母、重晶石、海蓝宝石、碳酸盐矿物、黑电气石、绿碧玺、透闪石、石榴石、黄铁矿等。外生矿床(砂矿床)：产在残坡积和冲积砂矿中，如津巴布韦、巴西。以上所产祖母绿以哥伦比亚质量最佳。

(二)海蓝宝石和绿宝石的产状和产地

海蓝宝石和绿宝石的成因类型可分为内生矿床和外生矿床两类。

1.内生矿床

产在伟晶岩晶洞中及花岗岩中的云英岩脉中。伟晶岩型如中国新疆、云南、内蒙古，矿物共生组合有长石、各色电气石、白云母、石英、黄铁矿、辉钼矿、锰铝榴石、磷灰石等。又如巴西，矿物组合有黄玉、各色电气石、各色绿宝石和碱性绿柱石等。马达加斯加、莫桑比克产各种颜色的绿柱石。纳米比亚、津巴布韦和坦桑尼亚以及乌拉尔山东麓产大量的海蓝宝石、金黄色和粉色的绿柱石。法国马恩和美国新罕布什尔、北卡罗来纳产海蓝宝石和金色绿柱。加利福尼亚产铯绿柱石。云英岩型：如前苏联南高加索、克什米尔宝石级绿柱石产在云母矿床中。东阿富汗、巴基斯坦也发现有海蓝宝石和红色绿柱石。在德国、英国、捷克、日本、蒙古、印度等也发现有绿柱石矿床。

2.外生矿床

在冰川剥蚀地貌的冰斗内(冰川砂砾中)形成的砂矿。矿物组合与原岩相同(参看内生矿床)。宝石矿物有海蓝宝石、绿宝石及纯绿宝石。产地有我国新疆阿尔泰地区。

表4-8　祖母绿与相似矿物的鉴别

矿物名称	化学式	晶系	晶形	颜色	摩氏硬度	相对密度	解理	断口	光泽	透明度	光性	折射率（N）	双折率	色散	二色性
祖母绿	$Be_3Al_2Si_6O_{18}$	六方	六方柱状，晶面常具纵纹	翠绿、绿	7.50	2.63～2.9	不完全	贝壳状—参差状	玻璃	透明—半透明—不透明	一轴晶（-）	No=1.583 Ne=1.577	0.006		
绿色碧玺	$XR_3Al_6B_3Si_6O_{27}(OH)_4$ X=Na，Ca R=各种金属离子（Cr，V）	三方	复三方柱晶类，复三方柱状，端部呈球面三角形，柱面具纵纹	绿、黄绿、灰绿	7～7.5	3.02～3.26	无	贝壳状	玻璃	透明—半透明	一轴晶（-）	No=1.63～1.69 Ne=1.61～1.66	0.020～0.028		明显
绿色海蓝宝石	$Be_3Al_2Si_6O_{18}$	六方	六方柱状，横切面六边形，柱面常具纵纹	绿、黄绿	7.50	2.67～2.63	不完全	贝壳状—参差状	玻璃	透明—半透明—不透明	一轴晶（-）	No=1.580 Ne=1.575	0.005		
绿色蓝宝石	Al_2O_3	三方	柱状、桶状、板状、盘状、块状	绿、蓝绿	9	3.97～4.05	无	贝壳状	玻璃	透明—半透明	一轴晶（-）	No=1.768 Ne=1.76	0.008	0.018	明显
绿色磷灰石	$Ca_5(PO_4)_3(F,Cl,OH)$	六方	六方双锥晶类，六方双锥，板状，粒状，六方柱体	绿	5	3.17～3.23	不完全		玻璃	透明—半透明	一轴晶（-）	No=1.632～1.649 Ne=1.628～1.642	0.002～0.005	0.013	弱—明显
翠榴石	$Ca_3Fe_2(SiO_4)_3$	等轴	菱形十二面体、偏方三八面体或二者的聚形晶	翠绿	6.5～7	3.85		贝壳状	玻璃	透明	均质	1.856～1.895		0.057	
钙铝榴石	$Ca_3Al_2(SiO_4)_3$	等轴	菱形十二面体、四角三八面体或二者聚形晶、五角十二面体	黄、黄绿、翠绿、深绿	6.5～7	3.45～3.5		贝壳状	玻璃	透明—不透明	均质	1.73～1.75		0.028	
钙铬榴石	$Ca_3Cr_2(SiO_4)_3$	等轴	菱形十二面体、四角三八面体或二者的聚形晶	翠绿	6.5～7.5	3.75				透明	均质				
翠绿锂辉石	$LiAl(SiO_3)_2$	单斜	棱柱状、板状、块状	翠绿、蓝	6～7.5	3.18±0.03	完全	参差状	玻璃	透明—半透明	二轴晶（+）	Ng=1.665～1.682 Nm=1.660～1.669 Np=1.653～1.670	0.014～0.027	0.017	强荧光
萤石	CaF_2	等轴	立方体、八面体、粒状，常见双晶	绿	4	3.18±0.01	八面体解理	贝壳状	玻璃	透明—半透明	均质	1.434		0.007	可变荧光
翡翠	$NaAl(Si_2O_6)-NaCr(Si_2O_6)$		纤维状致密集合体	翠绿	6.5～7	3.25～3.36			玻璃	透明—不透明	二轴晶（+）	Ng=1.625～1.667 Nm=1.645 Np=1.640	0.012～0.020		

续表

矿物名称	化学式	晶系	晶形	颜色	摩氏硬度	相对密度	解理	断口	光泽	透明度	光性	折射率(*N*)	双折率	色散	二色性
橄榄石	$(Mg,Fe)_2SiO_4$	斜方	柱状、板状、粒状，橄榄形	绿、黄绿	6.5～7	3.3～3.36		贝壳状	玻璃、油脂	透明—半透明	二轴晶(+)	*N*g=1.670～1.680 *N*m=1.651～1.660 *N*p=1.635～1.640	0.036～0.040	0.02	
锆石	$ZrSiO_4$	四方	短四方柱状、复四方双锥晶类	绿	7～7.5	4.6～4.8		贝壳状	玻璃—金刚	透明—不透明	一轴晶(+)	*N*o=1.92 *N*e=1.98	0.06	0.038	

表4-9 海蓝宝石、绿柱石与相似矿物的鉴别

矿物名称	化学式	晶系	晶形	颜色	摩氏硬度	相对密度	解理	断口	光泽	透明度	光性	折射率(*N*)	双折率	色散	荧光色性
海蓝宝石 绿宝石	$Be_3Al_2Si_6O_{18}$	六方	六方柱状	浅蓝、绿	7.5	2.63-2.90	不完全	贝壳状	玻璃	透明—半透明	一轴晶(−)	*N*o=1.583 *N*e=1.577	0.005		
蓝宝石	Al_2O_3	三方	桶状、柱状、盘状、块状	浅蓝、绿	9	3.97～4.05	无	贝壳状—参差状	玻璃	透明—半透明	一轴晶(−)	*N*o=1.768 *N*e=1.760	0.008	0.02	明显
碧玺	$XR_3Al_6B_3Si_6O_{27}(OH)_4$ X=Na，Ca R=各种金属离子(Mg，Fe，Li等)	三方	复三方柱状、端部呈球面三角形，柱面具纵纹	蓝、绿	7～7.5	3.02～3.26	无	贝壳状	玻璃	透明—半透明—不透明	一轴晶(−)	*N*o=1.63～1.69 *N*e=1.61～1.66	0.02～0.03		明显
尖晶石	$MgAl_2O_4$	等轴	八面体、菱形十二面体或二者的聚晶	蓝、绿	7.5～8	3.58～3.61	不发育	贝壳状	玻璃	透明—半透明—不透明	均质	*N*=1.71～1.72		0.02	
黄玉	$Al_2SiO_4(F,OH)_2$	斜方	斜方柱状、锥柱状	白、蓝、黄	8	3.50～3.57	底面解理		玻璃	透明—半透明	二轴晶(+)	*N*g=1.617～ *N*m=1.610～1.631 *N*p=1.601～1.630	0.008	0.01	
磷灰石	$Ca_5(SiO_4)_3(F,Cl,OH)$	六方	柱状、板状、粒状、锥柱状	蓝、绿	5	3.17～3.23	不完全		玻璃	透明—半透明	一轴晶(−)	*N*o=1.632～1.649 *N*e=1.608～1.642	0.002～0.005	0.01	明显
橄榄石	$(Mg,Fe)_2SiO_4$	斜方	柱状、板状、粒状	绿、黄绿	6.5～7	3.3～3.6		贝壳状	玻璃—油脂	透明—半透明	二轴晶(+)	*N*g=1.670～1.680 *N*m=1.651～1.660 *N*p=1.635～1.640	0.036～0.040	0.02	

七、祖母绿、海蓝宝石和绿宝石图谱鉴赏

有关新疆产的海蓝宝石和绿宝石以及云南产的祖母绿的晶形、晶面纹、蚀纹、颜色、包裹体等请参阅本节图谱。

1.祖母绿鉴赏篇(图图4-3-1~图4-3-28)

2.海蓝宝石(绿宝石)鉴赏篇(图4-3-29~图4-3-121)

1)晶形、晶面纹、蚀纹、颜色鉴赏篇

(1)晶形、晶面纹、蚀纹

(2)颜色

2)包裹体鉴赏篇

3)虹彩鉴赏篇

4)景物鉴赏篇

5)人物、动物鉴赏篇

6)饰物(戒面、吊坠)鉴赏篇

1.祖母绿鉴赏篇

图4-3-1　带围岩的祖母绿晶体共生矿物：黑云母、重晶石，9cm×6cm×4.5cm，产自云南

图4-3-2　带围岩（云母片岩）的祖母绿晶体共生矿物：黑云母、黑电气石、重晶石，9cm×6cm×3.5cm，产自云南

图4-3-3　带围岩的祖母绿晶体共生矿物：黑云母、重晶石、黄铁矿，9cm×6cm×4.5cm，产自云南

图4-3-4　祖母绿晶体——六方柱状聚晶，晶面纵纹，3.5cm×3cm×1.5cm，产自云南

图4-3-5　带围岩的祖母绿，祖母绿柱状晶体构成图案“舞”，14cm×10cm×4cm，产自云南

图4-3-6　带围岩的祖母绿晶体，共生矿物：黑云母、电气石、重晶石、石榴石、绿柱石、黄铁矿等，祖母绿柱状晶体构成图案“菊花”，13cm×7cm×4cm，产自云南

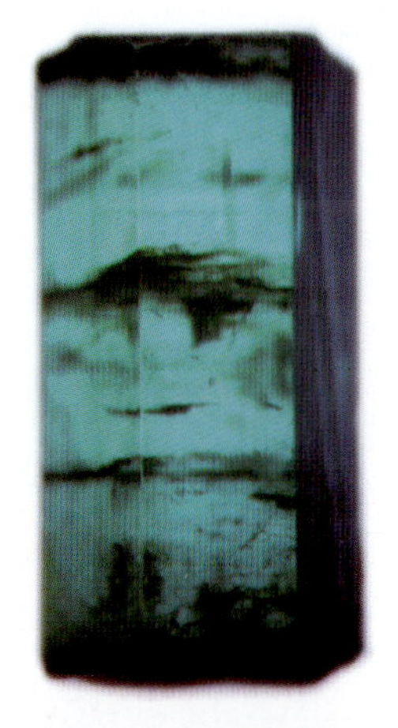

图4-3-7　祖母绿晶体，六方柱状，产自云南

图4-3-8　祖母绿晶体横断面，六边形，产自云南

图4-3-9　祖母绿晶体横断面，产自云南

图4-3-10　祖母绿异形晶体横断面，产自云南

图4-3-11　祖母绿柱状晶体，柱面上祖母绿嵌晶，产自云南

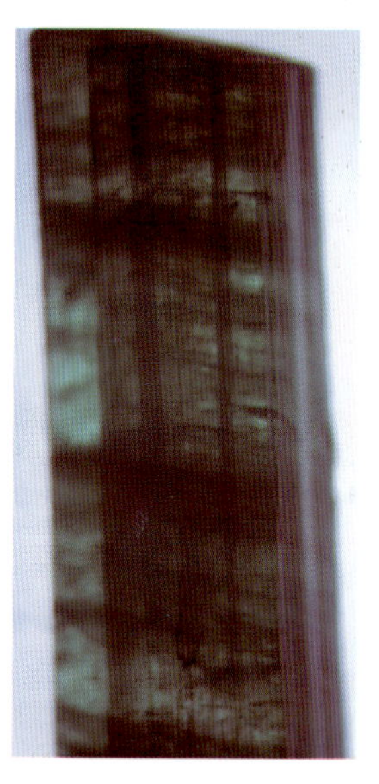
图4-3-12　祖母绿柱面纵纹，产自云南

图4-3-13　祖母绿柱面上多条祖母绿小晶体嵌晶，并见电气石包裹体，产自云南

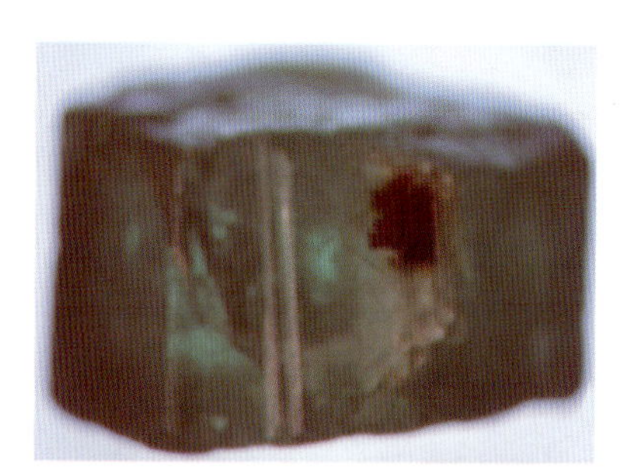
图4-3-14　祖母绿柱面纵纹，其内有电气石晶簇包裹体，产自云南

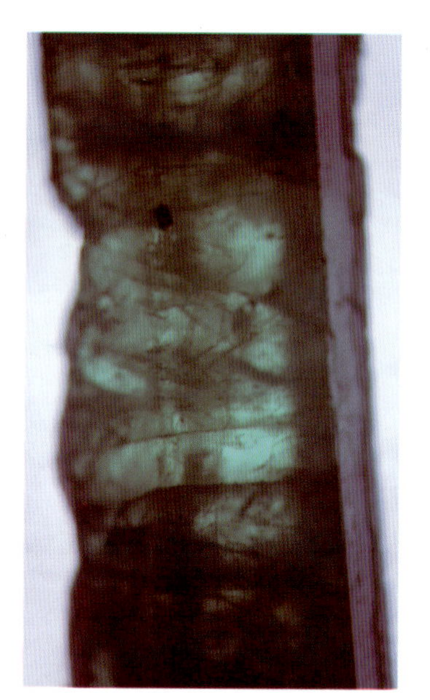
图4-3-15　祖母绿晶体内多棉，产自云南

图4-3-16　祖母绿横断面，具环带结构，产自云南

图4-3-17　祖母绿横断面，环带结构，中心黄绿色，边部深绿色，中间层艳绿色，产自云南

图4-3-18　祖母绿六方柱状晶体，垂直柱面有绿色条带，产自云南

图4-3-19　祖母绿六方柱状，其内有透闪石包裹体，产自云南

图4-3-20　祖母绿中有气、液包裹体，垂直柱面有密集平行排列之管状物，产自云南

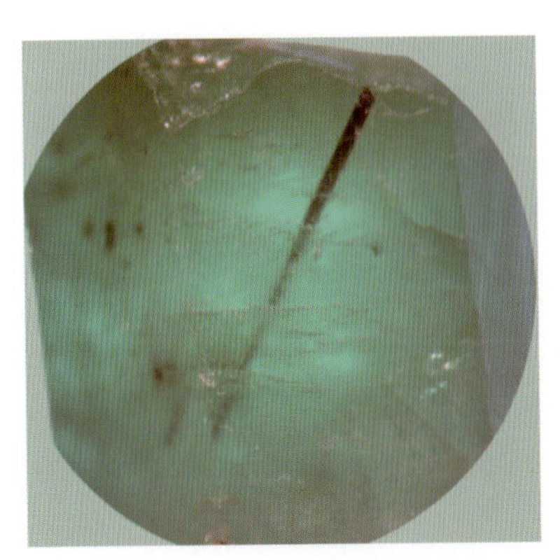

图4-3-23　祖母绿中有黑电气石包裹体，产自云南

图4-3-26　祖母绿中有鳞片状云母包裹体，产自云南

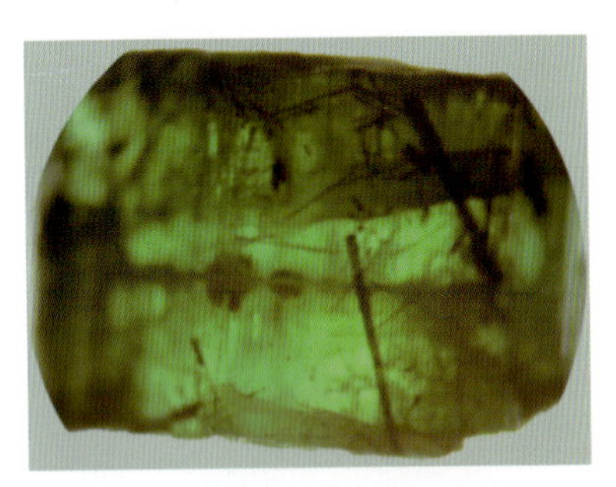

图4-3-21　祖母绿中有黑电气石、阳起石和少量云母包裹体，产自云南

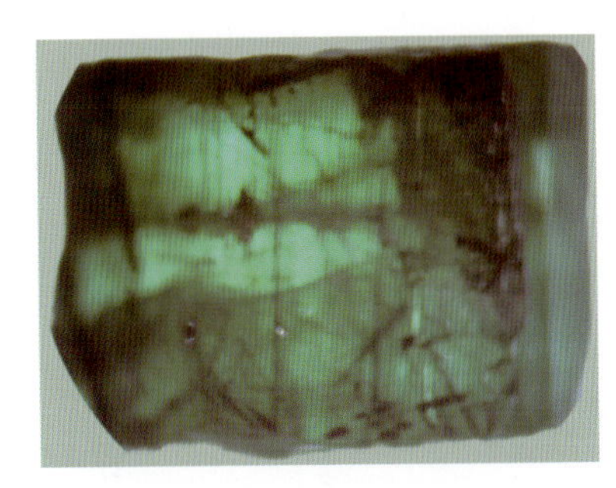

图4-3-24　短柱状祖母绿中有多条二色碧玺和黑云母包裹体，产自云南

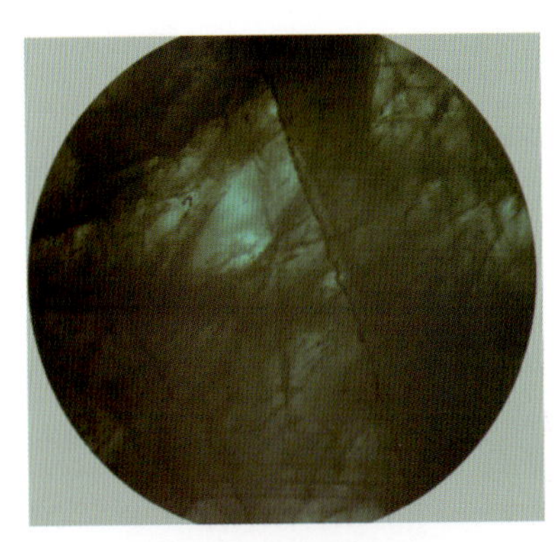

图4-3-27　祖母绿中有气、液和闪石类（纤状）包裹体，产自云南

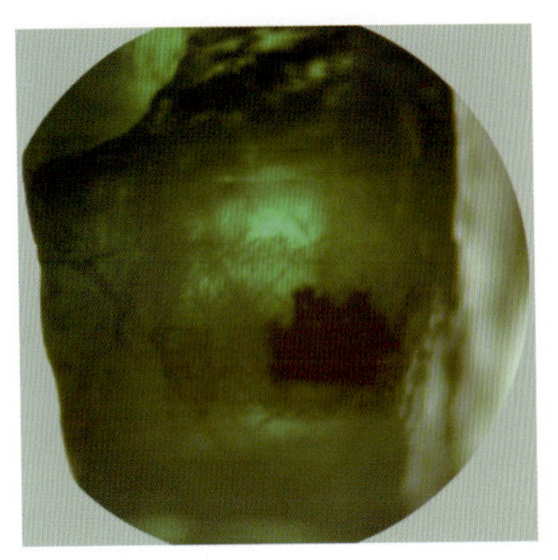

图4-3-22　祖母绿中有黑电气石晶簇和纤维状阳起石包裹体，产自云南

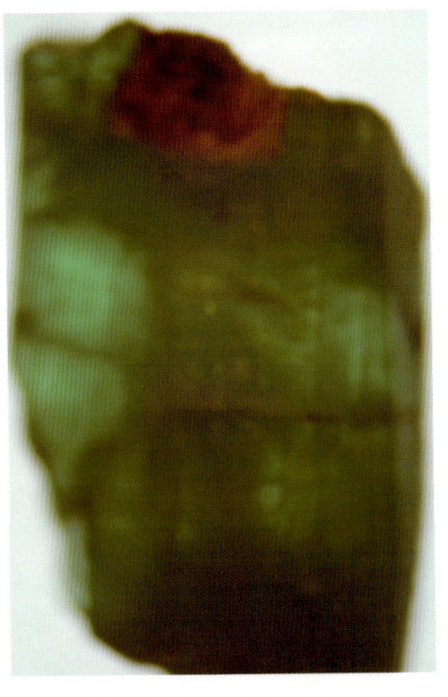

图4-3-25　祖母绿中有石榴石（红色）包裹体（顶部），产自云南

图4-3-28　祖母绿戒面、吊坠，5mm×6mm（长方形），产自云南

2.海蓝宝石(绿宝石)鉴赏篇

1)晶形、晶面纹、蚀纹、颜色鉴赏篇

(1)晶形、晶面纹、蚀纹

图4-3-29 绿柱石晶体,六方柱状,13cm×8cm×5cm

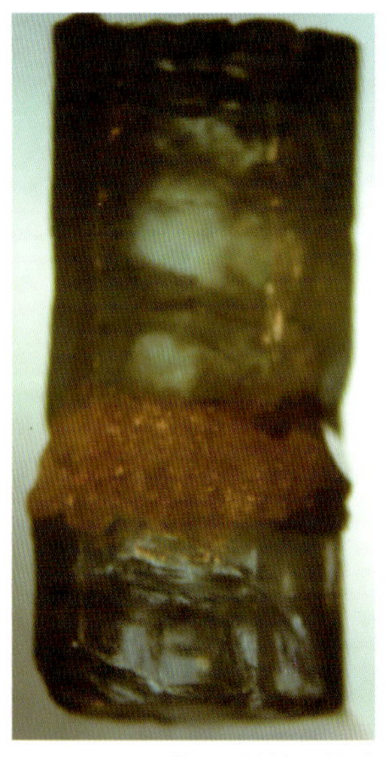

图4-3-36 绿柱石,柱状晶体被重晶石脉切穿

图4-3-30 绿柱石晶体,10cm×7cm×5cm

图4-3-33 绿柱石,柱状、球形锥面晶体

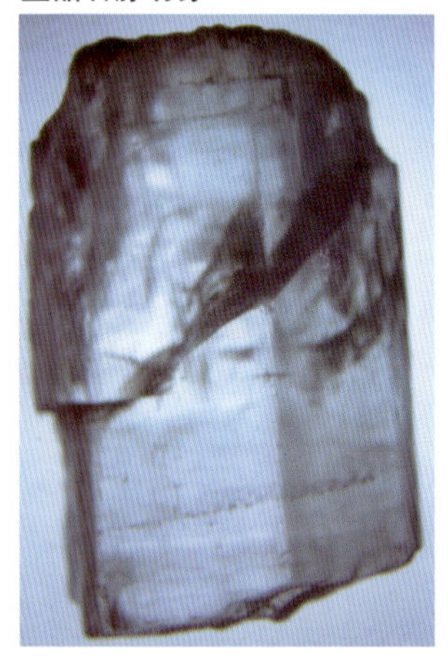

图4-3-37 绿柱石,柱状晶体,错动,可作构造运动的证据

图4-3-31 纯白绿柱石晶体,53mm×33mm×23mm

图4-3-34 绿柱石晶体,阶梯状

图4-3-32 绿柱石,六方柱状晶体

图4-3-35 绿柱石,异形(阶梯状)晶体晶面纵纹,底部深蓝色

图4-3-38 绿柱石生长在长石上

图4-3-39　绿柱石横断面(正六边形)

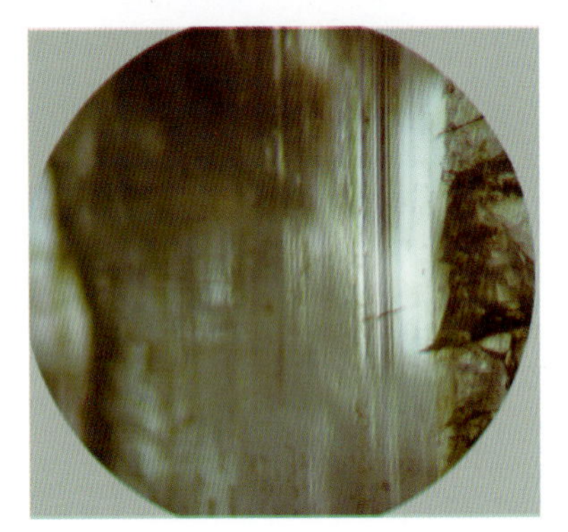

图4-3-40　绿柱石柱面纵纹

图4-3-41　绿柱石晶面蚀纹

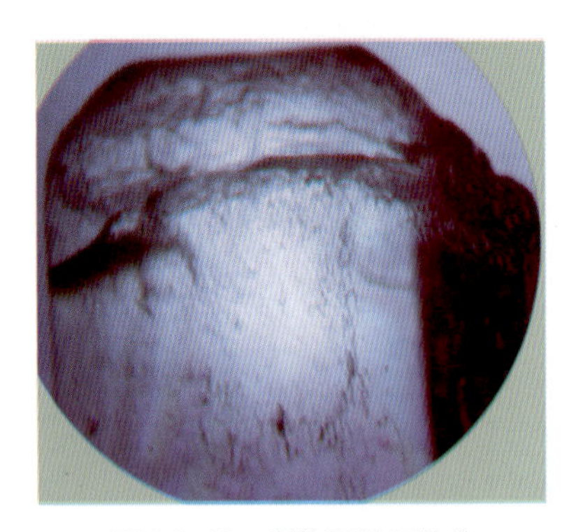

图4-3-42　绿柱石晶面蚀纹

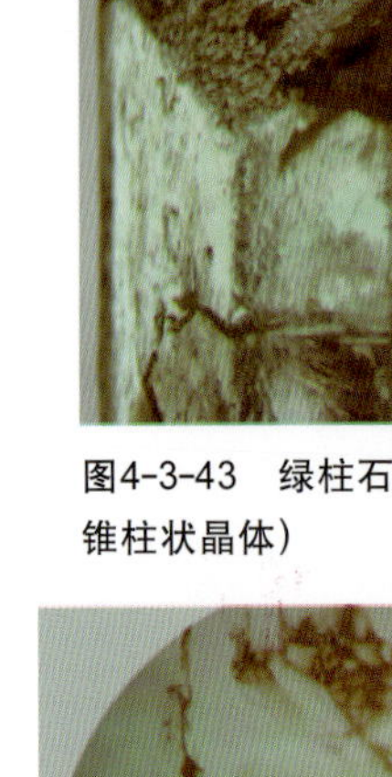

图4-3-43　绿柱石晶面蚀纹(球面锥柱状晶体)

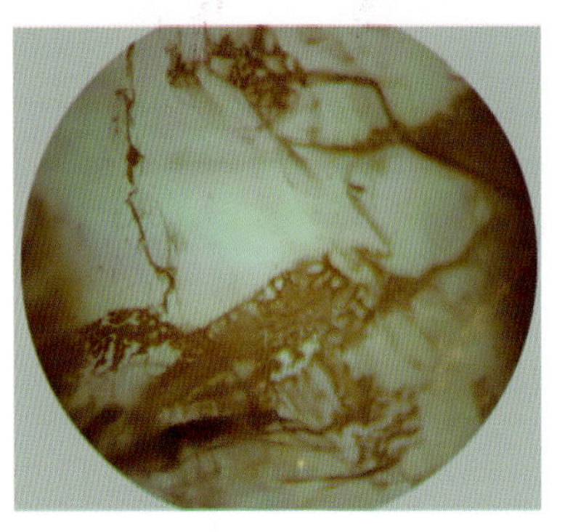

图4-3-44　绿柱石晶面蚀纹

(2)颜色

图4-3-45　不同颜色色调的绿柱石(白、灰、黄、浅蓝、深蓝、灰绿、绿等色)(多粒)

图4-3-46　纯白色绿柱石

图4-3-47　黄色、灰绿色绿柱石

图4-3-48　绿色绿柱石

图4-3-49　浅蓝色绿柱石

图4-3-50　灰色绿柱石

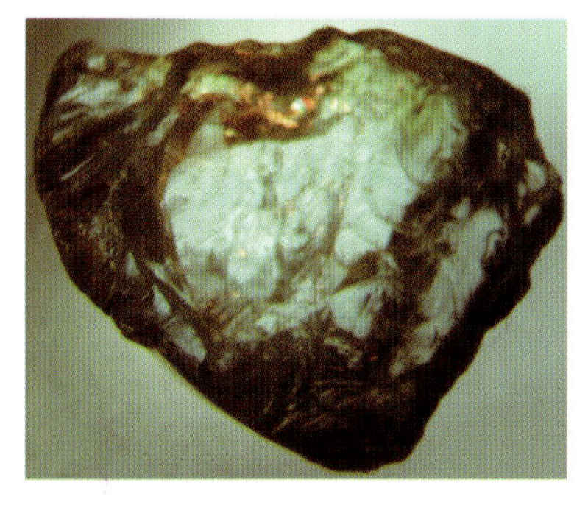

图4-3-51　蓝绿色绿柱石

图4-3-52　深蓝色绿柱石，内有金黄色斑

2）包裹体鉴赏篇

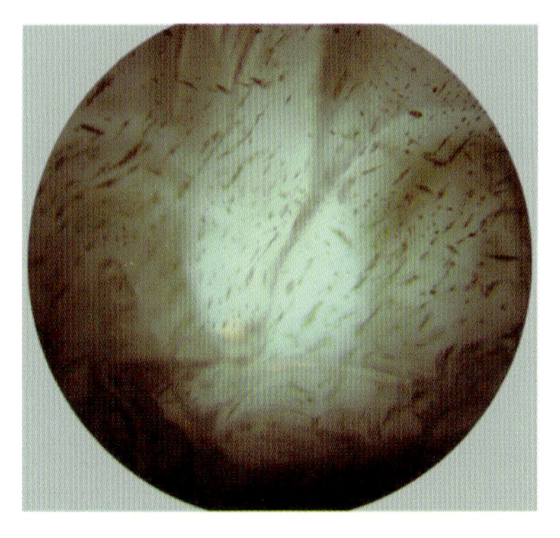

图4-3-53　绿柱石中布满气、液包裹体，呈流线形分布

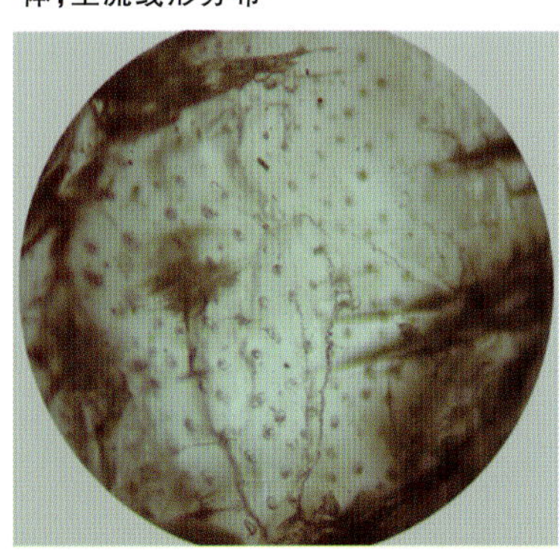

图4-3-54　绿柱石中布满气、液包裹体，在液态中有小气泡，呈星散状分布（多个小水胆）

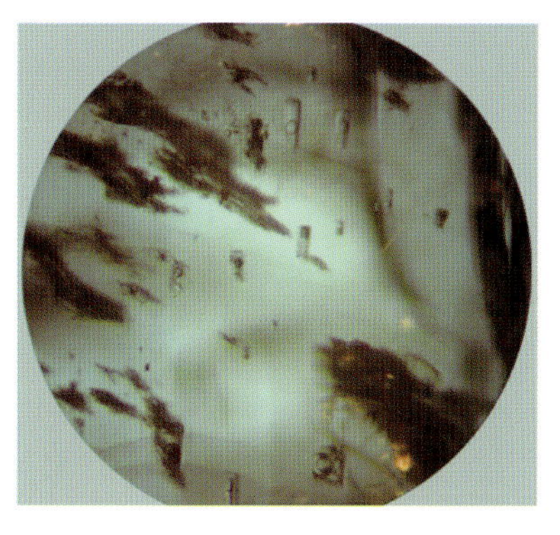

图4-3-55　绿柱石中气、液包裹体，气、液二态共生（水胆）

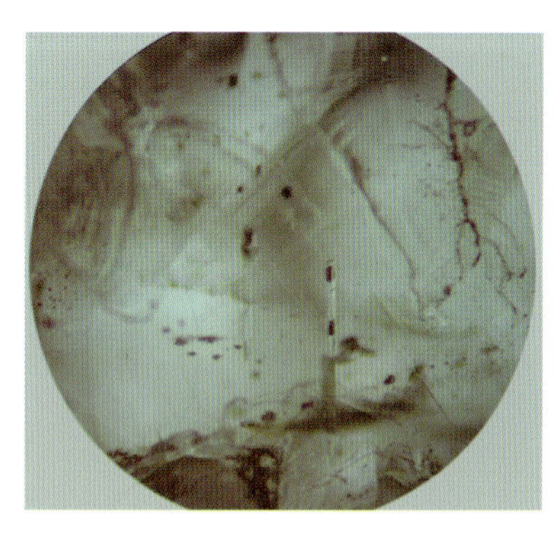

图4-3-56　绿柱石中气、液包裹体，在管状物中有液态、固态（黑色）存在

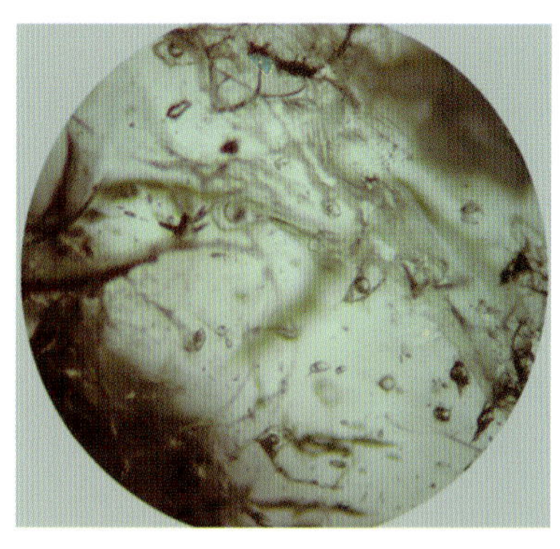

图4-3-57　绿柱石中气、液包裹体，气、液二态共生，在液态中有气泡（水胆）

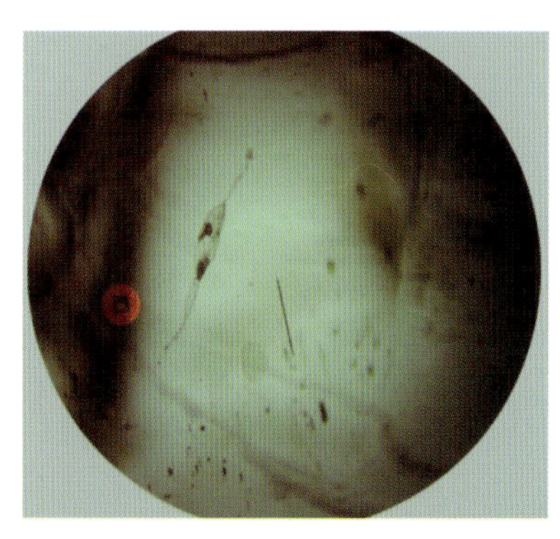

图4-3-58　绿柱石中气、液包裹体，液态呈流线型，其内有黑胆（固相）

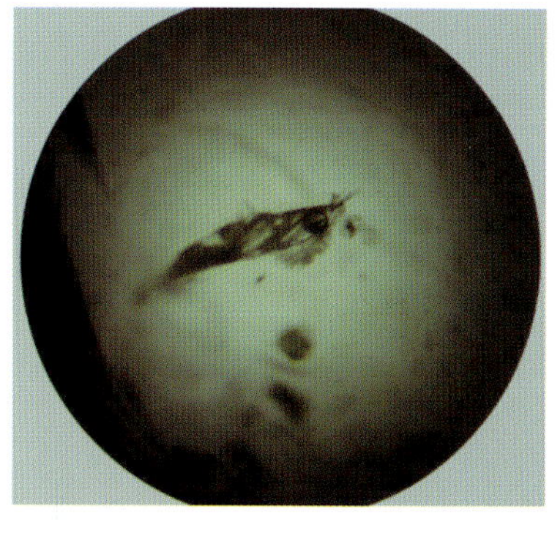

图4-3-59　绿柱石中有气、液包裹体，液态呈流线型，其内有气泡和固态，三相共生（水胆）

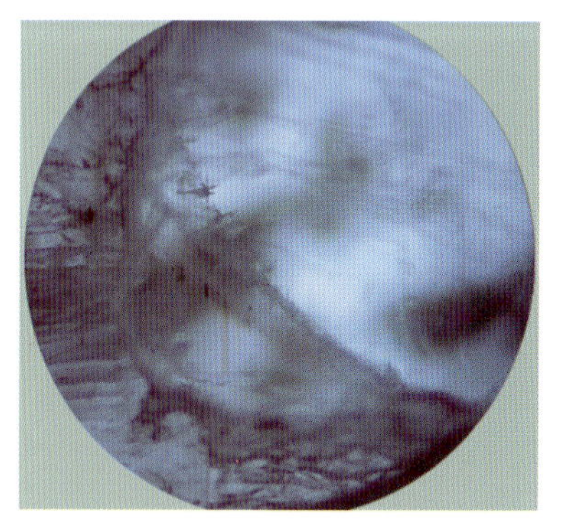

图4-3-60　绿柱石中三相包裹体，呈脉状分布，金红石（红色）呈针状

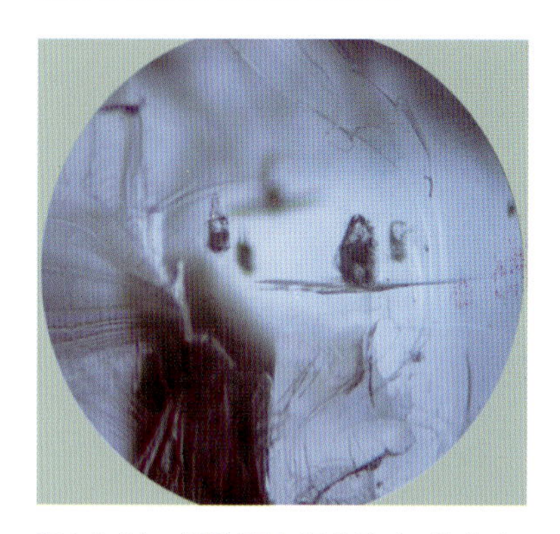

图4-3-61　绿柱石中多个孔穴，孔穴中有液态、气态和固态包裹体

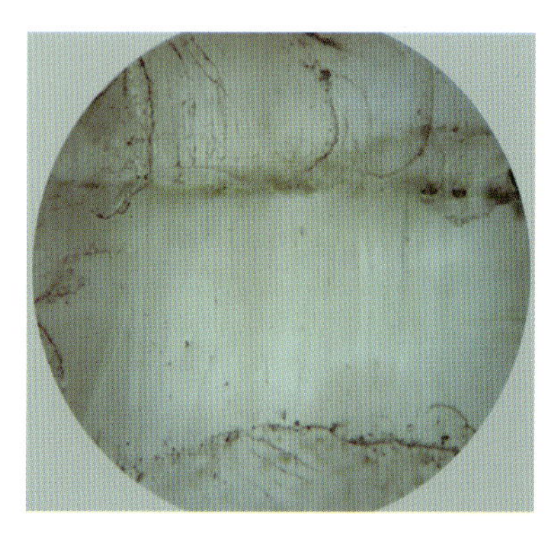

图4-3-62　绿柱石中有密集平行排列的管状物（可磨出猫眼来）

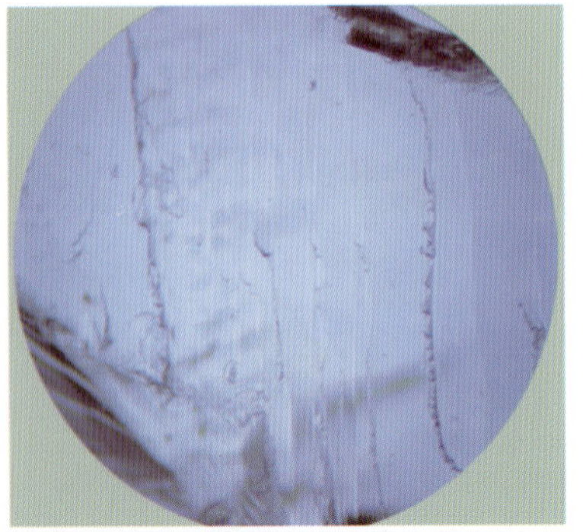
图4-3-63　绿柱石中有气、液包裹体和密集平行排列的管状物

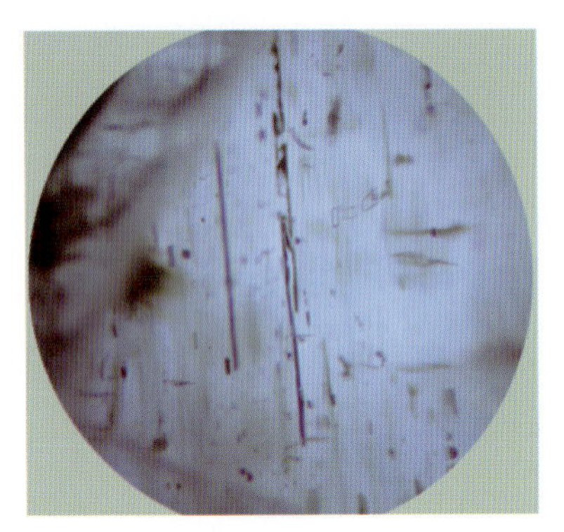
图4-3-64　绿柱石中有气、液、金红石、管状物、电气石包裹体

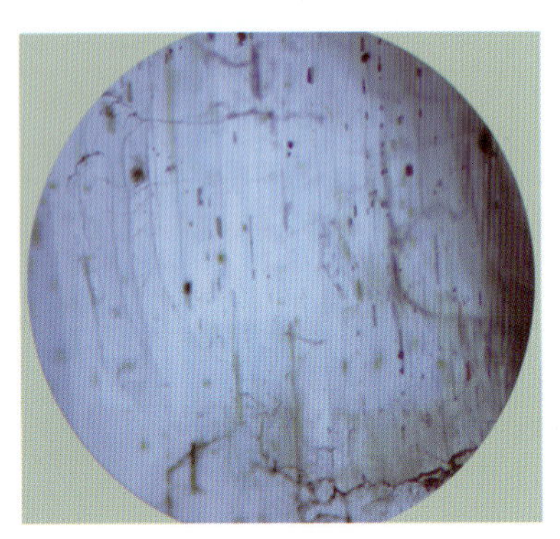
图4-3-65　绿柱石中有密集平行排列的管状物，其内充填有绿、黑、红的物质

图4-3-66　绿柱石中有密集平行排列的管状物，其内有黑色矿物、黄铁矿等

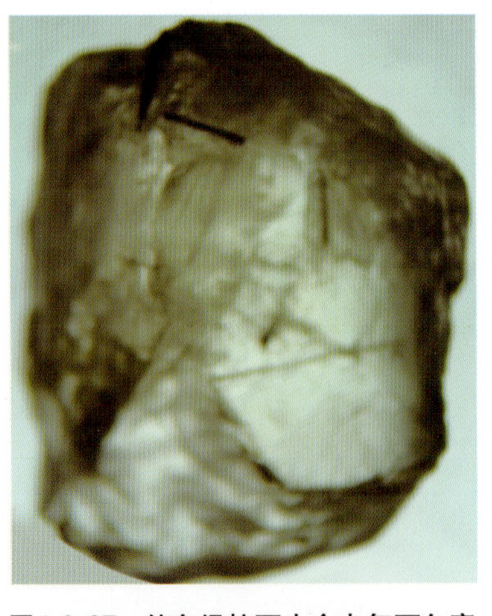
图4-3-67　纯白绿柱石中含电气石包裹体（黑色针柱状）

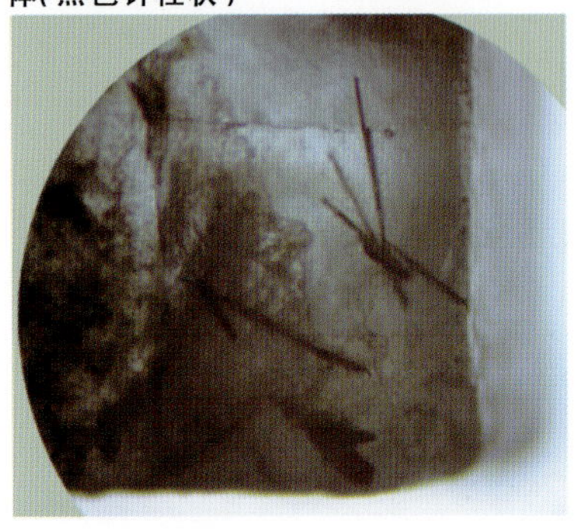
图4-3-68　绿柱石内有放射状针柱状黑电气石包裹体

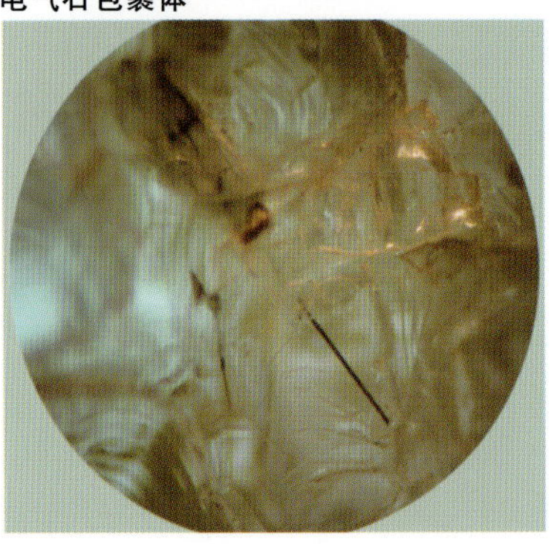
图4-3-69　绿柱石中有针柱状电气石包裹体

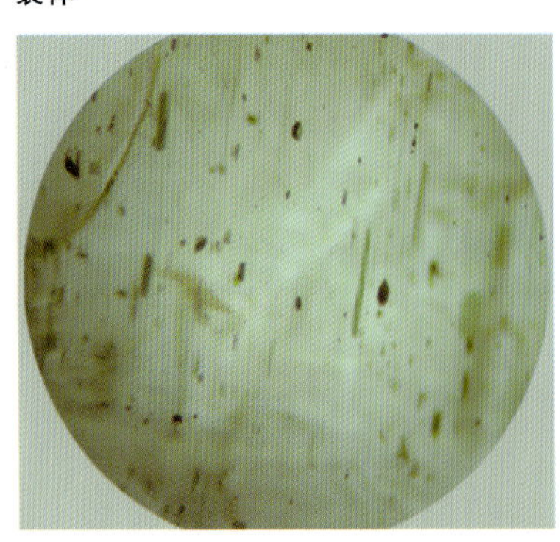
图4-3-70　绿柱石中有绿色碧玺、黑色电气石和金红石包裹体

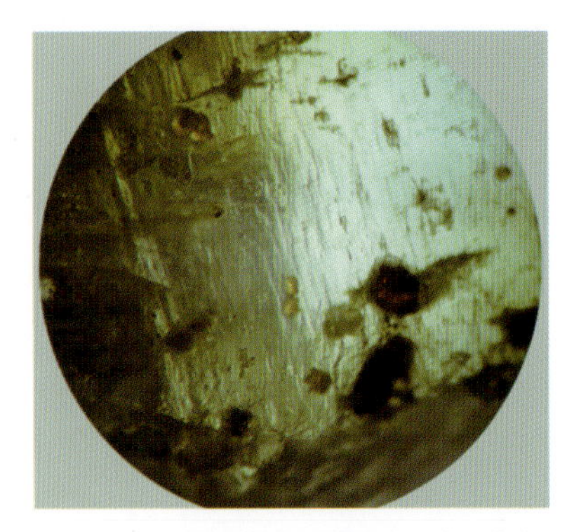
图4-3-71　绿柱石中石榴石（红色、黄色）包裹体

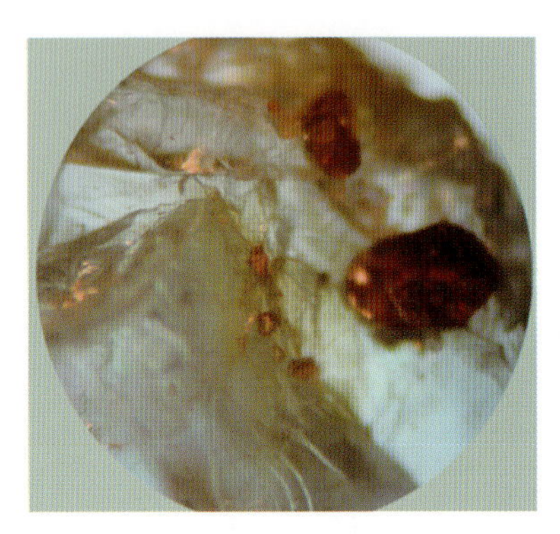
图4-3-72　绿柱石中石榴石（红色）包裹体

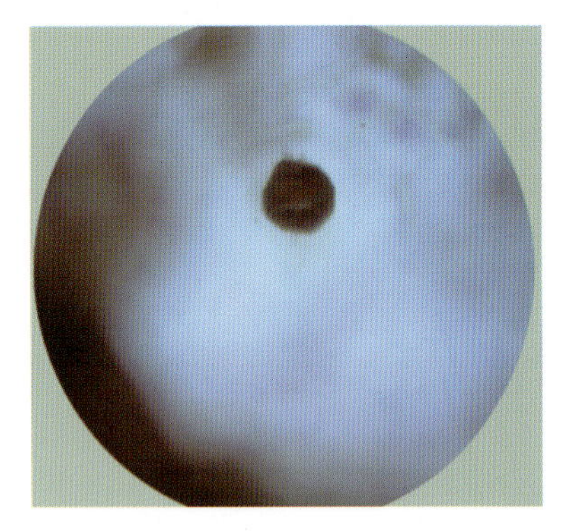
图4-3-73　绿柱石中石榴石包裹体

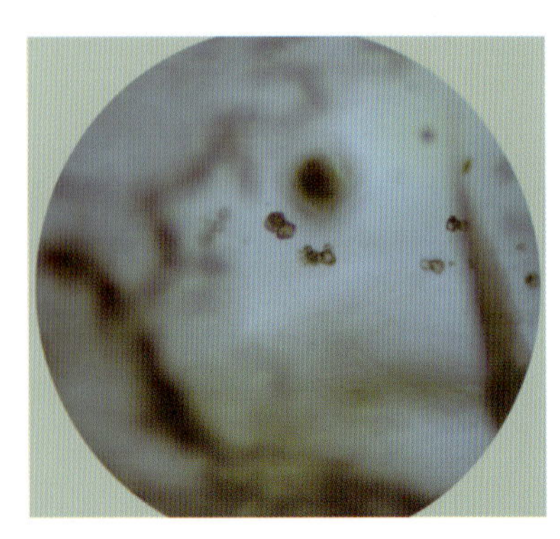
图4-3-74　绿柱石中有细粒自形晶黄色石榴石包裹体

图4-3-75 绿柱石中红色石榴石包裹体

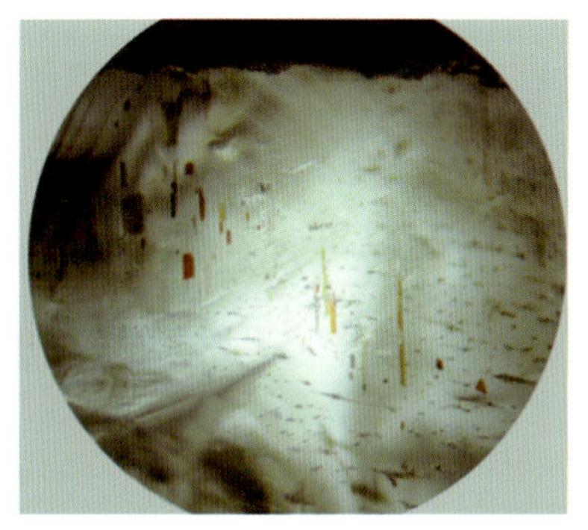
图4-3-76 绿柱石中气、液包裹体和红色针柱状金红石包裹体

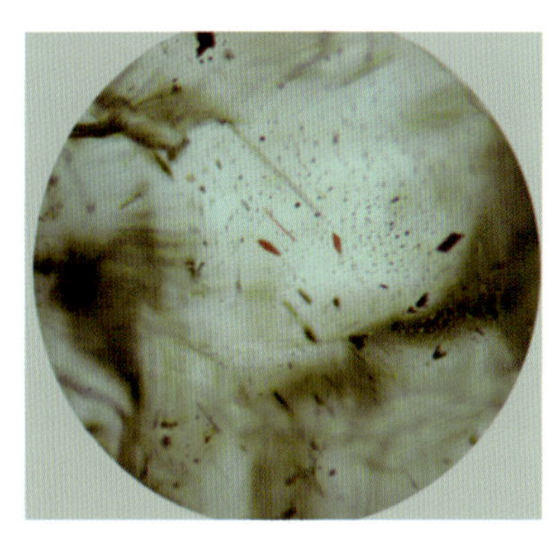
图4-3-77 绿柱石中气、液和金红石、电气石包裹体

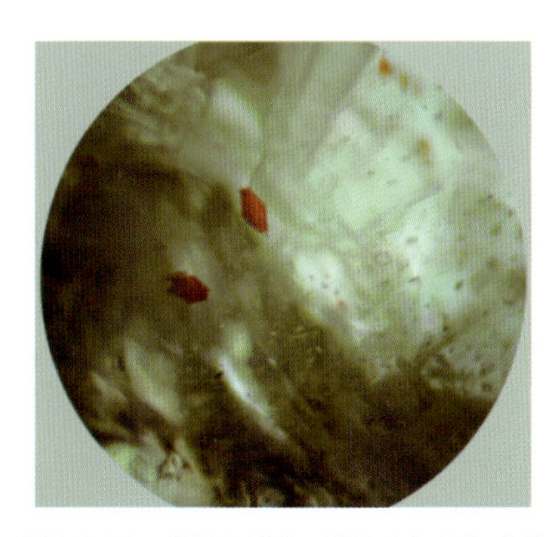
图4-3-78 绿柱石中气、液和金红石包裹体

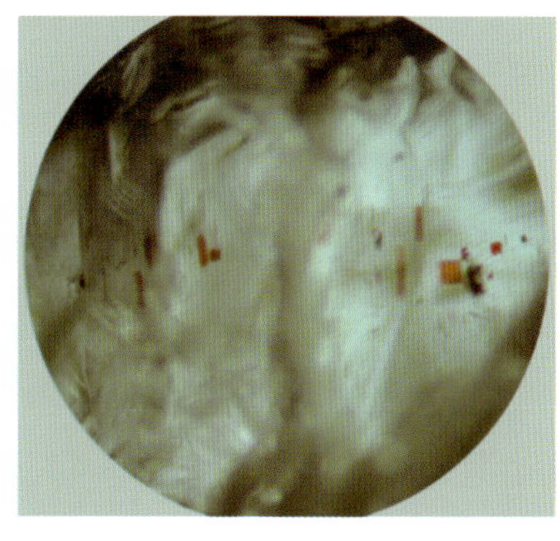
图4-3-79 绿柱石中金红石包裹体

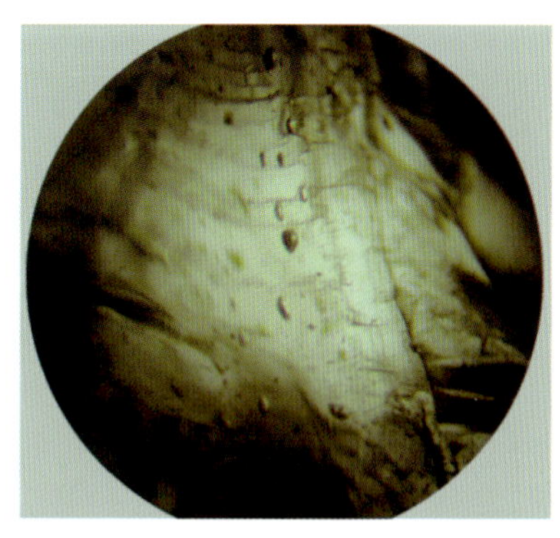
图4-3-80 绿柱石中磷灰石、锆石包裹体

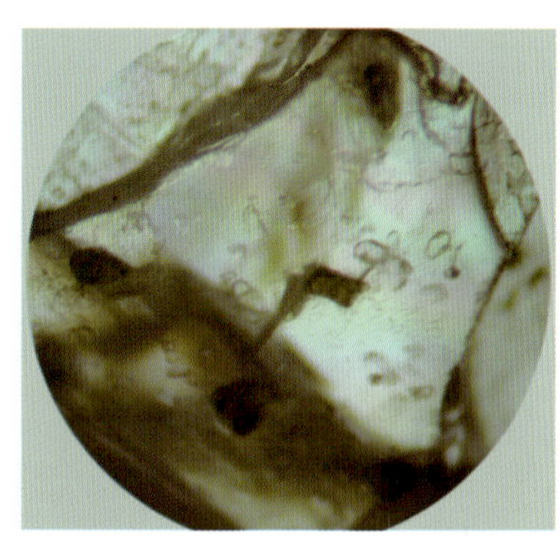
图4-3-81 绿柱石中磷灰石包裹体（无色、透明、柱状、粒状）

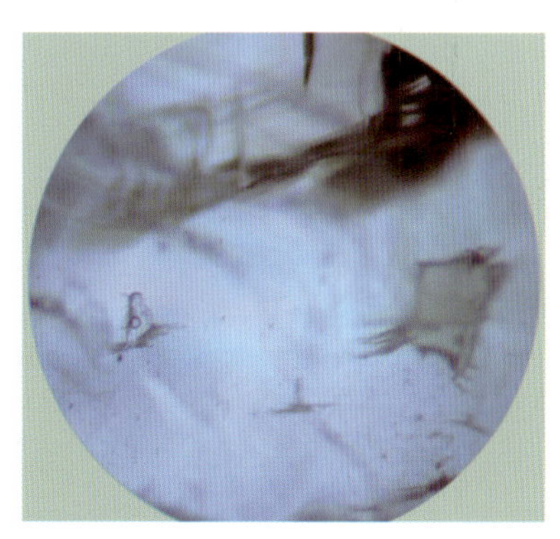
图4-3-82 绿柱石中云母（片状）和气、液（水胆）包裹体

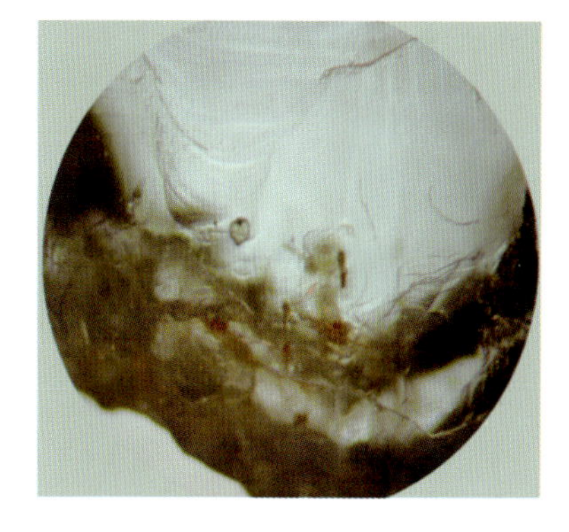
图4-3-83 绿柱石中白云母、电气石、金红石包裹体

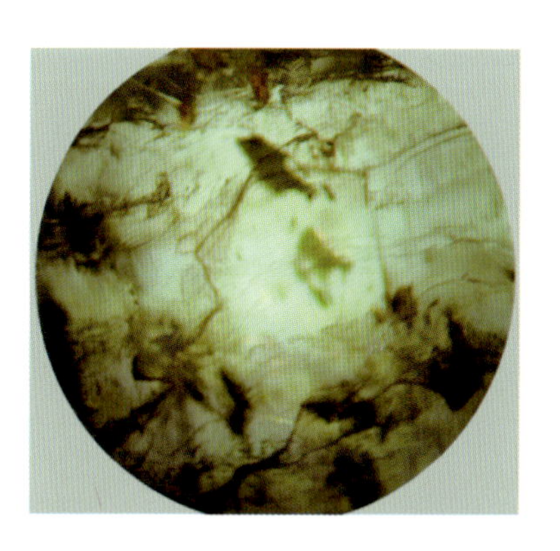
图4-3-84 绿柱石中绿泥石和金红石包裹体

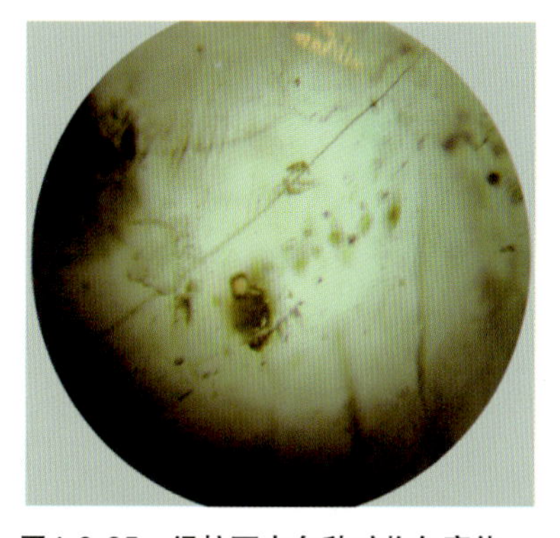
图4-3-85 绿柱石中多种矿物包裹体：黄色石榴石，针状金红石，萤石（具晶面纹）和粒状磷灰石

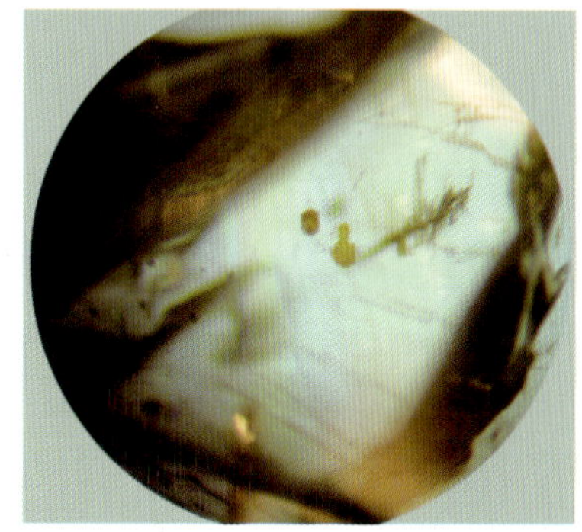
图4-3-86 绿柱石中有鲕状针铁矿包裹体

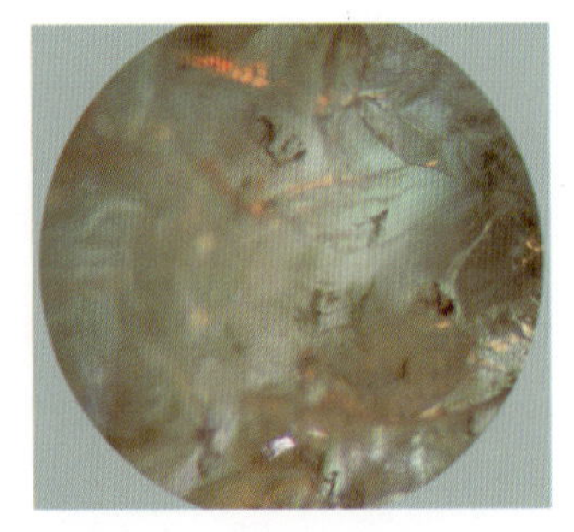

图4-3-87　绿柱石中铁、锰氧化物，呈树枝状

3）虹彩鉴赏篇

图4-3-88　绿柱石中虹彩效应

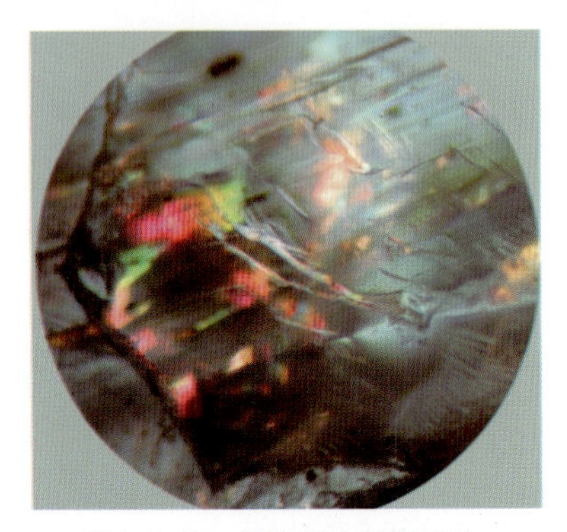

图4-3-89　绿柱石中虹彩现象

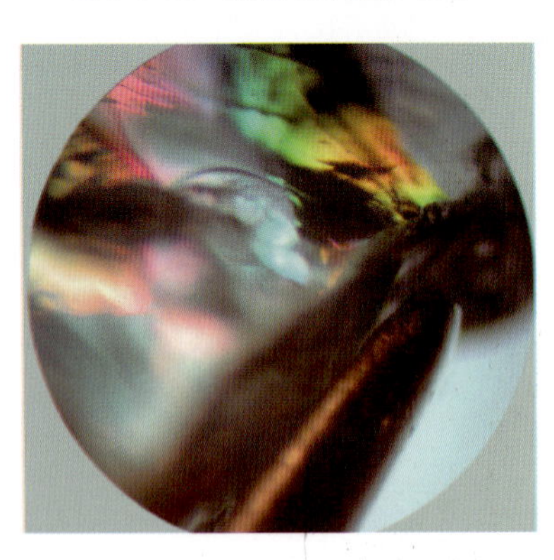

图4-3-90　绿柱石中虹彩现象

图4-3-91　绿柱石中虹彩现象

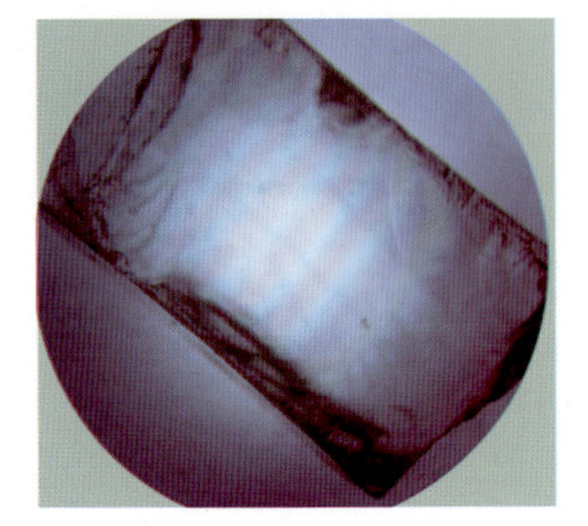

图4-3-92　绿柱石中虹彩现象（条带状虹彩）

4）景物鉴赏篇

图4-3-93　绿柱石晶形构成图案“富士山”

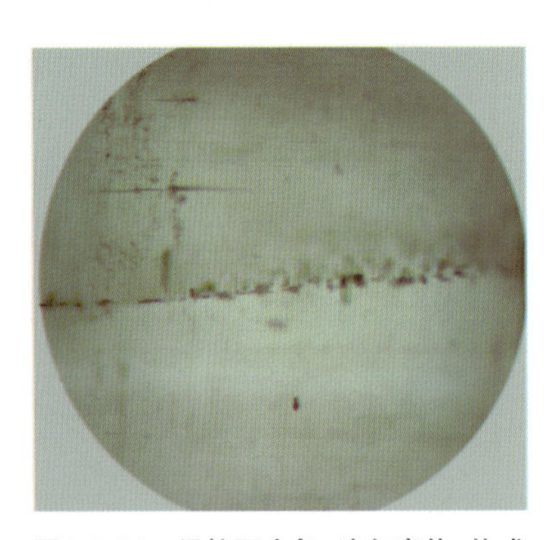

图4-3-94　绿柱石中气、液包裹体，构成图案“海市蜃楼”

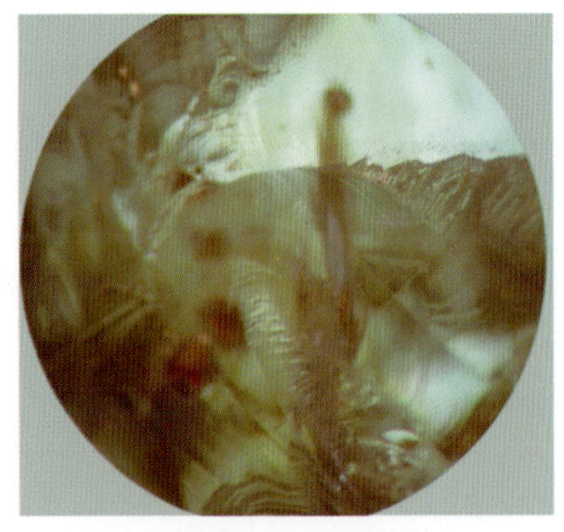

图4-3-95　绿柱石中有石榴石（红色）包裹体，光折射构成图案“花芳草丛看远山”

图4-3-96　绿柱石中气、液包裹体，构成图案“湖上孤舟”

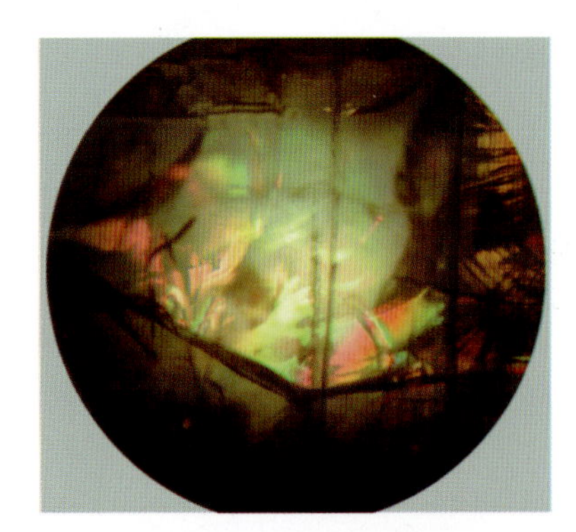

图4-3-97　绿柱石中虹彩现象及晶面纹“百花盛开”

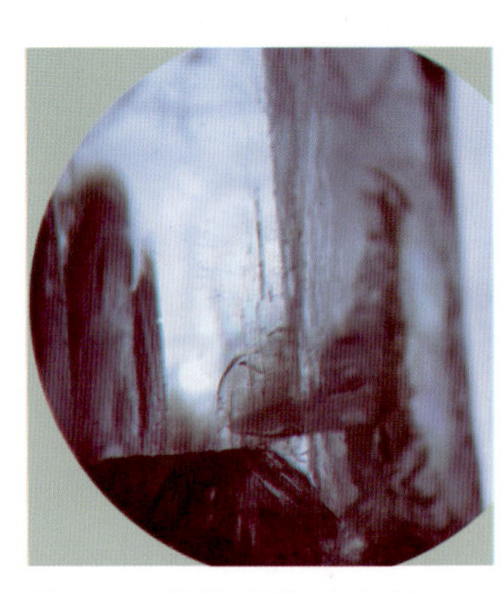

图4-3-98　绿柱石晶体，由光反射——“春江潮水连海平，海上明月共潮生”

图4-3-99 绿柱石内多条管状物，光反射构成图案“袅袅海草、海蓝绝色”

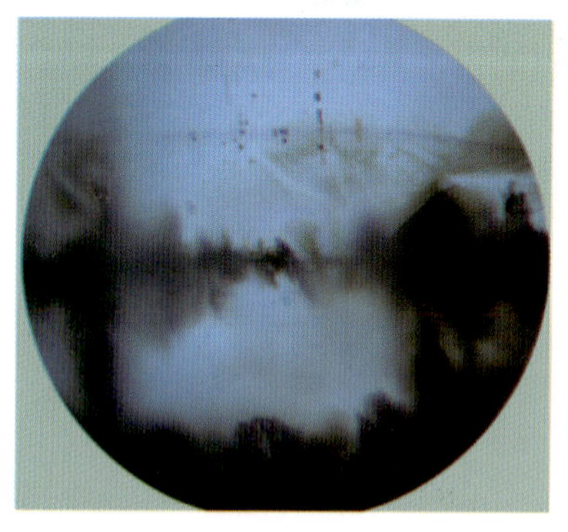

图4-3-100 绿柱石中有金红石和气、液包裹体，构成图案“倒影风景，天水一色晚归舟”

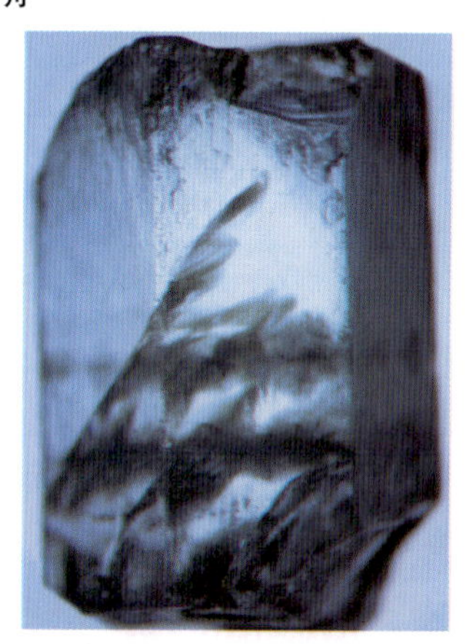

图4-3-101 绿柱石晶体，光反射构成“芦苇风起秋雁飞”

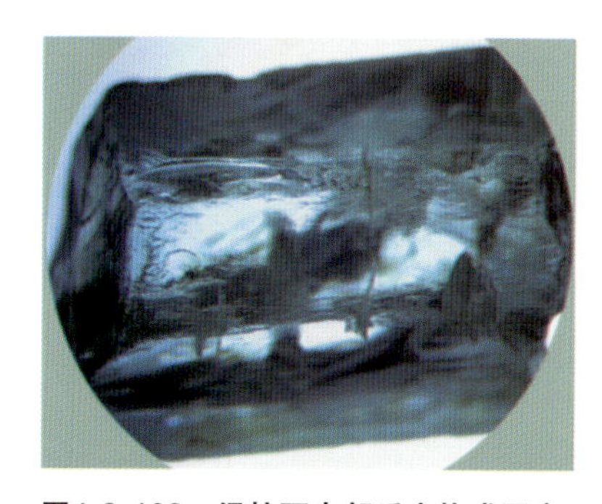

图4-3-102 绿柱石内部反光构成图案“回首桃源路渺茫，山下小村庄，云中对歌声飞扬，何时返故乡”

5）人物、动物鉴赏篇

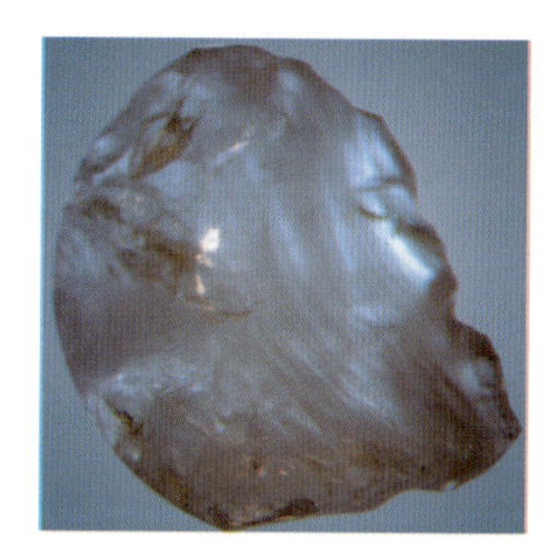

图4-3-103 绿柱石晶体构成图案“伟人”

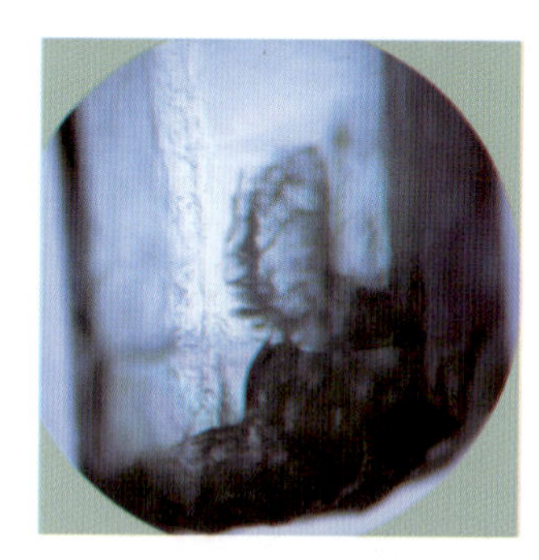

图4-3-104 绿柱石中孔穴构成图案“哲人”

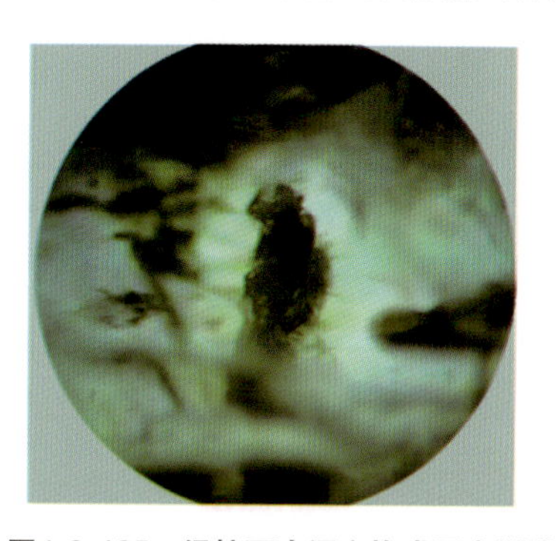

图4-3-105 绿柱石中洞穴构成图案“猴”

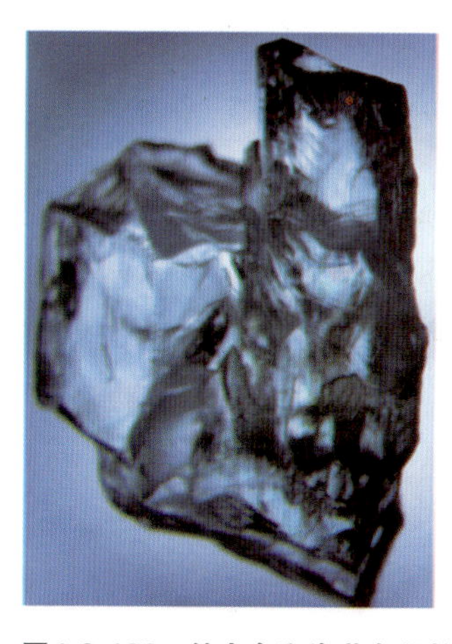

图4-3-106 纯白色和海蓝色绿柱石共生，在海蓝色部分晶体构成图案“神犬”

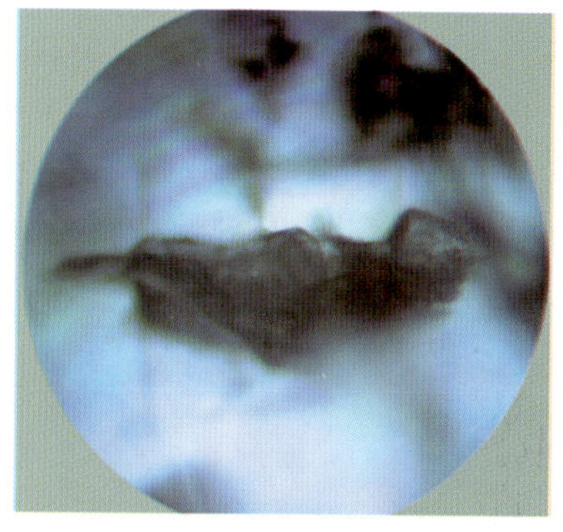

图4-3-107 绿柱石中洞穴构成图案“卧猫”

图4-3-108 柱状绿柱石，顶部嵌晶，柱内光反射构成图案“饕餮”

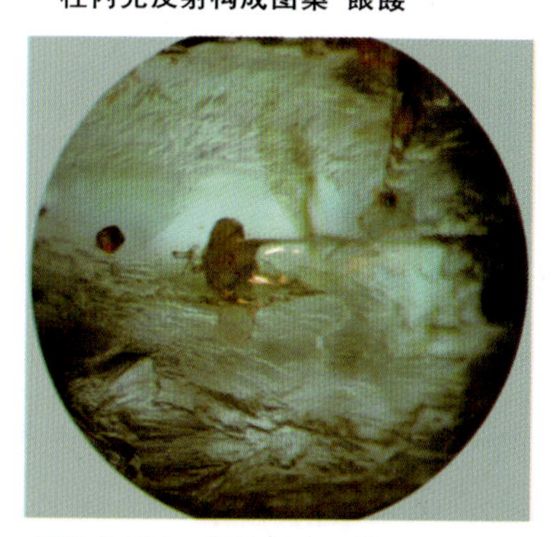

图4-3-109 绿柱石中石榴石和绿碧玺包裹体构成图案“冲游峡谷间，急流险滩似若闲”

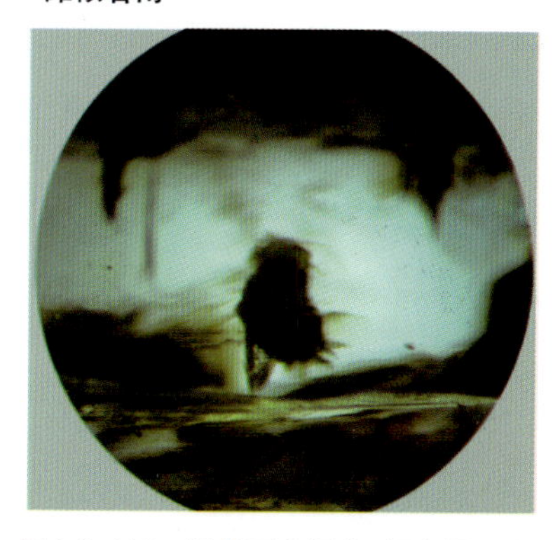

图4-3-110 绿柱石内洞穴，洞穴周围布满应力裂隙，内含古铜色矿物包裹体“傲首青天”

图4-3-111　绿柱石中洞穴，洞穴中又有石榴石包裹体，洞穴构成图案“悠游自在”

图4-3-112　绿柱石内部光反射——“难得苦中乐，鱼鸬水中潜”

6）饰物(戒面、吊坠)鉴赏篇

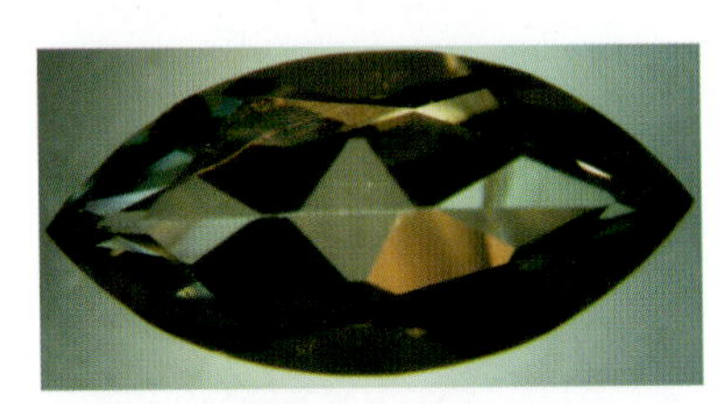

图4-3-113　海蓝宝石戒面、吊坠，马眼形，6mm × 12.5mm，产自新疆

图4-3-114　海蓝宝石戒面、吊坠，凸三角形，6mm × 6mm，产自新疆

图4-3-115　海蓝宝石戒面、吊坠，梨形，7mm × 10mm，产自新疆

图4-3-116　海蓝宝石戒面、吊坠，心形，6mm × 6mm，产自新疆

图4-3-117　海蓝宝石戒面、吊坠，圆形，直径9mm，产自新疆

注：图4-3-29、图4-3-30、图4-3-32、~图4-3-121产自新疆，图4-3-31产自云南。

图4-3-118　海蓝宝石戒面、吊坠，蛋形，8mm × 10mm，产自新疆

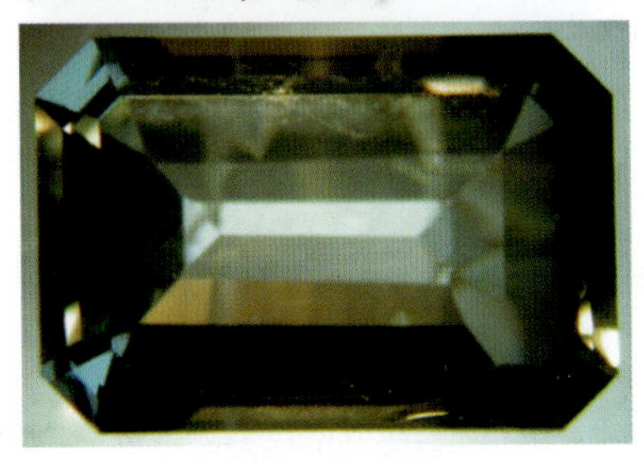

图4-3-119　海蓝宝石戒面、吊坠，长方形，8mm × 12mm，产自新疆

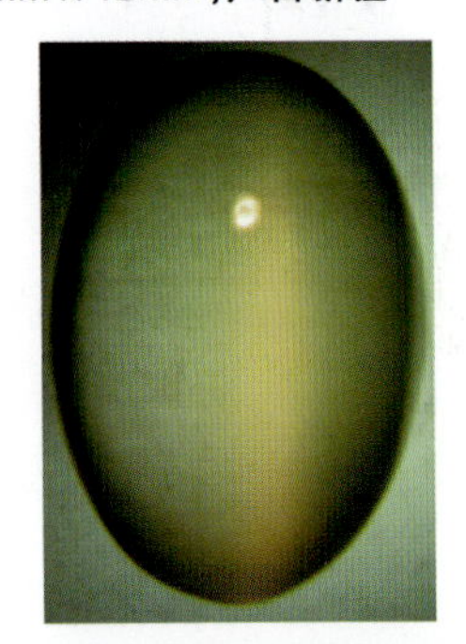

图4-3-120　海蓝宝石猫眼、戒面、吊坠，蛋形，10mm × 14mm，产自新疆

图4-3-121　海蓝宝石猫眼、戒面、吊坠，蛋形，12mm × 14mm，产自新疆

第四节 金绿宝石

（Chrysoberyl）

一、概述

金绿宝石的英文名称Chrysoberyl，来自希腊语Shryso，意为金黄色。金绿宝石通常为褐黄色和绿黄色。有两个品种：变石（Alexandrite）和金绿猫眼（Chrysoberyl cat's eye），属高档宝石品种。

变石又称亚历山大石，在阳光下呈绿色，在灯光下呈红色的变色效应。故有"白昼里的祖母绿，黑夜里的红宝石"之称。1830年发现于前苏联乌拉尔山的祖母绿矿山，那时正值沙皇亚历山大二世的生日，故称亚历山大石。变石为六月诞生石，象征"健康""长寿""富贵"。

金绿猫眼宝石，因其内部含有密集定向排列的丝状、管状包裹体，磨成弧面具有猫眼效应，故称猫眼石（真正的猫眼石）。

二、基本特征

（1）化学成分：$BeAl_2O_4$。常含铁、钛、铬。

（2）晶系、晶形：斜方晶系。常呈板状、短柱状和假六方三连晶、六边形、锥状、六方板状，通常呈三连晶和双晶，晶面常具条纹和裂纹。

（3）物理特征：摩氏硬度8.5。相对密度3.61～3.75。透明—半透明。玻璃光泽或树脂光泽。贝壳状断口。解理（011）完全，（010）和（100）不完全。

（4）光学特征：二轴晶正光性。Ng=1.753～1.758，Nm=1.747～1.752，Np=1.744～1.750。双折率：0.009～－0.011。色散0.015。

（5）荧光和吸收光谱：黄色、绿色和褐色的金绿宝石，在紫外线照射下有荧光；变石在长、短波紫外线照射下，有微弱的荧光。其吸收光谱：变石在红光区有四条吸收线（680nm，678nm，665nm，655nm），在蓝色区有两条吸收线（476nm，473nm）。黄绿色金绿宝石在445nm处有一条强的铁吸收线。

（6）颜色：有绿黄、褐黄、黄、褐、绿等色。变石在灯光下呈红色。这可能是因含铬而引起的效应。在滤色镜下也呈红色。

三、包裹体及其猫眼效应

金绿宝石之所以有猫眼效应是因为其内部含有密集排列的包裹体。其包裹体有金红石和管状物，这些包裹体细长且呈密集平行排列，因此在光（强光和漫光）的照射下，产生明显的猫眼效应。如果包裹体沿三连晶或双晶平行排列则产生三条或两条光带，则属罕见。

金绿宝石猫眼的效应是其他宝石如虎睛石、鹰睛石、石英、海蓝宝石、碧玺、方柱石、辉石、长石等猫眼的效应所不能比拟的（金绿猫眼与鹰睛石猫眼的鉴别见第二章第三节表2-1）。

四、工艺要求和用途

金绿宝石猫眼要求：光带细窄而清晰，且光带置于弧面中心。其颜色以蜜黄色和淡黄绿色为最佳。变石要求色变明显，阳光下为翠绿、绿色，灯光下为红、紫红、淡粉红色。其用途主要用作装饰品，如戒指、吊坠等，也可作为收藏品。

五、产状与产地

产状：内生矿床主要为气成热液型和伟晶岩型。气成热液型：主要产于前苏联乌拉尔和斯里兰卡，金绿宝石产在穿插于超基性岩的含祖母绿云英岩中，是花岗岩熔融体的含铍挥发组分与富含铬的超基性岩相互作用形成的，是金绿宝石主要的矿床类型。伟晶岩型：在钠长石化含绿柱石伟晶岩中常伴有黄绿色金绿宝石，主要产于巴西、马达加斯加；变石主要产在前苏联乌拉尔山、斯里兰卡；金绿猫眼主要产在斯里兰卡。外生矿床常与其他宝石共生于砂矿中。中国新疆阿尔泰伟晶岩中也发现金绿宝石，但未达到宝石级，有待进一步发掘。

六、图谱鉴赏

金绿宝石猫眼（图4-4-1～图4-4-2）。

图4-4-1　金绿宝石猫眼（黄绿色）戒面、吊坠，蛋形，3mm×4mm，产自斯里兰卡

图4-4-2　金绿宝石猫眼（褐绿色）戒面、吊坠，蛋形，3mm×4mm，产自斯里兰卡

第五节 尖晶石

(Spinel)

一、概述

尖晶石，其英文名称Spinel可能源于拉丁文Spina，意为“荆棘”，也可能来自希腊语“Spark”，意为“智慧的闪烁、火花”。英国王冠上那颗著名的黑太子红宝石实为红色尖晶石。红色尖晶石与红宝石很相似，可与之媲美。

二、基本特征

化学成分：$MgAl_2O_4$。其中Mg^{2+}可被Fe^{2+}、Zn^{2+}、Mn^{2+}置换，Al^{3+}可被Fe^{3+}、Cr^{3+}置换，形成一系列尖晶石矿物。

晶系、晶形：等轴晶系。晶形为六八面体晶类，八面体或八面体与菱形十二面体聚形晶、三角三八面体、四角三八面体。常依(111)形成尖晶石律接触双晶。

物理特征：摩氏硬度为7.5～8。相对密度为3.58～4.62。透明—半透明—不透明。玻璃光泽。解理不发育。贝壳状断口。白色条痕，色深者可显示有色条痕。

光学特征：均质体。单折射，折射率为1.715～1.83。色散0.020。

荧光和吸收光谱：红色、粉红色尖晶石在长、短波紫外线下显红色荧光，如加热出现红色磷光；淡蓝色和蓝色尖晶石在长波紫外线下呈现绿色荧光；紫色尖晶石在紫外线照射下有淡红色和橙色荧光。

含铬尖晶石(红、粉红)在5 400Å出现吸收线；含铁尖晶石(蓝色)在4 580Å线有明显吸收。

颜色：有红、深红、浅红、玫瑰红、紫红、橘红、紫、暗紫、灰紫、灰、黄、橘黄、白、蓝、绿、褐、黑色等，各种颜色的深浅及色调也有变化。含铬者为红色，含铁者为蓝色，含锰者为紫色，如果镁铁尖晶石中的镁被铁所代替，则导致黑色。由此可见，含有不同金属元素，其颜色各不相同。

三、包裹体及其星光效应

据镜下观察尖晶石中的包裹体有多种，有三相包裹体(气、液、固相)。流体和气液包裹体的形态各异：圆形、拉长形、弓形、不规则形、漩涡状、树枝状、肋状、层状、星状等，并见多个小水胆(气泡)和黑胆以及熔融包裹体和固态包裹体。矿物包裹体有尖晶石、锆石、石榴石、金红石、电气石、磷灰石、榍石、云母、萤石、刚玉、磁铁矿、黄铁矿和碳酸盐矿物等，另见管状物包裹体。如果管状物和针状包裹体密集又平行排列可磨出星光效应。若包裹体斜交八面体晶棱有三个方向平行分布，并选好垂直三次对称轴晶体方向切磨可出现六道星光，有些为四道星光。此类非常罕见。

四、尖晶石品种和矿物种类

1.尖晶石品种以颜色来划分

(1)红色尖晶石：呈艳红色、纯红至淡红、玫瑰红。

(2)橙红尖晶石：黄至橘红色。

(3)紫尖晶石：淡紫红或紫色。

(4)蓝尖晶石：淡蓝色。

(5)绿尖晶石：绿色、草绿色。

(6)无色尖晶石：无色透明。

(7)黄色尖晶石。

(8)灰色尖晶石。

(9)变色尖晶石：在阳光下呈亮灰蓝色，在人工光源下呈紫色，罕见而珍贵。

(10)星彩尖晶石：基底为灰、灰蓝色，不透明，四条或六条星光。缅甸产，罕见。

2.尖晶石矿物种类

因其类质同像较发育，故种类繁多。

(1)镁尖晶石($MgAl_2O_4$)：无色。

(2)铁尖晶石($FeAl_2O_4$)：黑色。

(3)镁铁尖晶石($MgFe_2Al_2O_4$)：绿黑色、暗绿色、褐色。

(4)锰尖晶石($MnAl_2O_4$)：紫色。

(5)锌尖晶石($ZnAl_2O_4$)：淡绿、蓝、黄、暗绿至褐绿色。

(6)锌铁尖晶石($ZnFe_2O_4$)。

(7)锰铁尖晶石($MnFe_2O_4$)。

(8)铬尖晶石($FeCr_2O_4$)：黑色、黄、淡绿褐色，微透明至不透明。

(9)镁铬尖晶石$(Mg,Fe)Cr_2O_4$：暗黄至暗绿色，罕见。

(10)富铬尖晶石(铬铁矿)$[Fe(Cr,Al)_2O_4]$：黑色。

(11)镁锌尖晶石：蓝色。

(12)锌锰铁尖晶石$[(Zn,Fe,Mn)O(Al,Fe)_2O_3]$：淡黄褐色、淡灰褐色。

(13)锌镁铁尖晶石$[(Zn,Fe,Mg)O(Al,Fe)_2O_3]$：绒黑至淡绿黑色，不透明。

五、尖晶石与相似矿物的鉴别

请参阅本章表4-3、表4-5、表4-6、表4-9。

六、工艺要求和用途

尖晶石的工艺要求：除了星光尖晶石外，要求透明、色艳、色正、杂质少、无裂。

用途：透明、色好、无裂者可作饰品用，如戒指、耳环(耳钉)吊坠等，可与红宝石媲美，晶体完好者可作矿物标本收藏。

七、产状及产地

产状：尖晶石多产在钙质及镁质矽卡岩中。共生矿物组合有石榴石、透辉石、金云母和粒硅镁石。锌尖晶石产于结晶片岩和伟晶岩中。铬尖晶石产于蛇纹石化的基性、超基性岩中。镁铁尖晶石是缺SiO_2的岩浆岩矿物。砂矿床也是尖晶石的主要来源，矿物组合有红蓝刚玉、石榴石、铬尖晶石等。

产地：主要产出国有缅甸、斯里兰卡、泰国、柬埔寨、越南和中国等。在中国华北某地玄武岩中也发现小粒绿色含铬尖晶石。

八、图谱鉴赏

笔者观察了缅甸的与红、蓝宝石共生的尖晶石，现将有关其晶形、双晶、包裹体等照片列出供读者鉴赏（图4-5-1～图4-5-66）。

1.晶形、晶面纹、双晶鉴赏篇

2.颜色鉴赏篇

3.包裹体鉴赏篇

4.景物鉴赏篇

5.人物、动物鉴赏篇

6.饰物、标本鉴赏篇

1.晶形、晶面纹、双晶鉴赏篇

图4-5-1　尖晶石晶形、颜色（多粒）

图4-5-2　尖晶石晶形，三角三八面体（3粒）

图4-5-3　尖晶石晶形八面体及聚形晶（3粒）

图4-5-4　粉色八面体尖晶石（全自形晶）

图4-5-5　全自形晶八面体尖晶石

图4-5-6　八面体尖晶石晶体

图4-5-7　尖晶石晶形，八面体与四角三八面体聚形晶

图4-5-8　尖晶石晶形，八面体与四角三八面体聚形晶

图4-5-9　尖晶石晶形，八面体与四角三八面体聚形晶

图4-5-10　尖晶石晶体，依（111）面接触双晶

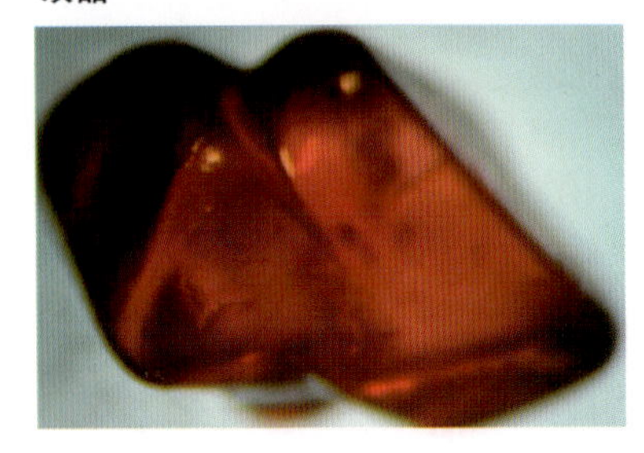

图4-5-11　尖晶石晶形，接触双晶

图4-5-12　尖晶石晶形，接触双晶

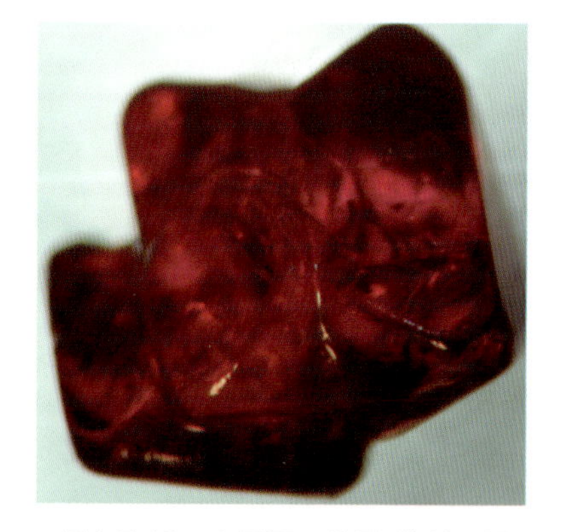
图4-5-13　尖晶石五连晶，接触双晶

图4-5-14　尖晶石晶形，八面体，依(111)面接触双晶，有晶面纹

图4-5-15　尖石晶形，燕尾双晶

图4-5-16　尖晶石晶体，聚形晶，晶面条纹

图4-5-17　厚板状尖晶石，为聚形晶，见晶面花纹

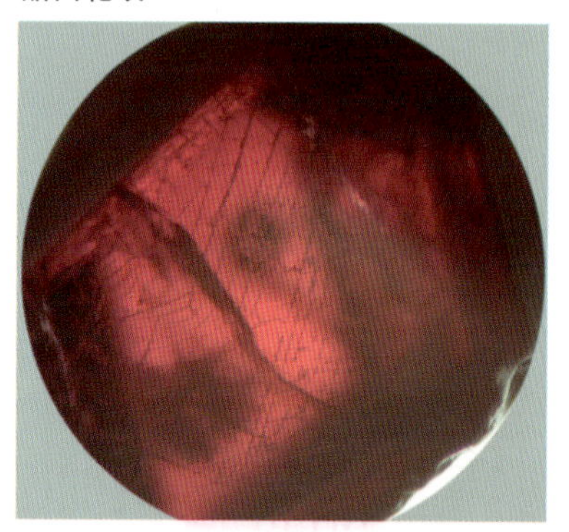
图4-5-18　尖晶石两组裂理，交角为60°~120°

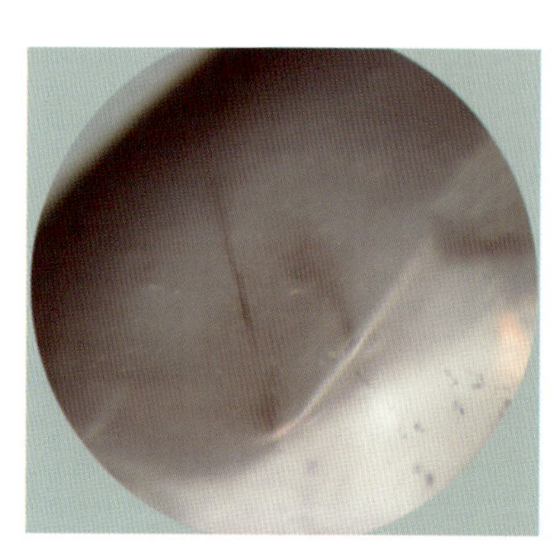
图4-5-19　尖晶石内部黑色带为双晶纹，内有气、液包裹体

2.颜色鉴赏篇

图4-5-20　各色尖晶石(多粒)

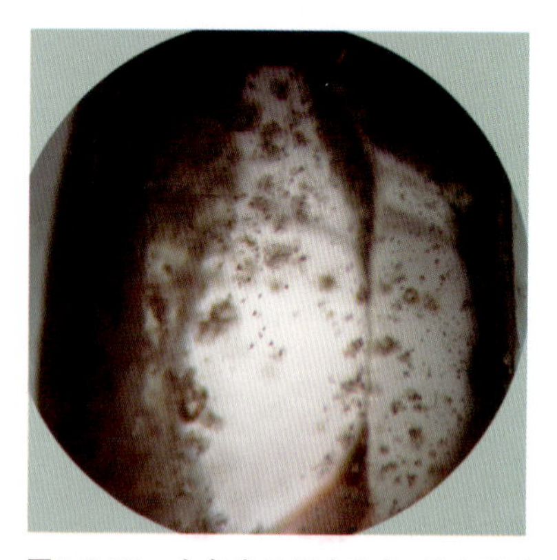
图4-5-21　白色尖晶石内有气、液包裹体

图4-5-22　灰色尖晶石

图4-5-23　浅灰、紫色尖晶石

图4-5-24　灰紫色尖晶石

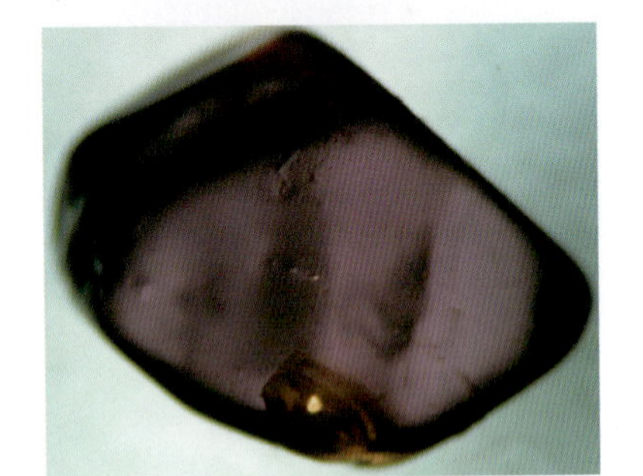

图4-5-25　紫色尖晶石

图4-5-26　紫蓝色尖晶石依(111)面接触双晶

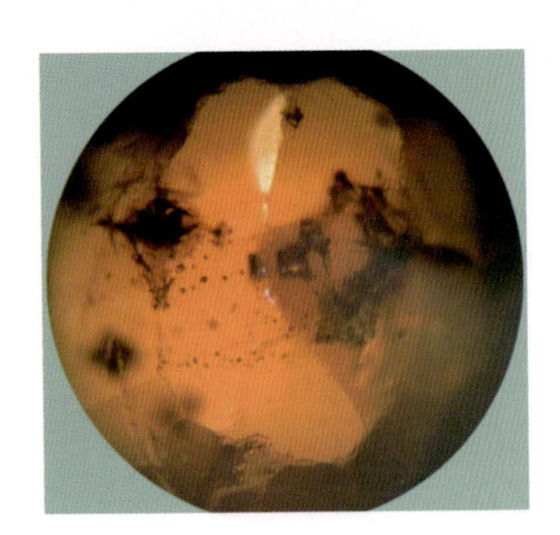

图4-5-27　黄色尖晶石

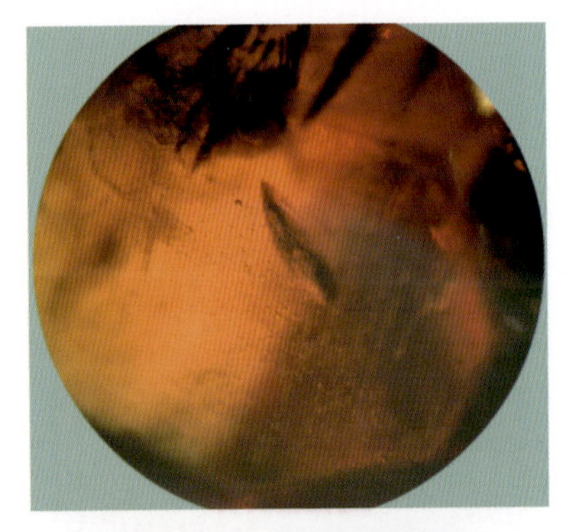

图4-5-28　橘红色尖晶石

图4-5-29　粉色尖晶石

图4-5-30　艳玫瑰红色尖晶石(刚玉和气、液包裹体)

图4-5-31　大红色尖晶石(双晶)

图4-5-32　暗红色尖晶石(内有刚玉包裹体)

3.包裹体鉴赏篇

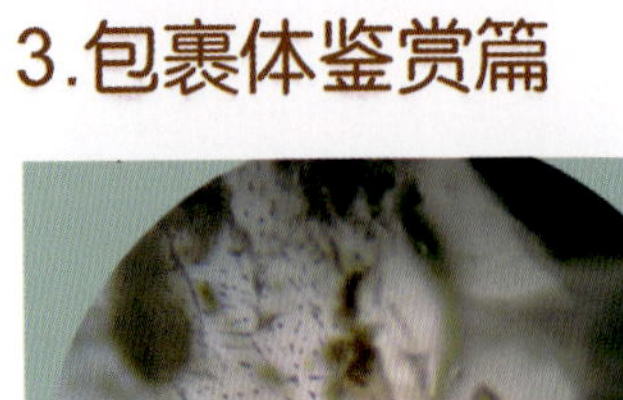

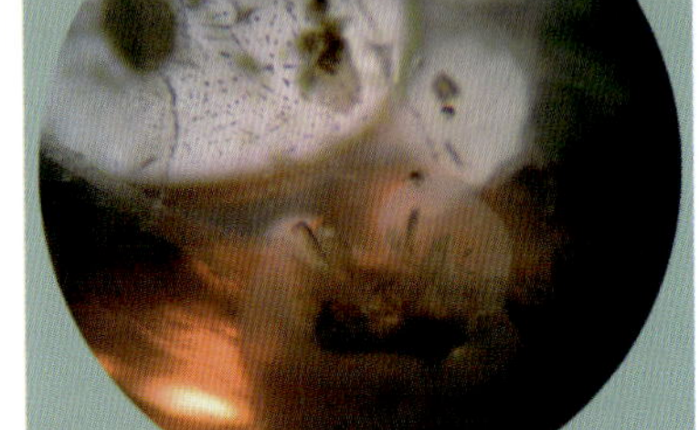

图4-5-33　尖晶石内气、液包裹体

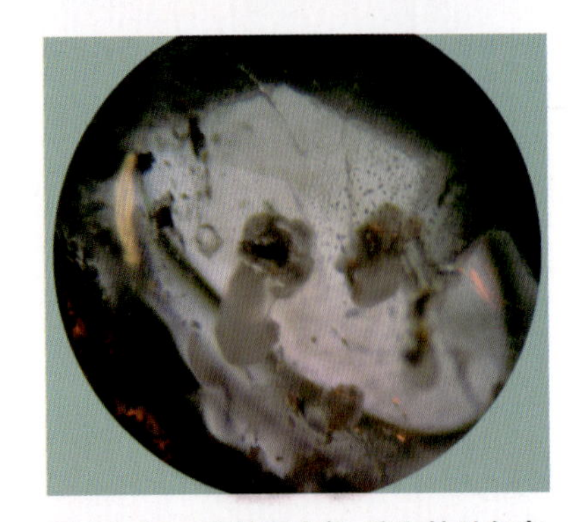

图4-5-34　尖晶石内气、液和熔融包裹体(似白色棉球状)

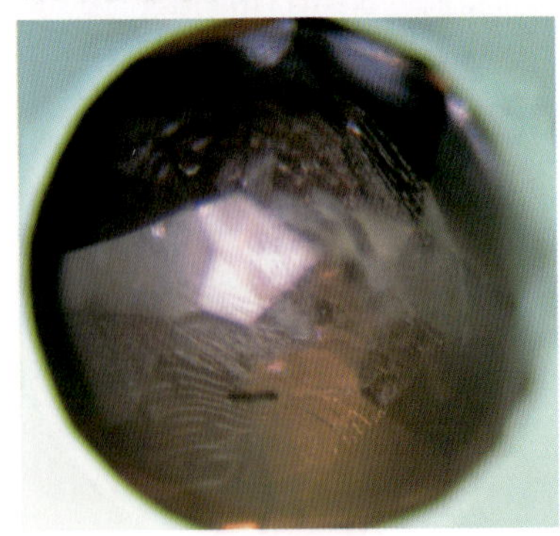

图4-5-35　尖晶石中指纹状气、液包裹体和磷灰石(蓝色)包裹体

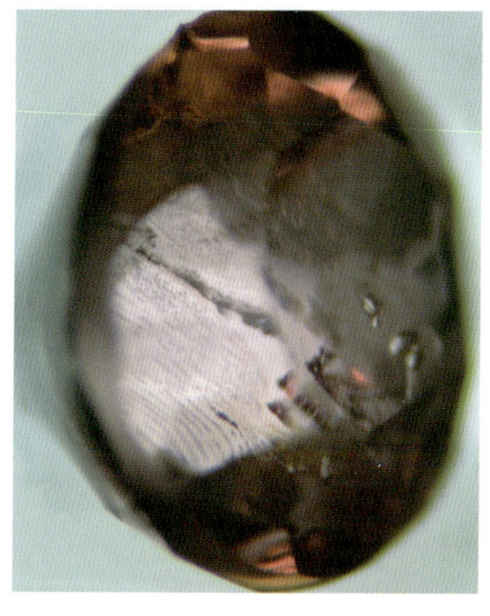
图4-5-36 尖晶石中气、液包裹体呈指纹状或肋状分布

图4-5-40 尖晶石中有石榴石(黄色)、磷灰石(粒状)和萤石包裹(可见晶面纹)

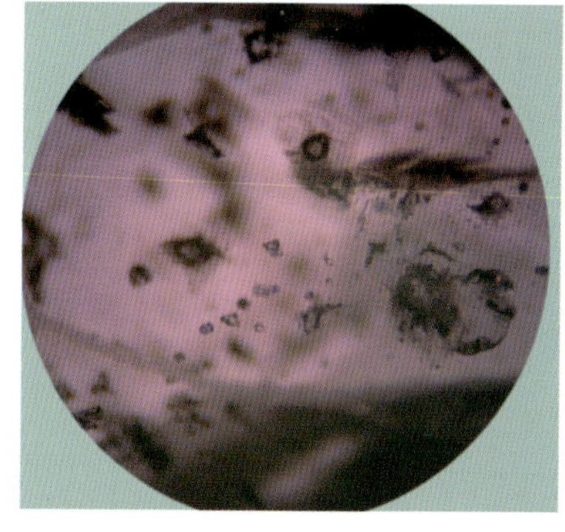
图4-5-44 尖晶石中有多粒自形晶八面体尖晶石包裹体

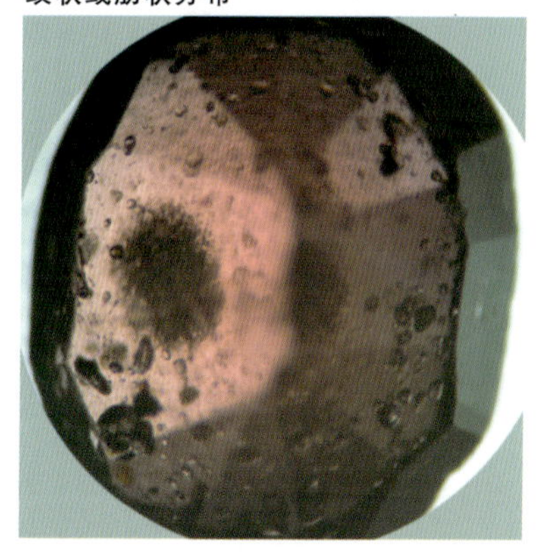
图4-5-37 尖晶石内磷灰石、锆石和团状气、液包裹体

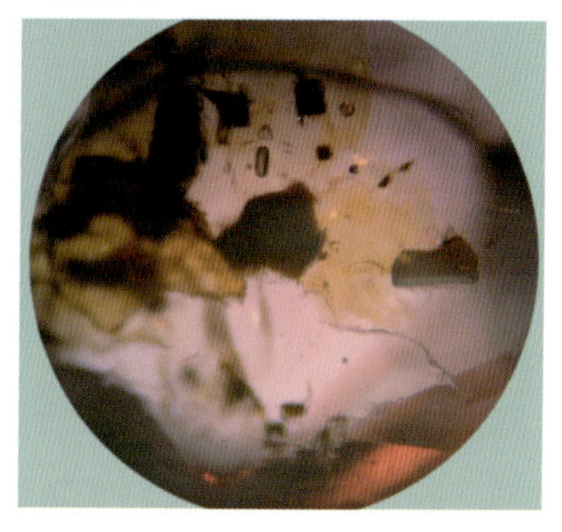
图4-5-41 尖晶石中磷灰石、尖晶石包裹体

图4-5-45 尖晶石中有多粒磷灰石包裹体

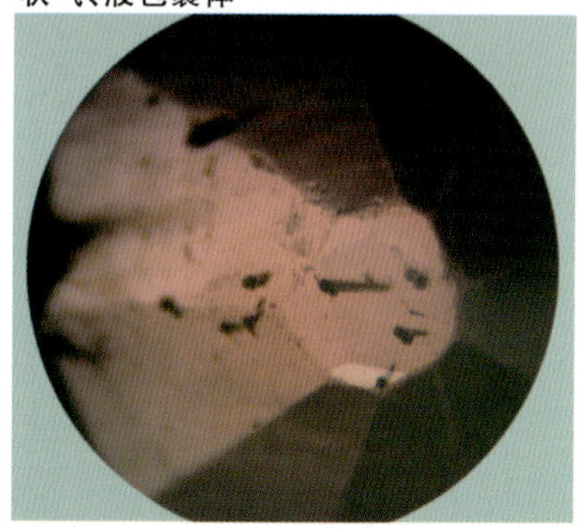
图4-5-38 尖晶石中有电气石、发状金红石和管状物包裹体

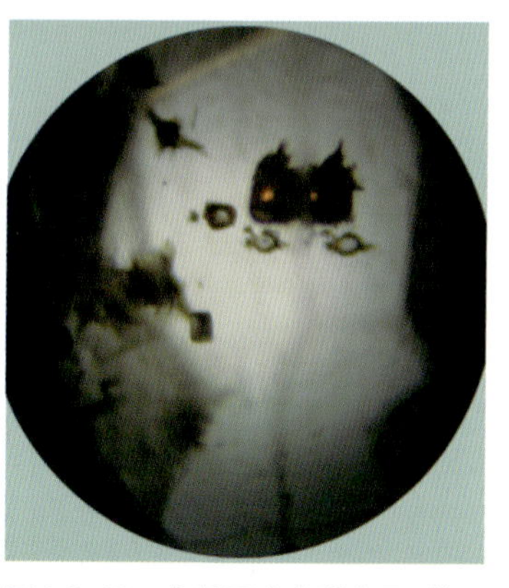
图4-5-42 尖晶石中有磷灰石、锆石和萤石包裹体

图4-5-46 尖晶石中有多粒磷灰石包裹体(无色透明)

图4-5-39 尖晶石中刚玉包裹体体

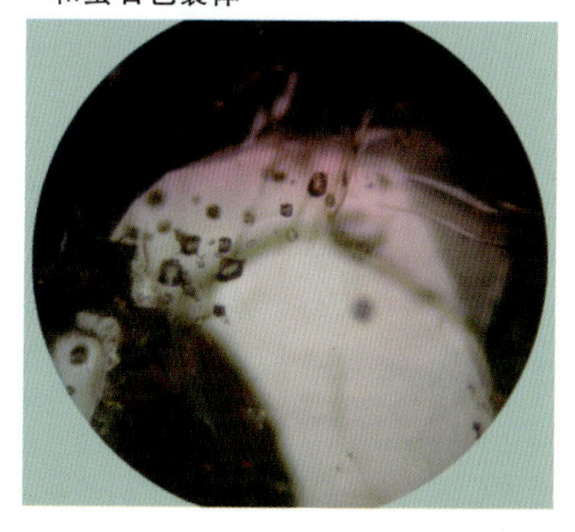
图4-5-43 尖晶石中有尖晶石和锆石包裹体

图4-5-47 尖晶石中有多粒磷灰石包裹体，一粒黄铁矿包裹体

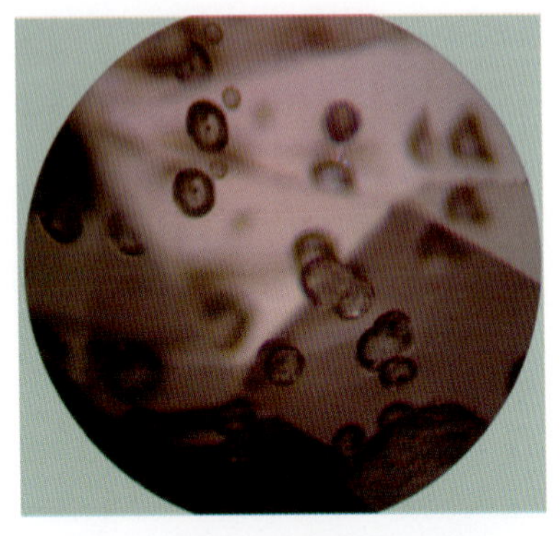

图4-5-48 尖晶石中粒状无色透明磷灰石包裹体

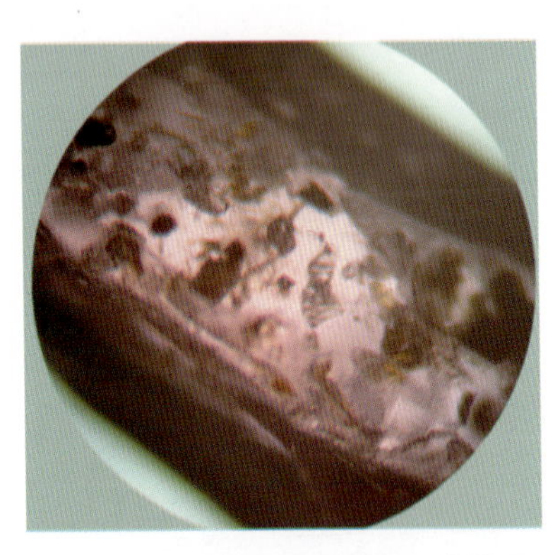

图4-5-49 尖晶石中有石榴石、尖晶石、萤石、磷灰石和气、液包裹体

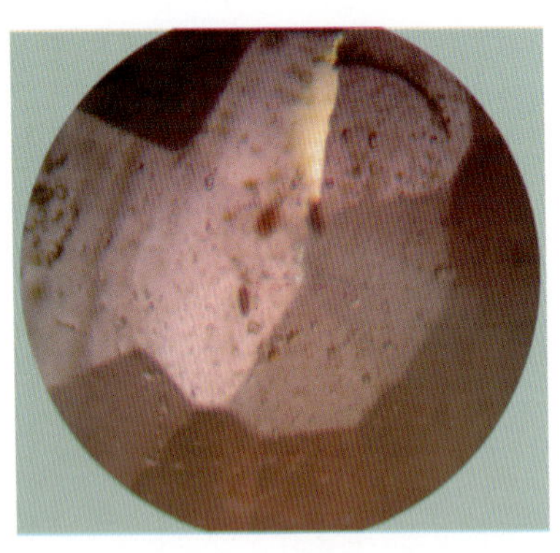

图4-5-50 尖晶石中有气、液、云母和磷灰石包裹体

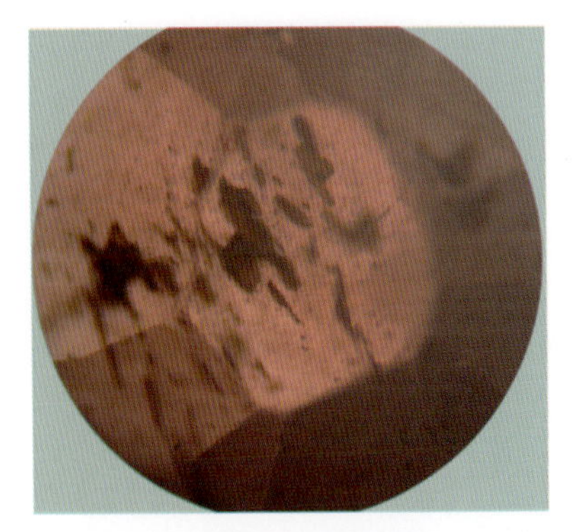

图4-5-51 尖晶石中有气、液和云母包裹体

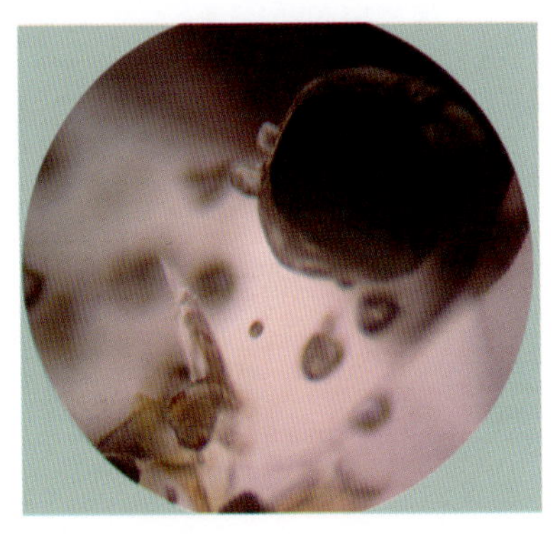

图4-5-52 尖晶石中有黄铁矿和磷灰石包裹体，部分粒状磷灰石生长在黄铁矿(黑色者)晶面上

4.景物鉴赏篇

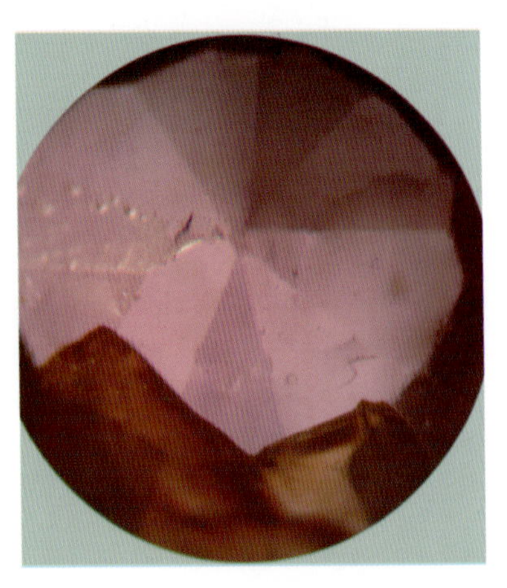

图4-5-53 尖晶石中气、液包裹体和铁染构成“两座山”

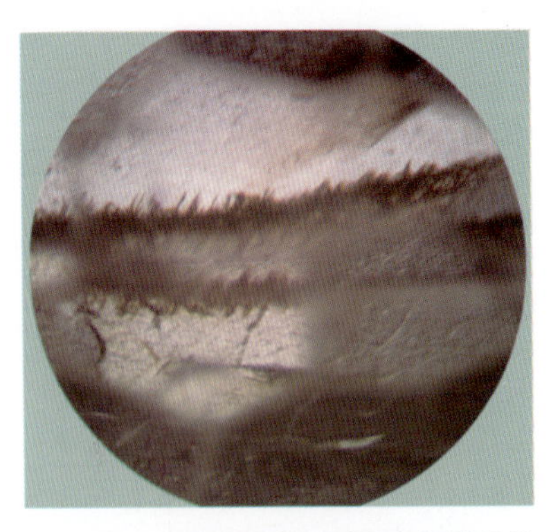

图4-5-54 尖晶石内沿裂隙有纤维状物充填，构成图案“塞外秋草萧萧，斜阳一梦飘摇”

图4-5-55 尖晶石中有云母和磷灰石包裹体(云母呈六边形板状)，构成图案“大丽花”

5.人物、动物鉴赏篇

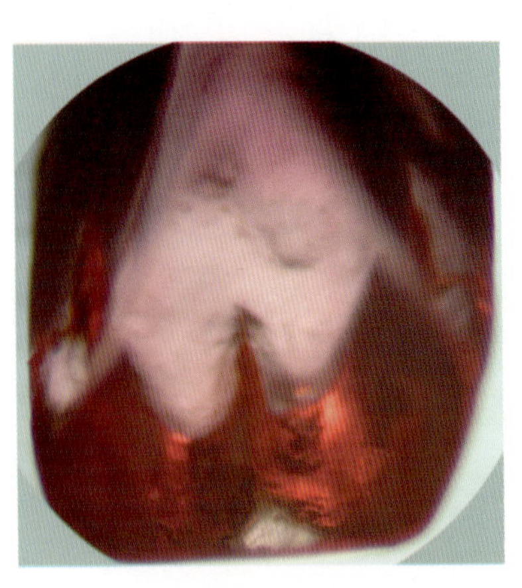

图4-5-56 尖晶石中有几粒磷灰石包裹体，表面溶蚀沟构成图案“仙女下凡”

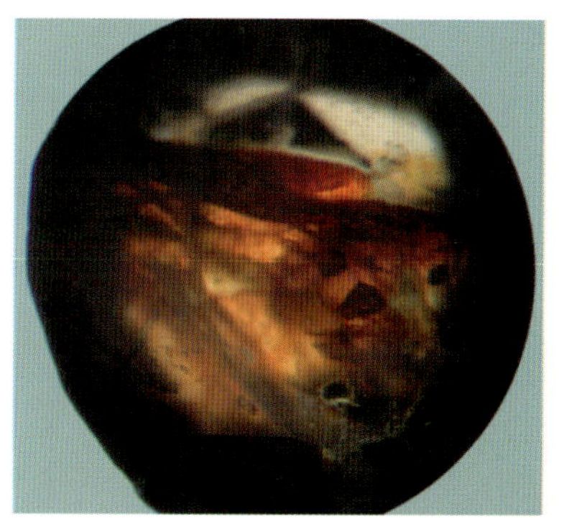
图4-5-60 尖晶石中铁氧化物和刚玉（暗褐色）包裹体构成图案“老虎头”“虎虎生威”

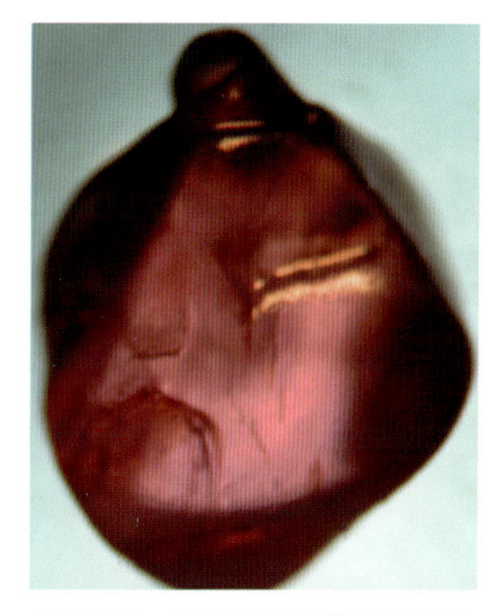
图4-5-57 尖晶石晶面蚀沟——“纹面人”

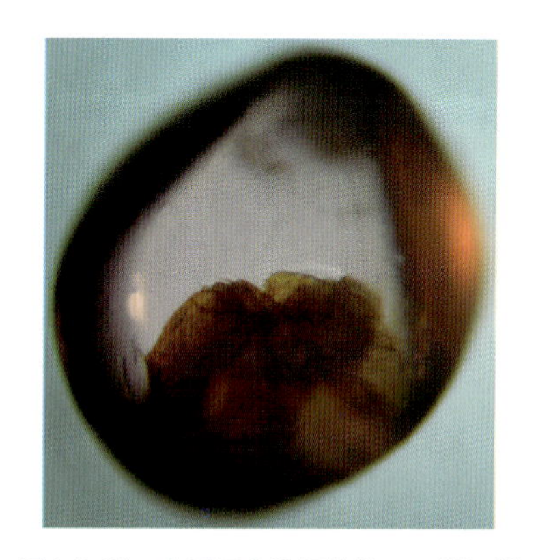
图4-5-61 尖晶石中铁氧化物——“嬉戏”

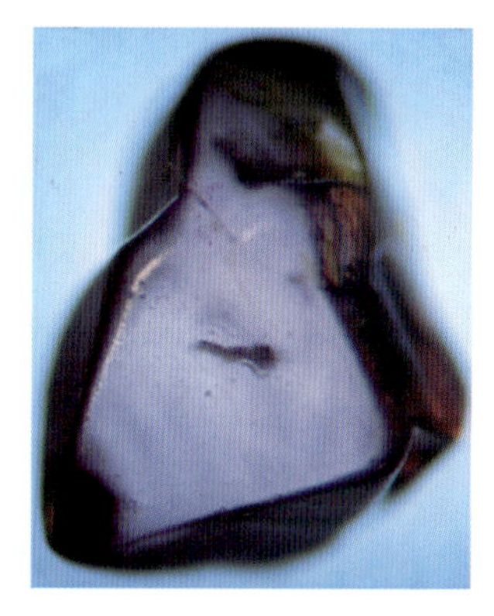
图4-5-62 尖晶石晶体（双晶），其中有云母包裹体——“蠕动”

图4-5-58 尖晶石顶部嵌黄色刚玉，构成图案“非洲人”

图4-5-59 八面体尖晶石顶部有八面体尖晶石小晶体嵌晶，构成图案“失落的人”

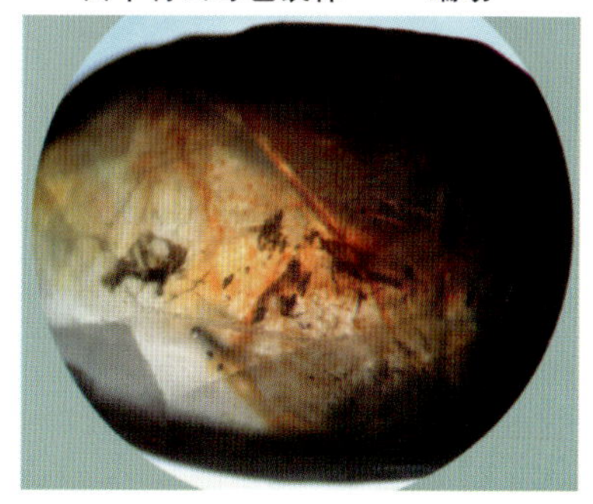
图4-5-63 尖晶石中有云母包裹体和艳橘黄色星散分布矿物，构成图案“福寿鱼”

6.饰物标本鉴赏篇

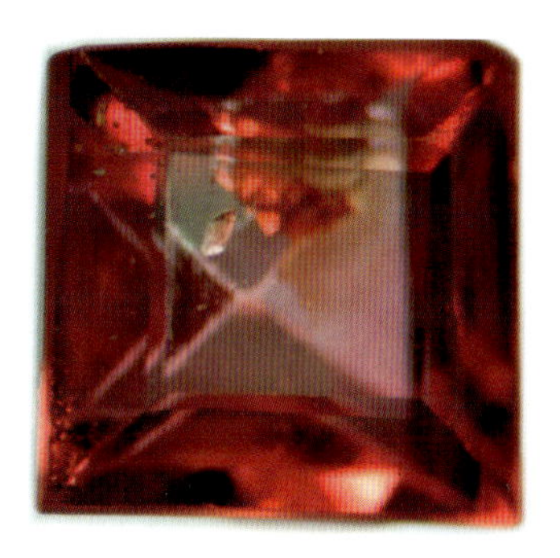
图4-5-64 尖晶石戒面、吊坠，方形，5mm×5mm

图4-5-65 尖晶石戒面、吊坠，蛋形，8mm×10mm

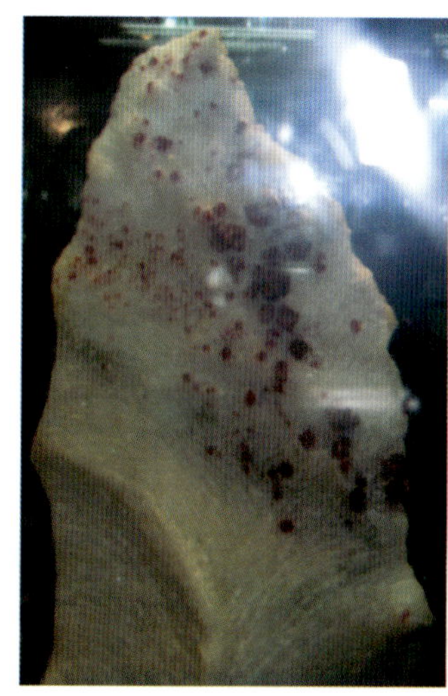
图4-5-66 带围岩（大理岩）的尖晶石标本，45cm×28cm×16cm，产自越南

注明：图4-5-1～图图4-5-66产自缅甸。尖晶石晶体一般小于1cm，少数大于1cm。

第六节 锆石
(Zircon)

一、概述

锆石，英文名称Zircon来自阿拉伯语Zarkun，意为朱红色。来源于波斯语Zargun，意为金色，用来形容天然晶体的颜色。锆石第一次使用是在1783年，用来形容斯里兰卡的锆石晶体。1952年8月美国宝石组织(ANRJA)修正补充锆石为十二月诞生石。又名风信子石。

二、基本特征

(1)化学成分：$ZrSiO_4$。化学成分中除了锆，常含有极微量元素，如：锌、铁、铜、钛、铬、钙和放射性元素铀、钍以及稀有元素铪等。

(2)晶系、晶形：四方晶系。复四方双锥晶类，晶体呈短柱状或四方柱与四方双锥的聚形晶。可见膝状双晶、聚片双晶或环带结构。重砂矿物中锆石常呈浑圆形或粒状、不规则状等。

(3)物理特征：锆石的类型不同，其硬度、相对密度也不相同：高型锆石硬度为7～7.5，相对密度为4.6～4.8；低型锆石硬度为6，相对密度为3.9～4.1，中型锆石处于二者之间。玻璃光泽，晶面呈金刚光泽。贝壳状断口。透明—半透明—不透明。

(4)光学特征：一轴晶正光性。高型锆石*No*=1.92，*Ne*=1.98。低型锆石*No*=1.78，*Ne*=1.82。双折率0.044～0.062。色散0.038～0.04。

(5)荧光和吸收光谱：在紫外线下红和橘黄色锆石有弱到强的黄或橘黄色荧光；黄和橘黄色锆石有弱黄或弱橘黄色荧光或没有荧光；蓝色锆石有弱到中等亮蓝色荧光；部分无色锆石可带黄色荧光。吸收光谱：不同型的锆石其谱线也不同。低型锆石谱线有时出现几条或没有，多数锆石吸收谱线很分散。缅甸绿色锆石可显示五条或多条吸收谱线；红色和褐色锆石没有；锡兰锆石显示十二条谱线；一些热处理的蓝色和白色锆石只显示6 535Å区。锆石多数吸收带有6 910Å，6 225Å，6 590Å，5 895Å，5 625Å，…，4 848Å和4 325Å。绿色锆石在滤色镜下观察呈红色、粉红色。具有多色性。

(6)颜色：锆石的颜色多变，有红、褐红、红褐、橘红、粉红、橘黄、黄、灰黄、灰、灰白、灰褐、绿、黄绿、褐绿、灰绿、蓝、灰黑、黑和杂色。由于含有不同微量金属元素，故在晶体中颜色分布不均匀或呈杂色出现。锆石经过热处理褐红色可变为无色或金黄色，置于真空减热环境下又可转变为蓝色或无色。另外，锆石的包裹体很多，可能某种包裹体是它的色诱导素。

三、包裹体及晕彩现象

其包裹体有三相包裹体：气、液包裹体和固相包裹体。流体包裹体呈弯曲状、管状。矿物包裹体有：

锆石、电气石、黑色粒状包裹体和磁铁矿小粒。在管状物中常充填有黑色和红色质点。在锆石中常见有不同色带、环带和斑杂状结构。也可见到双晶纹。由于锆石中常含有稀钍、放射性元素及其矿物包裹体，因此常形成各色晕圈、晕带、晕环、晕云、晕枝等形态的晕彩现象(请参看本节图谱)。

四、锆石品种及类型

锆石品种一般按颜色来分，有红、褐红、灰褐、黄、绿、蓝、黑、灰、白及火红锆石，各品种其色调变化也很大(请看本节图谱)。

按其成因分，有高型锆石、低型锆石和中型锆石。高型锆石是岩浆早期结晶产物，其颜色多为浅黄色、褐色和深红色(经加热处理后变为无色)、蓝色和金黄色。因高型锆石的硬度、相对密度和折射率、双折射率都大于低型锆石。因此从商业角度来衡量，高型锆石更适宜作宝石，其价值大于低型锆石；低型锆石是岩浆演化晚期产物，产于热液矽卡岩中，富含放射性元素，有时使晶体衰变近于非晶质体，颜色多为绿色、深绿色和灰黄色。中型锆石其物理、光学数据(如相对密度、折射率、双折射率等)介于高型与低型锆石之间，其颜色深浅不一，有黄绿、绿黄、褐绿、绿褐等色，色调不纯。甚至有些锆石在同一晶体中可出现两种类型的锆石。

五、锆石与相似矿物的鉴别

锆石与相似矿物的鉴别：白色锆石见本章表4-3；红色、褐色、黄色锆石见本章表4-5；蓝色锆石见本章表4-6；绿色锆石见本章表4-8。

六、工艺要求和用途

锆石的工艺要求：色纯，以白色和蓝色价值最高(尤其是鲜纯蓝色最好)，透明度好，杂质少，粒度越大越好。由于锆石有强光泽和高色散，所以白色锆石磨成戒面或耳丁酷似钻石，可与钻石媲美。锆石达到宝石级的，主要用于饰品如作戒面、耳丁等。除了饰用外，还广泛用于制造耐火材料、化学试剂，同时也是高科技、原子能工业中不可缺少的原材料。还可作金属锆的来源等。

七、产状和产地

产状：锆石多作为岩浆岩副矿物出现。产于花岗岩及碱性岩(正长岩、霞石正长岩)中，也产于变质岩、结晶灰岩、矽卡岩和片麻岩中。次生矿床为残坡积、冲积砂矿。

产地：主要有缅甸、柬埔寨、老挝、泰国、斯里兰卡。其中柬埔寨、泰国和斯里兰卡为主要产出国。泰国是宝石级锆石的主要来源地；斯里兰卡产各色锆石；缅甸的黄色和绿色锆石与红宝石共生产于砾石层中；法国产红色锆石；澳大利亚产优质橙色锆石；无色锆石则来自坦桑尼亚；朝鲜锆石产在花岗岩与片麻岩接触带上。此外，挪威、马达加斯加、前苏联、美国也有宝石级锆石产出。在中国华东(福建、江苏)、华南(海南)、华北(山东)等地锆石产在碱性玄武岩中，或与蓝宝石共生；江苏产各色锆石，以浅色为主，有红黄、褐、灰、灰褐、橘黄、橘红、白等色；海南锆石有橘红、淡红、浅等色，呈四方双锥状，柱面很短，红色微带黄；山东昌乐锆石为橘红、红色，四方双锥状等。

八、图谱

有关锆石晶形、颜色、晕彩、双晶、内部结构、晶面纹以及包裹体等请阅读图谱（图4-6-1～图4-6-61）。

1.晶形、双晶、晶面纹、晶面蚀纹、双晶纹、晕影、条带结构鉴赏篇

2.颜色鉴赏篇

3.包裹体鉴赏篇

4.景物、人物鉴赏篇

5.饰物鉴赏篇

1.晶形、双晶、晶面纹、晶面蚀纹、双晶纹、晕彩、条带结构鉴赏篇

图4-6-1 锆石晶形不同颜色(多粒),产自江苏

图4-6-2 锆石晶形,不同颜色(10粒),产自泰国

图4-6-3 锆石晶形(多粒),产自泰国

图4-6-4 锆石晶形(黄色和黑红色)(2粒),产自中国

图4-6-5 锆石(黄褐色、红色)与云母(黑色者)共生,产自中国新疆

图4-6-6 锆石晶形(黄褐色)与云母、萤石、辉钼矿共生,产自中国新疆

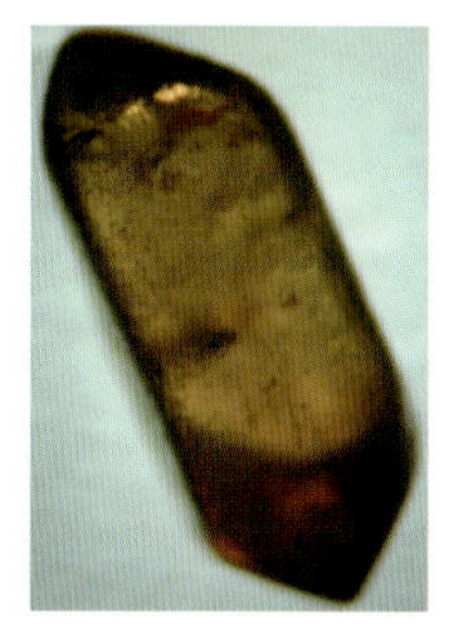

图4-6-7 锆石,板柱状晶体、双锥柱状晶体,产自泰国

图4-6-8 四方双锥、柱状锆石晶体,产自泰国

图4-6-9 四方双锥、柱状锆石晶体,产自泰国

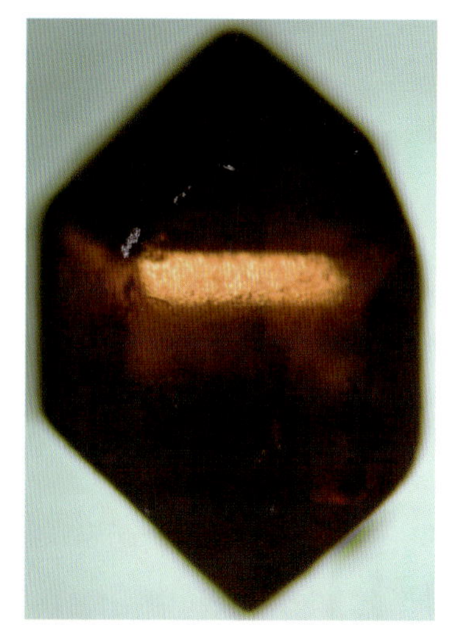

图4-6-10 四方锥柱状锆石晶体,产自泰国

图4-6-11 变形板,锥柱状锆石晶体,产自泰国

图4-6-12　变形锥柱状锆石晶体，有晕圈，产自泰国

图4-6-13　变形锥柱状锆石晶体，产自泰国

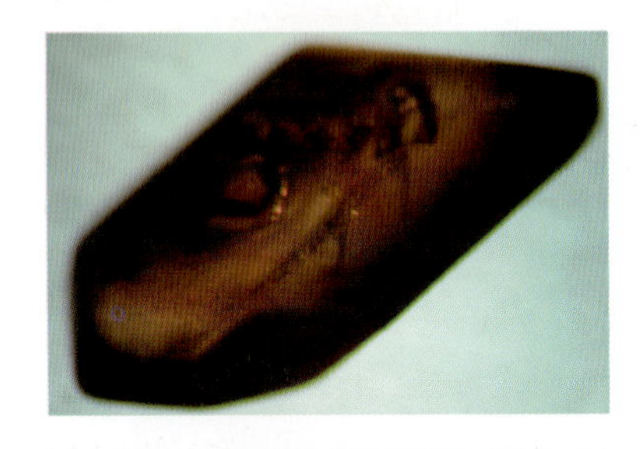

图4-6-14　变形板，锥柱状锆石晶体，板面上有一圆凸起的小锆石，产自泰国

图4-6-15　锆石，四方双锥，柱面很短，产自泰国

图4-6-16　锆石，变形四方双锥，产自泰国

图4-6-17　锆石，变形板状晶体，板面上有一很短的四方双锥晶体，锥尖像个陀螺，晶面饰纹，产自泰国

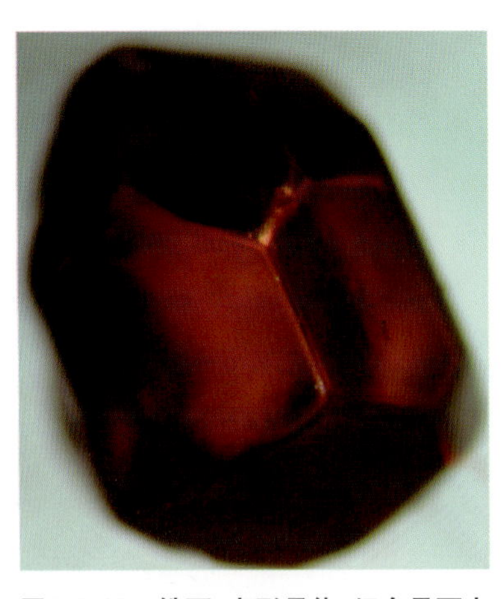

图4-6-18　锆石，变形晶体，组合晶面由不同角面组成，产自泰国

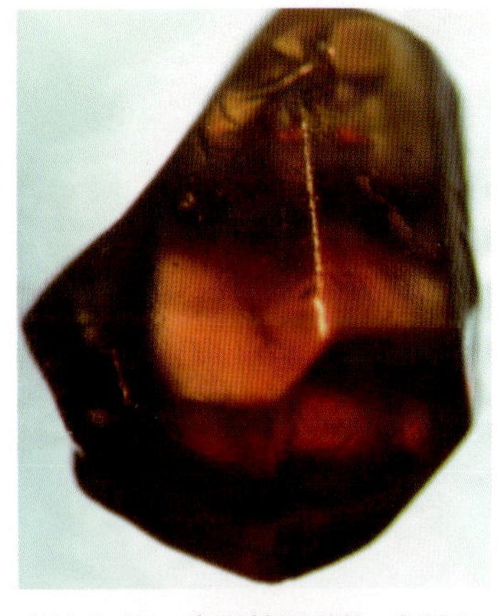

图4-6-19　变形锆石晶体，有晕彩，产自泰国

图4-6-20　多面体变形锆石晶体，产自泰国

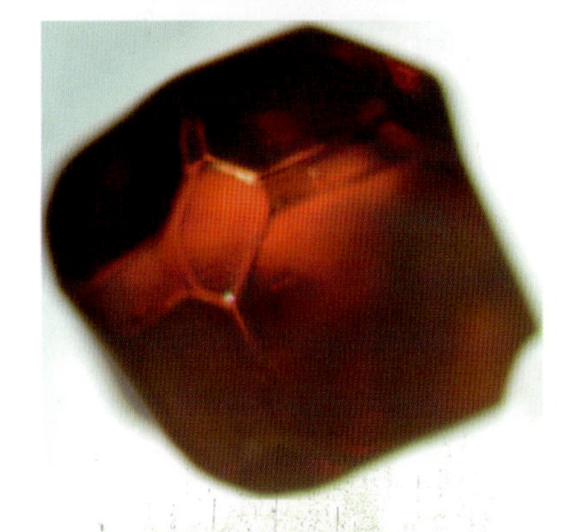

图4-6-21　多面体变形锆石晶体，产自泰国

图4-6-22　锆石双晶，产自泰国

图4-6-23　锆石双晶，产自泰国

图4-6-24　锆石，变异形，晶面花纹似蜘蛛网，中部凸起，产自泰国

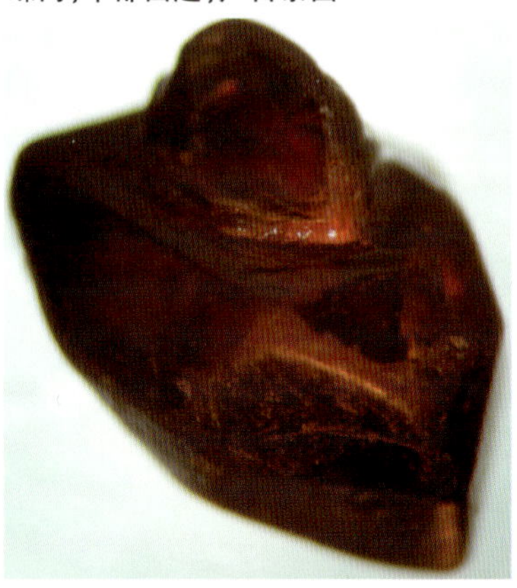

图4-6-25　锆石，变形晶体，由不同角面（五角，四角，三角，梯形，菱形）组成，在五角面上长一个桃形小晶体，产自泰国

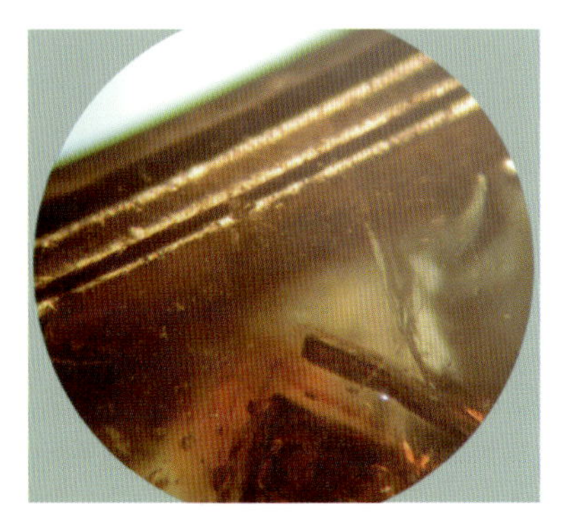

图4-6-26　锆石，晶面纹，内有晕彩，溶蚀沟充填杂质，产自泰国

图4-6-27　锆石，晶面纹蜘蛛网状，产自江苏

图4-6-28　锆石，变异形，蜘蛛网状晶面纹，产自泰国

图4-6-29　锆石，晶面蠕虫状蚀纹，产自江苏

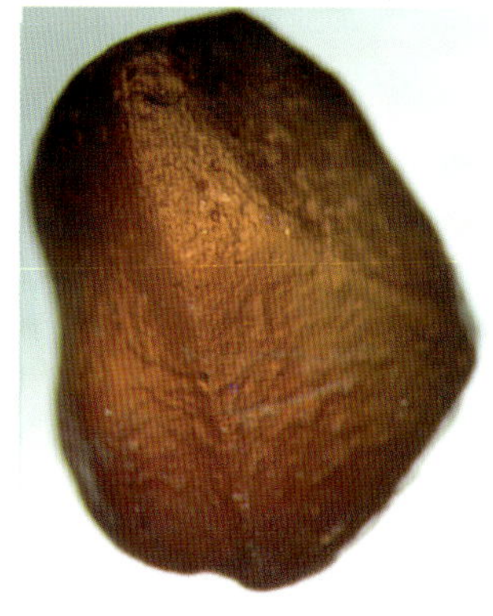

图4-6-30　锆石，变形晶体，晶面蚀纹，产自山东

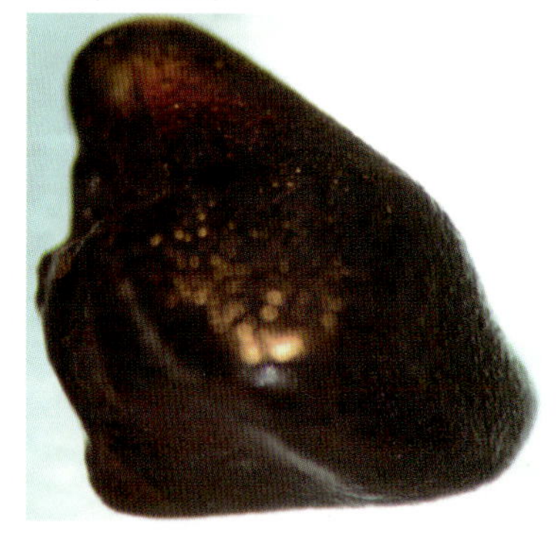

图4-6-31　锆石，晶面蚀纹，变形体，产自江苏

图4-6-32　锆石，四方双锥柱状，其内有石榴石和锆石包裹体，有晕彩，产自江苏

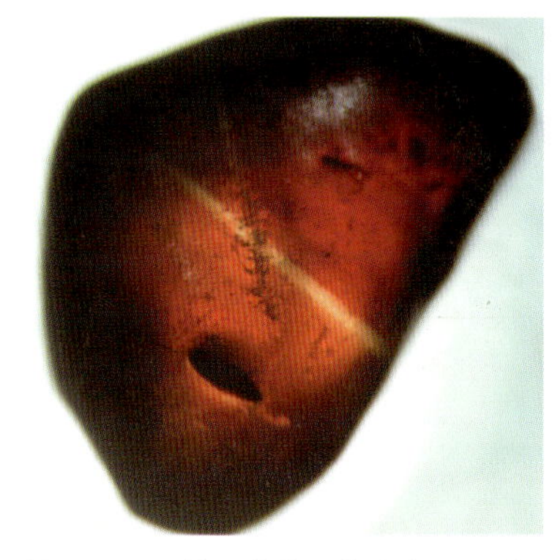

图4-6-33　锆石中有一条白色双晶纹，产自泰国

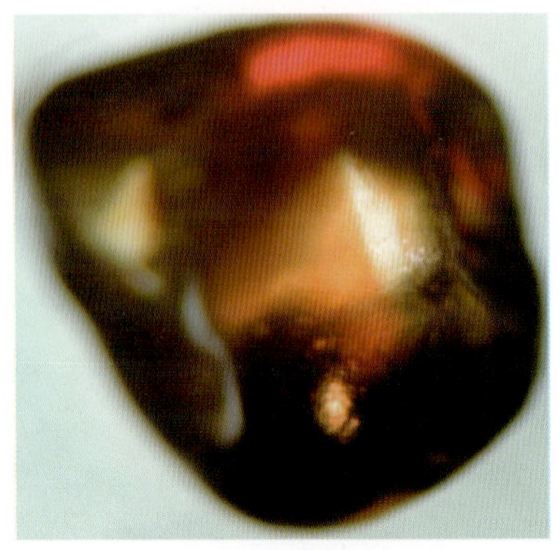

图4-6-34　锆石，有晕彩，其内有锆石包裹体和白色条带，产自江苏

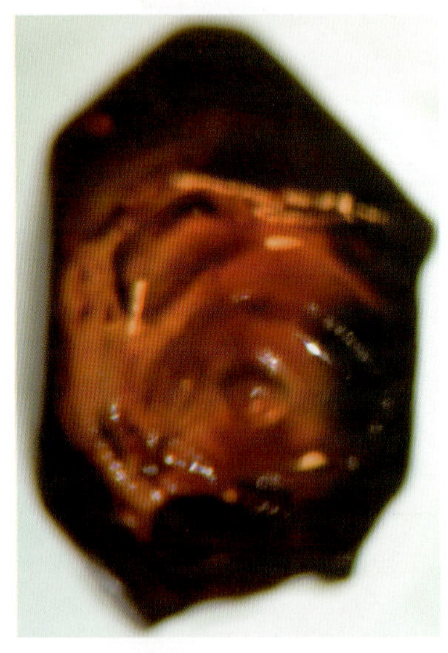

图4-6-35　锆石，四方锥柱状晶体，环形晕圈，产自泰国

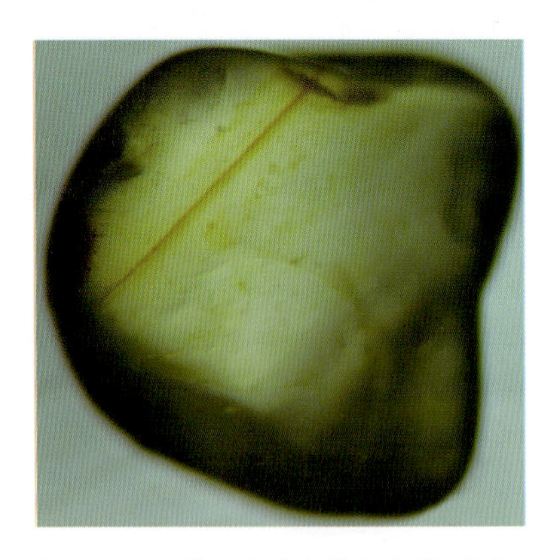

图4-6-36　锆石中有金黄色条带，产自江苏

图4-6-37　锆石，板状晶体，条带状结构，产自江苏

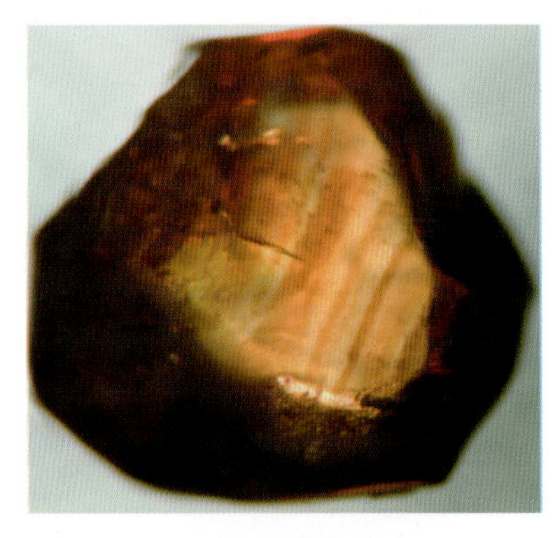

图4-6-38　锆石，条带状结构，产自江苏

图4-6-39　锆石，晶面纹，产自泰国

2.颜色鉴赏篇

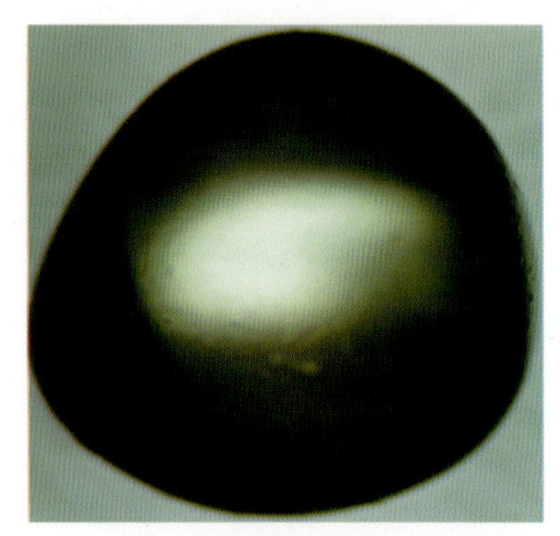

图4-6-40　白色锆石（砂矿），产自江苏

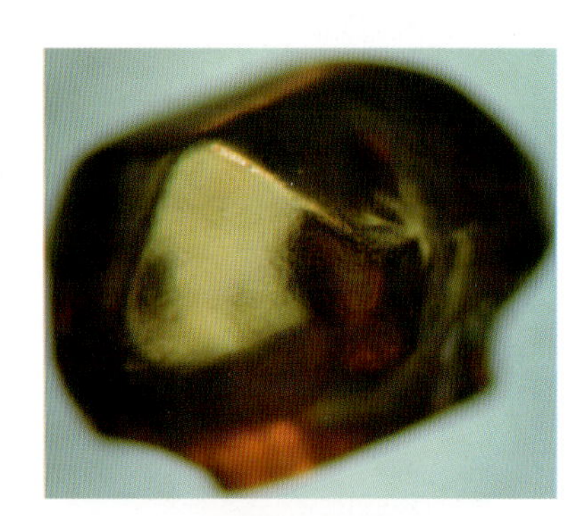

图4-6-41　黄色锆石边部晕彩，产自江苏

图4-6-42　灰褐色锆石边部晕彩，产自江苏

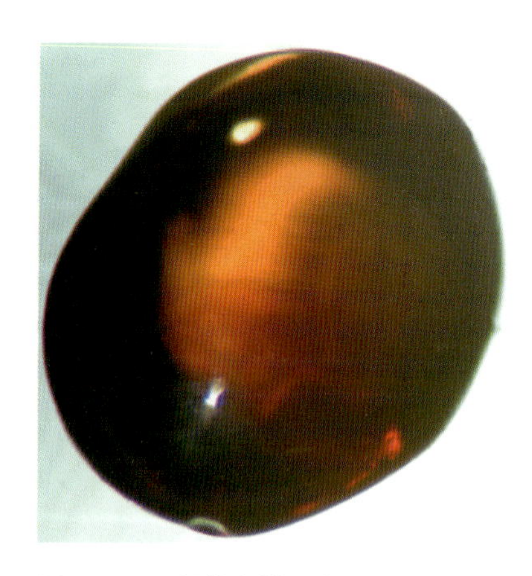
图4-6-43 橘黄色锆石中部晕彩，像太阳放出的光芒，产自泰国

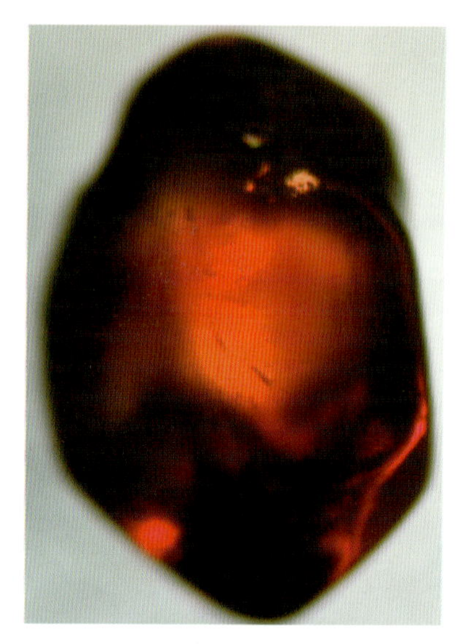
图4-6-44 大红色锆石，产自泰国

图4-6-45 黑褐色锆石，产自泰国

图4-6-46 二色（灰黄、灰黑）锆石共生，产自泰国

图4-6-47 二色（灰绿色、褐色）锆石共生，产自泰国

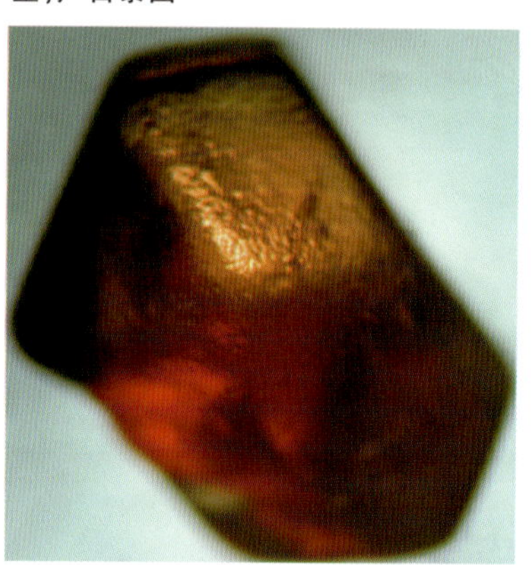
图4-6-48 杂色锆石，产自江苏

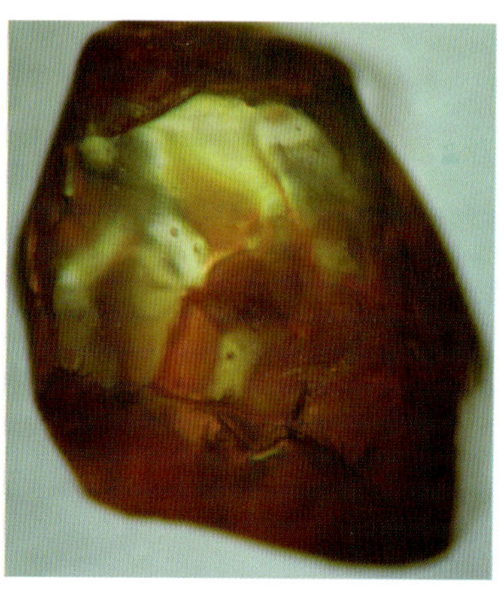
图4-6-49 杂色锆石，多晕彩，产自泰国

3.包裹体鉴赏篇

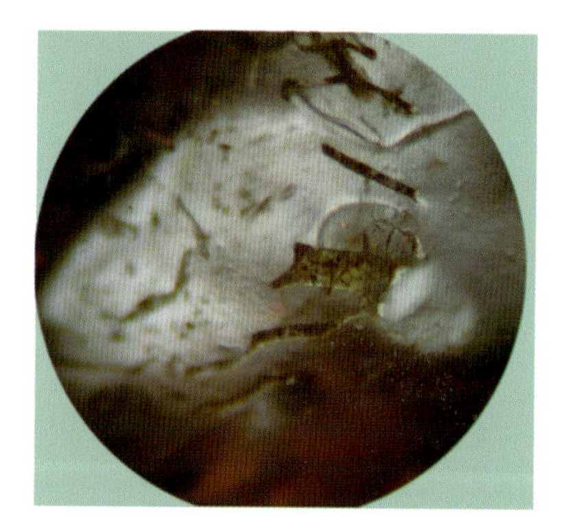
图4-6-50 灰色锆石，内多条管状物，其内充填黑色质点，并见气、液包裹体，产自泰国

图4-6-51 锆石，其中管状物充填杂质，产自泰国

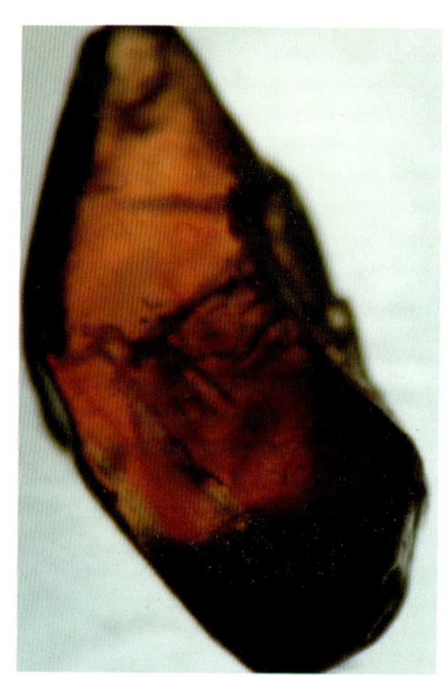
图4-6-52 锆石中有电气石包裹体（黑色柱状），产自泰国

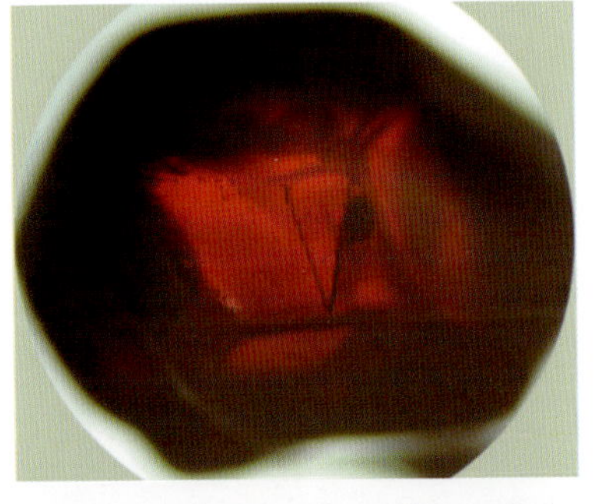

图4-6-53　红色锆石中有电气石包裹体，产自泰国

图4-6-54　白色锆石中有多粒黄色锆石包裹体，产自江苏

图4-6-56　白色锆石中有多粒鲕状赤铁矿和锆石包裹体，并沿裂隙有铁质充填，构成图案"欢呼"，产自江苏

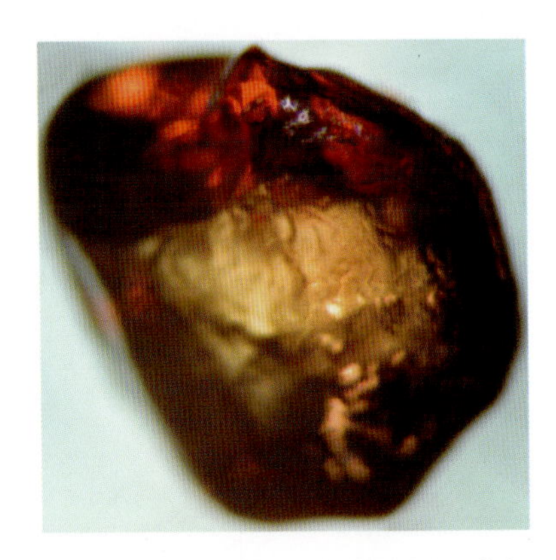

图4-6-57　晕彩锆石，构成图案"打高尔夫球"，产自江苏

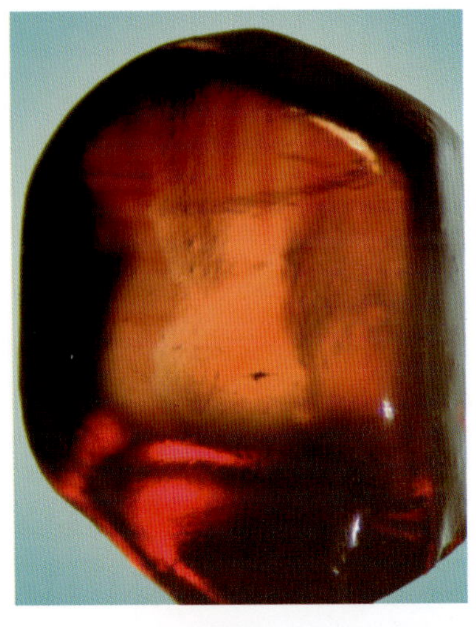

图4-6-59　橘红色锆石中有橘黄色条带——"手"，产自泰国

4.景物、人物鉴赏篇

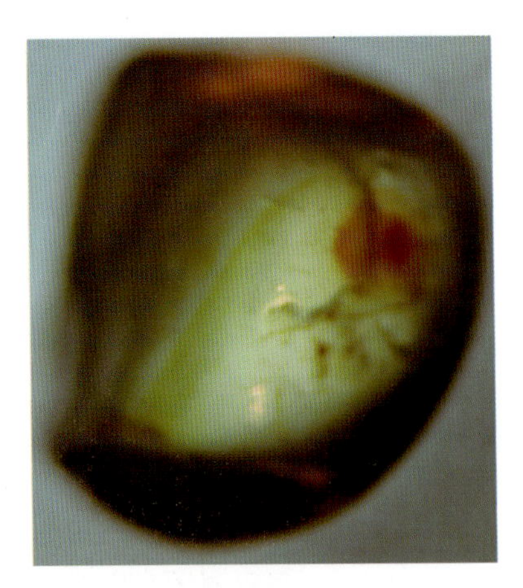

图4-6-55　白色锆石中有黄色条带和橙色斑，构成图案"蓓蕾韵姿"，产自泰国

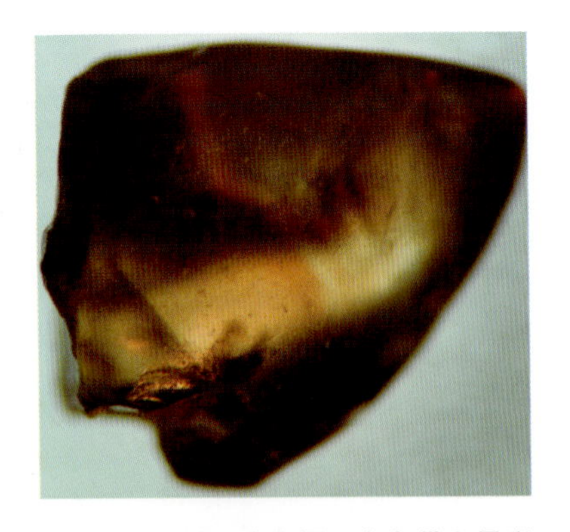

图4-6-58　锆石中有橘红色条带和晕彩——"嘴"，产自泰国

注：锆石晶体一般小于1cm，少数大于1cm。

5.饰物鉴赏篇

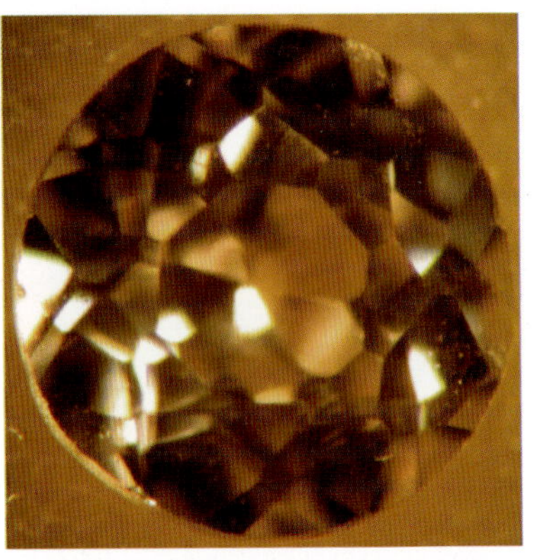

图4-6-60　白色锆石戒面、吊坠5mm(直径)，产自泰国

图4-6-61　红色锆石戒面、吊坠5mm(直径)，产自泰国

第七节
碧玺(电气石)
(Tourmaline)

一、概述

碧玺是电气石矿物的工艺名称。其英文名称Tourmaline是从古僧伽罗语urmali一词衍生出来的。该词的含意为“混合宝石”，呈混合色的矿物。传说18世纪有一个故事：一个温暖的夏天，在荷兰阿姆斯特丹，有几个小孩玩荷兰航海者带回的石头，发现这些石头在阳光下出现奇异现象，就叫他们的父亲来看，惊奇地发现这种石头有一种能吸引或排斥轻物体（如灰尘和草屑）的力量，因此，荷兰人把它叫做“吸灰石”。因其有电性，矿物学家称之为“电气石”。由于电气石有鲜明的颜色和高透明度，故自古就受人们的喜爱，如在清朝皇宫中就有许多碧玺饰物。它被誉为十月诞生石。

二、基本特征

(1)化学成分：$XR_3Al_6B_3Si_6O_{27}(OH)_4$，其中$X$为Na、Ca，$R$为各种金属离子：Mg、$Fe^{2+}$、$Fe^{3+}$、Li、Cr、V等。其中$R$决定碧玺的颜色。

(2)晶系、晶形：三方晶系。复三方单锥晶类，复三方柱状，短、长柱或针柱状，端部呈球面三角形，横断面呈三角形、六边形或多边形。通常含Fe、Mg多者，柱体长。镁电气石多呈三方柱状。锂电气石常呈针柱状。晶面(柱面)常具纵纹。

(3)物理特征：摩氏硬度为6.43～7.25，相对密度为2.98～3.20。透明—半透明—不透明。玻璃光泽。无解理。性脆。贝壳状断口。具弱磁性和压电性。受热和摩擦都生电。

(4)光学特征：一轴晶负光性。折射率范围为：No=1.639～1.692，Ne=1.620～1.657，双折射率0.018～0.040，二色性明显。锂电气石：No为浅绿、浅蓝、玫瑰色，Ne为无色。镁电气石：No为淡黄或无色，Ne为无色。黑电气石：No为蓝、褐、暗绿色，Ne为浅紫、浅黄、紫或红褐色。

(5)颜色：碧玺的颜色变化多端，这与含不同金属离子有关：黑色电气石含Fe^{2+}、Ti^{2+}。粉色电气石含Mn^{3+}和Li。黄色电气石含Mn^{2+}。绿色电气石含Cr^{3+}、V^{2+}等。其颜色有红、桃红、粉红、褐、褐绿、绿、黄、黄绿、棕、蓝、白和无色等，且各色的色调有深浅的变化。另外，电气石在纵向上常具二色或三色，多为二色，即一头粉色、一头绿色，或顶部再加褐色或黑色。在横向上常具不同色的环带或色带，通常内为粉色，外为绿色或黄绿色，俗称“西瓜皮”，也有相反情况(内绿外粉)，或黑“心”褐“皮”，暗棕色“心”浅褐色“皮”或黑、绿各半等，并见色带分布，如粉色色带、黄色色带等。这些现象的出现，是由于金属离子分布不均所致。

据刘国彬先生用带图像计算机控制的电子探针仪对新疆阿尔泰色带电气石垂直晶体*C*轴的切面，对铁、锰、铝、钠、钙等元素的分布作了等值线图，结果表明：内核铁含量很低（<0.1%），由内向外逐渐增多，外缘最大值大于4.3%；锰和铁的情形恰相反，内核锰含量达3.7%，向外减少至1.2%。内核向外缘转变的微溶蚀区出现高锰小区域，这是固态包裹体存在的含锰磷灰石。而铝钙内高外低，钠的分布则相反（内低外高）。由此可见：Al_2O_3、MnO和CaO的含量内核高于外缘；而FeO、MgO、TiO_2和SiO_2含量外缘高于内核。当FeO含量增加到1%色时，玫瑰色变为黄绿色，随FeO含量的继续增高可变为黑绿色。在微溶蚀区，成矿溶液中已晶出其他相的矿物颗粒被包裹进来，即含锰磷灰石，这时MnO含量高达6.91%，FeO和MgO均仅为0.03%。被包裹的还有近似于白云母和锂云母的颗粒。此界面上铝、硅含量变化很大。由此得出结论：色带电气石既是颜色分带，又是元素分带，也是生长结构的分带。色带晶出的全过程：初期生长（内核）微溶解再生长（外缘层）。成矿溶液组成由初期富锰、铝贫铁、镁转变为后期富铁、镁贫锰、铝含量的变化（请参看本节图谱）。

三、包裹体及其猫眼效应

其中常见矿物包裹体有针柱状各色电气石、云母、方解石、萤石、尖晶石、金红石、阳起石及气、液包裹体和管状物包裹体。如果纤状矿物或管状物密集平行排列，即可有猫眼效应（参阅本节图4-7-230）。

四、电气石类型和碧玺品种

1.根据所含金属离子不同来划分

根据电气石所含金属离子的不同，分三个主要矿物学类型：碱性电气石、铁电气石和镁电气石。它们都是硼和铝的复杂硅酸盐矿物。碱性电气石（碧玺）是重要的宝石矿物，含钠、锂或钾电气石呈红色或绿色；铁电气石呈黑色；镁电气石通常多为黄或棕色，也有呈黑色者。

2.根据颜色分

（1）红色碧玺：又叫红碧玺，其颜色为红、紫、桃红、粉红、玫瑰红至深红色。色泽有深、浅变化。双桃红（深玫瑰红）是碧玺中的珍品。

（2）绿色碧玺：颜色为浅绿—深绿、黄绿—棕绿、蓝绿色，其色可能灰暗或很深，有强二色性。

（3）蓝碧玺：是稀有的宝石，常见的是深紫或碧蓝色，蓝色至深蓝色。

（4）黄碧玺：金黄、纯黄或橙黄色，较少见，从浅到深的黄棕和棕黄色。

（5）紫碧玺：非常漂亮，可磨出猫眼来，罕见，是一种优质宝石（中国新疆有产）（参看本节图谱图230）。

（6）棕色、褐色碧玺：常分布于晶体顶部。

（7）无色碧玺：为锂电气石，如有猫眼现象价值会好。为无色的锂电气石宝石。

（8）粉色碧玺：为锰、锂电气石，是重要的宝石矿物。

（9）黑色碧玺：亦叫铁电气石，可磨戒面和吊坠。

（10）杂色碧玺：在同一晶体上有几种或多种颜色，如二色、三色或多色（参看本节图谱）。

（11）环带结构：西瓜皮碧玺。

（12）变色碧玺：是一种稀有品种，在阳光下为黄绿、棕绿色，人工光源下为橙红色。

五、各色碧玺与相似矿物的鉴别

（1）红碧玺与相似矿物的鉴别，见表4-5。

（2）绿碧玺与相似矿物的鉴别，见表4-8。

（3）蓝色碧玺与相似矿物的鉴别，见表4-6。

（4）白色碧玺与相似矿物的鉴别，见表4-3。

六、工艺要求和用途

工艺要求：色正、透明、无裂、无杂质者为最佳。其颜色以桃红色最好，其次为粉红色和绿色，如果绿色达到祖母绿色为上品；浓艳的二色碧玺和"西瓜皮"碧玺也特别受宠。

用途：其块度、颜色、透明度和瑕疵等决定其用途。彩色碧玺主要作饰品用，如作戒面、耳坠、项链、胸针、吊坠及工艺品，如二色碧玺和"西瓜皮"碧玺做成吊坠，非常漂亮。如有纤维状矿物或管状包裹体密集平行排列可磨成猫眼，作饰品也很特别。造形好的晶簇可作观赏石收藏。因电气石有压电效应和热电性，故还被用于科学技术上。

七、产状和产地

产状：绝大多数电气石与花岗伟晶岩有关，部分与高温气成热液有关（接触变质岩）。冲积砂矿也是重要来源之一。

产地：巴西产各种颜色的碧玺，产于伟晶岩中，有二色碧玺和猫眼碧玺，巴西碧玺也见于砂矿中。共生矿物有紫水晶、黄宝石和锆石。前苏联乌拉尔产的红碧玺与锂云母共生于伟晶岩中。斯里兰卡的碧玺多为黄绿色、褐色碧玺，与红宝石、蓝宝石共生于砂矿中，挪威产蓝绿色碧玺，常与锂云母、叶钠长石、云母、石英和长石共生。法国巴黎的曼因地区芒特米卡矿床也有漂亮的碧玺。缅甸为红色—粉红色碧玺，产于片麻岩和花岗岩的冲积砂矿中。美国加利福尼亚州产粉红色碧玺（锂电气石），圣迭戈产深蓝、绿和红碧玺，康涅狄格州产褐碧玺（镁电气石）。1972年在登通矿山发现绿碧玺和红碧玺。非洲碧玺著名产地有坦桑尼亚绿碧玺和褐碧玺；纳米比亚尤萨科斯有祖母绿色碧玺晶体；肯尼亚产优质深红色碧玺；津巴布韦产优质镁电气石。近年来在马达加斯加岛发现伟晶岩中含钙量高的优质红碧玺，其次为玫瑰红色、绿色、蓝色、紫色和黄色等品种。莫桑比克、意大利爱尔巴岛的花岗岩中产绿色和红色碧玺。在中国新疆阿尔泰地区，在花岗伟晶岩中不同部位（不同带中）其矿物共生组合不同，如各色碧玺产在强烈钠长石化和锂云母化的微斜长石和钠长石伟晶岩脉的核部，其颜色有玫瑰色、绿色、蓝色或杂色（包括二色、三色）和"西瓜皮"（内为粉红、桃红，外为绿色和蓝色、灰色）碧玺，其矿物组合有：锂云母、钠长石、微斜长石、石英、白云母、锂榴石、碱性绿柱石、磷灰石、磷锂铝石、铌钽铁矿、锂辉石等；而黑电气石多处在分异交代作用较差的边缘部位，其矿物组合有长石、石英、白云母、绿柱石和石榴石等。在中国云南产的碧玺，含矿岩系为燕山期，喜马拉雅山期花岗岩及伟晶岩脉中，含矿地层为下元古界的一套变质岩系，由片岩、片麻岩和大理岩组成。其碧玺品种多，颜色绚丽多彩，有粉红色、绿色、蓝色、黄色、褐色、棕色等，其各色的色调有深浅的变化，如红色有桃红、粉红、玫瑰红，绿色有浅深绿、草绿、黄绿、橄榄绿、蓝绿、灰绿色等，蓝色碧玺由浅蓝至深蓝色（常呈斑状出现在各色碧玺中），褐色、褐绿及棕褐色带构成晶体顶部，另有白色（无色）、灰色、灰白色、黑色和杂色碧玺（二色、三色及多色）。在云南碧玺中常见环带结构，构成所谓的"西瓜皮"，其核心为粉红色色调、黄、褐、紫、绿、黑等色，外皮为绿、灰、白、褐等色（参看本节图谱）。云南碧玺纯净、透明度好，呈柱状、块状，大者可达几厘米。在中国四川、内蒙古、甘肃、西藏等地也发现有碧玺。

八、图谱鉴赏

碧玺的颜色七彩俱全，而且变化多端。其晶形各异，有单晶、双晶、连晶、嵌晶或晶簇状、放射状、束状、塔状、碉堡状，再加之包裹体，可构成景物、花草、人物、动物等图案。大自然的造化，是理想的观赏石和珍贵的收藏品（请阅读本节图谱图4-7-1～图4-7-230）。

1.晶形、横切面、晶面纹鉴赏篇

2.结构、构造（环带、条带、西瓜皮、斑状结构）鉴赏篇

3.颜色鉴赏篇

4.包裹体及矿物共生组合鉴赏篇

5.虹彩鉴赏篇

6.景物鉴赏篇

7.人物鉴赏篇

8.动物鉴赏篇

9.戒面、吊坠鉴赏篇

1.晶形、横切面、晶面纹鉴赏篇

图4-7-1 黑电气石晶体，复三方柱状，短柱状(5粒)，大220mmx180mmx140mm、小180mmx160mmx150mm，产自新疆

图4-7-2 黑电气石晶体，复三方短柱状，17mmx14mmx14mm，产自新疆

图4-7-3 黑电气石晶体，复三方锥柱状，表面蚀坑充填碳酸盐矿物(白色)，6.8cmx6cmx5.6cm，产自新疆

图4-7-4 电气石晶体(二色碧玺)，产自云南

图4-7-5 电气石(碧玺)晶形及颜色(多粒)，产自云南

图4-7-6 各色碧玺及其晶形(多粒)，产自云南

图4-7-7 各色碧玺及其晶形(多粒)，产自云南

图4-7-8 锥柱状电气石晶体，晶面上有鳞片状云母，产自云南

图4-7-9 二色碧玺，两色界限清楚，锥柱状晶体，产自云南

图4-7-10　二色碧玺，二者界限模糊，锥柱状晶体，产自云南

图4-7-11　二色碧玺，锥柱状晶体（复三方锥柱状），晶面纵纹发育，产自云南

图4-7-12　碧玺，球面锥柱状晶体，产自云南

图4-7-13　球面锥柱状碧玺（绿色），产自云南

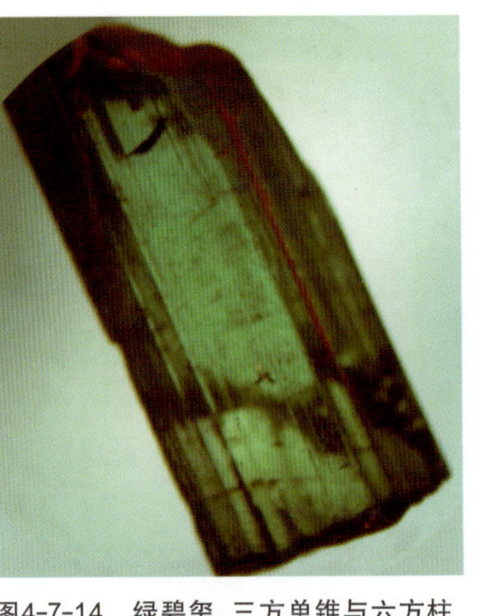

图4-7-14　绿碧玺，三方单锥与六方柱聚晶，产自云南

图4-7-15　异形碧玺（白色），产自云南

图4-7-16　碧玺晶形，一体三锥

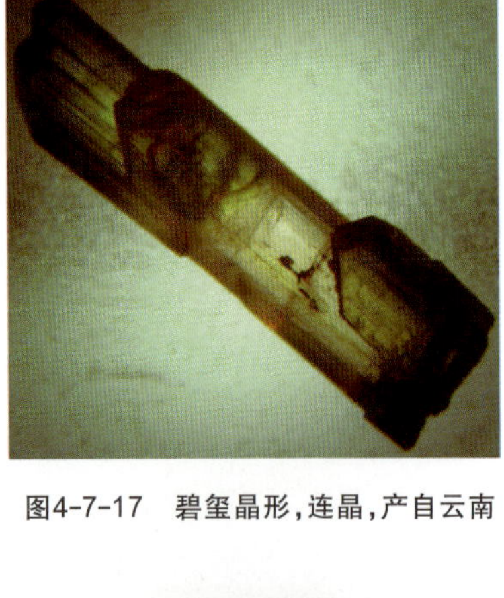

图4-7-17　碧玺晶形，连晶，产自云南

图4-7-18　碧玺晶体，连生晶簇状（柱状、锥柱状晶体），产自云南

图4-7-19 不同色晶簇状碧玺，产自云南

图4-7-20 碧玺，连生体，产自云南

图4-7-21 碧玺，嵌连晶，产自云南

图4-7-22 碧玺，嵌晶（黄绿色），产自云南

图4-7-23 绿碧玺连生体，产自云南

图4-7-24 碧玺，球面锥柱状连生体，产自云南

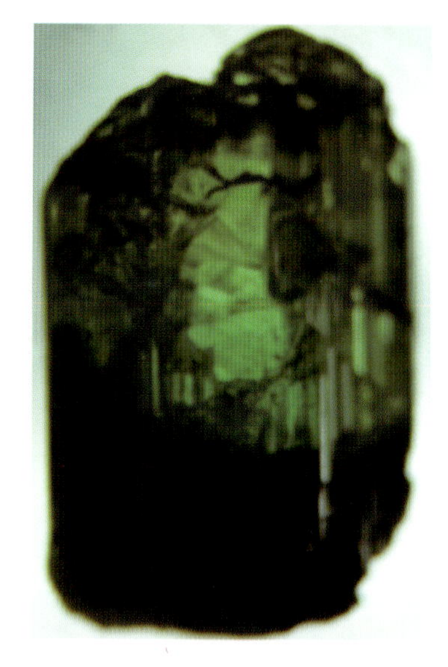

图4-7-25 二色碧玺连生，球面锥柱状晶体，产自云南

图4-7-26 二色碧玺连生，球面锥柱状，产自云南

图4-7-27 两种颜色（白、绿）碧玺连生体

图4-7-28　不同色碧玺连生体，产自云南

图4-7-29　不同颜色碧玺连生体，产自云南

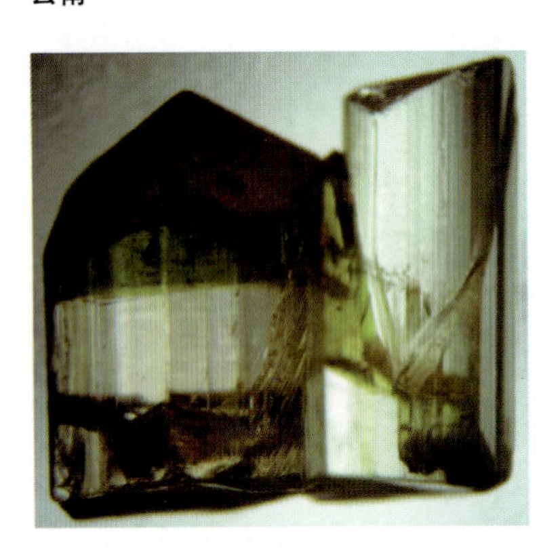
图4-7-30　连生碧玺，左边锥柱状晶体三色，右边晶体“西瓜皮”白心绿皮，产自云南

图4-7-31　五连晶碧玺，表面5个晶体，但内部是一个晶体——“风琴”，产自云南

图4-7-32　碧玺，多条碧玺连生，嵌晶及顶部多个小晶簇，产自云南

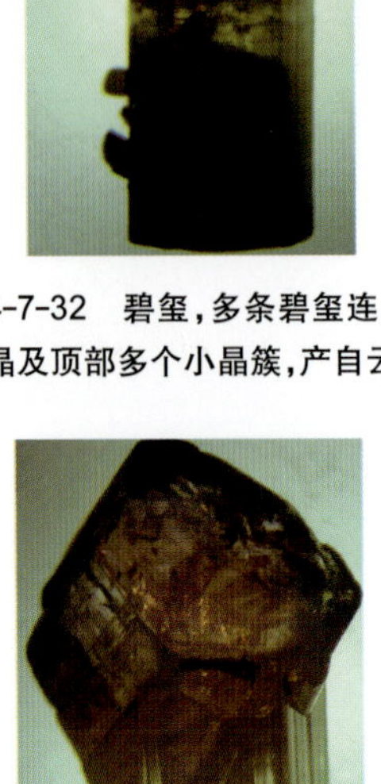
图4-7-33　碧玺晶体，柱体浅绿色，顶面浅粉色，另有一嵌晶，产自云南

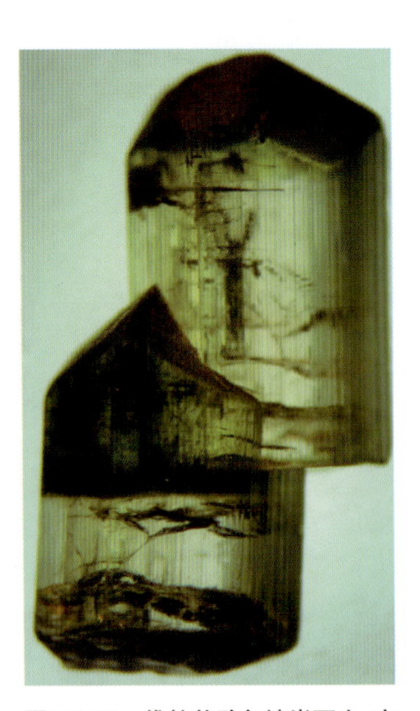
图4-7-34　锥柱状碧玺镶嵌而生，产自云南

图4-7-35　碧玺镶嵌而生，产自云南

图4-7-36　碧玺晶体镶嵌而生，产自云南

图4-7-37　错动碧玺晶体（对研究构造运动有帮助），产自云南

图4-7-38 碧玺晶簇(弯曲),产自云南

图4-7-39 碧玺晶体横断面,产自云南

图4-7-40 碧玺晶体横断面(多边形),产自云南

图4-7-41 碧玺晶体横断面(异形),产自云南

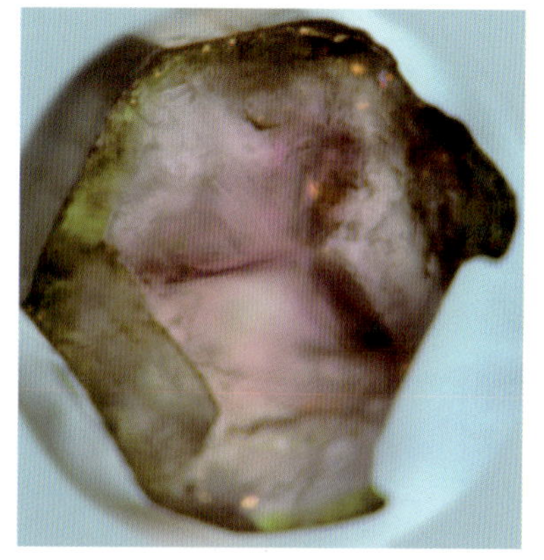

图4-7-42 碧玺晶体横断面(异形),产自云南

图4-7-43 碧玺晶体横断面——“西瓜皮”绿皮,浅粉瓤,中心三条120°角分布的粉色条带,产自云南

图4-7-44 碧玺横断面(杂色),产自云南

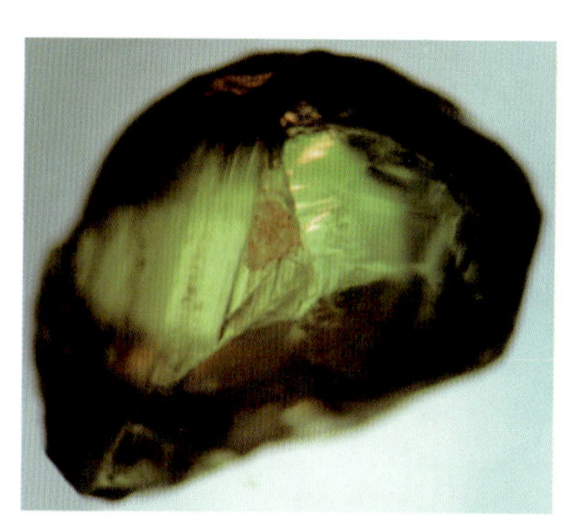

图4-7-45 碧玺横断面,产自云南

图4-7-46 碧玺横断面(顶面),呈条带分布,三个条带颜色各异,边部条带有晶面纹,产自云南

图4-7-47 碧玺顶面，有五个面，各面颜色不同，并见纵纹，产自云南

图4-7-50 碧玺顶面，三方单锥（深褐色），产自云南

图4-7-53 异形电气石横断面，产自云南

图4-7-48 碧玺顶面，由多个面组成（灰粉色），并见黑色斑，产自云南

图4-7-51 黑褐色电气石顶面，复三方柱状晶体，产自云南

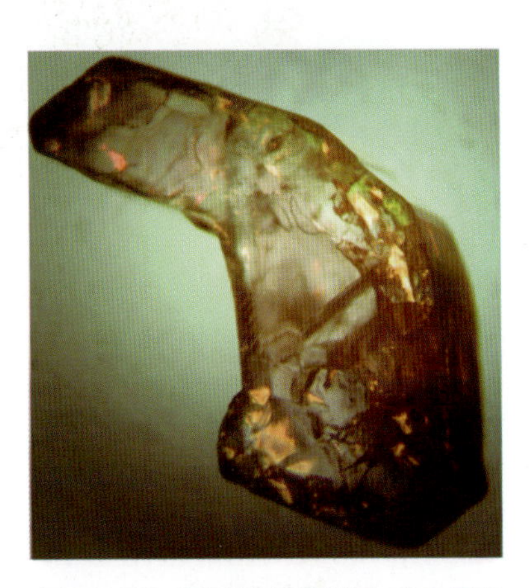

图4-7-54 异形碧玺横断面，产自云南

图4-7-49 碧玺顶面，三方单锥（黄褐色），产自云南

图4-7-52 异形电气石横断面，黄绿色和棕黑色（同一个晶体），产自云南

图4-7-55 碧玺晶面纹(梯形)顶部球面，产自云南

图4-7-56 碧玺晶面纹，产自云南

图4-7-57 碧玺晶面纹，产自云南

图4-7-58 碧玺晶面花纹，产自云南

图4-7-59 碧玺晶面蚀纹（底面），产自云南

图4-7-60 电气石柱面上布满碧玺小晶体（二色，顶部黑色），产自云南

图4-7-61 电气石柱面上布满无色透明的碧玺小晶体，产自云南

图4-7-62 电气石柱面上布满白色柱状碧玺（顶部黑色），少量云母，产自云南

2.结构、构造（环带、条带、西瓜皮、斑状结构）鉴赏篇

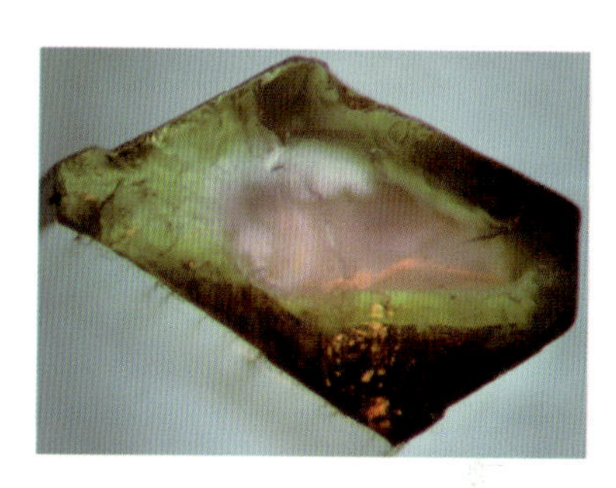

图4-7-63 碧玺横断面，具环带结构，内部淡粉色，边部绿色，即“西瓜皮”，产自云南

图4-7-64 碧玺横断面，具环带结构，内核金黄色，外层灰绿色，产自云南

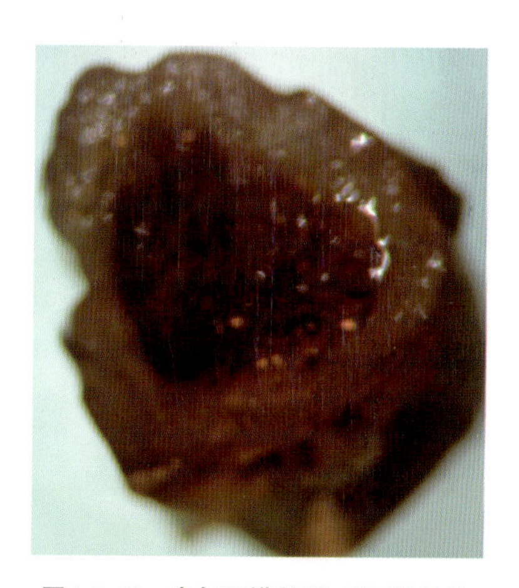

图4-7-65 电气石横断面，具环带结构，内核深褐色，外层浅褐色，产自云南

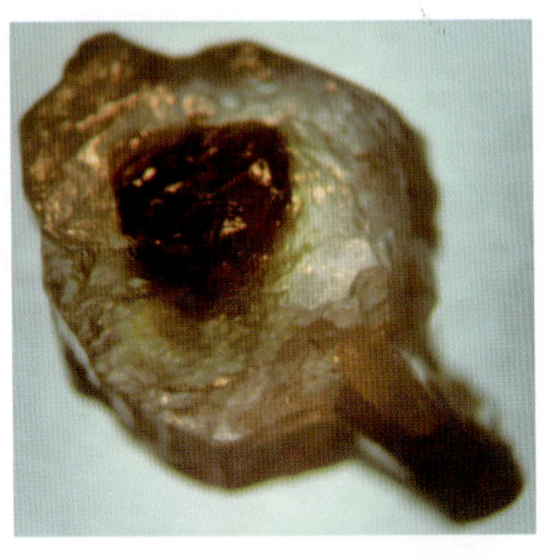

图4-7-66　电气石横断面，具环带结构，内核深棕色，外层灰色，产自云南

图4-7-69　碧玺横断面，环带结构“西瓜皮”，产自云南

图4-7-72　碧玺横断面“西瓜皮”，其内还有粉色条带，产自云南

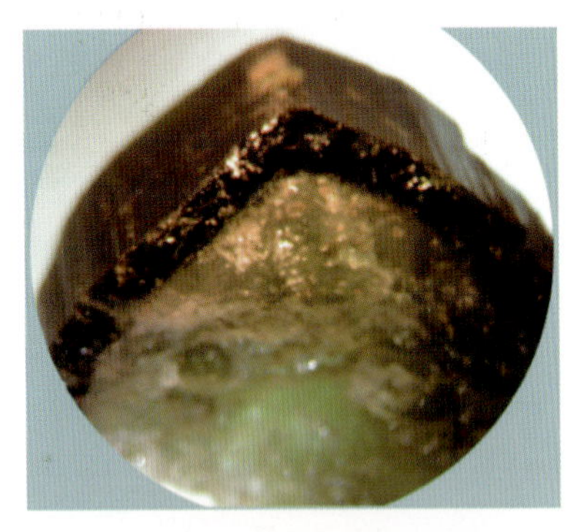

图4-7-67　碧玺横断面，具环带结构，分三层：外层灰褐色，中层黑色，内核绿色，产自云南

图4-7-70　碧玺横断面“西瓜皮”，产自云南

图4-7-73　黑色、棕色电气石有垂直C轴的白色条带，产自云南

图4-7-68　电气石横断面，具环带结构，两层界限分明，很像包裹体，实际上是三层，最外层很薄一层“西瓜皮”，产自云南

图4-7-71　碧玺横断面“西瓜皮”，其内还有黄色条带，产自云南

图4-7-74　绿色碧玺，顶部黑色，锥体绿色，柱体中有两层绵，有密集的纵纹，产自云南

图4-7-75　二色碧玺，上部绿色，下部灰绿色，与云母共生，产自云南

图4-7-78　碧玺柱面条带构造，晶面纵纹发育，产自云南

图4-7-81　绿色碧玺中有蓝色斑，产自云南

图4-7-76　二色碧玺，上部绿色（晶面纵纹发育），下部白色，二者界限清楚，产自云南

图4-7-79　电气石柱面条带构造，其条带由鳞片状云母组成，产自云南

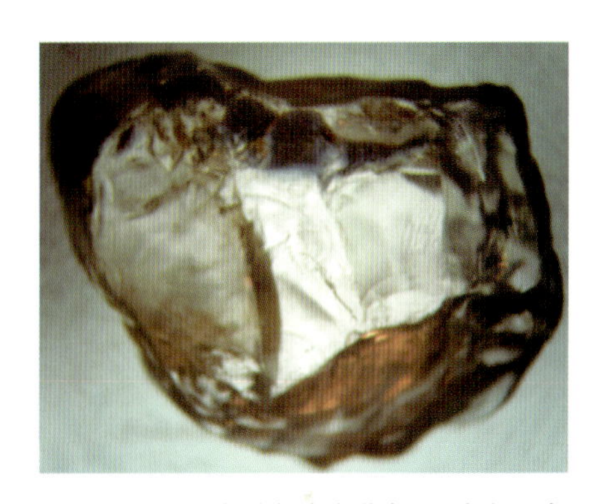

图4-7-82　白色碧玺中有蓝色斑，产自云南

图4-7-77　三色碧玺，在顶部有一黑色条带，产自云南

图4-7-80　电气石柱面条带构造，产自云南

图4-7-83　灰白碧玺中有蓝黑色斑，产自云南

图4-7-84 灰白色碧玺中有蓝黑色斑，顶部有溶蚀沟，产自云南

图4-7-87 绿色碧玺（顶部球面），产自云南

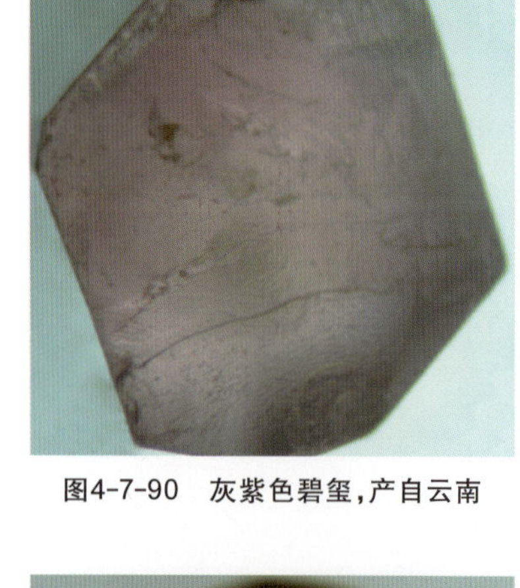
图4-7-90 灰紫色碧玺，产自云南

3.颜色鉴赏篇

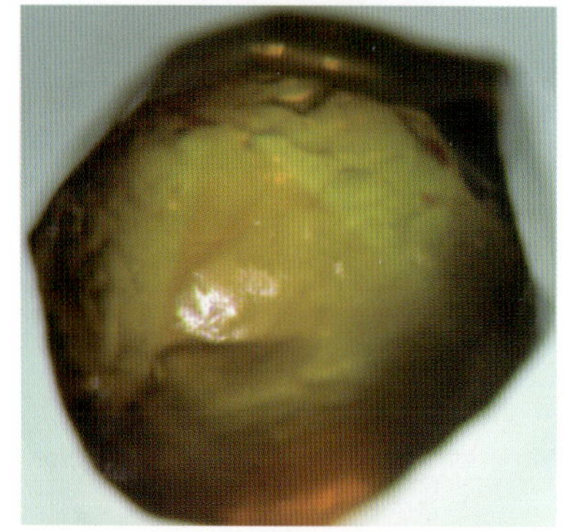
图4-7-91 绿褐色碧玺，产自云南

图4-7-88 黄褐色电气石，产自云南

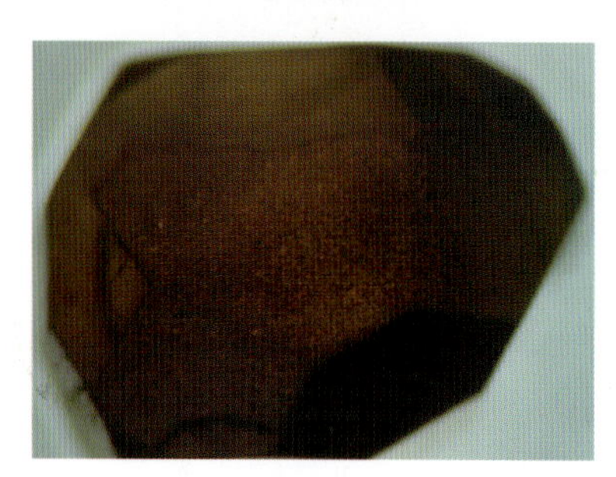
图4-7-92 深褐色电气石，产自云南

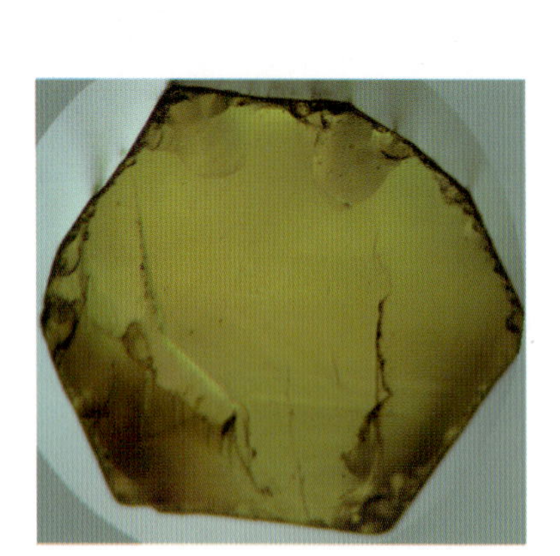
图4-7-85 黄绿色碧玺，产自云南

图4-7-86 褐绿色碧玺，产自云南

图4-7-89 红色碧玺，产自新疆

图4-7-93 深灰色电气石，产自云南

图4-7-94　黑色电气石，产自新疆

4.包裹体及矿物共生组合鉴赏篇

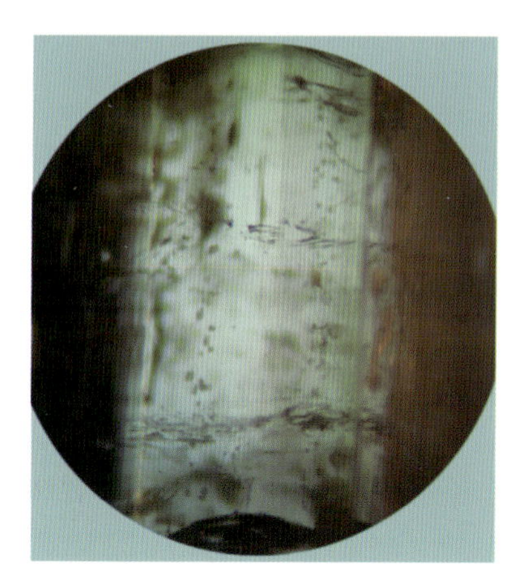

图4-7-95　碧玺中气、液包裹体，产自云南

图4-7-96　绿碧玺中黑电气石包裹体，产自云南

图4-7-97　二色碧玺中棕色电气石包裹体（只限于晶体顶部绿色碧玺中），产自云南

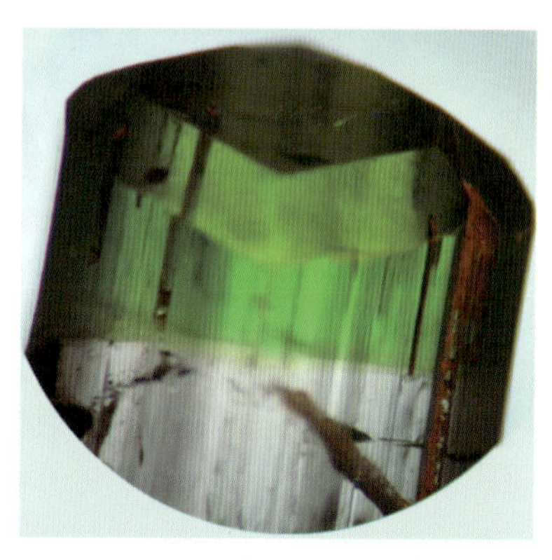

图4-7-98　多色碧玺中电气石(柱状)包裹体（顶部），产自云南

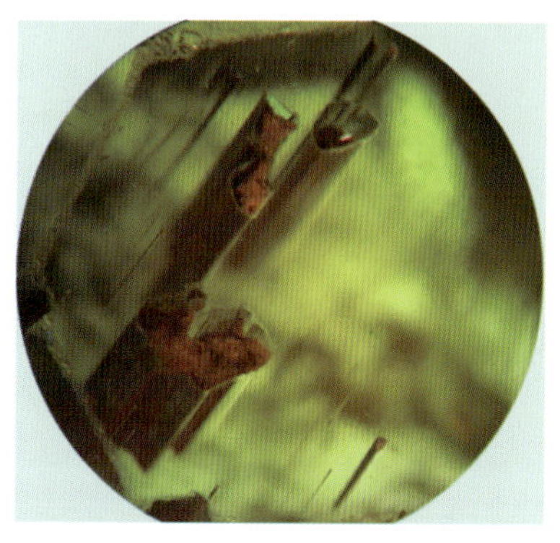

图4-7-99　黄绿色碧玺中棕色电气石包裹体（在柱体顶部），产自云南

图4-7-100　电气石顶部柱状电气石包裹体，产自云南

图4-7-101　电气石顶部有柱状电气石包裹体，产自云南

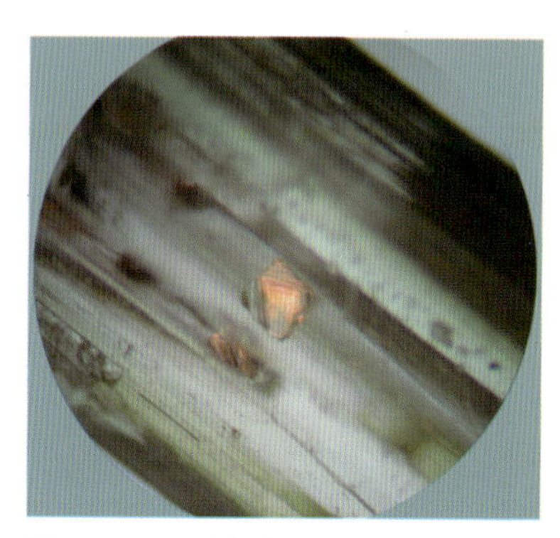

图4-7-102　碧玺中立方体萤石包裹体，产自云南

图4-7-103　灰绿色电气石与水晶共生，产自云南

图4-7-105　黑色电气石嵌在石英中

图4-7-108　浅绿色碧玺与绢云化长石（长条状）、白云母共生，产自云南

图4-7-106　碧玺与水晶共生，产自云南

图4-7-109　二色碧玺与长石共生，产自云南

图4-7-104　二色碧玺长在水晶体上，产自云南

图4-7-107　黄色柱状电气石与长石（中部）共生

图4-7-110　绿色碧玺长在绢云母化长石上，产自云南

图4-7-111 二色碧玺中云母包裹体，在云母上长出管状物，产自云南

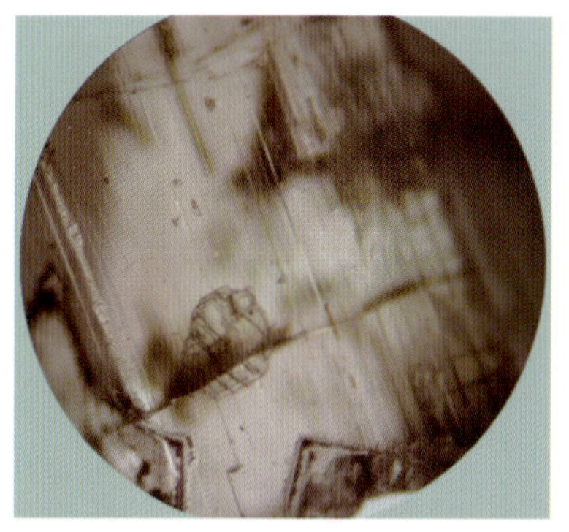
图4-7-112 白色碧玺中云母包裹体，产自云南

图4-7-113 白色碧玺与白云母共生

图4-7-114 白色碧玺晶面上布满鳞片状云母，产自云南

图4-7-115 白色碧玺与白云母共生，产自云南

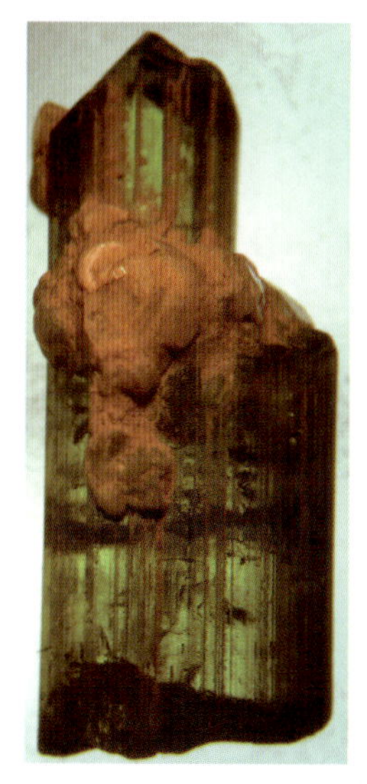
图4-7-116 绿碧玺与云母共生，产自云南

图4-7-117 二色碧玺与白云母共生，产自云南

图4-7-118 白色碧玺与白云母共生，产自云南

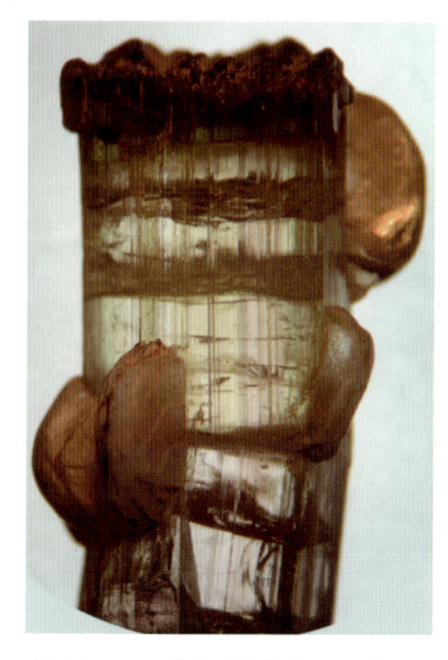
图4-7-119 白色碧玺与白云母共生，顶部多个小晶簇，晶面纵纹发育，产自云南

图4-7-120　绿碧玺与白云母共生，产自云南

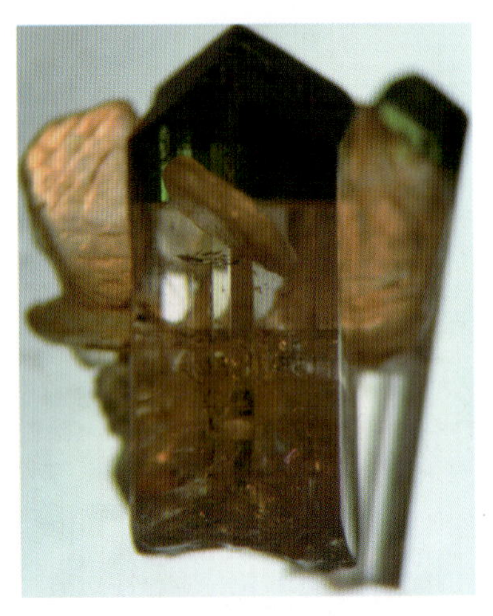
图4-7-121　二色碧玺与白云母共生，产自云南

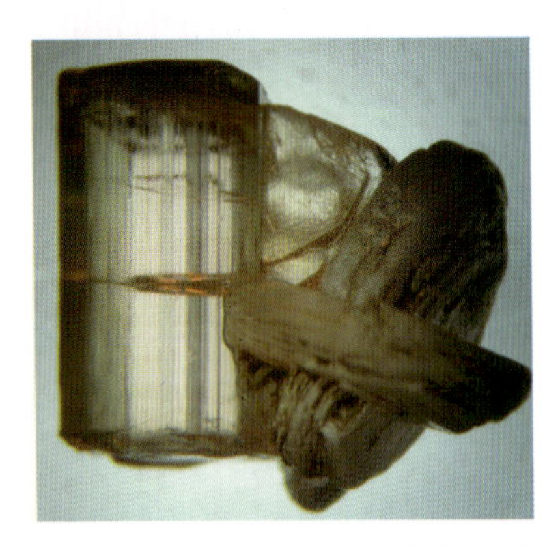
图4-7-122　白色碧玺与白云母共生，产自云南

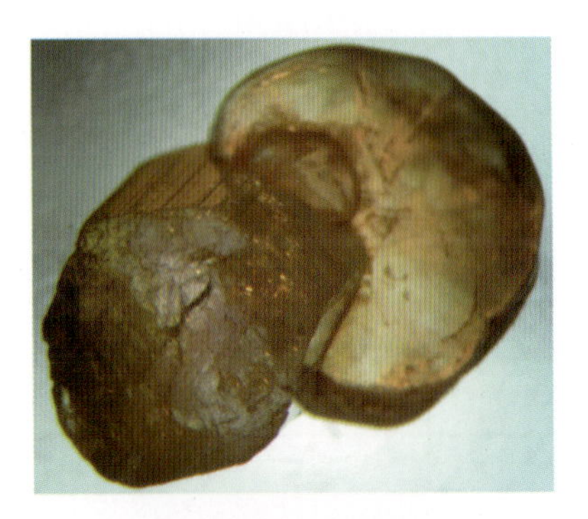
图4-7-123　短柱状碧玺与大片状白云母共生，产自云南

图4-7-124　白色碧玺与白云母（底部）共生，产自云南

图4-7-125　白色碧玺与白云母、方解石共生，产自云南

图4-7-126　浅灰绿色碧玺（折曲）与白云母（车轮状）共生，产自云南

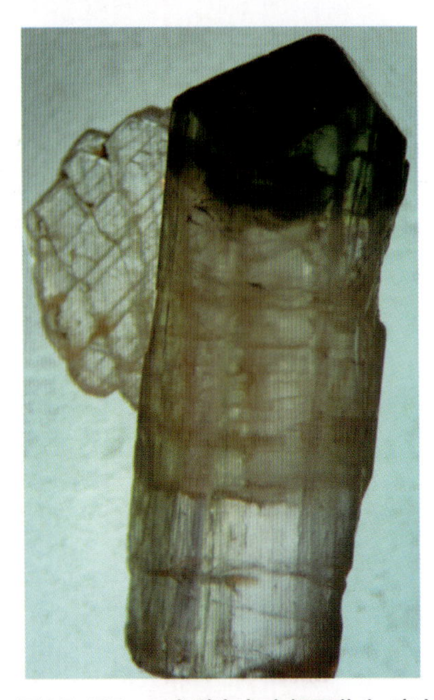
图4-7-127　二色碧玺与方解石共生，产自云南

图4-7-128　二色碧玺与方解石、云母共生，产自云南

5.虹彩鉴赏篇

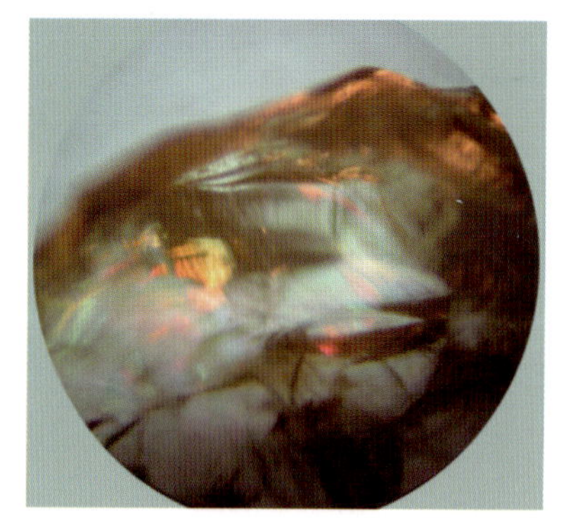

图4-7-129 虹彩碧玺，产自云南

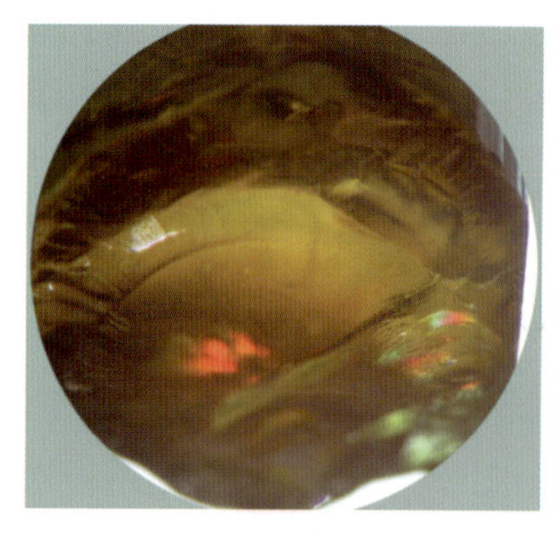

图4-7-130 虹彩碧玺，产自云南

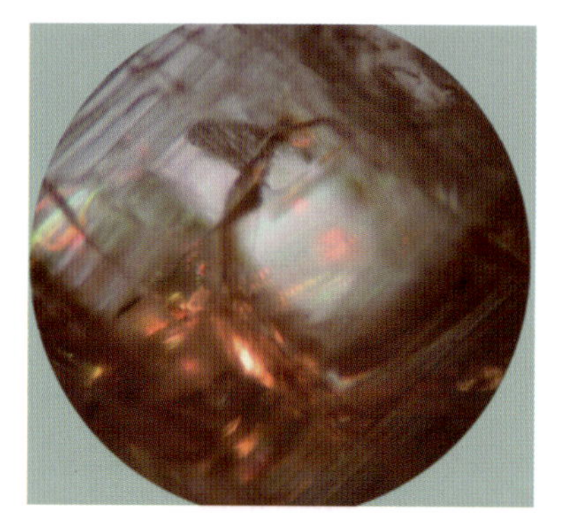

图4-7-131 虹彩碧玺——“狮子蹲在花溪涧”，产自云南

6.景物鉴赏篇

图4-7-132 碧玺晶簇构成图案“古碉堡”，产自云南

图4-7-133 碧玺晶面纹构成图案“塔楼”，产自云南

图4-7-134 二色碧玺中有黑色电气石包裹体构成图案“壁画”

图4-7-135 碧玺顶部两个小晶体，构成图案“蘑菇”

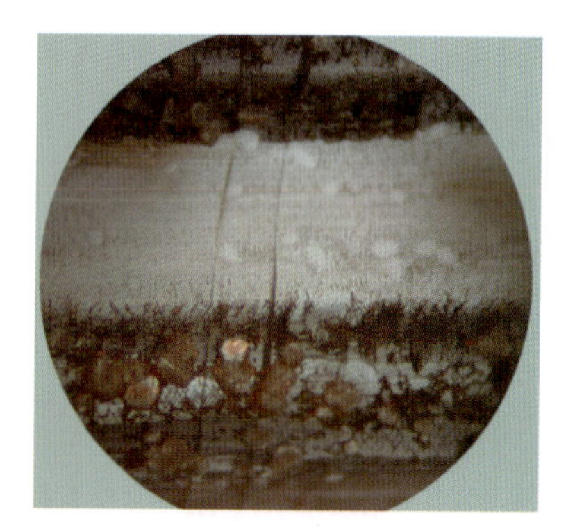

图4-7-136 电气石晶面上条带中的鳞片状云母构成图案“岸白留雪，溪流清澈，水草动容，鱼游乱石”，产自云南

图4-7-137 碧玺中光反射构成图案“日出朝霞生，云海绕山行，花束立其中”，产自云南

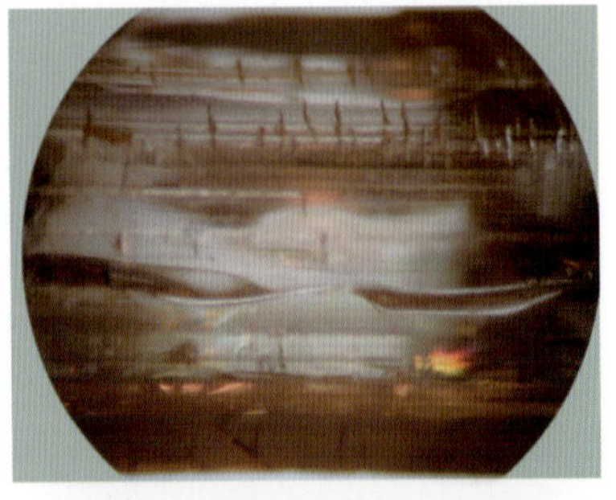

图4-7-138　碧玺中光反射构成图案“春江花月夜”，产地自云南

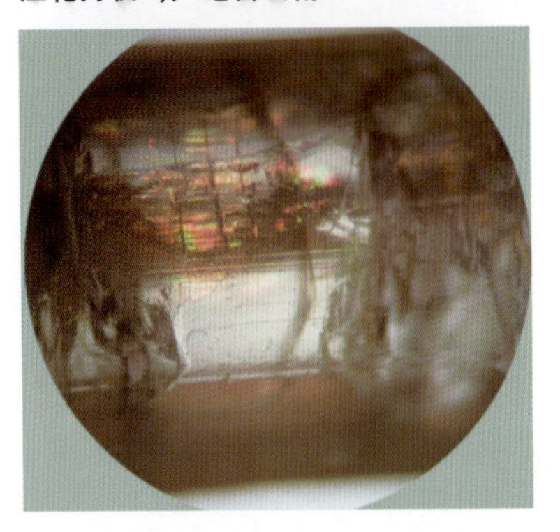

图4-7-139　碧玺中光反射——“帆归海湾垂柳间，斜阳渔火照炊烟”，产自云南

图4-7-140　碧玺中多条电气石包裹体——“夕阳映雪山，晚归草源森林间”，产自云南

图4-7-141　碧玺平行C轴红、绿色条带构成图案“一道残阳铺水中，半江碧绿半江红”，产自云南

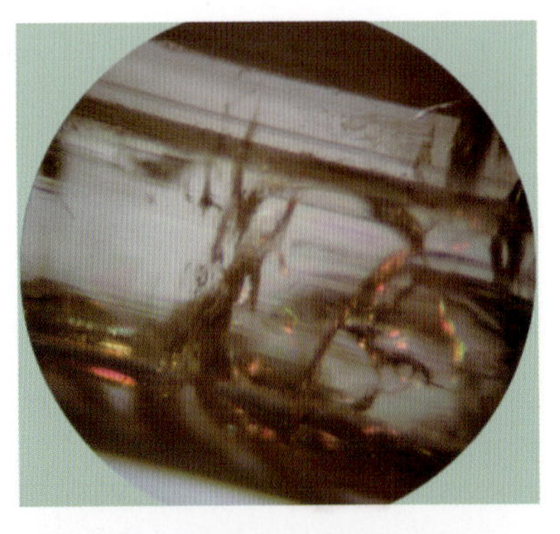

图4-7-142　碧玺中光反射构成图案“清溪石畔海棠枝”，产自云南

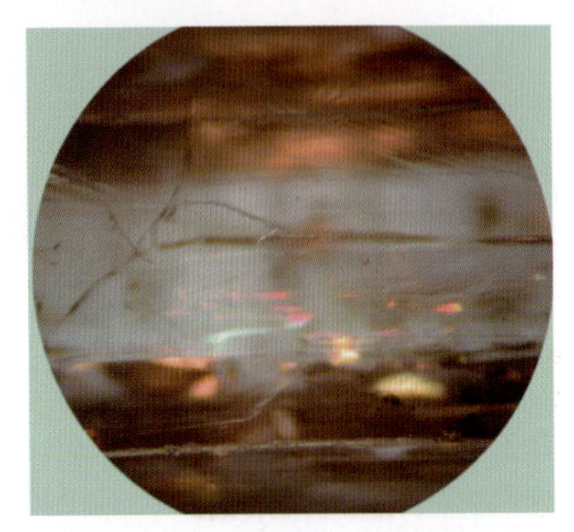

图4-7-143　碧玺虹彩——“大江漂花”，产自云南

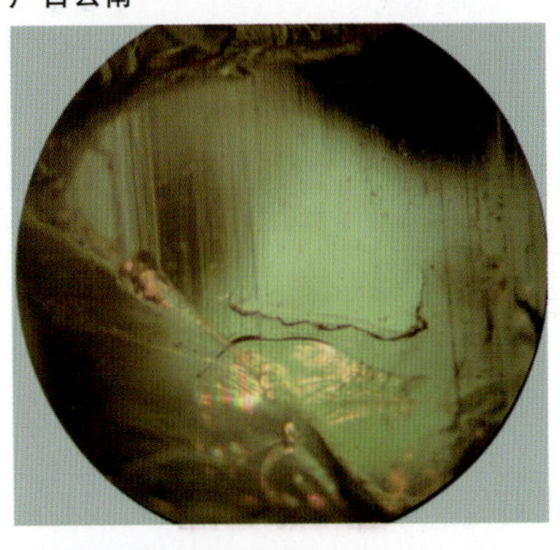

图4-7-144　碧玺晶面纹和虹彩——“和风细雨润花蕊”，产自云南

图4-7-145　碧玺晶面蚀纹——“紫竹清幽”，产自云南

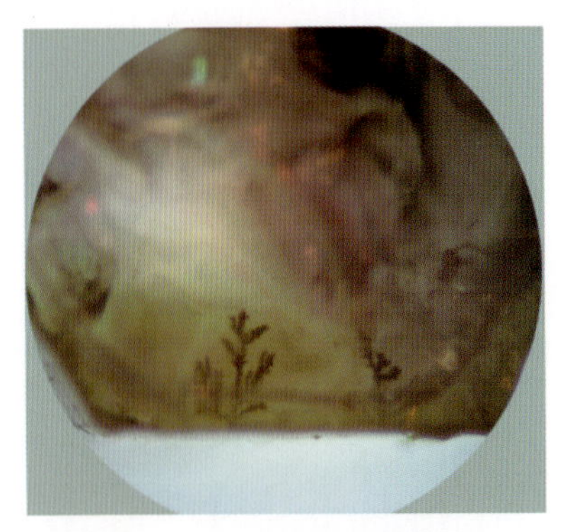

图4-7-146　碧玺虹彩和铁锰氧化物——“云雾山中一枝松”，产自云南

图4-7-147　碧玺中光反射和虹彩——“屏风画，天工造化，莺歌燕舞”，产自云南

图4-7-148　电气石晶体构成图案“木马”，产自云南

7.人物鉴赏篇

图4-7-149　碧玺横断面，黑电气石包裹体构成图案"父子"，产自云南

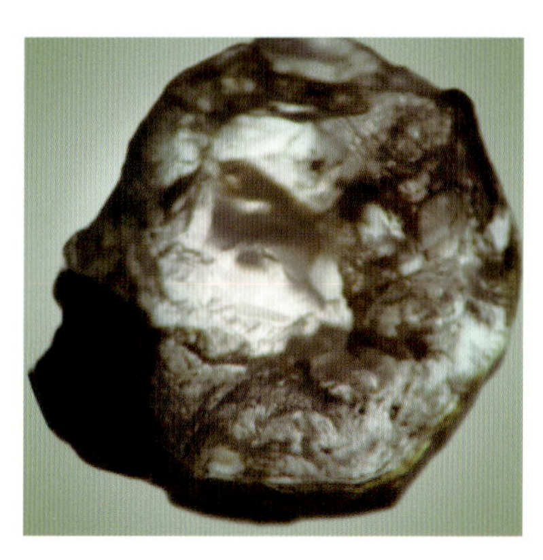

图4-7-150　碧玺横断面，绿皮白心，晶形构成图案"中东卫士"，内部光反射——"俄罗斯小童"，产自云南

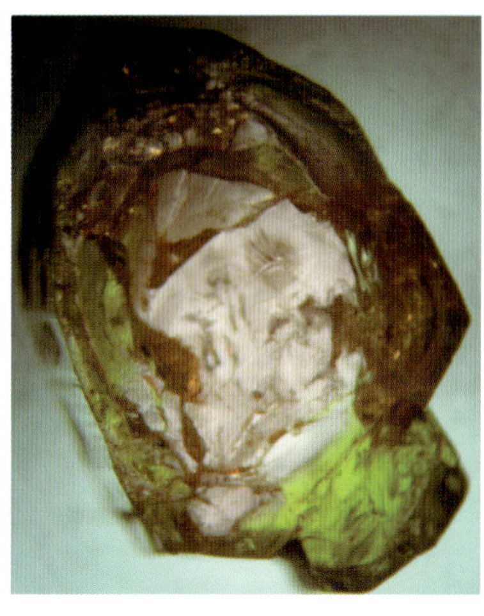

图4-7-151　碧玺横断面，"西瓜皮"，内部光反射——"可爱的小公主"，产自云南

图4-7-152　杂色碧玺横断面——"金发女郎"，产自云南

图4-7-153　碧玺横断面，条带状构造，中部条带构成图案"贵妇人""笑口常开"，倒看"小公主"，产自云南

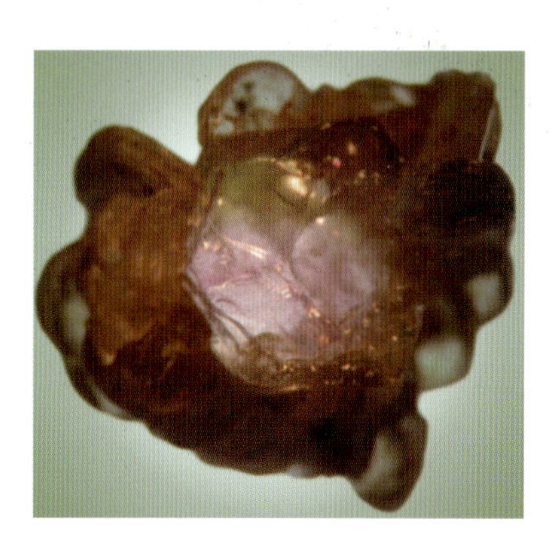

图4-7-154　碧玺横断面，周围白云母构成图案"baby"，产自云南

图4-7-155　黑色电气石连晶与白云母共生——"戴围巾的非洲小公主"，产自云南

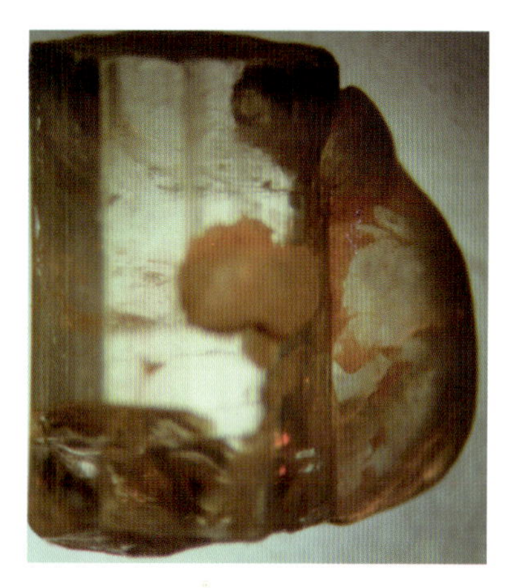

图4-7-156　碧玺与云母共生——"母爱"，产自云南

图4-7-157　灰色电气石，一头黑色，一头蓝色，色斑构成图案"谈笑风生"，产自云南

图4-7-158　绿碧玺顶部黄色斑构成图案"窥伺"，产自云南

图4-7-159　碧玺与云母共生——"艺人"，产自云南

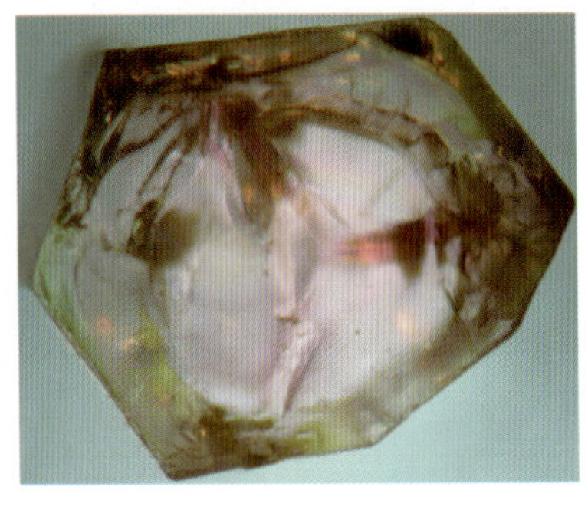

图4-7-160　碧玺横切面，"西瓜皮"绿皮粉瓤，中为三条120°角分布的条带，构成图案"迈开大步往前走"，产自云南

图4-7-161　碧玺横切面，"西瓜皮"绿皮粉瓤——"和服女郎""兵马俑"，产自云南

图4-7-162　碧玺横断面，顶部绿色碧玺晶体连生，主体中心构成图案"金发女郎"，产自云南

图4-7-163　多条碧玺聚晶连生和斜交嵌晶，构成图案"保健操"，产自云南

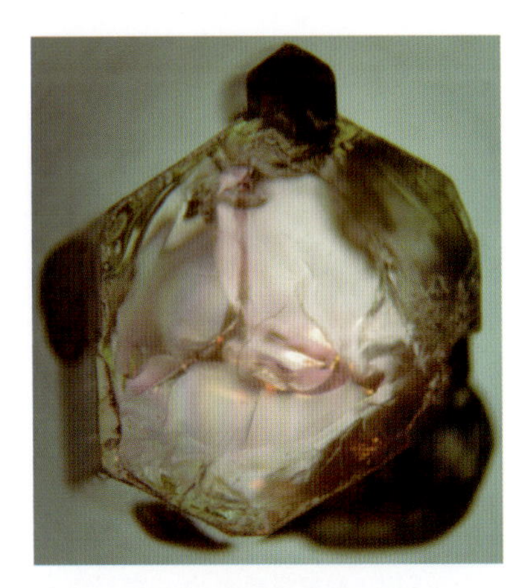

图4-7-164　碧玺横切面"西瓜皮"——"柔道冠军"，产自云南

图4-7-165　碧玺横切面"西瓜皮"——"走钢丝"，产自云南

图4-7-166　柱状碧玺.光反射构成图案"杂技"，产自云南

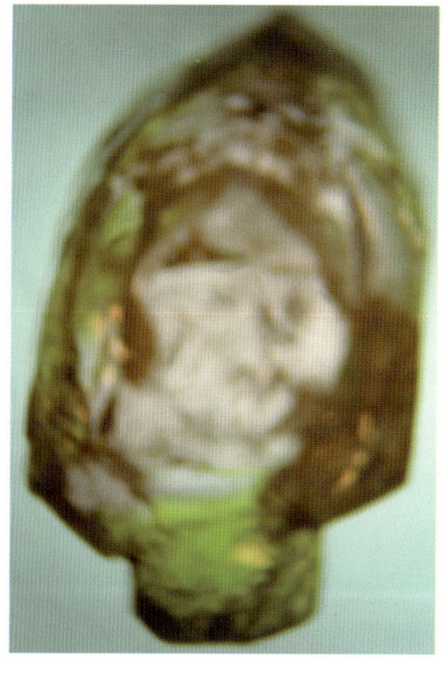

图4-7-167 碧玺横切面“西瓜皮”光反射构成图案“陈艺人”，产自云南

图4-7-169 柱状碧玺中部有一绿色锥柱状碧玺连生体，其内有针状碧玺包裹体构成图案“耕田”，产自云南

图4-7-171 二色碧玺，晶面多条柱状碧玺嵌晶，构成图案“蹬高”，产自云南

图4-7-168 柱状碧玺，底部有一白色碧玺连生体——“卢森堡哨兵”，产自云南

图4-7-170 柱状电气石，晶面有电气石嵌晶——“木工”（晶体上部），产自云南

图4-7-172 碧玺平行C轴有白色和绿色条带，以及电气石包裹体——“杨柳岸，夕阳红，千里烟波送君别，何日是归期”，产自云南

图4-7-173 二色碧玺，黑色电气石包裹体构成图案“战火纷飞”，产自云南

图4-7-174 电气石光反射构成图案“湖中秋色明，何时回故乡”，产自云南

图4-7-176 碧玺横切面“西瓜皮”，中部粉色，并有120°角分布的条带——“脸谱”，产自云南

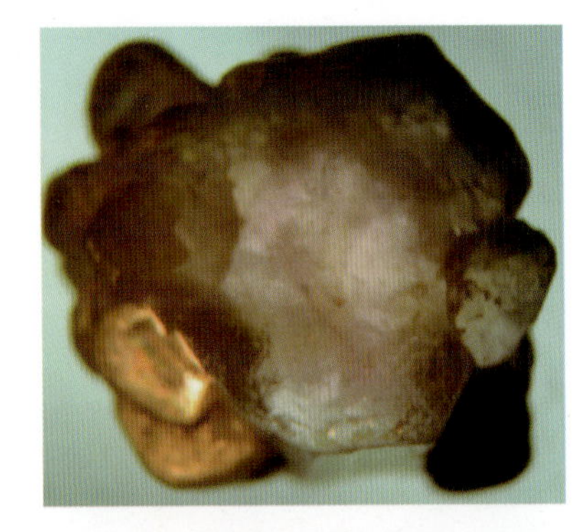
图4-7-179 碧玺横断面，聚晶——“田园卫士”，产自云南

图4-7-175 白色碧玺，晶面上布满小晶体，构成图案“瀑布飞流直下三千尺，疑是银河落九天”“钓鱼”，产自云南

图4-7-177 碧玺横断面“西瓜皮”绿皮，灰粉瓤，构成图案“脸谱”，产自云南

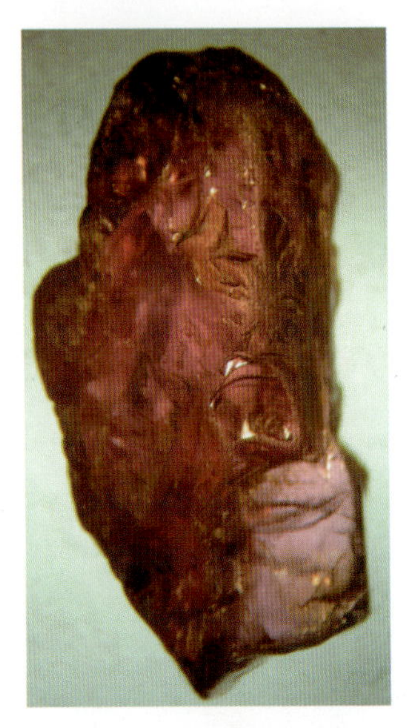
图4-7-180 红碧玺，晶体构成图案“哲人”，产自云南

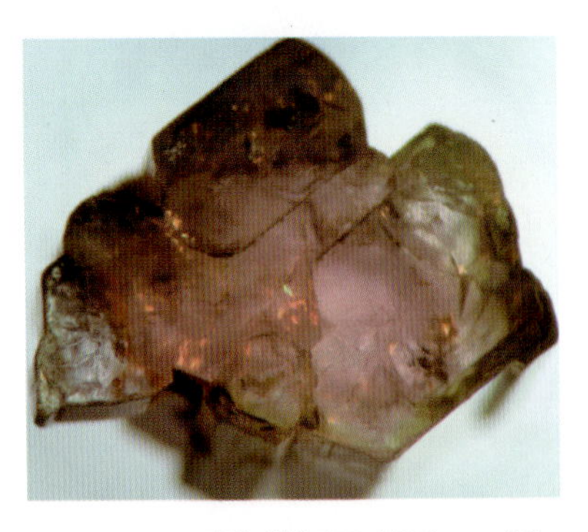
图4-7-178 碧玺横切面，聚晶——“侏儒”，产自云南

图4-7-181 碧玺与云母共生，构成图案“健美运动”，产自云南

图4-7-182 碧玺与云母共生构成图案“边防战士”

图4-7-183 杂色碧玺，蓝色斑构成图案“呐喊”

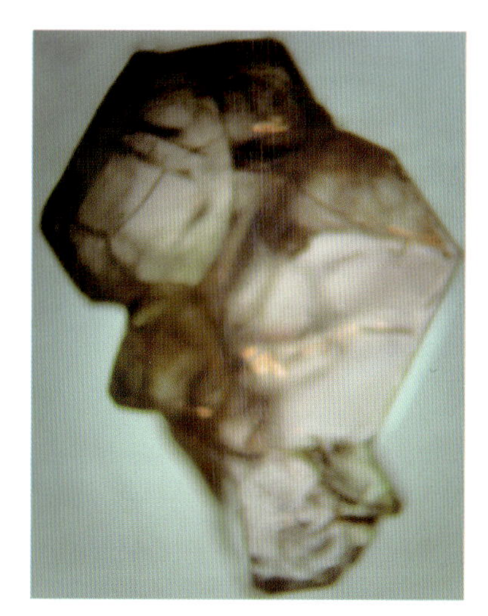

图4-7-184 杂色碧玺，光反射构成图案“大头仔”

图4-7-185 碧玺横切面“西瓜皮”，光反射构成图案“脚”

8.动物鉴赏篇

图4-7-186 碧玺与云母共生——“美猴王母”

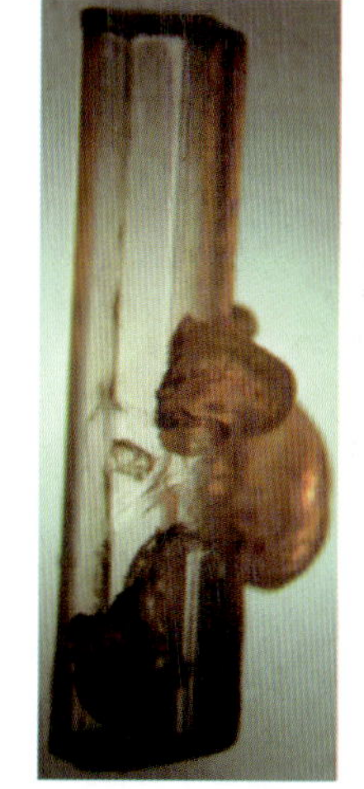

图4-7-187 柱状碧玺与云母共生——“红猴”

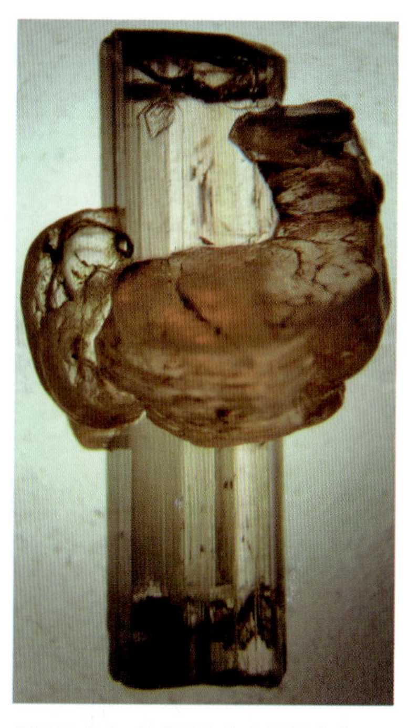

图4-7-188 碧玺与云母共生——“黑毛猴和灰毛猴”

图4-7-189 柱状碧玺与白云母共生——“海象与光头猴”

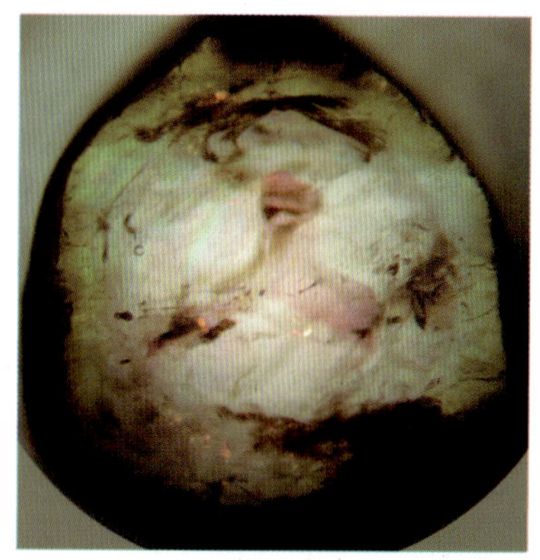

图4-7-190 碧玺横切面“西瓜皮”，绿皮粉瓤——“金丝猴”

图4-7-191　碧玺横切面——“金丝猴”

图4-7-192　二色碧玺，白色碧玺中光反射构成图案“义犬”

图4-7-193　二色碧玺与云母共生，云母构成图案“情侣犬”，产自云南

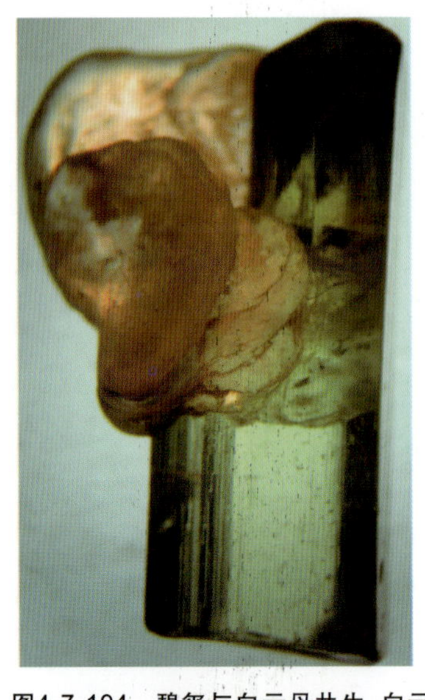
图4-7-194　碧玺与白云母共生，白云母构成图案“老鸭头”，产自云南

图4-7-195　二色碧玺与云母共生——“唐老鸭”，产自云南

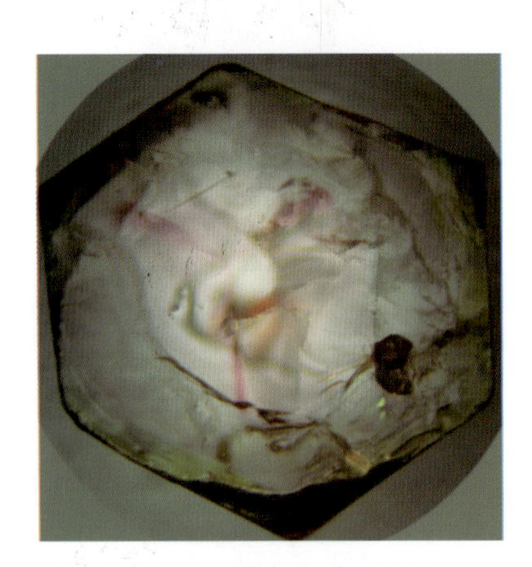
图4-7-196　碧玺横切面“西瓜皮”——“玉兔嘴”，产自云南

图4-7-197　碧玺横切面“西瓜皮”，绿皮构成图案“狐狸”，产自云南

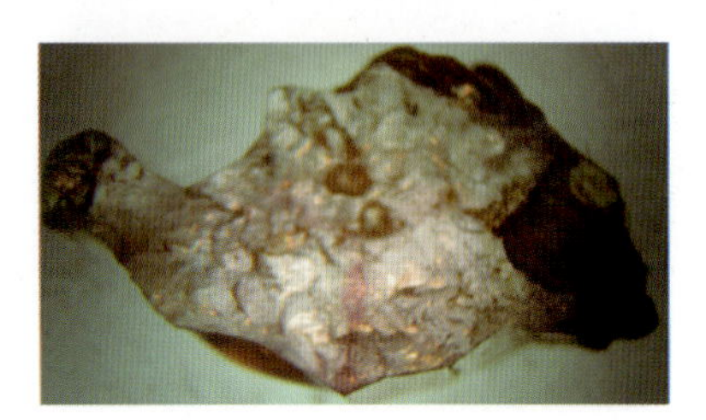
图4-7-198　异形碧玺横切面——“火鸡”，产自云南

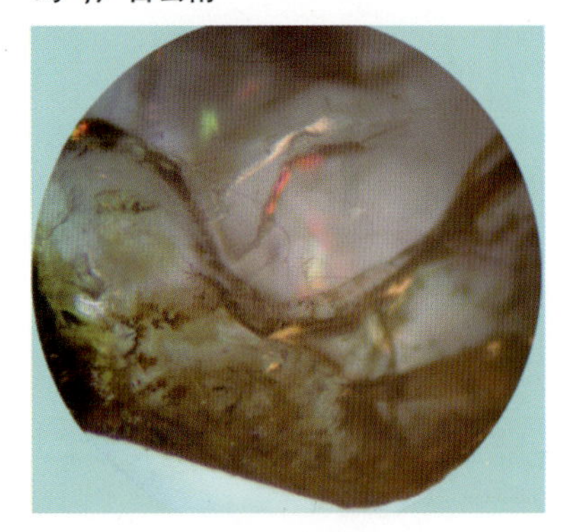
图4-7-199　碧玺内含铁锰氧化物，树枝状，另见虹彩——“火凤凰”，产自云南

图4-7-200　柱状条带状电气石，柱面上有褐色电气石嵌晶——“和平鸽”，产自云南

图4-7-201 碧玺横切面，异形晶体与云母共生，晶形构成图案“黄绿色海象和灰黑色啄木鸟”，产自云南

图4-7-202 碧玺聚晶，横切面与云母共生，构成图案“珍禽”，产自云南

图4-7-203 二色碧玺与云母共生，构成图案“企鹅”，产自云南

图4-7-204 二色锥柱状碧玺，中部绵构成图案“鳄鱼”，产自云南

图4-7-205 二色碧玺与云母共生——“缩头龟”，产自云南

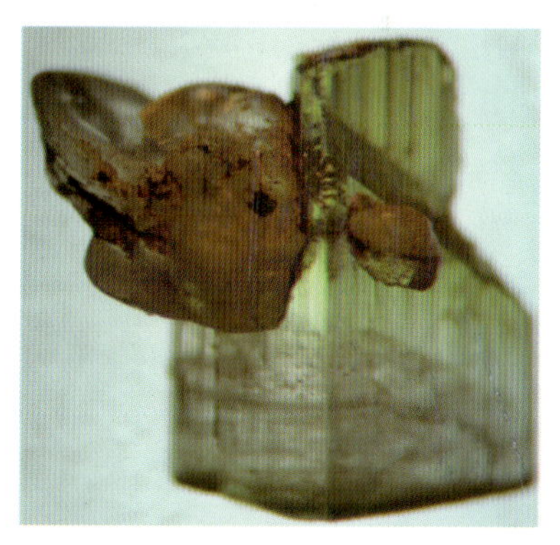

图4-7-206 碧玺与云母共生，云母构成图案“神龟”，产自云南

图4-7-207 碧玺横切面，边部几条黑色电气石构成图案“黑色大蟾蜍”，产自云南

图4-7-208 碧玺与云母共生，云母构成图案“青蛙”“独具慧眼”，产自云南

图4-7-209 碧玺，光反射构成图案“湖水静静，蛙鸣声”，产自云南

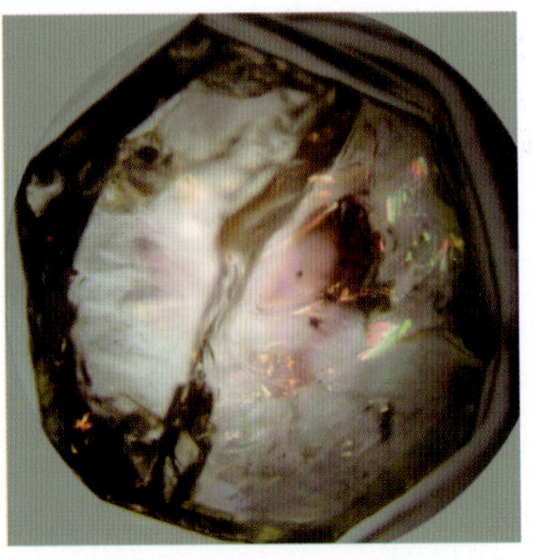

图4-7-210　碧玺横切面“西瓜皮”，虹彩构成图案“水中花和蝉”，产自云南

图4-7-211　锥柱状碧玺与云母共生，云母构成图案“长尾鱼和神龟”，产自云南

图4-7-212　白色碧玺中部黑色条带构成图案“带鱼”，产自云南

图4-7-213　异形碧玺构成图案“海豚”，产自云南

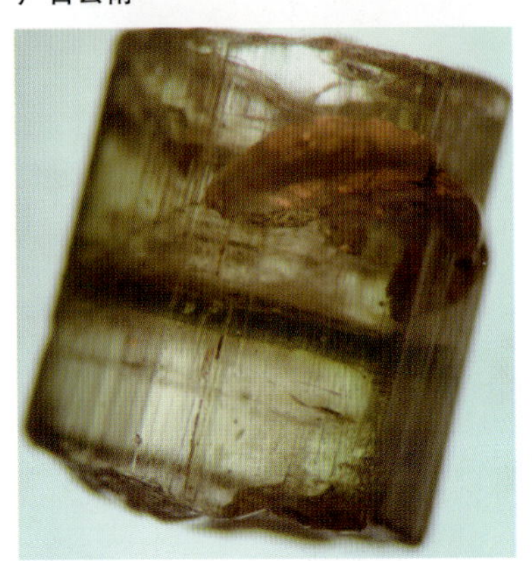

图4-7-214　碧玺与云母共生，云母构成图案“红鱼献瑞”，产自云南

9.戒面、吊坠鉴赏篇

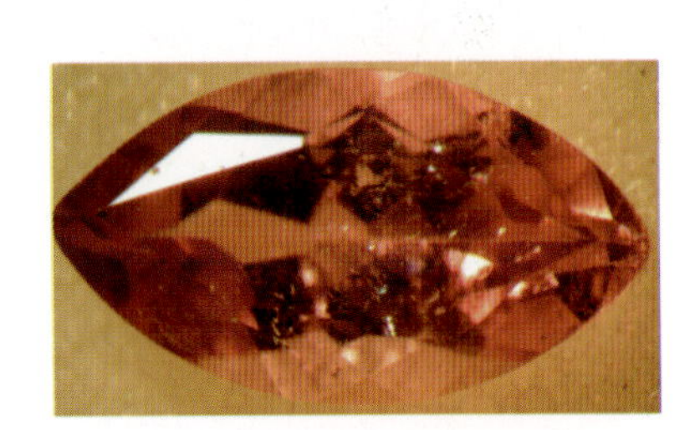

图4-7-215　红橙色碧玺戒面(吊坠)，马眼形，5mmx10mm，产自马达加斯加

图4-7-216　红色碧玺戒面(吊坠)，心形，7mmx7mm，产自云南

图4-7-217　红褐色碧玺戒面(吊坠)，梨形，5mmx7mm，产自云南

图4-7-218　粉色碧玺戒面(吊坠)5mm(直径)，产自云南

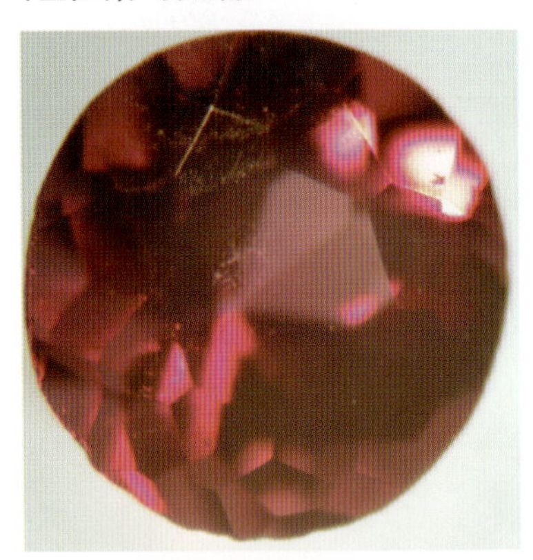

图4-7-219　大红色碧玺戒面(吊坠)3.2mm(直径)，产自云南

图4-7-220　粉红色碧玺戒面(吊坠)，蛋形，5mmx7mm，产自云南

图4-7-221 深红碧玺戒面(吊坠),蛋形,6mmx7.5mm,产自马达加斯加

图4-7-222 黄粉色碧玺戒面(吊坠),长方形5mmx7mm,产自云南

图4-7-223 绿色碧玺戒面(吊坠),马眼形,6mmx11mm,产自云南

图4-7-224 绿色碧玺戒面(吊坠),蛋形,9mmx11mm,产自云南

图4-7-225 绿色碧玺戒面(吊坠),长方形,4mmx6mm,产自云南

图4-7-226 深绿色碧玺吊坠(戒面),长方形,6mmx115mm,产自云南

图4-7-227 绿色碧玺吊坠(戒面),梯形,5mmx7mm,产自云南

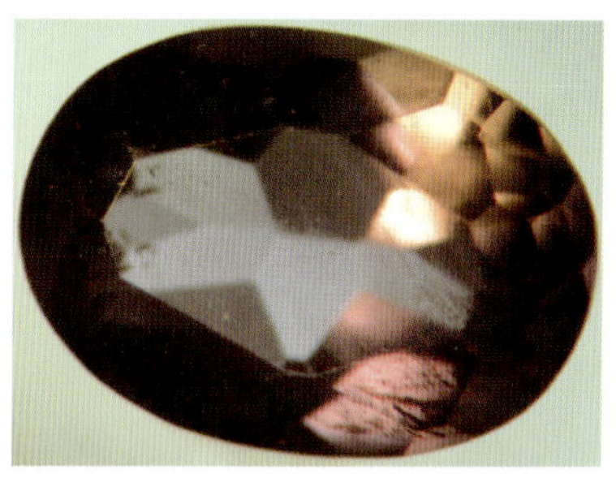

图228.蓝色碧玺戒面(吊坠),蛋形,5mmx7mm,产自马达加斯加

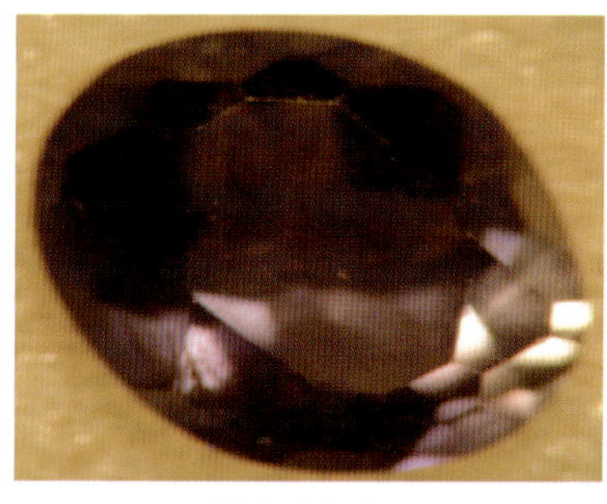

图4-7-229 紫色碧玺戒面(吊坠),蛋形,5mmx7mm,产自马达加斯加

图4-7-230 淡紫色碧玺猫眼戒面(吊坠),蛋形,6mmx7.5mm,产自中国新疆

第八节　橄榄石
（Olivine）

一、概述

橄榄石，英文名称Olivine来自拉丁语，意为橄榄绿色。Peridot亦常用，来自法语Peridot。贵橄榄石Chrysolite来自希腊语，意为“金绿色”和“宝石”。古埃及称之为“太阳宝石”，中国称之为“幸福石”。是八月诞生石。橄榄石是一族矿物的总称。

二、基本特征

化学成分：$(Mg、Fe)_2SiO_4$，通式为$R_2(SiO_4)$。R为Mg^{2+}、Fe^{2+}、Ca^{2+}、Mn^{2+}、Zn^{2+}、Ti^{2+}等。

晶系、晶形：斜方晶系。其晶形呈橄榄形、柱状、板状、粒状或卵状。

物理特征：硬度（H）为5～7，相对密度G为3～4.2，不同品种其硬度和相对密度有所差异（表4-10）。透明—半透明。玻璃光泽、油脂光泽。贝壳状断口。（010）、（110）二组解理不完全。性脆。

光学特征：二轴晶正光性。折射率：Ng=1.668～1.886，Nm=1.651～1.877，Np=1.635～1.855，不同品种其折射率也不同（表4-10）。双折率：0.036～0.041，色散0.020。

荧光和吸收光谱：无荧光性，但具有铁吸收带，即4 930Å、4 730Å和4 530Å。

颜色：不同品种其颜色有所不同，有橄榄绿、金黄绿、绿、深绿、黄绿、淡绿、灰绿、红、肉红、淡红、淡灰红、黄、黄灰、绿灰、淡灰、烟灰、淡褐、棕褐、暗褐、黑、无色等色（表4-10）。

三、包裹体及星彩现象

橄榄石中的包裹体有：三相包裹体（气、液和固相包裹体），其中固相包裹体（矿物包裹体）有铬透辉石、玻璃状普通辉石、透辉石、角闪石、阳起石、透闪石、纤闪石、铬尖晶石、橄榄石、斜长石、碳酸盐矿物、黑云母、金云母、黑电气石、石榴石、金红石、磷灰石、尖晶石、含钛磁铁矿、黄铁矿等。另见管状物平行排列，可磨出星彩。

四、橄榄石类型（种类）

橄榄石主要由$Mg_2(SiO_4)$和$Fe_2(SiO_4)$两个端员组分形成的完全类质同像混晶。在富铁成员中少量Ca^{2+}、Mn^{2+}取代其中Fe^{2+}；而镁成员中则少量Cr^{3+}、Ni^{2+}取代其中Mg^{2+}、Fe^{3+}、Zn^{2+}等。因此构成种类见表4-10。

五、橄榄石与相似矿物的鉴别

橄榄石常与透辉石、绿碧玺、绿色海蓝宝石、钙铝榴石、绿色锆石、绿色尖晶石混淆。其鉴别请参看表4-11。

表4-10 橄榄石类型及其特征

类型、名称	化学式	颜色	摩氏硬度	相对密度	折射率（N）	双折率	产状	产地
镁橄榄石	Mg_2SiO_4 常含少许铁	淡绿、白、淡黄白、蜡黄、浅灰、浅蓝灰色	6～7	3.2～3.3	Ng=1.670 Nm=1.651 Np=1.635	0.035	镁质碳酸盐接触变质岩中，与尖晶石、辉石、石榴石等相伴或共生	挪威
铁镁橄榄石（贵橄榄石）	$(Mg,Fe)_2SiO_4$ 常含少许钛、镍、锰、铬	黄绿、橄榄绿、淡褐、淡灰红、淡灰绿色	6.5～7	3.3～3.6	Ng=1.68 Nm=1.66 Np=1.64	0.04	产于基性、超基性岩中，与辉石、铬铁矿、铂及磁铁矿等共生	中国、挪威、瑞典
镁铁橄榄石	$(Fe,Mg)_2SiO_4$	黄色、暗淡黄绿色、黑色	6.5	3.9			常与磁铁矿伴生或夹于铁矿中之方解石中	美国
铁橄榄石	Fe_2SiO_4 常含MnO，ZnO等	暗褐色、鲜黄色，分解后黑色	6.0～6.5	4～4.2	Ng=1.886 Nm=1.877 Np=1.855	0.031	产于玄武岩、辉长岩、橄榄岩中，与辉石、铬铁矿等共生	美国、瑞典、中国
锰橄榄石	Mn_2SiO_4 常含少许镁、铁、锌等	灰、淡灰、肉红、淡红褐、淡红、烟灰色	5.5～6	4～4.1			与红锌矿、矽锌矿、锌铁尖晶石共生	瑞典
钙镁橄榄石	$CaMgSiO_4$ 常含少许铁	绿灰、淡黄灰、淡绿灰、淡白、无色	5.0～5.5	3～3.3	Ng=1.668 Nm=1.662 Np=1.651	0.017	在粒状石灰岩内常与云母及辉石共生	美国
绿粒橄榄石	$CaMnSiO_4$	淡蓝绿色	6	3.4			与褐色石榴石、斧石、锌铁尖晶石等共生、伴生	美国
锰铁橄榄石	$(Fe,Mn,Mg)_2SiO_4$	黄绿、褐、红、灰、黑色等	6.5	3.9～4.2			与异剥石、褐色石榴石共生	瑞典
锌铁橄榄石	$(Fe,Mn,Zn,Mg)_2SiO_4$	淡黄、暗绿、黑色	5.5～6	3.95～4.08			与矽锌矿、锌铁尖晶石、锰锌辉石、锌尖晶石共生、伴生	瑞典

表4-11　橄榄石与相似矿物的鉴别

矿物名称	化学式	晶系	晶形	颜色	摩氏硬度	相对密度	解理	断口	光泽	透明度	光性	折射率(*N*)	双折率	色散
橄榄石	$(Mg,Fe)_2SiO_4$	斜方	柱状、板状、粒状	黄绿、绿	6～7	3.2～3.5		贝壳状	玻璃、油脂	透明	二轴晶(+)	*Ng*=1.67～1.68 *Nm*=1.651～1.66 *Np*=1.635～1.64	0.035～0.04	0.02
透辉石	$CaMg(Si_2O_6)$	单斜	柱状	淡绿、绿、黑	5～6	3.27～3.31	沿柱面发育		玻璃	透明—半透明—不透明	二轴晶(+)	*Ng*=1.695～1.721 *Nm*=1.672～1.701 *Np*=1.664～1.695	0.024～0.031	
绿碧玺	$XR_3Al_6B_3Si_6O_{27}(OH)_4$ X=Na,Ca R=Mg,Fe,Li	三方	复三方柱状，晶面有纵纹	绿、浅绿	7～7.5	3.02～3.26	有裂理	贝壳状	玻璃	透明—半透明	一轴晶(−)	*No*=1.63～1.69 *Ne*=1.61～1.66	0.02～0.028	
绿色海蓝宝石	$Be_3Al_2(SiO_3)_6$	六方	六方柱状	绿	7.5	2.67～2.68	不完全	贝壳状、参差状	玻璃	透明—半透明	一轴晶(−)	*No*=1.580 *Ne*=1.575	0.005	
钙铝榴石	$Ca_3Al_2(SiO_4)_3$	等轴	菱形十二面体，偏方三八面体	绿	6.5～7	3.45～3.5		贝壳状	玻璃	透明—半透明	均质	1.73～1.75		0.028
绿色锆石	$ZrSiO_4$	四方	四方双锥、四方锥柱状、膝状双晶	绿	7～7.5	3.9～4.71		贝壳状	金刚	透明—半透明	一轴晶(+)	*No*=1.92 *Ne*=1.98	0.06	0.039
绿色尖晶石	$MgAl_2O_4$	等轴	八面体、菱形十二面体或二者之聚晶形	绿	7.5～8	3.58～3.61	不发育	贝壳状	玻璃	透明—半透明—不透明	均质	1.71～1.72		0.02

六、工艺要求和用途

橄榄石的工艺要求：粒度达到宝石级（>5mm），越大越好。颜色要纯正、浓艳，一般为绿、艳绿、翠绿者最佳。透明度好，无裂，无棉。如特殊包裹体有定向排列的纤维状矿物（电气石、纤闪石、管状物等），就能磨出闪光、猫眼或星彩来，变得更加珍贵。

用途：用作宝石装饰品，如戒面、耳钉、手链、项链、胸针等饰品。工业上用作耐火材料、镁橄榄石砖、特种铸模砂，炼钢工业中作高炉熔剂和炉渣调节剂。农业上作为氧化镁加入土壤可控制环境污染，并作磷镁钙肥料等。

七、产状和产地

橄榄石的产状和产地请参看表4-10。除表中所列之外，埃及、缅甸、墨西哥、澳大利亚、巴西也是著名产地。此外在陨石中也含有橄榄石。现重点介绍目前中国已发现并开发的宝石级橄榄石矿床，主要有两处：一是吉林，二是河北汉诺坝矿床。现就河北汉诺坝大麻坪橄榄石矿床作一介绍。

汉诺坝橄榄石矿床于1979年发现，20世纪80年代开采并投入工艺生产。该矿床产于玄武岩捕虏体（深源超基性、基性岩岩球和岩块堆积体）内。其主要岩石有碱性橄榄玄武岩、橄榄玄武岩和拉斑玄武岩。以铬尖晶石辉橄岩、尖晶石橄榄岩为主。橄榄岩球广泛分布于碱性橄榄玄武岩中，多呈浑圆形、椭圆形、扁平状或次棱角状。形态各异、大小不等的岩球和岩块遍布于整个山丘，甚至在几千米远的地方都可拣到。

橄榄石围岩主要为橄榄岩类。黄绿色，呈细中粗粒结构、斑状结构，块状构造，少数为条带状构造。主要矿物成分有镁橄榄石、铬透辉石、尖晶石、紫苏辉石、玻璃状普通辉石、石榴石、斜长石、金云母等矿物。镁橄榄石呈斑晶出现。

河北大麻坪宝石级橄榄石为镁橄榄石、铁镁橄榄石，呈鲜艳的淡、浓黄绿色。摩氏硬度为6.3～6.5。相对密度为3.28～3.33。折射率：Ng=1.6783，Nm=1.6555，Np=1.6350，双折率：0.033。粒度大于5mm，个别达30mm～40mm，最大重244ct。在本区橄榄石MgO偏高，SiO_2偏低。其颜色、透明度、净度都较好，利用率也高。相对吉林橄榄石的颜色和净度稍逊色，棉也较多。

八、图谱鉴赏

图谱（图4-8-1～图4-8-103）包括橄榄石晶形、晶面饰纹、颜色、包裹体以及构成的景物、人物、动物等。

1.晶形、晶面饰纹鉴赏篇

2.包裹体鉴赏篇

3.虹彩、景物鉴赏篇

4.人物鉴赏篇

5.动物鉴赏篇

6.饰物（戒面、吊坠）鉴赏篇

1.晶形、晶面蚀纹鉴赏篇

图4-8-1　橄榄石晶形和颜色，多粒，产自吉林

图4-8-2　橄榄石晶形和颜色（7粒），产自河北

图4-8-3　橄榄石不同颜色和晶形（多粒），产自河北

图4-8-4　橄榄石不同颜色和晶形（多粒），产自吉林

图4-8-5　岩石中他形橄榄石，产自河北大麻坪

图4-8-6　橄榄石围岩，基性-超基性岩球，2.2cmx2cmx1.8cm产自河北大麻坪

图4-8-7　橄榄石与围岩，产自吉林

图4-8-8　橄榄石与围岩（底部黑色者）内含铁锰氧化物，产自吉林

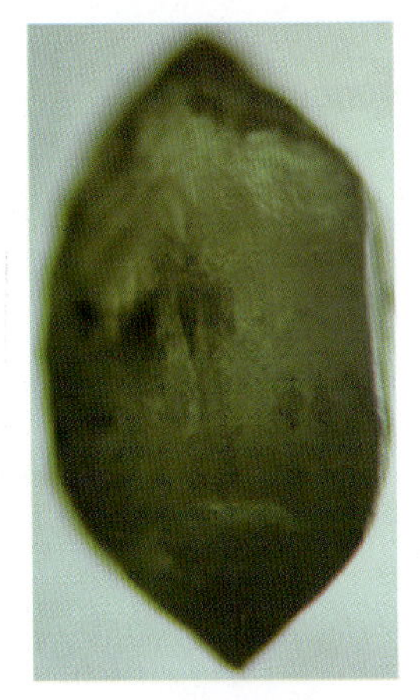

图4-8-9　橄榄石晶形（典型的橄榄石形），产自新疆

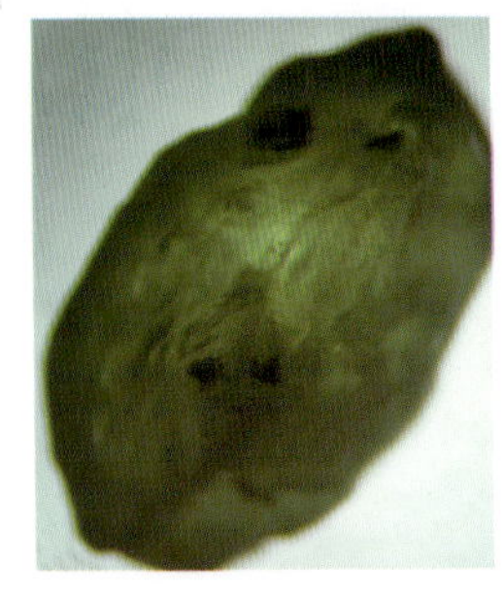

图4-8-10　橄榄石晶形内含铬尖晶石包裹体，产自新疆

图4-8-11 橄榄石晶形，内含铬尖晶石包裹体，晶形呈斜方双锥，产自新疆

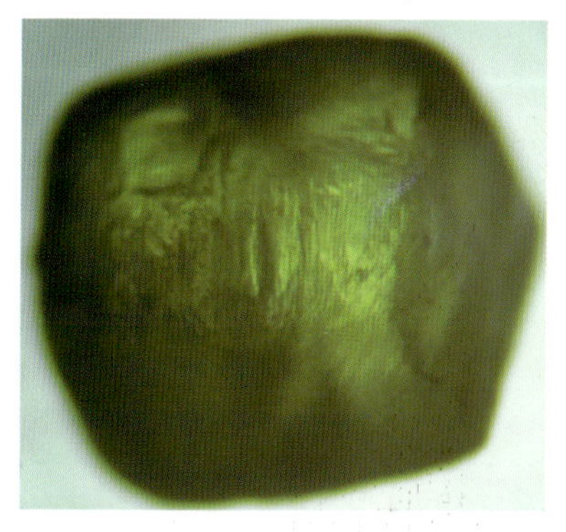
图4-8-12 橄榄石晶形，斜方短锥柱状，产自新疆

图4-8-13 橄榄石晶形，柱状晶体，产自吉林

图4-8-14 橄榄石呈粒状，其中有辉石嵌晶（黑色者）

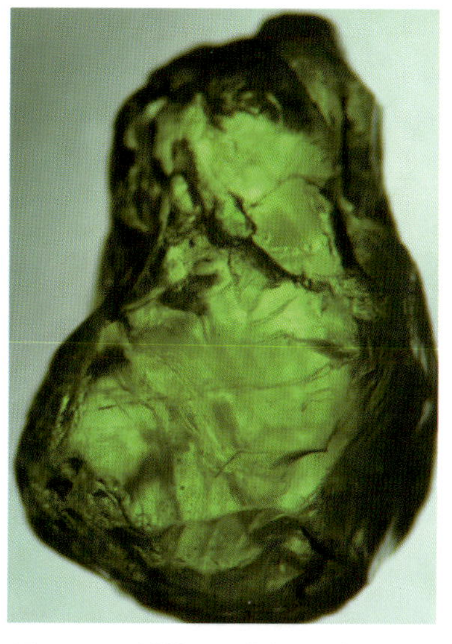
图4-8-15 橄榄石呈粒状，其中有黑色针柱状矿物包裹体多条，少量气、液包裹体，产自吉林

图4-8-16 橄榄石呈粒状，其中有玻璃状普通辉石包裹体和嵌晶，26mm×20mm×16mm，产自河北大麻坪

图4-8-17 异形橄榄石晶体，其内含玻璃状普通辉石，产自吉林

图4-8-18 橄榄石嵌晶，产自吉林

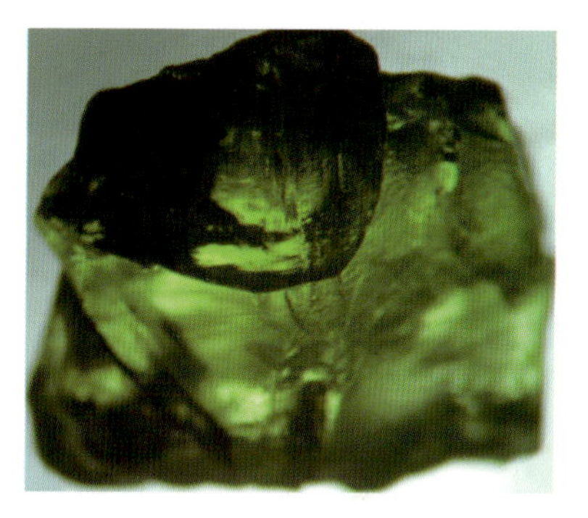
图4-8-19 橄榄石聚形晶（不同颜色），产自吉林

图4-8-20 黄绿色橄榄石呈粒状，有铬透辉石嵌晶，另见白色硅镁石与之共生，产自吉林

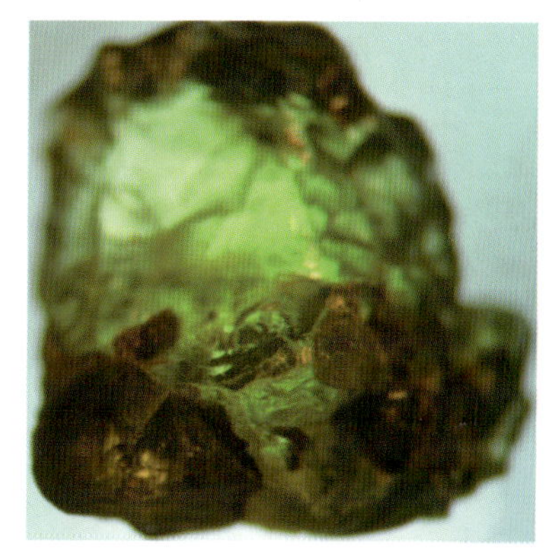
图4-8-21 橄榄石聚晶，另见辉石嵌晶，产自吉林

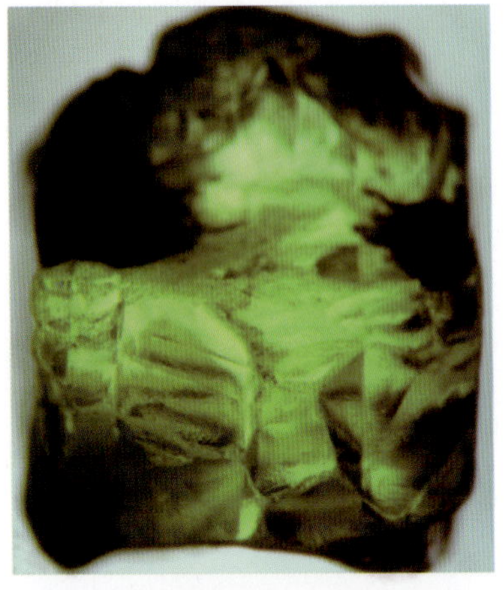

图4-8-22　橄榄石晶形，晶面纹似长石聚片双晶，另见黄褐色橄榄石嵌晶“两只眼睛”，产自吉林

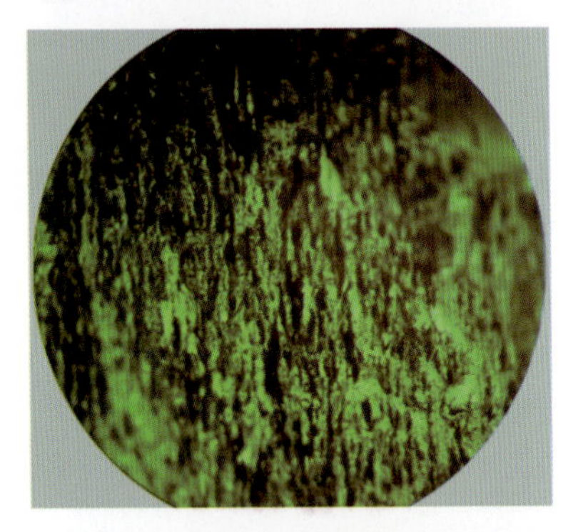

图4-8-23　橄榄石晶面蚀纹，产自吉林

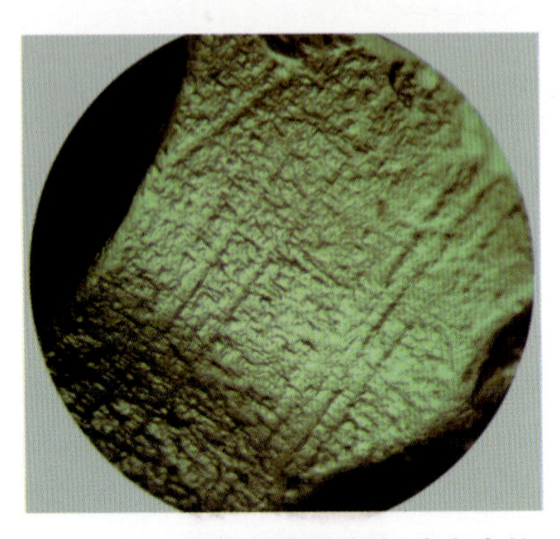

图4-8-24　橄榄石晶面蚀纹，产自吉林

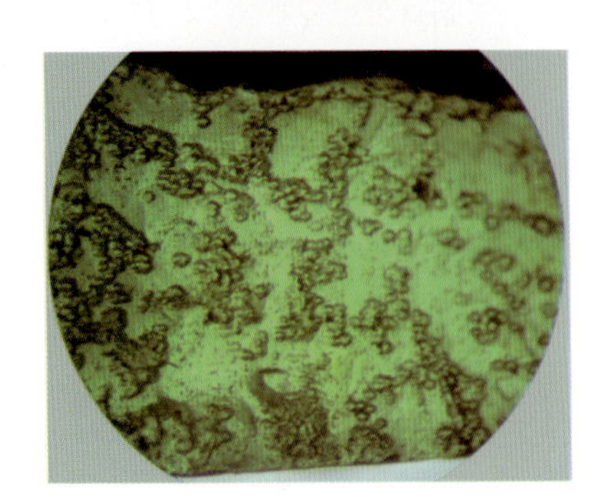

图4-8-25　橄榄石晶面蚀纹，产自河北

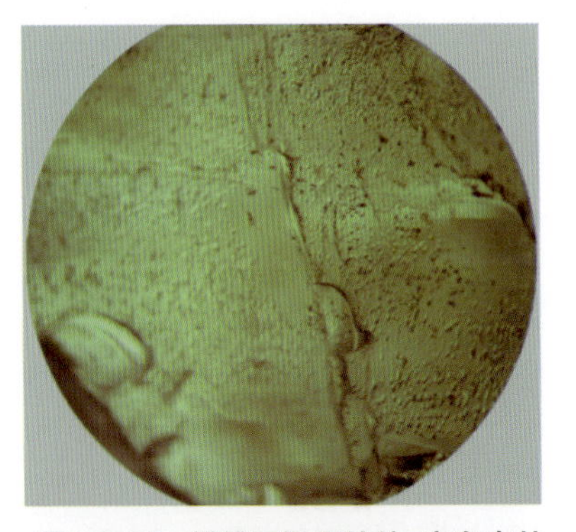

图4-8-26　橄榄石晶面蚀纹，产自吉林

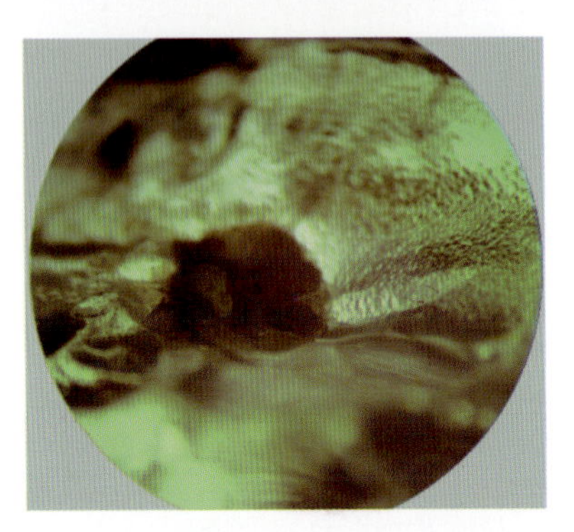

图4-8-27　橄榄石晶面蚀纹，铬透辉石包裹体(翠绿色)，产自吉林

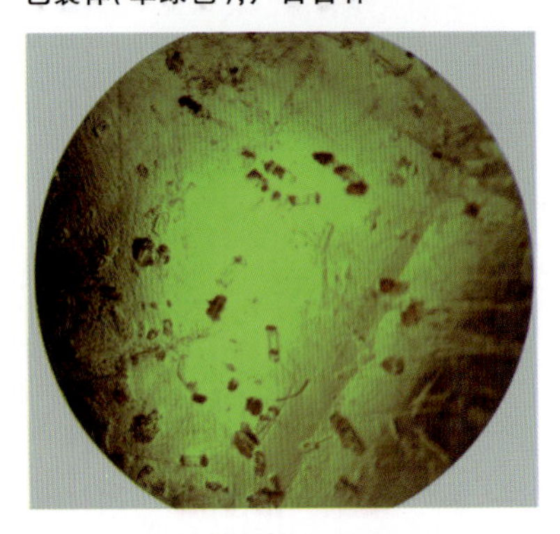

图4-8-28　橄榄石晶面上短柱状斜长石嵌晶和针柱状印痕，产自吉林

2.包裹体鉴赏篇

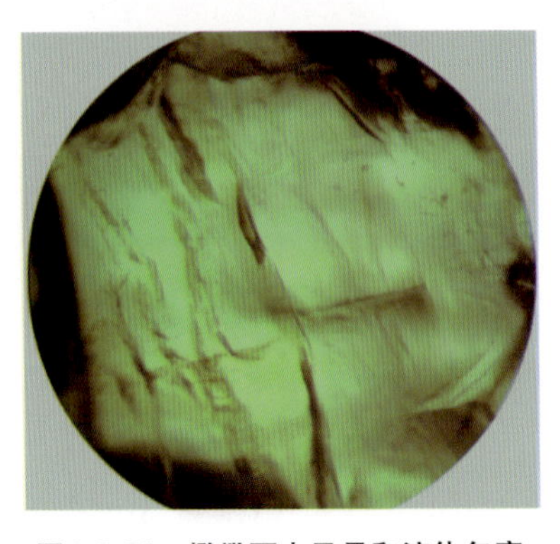

图4-8-29　橄榄石中云母和流体包裹体，产自吉林

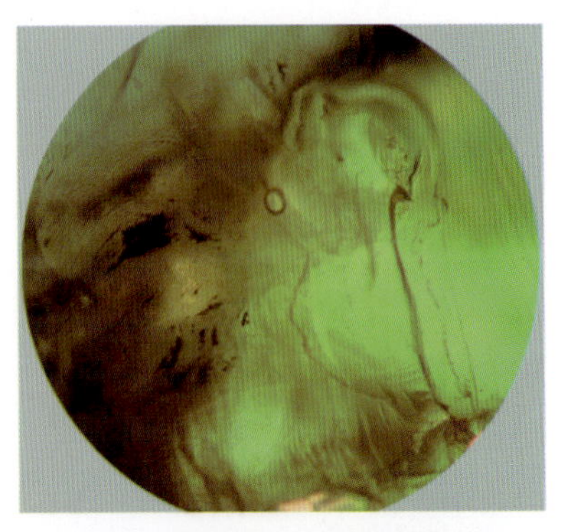

图4-8-30　橄榄石中三相包裹体，黑色指纹包裹体，产自吉林

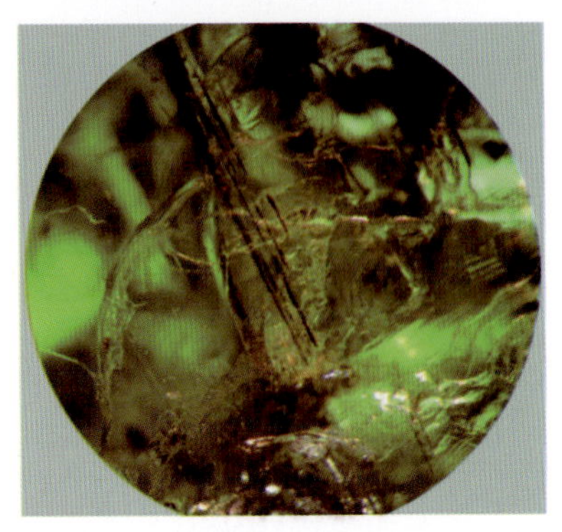

图4-8-31　橄榄石内角闪石(针柱状)包裹体，另见气、液和黑色指纹包裹体，3cm×1.6cm×1.2cm，产自吉林

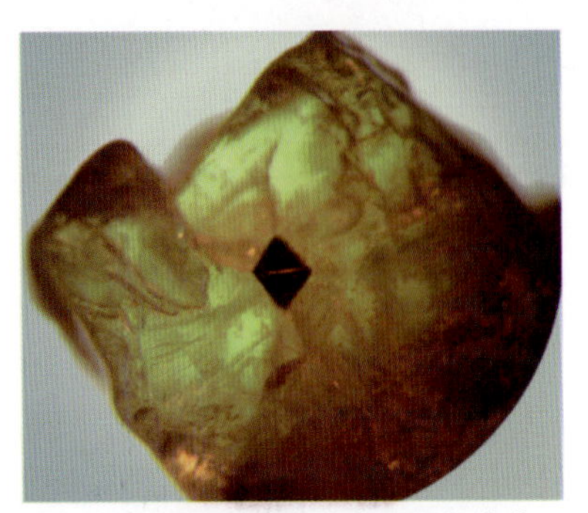

图4-8-32　橄榄石中铬尖晶石包裹体，呈自形八面体晶形

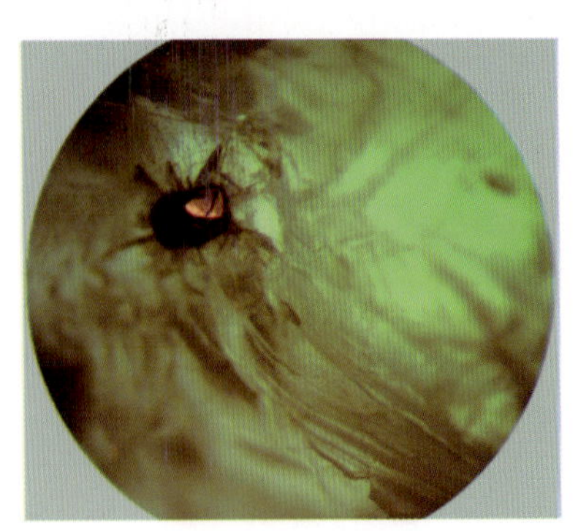

图4-8-33　橄榄石中铬尖晶石包裹体，产自吉林

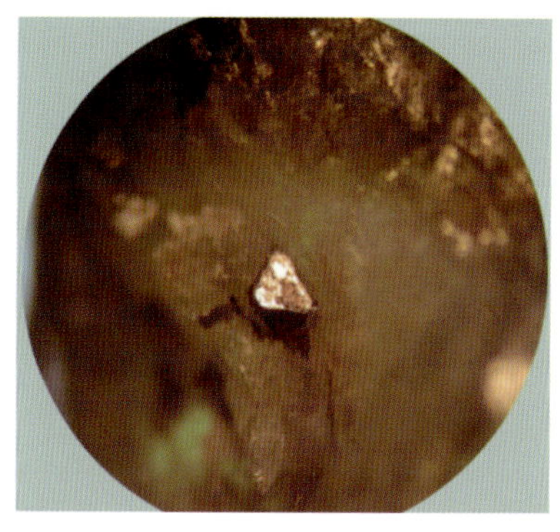

图4-8-34 橄榄石中铬尖晶石包裹体，产自吉林

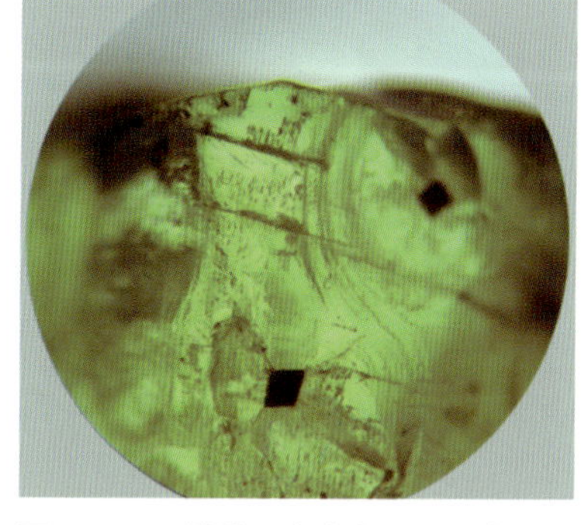

图4-8-35 橄榄石中铬尖晶石包裹体，呈自形八面体晶形，产自吉林

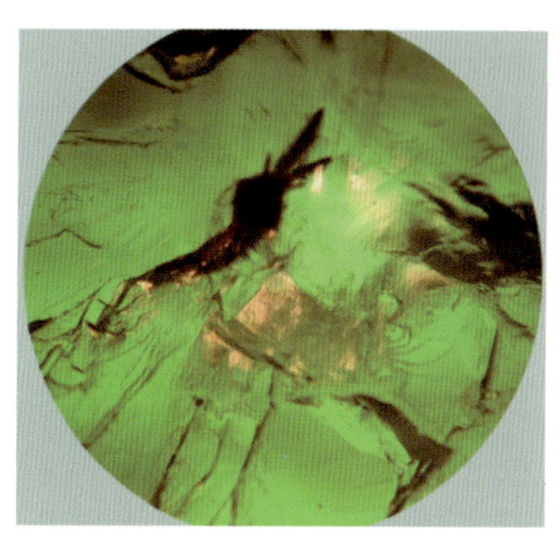

图4-8-36 橄榄石中铬尖晶石包裹体及应力裂隙充填物，产自吉林

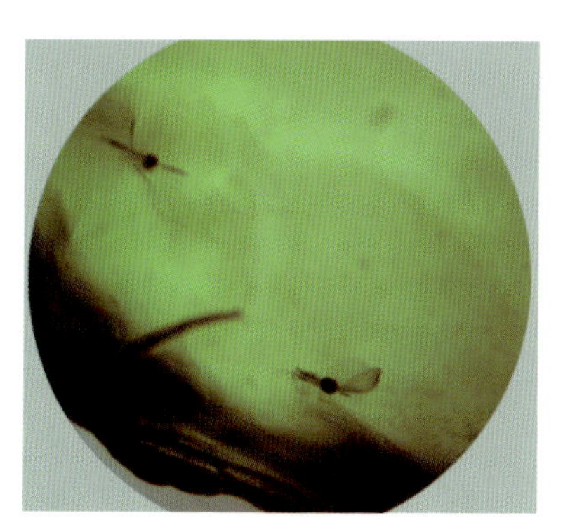

图4-8-37 橄榄石中铬尖晶石包裹体——“蚊子”，产自河北

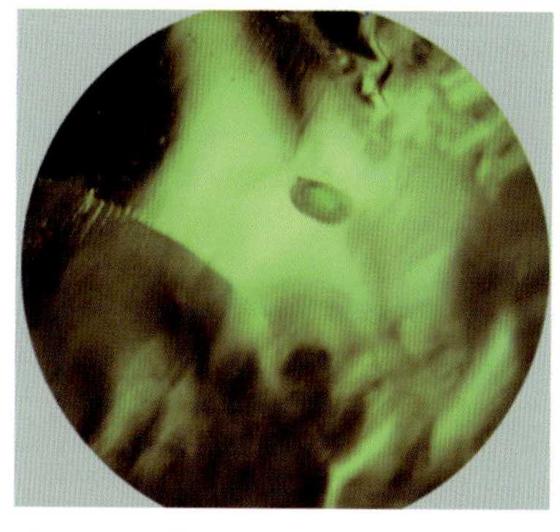

图4-8-38 橄榄石中铬透辉石包裹体(翠绿色)，产自河北

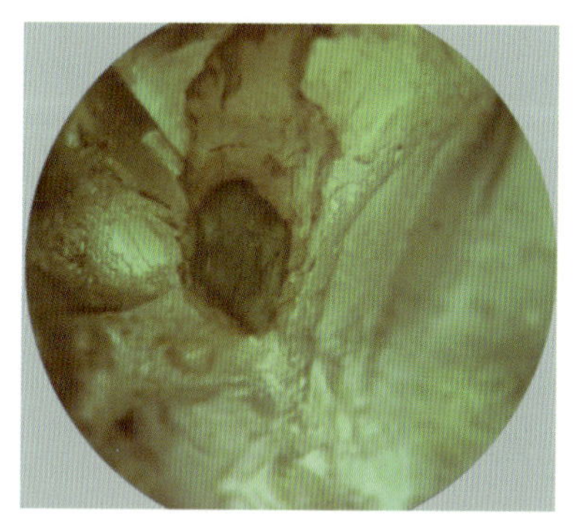

图4-8-39 橄榄石中铬透辉石嵌晶(翠绿色)，产自吉林

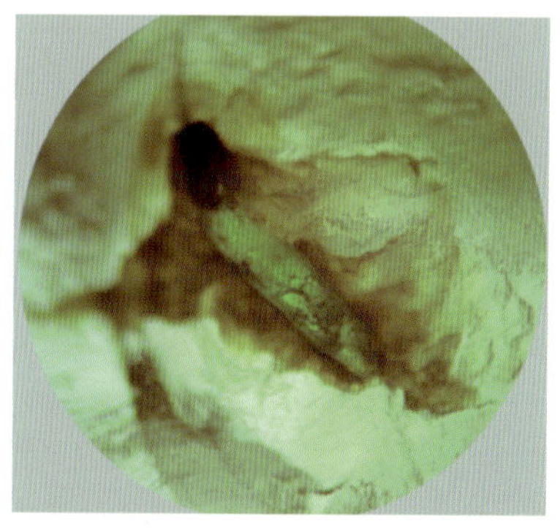

图4-8-40 橄榄石中铬透辉石嵌晶，周围黄色者为蛇纹石，产自吉林

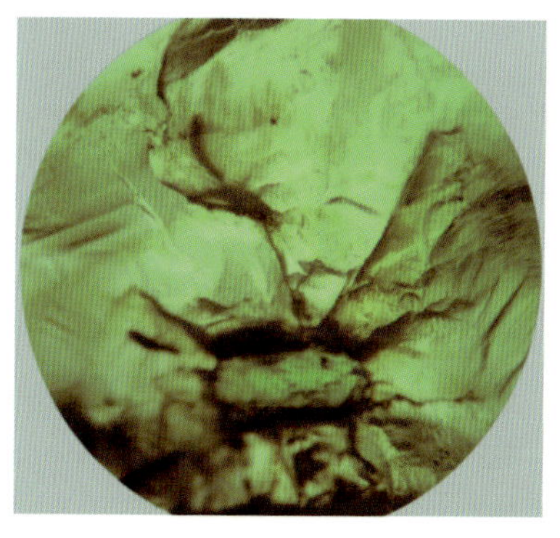

图4-8-41 橄榄石中铬透辉石嵌晶(翠绿色)，产自河北

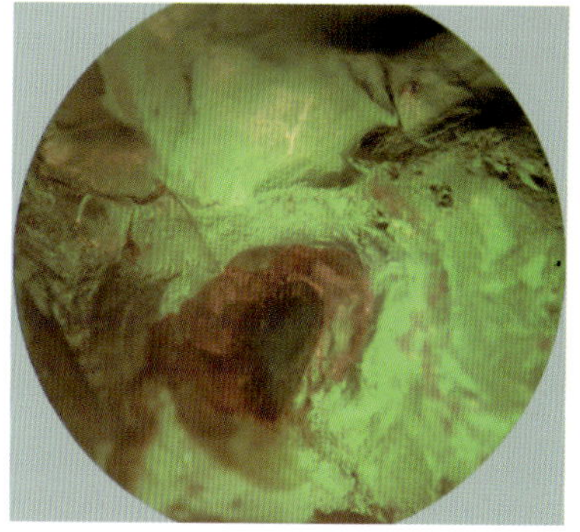

图4-8-42 橄榄石中铬透辉石嵌晶，周围黄色者为蛇纹石，产自吉林

图4-8-43 橄榄石中角闪石包裹体又被铬透辉石包裹体切穿，产自吉林

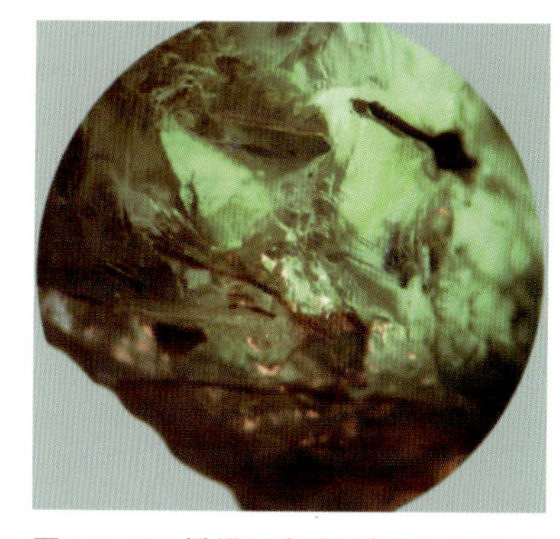

图4-8-44 橄榄石中铬透辉石，玻璃状普通辉石嵌晶和辉石脉，产自吉林

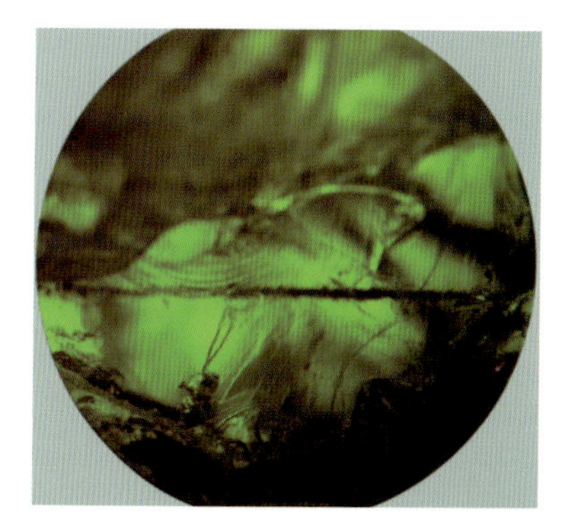

图4-8-45 橄榄石中阳起石包裹体(针柱状者)，产自吉林

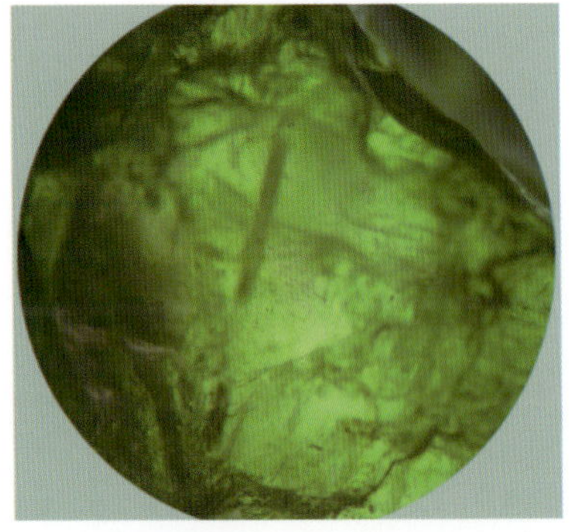

图4-8-46　橄榄石中阳起石包裹体(长柱状者),产自吉林

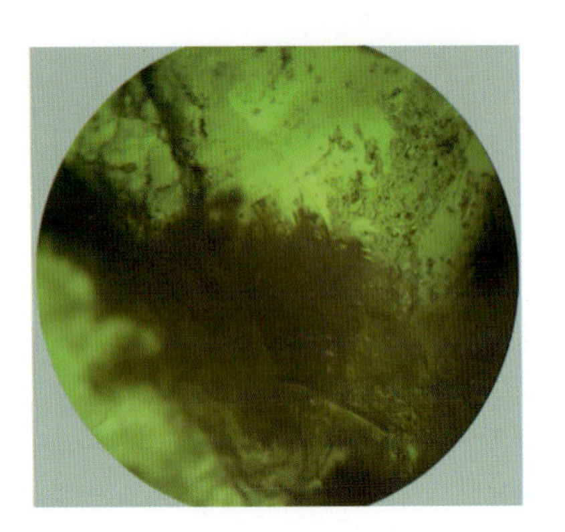

图4-8-47　橄榄石中阳起石和气、液包裹体,产自吉林

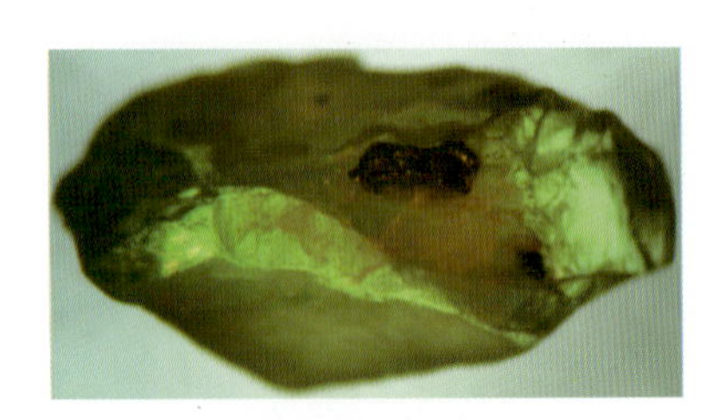

图4-8-48　橄榄石中玻璃状普通辉石嵌晶(黑色者),产自吉林

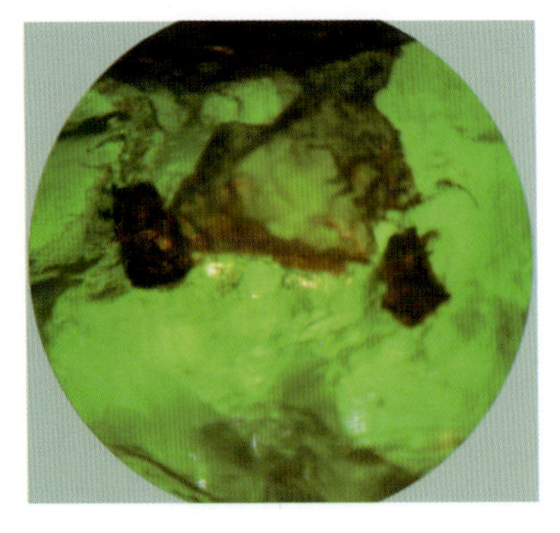

图4-8-49　橄榄石中辉石包裹体和嵌晶,褐色者为蛇纹石,产自吉林

图4-8-50　橄榄石中辉石呈脉状椭圆形分布(黑色者),产自吉林

图4-8-51　橄榄石中辉石呈脉状分布(黑色者),产自吉林

图4-8-52　橄榄石中辉石呈脉状与铬透辉石一起分布,产自吉林

图4-8-53　橄榄石中辉石、角闪石包裹体,产自吉林

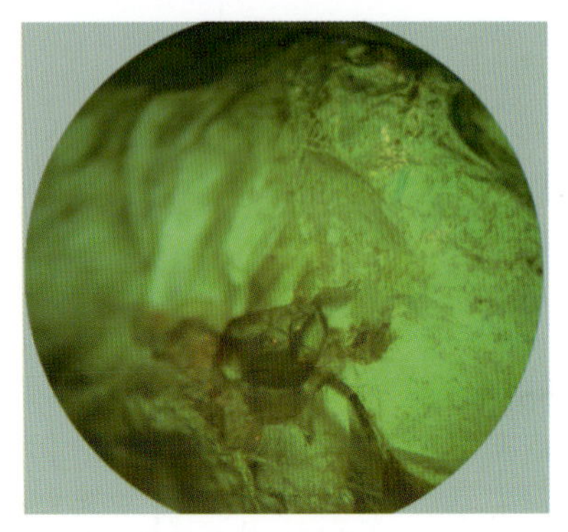

图4-8-54　橄榄石中有自形晶橄榄石包裹体,产自河北

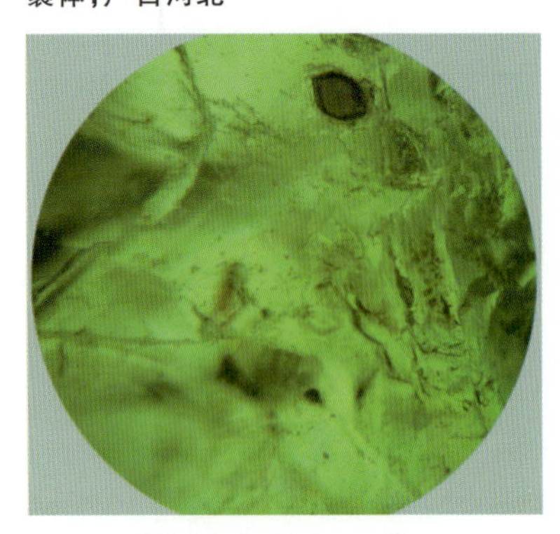

图4-8-55　绿色橄榄石表面有褐绿色橄榄石嵌晶,产自河北

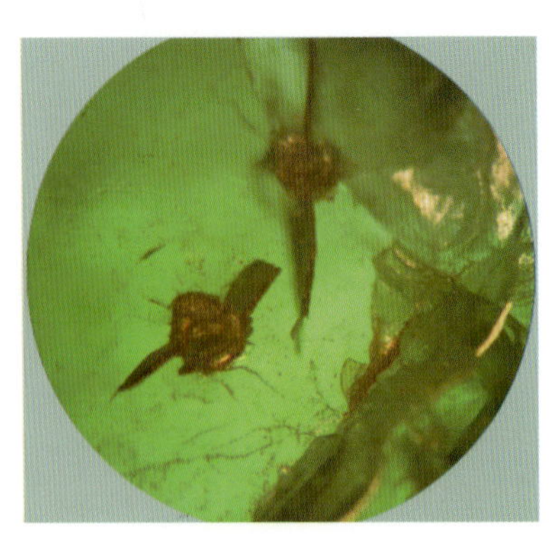

图4-8-56　橄榄石中两粒蛇纹石化橄榄石包裹体,边部应力裂隙中为蛇纹石,产自河北

图4-8-57 橄榄石表面有绿色橄榄石嵌晶，产自河北

图4-8-60 橄榄石虹彩，产自吉林

图4-8-64 橄榄石内有一层黑色薄膜，呈指纹状——“今秋怡景”，产自吉林

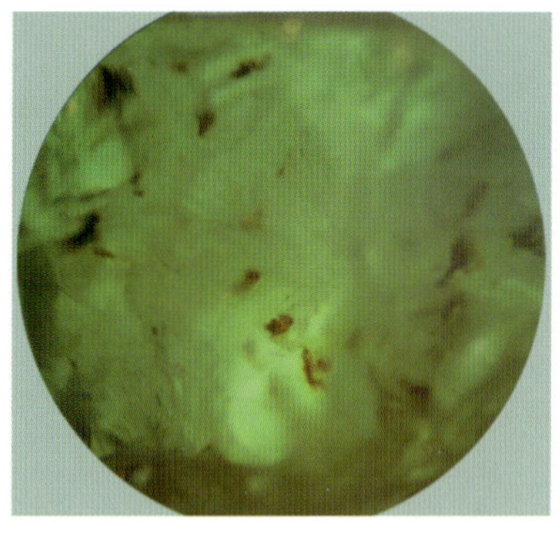

图4-8-58 橄榄石表面有密集的花纹，其内有管状物和铁氧化物包裹体，产自吉林

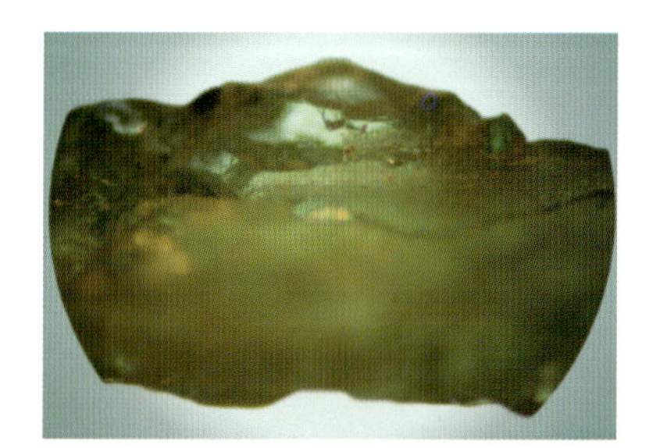

图4-8-61 橄榄石晶形构成图案“天池”，产自河北

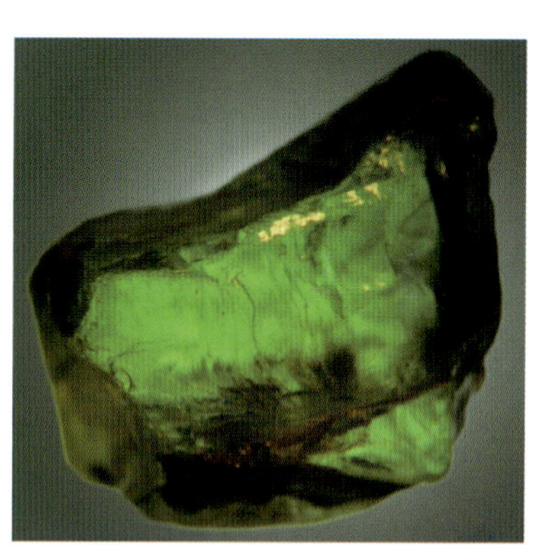

图4-8-65 橄榄石中阳起石包裹体和虹彩构成图案“烟花”，产自吉林

图4-8-62 橄榄石晶形构成图案“远山的呼唤”，产自河北

3.虹彩、景物鉴赏篇

图4-8-59 橄榄石虹彩及铬透辉石嵌晶，产自吉林

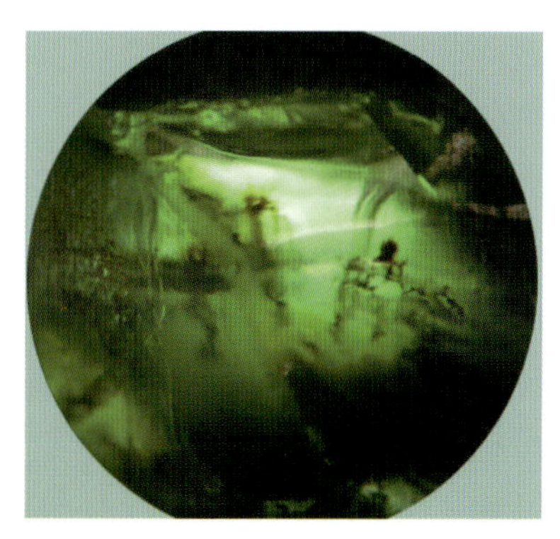

图4-8-63 橄榄石光反射构成图案“冲浪”，产自吉林

4.人物鉴赏篇

图4-8-66 橄榄石中有玻璃状普通辉石嵌晶和铬尖晶石包裹体，构成图案“顽皮的小童”，产自吉林

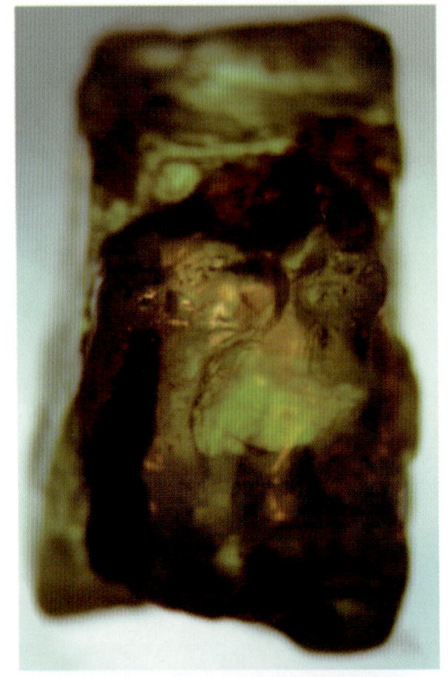
图4-8-67　橄榄石表面辉石脉和辉石嵌晶，黄色者为蛇纹石——“小童”，产自河北

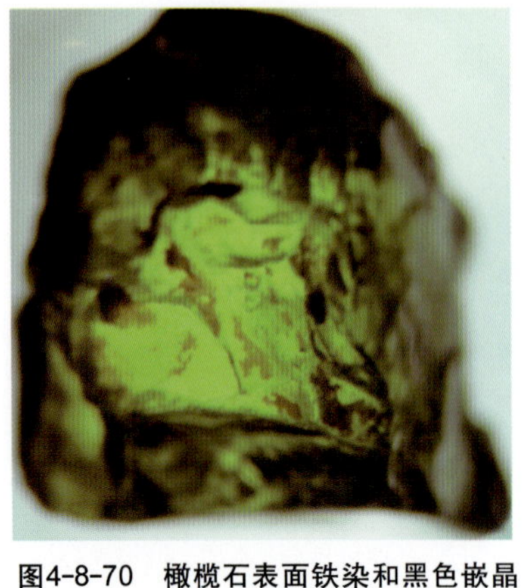
图4-8-70　橄榄石表面铁染和黑色嵌晶——“洗衣”，产自河北

图4-8-73　橄榄石中铬透辉石嵌晶，晶体顶部——“小公主”，产自吉林

图4-8-68　橄榄石与围岩(黑色者)构成图案“穿黑色衫的小童”，产自吉林

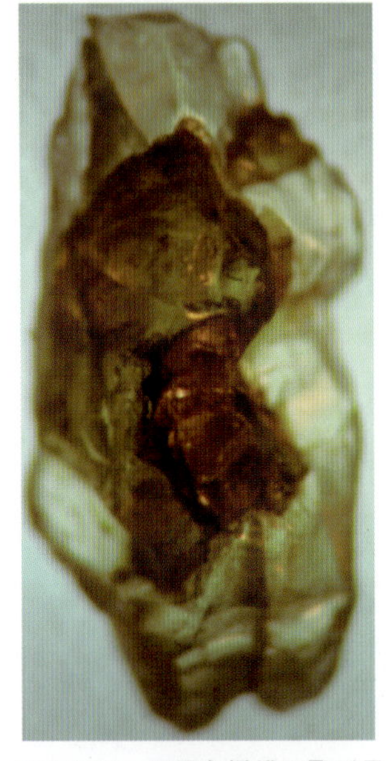
图4-8-71　不同色橄榄石聚形晶——“卖唱”，产自河北

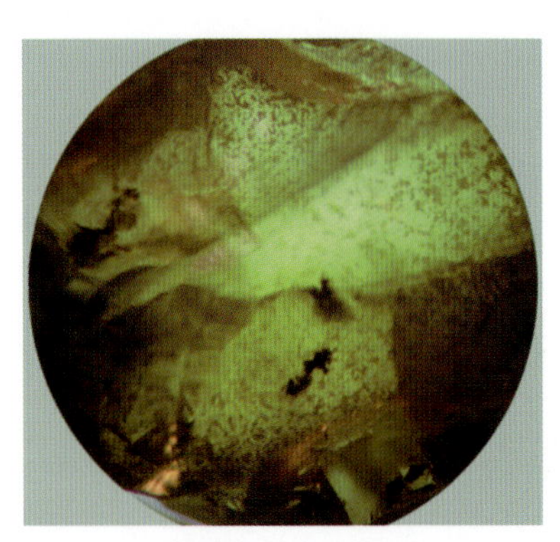
图4-8-74　橄榄石中气、液和辉石包裹体——“湖山览胜”，产自吉林

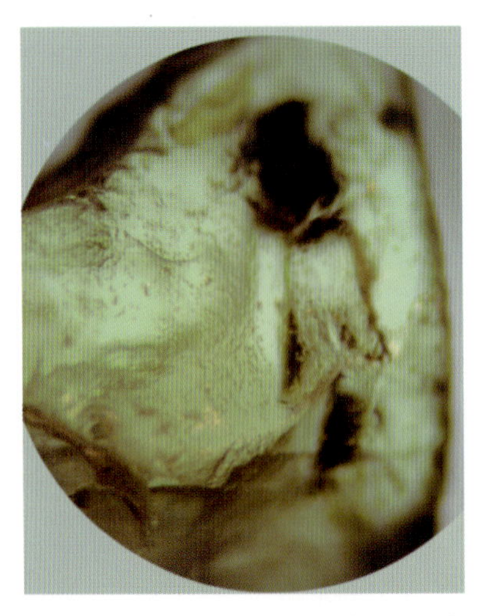
图4-8-69　橄榄石中气、液包裹体和黑色薄膜——“战战兢兢”，产自河北

图4-8-72　橄榄石中围岩捕虏体构成图案“小童和狗”，产自吉林

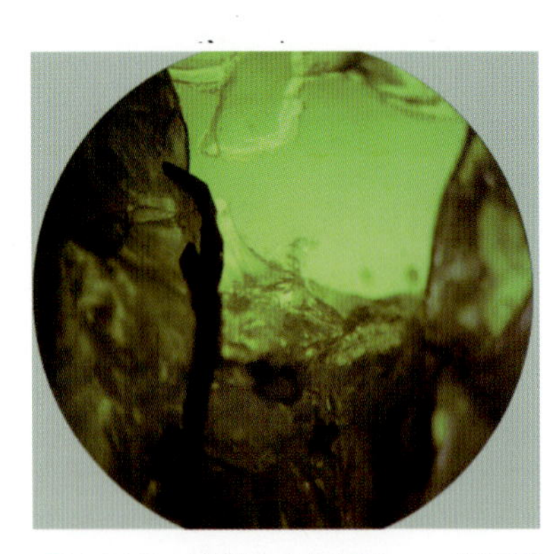
图4-8-75　橄榄石中辉石脉——“举手”“杂技”(顶部)，产自河北

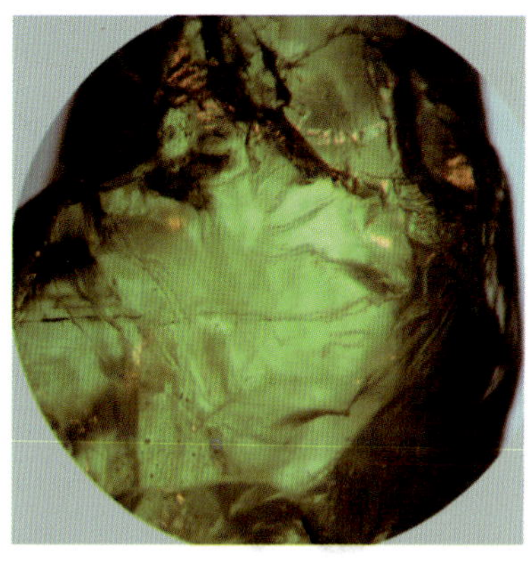
图4-8-76 橄榄石中针柱状包裹体和气、液包裹体，晶体表面蛇纹石——“欢呼”（右侧），产自吉林

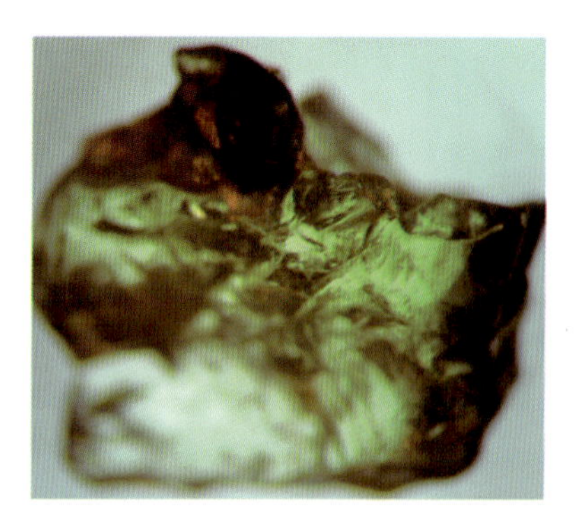
图4-8-77 不同色橄榄石聚形晶——“黑色脸谱”，产自河北

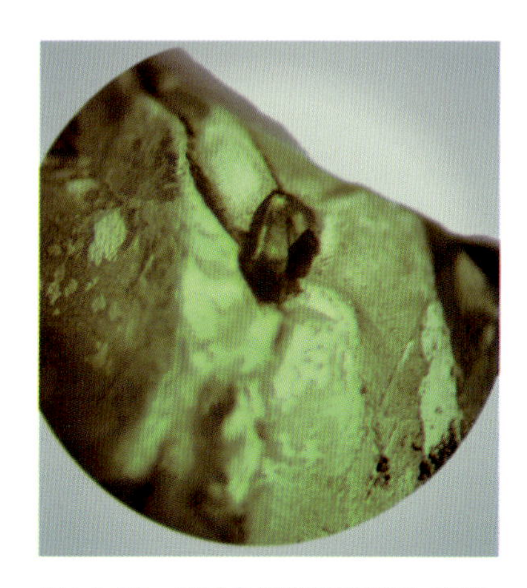
图4-8-78 不同色橄榄石聚形晶，有铬透辉石嵌晶，晶面上多花纹——“非洲少女”，产自吉林

图4-8-79 橄榄石中阳起石包裹体，橄榄石不同层面构成图案“戴墨镜的大肚皮佬”，产自吉林

图4-8-80 橄榄石晶面上黄色者为蛇纹石及辉石嵌晶——“老妪”，产自吉林

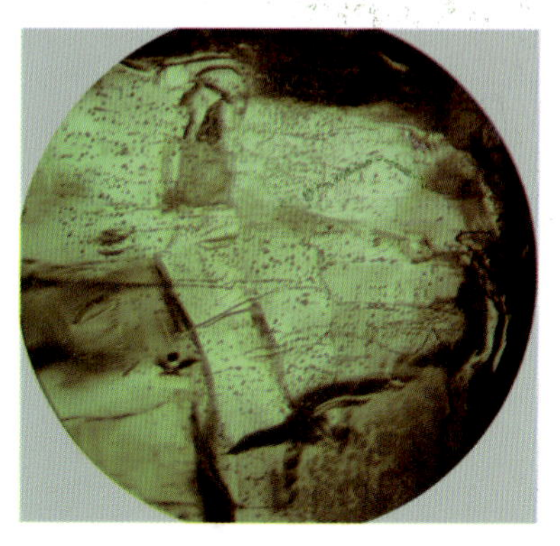
图4-8-81 橄榄石晶面上布满密集的花纹（星点状），其中有暗绿色橄榄石包裹体——“狂叫”，产自吉林

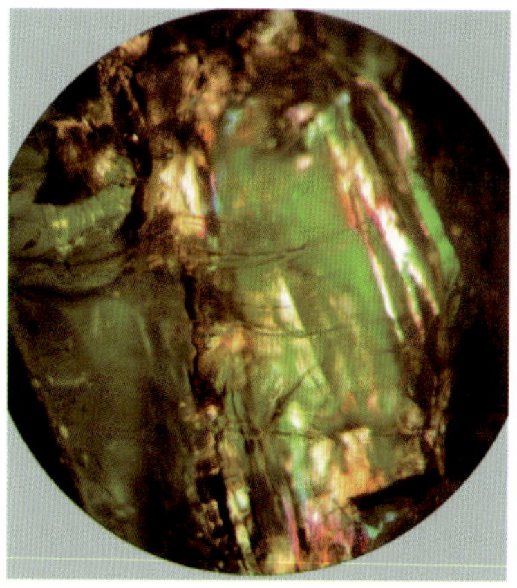
图4-8-82 橄榄石虹彩——“歌王”，产自吉林

图4-8-83 橄榄石中多粒辉石包裹体和嵌晶，光反射构成图案“阿拉伯老翁”，产自吉林

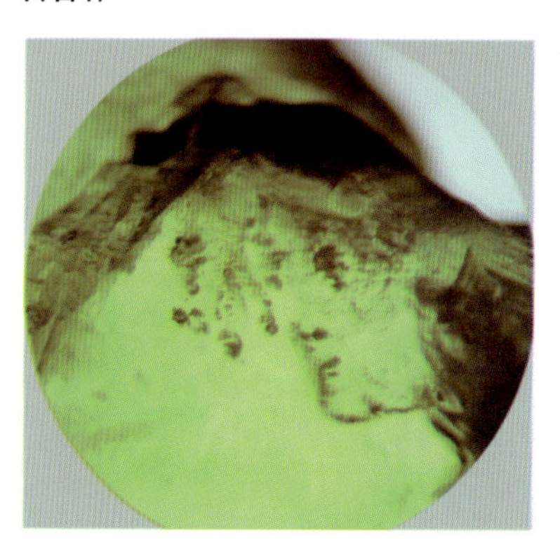
图4-8-84 橄榄石中云母包裹体（片状）——“俄罗斯妇女”，产自河北

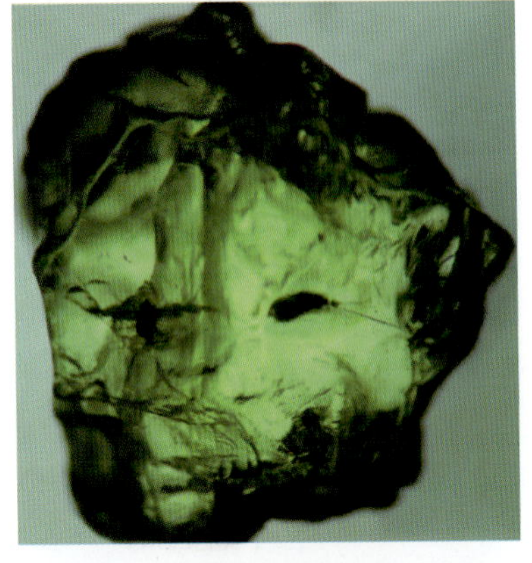

图4-8-85　橄榄石中辉石嵌晶，构成图案“自乐”，产自吉林

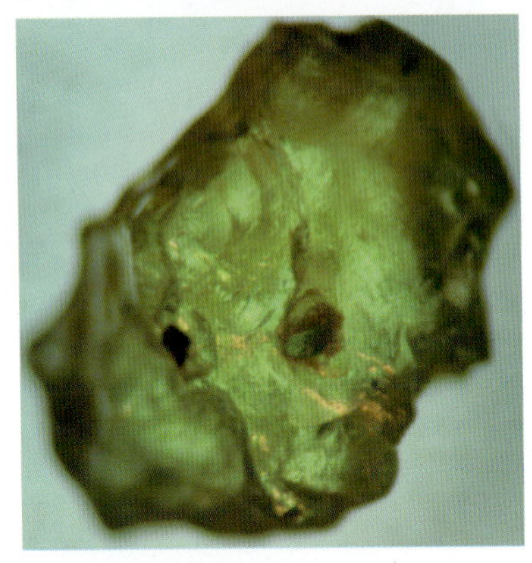

图4-8-86　橄榄石晶形构成图案“英国士兵”，产自吉林

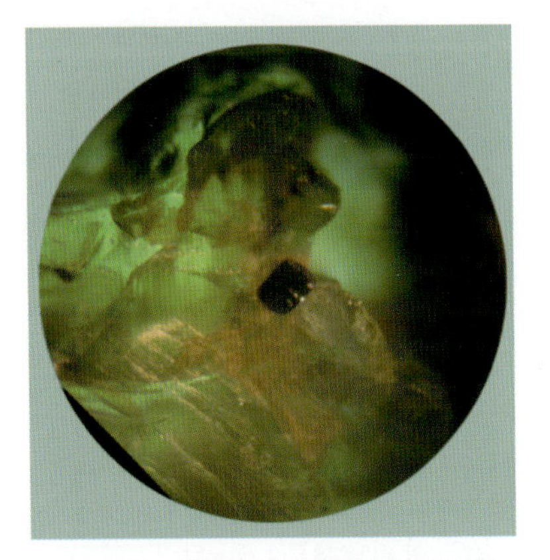

图4-8-88　橄榄石中辉石嵌晶，不同色橄榄石构成图案“猴公”，产自吉林

图4-8-91　橄榄石中辉石脉——“马头”，产自吉林

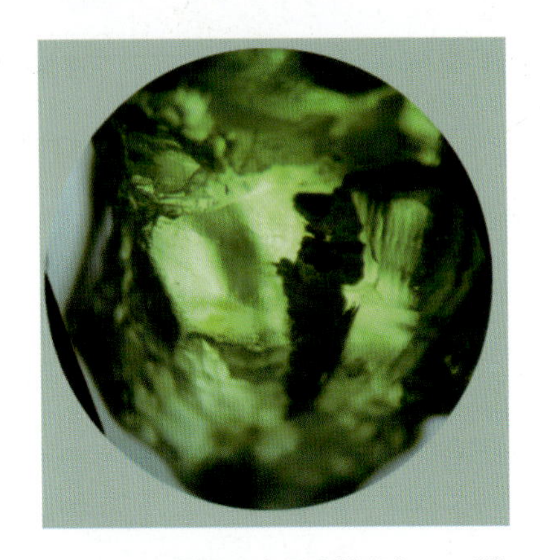

图4-8-92　橄榄石中围岩捕虏体——“警犬”，产自吉林

5.动物鉴赏篇

图4-8-87　橄榄石晶面上呈黑色薄膜——“大黑猩猩”，产自吉林

图4-8-89　橄榄石中表面褐铁矿——“猴仔”，产自河北

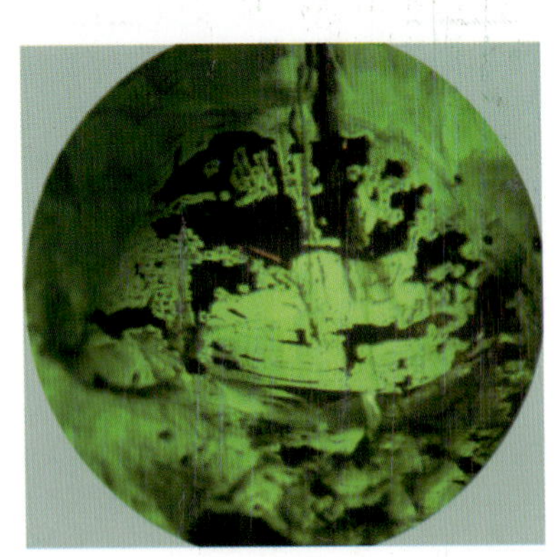

图4-8-90　橄榄石晶面上呈黑色薄膜——“动物园”，产自吉林

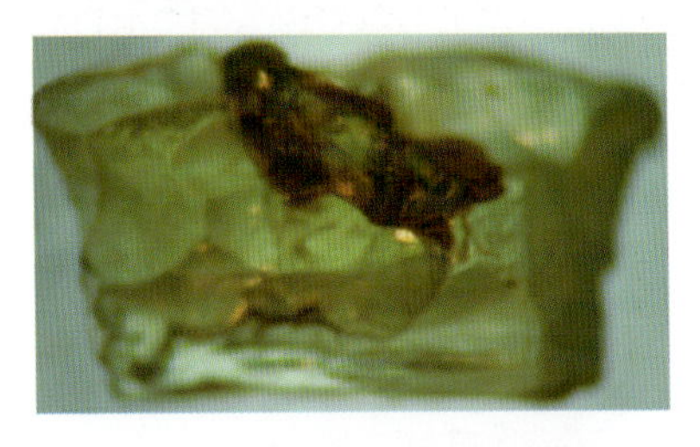

图4-8-93　橄榄石中铬透辉石嵌晶，周围蛇纹石构成图案“跑狗”，产自河北

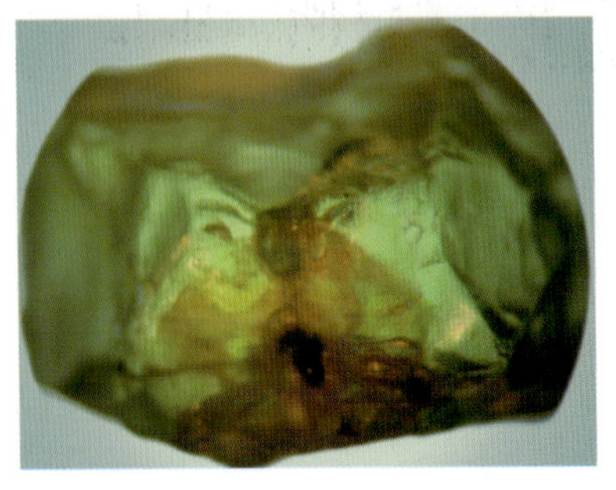

图4-8-94　橄榄石中铬透辉石和辉石嵌晶，构成图案“猫咪头”，产自河北

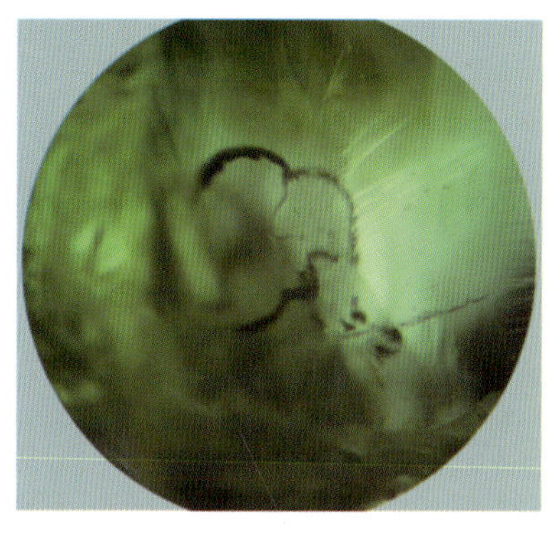

图4-8-95　橄榄石中黑色矿物（辉石）呈脉状分布，图形“雏鸡”，产自吉林

图4-8-96　橄榄石中辉石嵌晶和包裹体，顶部图案“卧鸡”，产自吉林

图4-8-97　橄榄石围岩（辉橄岩），构成图案“交配”，产自河北大麻坪

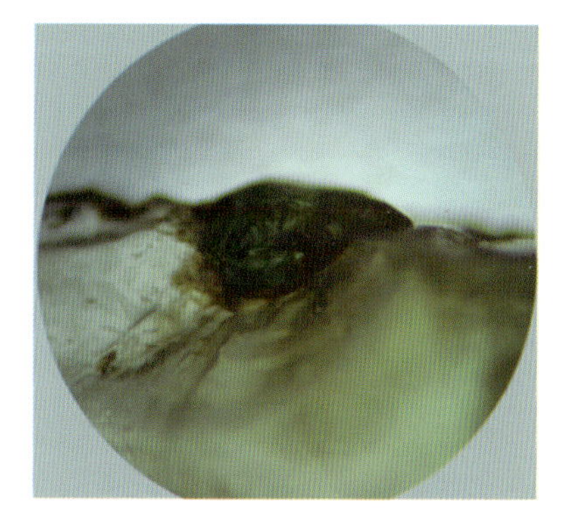

图4-8-98　橄榄石中铬透辉石嵌晶构成图案“神龟”，产自河北

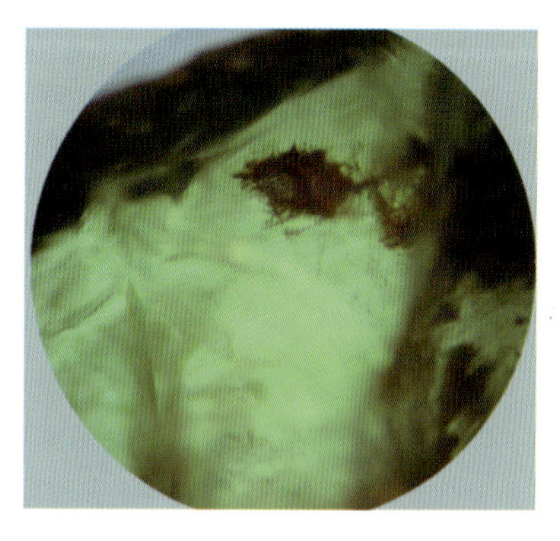

图4-8-99　橄榄石中有纤维状闪石，架状结构——“金鱼”，产自吉林

6.饰物(戒面、吊坠)鉴赏篇

图4-8-100　橄榄石戒面、吊坠（梨形），7mm×9mm，产自河北

图4-8-101　橄榄石戒面、吊坠（圆形），直径7mm，产自河北

图4-8-102　橄榄石戒面、吊坠（长方形），8mm×10mm，产自河北

图4-8-103　橄榄石戒面、吊坠（6粒），产自河北

第九节　石榴石

(Garnet)

一、概述

石榴石，英文名称Garnet来自拉丁语granatum，意指像种子或有许多种子，即指石榴石的形态和颜色就像石榴果的籽，很形象。其工艺名称叫紫鸦乌。石榴石是一族矿物的总称。为一月诞生石。因石榴石常被选为许多王室的宝物，所以波斯人将石榴石作为君主的象征来崇拜。

二、基本特征

(1)化学成分：$A_3^{2+}B_2^{3+}(SiO_4)_3$。$A_3^{2+}$代表Ca、Fe、Mg、Mn；$B_2^{3+}$代表Al、Fe、Mn、Ti、Cr、Zr、V等。由于A_3^{2+}和B_2^{3+}中诸元素的不同组合，形成多种端员组分的类质同像系列矿物。

(2)晶系、晶形：等轴晶系。晶形为菱形十二面体或四角三八面体的单形晶或聚形晶以及五角十二面体。

(3)物理特征：摩氏硬度为6.5～7.5。相对密度为3.61～4.51。玻璃光泽、油脂光泽。透明、半透明至不透明。贝壳状断口。无解理或沿十二面体的面有不发育的裂理。

(4)光学特征：均质体。但常有光性异常。折射率为1.730～1.889，色散0.024～0.057。折射率和色散随成分不同而变化(表4-12)。

(5)荧光和吸收光谱：紫外荧光，无色到浅色的钙铝榴石对长波显弱橘红色荧光，对短波显弱的黄、橘黄色。除此以外，其他种和变种都没有荧光反应。翠榴石在滤色镜下呈亮红色。红色石榴石均呈暗红色。吸收光谱请参看表4-12。

(6)颜色：参看表4-12。

三、包裹体及其星光效应

石榴石内包裹体种类繁多，不同品种和不同产地的包裹体也不尽相同。包裹体种类有金红石、榍石、磷灰石、锆石、石榴石、金云母、黑云母、尖晶石、电气石、透闪石、纤闪石、黄铁矿、磁铁矿、铬铁矿、钛铁矿等，以及气、液和管状物包裹体(有关包裹体请参看本节相关图谱)。由于纤维状、纤柱状及管状物的矿物的定向排列，因此磨成弧面可显示出星光效应。

四、石榴石类型

表4-12中六个品种只是石榴石大家族中的一部分，除此之外还有：铬钒钙铝榴石，呈翠绿色或其他颜色，产在坦桑尼亚和肯尼亚国家公园之间。铁钙铝榴石(桂榴石)呈褐色、黄色，光泽很好。钙

表4-12 石榴石矿物种类

矿物名称	化学式	颜色	摩氏硬度	相对密度	折射率(N)	色散	吸收光谱	产状	产地
镁铝榴石	$M_3Al_2(SiO_4)_3$	红、玫瑰红、紫红	7～7.5	3.62～3.87	1.72～1.75	0.027	5720/5270/5050Å含Cr为6870/6850Å	产于金伯利岩、玄武岩和基性岩中及其砂矿中	捷克、斯里兰卡、南非、澳大利亚、缅甸、坦桑尼亚、巴西、前苏联、美国、挪威、中国
铁铝榴石（贵榴石）	$Fe_3Al_2(SiO_4)_3$	红、褐红、暗红	7.5	3.93～4.17	1.76～1.82	0.024	5050/5270/5760Å	产于云母片岩、角闪片麻岩变质岩及其砂矿中	斯里兰卡、巴西、马达加斯加、美国、坦桑尼亚、印度等
锰铝榴石	$Mn_3Al_2(SiO_4)_3$	黄、黄褐、橙红、褐、暗褐	7～7.5	4.12～4.18	1.79～1.82		弱线：4950/4890/4620Å 强线：4320/4240/4120Å	产于花岗岩、伟晶岩、片麻岩、石英岩和流纹岩及其砂矿中	缅甸、斯里兰卡、巴西、马达加斯加、美国、前苏联乌拉尔山、中国新疆
钙铝榴石	$Ca_3Al_2(SiO_4)_3$	绿、黄绿、橙黄、橙褐、橙红、紫红	7～7.5	3.45～3.50	1.76～1.73	0.028	在蓝色区见强吸收带	主要产于钙质矽卡岩、蛇纹岩及辉长岩热液蚀变带	加拿大、肯尼亚、西伯利亚、巴基斯坦、中国新疆、斯里兰卡
钙铁榴石（翠榴石）	$Ca_3Fe_2(SiO_4)_3$	黄绿、翠绿、黑	6.5～7	3.81～3.87	1.856～1.895	0.057	4430Å（紫色区） 7000Å（红色区） 6400/6220Å（橙色区）	产于接触变质岩、矽卡岩、蛇纹岩中	前苏联乌拉尔山、意大利、瑞士、刚果、缅甸、巴西
钙铬榴石	$Ca_3Cr_2(SiO_4)_3$	翠绿	7.5	3.4～3.8	1.838			产于超基性岩中，赋存于铬铁矿矿体中或呈脉状分布	前苏联乌拉尔山、中国新疆

铁榴石的变种叫黄榴石，显示猫眼效应。另一变种叫黑榴石含微量钛元素。钙铝榴石与水绿榴石的混合物称水钙铝榴石。铁铝榴石的星光品种产在印度和美国。还有镁铁榴石、锂石榴石和铯榴石等。

五、石榴石与相似矿物的鉴别

石榴石矿物在自然界中多呈红色色调，因而易与红色尖晶石、红刚玉、红碧玺、红锆石、锡石相混淆，但根据其晶形、硬度、相对密度、折射率等可以加以区别（请参看表4-5、表4-8、表4-11）。

天然石榴石与合成石榴石的区别：合成石榴石颜色均一，无瑕疵，滤色镜下呈红色，包裹体无或很少，偶尔有少量气泡，硬度、相对密度高于天然石榴石。

六、工艺要求和用途

对于石榴石的工艺要求，不同类型有不同要求：镁铝榴石要艳红、艳玫瑰红最好；钙铁榴石翠绿色最好；钙铬榴石要求粒度要大于数毫米，色要翠绿；锰铝榴石要艳黄、橙红最好；铁铝榴石有星光最好。各种榴石要求透明度好，粒度越大越好，无或少包裹体（净），无裂。

自古以来，石榴石被认为是坚贞和淳朴的象征宝石。除了饰用外，它可以磨成粉作染料、磨料、过滤介质、净化水，据说还有药物作用。好的晶体可作观赏石来收藏。

七、产状和产地

产状和产地除表4-12所列之外，现重点介绍中国到目前为止所发现的石榴石的产状、产地及其特征。

中国石榴石的产地有江苏、浙江、福建、广东、广西、云南、四川、贵州、西藏、新疆、内蒙古、甘肃、青海、陕西、山西、山东、河南、河北、辽宁、吉林、黑龙江、湖南、湖北等。

其中江苏产的镁铝榴石是含铬镁铝榴石，其颜色属紫红色系列，红色艳丽纯正，且具变色效应：在自然光下呈紫色微偏红，在灯光或白炽光下呈鲜艳的红色。宝石级镁铝榴石Cr_2O_3含量一般在1.56%～3.72%，含铬越高，紫色程度越高，变色效应也越强，折射率也越高。此外镁铝榴石多呈粒状、浑圆或次浑圆形，粒度一般较小，无裂。颜色均匀。硬度为7.6～7.8。折射率1.739～1.742，其中含铬者为1.973。吸收光谱5 500～5 600Å；4 000～4 100Å。其颜色之美堪称石榴石中之佳品，故适宜加工成戒面、耳钉、吊坠等装饰品。其原岩为球斑状镁铝榴石二辉橄榄岩，经风化后含铬镁铝榴石以砂砾赋存于第四纪残坡积层中或冲沟及洼地里。

广东五华产的石榴石多为铁铝榴石和镁铝榴石，呈红色、褐红色、褐黄色等。硬度6.70。折射率1.73～1.72。产于超基性火山碎屑岩中的含磷石榴二辉橄榄岩深源包体中。共生矿物有橄榄石、辉石、长石、石榴石等。此地石榴石块度大，裂少，但颜色、透明度、反光度逊于江苏产石榴石。

新疆产的石榴石晶形好、粒度大，但杂质多，透明度差，宜作观赏石。

黑龙江产石榴石呈褐红色、橘红色，杂质少，粒度大，为砂矿。

云南产的石榴石呈红色，粒度较江苏的大，适宜作饰品。

新疆产钙铬石榴石，在基性超基性岩中，一般呈脉状产出。与葡萄石共生。目前发现的粒度小，还未达到宝石级，但颜色特艳亮，呈翠绿色（参看本书相关图谱）。有待进一步发掘粒度较大者（宝石级钙铬石榴石）。

八、图谱鉴赏

1.钙铬榴石(图4-9-1～图4-9-4)

2.翠榴石(钙铁榴石)(图4-9-5～图4-9-18)

3.石榴子石(图4-9-19～图4-9-80)

1.钙铬榴石

图4-9-1　钙铬榴石分布于葡萄石脉中，17mm×14mm×9mm，产自新疆

图4-9-4　钙铬榴石晶形（多粒），产自新疆

图4-9-2　钙铬榴石（多粒）自形晶，多呈菱形十二面体晶形，产自新疆

图4-9-3　钙铬榴石呈菱形十二面体晶形（两粒），3mm×2.5mm×2.5mm，产自新疆

2.翠榴石（钙铁榴石）

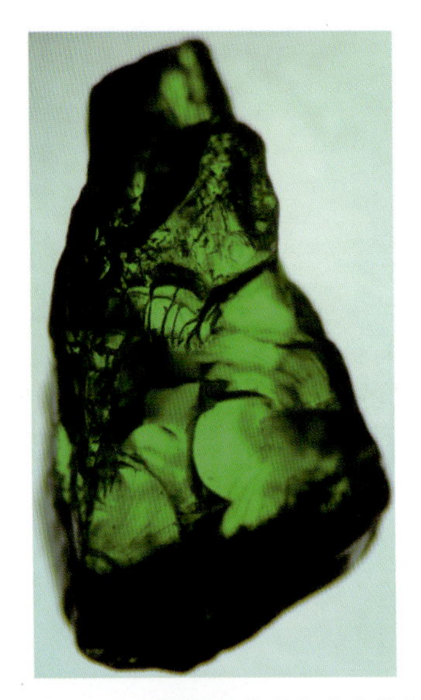

图4-9-5　翠榴石（粒状），产自非洲

图4-9-7　翠榴石，半自形晶，产自非洲

图4-9-6　翠榴石（粒状）内有气、液包裹体，7mm×6mm×6mm，产自非洲

图4-9-8　翠榴石，颜色分布不均匀，“西瓜皮”或环带结构，7mm×6mm×5mm，产自非洲

图4-9-9 翠榴石，晶面纵纹，沿裂隙面有黑色指纹状薄膜，构成图案“烟竹凝翠”，产自非洲

图4-9-10 翠榴石晶面纵纹，10mm×10mm×8mm，产自非洲

图4-9-11 翠榴石晶面纵纹——“碧野仙居”，7mm×6mm×5mm，产自非洲

图4-9-12 翠榴石中气液包裹体，9mm×8mm×6mm，产自非洲

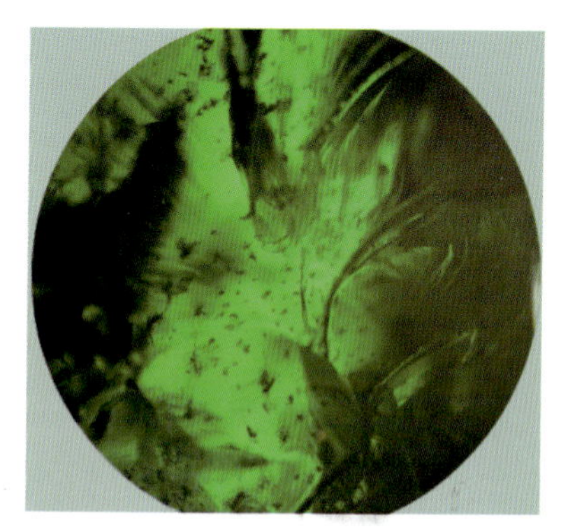

图4-9-13 翠榴石中气液包裹体，产自非洲

图4-9-14 翠榴石中黑色矿物（铬尖晶石）包裹体，产自非洲

图4-9-15 翠榴石戒面、吊坠（马眼形），2.5mm×5mm，产自非洲

图4-9-16 翠榴石戒面、吊坠（圆形），直径3mm，产自非洲

图4-9-17 翠榴石戒面、吊坠（蛋形），3.5mm×5mm，产自非洲

图4-9-18 翠榴石戒指，产自非洲

3.石榴石

图4-9-19　石榴石自形晶，为四角三八面体，晶面具蚀象，呈粉紫色、红紫色，10cm×10cm×9cm，1.31kg，产自老挝

图4-9-20　石榴石晶形，呈四角三八面体自形晶（2粒），产自新疆

图4-9-21　深玫瑰红石榴石（镁铝榴石），紫红色石榴石（多粒），产自江苏

图4-9-22　石榴石，大红色（多粒），产自云南

图4-9-23　褐色带黄色色调石榴石，产自广东

图4-9-24　玫瑰红—红色石榴石

图4-9-25　玫瑰红—红带黄色色调石榴石

图4-9-26　黑绿色石榴石

图4-9-27　黑绿色石榴石，有晶面纹

图4-9-28　鸽血红石榴石（镁铝榴石）晶面纹，产自新疆

图4-9-29　锂石榴石（黄色），3.8cm×3.2cm×2.8cm，产自新疆

图4-9-30　铯榴石（灰绿色），产自新疆

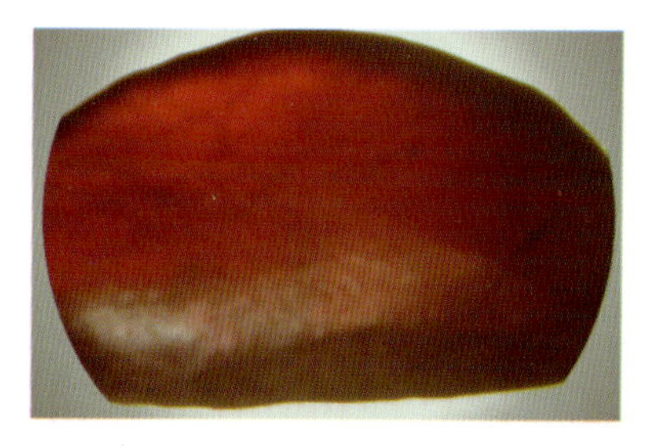

图4-9-31 橘红色石榴石(矿砂)，产自黑龙江

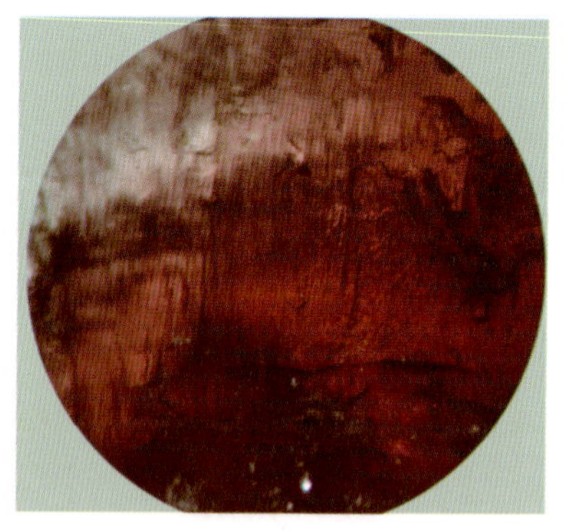

图4-9-32 粉红色石榴石，晶面条纹——“岸边千林响秋声，湖中秋色明”，产自老挝

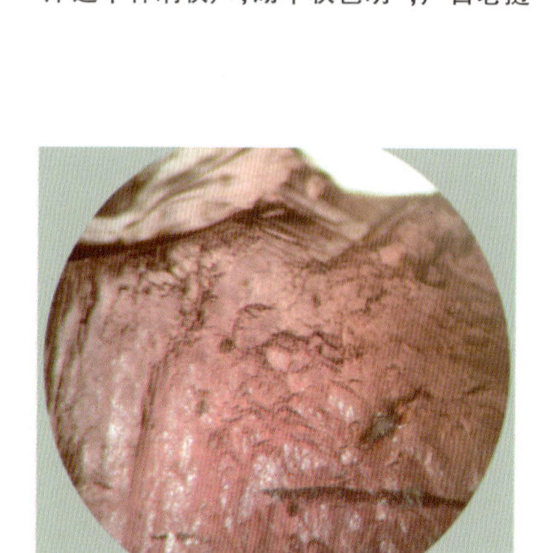

图4-9-33 浅粉色石榴石，晶面饰纹——“雪山晚霞”，产自老挝

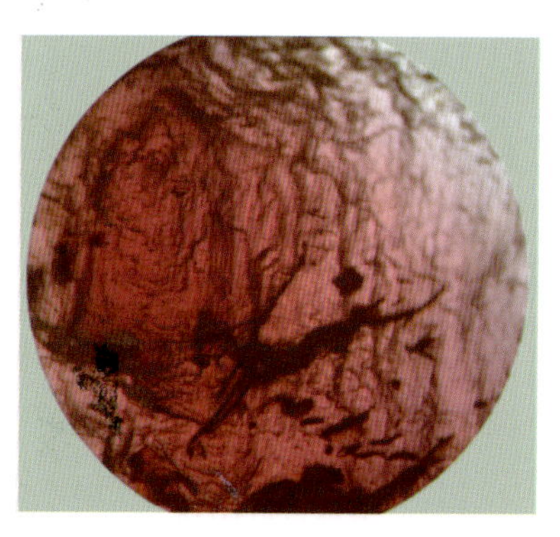

图4-9-34 石榴石晶面蚀纹、蚀沟——“天马行空”，产自老挝

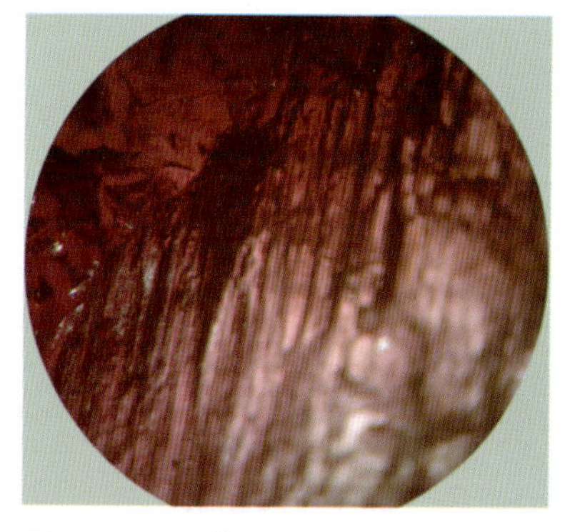

图4-9-35 石榴石晶面条纹——“三色争艳”，产自老挝

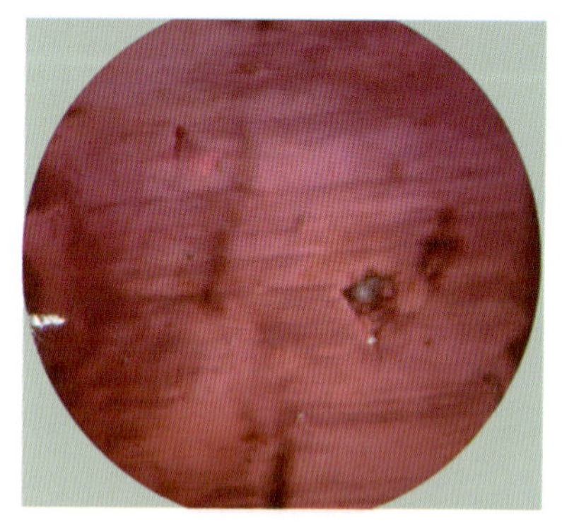

图4-9-36 粉色石榴石裂理纹，其内有尖晶石和气、液裹体，产自老挝

图4-9-37 石榴石环带结构，中心黑色，边部绿色，产自缅甸

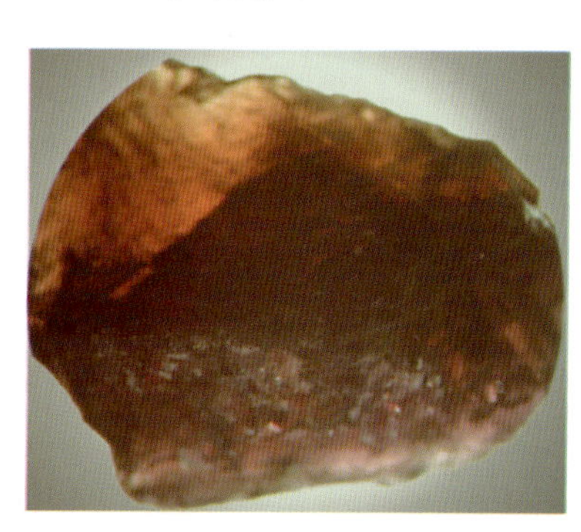

图4-9-38 石榴石，环带结构

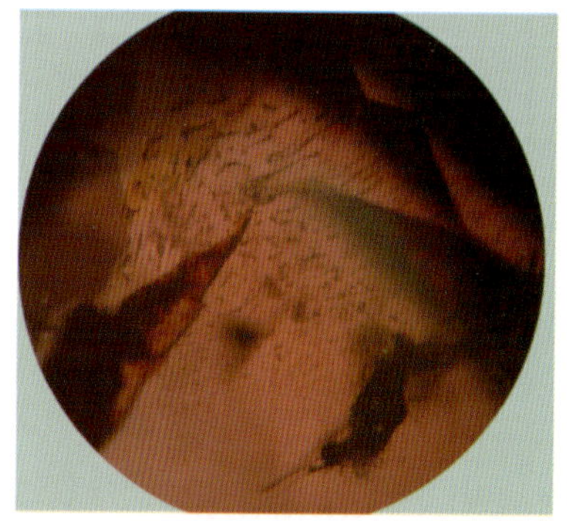

图4-9-39 石榴石中气、液包裹体，呈指纹状分布，并见黑云母包裹体，产自缅甸

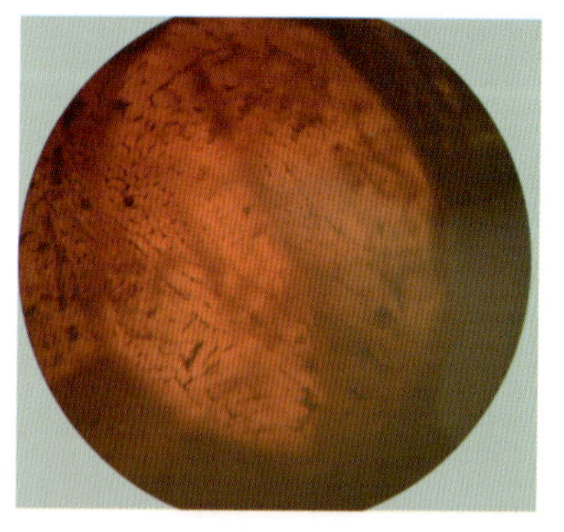

图4-9-40 橙色石榴石中布满指纹状气、液包裹体，产自缅甸

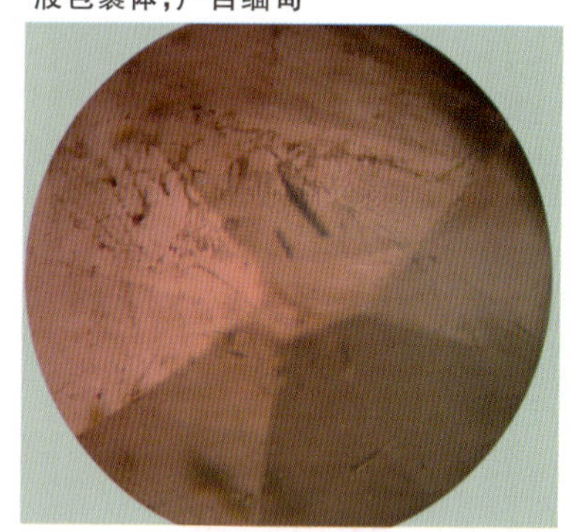

图4-9-41 浅灰粉色石榴石中指纹状，肋状气、液裹体，产自缅甸

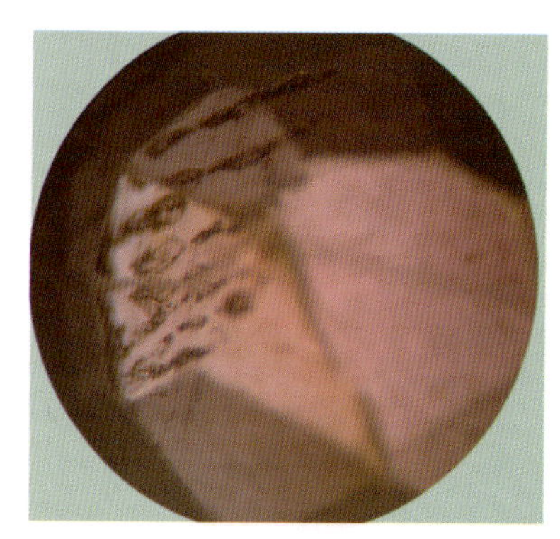

图4-9-42 石榴石中气、液包裹体，并见黑色质点分布其中，产自缅甸

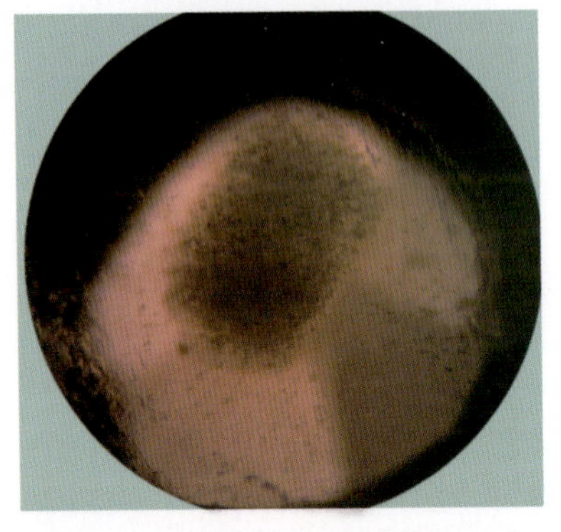
图4-9-43 石榴石中团状气、液包裹体和管状物，产自缅甸

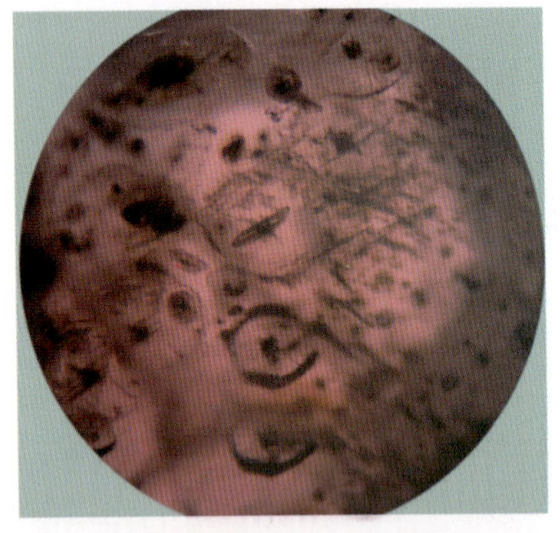
图4-9-44 粉色石榴石中有多个气、液包裹体，其中有黑色质点，像是黑胆，具有应力裂隙，产自缅甸

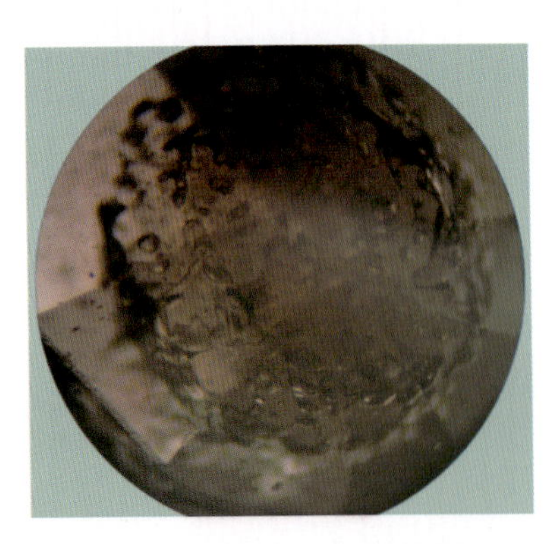
图4-9-45 石榴石中有环状气、液和磷灰石包裹体，产自缅甸

图4-9-46 石榴石中管状物密集平行排列——“和风细雨”，产自缅甸

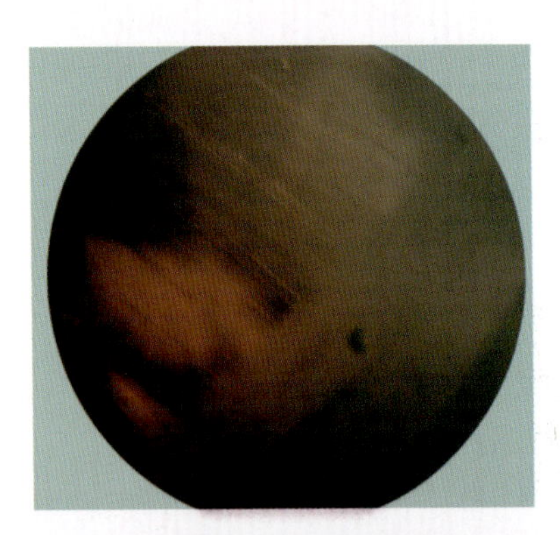
图4-9-47 石榴石中密集平行排列之纤状物——“毛毛雨”，产自缅甸

图4-9-48 石榴石中有密集平行排列之管状物、钛铁矿和榍石包裹体，产自老挝

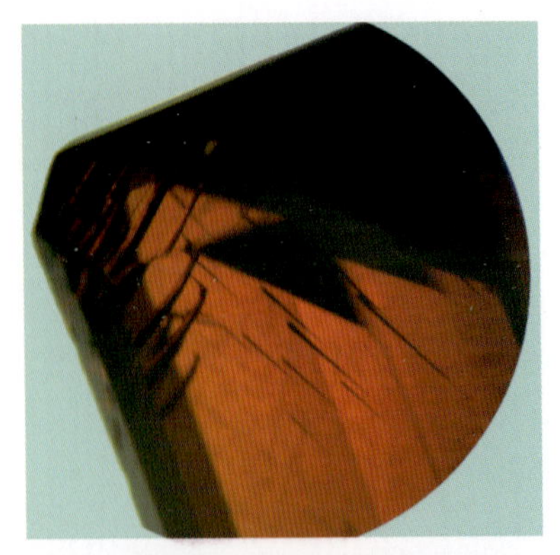
图4-9-49 大红石榴石中有电气石包裹体（长方形戒面）

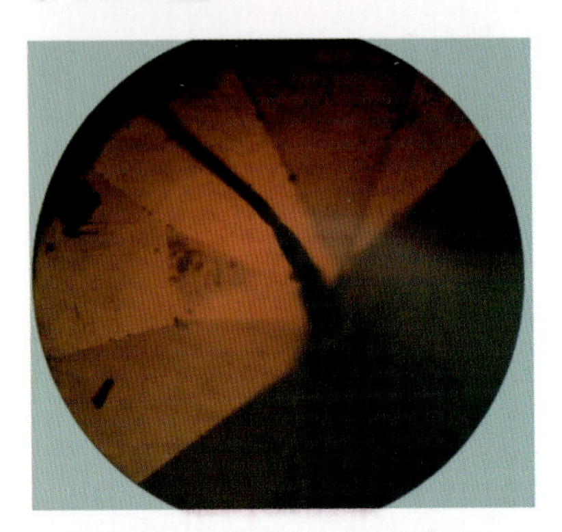
图4-9-50 石榴石中电气石和纤状物包裹体，产自缅甸

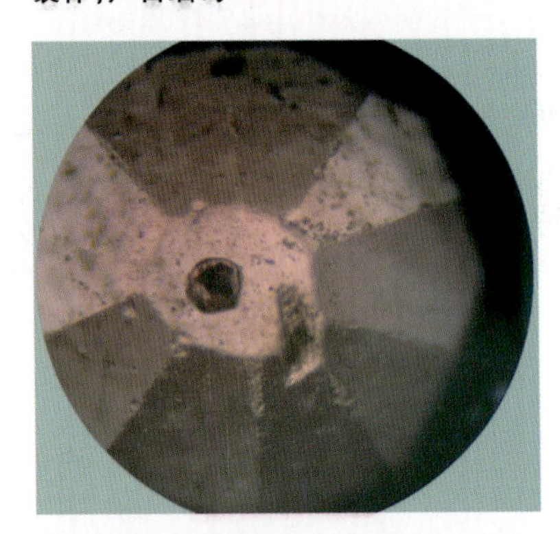
图4-9-51 石榴石中气、液和粒状石榴石包裹体，产自缅甸

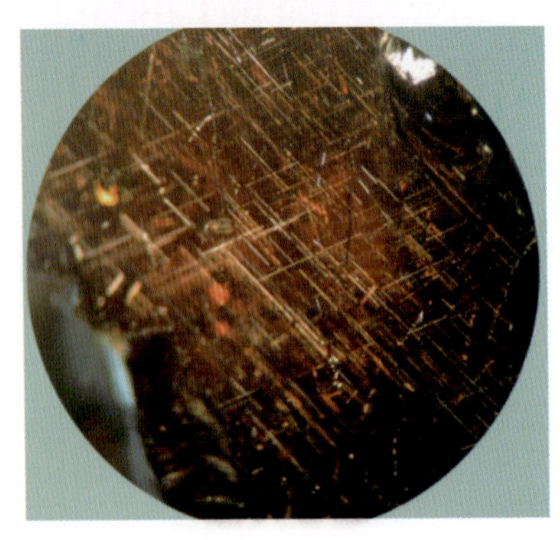
图4-9-52 石榴石中网状金红石包裹体

图4-9-53 石榴石中平行排列的金红石包裹体

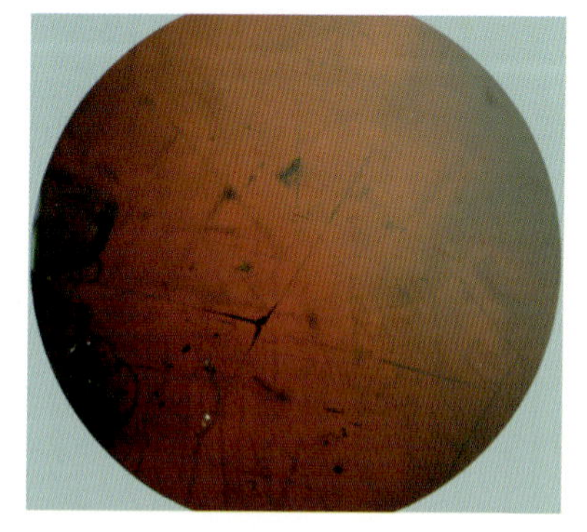

图4-9-54 石榴石中金红石呈针状包裹体，产自缅甸

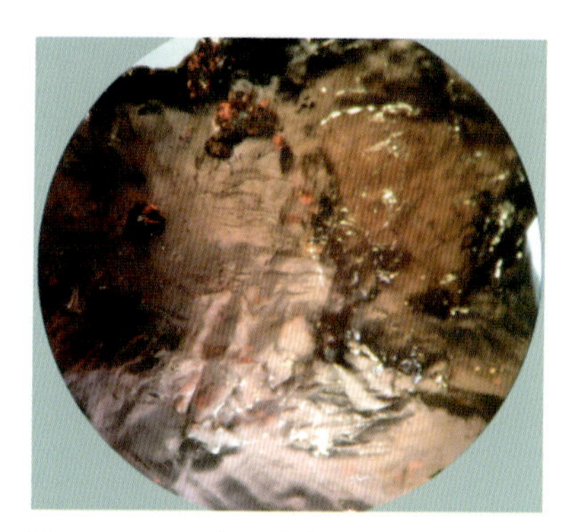

图4-9-55 石榴石中粒状金红石（红色）包裹体，产自老挝

图4-9-56 石榴石中锆石包裹体，产自缅甸

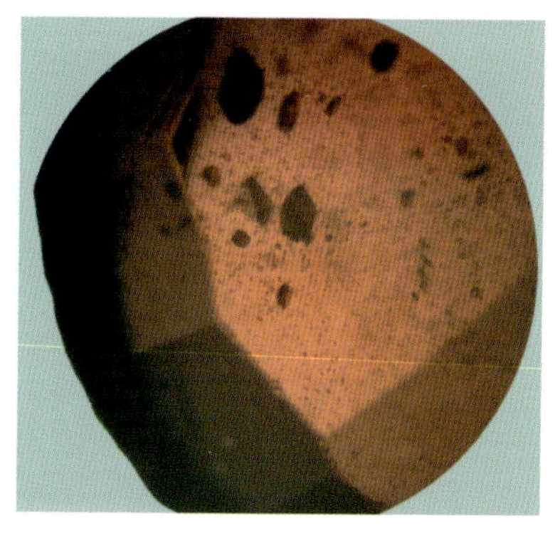

图4-9-57 石榴石中有气、液、锆石和石榴石包裹体，产自缅甸

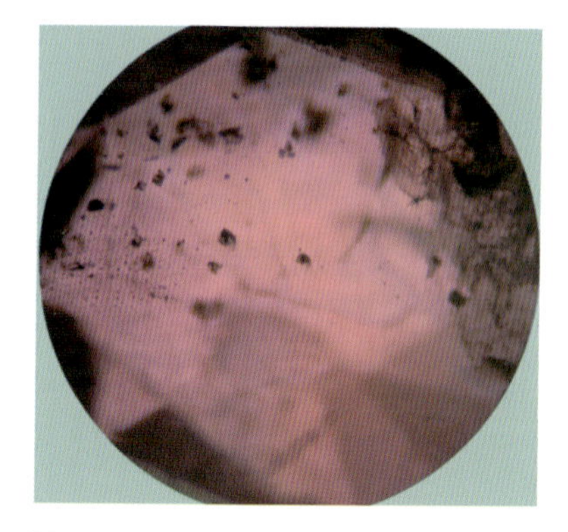

图4-9-58 石榴石（艳粉色）中有尖晶石（八面体）和气、液包裹体，产自缅甸

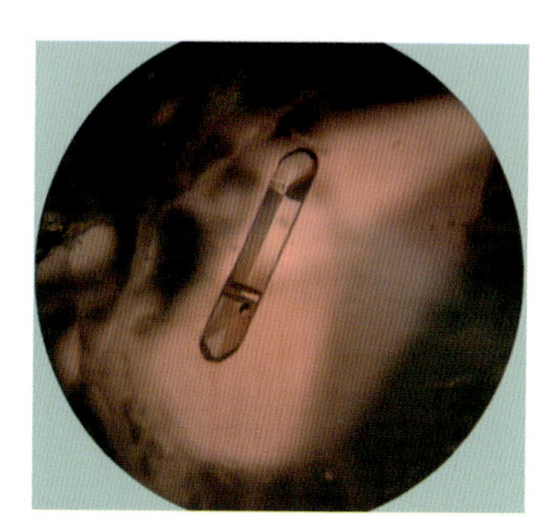

图4-9-59 浅粉色石榴石中有全自形锥柱状磷灰石包裹体，产自缅甸

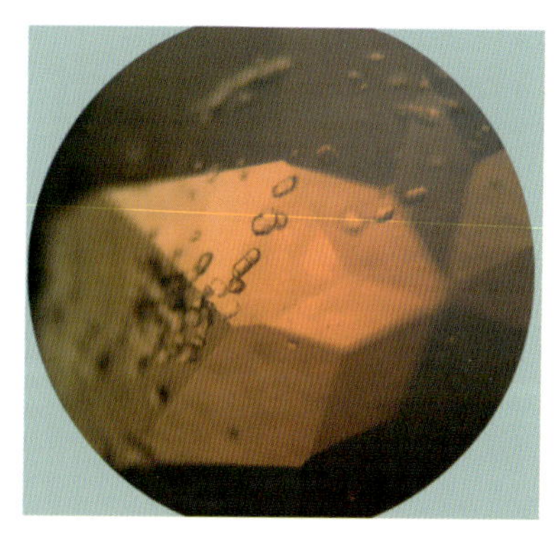

图4-9-60 黄色石榴石中有柱状、粒状磷灰石包裹体，产自缅甸

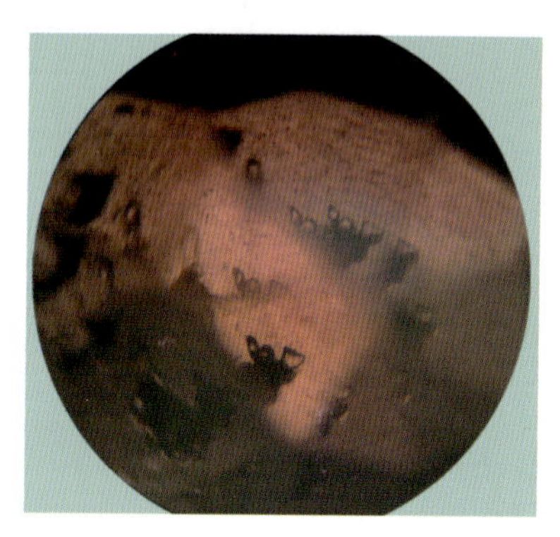

图4-9-61 石榴石中有晶簇状磷灰石和气、液包裹体，产自缅甸

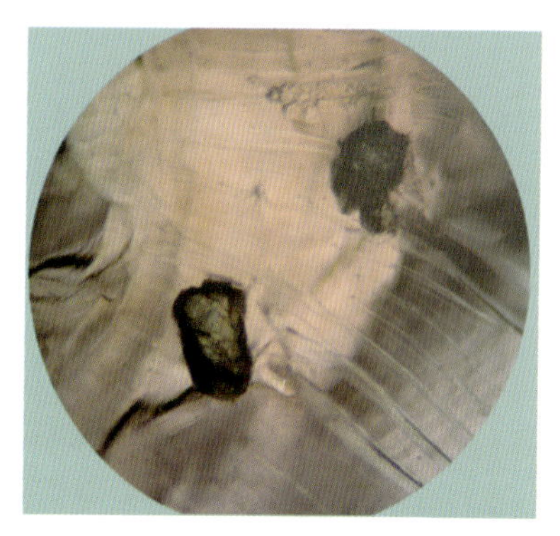

图4-9-62 浅灰粉色石榴石中有榍石（多粒）包裹体，产自老挝

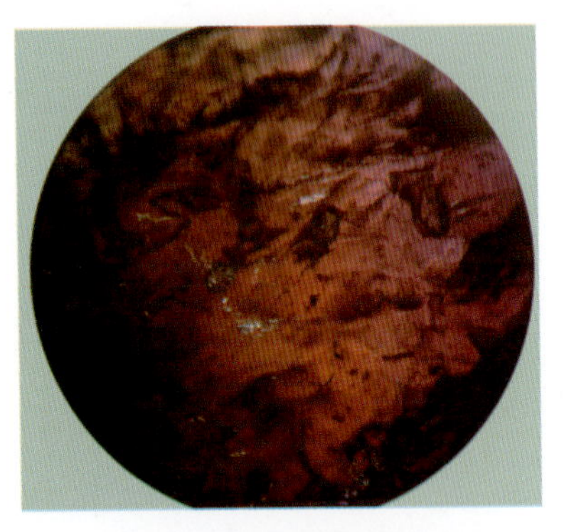
图4-9-63　石榴石中榍石(多粒)包裹体，产自老挝

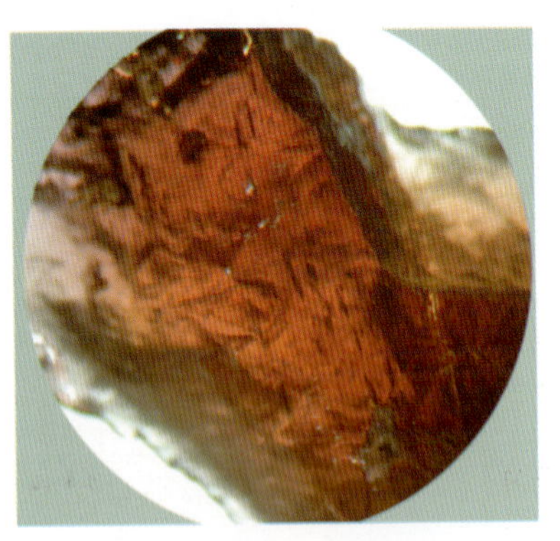
图4-9-64　石榴石中云母包裹体，产自老挝

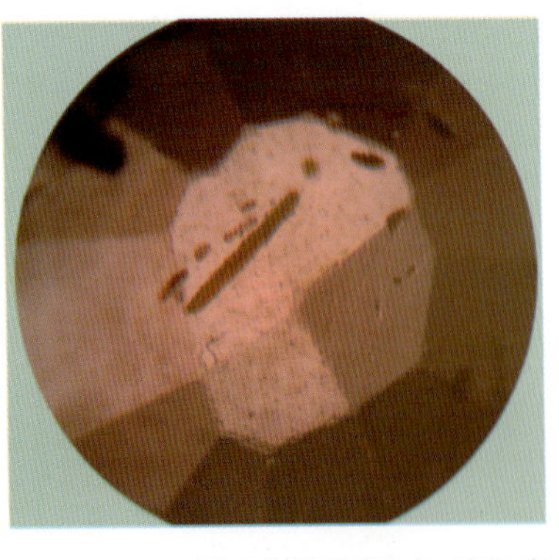
图4-9-65　石榴石中黑云母和气、液包裹体，产自缅甸

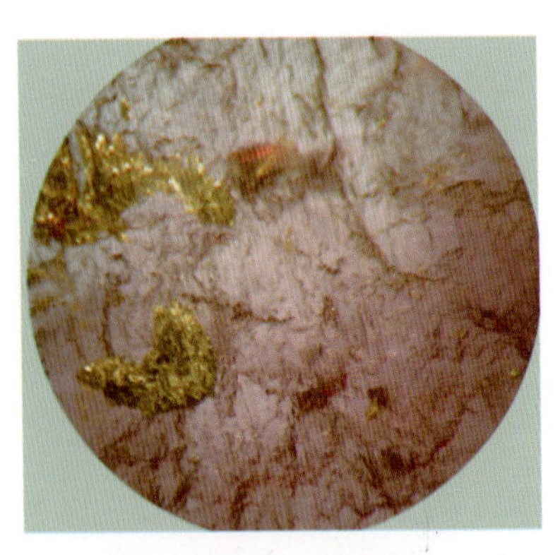
图4-9-66　石榴石中金云母、榍石、金红石包裹体，产自老挝

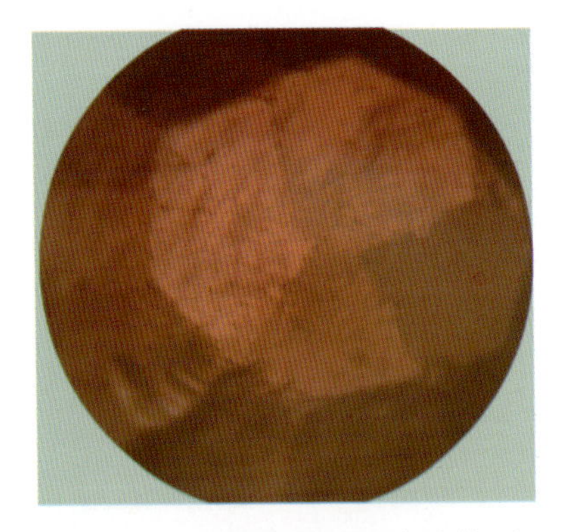
图4-9-67　石榴石中纤闪石包裹体，产自缅甸

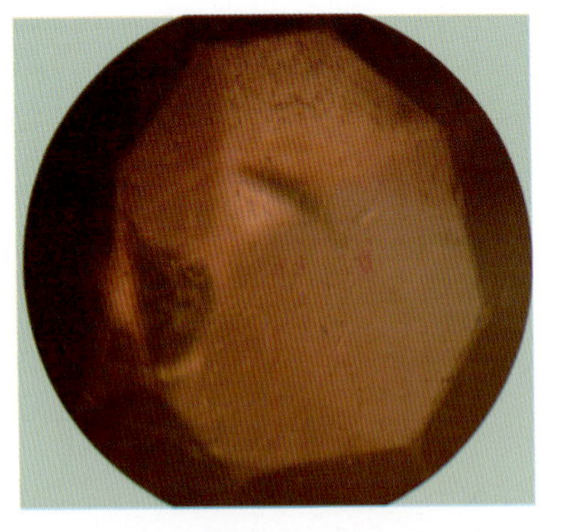
图4-9-68　石榴石中纤状物，管状物包裹体，产自缅甸

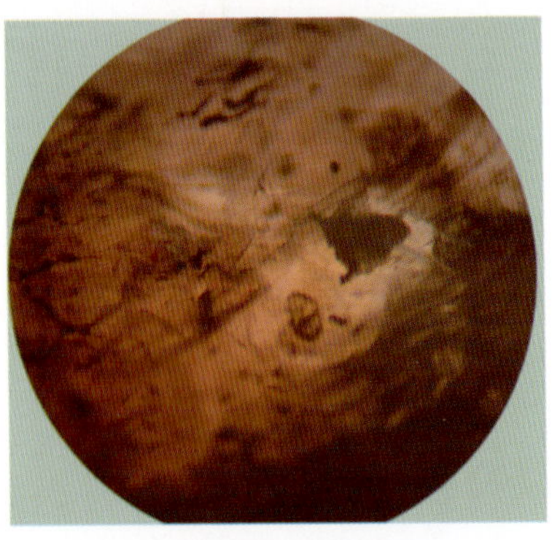
图4-9-69　石榴石中钛铁矿、榍石、磷灰石包裹体，产自老挝

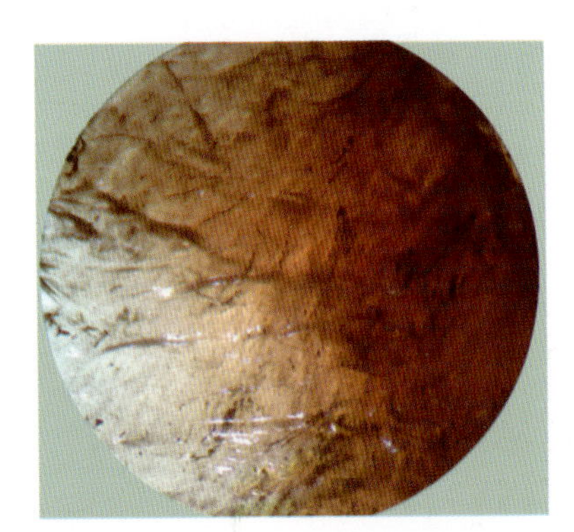
图4-9-70　石榴石中钛铁矿、纤状物包裹体，产自老挝

图4-9-71　石榴石中虹彩，产自老挝

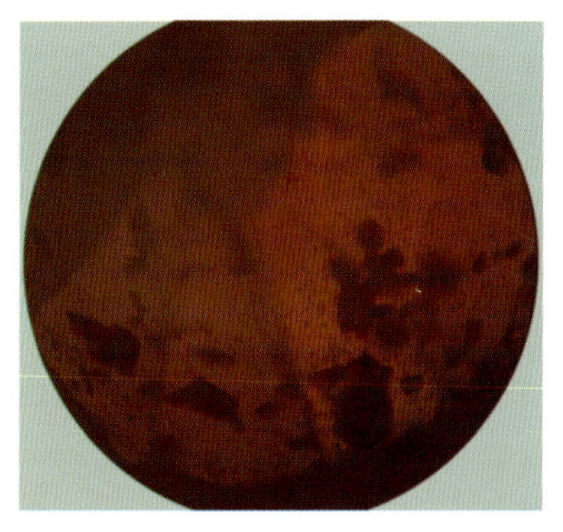

图4-9-72 石榴石中云母，气、液，管状物包裹体，构成图案“排排坐”，产自老挝

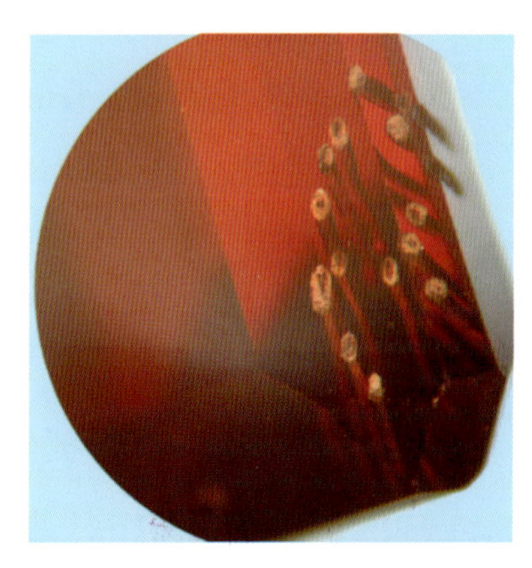

图4-9-73 石榴石中电气石包裹体，构成图案“娇蕊红妆嫣妍”“烟花”

图4-9-74 不同色、不同款的石榴石戒面、吊坠(12粒)

图4-9-75 石榴石戒面、吊坠(马眼形)，5mm × 10mm

图4-9-76 石榴石戒面、吊坠(梨形)，5mm × 7mm

图4-9-77 石榴石戒面、吊坠(圆形)，直径5mm

图4-9-78 石榴石戒面、吊坠(蛋形)，8mm × 10mm

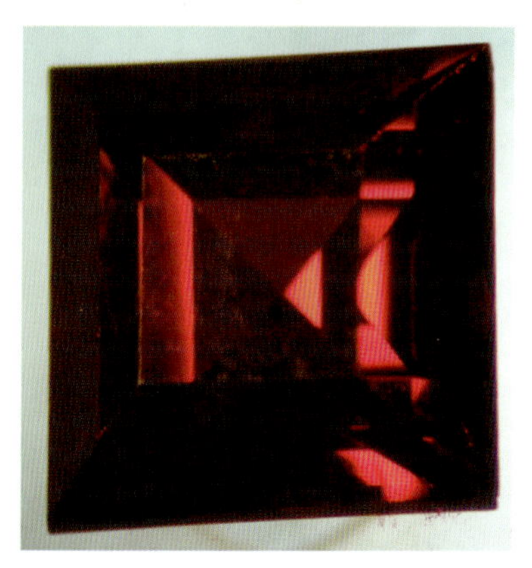

图4-9-79 石榴石戒面、吊坠(方形)，5.5mm × 5.5mm

图4-9-80 石榴石戒面、吊坠(长方形)，5mm × 7mm

第十节 黄玉
(Topaz)

一、概述

黄玉，其英文名Topaz由梵文“Topas”衍生而来，意为“火”。正如怀尔德所说：“黄玉有老虎眼睛般的黄色，像野鸽眼睛的红色和像猫眼般的绿色。”从而道出了黄玉颜色的美丽。为十一月诞生石。

二、基本特征

（1）化学成分：$Al_2SiO_4(F,OH)_2$。成分中F^-和OH^-的比值变化不定，F^-含量增加，相对密度加大，折射率降低；OH^-则相反。黄玉中常含有Fe、Cr、Ni、Ti、Mg、Mn、Nb、Ta等。

（2）晶系、晶形：斜方晶系。晶形为斜方柱状、晶体沿*C*轴延长呈柱状，端部常为锥形。晶面常具纵纹。也有呈粒状者。横切面似杏仁状。经水搬运磨蚀呈卵形。

（3）物理特征：硬度为8，相对密度为3.4～3.6，黄一粉红色者相对密度为3.52～3.53，白色和蓝色相对密度为3.56～3.57。玻璃光泽。贝壳状断口。透明—半透明。垂直柱面解理完全。韧性差。

（4）光学特征：二轴晶正光性。折射率：Ng=1.617～1.638，Nm=1.610～1.631，Np=1.607～1.630。蓝和绿色的折射率为1.609～1.617。黄、黄棕、红色的折射率为1.629～1.637。双折率0.008，色散0.014。多色性：弱至明显。蓝色：无色、浅蓝、亮蓝色。黄色：棕黄、黄和橙黄色。棕色：黄棕和棕色。红和粉红色：浅红，黄红至黄色。绿色：蓝绿和浅绿色。

（5）荧光和吸收光谱：在紫外线荧光长波下，无色者呈无荧光到灰黄色荧光。红色者呈棕黄色荧光。棕色者呈弱橙黄色荧光。在紫外线荧光短波下：粉红色者有中等程度的浅绿、蓝色。富含氟黄玉（无色）在长、短波紫外线下呈弱黄或绿色荧光。富含OH橙褐色和粉色者则显较强荧光。无特征吸收光谱。

（6）颜色：通常为无色、淡黄（酒黄）、淡蓝色。少数为蓝色、粉色、紫粉、淡绿、褐色等。目前市场上交易的深黄色和浅蓝—深蓝色者多是经过改色（辐照处理：γ射线辐照法、低能电子辐射法、高能电子辐照法、核反应堆中子辐照法）的。20世纪80年代用钴^{59}（Co^{59}）作辐射源将无色黄玉改色为黄色、黄褐色。但色不稳定，经过一段时间或暴晒会褪色。现在这种方法已经很少使用。目前多用中子辐射法，将无色黄玉改色为蓝色、浅蓝至深蓝色黄玉。值得注意的是：用高能电子或反应堆中子辐照黄玉的同时，往往诱生放射性。因此，辐照过的蓝色黄玉必须严格按国家有关放射性防护规定，把有放射性残余的辐射致色黄玉放置到豁免值以下才能出售。

三、包裹体

黄玉中的包裹体，最常见的是气、液、固三态不混溶的包裹体和孔穴。孔穴的形态有拉长、圆形、水滴

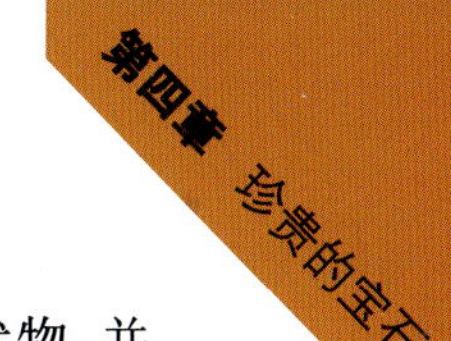

形、不规则形、象形文字形等多种形态。固态包裹体有云母、阳起石、电气石、赤铁矿等，还见有管状物，并见水胆和黑胆（参看本节图谱图4-10-29、图4-10-30）。

四、黄玉品种

无色黄玉：无色、透明，像水晶，但晶面有纵纹。

酒黄色黄玉：浅黄—浓黄，属优质品。

蓝色黄玉：浅蓝至深海蓝—深蓝色，多为浅蓝色。

绿色黄玉：浅绿—绿色。

紫红色黄玉：紫粉红色，少见。

红色黄玉：红、粉红、桃红、玫瑰红色，亦少见。

五、黄玉与相似矿物的鉴别

黄玉晶体常与水晶晶体相混淆，其实二者晶形完全不同，晶系也不同。黄玉为斜方晶系，水晶为三方晶系。最易区别的是晶面纹：黄玉是柱面纵纹，而水晶是柱面横纹。另外，黄玉的相对密度较水晶大得多。黄玉制成半成品最易与钻石、水晶相混淆。可从折射率、反光效果区别之。详见表4-3、表4-6、表4-9。

六、工艺要求和用途

工艺要求：要求透明、无裂、无杂质，块度越大越好，色要正，蓝色要色浓，酒黄色为佳品，如有天然的红色、绿色也很珍贵。

用途：主要用于装饰，如作戒面、吊坠等；块度大的可作雕件；晶体完整者可作收藏品；由于其硬度大，可作精密仪器的轴承。

七、产状和产地

产状：黄玉是典型的气成热液矿物，它是在高温并有挥发组分的条件下形成的，主要产在花岗伟晶岩和富酸性火成岩的晶洞中或云英岩和高温热液钨锡石英脉中。外生矿床亦颇为重要，主要产于古河道的砾石层中（呈卵砾状堆积）。

产地：巴西为重要的黄玉来源地，产黄色、橙黄色和橙褐色宝石级黄玉。美国得克萨斯州产无色和蓝色黄玉晶体，科罗拉多州产蓝色、无色、黄和红色黄玉晶体，犹他州产酒黄、褐色优质黄玉晶体。巴基斯坦产粉红色黄玉晶体，墨西哥产黄、褐色黄玉。澳大利亚的昆士兰和塔斯马尼亚产蓝色、无色和褐色黄玉晶体，新南威尔士产绿色黄玉。前苏联乌拉尔产多种颜色宝石级黄玉，有艳丽洋红色、黄色、淡褐色、蓝色和绿色黄玉晶体。非洲纳米比亚产无色和蓝色宝石级黄玉晶体。尼日利亚产蓝、白色黄玉晶体。马达加斯加产多种颜色的黄玉晶体和黄玉砾石。其次有德国、日本、斯里兰卡、缅甸、英国等地。中国产地有广东、云南、新疆、内蒙古、福建、江苏、广西、湖南、湖北、山西等地，主要产无色黄玉，经改色至蓝色黄玉。广东台山产的黄玉质地优良，是中国重要的宝石出口产品。

八、图谱鉴赏

有关黄玉晶形、晶面纵纹、晶面蚀纹、晶体颜色、包裹体等，请参看图谱图4-10-1～图4-10-53。

图4-10-1　白色黄玉，斜方锥柱状晶体，38mm×35mm×26mm，产自广东

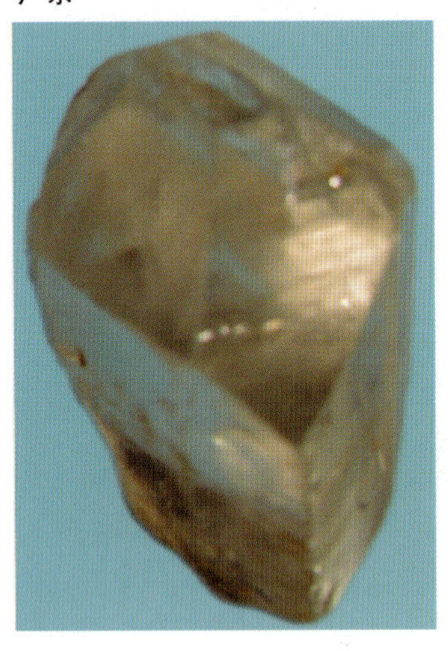
图4-10-2　白色黄玉，斜方柱状晶体，横切面似菱形，38mm×35mm×26mm，产自广东

图4-10-3　白色黄玉晶形（3粒），产自广东

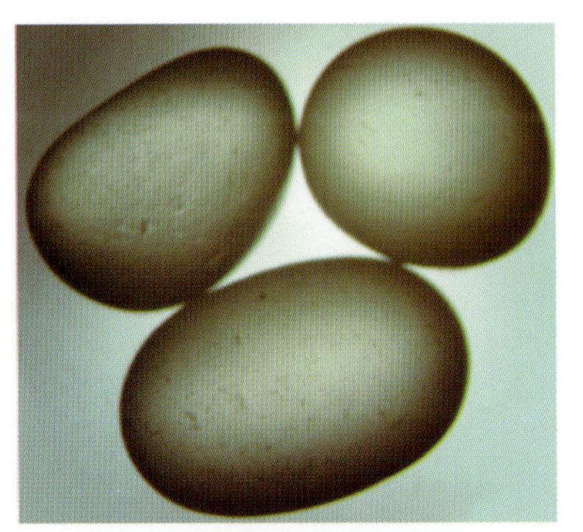
图4-10-4　白色黄玉，矿砂（3粒），产自广东

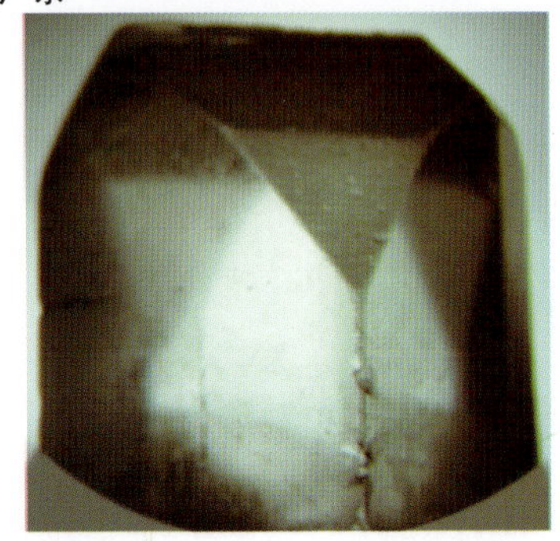
图4-10-5　信封状白色黄玉聚形晶，33mm×26mm×23mm，产自广东

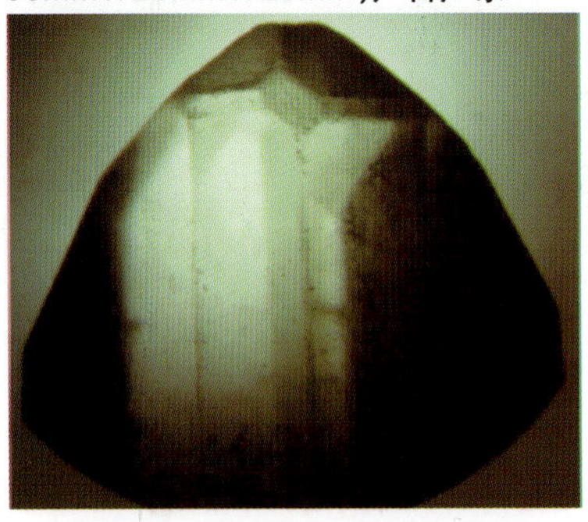
图4-10-6　白色黄玉晶体，斜方锥柱状，锥面近球形，产自广东

图4-10-7　白色黄玉晶体，斜方锥柱状

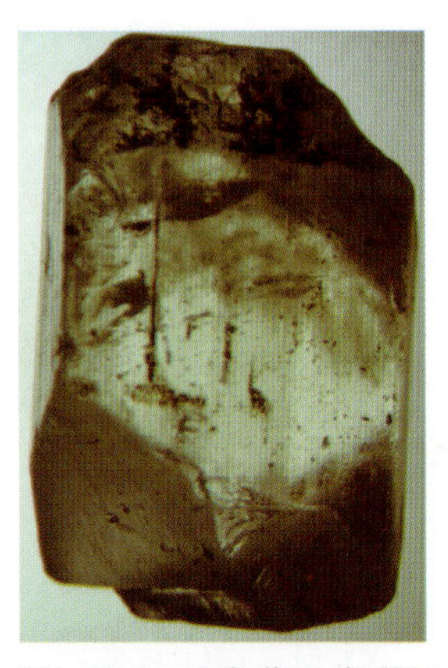
图4-10-8　白色黄玉，柱状晶体，产自广东

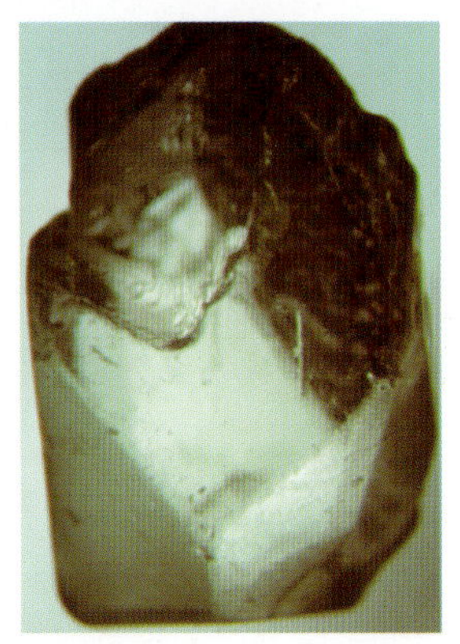
图4-10-9　白色黄玉，异形晶体，产自广东

图4-10-10　白色黄玉横切面，产自广东

图4-10-11　白色黄玉横切面似菱形，产自广东

图4-10-12 白色黄玉横切面，似杏仁状，产自广东

图4-10-13 白色黄玉横切面似菱形，产自广东

图4-10-14 白色黄玉聚形晶，产自广东

图4-10-15 黄色黄玉，晶面纵纹，内有绕曲的丝片状包裹体，产自广东

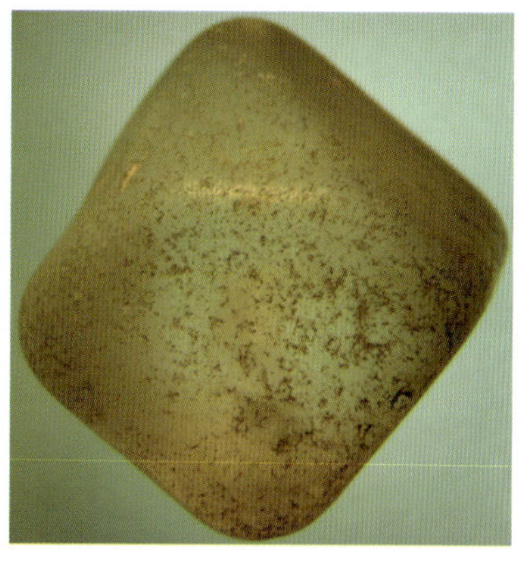

图4-10-16 黄色黄玉晶体，产自广东

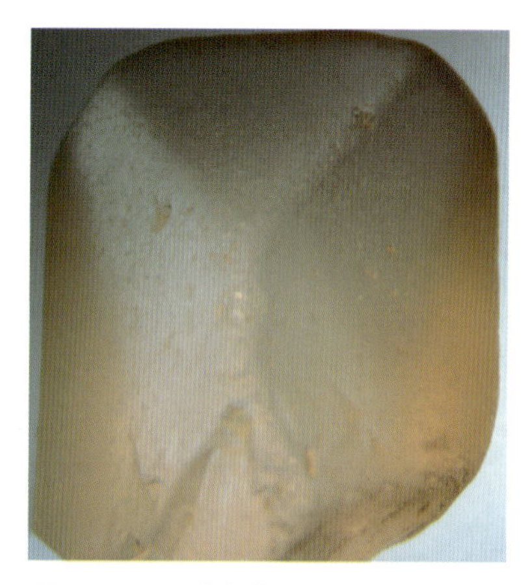

图4-10-17 黄色黄玉，信封状晶体，产自广东

图4-10-18 蓝色黄玉(改色)锥柱状晶体，产自广东

图4-10-19 蓝色黄玉(改色)锥柱状，锥面近球形，产自广东

图4-10-20 蓝色黄玉(改色)锥柱状晶体，锥面近球形，产自广东

图4-10-21 蓝色黄玉横断面，产自广东

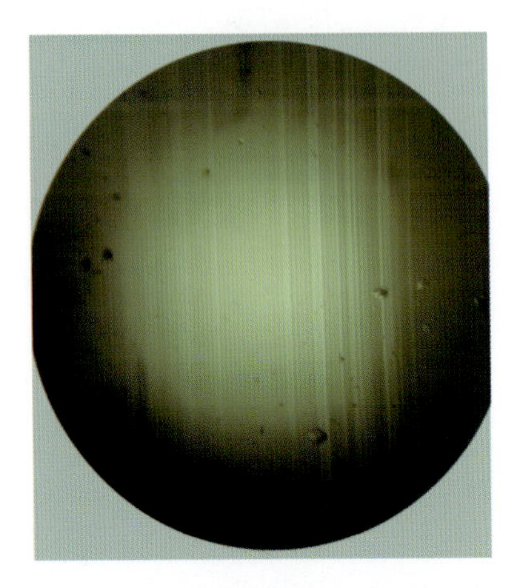
图4-10-22 天然蓝色黄玉,晶面纵纹,产自广东

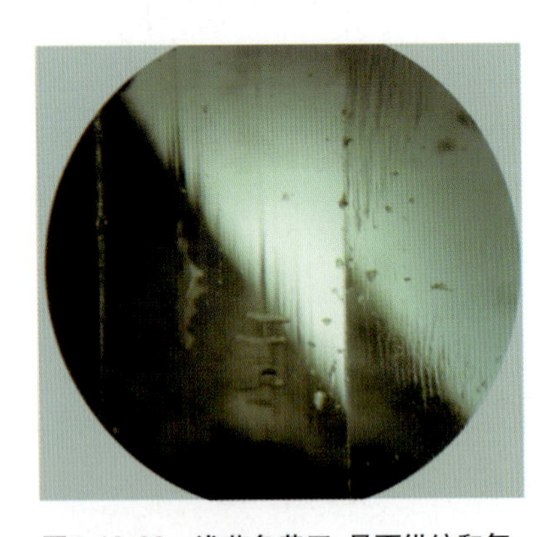
图4-10-23 浅蓝色黄玉,晶面纵纹和气、液包裹体,产自广东

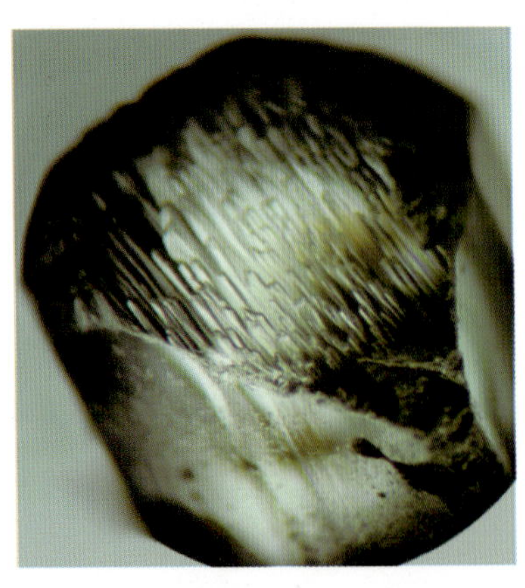
图4-10-24 白色黄玉晶面蚀纹,产自广东

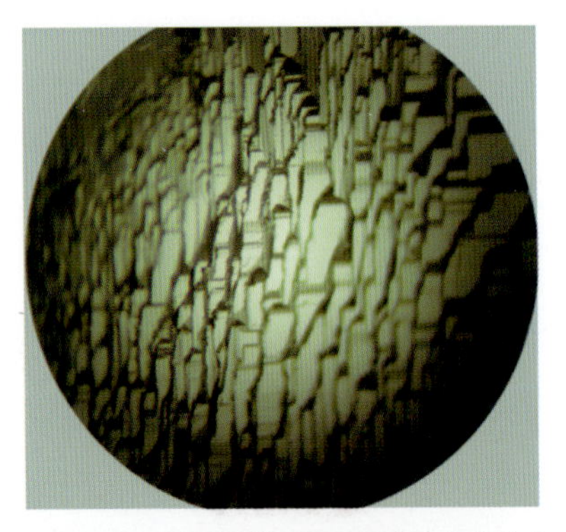
图4-10-25 白色黄玉晶面蚀纹,产自广东

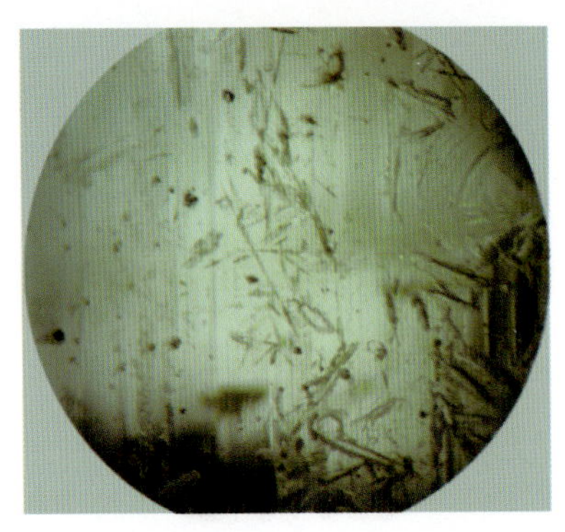
图4-10-26 白色黄玉晶面蚀纹(竹叶状),产自广东

图4-10-27 白色黄玉晶面蚀纹(米粒状),产自广东

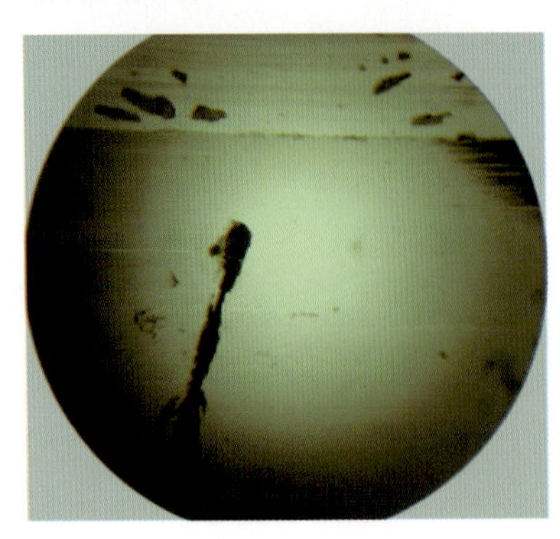
图4-10-28 白色黄玉中通道(孔穴)充填黑色物,产自广东

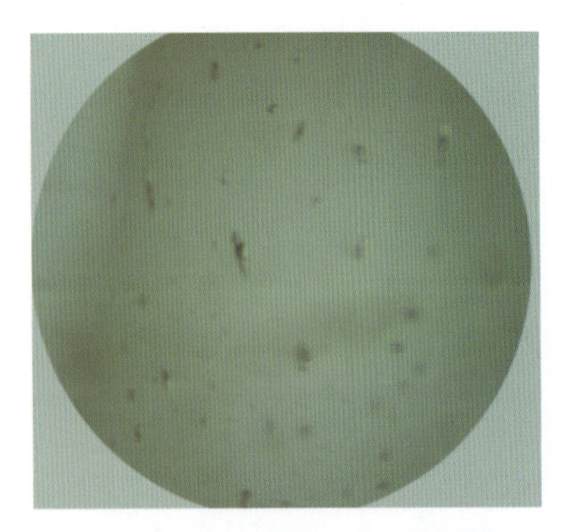
图4-10-29 白色黄玉中气、液包裹体——水胆,产自广东

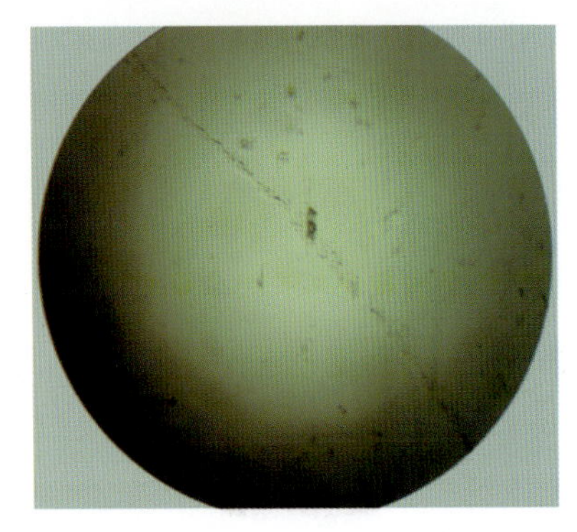
图4-10-30 白色黄玉中气、液包裹体,见水胆和管状物,产自广东

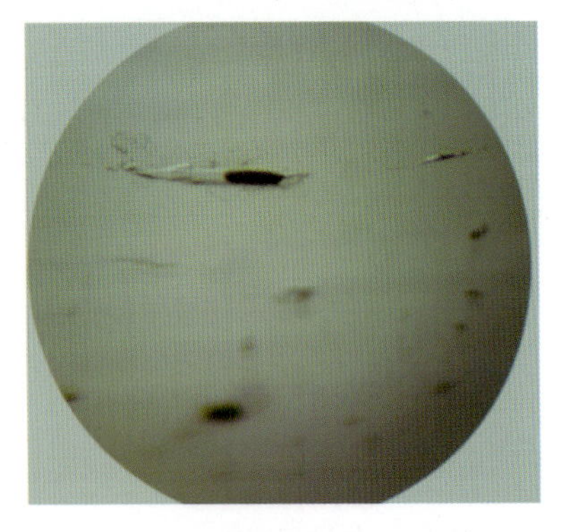
图4-10-31 白色黄玉中气、液包裹体,其内充填黑色物,产自广东

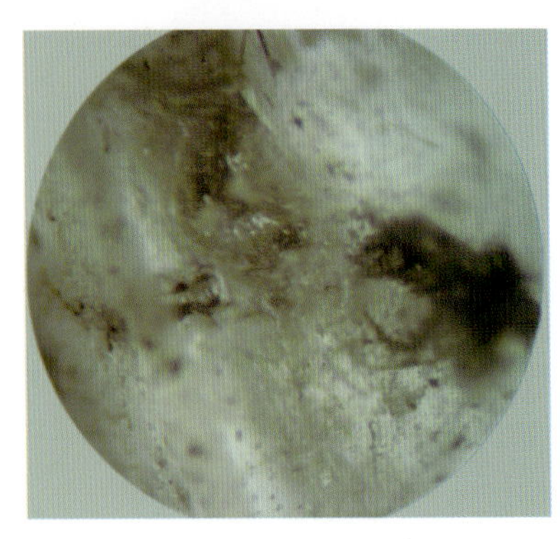
图4-10-32 黄玉中气、液包裹体,并见水胆,产自广东

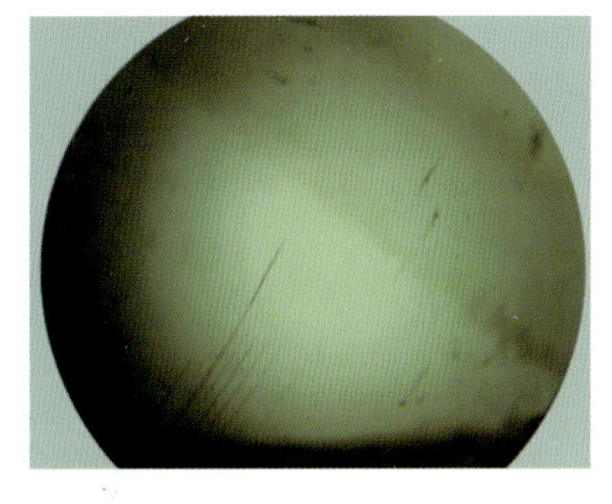

图4-10-33 黄玉中管状物包裹体，产自广东

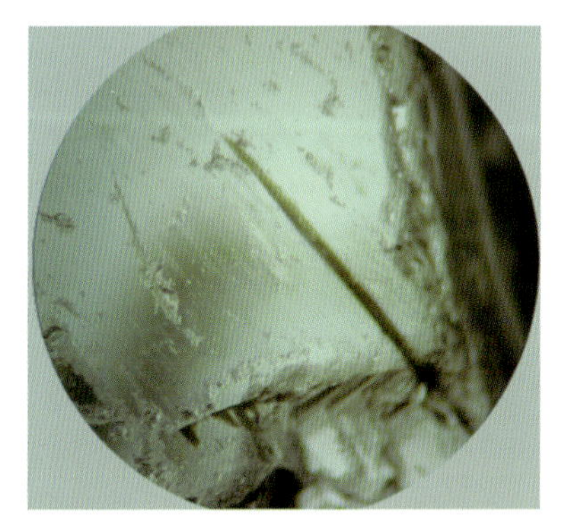

图4-10-34 黄玉中管状物，充填杂质，产自广东

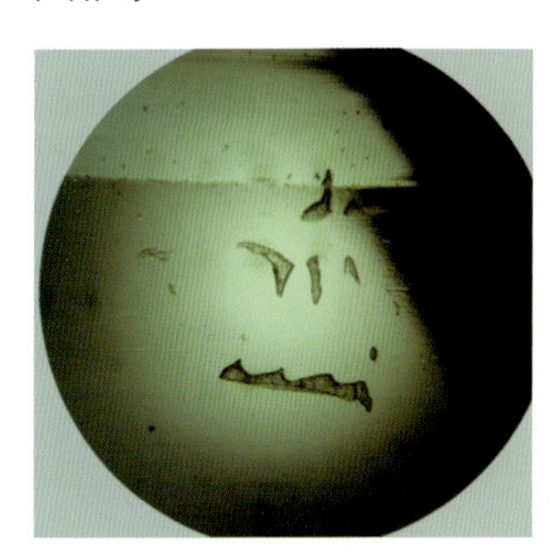

图4-10-35 黄玉中多个通道（孔穴）形似象形文字，产自广东

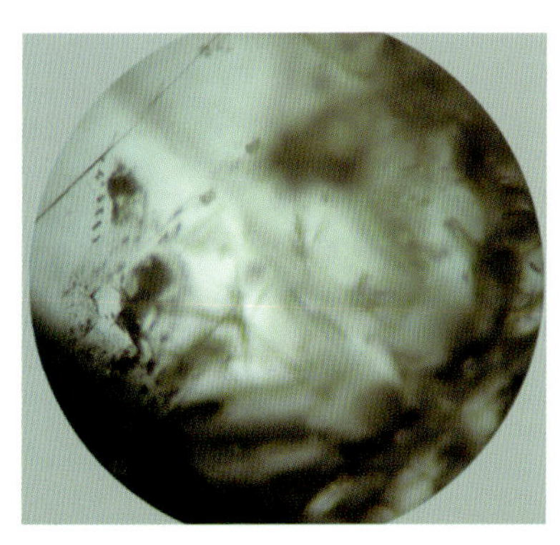

图4-10-36 黄玉中气、液，阳起石包裹体，并见多个小水胆，产自广东

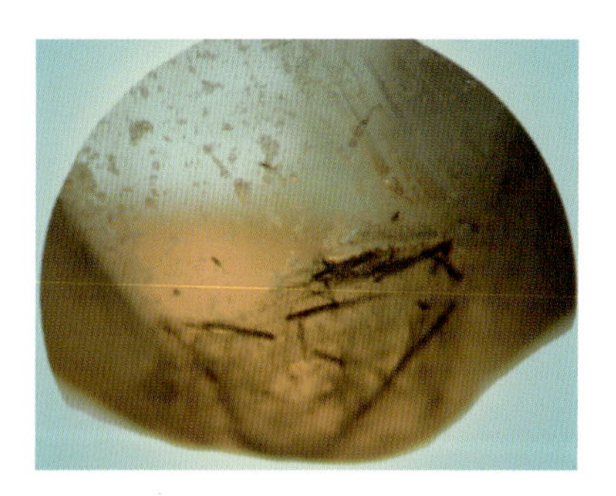

图4-10-37 黄玉中电气石，阳起石，气、液包裹体，并见水胆，产自广东

图4-10-38 黄玉中云母包裹体，产自广东

图4-10-39 黄玉中云母包裹体，产自广东

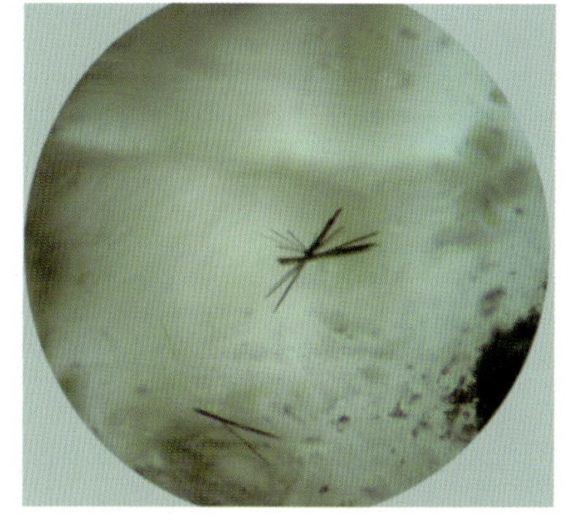

图4-10-40 黄玉中阳起石呈架状分布，产自广东

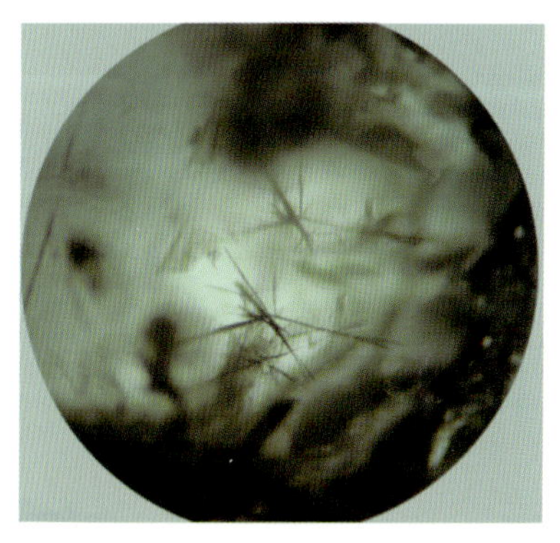

图4-10-41 黄玉中阳起石和气、液包裹体，阳起石呈架状分布，产自广东

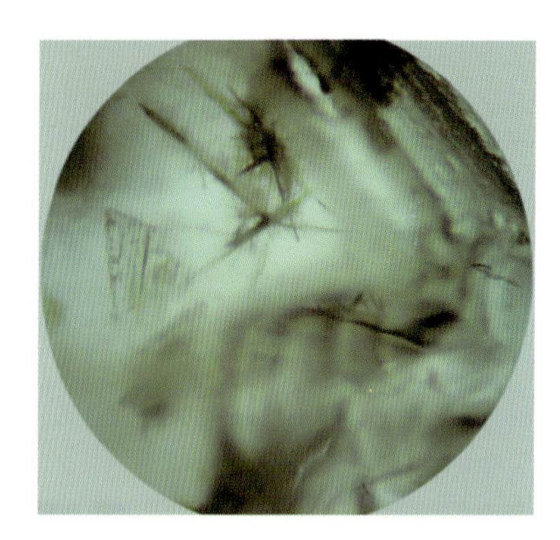

图4-10-42 黄玉中云母和阳起石包裹体，产自广东

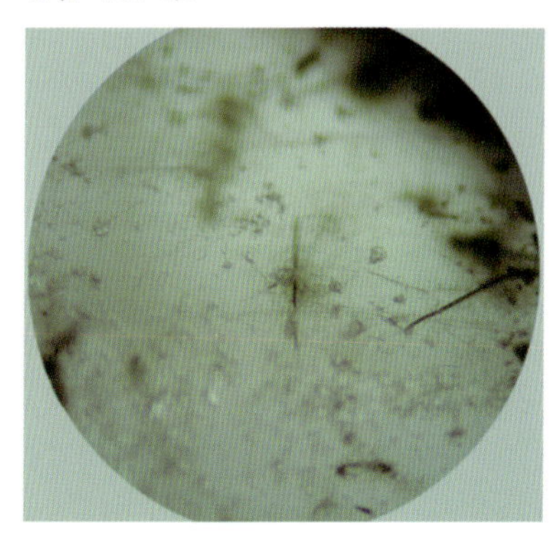

图4-10-43 黄玉中绒球状、麻团状阳起石包裹体，产自广东

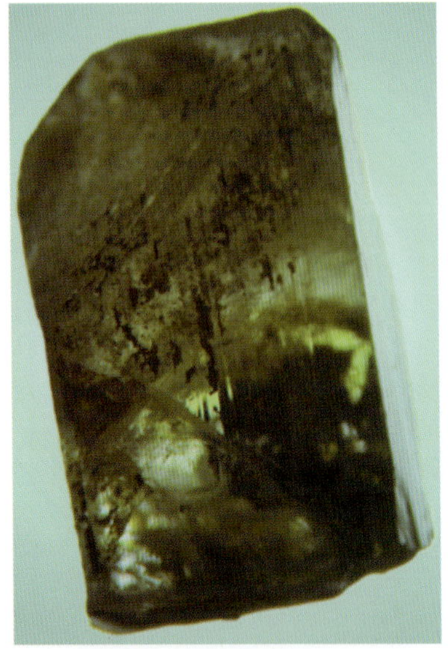

图4-10-44　柱状黄玉晶体，内含黑色矿物，并呈定向分布，产自广东

图4-10-45　黄玉中阳起石包裹体，在主体上长出许多绒球状，卷曲状的绒球——“海上仙草”，产自广东

图4-10-46　白色黄玉中铁氧化物构成图案“三鱼跳水”，产自广东

图4-10-47　白色黄玉戒面（吊坠），梨形，17mm×21mm，产自广东

图4-10-48　白色黄玉戒面（吊坠），直径17mm，产自广东

图4-10-49　白色黄玉戒面（吊坠），直径17mm，产自广东

图4-10-50　白色黄玉戒面（吊坠），蛋形，14mm×18mm，产自广东

图4-10-51　蓝色黄玉（改色）戒面（吊坠），蛋形，6mm×8mm，产自广东

图4-10-52　蓝色黄玉（改色）戒面（吊坠），美国改色，蛋形，10mm×12mm，产自广东

图4-10-53　蓝色黄玉（改色）戒面（吊坠），长方形，9mm×11mm，产自广东

第十一节 有机质宝石

(Organic Gemstone)

一、琥珀(Amber)

(一)概述

琥珀是一种令人感兴趣的宝石材料。古称"兽魂""江珠""光珠""育沛""牟顿"等。从神话传说的角度琥珀有"虎魄"之意。琥珀石(Succinite)源于拉丁语"Succinum",该词来自单词"Juice",意为"汁液",亦有"精髓"之意。用琥珀作的饰物在希腊和埃及古墓中常有出土,作为古代殉葬品。琥珀作为宝石已有6000年的历史。

琥珀不是一种无机矿物而是一种有机矿物,是古代树木的石化松脂。当小昆虫受树脂闪光的诱惑,失足即被树脂粘住,与树脂一起变成化石。1500万年前的昆虫成了天然琥珀的内含物体。琥珀中常含有完整或不完整的昆虫遗骸或植物、松枝、种籽、苔藓、木屑、岩屑等物质。

(二)基本特征

(1)化学成分:琥珀是一种多成分有机树脂混合物。其分子式为$C_{10}H_{16}O$,含C约79%,H约5%,O约10.5%,还含有H_2S、琥珀酸$HOOOCH_2$-CH_2COOH(少于10%)和其他气液包裹体等。另外,还含有微量Fe、Mn、Al、Mg等元素。

(2)物理性质:摩氏硬度为2~2.5。相对密度为1.05~1.096,通常为1.08。透明—半透明—不透明。无解理。贝壳状断口。树脂光泽、油脂光泽。

(3)颜色:淡黄至暗褐色,甚至红色。有些呈微白、橙黄、金黄、桃红,微绿、微蓝、微紫,绿色或蓝色少见。通常为黄色—橘黄色—褐色。氧化后呈红色。其颜色常由荧光或光的干涉引起,或光通过琥珀内部的气泡所致。琥珀可染成各种颜色。加热或浸入着色剂即可得到各种所需之色,如白色(骨琥珀),蜡状微透明(杂琥珀),白垩状、有气泡(泡琥珀)等。

(4)形态:其形状多呈块状、厚板状、瘤状、豆状、泪滴状、扁饼状和不规则状等。

(5)光性:为非晶质(可局部结晶),平均折射率为1.54,变化范围1.54~1.539。

(6)偏光反应:一般为强异常双折射,上偏光镜打开时,可变成橙红色。可显应变干涉色。

(7)荧光和吸收光谱:长波显蓝白色,由无到强,有黄绿色至橙黄色;短波较弱,为暗黄绿色荧光。琥珀吸收光谱不明显。X射线照射通常无发光现象,有一些琥珀具发光现象。波罗的海琥珀在紫外线短波照射下有灰蓝色荧光。

根据王徽枢老师对我国抚顺琥珀和河南西峡琥珀所作的红外光谱和激光拉曼光谱的分析结果看:琥

珀的荧光色及相对荧光强度与琥珀的颜色和含微量元素有关，颜色越深，荧光色也越深；颜色浅的琥珀相对荧光越强，色深者强度小。深色琥珀是由于含Fe、Mn、Al、Mg等元素所致。另外，荧光的强度与组成结构和风化程度等也有关。

(8)热针检查：琥珀会发出松脂味。琥珀摩擦会产生负电荷，能吸起纸片。

(9)放大检查：琥珀内常含有天然包裹体，如气泡、昆虫、种子、植物、苔藓等物质；澄清琥珀因压裂纹及其他包裹体而闪光。

(三)品种

1.中国划分的品种

金珀：晶莹如同黄水晶，非常珍贵的优质琥珀。

虫珀：琥珀内含有昆虫包裹体。

香珀：含有芳香簇物质，有香味。

灵珀：透明度高，蜜黄色，较珍贵。

明珀：透明度较高，呈橘红色和黄色。

水珀：透明如水，浅黄色，外皮粗皱。

石珀：硬度较大，黄色透明，有一定石化。

花珀：透明，有黄白相间的花纹，形如马尾松。

蜡珀：蜡黄色，虽透明但有脂状感。

密蜡：性软的琥珀。

红松脂：透明度差，混浊，性脆。

2.块珀类型

海珀：产于海中，漂浮在海水面上，称“海石”或“网石”。

坑珀：采自矿山，包括波罗的海所产的原料。

洁珀：高度透明的琥珀。

块珀：致密块状的无色至暗色，微红黄色。

脂珀：充满小气泡，微透明—半透明。

浊珀：有大量细小气泡包裹体，混浊。

泡珀：一种不透明的白垩状琥珀，不能抛光。

骨珀：含大量气泡，不透明，白色至褐色，性软，不易抛光。

另三种不同类型：

(1)高氧琥珀(西西里琥珀)：红至橙黄色，色较暗，有时有荧光，可使颜色变为微黄绿色或微蓝色调。

(2)硬琥珀(中国或缅甸琥珀)：缅甸琥珀呈微褐色至暗褐色，有时近无色至淡黄—橙黄色。此种琥珀比波罗的海的稍硬，并常有方解石充填的裂纹，只有淡色变种透明。此种琥珀产自缅甸，通过中国投入市场。

(3)含硫琥珀(罗马尼亚琥珀)：微褐黄色或微褐红色至红色。

(四)用途及品质要求

药用：有特定的医疗价值，为甲状腺镇痛剂，不受大小的限制。

饰用：由于质地轻，适宜作项链、手链、串珠、念珠、珠粒、耳环、吊坠、镶嵌戒指，还可制造香烟盒、工艺

品等。饰用琥珀要求纯净、透明、色艳、致密。有完整昆虫遗骸包裹体的可作为珍品收藏，也是名贵的首饰原料。无瑕透明琥珀属高档品。

由于琥珀的熔点低，所以德国人称之为“Bernstein”（燃烧石），故常用作卫生香。

琥珀雕刻工艺品可供观赏用。罗马人赋予琥珀极高的价值，据记载，一块琥珀刻成的小雕像比一名健壮的奴隶价值更高。作雕件用的琥珀料，要求块度越大越好，要纯净、透明，如有完整昆虫遗骸包裹体，做成摆件，可成为稀世珍宝（参看本节琥珀昆虫包裹体照片）。

（五）琥珀的改造

由于天然琥珀热稳定性和化学稳定性都较差，在150～200℃温度下，琥珀会软化，到250℃时就会熔化。因而可用热处理法使琥珀颜色改变和提高它的透明度。

（1）琥珀的热处理：琥珀在空气中受热（低温）时，颜色会变深，如黄色和浅黄色琥珀受热或氧化会变成浓橙色或褐—褐红色，很像一些古玩中的老琥珀，因而常被一些珠宝古玩商人用来冒仿琥珀古玩。

另外，对一些混浊琥珀（含气体包裹体），把它放入热油介质（菜籽油或亚麻籽油）中进行热处理（处理时要十分缓慢并控制好温度），就会将琥珀中的气泡赶出，使之透明度提高。

在热处理过程中，经常看到所谓的“应力裂纹”，这是由于受热不均匀或冷却速度过快而产生的裂纹，多呈“树枝状”或“圆蝶形”。如果裂纹不深，不会破坏琥珀，而是有奇异的光学效应（闪光），会给琥珀制品增添光彩。

（2）琥珀的染色处理：这种处理方法历史悠久，古埃及人及古罗马人，用天然植物染料把琥珀染成各种颜色（特别是绿色、红色和紫色）。染色时要特别注意选择性质稳定的染料，这样琥珀不易褪色。

（六）天然琥珀与熔合、压缩琥珀及有机玻璃、塑料的鉴别（见表4-13）

表4-13　天然琥珀与熔合、压缩琥珀及有机玻璃、塑料的鉴别

方法	天然琥珀	熔合、压缩琥珀及有机玻璃、塑料
包裹体	有完整或不完整的古代昆虫、苔藓、地衣、松枝、岩屑等	有各种现代昆虫，如甲壳类、蜜蜂等
气、液包裹体	气泡呈浑圆形、圆形	气泡呈拉长形、流形、扁平、片状结构
热针法	有松脂味	有塑料臭味
刀刻法	粉状、碎片、碎屑崩散	卷曲剥皮
氧化、老化	老化后变红色或褐色	熔合、压缩琥珀为白色
相对密度法	在盐水中漂浮	在盐水中沉底
颜色	均匀、自然	颜色不自然或有时不均匀
感观	均匀、自然	单调、呆板

（七）琥珀的保养

琥珀为有机质矿物，怕高温，忌暴晒，易溶于有机试剂。因此不宜放在阳光强烈的地方，或过于干燥

的地方。要避免与汽油、煤油、酒精、指甲油等重液接触。

(八)产状、产地

产状:主要产于沉积地层中或煤系地层中,以及海滨砂矿中。

产地:世界著名产地在波罗的海沿岸国家。如前苏联、波兰(波兰第二大城市格坦斯克市是波兰琥珀加工企业最集中的地区,对开采、加工与市场经营已有悠久的历史和传统风格)。前东德、丹麦、意大利西西里岛席米陀河产的席米琥珀为奶蓝色或绿色。罗马尼亚产的优质琥珀称杂色琥珀。挪威、墨西哥南部(金黄色)、英国、法国、西班牙、捷克、缅甸产的琥珀为浅褐黄色、褐色、无色、淡黄色和橙色,为杂色优质琥珀。此外,加拿大、美国新泽西州等地也发现优质琥珀。黎巴嫩有古老的琥珀矿床产地。多米尼加(沉积岩中)有黄、橙和红色品种,其中有蜘蛛虫。

中国最主要的琥珀产地为辽宁抚顺煤矿(煤系地层)。有浅褐、褐、红褐、黄、黑褐等色。其质量甚佳。并常见有各种完美的昆虫遗骸和松枝等。有观赏和收藏价值。产于新生代早第三纪含琥珀煤系地层中。另一产地为河南西峡所产的琥珀,块度小,大如黄豆,小至几毫米,只能作药物或熔合、压缩琥珀的原料。据王徽枢老师作的拉曼光谱和红外光谱的分析结果看,两个地区分析结果大致相似。其次在云南、西藏等地也有发现。

最后献上唐文普的一首诗,从这首诗中我们可以领悟到琥珀的全部。

琥　珀

曾是晶莹透亮的泪滴,
为被遗落的命运哭泣;
曾是森林的弃儿,
却又执着爱森林的土地。
一个、十个、百个世纪的湮灭,
就有百种、千种、万种色彩绚丽的希望积聚,
褐红、金黄、绛紫,
终于显露出独异的风姿,特有的价值。

笔者也搜集了一些琥珀,有的琥珀包裹了形态完美的昆虫,栩栩如生。亦有些肢体破碎或卷成一团,可以想象由突发地质事件引起昆虫灭亡的情景。

二、珍珠(Pearl)

珍珠的英文名称Pearl,是由拉丁文Pernula演化而来。珍珠是古老的有机质宝石,早在远古时期人类就用以作装饰品。是六月诞生石。

化学成分:$CaCO_3$。含有少量水和珍珠角质。珍珠角质为10%~14%。

珍珠的形成及结构特征:珍珠是产在软体动物的蚌体内,由内分泌作用生成有机质的矿物(文石)球粒。当外界细小异物进入到珍珠蚌体内,接触到蚌的外套膜时,外套膜受到刺激,便分泌出珍珠质将异物一层层地包裹起来,便形成了珍珠。其结构是由珍珠角质和文石晶体垂直层面互相重叠排列呈同心圆状

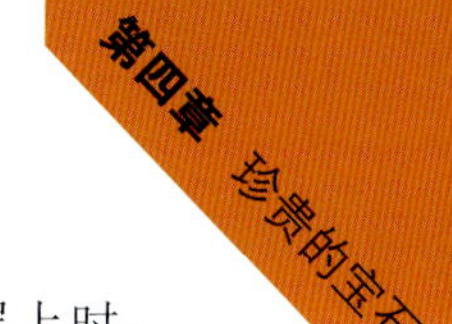

的生长层。因此，珍珠是由两种物质构成的放射状小球体。由于其结构特征，当光线照射到珍珠层上时，波长不同，反射出的光波就会相互叠加或减弱，因此造成了珍珠所特有的柔和以及带晕色的珍珠光泽。

基本特征：颜色为白、亮黄、米黄、玫瑰色、浅紫（丁香紫）、古铜色、褐、红、灰和黑色。蓝色、绿色和纯红色少见。通常在同一粒珍珠上可见不同色彩，这是由于珍珠层的结构对光衍射造成的。珍珠光泽。贝壳状断口。不透明至半透明。硬度为2.5～4.5。相对密度为2.6～2.78。人工养殖珍珠相对密度为2.72～2.78。遇盐酸起泡并在盐酸中溶解。折射率为1.53～1.686。

荧光：天然珍珠在紫外线长、短波照射下有亮蓝、淡黄、淡绿或粉红色荧光。养殖珍珠在紫外线长波照射下有时有天然珍珠的荧光，有时无荧光。X射线照射下大多数有核，养殖珍珠呈现出强的浅绿色荧光和磷光。天然珍珠多数不发光。

珍珠的种类和鉴别：

（1）天然珍珠：附生于天然海水和淡水湖中的软体动物贝壳中自然产出的珍珠。海水中产出的珍珠称海珠，也称盐（咸）水珠，淡水中产出的珍珠称淡水珠（指江、河、湖产出的珍珠）。

（2）养殖珍珠：即用人工方法培殖的珍珠。分海水养珠和淡水养珠。其方法是将母蚌撬开放入珠母，母蚌在外来珠母的刺激下不断分泌珍珠质，层层将珠母包裹起来，就形成了珍珠。海水养珠在热带或亚热带的浅海水域中。淡水养珠是在湖泊、池塘、小溪中，要求泥沙含量少，水质中性或弱酸弱碱，水深不超过4m的环境中。

（3）天然珍珠和养殖珍珠的鉴别：两者的主要区别在于其结构的不同。天然珍珠结构均一，而人工养珠有核，可见到灰、白相间的条带以及珠母与珍珠层结合处有一条褐色线迹（将珍珠放在一个由小孔射出来的强光源下转动观察），有时明显可见珠母和珍珠层。宏观观察：人工淡水养珠表面常有突起的凹坑，形状多不规则，呈椭圆、梨形，亦有圆形等。而天然珠表面光滑，海水珠多呈圆形，光泽也比养珠好。此外，相对密度法、钻孔法、内镜法、X光及荧光法都是鉴别珍珠的重要方法。

品质要求：品质的好坏决定于其颜色、光泽、质地、形状、大小、透明度。颜色以白稍带玫瑰红及纯白色为最佳。蓝黑或黝黑具强珍珠光泽品种亦极为珍贵。其光泽有带虹彩般的晕色也颇受欢迎。质地致密、透明度高者为佳品。形状越圆、体积越大者价值越高。

珍珠的保养：因为珍珠的化学成分为$CaCO_3$，可溶于盐酸中，故应注意珍珠饰品不宜接触酸、碱、油、盐、酒精、醋、香水等易腐蚀物。在身体流汗多、洗澡时不宜佩戴。切忌暴晒或高温烘烤。

用途：珍珠除饰用外还可作药物。

产地：天然珍珠来自波斯湾地区，斯里兰卡珍珠在白色本体上出现绿、蓝或紫色的晕色。南洋地区（缅甸、菲律宾、澳大利亚）的南洋珠粒大、形圆、珍珠层厚，具强珍珠光泽；还有波利尼西亚诸岛屿、墨西哥、委内瑞拉、美国、日本、中国（广东沿海及北部湾地区）。

淡水珍珠：优质淡水珍珠来自苏格兰、威尔士、爱尔兰、法国、美国、波斯湾、菲律宾、澳大利亚等国家和地区。

养珠产地：日本、中国（广西、浙江、江西等地）。

珍珠母蛤分布于澳大利亚北部沿海。

三、珊瑚(Coral)

珊瑚又称“海石花”。珊瑚，英文名称Coral来自拉丁语Corallium。

珊瑚是古今中外人们喜欢的一种有机质宝石。古罗马人把珊瑚枝挂在小孩脖子上保护他们的安全，意大利人把珊瑚作辟邪的护身符，印度和中国西藏人民把珊瑚作为祭佛的吉祥物。而且相信珊瑚有防止灾祸、给人智慧和止血驱热的功能。珊瑚也常成为文人墨客吟咏之物。班固《西都赋》曰："珊瑚之树，上栖碧鸡。"唐代诗人韦应物赞道："绛树无花叶，非石亦非琼，世人何处得，蓬莱石上生。"元代书法家赵孟頫曾得珊瑚树一株，视为家珍，写诗赞曰："仙人海上来，遗我珊瑚钓。晶光夺凡目，奇彩耀九州。自我得此贵，昼玩夜不休。"收藏珊瑚还成为拥有财富的象征。

化学成分：$CaCO_3$，成分中常含有机质，由介壳素的角状物质组成。

物理特征：颜色有白色、肉红、深红至浅玫瑰红、黑色和蓝色（少见）。珊瑚初生为白色、渐变黄色、金色、蓝色和黑色。质地细腻、柔和又富于韧性。红珊瑚色泽艳红，姿态优美，多呈树枝状。白色珊瑚除树枝形状外，还有脑珊瑚和盆珊瑚。珊瑚断面有同心圆层的花纹结构。有些枝体上有凹坑。蜡状光泽。硬度为3.5～4。相对密度为2.6～2.7。遇盐酸起泡。

工艺要求：颜色和块度是评价的依据。颜色要鲜艳、纯正、美丽，大者珍贵。枝体光滑无孔为贵，造型美观亦很重要。

用途：用于装饰，如项链、串珠、手链等。也用于雕料、观赏及收藏。珊瑚还有药用价值。

产状：珊瑚属海生底栖腔肠动物。是浅海生物。是由无数珊瑚虫的钙质外壳堆积而成。通身系由微晶方解石集合体构成。生成环境一般在高于20℃温暖的水域、浅于80米的低纬度区。它们分泌石灰质物质，不断繁衍生息。小者长成珊瑚树，大者成为珊瑚礁或珊瑚岛。红珊瑚是深海珊瑚虫分泌的树枝状骨骼，成分除$CaCO_3$外还含有少量有机质和铁质。

产地：主要产于地中海、红海、非洲海岸（突尼斯、摩洛哥、阿尔及利亚），以及意大利、爱尔兰、西班牙、日本、澳大利亚、夏威夷群岛、马来西亚海域、中国台湾等地。黑色和金色珊瑚分布于西印度洋群岛、澳大利亚以及太平洋岛屿附近的海域中。中国主要产在台湾、福建、海南，西沙群岛海域也产红珊瑚。

四、象牙(Ivory)

象牙，英文单词Ivory来源于拉丁语"eboreus"，并通过古老的法语单词"Yvoire"演变成英文"Ivory"。象牙是一种重要的工艺品原料。自古以来，象牙就被用于装饰物品。象牙具有美丽的光泽，质地柔软，是雕刻饰物的好材料。

化学成分：$CaCO_3$和有机母质。这种母质中含饱和钙质盐类，并充满大量纤细管，从牙髓空腔开始，向外朝各方向放射出来。这种物质非常致密，细孔封闭而紧密，被一种油质或蜡质溶液填充。

物理性质：颜色多为白色，有时带黄色、淡玫瑰白色（最为贵重）。最优质、最美丽的象牙称为绿色象牙。硬度2.5。相对密度1.70～1.98。折射率1.54。紫外线照射下有白色到蓝色的荧光。

用途：主要用于装饰物。一般用于王室高官显贵的特种装饰品，以及象牙雕刻艺术品。

产地：非洲（坦桑尼亚）、亚洲（斯里兰卡、泰国、缅甸、印度、印度尼西亚、中国）、欧洲。

五、煤玉(Jet)

煤玉又名"煤精"。英文名称Jet来自古法语"Jaiet"，源于拉丁语"gagates"。几个世纪以来，煤玉就为人类所利用。在古罗马时代直至今日，煤玉有不同程度的流行。在中国，煤玉是出土文物最早的玉石。在十九世纪中叶，是广泛用于纪念死者的珠宝工艺品。

化学成分：C。成分中还含有氢、氧、氮、硫等杂质，并含有大量小孢子和藻类，以及由之演化的树木的

细枝，并有黄铁矿、白铁矿、石英、高岭土伴生。

晶形：非晶质块状体。

物理特征：其颜色为黑色、褐黑色。条痕褐黑色。沥青光泽、树脂光泽。贝壳状断口。不透明。抛光后漆黑闪亮。硬度为2.4～4。韧性。相对密度为1.3～1.5。

品质要求：块度大（有一定的块度），细腻光滑，无裂，亮度均一。

用途：作雕料，如雕刻成晶莹光亮的动物、人像、景物等装饰品。还可作串珠、念珠等。

产状：煤玉是一种特殊的腐植腐泥的混合物，是在水介质较热的酸性还原环境条件下形成的。产于煤系地层中。

产地：美国、加拿大、西班牙（阿拉贡）、英国、法国（朗格多克省）、德国、前苏联、波兰、印度、土耳其、中国（辽宁抚顺）。

六、砗磲（深海珍宝）（Tridacna）

砗磲又名“车渠”。是一种有壳瓣鳃类软体动物，是深海中的大哈。它蕴藏于深海之中，常年汲取日月精华，受千百年潮汐孕育而成。壳内有白皙如玉的物质，纯净洁白，光泽细腻。是一种珍稀的有机质宝石。其壳质硬，带有弯曲致密的纹理，它代表大哈的年龄。其纹理如车轮之渠，故名为车渠。其壳体庞大，大者长达一米多，小者几十厘米。壳厚。化学成分为$CaCO_3$和少量微量元素。其白度为世界之最。车渠分布于大西洋和印度洋的深海中。

用途：车渠最初用于药物。《本草纲目》中记载：车渠有镇心、安神之效。现代医学研究认为其含有多种氨基酸、壳角蛋白及钙、铁、磷、镁、钾等微量元素。具有同珍珠一样的效果，能美容、增强免疫力、防止衰老、稳定心律血压等作用。也被奉为佛教的七宝之一，为佛学上的密宝。可作饰物、雕料等。

保养：不可接触强酸、强碱、强压。有污垢时用清水或用温和的清洁液清洗，擦干后用婴儿油保养。

七、鲍鱼壳（Abalone Shell）

鲍鱼壳是指现代鲍鱼的外壳。外壳呈土褐色、灰绿色、褐色、绿色。有单色壳也有多色条纹壳。壳上有扇形纹，呈螺旋状分布。壳的靠下部位有一排排气孔，气孔的数量随壳的大小不同而异，少则20多个，多则50多个，也呈螺旋状排列，由底部向顶部逐渐加密。在壳面上另见横纹平行于气孔排列。其壳内具有珍珠光泽的七彩，十分漂亮，颇受青睐。

目前市场上流行的鲍鱼壳饰品产自新西兰。其外壳经抛光后呈现出色彩，在光的照射下，呈现出艳丽的七彩。适于作装饰品，如：吊坠、耳环、手链、胸针等。

产地：新西兰近海，美国沿海。

八、斑彩石（Ammoniticone）

斑彩石是菊石目的一种属，是大型的菊石壳，产于加拿大，距今已有7000万年的历史。由于其色彩斑斓，故现广泛用于装饰品，如作吊坠、耳坠、胸花、小雕件等，颇受人喜欢。

九、图谱鉴赏

1.琥珀（图4-11-1～图4-11-20）

2.珍珠（图4-11-21～图4-11-24）

3.珊瑚（图4-11-25～图4-11-34）

4.象牙（图4-11-35～图4-11-36）

5.煤玉（图4-11-37）

6.砗磲（图4-11-38～图4-11-41）

7.鲍鱼壳（图4-11-42～图4-11-43）

8.斑彩石（图4-11-44）

1.琥珀

图4-11-1 琥珀原石内含多种昆虫,8.6cm × 7cm × 1.6cm

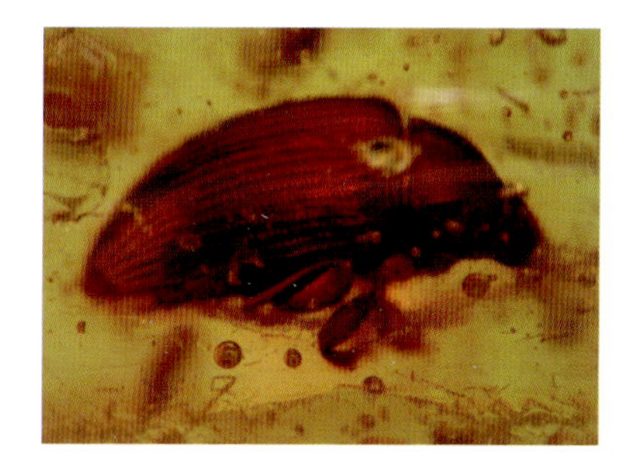

图4-11-2 琥珀内昆虫(甲壳)

图4-11-3 琥珀内昆虫,昆虫保存极完整,少量气泡

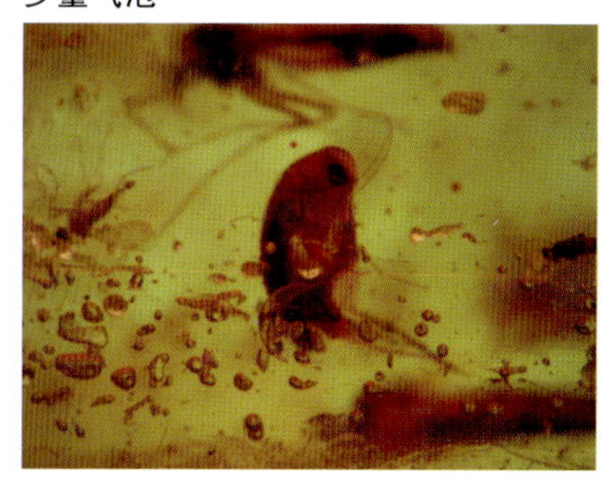

图4-11-4 琥珀内昆虫及含大量气泡

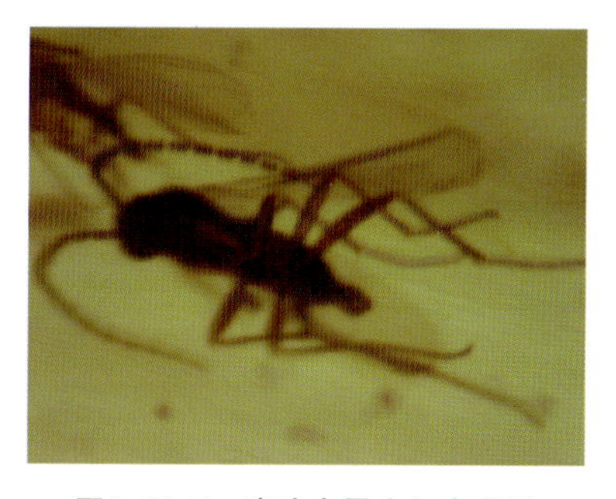

图4-11-5 琥珀内昆虫保存完整

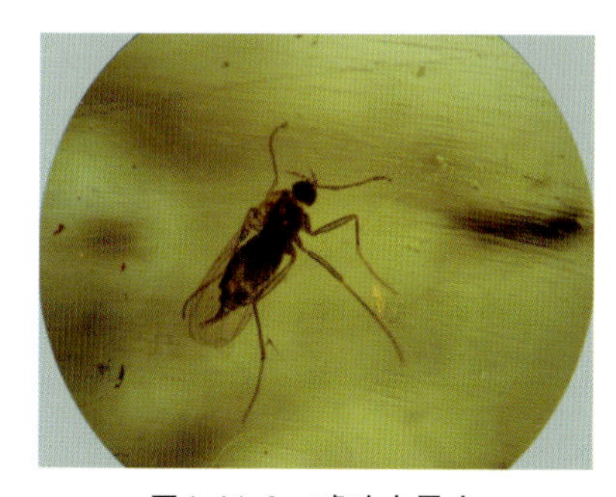

图4-11-6 琥珀内昆虫

图4-11-7 琥珀内昆虫(完整)

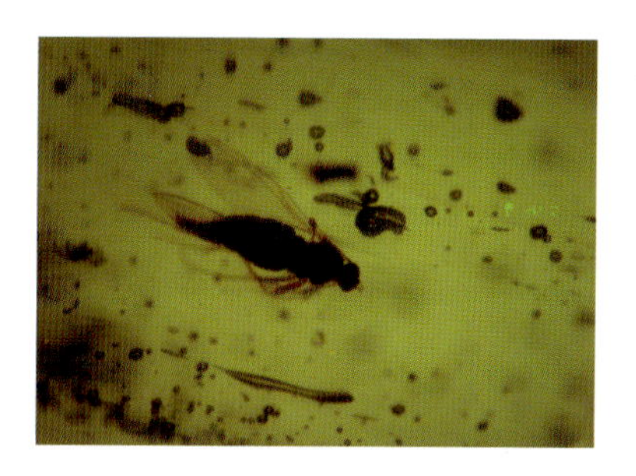

图4-11-8 琥珀内昆虫,大量气泡,气泡形态各异(流线型,圆形等)

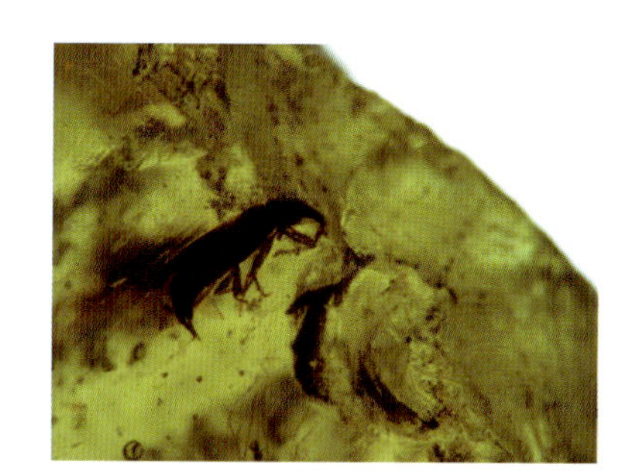

图4-11-9 琥珀中昆虫(形态各异)

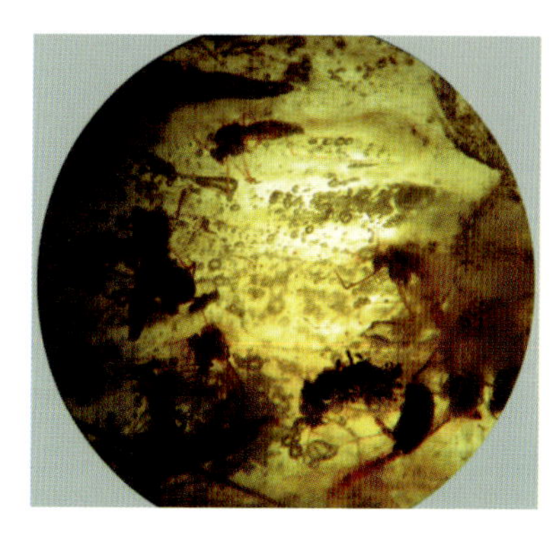

图4-11-10 琥珀中多个昆虫(形态各异)

图4-11-11　琥珀中昆虫(破碎)

图4-11-12　黄褐色琥珀内含松枝，产自辽宁抚顺

图4-11-13　红褐色琥珀，块状，内含少量松枝，产自辽宁抚顺

图4-11-14　棕色琥珀，产自辽宁抚顺

图4-11-15　橙红色琥珀，块状，产自辽宁

图4-11-16　黄绿色琥珀，块状，产自辽宁

图4-11-17　褐灰色琥珀，块状，产自辽宁

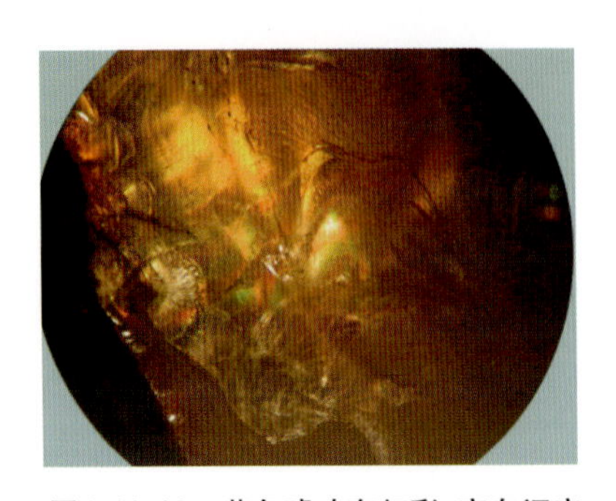

图4-11-18　黄色琥珀有虹彩，产自辽宁

图4-11-19　琥珀项链(圆扁珠)，产自辽宁

图4-11-20　琥珀项链，产自辽宁

2.珍珠

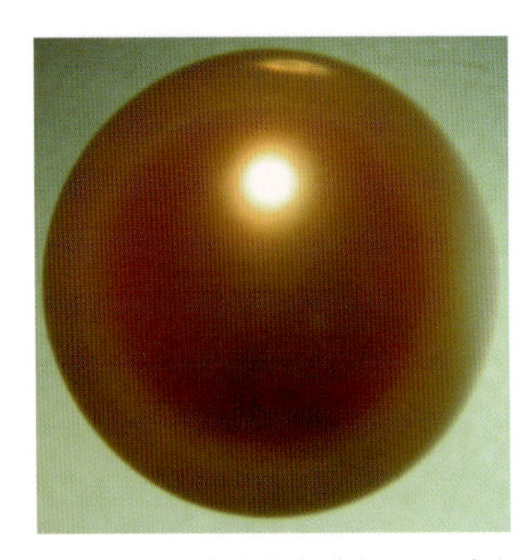

图4-11-21　海水珍珠，直径6mm，产自湛江

图4-11-22　海水珍珠项链，产自湛江

图4-11-23 淡水珍珠项链、吊坠（养珠），产自浙江

图4-11-24 珍珠贝

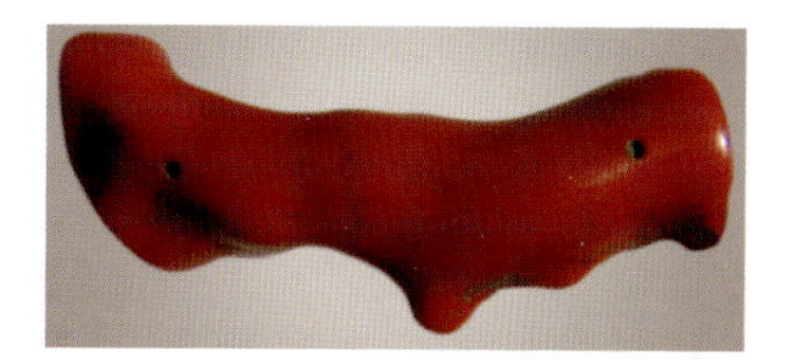

图4-11-27 红珊瑚（光面），7cm×2.2cm×2cm，产自海南

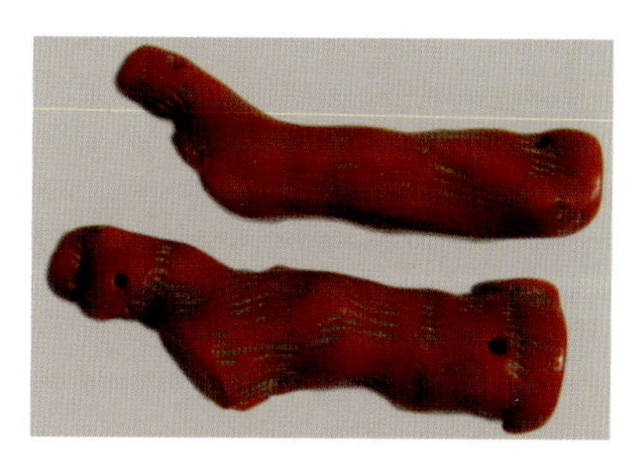

图4-11-28 红珊瑚（一对），7cm×2cm×2cm、6.5cm×1.7cm×1.4cm，产自海南

图4-11-31 红珊瑚与黑石项链，红珊瑚成花形

图4-11-32 脑珊瑚，20cm×17cm×11cm，产自海南

3.珊瑚

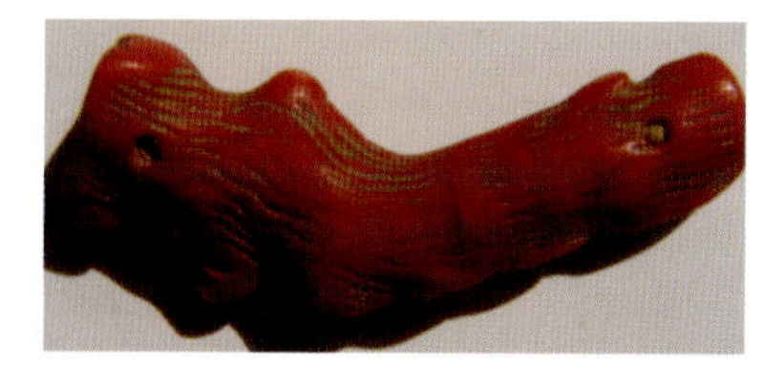

图4-11-25 红珊瑚，表面有纹，6.5cm×2.5cm×1.2cm，产自海南

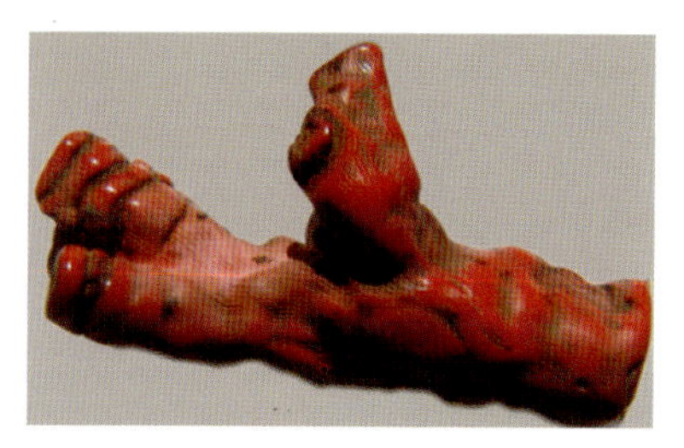

图4-11-26 红珊瑚，三叉，表面花纹，13cm×7cm×4cm，产自海南

图4-11-29 红珊瑚（雕成寿星），10cm×3cm×3cm，产自海南

图4-11-30 红珊瑚项链，产自海南

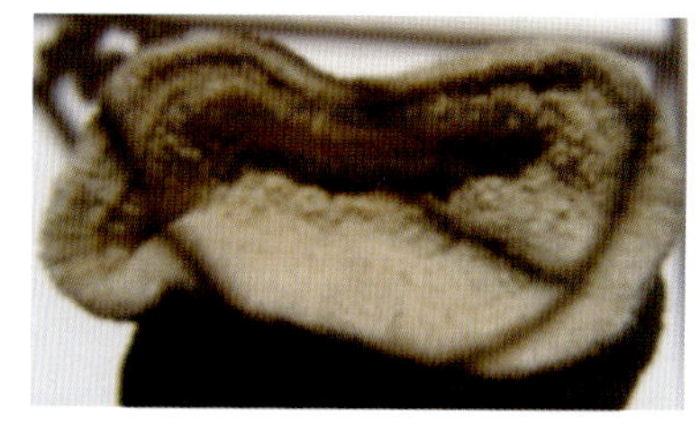

图4-11-33 盆珊瑚（顶面），37cm×18cm×15cm，产自海南

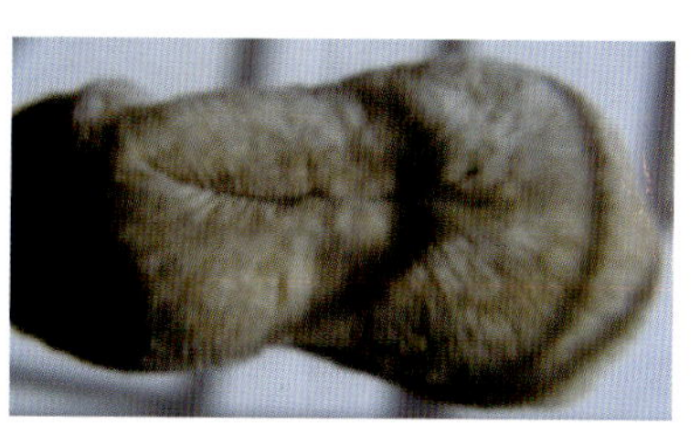

图4-11-34 盆珊瑚（底面），37cm×18cm×15cm，产自海南

4.象牙

图4-11-35　象牙，弥勒佛，7.5cm×4cm，产自南非

图4-11-36　象牙，背带弥勒佛，4.1cm×1.8cm，产自南非

5.煤玉(煤精)

图4-11-37　煤玉(煤精)，3.5cm×2.8cm×2.8cm，产自辽宁

6.砗磲

图4-11-38　砗磲，47cm×30cm×10cm，产自大西洋深海中

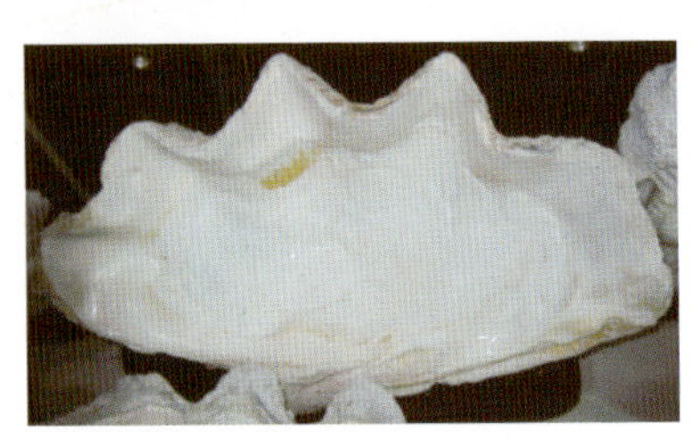

图4-11-39　砗磲，67cm×40cm×20cm，产自大西洋与印度洋深海中

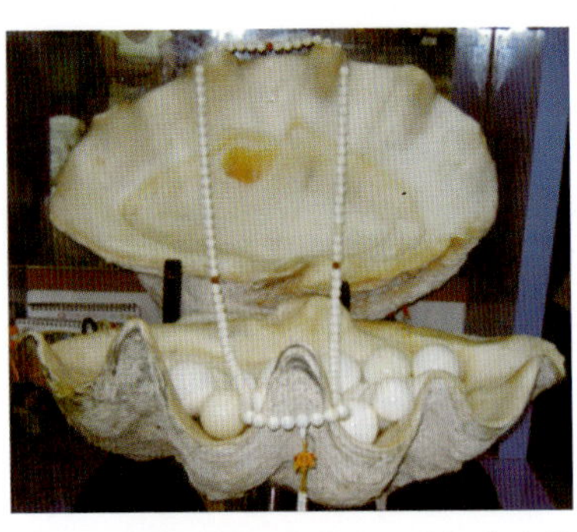

图4-11-40　砗磲，产自大西洋与印度洋深海中

图4-11-41　砗磲葫芦，24cm×14cm，产自大西洋深海中

7.鲍鱼壳

图4-11-42　鲍鱼壳，9cm×6.5cm×2cm，产自广东

图4-11-43　鲍鱼壳吊坠，13mm×17mm，产自新西兰

8.斑彩石

图4-11-44　斑彩石，产自加拿大

chapter 5 第五章 题外特写化石

(Fossil)

化石是指在地质历史时期岩层中动、植物的遗骸和遗迹，所有的化石都是经过石化作用形成的。在地球的发展进程中，不同的地质年代有不同的生物化石组合，因此研究古生物化石对地质年代的确定，了解不同年代的自然地理环境、古生物进化的过程以及突发的地质事件，有着重要的地质意义。

在漫长的地质年代(40亿年之久)，化石是了解生物进化及地质历史变迁的真实教材，也是大自然赐予我们的珍奇精品，是具科研、观赏、收藏及商业价值的珍品。化石埋在坚硬的沉积岩中，取之不易，得之更难，使其显得更加珍贵。

一、贵州龙

贵州龙是地球上最原始的爬行动物，两栖于滨海环境。属蜥鳍类。生于中生代三叠纪中期，距今已有2.43～2.31亿年。

贵州龙化石，是20世纪50年代在中国贵州省发现的，故名贵州龙。其特点是颈长探出，头近三角形，眼眶大而圆，四肢细长，前肢比后肢稍粗，爪短，体型酷似现代爬行类的蜥蜴。其体长10～30cm，体虽小却是龙族的祖先。

图5-1：贵州龙化石长28cm。保存完整，结构清晰。

二、恐龙蛋

恐龙蛋是恐龙类产的卵。恐龙种类繁多。恐龙为中生代陆生爬行动物的一类。见于中生代侏罗纪一白垩纪，距今已有2.3～1.63亿年。随着中生代的结束，巨大的恐龙在白垩纪末灭绝了。

目前中国发现的恐龙蛋有两种类型：一是短圆蛋形；二是长圆蛋形。两者除形状不同外，其他特征均相似。其特征为：有坚硬的外壳（1～3mm），壳面上有密集的盾刺，壳面粗糙，具虫条状刻文。长椭圆形者一端钝，一端尖，略有差异。在江西赣州发现一窝长椭圆形蛋共24枚，分三层，呈椭圆形的圆圈、放射状排列。

产地：短椭圆形产自中国河南南阳、山东莱阳等地；长椭圆形产在中国广东南雄、江西等地。山东莱阳两种类型都有。

图5-2：长扁形蛋：长17.5cm，宽7.5cm，厚5cm。深土褐色。皮壳厚1～2mm，壳内光滑。

图5-3：短椭圆形蛋：群生，近圆形，10多厘米大小，灰色。

三、鸮头贝

鸮头贝为腕足动物门。有铰纲，穿孔贝目的一属。贝体巨大、横卵形至长卵形。两壳双凸形，腹壳凸度更大。腹喙尖长，强烈弯曲。壳面光滑。两壳内皆有中隔板。生长于中泥盆世（距今4亿年）。有单生体和群生体。分布于世界各地。中国产于南方中泥盆统上部东岗岭组。

图5-4、图5-5：群生鸮头贝。颜色为浅灰、灰和深绿灰色。已钙化。大小不一，大者长13cm、宽10cm，厚10cm左右。小者长7cm、宽5cm，厚5cm左右。

四、石燕

石燕为腕足动物门。有铰纲，石燕目的一属。贝体大，轮廓横长，铰合线为壳的最宽部分。两壳双凸形。壳喙尖锐弯曲。有细壳纹。生长于早石炭世。分布于世界各地。中国产于南方及西北的下石炭统。

标本（图5-6）：灰一暗灰色。已钙化。其大小为：长6.5cm，宽5.5cm，厚4cm。

五、角石（鹦鹉螺亚纲）

鹦鹉螺亚纲为软体动物门，头足纲的一亚纲，或列为超目。化石仅保存外壳，壳为长锥状管，两侧对称，直或弯曲或旋卷。体管细，圆柱状，或体管节略膨胀。气室沉积发育。壳面光滑或具饰纹。分两超科：具直颈式或亚直颈式的直角石超科。化石代表有震旦角石、直角石等。

(1)薇角石，头足纲、鹦鹉螺亚纲的一属。幼年期壳平卷，形成3～4个旋环，成年期后变成直壳。壳面具明显的横肋及与之平行的生长纹。口缘弯曲。生于奥陶纪(距今有4.6亿多年)。分布于亚洲及欧洲。中国产于南方及新疆奥陶统。

(2)震旦角石，旧称“中华角石”。头足纲，鹦鹉螺亚纲的一属。形似“竹笋”“宝塔”，壳为长圆锥形，壳面具显著的波状横纹，隔壁颈直而长、体管细小，位于壳的中央或稍偏，住室无纵沟。只分布于中国。主要产于南方宝塔灰岩组。著名产地为长江三峡一带，其中宜昌县最多。此外，四川蕴藏量也很丰富。距今4.4亿万年。

(3)直角石，头足纲、鹦鹉螺亚纲的一属。直角石最主要的特征是住室中具三个对称排列的纵沟，壳壁外层表面具细的纵肋与横肋，壳壁内层具细斑状结构。目前保留的标本多是壳的气室部分，未见住室，故难以判断是否具有三个纵沟。所以将其归在米契林角石属中，作为形态属。产于奥陶纪至三叠纪。分布于亚洲、欧洲及北美。中国多产于南方的下、中奥陶统。

图5-7：薇角石

图5-8：震旦角石

图5-9：直角石

六、珊瑚

珊瑚纲为海生无脊椎动物，腔肠动物门的一纲。单体或群体，群体珊瑚常成珊瑚礁。软体顶部具许多中空的触手，外形似花，故有花状动物之称。珊瑚绝大多数具外胚层分泌的钙质外骨骼，少数具产于中胶层内的骨骼。

珊瑚的种类繁多，有皱纹珊瑚、异珊瑚、六射珊瑚、八射珊瑚、笛管珊瑚、日射珊瑚等。

珊瑚全为固着海底生活，大多数生活于温暖浅海地带。温度以25～29℃，水深20m以内地带发育最盛，但温度较低、海水较深也有单体珊瑚生长。

现就所有样品简介如下：

(1)皱纹珊瑚，珊瑚纲的一目。因珊瑚体的外壁表面上常有皱纹而得名。单体或群体，单体外形有柱状、锥状、盘状及拖鞋状等。群体外形为丛状(由松散分枝的圆柱状个体组成)或块状(由角柱状个体密集而成)。奥陶纪出现、二叠纪灭绝。其多保留于石灰岩中，是古生代的重要标准化石之一。

图片展示如图5-10。

(2)笛管珊瑚，为床板珊瑚目的一属。群体丛状，个体细圆柱状。连接管分布不太规则。床板漏斗状，有时可以发育轴管构造。隔壁刺发育或不发育。产于奥陶纪至早二叠世。分布于亚洲、北美洲、欧洲及大洋洲。中国在志留系、泥盆系及石炭系均有产出，以下石炭统最多。

图片展示如图5-11。

(3)日射珊瑚，床板珊瑚的一属。群体有块状或树枝状等各种外形，个体柱状截面为圆形或椭圆形。床板发育，隔壁缺失或发育为一般呈12纵列的隔壁刺。个体间由具较密床板的角柱状细管或泡沫状组织组成的共骨相连。产于中奥陶世至泥盆纪。分布于亚洲、欧洲、大洋洲及北美洲、印度尼西亚。中国奥陶系、志留系及泥盆系均有产出。

图片展示如图5-12、图5-13。

七、三叶虫

三叶虫为节肢动物门中已灭绝的一纲。个体一般长数厘米，长者可达70cm，小者数毫米。体分节，背部覆以几丁质背壳。化石多保存此背壳或其外模。背壳呈椭圆形，被两条纵向背沟分为三部：中轴及其两侧的肋部，故名三叶虫。也可横分为头、胸、尾三部。

三叶虫为海生、底栖生活，少数钻入泥沙中或漂游生活。始于早寒武世，繁于寒武纪和奥陶纪，灭绝于古生代末期。距今已有5.5～6亿年。

分布于亚洲、欧洲、非洲、北美、大洋洲，中国三叶虫化石非常丰富，是早古生代的重要标准化石之一。产于我国山东的三叶虫（蝙蝠虫或蝴蝶虫）当地称之为燕子石（俗称）。古生物形态纹理清晰，纹皆凸出，自然色彩鲜明典雅，形如燕蝶飞舞，风韵独特，玩味无穷。古人有诗赞曰："泰山严严，汶水漾漾，天成燕石，为宝之光。"

燕子石制品有砚台、笔筒、笔架、镇尺、花瓶、盆景盆、挂屏等工艺品。尤以花瓶和盆景盆置花移木，上下情景合一，浑然一体，此艺林妙品，人生得一足矣。此物有研究和收藏价值。

图5-14：王冠虫产于棕黄色页岩中。时代为志留纪。分布于亚洲，中国川南、黔北、鄂西、皖南、江苏都有分布。

图5-15：蝙蝠虫（蝴蝶虫）产于棕黄色泥质灰岩中。时代为寒武纪。主要分布于中国华北、湘西和云南，以鲁西最盛。

图5-16：蝙蝠虫与围岩制成的花瓶，有三叶虫化石碎片的泥灰岩（灰色、灰绿色）制成的花瓶。花瓶的中部为三叶虫的尾部及碎片，尾部保留完整。花瓶双面雕，高17cm，宽7cm，厚3.5cm。工艺精湛，可谓鬼斧神工。

八、鱼化石（古鳕目）

古鳕目属硬骨鱼纲、辐鳍亚纲中最原始的一目。背鳍一个，尾歪形，体多覆有菱形珐琅质硬鳞。头部膜质骨发育，表层有珐琅质。有锁骨，无间鳃盖骨，上颚头骨发育，与前鳃盖骨固着联结。口喙具锥形齿。主要以无脊椎动物为食。生于中泥盆世至早白垩世，石炭纪、二叠纪最繁盛。中国新疆二叠纪的吐鲁番鳕即属此类。在中国浙江等地的二叠系中也有发现。

图5-17：吐鲁番鳕。长25cm，保留完整。

九、菊石

菊石为软体动物门。头足纲的一亚纲。壳旋卷，多呈盘状或球状。表面光滑或饰有纹、肋、瘤、刺等。体管小，构造简单。具内、外缝合线。菊石为海生，在海底爬行生活。最早发现于早泥盆世，中生代最繁盛，中生代末即全部灭绝。它对中生代海相地层的划分、对比有很大的作用。中国晚古生代及中生代海相地层中含有丰富的菊石。

分布：亚洲、欧洲、非洲、北美洲，其中中国分布于广东、湖南、贵州、广西、云南及西藏等地。

图5-18：菊石化石。其大小不一，本标本为3.6cm×2.7cm×1.2cm。在光的照射下，由机丁质组成的壳衍射出艳丽的七彩。

图5-19：菊石横切面。产于拉斯维加斯。

十、海百合

海百合是棘皮动物门的一纲。外形似百合花，故名海百合。硬体分根、茎、冠三部分，均由许多钙质骨板组成。冠部又分为萼和腕，萼形似花萼，为鉴定海百合的主要部分，萼上长有许多羽枝的腕，是用来捕食的网子。茎由许多茎板叠置而成，长短不一，外形有圆形、椭圆形、五边形等。茎孔形状不同，根据其形态特征可定为形态属种。根简单或分叉或呈锚状等，用于固着于海底。海百合全为海生，古生代是典型的浅海生物，现代多在深海生活。海百合最早出现在距今5亿年前的寒武纪（部分学者认为最早为奥陶纪）一直延续至现代。以石炭纪为最盛。中国奥陶纪至侏罗纪海相地层均发现有海百合化石。含丰富海百合化石的灰岩称海百合茎灰岩。

近年来在中国贵州西部（紧邻黄果树大瀑布区）晚三叠纪地层中（距今2.2亿年）发现大量保存完好的海百合化石。海百合茎、腕分明，精美纤秀，大片连生，犹如“海底森林”，十分壮观。

图片展示如图5-20。

十一、硅化木

硅化木又称“石化木”“木化石”“树化玉”。是指埋在地下的树木受到含SiO_2的地下水作用，被SiO_2交代后，保留木质残余结构的木化石。

化学成分：SiO_2。常含有Ca、Mg、P、Fe等杂质。如主要成分是SiO_2者则称为“硅化木”。

物理特征：其颜色有灰、灰白、浅黄、黄褐、褐红等色。抛光后呈玻璃光泽。透明至不透明。块状、树杆状，保留木质结构。横切面可见年轮。硬度为7。相对密度为2.65～2.91。随被交代的矿物不同其硬度和相对密度也随之变化。

用途：是一种雕刻玉料，作装饰、观赏以及花园、庭院的陈设品。

产状：产在有木化石的地层中。距今已有2亿多年，在晚泥盆世以后的地层中常有发现。中国中生代陆相地层中木化石很多。主要是松柏类的硅化木，如炬木、异木等。新生代的木化石则以被子植物为主。是在低温、高压下形成的。

产地：欧洲、美洲、中国（新疆、河北、云南、辽宁等地）。

图片展示如图5-21。

图5-1 贵州龙，长28cm，产自贵州

图5-2 恐龙蛋，长椭圆形，17.5cm×7.5cm×5cm，产自江西

图5-3 恐龙蛋，短椭圆形，产自河南

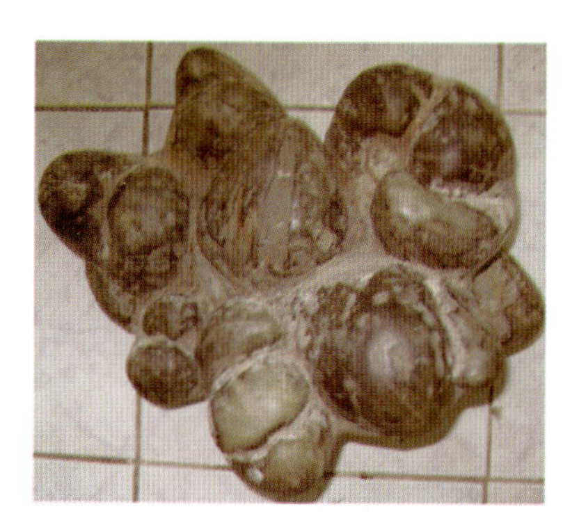

图5-4 鸮头贝，群生，32cm×26cm×18cm，产自中国南方

图5-5 鸮头贝，群生，32cm×17cm×16cm，产自中国南方

图5-6 石燕，6.5cm×5.5cm×4cm，产自中国南方

图5-7 薇角石，5.5cm×5.5cm×2cm，产自中国南方

图5-8 震旦角石，37.5cm×12cm，产自湖北

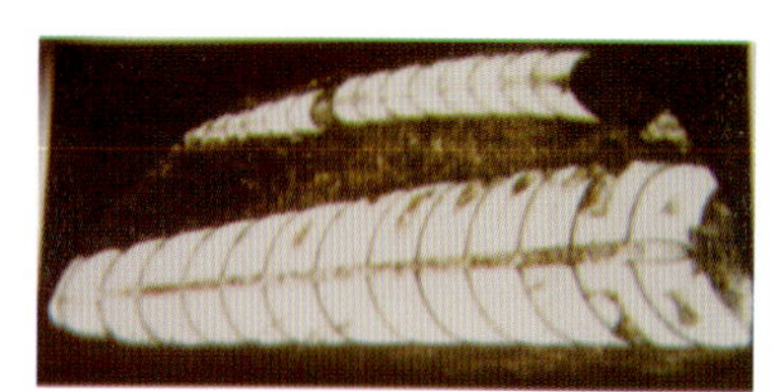

图5-9 直角石，产自中国

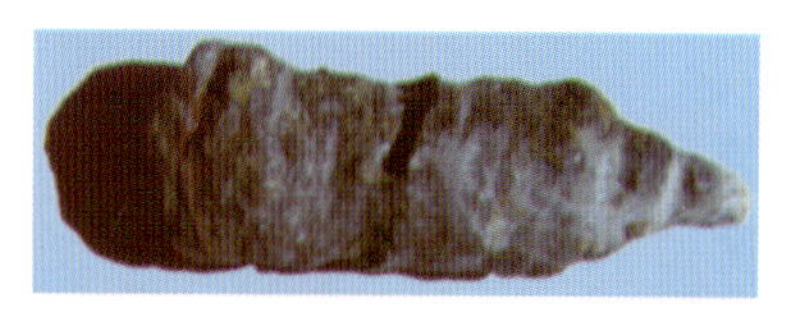

图5-10 皱纹珊瑚，10cm×3.7cm×3cm，产自中国南方

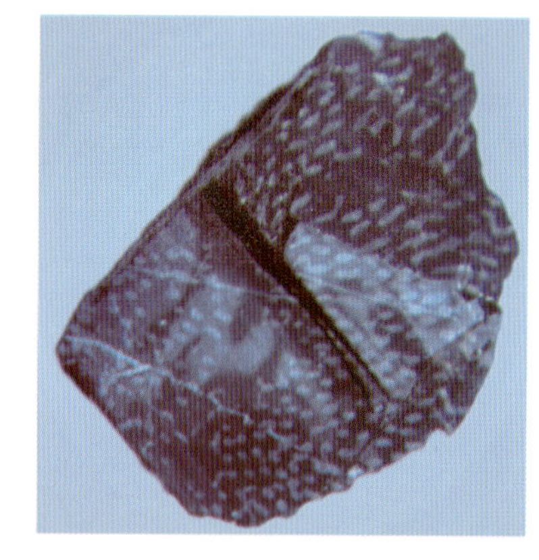

图5-11 笛管珊瑚、笛管珊瑚灰岩，10cm×3.7cm×3cm，产自中国广东

图5-12 日射珊瑚，产自印度尼西亚

图5-13 日射珊瑚，45mm×32mm×8mm，产自印度尼西亚

图5-16 三叶虫（俗称燕子石），含蝴蝶虫化石碎片的泥灰岩制成的花瓶，17cm×7cm×3.5cm，产自山东

图5-19 菊石横切面，6cm×6cm，产自拉斯维加斯

图5-14 三叶虫（王冠虫），产自云南

图5-17 鱼化石（古鳕目），产自中国

图5-20 海百合（2个），产自云南

图5-18 彩色菊石，3.6cm×2.7cm×1.2cm，产自拉斯维加斯

图5-15 三叶虫（蝙蝠虫），又名蝴蝶虫，产自山东

图5-21 硅化木，12.5cm×9cm×8cm，产自新疆

主要参考文献

北京大学地质学系岩矿教研室.光性矿物学[M].北京：地质出版社，1979.

贝芝泉.雨花石珍品赏析[M].南京：东南大学出版社，1996.

地质矿产部地质词典办公室.地质词典(矿物岩石地球化学分册、古生物地史分册)[M].北京：地质出版社，1979.

广东地质局中心实验室.砂矿物图册[M].北京：地质出版社，1979.

李娅莉，薛秦芳，李立平，等.宝石学教程[M].武汉：中国地质大学出版社，2011.

李英豪.水晶珍藏[M].沈阳：辽宁画报出版社，2000.

卢保奇.观赏石(基础教程)[M].上海：上海大学出版社，2005.

吕新彪，李珍.天然宝石人工改善及检测的原理及方法[M].武汉：中国地质大学出版社，1995.

栾秉璈.宝石[M].北京：冶金工业出版社，1985.

美国珠宝学院.宝石实验室鉴定手册[M].地质矿产部北京宝石研究所，译.武汉：中国地质大学出版社，1989.

孙毓骐.中国玛瑙图谱[M].北京：蓝天出版社，2003.

田树谷.珠宝500问[M].北京：地质出版社，1995.

王德滋.光性矿物学[M].上海：上海科学技术出版社，1965.

王福泉.宝石通论[M].北京：科学出版社，1987.

杨汉臣，易爽庭.新疆宝石和玉石[M].乌鲁木齐：新疆人民出版社，1985.

张守范.矿物学[M].北京：商务印书馆，1956.

赵永魁.中国玉石概论[M].北京：地质出版社，1989.

中国地质科学院.中华人民共和国地质图集.北京：科学出版社，1974.

中华人民共和国国家质量监督检验检疫总局.GB/T 16554—2010钻石分级[S].北京：中国标准出版社，2011.

周国平.宝石学[M].武汉：中国地质大学出版社，1989.

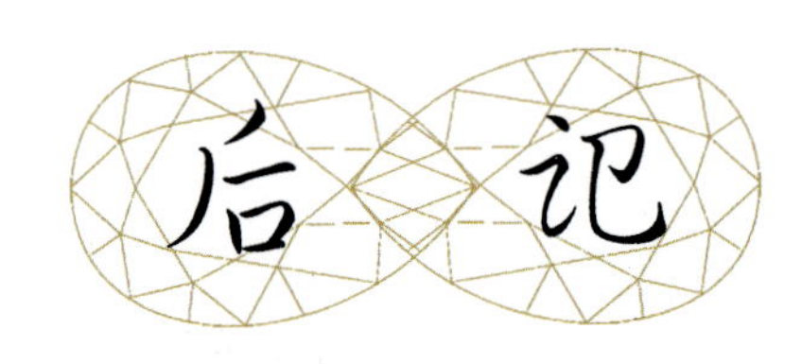

后记

本书是笔者经过多年对宝、玉石的鉴定、研究和收集，并主要通过微观(水晶和宝石部分以微观为主)和宏观(矿物和彩、玉石以宏观为主)观察，在拍摄了大量精品照片和阅读了大量有关资料的基础上编写而成。

在编写过程中，小女李多给予了有力的帮助，精心拍摄了书中部分照片。李零、张滨海、李无不辞辛劳在文字和图片的校对、编排以及电脑处理等方面给予了大力支持。梁集祥老先生虽已高龄，也热情给予了题词。曹荣龙教授在百忙中执笔题词，并提出宝贵意见。李树锠画家也热心给予题词。得到了家人李梅、林达开等人的重视和关怀。在此对他们的关心、支持和帮助及所付出的辛勤劳动深表谢意。

同时也特别感谢我国著名奇石收藏家陈其周先生、李无、GUILLOT Xavier提供和赠送的多种样品。王徽枢教授、欧阳秋眉、朱寿华、符力奋等同学及校友，曹姝旻高级工程师、孙未君宝石学家、孟宪松秘书长、马玉虎、张绍忠、胥峻、“信丽华宝石”、“林和工艺雕刻”等提供了所需样品。同行、好友也给予了支持和帮助，这里不一一列举。在此一并表示衷心的感谢。

随着社会的发展，人们休闲的时间不断增加，生活水平日益提高，玩石、赏石、爱石、藏石的文化活动日益增多，其内容也丰富多彩，它将会成为我国物质文明和精神文明建设的一支生力军。笔者编写本书的初衷，是想唤起人们对天然石的热爱，望广大读者从此得到收益。

书中有些测试数据如硬度、相对密度、光学性质、化学式、光谱分析等是利用前人的资料，在此向他们致以衷心的感谢！

书中样品的尺寸无一一注明，一般微观样品 2~3cm 或者小于 2cm。宏观标本多已注明尺寸。

笔　者

二零一二年六月十八日·广州